Curt Brinkmann

Die Isolierstoffe der Elektrotechnik

Springer-Verlag
Berlin · Heidelberg · New York 1975

Prof. Dr.-Ing. CURT BRINKMANN
Lehrbeauftragter an der Technischen Hochschule Darmstadt

Mit 213 Abbildungen

ISBN-13: 978-3-642-80923-1   e-ISBN-13: 978-3-642-80922-4
DOI: 10.1007/978-3-642-80922-4

Library of Congress Cataloging in Publication Data: Brinkmann, Curt, 1910 · Die Isolierstoffe der Elektrotechnik. Bibliography: p. Includes index. 1. Electric insulators and insulation. I. Title. TK 3421. B 67 621.319'37   75-19484.

Das Werk ist urheberrechtlich geschützt. Die dadurch begründeten Rechte, insbesondere die der Übersetzung, des Nachdruckes, der Entnahme von Abbildungen, der Funksendung, der Wiedergabe auf photomechanischem oder ähnlichem Wege und der Speicherung in Datenverarbeitungsanlagen bleiben, auch bei nur auszugsweiser Verwertung, vorbehalten. Bei Vervielfältigungen für gewerbliche Zwecke ist gemäß § 54 UrhG eine Vergütung an den Verlag zu zahlen, deren Höhe mit dem Verlag zu vereinbaren ist.
© by Springer-Verlag Berlin, Heidelberg 1975.
Softcover reprint of the hardcover 1st edition 1975

Vorwort

Bücher über die Isolierstoffe der Elektrotechnik sind in den verflossenen Jahren in beachtlicher Zahl erschienen. Obwohl größtenteils mit viel Sachkenntnis geschrieben, müssen sie infolge der stürmischen Entwicklung auf diesem Gebiete heute lückenhaft sein. Die in einschlägigen Zeitschriften veröffentlichten neueren Arbeiten dieser Fachrichtung sind weit verstreut, und oft sind im Rahmen anderer Untersuchungen nur Teilgebiete behandelt worden. Für den Elektrotechniker, sei es für den Studierenden, sei es für den im Beruf stehenden Ingenieur, ist es demnach schwierig, sich die notwendigen Kenntnisse auf diesem Gebiete anzueignen. Es erscheint deshalb angebracht, die Isolierstoffe der Elektrotechnik aus heutiger Sicht in einem Werk zusammenfassend darzustellen.

So werden in diesem Buche sämtliche (gegenwärtig zur Verfügung stehenden) Isolierstoffe behandelt. Mit den physikalischen und chemischen Grundlagen beginnend werden Vorkommen und Rohstoffgrundlagen besprochen. Es folgen jeweils Abschnitte über Gewinnung, Herstellung und Verarbeitung. Die Angaben über die Werkstoffeigenschaften werden durch Tabellen und Diagramme ergänzt. Bei deren Beurteilung und Prüfung sind, soweit nicht anders vermerkt, die VDE-Bestimmungen und die einschlägigen DIN-Normen zugrunde gelegt worden. Als Maßeinheiten sind grundsätzlich die gesetzlichen Einheiten, wie sie dem Internationalen Einheitensystem (SI) entsprechen, verwendet worden. In bezug auf die Einsatzgebiete wird auf charakteristische Anwendungsbeispiele besonders hingewiesen.

Das Buch wird abgeschlossen mit einem umfangreichen Schrifttumsverzeichnis, auf das in den einzelnen Abschnitten zwecks näheren Studiums hingewiesen wird.

Viele Abschnitte dieses Buches werden für den Studenten von besonderem Wert sein. In diesem Umfang ist es in erster Linie jedoch für die elektrotechnische Industrie gedacht, für Entwicklungsingenieure, Konstrukteure und Arbeitsvorbereiter, kurz für alle, welche mit dem Problem der elektrischen Isolierung beschäftigt sind, welche sie zu berechnen und auszuführen haben. In diesem Sinne möge es dazu beitragen, die Isolierstoffe technisch und wirtschaftlich optimal einzusetzen.

Neu-Isenburg, im September 1975

Curt Brinkmann

Inhaltsverzeichnis

Einleitung und Übersicht 1

A. Grundlagen 4
   1 Aufbau der Isolierstoffe 4
      1.1   Atomare Grundlagen 4
      1.2   Chemische Bindung und Molekülbildung 5
      1.3   Aggregatzustand 7
      1.4   Kristalle und amorphe Stoffe 9
      1.5   Aufbau der Makromoleküle 11
   2 Werkstoffeigenschaften 15
      2.1   Mechanisches Verhalten 16
      2.2   Elektrisches Verhalten 19
      2.3   Verhalten in der Wärme 31
      2.4   Verhalten gegen chemische und andere Einflüsse 36
   3 Zuschlagstoffe und ihr Einfluß auf die Werkstoffeigenschaften 40
      3.1   Stabilisatoren 40
      2.2   Weichmacher, Gleit- und Trennmittel 41
      3.3   Füllstoffe 42
           3.3.1 Verstärkende Füllstoffe 42
           3.3.2 Sonstige aktive Füllstoffe 43
           3.3.3 Inaktive Füllstoffe 45

B. Die Isolierstoffe 47
   4 Natürliche anorganische Isolierstoffe 47
      4.1   Gase 47
           4.1.1 Luft 50
           4.1.2 Stickstoff 51
           4.1.3 Kohlendioxid (Kohlensäure) 52
           4.1.4 Wasserstoff 52
           4.1.5 Edelgase 53
      4.2   Naturgesteine 54
           4.2.1 Marmor 55
           4.2.2 Schiefer 56
      4.3   Quarz 56
      4.4   Asbest 61
      4.5   Glimmer 65

5 Künstlich hergestellte anorganische Isolierstoffe ... 79
5.1 Gasförmige Halogenverbindungen ... 79
5.1.1 Schwefelhexafluorid ... 79
5.1.2 Bromwasserstoff ... 85
5.2 Glas ... 86
5.2.1 Vollglas ... 88
5.2.2 Glasfaser ... 102
5.3 Keramische Isolierstoffe ... 115
5.4 Metalloxide nichtkeramischer Fertigungstechnik ... 130
5.4.1 Aluminiumoxid ... 130
5.4.2 Tantalpentoxid ... 131

6 Natürliche organische Isolierstoffe ... 133
6.1 Mineralöl ... 133
6.2 Sonstige Erdölerzeugnisse und Asphalt ... 139
6.2.1 Vaseline ... 139
6.2.2 Paraffin ... 140
6.2.3 Bitumen ... 141
6.2.4 Asphalt ... 142
6.3 Pflanzenöle ... 143
6.3.1 Leinöl ... 143
6.3.2 Holzöl ... 144
6.3.3 Sojaöl ... 144
6.3.4 Rizinusöl ... 144
6.3.5 Terpentinöl ... 145
6.3.6 Einsatzgebiete der Pflanzenöle ... 145
6.4 Wachse ... 146
6.4.1 Karnaubawachs ... 146
6.4.2 Kandellilawachs ... 146
6.4.3 Chinesisches Insektenwachs ... 146
6.4.4 Bienenwachs ... 146
6.4.5 Walrat ... 147
6.4.6 Montanwachs ... 147
6.4.7 Ozokerit ... 147
6.4.8 Einsatzgebiete der Wachse ... 148
6.5 Naturharze ... 148
6.5.1 Kolophonium ... 148
6.5.2 Kopal ... 149
6.5.3 Bernstein ... 149
6.5.4 Schellack ... 150
6.6 Holz ... 151
6.7 Faserstoffe ... 153
6.7.1 Seide ... 153
6.7.2 Leinen ... 154
6.7.3 Jute ... 154
6.7.4 Hanf ... 155
6.7.5 Ramie ... 155
6.7.6 Baumwolle ... 156
6.8 Papier ... 157

7 Substituierte Kohlenwasserstoffe ... 163
7.1 Fluorierte und chlorierte Kohlenstoffverbindungen ... 163
7.2 Chlorierte Diphenyle ... 164

Inhaltsverzeichnis

8 Halogenfreie synthetische Öle 169
   8.1 Polyisobutylen 169
   8.2 Silikonöl 173

9 Thermoplastische Isolierstoffe 176
   9.1 Zellulosehydrat 176
   9.2 Zellulosenitrat 182
   9.3 Zelluloseazetat, Zellulosepropionat und Zelluloseazetobutyrat ... 184
   9.4 Zelluloseäther 192
   9.5 Polyäthylen 193
   9.6 Äthylenvinylazetat-Mischpolymerisat 212
   9.7 Polypropylen 215
   9.8 Polybuten 223
   9.9 Polymethylpenten 225
   9.10 Polystyrol und Styrolmischpolymerisate 227
   9.11 Polyvinylchlorid 237
   9.12 Polyvinylidenchlorid 246
   9.13 Polyvinyläther 247
   9.14 Polyvinylkarbazol 248
   9.15 Polytetrafluoräthylen 251
   9.16 Tetrafluoräthylenhexafluorpropylen-Mischpolymerisat 264
   9.17 Polychlortrifluoräthylen 267
   9.18 Äthylentetrafluoräthylen-Mischpolymerisat 269
   9.19 Perfluoralkoxy 270
   9.20 Polyphenylensulfid 271
   9.21 Polyazetal 272
   9.22 Polymethakrylsäureester 278
   9.23 Polyamid 280
   9.24 Polyäthylenterephthalat 290
   9.25 Polybutylenterephthalat 296
   9.26 Polykarbonat 297
   9.27 Polybenzoxazindion 304
   9.28 Polyphenylenoxid 306
   9.29 Polysulfon 309
   9.30 Polyimid 312
   9.31 Polyesterimid und Polyamidimid 316
   9.32 Polyhydantoin 319
   9.33 Phenoxyharz 322

10 Gehärtete Kunststoffe (Duromere) 324
   10.1 Polyesterharz 324
   10.2 Diallylphthalatharz 336
   10.3 Cyanatharz 338
   10.4 Alkydharz 341
   10.5 Phenolharz 342
   10.6 Melaminharz 352
   10.7 Harnstoffharz 355
   10.8 Silikonharz 357
   10.9 Polyimid 361
   10.10 Polyurethan 364
   10.11 Epoxidharz 370

11 Elastomere ... 386
- 11.1 Naturkautschuk und Naturgummi ... 386
- 11.2 Derivate des Naturkautschuks ... 394
- 11.3 Polyisopren ... 397
- 11.4 Polyisobutylen ... 397
- 11.5 Butylgummi ... 399
- 11.6 Styrolbutadiengummi ... 400
- 11.7 Chloroprengummi ... 401
- 11.8 Äthylenpropylen-Mischpolymerisat bzw. -Terpolymerisat ... 403
- 11.9 Äthylenvinylazetat-Mischpolymerisat ... 405
- 11.10 Chloriertes und chlorsulfoniertes Polyäthylen ... 408
- 11.11 Silikongummi ... 410
- 11.12 Polyurethan ... 417

Schrifttum ... 423

Sachverzeichnis ... 433

Einleitung und Übersicht

Die Isolierstoffe der Elektrotechnik, über die in den vergangenen Jahren bereits mehrere Bücher [1* bis 9*][1] geschrieben worden sind, spielen verständlicherweise in allen Geräten, Maschinen und sonstigen Einrichtungen, in denen die Stromleitung Grundlage des technischen Systems ist, eine bedeutende Rolle. Überlegungen zum Einsatz der Isolierstoffe beginnen bereits mit der atomaren Struktur. Kann sie doch wichtige Hinweise für das mechanische, das elektrische und das thermische Verhalten geben. Wenn dahingehende Kenntnisse zur Zeit auch noch lückenhaft und manche Ergebnisse schwer zu deuten sind, so wird man hier in absehbarer Zeit zweifellos Fortschritte machen. Vorkommen bzw. Rohstoffgrundlage bestimmen weitgehend die Wirtschaftlichkeit der Fertigung. Da jedoch die meisten Ausgangsstoffe heute von einer spezialisierten Grundstoffindustrie zur Verfügung gestellt werden, ist die Kenntnis der Rohstoffe für den Elektrotechniker nicht mehr von allzu großem Interesse. In solchen Fällen werden daher nur die wesentlichsten Merkmale besprochen. Bei der Gewinnung bzw. Herstellung kommt als bedeutsam und gleichzeitig erschwerend hinzu, daß auf bestimmte strukturelle und chemische Eigenschaften geachtet werden muß, soll ein elektrisch einwandfreier Isolierstoff geliefert werden. Darüber hinaus können Zusätze, die aus verfahrenstechnischen Gründen oft hinzugegeben werden, die Güte des Erzeugnisses nachteilig beeinflussen. Das zu wissen, ist für den Elektrotechniker wichtig.

Die Kenntnis der Verarbeitungsmöglichkeiten ist für den Fertigungsingenieur von Bedeutung, um ihn in die Lage zu versetzen, seine Fertigungseinrichtungen zweckentsprechend zu planen. Aber auch der Konstrukteur hat sich mit der Verarbeitungstechnik zu befassen, damit seine Konstruktionen fertigungsgerecht ausfallen. Die Werkstoffeigenschaften schließlich bestimmen nicht nur die Konstruktion, sondern maßgeblich auch die Funktionsfähigkeit und die Güte des Erzeugnisses. So gilt es aus der großen Anzahl der zur Verfügung stehenden Isolierstoffe den gün-

---

[1] Die in eckigen Klammern stehenden, jeweils mit einem Sternchen versehenen Ziffern verweisen auf Buchzitate, die ohne Sternchen auf Zeitschriftenzitate.

stigsten herauszufinden, wobei nicht nur die Güte, das Verhalten beispielsweise bei bestimmten mechanischen Beanspruchungen, bestimmten Frequenzen und bestimmten Temperaturen den Ausschlag gibt, sondern auch der Preis. Daß in diesen auch die Verarbeitungskosten, die bei den verschiedenen Isolierstoffen recht unterschiedlich sein können, eingehen, wurde angedeutet. Daraus ergeben sich letzten Endes die Anwendungsmöglichkeiten und unter Berücksichtigung der Gestehungskosten der Einsatz in der Elektrotechnik.

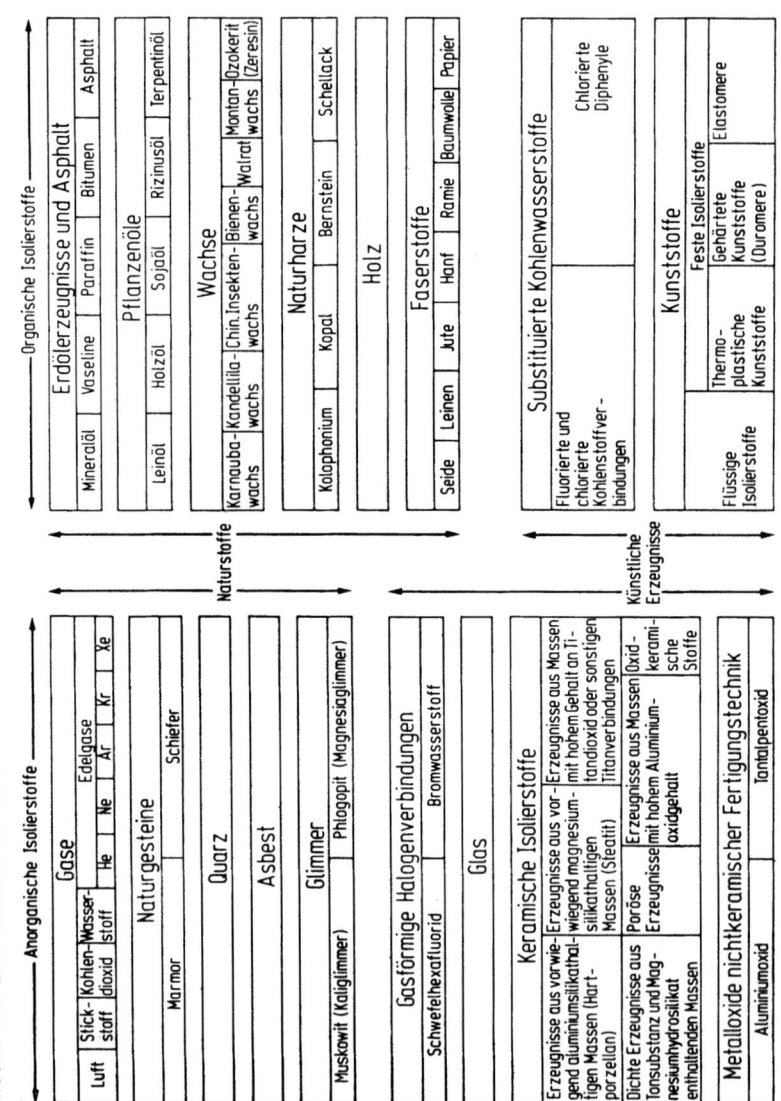

Tabelle 0.1. Die Isolierstoffe der Elektrotechnik

Einleitung und Übersicht

Unter den Isolierstoffen findet man nun eine Fülle von Werkstoffen mit den verschiedensten Eigenschaften, so daß eine allgemein gültige Bewertung und eine Unterscheidung in bezug auf die Anwendungsmöglichkeiten außerordentlich schwierig ist. Es ist daher notwendig, die Isolierstoffe nach grundlegenden Merkmalen zu ordnen. Eine solche Ordnung ist zweifellos die Unterteilung in anorganische und organische Isolierstoffe, und zwar schon deshalb, weil damit wesentliche Werkstoffeigenschaften vorbestimmt sind. Eine weitere Unterteilung muß die Trennung zwischen den Naturstoffen und den künstlich hergestellten Erzeugnissen sein. Naturstoffe sind solche, die in der Natur im wesentlichen verwendungsfertig vorkommen. Eine Aufbereitung braucht aber nicht ausgeschlossen zu sein. Bei den künstlichen Erzeugnissen handelt es sich um Werkstoffe, die aus vorgegebenen Rohstoffen durch physikalisch-chemische oder chemische Verfahren synthetisch hergestellt sind. Eine derartige Gliederung liegt der Tabelle 0.1 zugrunde. In diese lassen sich alle heute verfügbaren Isolierstoffe einordnen.

Die Kunststoffe unter den Isolierstoffen bilden eine besondere Gruppe. Sie können wegen ihrer Mannigfaltigkeit in dieser Zusammenstellung im einzelnen nicht untergebracht werden. Das ist in Tabelle 8.1 vorgenommen worden, wo sie in die flüssigen Kunststoffe, die thermoplastischen Kunststoffe, die gehärteten Kunststoffe und die Elastomere gegliedert sind. Damit ist der Rahmen in einer übersichtlichen Form abgesteckt. Zum besseren Verständnis des Werkstoffverhaltens folgt zunächst eine kurze Darstellung einiger physikalischer Grundlagen.

A. Grundlagen

1. Aufbau der Isolierstoffe

1.1 Atomare Grundlagen

Ein Atom besteht aus einem positiv geladenen Kern und einer negativ geladenen Atomhülle. Der Atomkern befindet sich im Mittelpunkt und besteht aus zwei verschiedenen Elementarteilchen: Protonen und Neutronen. Die Protonen sind Träger der positiven Ladung; die Neutronen haben keine Ladung. Beide bilden nahezu die ganze Masse des Atoms. Da die Atome nach außen hin neutral erscheinen, muß die positive Ladung des Atomkerns durch eine entsprechende Anzahl negativer Elementarteilchen, nämlich Elektronen, kompensiert sein. Die Ordnungszahl eines Atoms ist gleich der Anzahl der Protonen bzw. Elektronen. Die Massenzahl ist die Summe der Protonen und Neutronen. Durch die Ordnungszahl und die Massenzahl ist ein Atom eindeutig bestimmt.

Einen Stoff, dessen Atome die gleiche Kernladung besitzen, nennt man ein chemisches Element. Liegen Elemente mit gleicher Kernladung aber unterschiedlicher Masse vor, Elemente also, welche zwar die gleiche Anzahl Protonen haben, sich aber in der Anzahl der Neutronen unterscheiden, so handelt es sich um Isotope dieses Elementes.

Der Aufbau der Elektronenhüllen erfolgt nach der klassischen Vorstellung in Form von Schalen. Mit wachsender Auffüllung der Elektronenhülle werden Schalen mit zunehmend größerem Radius besetzt, wobei die Elektronenenergie (die Bindungsenergie an den Kern) mit wachsendem Radius abnimmt. Die Stellung der Schale ist durch die Hauptquantenzahl n festgelegt und von innen nach außen mit den Zahlen 1 bis 7 numeriert. Sie ist mit den Perioden identisch. Jede Schale kann $2n^2$ Elektronen aufnehmen.

Die Verteilung der Elektronen in den einzelnen Schalen — in diesem Zusammenhange spricht man heute von „Elektronenzuständen" — wird mit Hilfe der Nebenquantenzahlen gekennzeichnet. Diese werden mit den Buchstaben s, p, d und f bezeichnet. Es gibt danach eine s-, drei p-, fünf d- und sieben f-Zustände, von denen jeder höchstens zwei Elektronen aufnehmen kann. Die Zustände werden mit den Elektronen fortschreitend derart besetzt, daß nach Auffüllung der s-Zustände mit zwei Elektronen die nachfolgenden Elektronen jede der drei p-Zustände zunächst einfach und dann erst paarig unter Spinabsättigung besetzen.

Bei einfacher Überlegung sollte die Besetzung der Schalen in der Reihenfolge der Hauptquantenzahl erfolgen. Da die Energie jedoch auch etwas von der geschilderten Nebenquantenzahl abhängt, tritt bei Elementen höherer Ordnungszahl der Fall ein, daß Elektronenzustände einer höheren Schale energetisch günstiger sind als Zustände der darunter liegenden Schale. Das hat zur Folge, daß die Auffüllung einer Schale mit fortschreitender Ordnungszahl bereits erfolgt, bevor die nächst tiefere Schale voll gefüllt ist.

Nach Hauptquantenzahl und Atomgewicht hat man die Elemente geordnet. Eine solche Ordnung zeigt das sogenannte Periodensystem der Elemente, für das es verschiedene Schreibweisen gibt. International durchgesetzt haben sich das Langperiodensystem und das Kurzperiodensystem. In beiden werden die waagerechten Zeilen als Perioden, die senkrechten Spalten als Gruppen bezeichnet. In der Werkstoffkunde ist das Langperiodensystem üblich.

Vergleicht man das chemische Verhalten der Elemente mit der Stellung im Periodensystem, so stellt man fest, daß die chemisch einander ähnlichen Elemente jeweils zu einer Gruppe des Periodensystems gehören, also die gleiche Anzahl von Außenelektronen aufweisen. Daraus folgt, daß die chemischen Eigenschaften der Elemente hauptsächlich durch die in der äußersten Elektronenschale enthaltenen Elektronen bestimmt werden. Die Anzahl der Neutronen hat dabei weniger Bedeutung. Somit stehen die chemisch und physikalisch einander ähnlichen Elemente im Langperiodensystem senkrecht untereinander.

1.2 Chemische Bindung und Molekülbildung

Im festen Körper treten Atome, Ionen oder Moleküle zu einem Gesamtverband zusammen, wobei der Zusammenhalt zwischen den Elementarbausteinen im wesentlichen durch elektrische Kräfte bewirkt wird. Als Grenzfälle der Bindung kommen drei Arten von chemischen Kräften, die zu einer Anziehung zwischen Atomen und Molekülen führen, in Betracht: Die heteropolare oder Ionenbindung, die homöopolare oder kovalente Bindung und die Van-der-Waalsschen Kräfte. Eine weitere Bindungsart, die metallische, sei hier nicht behandelt, da sie im Zusammenhang mit den Isolierstoffen nicht interessiert.

Die heteropolare Bindung ist verhältnismäßig einfach zu verstehen. Sie erfolgt zwischen verschiedenen Elementen, deren äußere Elektronenschale wenig oder fast vollständig gefüllt ist, zwischen Elementen also mit geringer und großer Elektronegativität. Dabei findet ein Elektronenübergang in der Weise statt, daß die Atome nachher vollständig gefüllte äußere Schalen aufweisen. Die Elektronenhülle des einen Ions ist dann scharf gegen die des anderen abgegrenzt. An einer bestimmten Stelle zwischen beiden Ionen ist die Elektronendichte null. Die Ionen sind elektrisch mit verschiedenem Vorzeichen geladen, so daß zwischen ihnen eine elektrostatische Anziehungskraft auftritt. Man kommt sogar zu quantitativen Aussagen, wenn man die beteiligten Ionen als negativ oder positiv geladene, nur wenig deformierte Kugeln auffaßt. Bei größerem Ionenabstand überwiegen die Coulombschen Anziehungskräfte, die mit abnehmendem Abstand zunehmen. Kommt der Abstand jedoch in die Größenordnung der Summe der Ionenradien, so treten wegen der geringen Verformbarkeit der Elektronenhüllen abstoßende Kräfte auf. Eine stationäre Lage stellt sich an der Stelle ein, wo die Gesamtkräfte null werden. Dieses Gesetz gilt auch für Gitterionen, wenn der Einfluß der übrigen im Gitter benachbarten Ionen durch einen Korrekturfaktor berücksichtigt wird. Die Ladung eines Ions wirkt anteilmäßig natürlich auf alle benachbarten Ionen, so daß stets Ionen verschiedenen Vorzeichens benachbart sind. Das hat zur Folge, daß die Summe der Ladungen null ist; der Körper verhält sich nach außen neutral. Die Elektronen der in der Auffüllung begriffenen Schale, die für die Bindung verantwortlich sind, bezeichnet man als Valenzelektronen. Ihre Zahl bestimmt die Wertigkeit. Die heteropolare Bindung ist die vorherrschende Bindungsart in allen Ionenkristallen. In fast reiner Form findet man sie in den Alkalihalogeniden. Betrachtet man die Isolierstoffe, so ist sie bei keramischen Isolierstoffen der überwiegende Bindungsanteil.

Bei gleichartigen Bindungspartnern, wie beispielsweise bei den zweiatomigen Molekülen der Gase (H_2, N_2, O_2) sind Anziehungskräfte der geschilderten Art nicht möglich. Hier wie auch in einigen festen anorganischen Verbindungen (z.B. den Silikaten) und bei den verschiedenen Kohlenstoffverbindungen und allgemein bei den organischen Kunststoffen kommt die Bindung, wie die Quantenmechanik zeigt, durch einen Elektronenaustausch zustande, der mit einer Elektronenpaarung (Antiparallelstellung der Elektronenspins) der bindenden Elektronen verknüpft ist. So wird an keiner Stelle zwischen den beiden Atomen die Elektronendichte null. Diese Art der chemischen Bindung bezeichnet man als kovalent oder homöopolar. Kennzeichnend für sie ist allgemein ihre Richtungsabhängigkeit. Ihre quantitative Berechnung ist noch nicht gelungen. Wird die gemeinsame Hülle von je einem Elektron der beiden Atome gebildet, so liegt eine einfache Bindung vor; sind zwei Elektronen daran beteiligt, so spricht man von einer Doppelbindung. In den Strukturformeln wird dies, wie später noch gezeigt wird, durch einen bzw. zwei Valenzstriche angedeutet. Erst Mehrfachbindungen geben übrigens die Möglichkeit, aus niedermolekularen Stoffen in einer chemischen Reaktion (durch Polymerisation, Polykondensation oder Polyaddition) hochpolymere Werkstoffe zu schaffen. Das Molekulargewicht, die Summe also der Atomgewichte der in solch einem Makromolekül enthaltenen Elemente, kann beträchtliche Werte annehmen.

Die Van-der-Waalssche Bindung kommt durch eine Wechselwirkung zwischen Dipolen zustande. Sie bewirkt, daß auch Atome und Moleküle, die keine Verbindung über Valenzelektronen eingehen, feste Körper bilden können. Sie tritt in allen organischen flüssigen und festen Stoffen auf; in anorganischen Stoffen, sofern sie aus Molekülen bestehen. Diese Van-der-Waalssche Bindung ist die schwächste Bindungsart. Die Bindungsenergie nimmt mit zunehmender Temperatur ab, was, insbesondere bei den Kunststoffen, dann zum Erweichen führt und damit von praktischer Bedeutung ist. Besonders stark fällt sie mit dem Abstand vom Atommittelpunkt (mit $1/r^6$), so daß in einem breiten Raum zwischen den Atomen die Elektronendichte null wird. Diese Bindung tritt selten allein auf. Meistens ist sie mit homöopolarer Bindung verbunden.

In kristallinen Stoffen ist die Stärke der Bindung häufig richtungsabhängig, was zu einem anisotropen Verhalten führt und damit auch die Werkstoffeigenschaften beeinflußt. Typisch für diese Erscheinungen sind beispielsweise die optischen Achsen. In den wenigsten Fällen aber tritt in einem festen Körper eine der genannten Bindungsarten in reiner Form auf. Fast stets wirken mehrere Bindungsarten zusammen, die dem Körper eine bestimmte Struktur verleihen. So sind Schichtgitter in anorganischen Stoffen, wie es der Glimmer zeigt, Zeichen einer gemischten Bindung. In Schichtebene sind hier Hauptvalenzkräfte wirksam, senkrecht dazu im wesentlichen Van-der-Waalssche Kräfte. In ähnlicher Weise ist für das Auftreten von Faden- und Kettenstrukturen eine gemischte und richtungsabhängig unterschiedliche Bindungsart verantwortlich. Gemischte Bindung findet man ebenfalls in allen nieder- und hochmolekularen Stoffen. In den Molekülen bewirken Hauptvalenzkräfte die Bindung. Van-der-Waalssche Kräfte (Nebenvalenzbindungen) zwischen den Molekülen bedingen den flüssigen bzw. festen Aggregatzustand des Körpers. Werden zwischenmolekulare Nebenvalenzkräfte zunehmend durch Hauptvalenzkräfte ersetzt, was praktisch durch Härtung und Vernetzung geschieht, geht der thermoplastische Zustand des Stoffes über einen gummielastischen zunehmend in einen duromeren Zustand über.

1.3 Aggregatzustand

Wir sind gewohnt, gasförmige, flüssige und feste Stoffe zu unterscheiden. Diese drei Aggregatzustände treten auch bei den Isolierstoffen auf. Dabei sind die Grenzfälle der ideale Gaszustand und der Zustand des idealen Festkörpers.

Gasförmig wird der Aggregatzustand bezeichnet, bei dem die zwischenmolekularen Kräfte nicht ausreichen, um dem Stoff eine Form- oder Volumenbeständigkeit zu geben. Die Gase füllen jeden ihnen angebotenen Raum. Durch vier Zustandsgrößen, nämlich durch Masse, Druck, Volumen und Temperatur wird der Zustand eines Gases festgelegt. Sie sind bei idealen Gasen durch die Zustandsgleichung $pV = nRT$ verbunden. Darin ist p der Druck, V das Volumen, n die Anzahl der Mole des Gases, R die molare Gaskonstante (8,3143 J/K mol) und T die absolute Temperatur. Ein Mol ist eine Mengeneinheit, die so viel Gramm eines einheitlichen Stoffes enthält, wie das Molekulargewicht (bzw. Atomgewicht) angibt.

Dieses einfache Gasgesetz gilt genau nur für das ideale Gas. Das ist ein Gas, bei dem das Eigenvolumen der Atome und Moleküle und die zwischenmolekularen Kräfte vernachlässigt werden können. Das ist um so eher möglich, je geringer die Dichte, je größer also der mittlere Molekülabstand und je höher die Temperatur ist, je schneller also die Moleküle den wirksamen Kraftbereich begegnender Moleküle durchfliegen. Die realen Gase weichen in dem Maße von den einfachen Gesetzmäßigkeiten ab, als das Volumen der Moleküle und die zwischenmolekularen Kräfte berücksichtigt werden müssen.

Die einzelnen Atome und Moleküle eines Gases bewegen sich im Raum regellos und ungeordnet. Sie stoßen gegeneinander und gegen die Gefäßwände und werden dabei elastisch zurückgeworfen. Die Intensität dieser Wärmebewegung hängt von der Temperatur ab. Aus der Summe der Impulse, die von den Gasatomen bzw. Molekülen auf die Flächeneinheit der Gefäßwände übertragen wird, ergibt sich der Gasdruck. Als Dichte im Normzustand wird die Dichte des trockenen Gases bei einer Temperatur von 0°C und einem Druck von 1 bar bezeichnet.

Der feste Körper setzt sowohl einer Formänderung als auch einer Volumenänderung einen großen Widerstand entgegen. Das typische Beispiel für einen echten festen Körper ist der Kristall. Er besitzt die größtmögliche Ordnung und der Platz eines jeden Atoms ist durch den seiner Nachbarn bestimmt.

Während der gasförmige und der feste Zustand atomphysikalisch definiert und daher theoretisch leicht zu behandeln sind, ist der Aufbau der Flüssigkeit unübersichtlicher. Sie stellt einen quasikristallinen Zustand der Materie dar, in dem die Merkmale der Ordnung der Moleküle wie bei den Kristallen ebenso wie Merkmale der Unordnung wie bei den Gasen vorhanden sind. Die Flüssigkeiten ähneln den Gasen, was die gegenseitige leichte Beweglichkeit der Moleküle anbelangt, und den festen Körpern in bezug auf die Dichte, die geringe Komprimierbarkeit, die geringe Wärmeausdehnung und die spezifische Wärme. Die freie Beweglichkeit der Moleküle hat zur Folge, daß sich die Flüssigkeit in ihrer Gestalt dem Gefäß anpaßt und unter dem Einfluß der Schwerkraft eine freie Oberfläche bildet.

Da man es in der Isolierstofftechnik auch mit Lösungen und Mischungen zu tun hat, sei gesagt, daß Lösungen und echte Mischungen homogene Phasen sind, also einphasige Systeme, die aus mindestens zwei Komponenten in atomarer oder molekularer Verteilung bestehen. Bei Lösungen ist die eine Komponente in großem Überschuß vorhanden, bei echten Mischungen liegen die Komponenten in vergleichbaren Anteilen vor. Lösungen brauchen nicht flüssig zu sein. Es gibt feste Lösungen im Bereich der festen Stoffe.

Emulsionen und Suspensionen sind mehrphasig. Die Emulsionen enthalten in einer Flüssigkeit dispergiert Flüssigkeitströpfchen, die Suspensionen feste Teilchen.

1.4 Kristalle und amorphe Stoffe

Es gibt Stoffe, die sich in ihrem Aufbau durch bestimmte Ebenen und Richtungen besonders auszeichnen. Dies ergibt sich aus der Verteilung der Atome, die sich hier gesetzmäßig anordnen. Das ist bei den Kristallen der Fall. Wird die Geometrie der Raumgitter auf möglichst zweckmäßige Koordinatenkreuze bezogen, so erhält man eine Unterteilung in sieben Kristallsysteme, wie sie in Abb. 1.1 aufgeführt sind [10*]. Sie werden nach dem Längenverhältnis und der gegenseitigen Neigung der drei Achsen, die im Aufbau der Elementarzelle als Vorzugsrichtungen erkennbar sind, unterschieden. Die Kristalle zeigen größtenteils eine ausgeprägte Anisotropie, die sich folgerichtig auch auf die Werkstoffeigenschaften auswirkt. Ein typisches Beispiel dafür ist der Glimmer (4.5). Er ist in ebenen Schichten aufgebaut, die sich leicht voneinander trennen lassen, während er in Richtung der Schichtebene eine besonders hohe Festigkeit besitzt. Manche andere Kristalle wie der des Magnesiumoxids sind dagegen isotrop.

Die amorphen Stoffe kann man als stark unterkühlte äußerst zähe Flüssigkeiten auffassen. Sie sind im wesentlichen isotrop und deren Werkstoffeigenschaften demnach von der Richtung unabhängig. Bei mechanischer Zerstörung entsteht, beispielsweise beim Glas (5.2), eine strukturlos unregelmäßige Bruchfläche. Zwar treten im molekularen Bereich auch bei diesen gewisse Strukturen auf; über kleinste Mikrobereiche gehen sie aber nicht hinaus. Zusammenfassend kann gesagt werden, daß die Kristalle sowohl eine Nahordnung als auch eine Fernordnung besitzen, die amorphen Stoffe dagegen nur eine Nahordnung.

Der Unterschied zwischen kristallinen und amorphen Stoffen wird auch beim Erstarrungsvorgang einer Schmelze deutlich. Handelt es sich um einen kristallinen Stoff, entstehen während der Abkühlung bei einer bestimmten Temperatur ziemlich schlagartig ganz kleine Kristalle, die dann mehr oder weniger schnell größer werden. Sie stoßen schließlich aneinander und wachsen zum Schluß zu einem festen Körper zusammen.

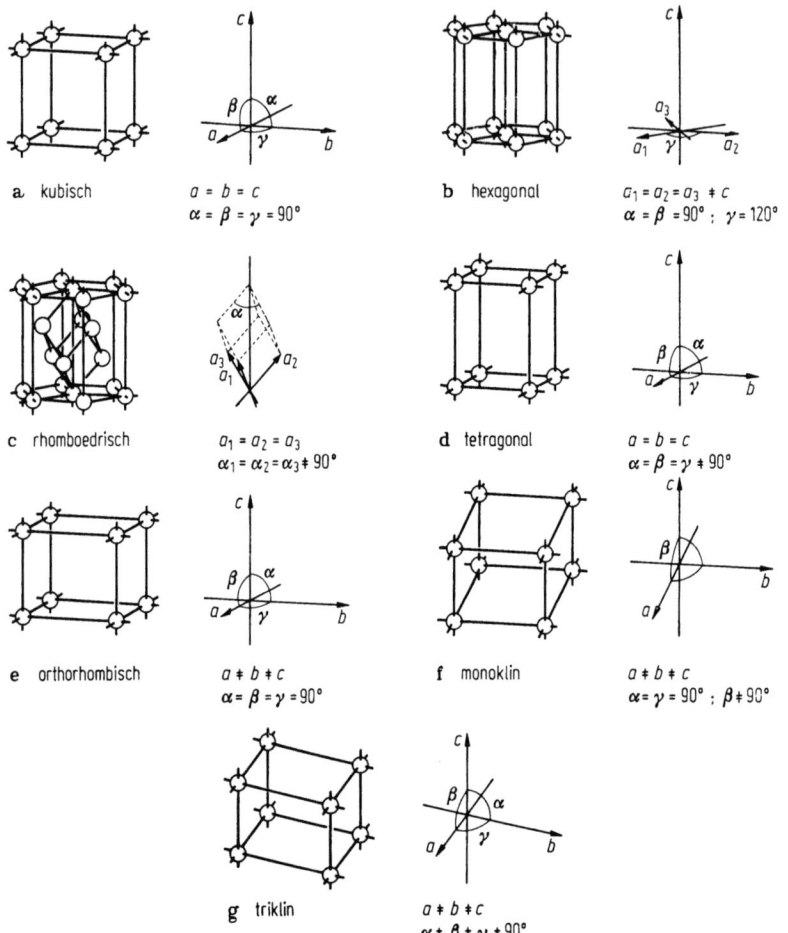

Abb. 1.1a–g. Die sieben Grundformen des Raumgitters und die sieben Kristallsysteme.

Dabei entsteht im allgemeinen kein einzelner Kristall, sondern es bilden sich unregelmäßig begrenzte und zusammengewachsene Partikel, die Kristallite oder Körner genannt werden. Trägt man bei solch einem Erstarrungsvorgang die langsam absinkende Temperatur in einem Schaubild zeitabhängig auf, so erhält man beim Einsetzen der Erstarrung einen Haltepunkt der Temperatur, also ein Abknicken in waagerechter Richtung. Hier wird nämlich durch die Kristallbildung, d.h. durch den Übergang vom energiereicheren flüssigen in den energieärmeren kristallinen Zustand, Energie frei, die ein weiteres Absinken der Temperatur verzögert. Erst, wenn die gesamte Flüssigkeit fest geworden ist, zeigt ein neuer Knick an, daß die Masse nun völlig erstarrt ist und sich als fester Körper weiter abkühlt. Beim Schmelzvorgang vollzieht sich das gleiche in umgekehrter Richtung. Entsteht ein amorpher Körper, wird beispielsweise geschmolzenes Glas langsam abgekühlt, so wird die Masse mit sinkender Temperatur immer zäher, bis sie schließlich als strukturlos einheitlicher Körper vorliegt. Wird die Abhängigkeit der Temperatur von der Zeit aufgenommen, so entsteht eine glatte konkav geformte Kurve ohne jeden Knick. Solche Untersuchungen sind, hauptsächlich auf metallischem Gebiet, wichtige Hilfsmittel der Werkstoffkunde. Eine analoge Untersuchung bei Kunststoffen ist die temperaturabhängige Messung des Schubmoduls, welche den Einfluß kristalliner Bereiche in amorphen Thermoplasten zu beurteilen gestattet.

Bei den Isolierstoffen handelt es sich sowohl um kristalline als auch um amorphe Stoffe. Kristallin sind u.a. Quarz und Glimmer. Amorph sind die meisten Flüssigkeiten und Gläser, außerdem viele kolloidale Systeme wie die Kunststoffe bzw. die synthetischen organischen Isolierstoffe. Daß die letztgenannten zum Teil auch meßbare kristalline Anteile aufweisen, wurde schon angedeutet.

Bei den festen Isolierstoffen ist die Struktur von wesentlicher Bedeutung, zumal dadurch die konstruktive Gestaltung beeinflußt wird. Die Moleküle können linear, flächenförmig oder räumlich ausgerichtet sein. Asbest, Seide, Baumwolle, Kautschuk und die thermoplastischen Kunststoffe besitzen lange fadenförmige Moleküle. Als Vertreter der zweidimensionalen Struktur ist der Glimmer zu nennen. Dreidimensionale Anordnung zeigen Quarz, Glas, die Naturharze und die Kunstharze.

Sind bei den Fadenmolekülen der Kunststoffe die Seitengruppen der Monomeren einheitlich geordnet, isotaktisch angeordnet, wie man sagt, dann können sich Teilstücke dieser Moleküle parallel zusammenlegen. Auf diese Weise entstehen innerhalb der amorphen Bereiche die erwähnten kristallinen Bezirke, die sogenannten Mikrokristallite.

1.5 Aufbau der Makromoleküle

Es wurde bereits gesagt, daß viele Kunststoffe als Isolierstoffe heute eine besondere Bedeutung erlangt haben. Das ist der chemischen Industrie zu verdanken, die im wesentlichen auf Erdöl, Erdgas und Kohle, dann aber auch auf Luft, Wasser und Steinsalz, weiter auf natürlicher Zellulose und auf anderen Rohstoffen aufbauend, eine unermeßliche Vielfalt an Synthesemöglichkeiten geschaffen hat.

Die abgewandelten Naturstoffe gehen von der Zellulose aus, die im Holz und in der Baumwolle zur Verfügung steht. Der hochmolekulare Naturkautschuk wird zu Gummi und verschiedenen Derivaten verarbeitet.

Besonders wichtig sind heute die chemischen Herstellungsverfahren geworden, die als Polymerisatonsverfahren, Polykondensationsverfahren und Polyadditionsverfahren bekannt sind. Sie sind auch für den Elektrotechniker von Bedeutung, weil damit die Molekülstruktur vorgegeben und die Weiterverarbeitung sowie die Eigenschaften mitbestimmt werden.

Die Polymerisate sind dadurch gekennzeichnet, daß sich gleichartige Reaktionspartner mit reaktionsfähigen Doppelbindungen oder Ringen (ohne Veränderung der Zusammensetzung, jedoch unter Veränderung der Bindungsverhältnisse) aneinanderlagern. Die Kettenlängen sind statistisch verteilt. Das durchschnittliche Molekulargewicht kann bis zu mehreren Millionen betragen.

Die Polymerisation kann in verschiedener Weise durchgeführt werden. Man unterscheidet folgende Verfahren: Die Blockpolymerisation, die Lösungspolymerisation, die Fällungspolymerisation, die Emulsionspolymerisation und die Suspensionspolymerisation.

Die Blockpolymerisation, auch Substanzpolymerisation genannt, ist die Polymerisation der monomeren Verbindung im Ganzen. Das Monomere wird hierbei unter Zusatz geringer Mengen eines Polymerisationsbeschleunigers auf die erforderliche Reaktionstemperatur gebracht. Das fertige Polymerisat wird heiß als Schmelze abgezogen. Der Vorteil dieses Verfahrens besteht darin, daß mit Ausnahme des Katalysators keine Fremdstoffe, welche die elektrischen Eigenschaften ungünstig beeinflussen können, in das Erzeugnis gelangen. Es entsteht ein besonders reines Polymerisat. Schwierigkeiten macht aber die Abfuhr der Reaktionswärme aus dem hochviskosen Medium. Bei Polymerisaten mit hohem Molekulargewicht bzw. Polymerisationsgrad ist das Verfahren dann nicht mehr anwendbar, wenn die Zähigkeit des frisch hergestellten Erzeugnisses so groß wird, daß es vom Boden des Reaktionsturmes nicht mehr abgezogen werden kann.

Wird das Monomere in Lösemitteln gelöst und polymerisiert, spricht man von der Lösungspolymerisation. Meistens fällt dann auch das Polymerisat in gelöster Form an. Eingeleitet wird auch hier die Polymerisation durch Katalysatoren, z. B. Peroxide; manchmal auch allein durch Wärme. Zum Abführen der Polymerisationswärme dient das Lösemittel, was eine gute Beherrschung der Temperatur ermöglicht. Die Art des Lösemittels beeinflußt die Polymerisationsgeschwindigkeit und das Molekulargewicht.

Eine Abwandlung der Lösungspolymerisation ist die Fällungspolymerisation. Ist nämlich in dem betreffenden Lösemittel nur das Monomere löslich, nicht dagegen das Polymere, dann muß dieses nach der Reaktion ausfallen.

Bei der Emulsionspolymerisation wird das Monomere als wässerige Emulsion in feinste Verteilung gebracht und so polymerisiert. Die Emulsionspolymerisation ist in bezug auf die Zusammensetzung des Reaktionsgemisches sehr komplex; besteht dieses doch außer dem Monomeren aus Wasser, Emulgator, Aktivator, Puffermittel und anderem mehr. Die Poly-

1.5 Aufbau der Makromoleküle

merisation wird hauptsächlich durch wasserlösliche Katalysatoren angeregt. Die entstehende Dispersion wird am Ende des Autoklaven diskontinuierlich oder auch kontinuierlich abgezogen. Die Latex kann durch Fällung mit Elektrolyten, durch Verdüsung und auch nach dem Walzentrocknungsverfahren aufgearbeitet werden. Auf die Entfernung des Emulgators und der Polymerisationshilfsmittel muß großer Wert gelegt werden. Möglicherweise verbliebene Reste sind für die elektrische Güte des Erzeugnisses von Nachteil. Dieses Polymerisationsverfahren läßt sich jedoch besonders leicht beherrschen und gewährleistet damit auch die gewünschte Einheitlichkeit des Erzeugnisses. Es ist das am meisten angewendete Verfahren.

Verteilt man ein in Wasser schwerlösliches Monomeres durch mechanische Bewegung, so bilden sich kleine Tröpfchen. Durch Polymerisation dieser in Bewegung gehaltenen Tröpfchen erhält man das Erzeugnis dann in Form kleiner Perlen. Dieser der Suspensionspolymerisation zugrunde liegende Vorgang unterscheidet sich reaktionskinetisch kaum von der des unverdünnten Monomeren. Das Reaktionsmedium wird lediglich in viele kleine Teile aufgeteilt, d. h. die Polymerisation erfolgt in den suspendierten monomeren Teilchen. Dabei wird die Polymerisationswärme an die wässerige Phase abgegeben. Als Katalysatoren benutzt man vorwiegend Aktivatoren, die im Monomeren löslich sind, z. B. organische Peroxide. Um bei Zusammenstößen der polymerisierten Tröpfchen ein Verkleben zu verhindern, müssen in der Regel vorher Schutzkolloide zugegeben werden, deren Wirkung darin besteht, daß sie sich in den Grenzflächen zwischen Tropfen und Wasser anlagern. Das Verfahren wird auch als Perlpolymerisation bezeichnet. Das auf diese Weise erhaltene Polymerisat besitzt eine enge Molekulargewichtsverteilung und ist elektrisch im allgemeinen von hoher Güte.

Monomere Moleküle können sich nun nicht nur untereinander zusammenschließen, sondern sie können auch andere monomere Verbindungen in die Kette einpolymerisieren. Dann entstehen die sogenannten Mischpolymerisate. Eine weiteres Verfahren ist die Pfropfpolymerisation. Sie besteht darin, daß an die Kette eines Polymerisates fremde Monomere oder Polymere in wechselnden Abständen angefügt werden.

Bei der Polykondensation reagieren (gleichartige oder verschiedenartige) Reaktionspartner mit reaktionsfähigen (bi- oder polyfunktionellen) Endgruppen. Die Verknüpfung der Komponenten erfolgt unter Abspaltung von niedermolekularen Molekülteilen, was als Kondensation bezeichnet wird. Ausgangsstoffe und Endprodukt sind in ihrer atomaren Zusammensetzung verschieden. Charakteristisch für die durch Polykondensation gewonnenen Kunststoffe ist, daß ihr Aufbau sowohl über Kohlenstoffatome als auch über andere Atome erfolgen kann und daß praktisch alle Zwischenstufen der Reaktion abgebrochen, die Erzeugnisse gelagert und später weiterkondensiert werden können. So werden zunächst kleine bis mittelgroße Moleküle, d. h. Gemische mit unterschiedlichem Kondensationsgrad hergestellt. Sie sind thermisch verformbar, zum Teil schmelzbar und in Kohlenwasserstoffen löslich. Diese Gemische werden von der chemischen Industrie geliefert, können dann räumlich vernetzt, also zu Enderzeugnissen weiterverarbeitet werden. Dies Kondensationsverfahren ist das älteste Verfahren zum Aufbau makromolekularer Stoffe.

Die Polyaddition ist dadurch gekennzeichnet, daß sich das Molekülwachstum durch Reaktionen grundsätzlich verschiedenartiger Stoffe vollzieht. Es reagieren gleich- oder verschiedenartige Reaktionspartner mit bi- oder polyfunktionellen Endgruppen. Die Verknüpfung kann ebenfalls nicht nur über Kohlenstoffatome, sondern auch über Stickstoff-, Sauerstoff- und Schwefelatome in der Hauptkette erfolgen. Im Gegensatz zur Polykondensation verläuft die Polyaddition ohne Abspaltung von Stoffen. Bei der Herstellung mindestens einer der beiden Komponenten ist vielfach eine Kondensationsreaktion bereits vorausgegangen. Gegenüber der Polymerisation unterscheidet sich die Polyaddition durch das Wandern eines Wasserstoffatoms innerhalb der reagierenden Endgruppen bei jedem Reaktionsschritt. Es handelt sich um eine Stufenreaktion, bei der gegebenenfalls wieder das Abfangen von Zwischenstufen möglich ist.

Es können thermoplastische Kunststoffe, gehärtete Kunststoffe und auch Elastomere hergestellt werden. Thermoplaste sind Kunststoffe mit fadenförmigen Molekülen, zwischen denen Van-der-Waalssche Kräfte wirksam sind. Bei den gehärteten Kunststoffen, die auch Duromere genannt werden, sind die Moleküle engmaschig vernetzt. Bei den Elastomeren, zu denen die verschiedenen Gummisorten gehören, ist diese Vernetzung weitmaschig. In bezug auf die Vernetzung sei zur Definition der Elastomere noch gesagt, daß für den unvernetzten (unvulkanisierten) gummielastischen Polymerrohstoff der Begriff „Kautschuk" verwendet wird. Der Begriff „Gummi" ist dagegen für das vernetzte (vulkanisierte) Enderzeugnis zu gebrauchen. Sofern es sich um fertige, einsatzfähige Isolierstoffe handelt, wird man also bei den Elastomeren grundsätzlich von Gummi zu sprechen haben.

2. Werkstoffeigenschaften

Um den geeigneten Isolierstoff an der richtigen Stelle einzusetzen, muß man außer der Beanspruchung selbstverständlich die Eigenschaften des Isolierstoffes kennen. Das mechanische Verhalten, die elektrischen Eigenschaften, das Verhalten in der Wärme und auch das Verhalten bei chemischen Einwirkungen müssen bekannt sein.

Die Dichte spielt für das Gewicht des Gerätes, insbesondere in Flugzeugen und Raketen, eine Rolle. Da außerdem Rohstoffe nach dem Gewicht eingekauft werden, geht die Dichte auch in den Preis ein. Die meisten Isolierstoffe dienen auch als tragende Elemente der Konstruktion. So werden entsprechende mechanische Eigenschaften gefordert wie ein hoher Elastizitätsmodul, Biegefestigkeit, Schlagzähigkeit, Zugfestigkeit, Härte und manchmal hohe Abriebfestigkeit. Weiter verlangt werden gute elektrische Eigenschaften, nämlich Kriechstromfestigkeit, hohe Durchschlagfestigkeit, hoher spezifischer Widerstand, geringe Dielektrizitätszahl, sofern der Isolierstoff nicht als Dielektrikum im Kondensator verwendet wird, geringer dielektrischer Verlustfaktor, Glimmfestigkeit, Lichtbogenfestigkeit und Strahlenbeständigkeit. Darüber hinaus werden Forderungen an das Verhalten des Isolierstoffes in der Wärme gestellt. Er soll u. a. die Wärme möglichst gut ableiten. Der Längenausdehnungskoeffizient soll möglichst dem der Metalle oder den übrigen Werkstoffen, die mit dem jeweiligen Isolierstoff gerade zusammen verarbeitet sind, nahekommen. Damit werden unnötige mechanische Spannungen vermieden, was die Maßgenauigkeit erhöht. Auch die Formbeständigkeit in der Wärme soll gut sein; der Erweichungspunkt also nicht zu niedrig liegen. Überhaupt sollen im Dauerbetrieb möglichst hohe Temperaturen vertragen werden. Schließlich werden auch Chemikalienbeständigkeit und eine geringe Feuchtigkeitsaufnahme gewünscht.

Diese Forderungen beziehen sich in erster Linie auf feste Isolierstoffe. Schon bei der Folie ergeben sich Abweichungen in bezug auf die mechanischen Eigenschaften. Bei gasförmigem oder flüssigem Aggregatzustand treten oft ganz andere Forderungen wie z. B. Atom- bzw. Molekulargewicht, Oberflächenspannung, Viskosität und Flammpunkt an ihre Stelle.

Es muß zunächst festgestellt werden, daß es bis heute keinen Isolierstoff gibt, der alle gewünschten Eigenschaften in voller Höhe in sich vereinigt. Man hat demnach in jedem praktischen Falle den vorliegenden Anforderungen Rechnung zu tragen, auf weniger wichtige Dinge zu verzichten und den Isolierstoff danach auszuwählen. Natürlich ist dabei auch der Preis ausschlaggebend.

Wichtig ist, daß die Werkstoffeigenschaften, sollen sie vergleichbar sein, unter genau definierten Verhältnissen gemessen werden. Weil es dem praktischen Betrieb am besten entspricht und der Konstrukteur damit unmittelbar verwertbare Unterlagen erhält, sind die in diesem Buch genannten Werte, sofern nicht anders vermerkt, bei Normalklima ermittelt worden, und zwar nachdem sich ein stationärer Zustand eingestellt hat. Das heißt, es sind eine Temperatur von 23°C und eine rel. Luftfeuchtigkeit von 50% zugrunde gelegt worden. Gase und Flüssigkeiten werden bei gleicher Temperatur in trockenem Zustande gemessen. Die dielektrischen Eigenschaften sind in der Regel bei einer Frequenz von 10^6 Hz gemessen worden. Selbstverständlich reicht ein einzelner Versuchspunkt zur Beurteilung eines Isolierstoffes oft nicht aus, so daß es erforderlich wird, eine ganze Versuchsreihe durchzuführen, um die optimale Entscheidung treffen zu können. Zeit-, Spannungs-, Frequenz- und Temperaturabhängigkeit der Eigenschaftswerte sind in dem Zusammenhange in vielen Fällen von großer Bedeutung. Bei Kunststoffen spielen auch die Herstellungsbedingungen eine Rolle.

2.1 Mechanisches Verhalten

Der *Elastizitätsmodul* ist der Quotient aus Spannung und Dehnung im elastischen Bereich des Spannungsdehnungsdiagramms. Er ist also nur im Hookeschen Bereich definiert, in welchem Spannung und Verformung einander proportional verlaufen. Er ist ein Maß für die Steifigkeit des Werkstoffs. Er wird sowohl aus dem Biegeversuch als auch aus dem Zugversuch, gelegentlich aus dem Druckversuch, (für Kunststoffe DIN 53457) ermittelt.

Die *Biegefestigkeit* ist die bei Biegung unter Vierpunktbelastung festgestellte Biegespannung beim Bruch. Im Probekörper treten dabei Zug-, Druck- und Schubspannungen auf. Da bei hochelastischen Stoffen die Biegefestigkeit nicht mehr angegeben werden kann, wird in diesen Fällen die Grenzbiegespannung festgestellt (DIN 53452). Sie wird bei einer festgelegten größten Durchbiegung durch den Quotienten aus dem Biegemoment und dem Widerstandsmoment dargestellt. Dabei wird im allgemeinen eine Randfaserdehnung von 5% zugrunde gelegt. Auch damit erhält man einen Anhaltspunkt für die Steifigkeit des Isolierstoffes. Bei Isolierteilen, die durch wechselnde Belastung beansprucht werden, muß die Dauerschwingfestigkeit bekannt sein, um ihr Verhalten im Einsatz richtig beurteilen zu können. Darunter versteht man den im Dauerschwingversuch ermittelten Spannungsausschlag, den eine Probe für eine sehr

2.1 Mechanisches Verhalten

große (theoretisch unendliche) Lastspielzahl ohne Bruch aushält (DIN 50100). Bei Kunststoffen kann, da ein Grenzwert im allgemeinen nicht erreicht wird, nur eine Schwingfestigkeit angegeben werden, die sich auf eine bestimmte Anzahl von Lastspielen bezieht. Man unterscheidet dabei die Versuche im Schwellbereich, bei dem die Spannung nur innerhalb des Zug- bzw. Druckbereiches wechselt, und die im Wechselbereich, bei dem, wie in Abb. 2.1 dargestellt ist, die Spannung ständig zwischen Zug und Druck wechselt. Um die Versuchsergebnisse nicht durch die infolge innerer Reibung mögliche Erwärmung zu verfälschen, wird meistens eine Lastwechselfrequenz von 10 bis 30 Hz gewählt.

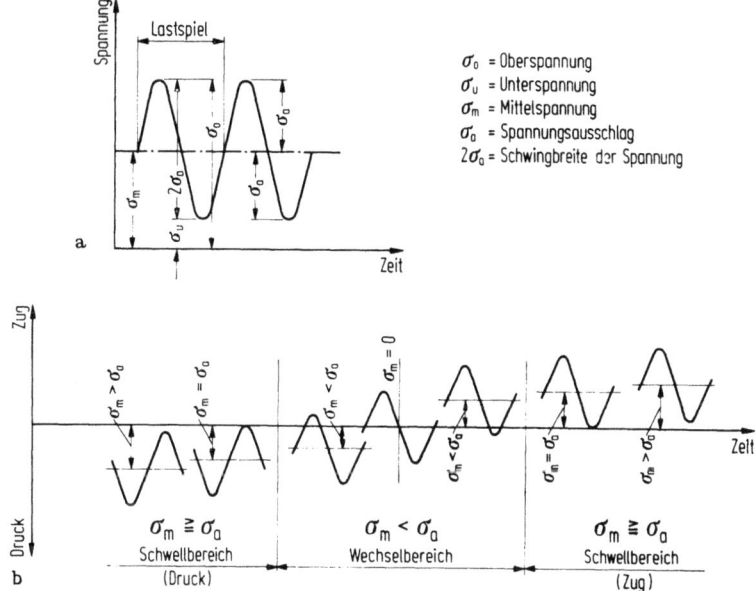

Abb. 2.1. Dauerschwingbeanspruchung.
a) Spannungsverlauf beim Dauerschwingversuch; b) Beanspruchungsbereiche beim Dauerschwingversuch.

Die *Schlagzähigkeit* ist die vom ungekerbten Probekörper bis zum Bruch verbrauchte Schlagarbeit, bezogen auf den Querschnitt des Probekörpers vor dem Versuch (für Kunststoffe DIN 53453). Sie dient innerhalb gewisser Grenzen zur Beurteilung der Sprödigkeit bzw. der Zähigkeit. Gelegentlich werden auch Versuche an gekerbten Probekörpern vorgenommen, und man ermittelt die verbrauchte Schlagarbeit, bezogen auf den Restquerschnitt des Probekörpers unter dem Kerb vor dem Versuch. Das ist die Kerbschlagzähigkeit.

Die *Zugfestigkeit* dient zur Beurteilung des Verhaltens von Stoffen bei einachsiger Beanspruchung. Der Wert hängt, insbesondere bei Kunststoffen, stark von der Verformungsgeschwindigkeit und der Temperatur ab. Man stellt meistens ein Diagramm nach Abb. 2.2 auf, das die Zugspannung in Abhängigkeit von der *Dehnung* zeigt. Daraus können nicht nur Elastizitätsmodul, Zugfestigkeit und Bruchdehnung, sondern auch die jeder Zugspannung zugeordnete Dehnung abgelesen werden. Außerdem läßt der Kurvenverlauf sofort das Verformungsverhalten des Isolierstoffes erkennen. Harte und spröde Stoffe zeigen einen steilen, geradlinigen Anstieg; schon nach sehr geringer Dehnung tritt der Bruch ein. Weniger

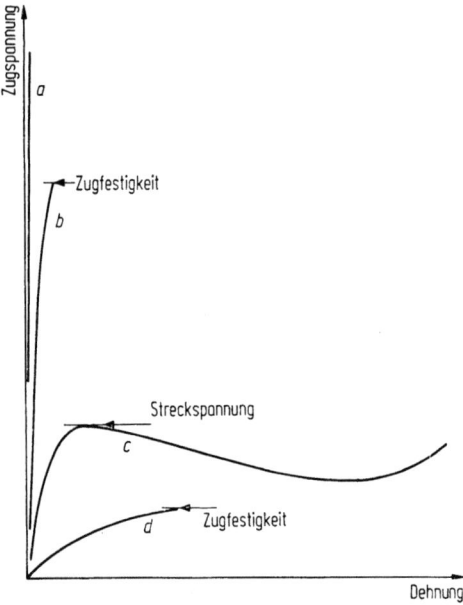

Abb. 2.2. Spannungs-Dehnungs-Diagramm verschiedenartiger Isolierstoffe.
a Spröder anorganischer Isolierstoff (Glas); *b* Sprödharter synthetischer Isolierstoff; *c* Zähharter thermoplastischer Isolierstoff; *d* Weicher Isolierstoff.

harte Werkstoffe zeigen zunächst auch einen ziemlich geradlinigen Verlauf, biegen dann aber in Richtung einer größeren Dehnung ab. Zähharte Isolierstoffe, wie man sie bei vielen Kunststoffen findet, beginnen mit ansteigender Spannung sich zunächst zu dehnen, überschreiten bei weiterer Zunahme der Dehnung einen Höchstwert der Spannung, die dann abfällt, aber auch wieder ansteigen kann. Die Zugspannung, bei der die Steigung dieser Kurve zum ersten Mal null wird, bezeichnet man als Streckspannung. Weiche Isolierstoffe wie einige Thermoplaste und Elastomere haben einen mehr oder weniger stark gekrümmten, stetig ansteigenden Kurvenverlauf. Die Zugfestigkeit ist die auf den Anfangsquerschnitt bezogene größte Zugspannung. Sie kann in manchen Fällen mit der soeben geschilderten Streckspannung zusammenfallen. Unter Dehnung wird die auf die ursprüngliche Meßlänge des Probekörpers bezogene Längenänderung verstanden. So lange der Quotient aus Spannung und

Dehnung konstant ist, gilt das sogenannte Hookesche Gesetz. Bei Kunststoffen ist nur im untersten Bereich des Spannungsdehnungsdiagramms ein linearer Kurvenverlauf festzustellen (DIN 53455).

Zur Beurteilung des elastischen Verhaltens bei schlagartiger Beanspruchung dient die sog. *Stoßelastizität*. Sie gibt das Verhältnis der zurückgewonnen Arbeit zur aufgewendeten Arbeit bei Stoß wieder. Gemessen wird sie als der Quotient aus Rückprallhöhe eines Pendels und seiner Fallhöhe. Bedeutung hat sie bei den Elastomeren (DIN 53512).

Zur Feststellung der *Härte* sind verschiedene Prüfverfahren in Gebrauch. Seit langem bekannt ist die Prüfung der Ritzhärte nach Mohs. Als Maßstab dient dabei die Härte einiger ausgewählter mineralischer Stoffe, die in zehn Stufen eingeteilt sind, an deren unterstem Ende der Talk und an deren oberstem Ende der Diamant steht. Der zu untersuchende Werkstoff wird an der Stelle der Skala eingeordnet, wo er den Stoff geringerer Härte ritzt, von jedem Stoff höherer Härte aber selbst geritzt wird. Die einzelnen Stufenunterschiede sind verhältnismäßg grob und haben außerdem ungleiche Abstände. Das Verfahren kommt in den oberen Gütegraden für einige harte Isolierstoffe anorganischer Natur in Betracht. Die meisten Härteprüfungen beurteilen den Eindruck, den ein bestimmter unter Druck aufgesetzter Eindringkörper in der Werkstoffprobe nach Entlastung zurückläßt. Dabei wird die plastische Verformung gemessen. Dazu gehören die Brinellhärte (DIN 51351), die Vickershärte und die Rockwellhärte (DIN 50103). Wegen der elastischen Nachwirkungserscheinungen der Kunststoffe sind diese drei Verfahren für die synthetischen Isolierstoffe aber nicht immer brauchbar, so daß hier die Messung der Kugeldruckhärte (DIN 53456) üblich ist. Nach diesem Verfahren wird die Eindringtiefe nach einer festgelegten Zeit unter Last gemessen. Schließlich ist die Shorehärte (DIN 53505) zu erwähnen, die bei den Elastomeren gebräuchlich ist. Hier wird die Eindringtiefe eines Stahlstiftes unter Belastung gemessen. Die nach den verschiedenen Prüfverfahren erzielten Ergebnisse können, das ist ausdrücklich festzuhalten, nicht ineinander umgerechnet werden.

2.2 Elektrisches Verhalten

Bei festen Isolierstoffen ist es störend, wenn sich zwischen unter Spannung stehenden Teilen infolge leitfähiger Verunreinigungen auf der Oberfläche ein Strom ausbildet. Das kann geschehen, obwohl der Isolierstoff im sauberen Zustand gut isoliert. Dieser in einer äußeren Fremdschicht verlaufende Kriechstrom kann örtlich und zeitlich wechselnde kleine Lichtbogen verursachen, welche die Oberfläche des Isolierstoffes thermisch belasten und möglicherweise beschädigen. Die Folge einer solchen thermischen Zersetzung ist eine Kriechspur, die unter bestimmten Voraussetzungen einen Kurzschluß einleitet. Die *Kriechstromfestigkeit* ist die Widerstandsfähigkeit des Isolierstoffes gegen die Bildung einer solchen Kriechspur. Man prüft sie, indem man zwei unter Wechselspannung stehende Elektroden auf die Probe aufsetzt und eine elektrisch leitende Prüflösung auftropft. Gemessen wird, nach wieviel Auftropfungen die entstehende Kriechspur einen Kurzschluß herbeiführt bzw. wie tief die Aus- Aushöhlung nach einer bestimmten Anzahl von Auftropfungen ist. In einer etwas abgewandelten Form kann man auch die Spannung messen, die nach einer festgelegten Anzahl von Auftropfungen noch keinen Kurzschluß hervorruft (IEC-Verfahren).

Die *Durchschlagfestigkeit* wird ermittelt als Quotient aus der Durchschlagspannung und der zwischen den Elektroden gemessenen geringsten Dicke der Probe. Als Durchschlagspannung gilt der Effektivwert einer sinusförmigen Wechselspannung, bei welcher der Durchschlag eintritt. Gleichmäßige Feldstärke wird vorausgesetzt. Nur für Vergleichsmessungen können auch Elektrodenanordnungen mit geringer Ungleichförmigkeit des Feldes verwendet werden.

Bei der Behandlung der Isolierstoffe kann auf die Vorgänge der elektrischen Leitung und des Durchschlags wegen des Umfangs, den deren Beschreibung in Anspruch nehmen würde, im einzelnen nicht eingegangen werden. Es soll daher nur einiges Grundsätzliche dazu gesagt werden. In Gasen werden die Leitungsvorgänge unter dem Begriff Gasentladung zusammengefaßt, bei der man vier Stufen unterscheidet, nämlich die Dunkelentladung, die Glimmentladung, die Funkenentladung und die Bogenentladung.

Die Dunkelentladung ist, wie der Name schon sagt, nicht sichtbar. Man kann sie aber messen. Legt man an zwei Elektroden, zwischen denen sich ein Gas befindet, eine Gleichspannung an, so geschieht normalerweise, da das Gas ein ausgezeichneter Isolator ist, nichts. Wird aber das Gas von außen ionisiert, so wird ein Strom festgestellt. Die Vorgänge, die sich dabei abspielen, sind die folgenden. Durch die Bestrahlung wird ein Teil der Gasatome in positive Ionen und negative Elektronen aufgespalten. Die so entstandenen Ladungsträger bewegen sich im elektrischen Feld ihrer Ladung entsprechend zur negativen bzw. positiven Elektrode. An den Elektroden geben sie ihre Ladung ab; es fließt ein Strom. Wie groß dieser ist, hängt von der Menge der Ladungsträger ab, die dort ankommen. Bei kleiner Spannung geht ein Teil der gebildeten Ladungsträger dadurch verloren, daß diese auf dem Wege zu den Elektroden wieder rekombinieren. Mit zunehmender Spannung werden aber immer mehr Ladungsträger und schließlich fast alle zu den Elektroden abgezogen. So steigt der Strom anfangs linear mit der Spannung an, bis er einen Grenzwert erreicht. Dessen Größe ist nun wieder von verschiedenen Faktoren abhängig. So zum Beispiel von Elektrodenabstand und Art der ionisierenden Strahlung. Aber

2.2 Elektrisches Verhalten

auch vom Gas ist er abhängig, nämlich von seiner Ionisierbarkeit. Ein Maß dafür ist die sog. Ionisierungsspannung. Dabei handelt es sich um eine Konstante, welche der Energie entspricht, die erforderlich ist, um ein Elektron aus der Atomhülle des Gases herauszuschlagen. Das ist ein für das jeweilige Gas wichtiger Wert, der bei den verschiedenen Gasen verschieden ist und zwischen 12 und 24 eV liegt.

Unter der Ionisierung wird allgemein ein Vorgang verstanden, bei dem ein Ion gebildet wird. Bei den molekularen Gasen kann das Gas außerdem dissoziiert werden. Bei der Ionisierung eines Gasmoleküls müssen also, wenn diese genau definiert sein soll, der Zustand des Ausgangsmoleküls, der Ionisierungsvorgang und die Ionisierungsprodukte vollständig beschrieben werden.

Wird die Spannung der Dunkelentladung weiter gesteigert, so entsteht die Glimmentladung. Sie ist bekannt bei niedrigem Druck. Die Stromstärke ist um einige Größenordnungen größer als die der Dunkelentladung. Eine künstliche Bestrahlung ist nicht mehr erforderlich; die Entladung ist selbständig geworden. Für den Start genügt eine Bestrahlung durch ultraviolettes Licht, die kosmische Strahlung oder die radioaktive Strahlung der Umgebung, wenn man nur die Spannung groß genug macht. Die Ladungsträger werden durch Stoß immer neu gebildet. Das geschieht dann, wenn sie durch das elektrische Feld beschleunigt eine bestimmte Geschwindigkeit und damit eine bestimmte kinetische Energie erreicht haben. Die zur Stoßionisierung notwendige kinetische Energie ist durch die schon erwähnte Ionisierungsspannung vorgeschrieben. Da die Elektronen ihre Energie, gleich einer Kugel im Fall zur Erde, während ihres Fluges zur Anode aufnehmen, muß die von den Elektronen durchlaufene Spannung mindestens gleich der Ionisierungsspannung U_i sein, wenn ein Trägerpaar, also ein Ion und ein Elektron, neu gebildet werden soll. Der Weg, der ihnen dabei zur Verfügung steht, ist die freie Weglänge λ, die Strecke also, die bis zum Zusammenstoß mit einem Gasatom bzw. Gasmolekül zwischen diesen hindurch frei durchlaufen werden kann. Es muß sein: $\lambda \cdot E \geqq U_i$. Die mittlere freie Weglänge ist dem Gasdruck umgekehrt proportional, streut allerdings nach einer statistischen Verteilung.

Die Anzahl der im Durchschnitt von einem Elektron je Längeneinheit erzeugten Trägerpaare ist durch die Ionisierungszahl α gegeben. Sie wächst stark mit der Feldstärke und zeigt bei konstanter Feldstärke eine Druckabhängigkeit derart, daß sie mit dem Druck zunächst anwächst, bald aber einen Höchstwert erreicht und dann mit wachsendem Druck schnell wieder abfällt. Darüber hinaus gibt es eine mit der Rekombination von Ladungsträgern verbundene Trägerbildung durch Photoeffekt. Schließlich ist eine Elektronenauslösung an der Kathode möglich. Das kann durch Photoeffekt oder Ionenstoß erfolgen. Sobald die positiven Ionen mit genügender Geschwindigkeit auftreffen, werden auch aus der

Kathodenoberfläche Elektronen herausgeschlagen. Deren Zahl hängt zunächst von der Energie des auftreffenden Ions, also von der Anlaufspannung ab. Daneben spielen die Art der Ionen und der Kathodenwerkstoff eine Rolle. Tatsächlich treten Stoßionisation, Photoeffekt und Elektronenauslösung an der Kathode immer gemeinsam auf. Die Bedingung für eine so beschriebene selbständige Entladung ist lediglich, daß von einem Elektron auf seinem Wege von der Kathode zur Anode durch Stoßionisation im Gas, durch Photoeffekt und durch Elektronenauslösung an der Kathode gerade wieder ein neues Elektron erzeugt wird. Dann hält sich der Strom selbst aufrecht. Der Entladungsvorgang wird noch dadurch ziemlich unübersichtlich, daß die Raumladung, unter der man die im Entladungsraum suspendierte Anhäufung positiver Ionen versteht, das elektrische Feld stark beeinflußt.

Die Funkenentladung ist eine selbständige Gasentladung bei hohen Spannungen. Sie tritt als leuchtender und knallender Funken von sehr kurzer Dauer auf. Das Gas wird durchgeschlagen. Die dazu erforderliche Spannung bzw. Feldstärke wird Durchschlagsspannung bzw. Durchschlagfeldstärke genannt. Der Durchschlag tritt wie die Glimmentladung auf jeden Fall ein, wenn von einem Elektron auf dem Wege von der Kathode zur Anode Ionenpaare in solcher Zahl gebildet werden, daß mindestens wieder ein neues Elektron erzeugt wird. Im Gegensatz zu früheren Anschauungen kann aber auch schon ein einzelnes aus der Kathode austretendes oder in dessen Nähe entstehendes Elektron genügen, den vollen Durchschlag der Entladungsstrecke einzuleiten [1]. Die Durchschlagsspannung ist im homogenen Feld eine Funktion des Produktes aus Druck und Elektrodenabstand. Die Beziehung $U_D = f(p \cdot d)$ ist das Paschensche Gesetz [11*]. Bei kleinen pd-Werten ist die Durchschlagsspannung sehr hoch. Mit steigendem Druck und steigendem Abstand nähert sie sich nach Abb. 2.3 einem für das Gas charakteristischen Mindestwert, unterhalb dessen kein Durchschlag möglich ist. Er entspricht an dieser Stelle dem Höchstwert der Ionisierungszahl. Danach steigt die Durchschlagsspannung wieder an, um bei großen pd-Werten annähernd geradlinig anzusteigen. Bei hohen Drucken und großen Abständen erfolgt der Durchschlag in einem engen Kanal.

Die Durchschlagsvorgänge ändern sich mehr oder weniger, wenn es sich um eine inhomogene Feldanordnung handelt. Im konzentrischen Zylinderfeld ebenso wie bei der Anordnung einer Spitze gegen eine Platte treten Polaritätseffekte auf. Bei negativem Draht bzw. negativer Spitze ist die Durchschlagsspannung stets größer als im umgekehrten Falle. Daß im inhomogenen Felde die Polarität von Einfluß sein muß, erscheint im übrigen leicht erklärlich. In dem einen Falle werden die Elektronen bei dem Entladungsaufbau in Richtung auf die positive Spitze konzentriert und daher sicher geführt, im anderen Falle divergieren sie in ein abnehmen-

2.2 Elektrisches Verhalten

des Feld hinaus. Auch die Vermehrung der Ladungsträger muß in beiden Fällen unterschiedlich und ortsabhängig sein. Schließlich macht die Raumladung, welche durch die im Entladungsraum angehäuften Ionen verursacht wird, ihren feldverzerrenden Einfluß geltend. Dies alles sind Durchschlagsprobleme, die hier nur angedeutet werden sollen.

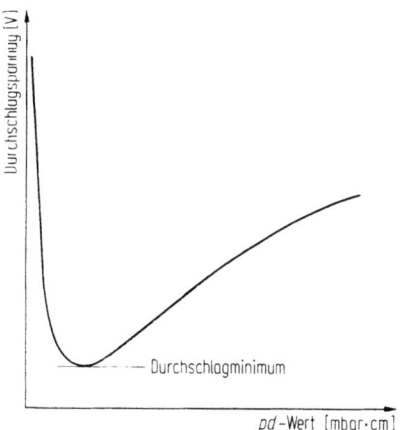

Abb. 2.3. Durchschlagspannung von Gasen im homogenen Feld in Abhängigkeit vom pd-Wert (Produkt aus Druck und Schlagweite).

Ist bei der Funkenentladung, die, wie gesagt, eine Entladung bei hohen Drucken ist, genügend Leistung vorhanden, so folgt sofort der Lichtbogen. In Zusammenhang mit den Isolierstoffen erübrigt sich, hierauf näher einzugehen.

Die Vorgänge, die bei flüssigen und festen Isolierstoffen zum Durchschlag führen, sind denen bei Gasen in mehrerer Beziehung ähnlich. Die Durchbruchfeldstärken in der Größenordnung von 10^5 V/mm und die äußerst kurzen Durchbruchzeiten von weniger als 10^{-7} s führen zu dem Schluß, daß auch hier in erster Linie freie Elektronen für den Durchschlag verantwortlich sind. Sie können sowohl aus dem Valenzband der den Isolierstoff bildenden Atome als auch aus Störstellen und schließlich, durch Feldemission ausgelöst, aus dem Metall der Kathode stammen.

Bei flüssigen Isolierstoffen ist noch auf einige Erscheinungen zu achten, die bei festen Isolierstoffen nicht auftreten können. Da ist das fadenförmige Aneinanderreihen fester Verunreinigungen zu nennen, das zu einer Brückenbildung führt. Ferner sind mögliche Gasblasen zu beachten, die sich in Feldrichtung strecken und damit den Entladungsvorgang beeinflussen. Daraus erklärt sich auch die beträchtliche Erhöhung der elektrischen Durchschlagfestigkeit, die man durch sorgfältige Reinigung erzielt. Weiter ist die Konvektion von Bedeutung, die einen Wärmestau, der bei festen Isolierstoffen oft von ausschlaggebender Bedeutung ist, verhindert.

Praktisch wichtig bei flüssigen und festen Isolierstoffen ist auch, daß die Durchschlagfestigkeit stark von der Schichtdicke abhängt. Die beträchtliche Durchschlagfestigkeit sehr dünner Ölfilme und dünner Folien hat erst den Bau von Leistungskondensatoren auf dieser Grundlage ermöglicht. Bei dünnen Schichten wird die Weglänge so klein, daß sich die Ladungsträgerlawinen nicht voll entwickeln können. Eine Temperaturabhängigkeit zeigt sich insofern, als mit steigender Temperatur die Elektronen- und Ionenbeweglichkeit zunimmt, was den Durchschlag begünstigt. Daß auch die Wärme um so schlechter abgeleitet wird, je dicker der Probekörper ist, wirkt in der gleichen Richtung. So kann ein durch irgendeine Schwachstelle hervorgerufener, räumlich begrenzter schwacher Strom infolge schlechter Wärmeableitung zu einer örtlichen Erwärmung führen. Erwärmung und zunehmende Leitfähigkeit können sich gegenseitig aufschaukeln, so daß es zum sogenannten Wärmedurchschlag kommt. Damit wird auch die Dauer der Belastung von Einfluß. Auch die Frequenz der Wechselspannung spielt eine Rolle und, wichtig bei Überspannungsvorgängen, die Wellenform. Das heißt, daß bei Gleichspannung andere Werte als bei Wechselspannung gemessen werden. Nachteilig sind selbstverständlich immer Fehlstellen im Isolierstoff. Durch Glimmentladungen und ähnliche Vorgänge bedingt können an diesen auch chemische Veränderungen ablaufen, die zu astartigen Entladungskanälen führen und auf diese Weise den Isolierstoff allmählich beschädigen. Solche Erscheinungen können noch nach Jahren zum Durchschlag führen. Bei synthetischen teilkristallinen Isolierstoffen kann längs der Kristallitoberflächen eine verringerte Durchschlagfestigkeit vorhanden sein.

Auch mechanische Spannungszustände wirken auf die elektrischen Eigenschaften ein [2, 3]. So bilden sich die Entladungskanäle bevorzugt senkrecht zur Richtung der Zugspannung bzw. in Richtung der Druckspannung aus [4]. Tatsächlich wird die Einsatzspannung für die Vorentladungen durch solche mechanischen Beanspruchungen herabgesetzt. Senkrecht zum elektrischen Feld wirkende Zugspannungen beeinträchtigen die Zeitstandsfestigkeit des Isolierstoffes besonders ungünstig. Eingehendere Untersuchungen lassen die Abhängigkeit des elektrischen Durchschlagsmechanismus von der durch die mechanische Spannung verursachten Verformung und von Mikrorissen an den Sphärolithgrenzen erkennen [5]. Darüber hinaus gelang der Nachweis, daß die Entladungskanäle von diesen Rissen ausgehen und den Sphärolithgrenzen folgen [6]. Praktisch sind solche mechanischen Spannungen als Folge der Verarbeitungstechnik beim Kabel möglich, wodurch sich die Abweichungen erklären, die am fertigen Kabel bzw. an der normalen Prüfplatte gemessen werden. Eine ähnlich geartete elektrische Durchschlagsanisotropie ist übrigens auch bei gasförmigen und flüssigen Isolierstoffen festgestellt worden, wo die Geschwindigkeit des Mediums dafür verantwortlich ist [7].

2.2 Elektrisches Verhalten

In den Prüfvorschriften müssen, sollen sie vergleichbare Ergebnisse liefern, Probendicke, Temperatur und auch die Steigerung der Spannung bzw. die Dauer der Belastung, Frequenz und dergleichen vorgeschrieben werden. Von gleichzeitig einwirkenden mechanischen Beanspruchungen war bisher überhaupt nicht die Rede. Die Probendicke wird, um die Werte vergleichbar zu machen, in den folgenden Abschnitten möglichst einheitlich auf 1 mm festgelegt. Was die Beanspruchungsdauer anbelangt, so sollen die in den Tabellen genannten Werte sich den Prüfvorschriften entsprechend auf eine zeitlich ansteigende Wechselspannung mit Netzfrequenz beziehen, und zwar in der Regel bei Raumtemperatur. Es braucht nicht besonders betont zu werden, daß man geänderte Betriebsbedingungen entsprechend berücksichtigen muß. Ebenso selbstverständlich ist es, daß der Konstrukteur aus Sicherheitsgründen mit niedrigeren Feldstärken rechnen muß.

Als Isolationswiderstand gilt der gesamte elektrische Widerstand eines Isolierstoffes zwischen zwei Elektroden. Dabei hat man zwischen dem Isolationswiderstand im Inneren und dem an der Oberfläche zu unterscheiden. Der *spezifische Durchgangswiderstand* wird als der Durchgangswiderstand eines Würfels von 1 cm Kantenlänge bestimmt; er wird in $\Omega \cdot cm$ angegeben. Mit einer geeigneten Meßanordnung kann er unter Ausschluß des Anteiles der Oberfläche gemessen werden. In der in Abnahmeprüfungen bei festen Isolierstoffen auch üblichen Messung des Widerstandes zwischen Stöpseln wird dagegen gleichzeitig der Anteil der Isolierstoffoberfläche an der Stromleitung erfaßt, ebenso wie bei der Meßanordnung zur Bestimmung des Oberflächenwiderstandes auch ein Teil des Widerstandes des Isolierstoffinneren gemessen wird. Diese Messungen sind also nicht eindeutig. Die Prüfung des Widerstandes zwischen Stöpseln wird besonders dann angewendet, wenn die Form des zu prüfenden Erzeugnisses eine Bestimmung des Durchgangswiderstandes nicht zuläßt. Der Oberflächenwiderstand soll Aufschluß über den an der Oberfläche eines festen Isolierstoffes herrschenden Isolationszustand geben, der durch äußere Einwirkungen wie Feuchtigkeit, Trennmittel, Handschweiß, Staub und dergleichen beeinflußt wird. Die hier mitgeteilten Werte beziehen sich ausschließlich auf den eindeutig erfaßbaren spezifischen Durchgangswiderstand. Zur Messung schmelzbarer und auch flüssiger Isolierstoffe sind besondere mit Schutzring versehene Meßzellen entwickelt worden.

Bestimmt wird der spezifische Durchgangswiderstand in der Weise, daß 1 min nach Anlegen einer bestimmten Gleichspannung an die metallisch kontaktierte Probe der im äußeren Kreis fließende Strom gemessen wird. Aus Spannung, Strom und Abmessungen der Probe werden die Leitfähigkeit bzw. der spezifische Widerstand berechnet. Eine bestimmte Meßzeit muß festgelegt werden, weil die ermittelte scheinbare Leitfähigkeit zeitabhängig ist. Verursacht wird diese Zeitabhängigkeit vorwiegend durch dielektrische Nachwirkungsvorgänge, die auf der Bildung von Raumladungen an inneren Grenzflächen (z.B. Korngrenzen) und auf der Einstellung größerer polarer Gruppen im Inneren des Isolierstoffes beruhen [8]. Soll die Feststellung des spezifischen Durchgangswiderstandes überhaupt eine praktische Bedeutung haben, so muß man in Zukunft der Zeitabhängigkeit mehr Beachtung schenken. Von der elektrischen Feldstärke (in der üblichen Größenordnung) sind die Ergebnisse unabhängig. Mit der Temperatur nimmt die Leitfähigkeit bekanntlich zu, und zwar besonders stark bei höheren Temperaturen.

Bei Isolierpapier, Vulkanfiber und Preßspan wird zur Prüfung des Isolierverhaltens auch die Leitfähigkeit des wässerigen Auszuges (nach VDE 0311, 0312 und 0315) festgestellt.

Die *Dielektrizitätszahl* eines Isolierstoffes ist der Quotient aus der Kapazität eines mit dem Isolierstoff ausgefüllten Kondensators und der Kapazität der leeren Elektrodenanordnung im Vakuum. Diese Definition ist allerdings im Mikrowellengebiet, wenn die Wellenlänge in die Größenordnung der Kondensatorabmessungen kommt, nicht mehr brauchbar. Dann ist die Dielektrizitätszahl gleich dem Quadrat des Quotienten der Ausbreitungsgeschwindigkeit der ebenen elektromagnetischen Welle im leeren Raum und derjenigen im betrachteten Isolierstoff. Anstatt des Vakuums kann mit hinreichender Genauigkeit die Luft gesetzt werden.

Als dielektrischen *Verlustfaktor* eines Isolierstoffes bezeichnet man den Tangens des Fehlwinkels, um den die Phasenverschiebung zwischen Strom und Spannung von dem Wert $\pi/2$ abweicht, wenn das Dielektrikum des Kondensators ausschließlich aus dem Isolierstoff besteht. Strom und Spannung müssen hier als sinusförmig betrachtet werden. Der dielektrische Verlustfaktor ist ein Maß für den Energieverlust, den der Isolierstoff im elektrischen Feld verursacht.

Die Dielektrizitätszahl ε_r hängt in erster Linie ab von den atomaren oder molekularen Eigenschaften des Stoffes, von seiner Struktur, Dichte und anderen. Für kristalline Stoffe mit kubischer Gittersymmetrie sowie für die unpolaren Hochpolymeren gibt den Zusammenhang zwischen ε_r und den atomaren bzw. molekularen Eigenschaften des Stoffes recht gut die Beziehung von Clausius-Mosotti wieder:

$$\frac{\varepsilon_r - 1}{\varepsilon_r + 2} \cdot \frac{M}{d} = \frac{L}{3\varepsilon_0} \cdot \Sigma \alpha;$$

M Atom- bzw. Molekulargewicht; d Dichte; L Loschmidtsche Zahl (Anzahl der Moleküle in einem Mol = $6{,}025 \cdot 10^{23}$); $\Sigma \alpha$ Polarisierbarkeit eines Atoms bzw. Moleküls.

Bei Gasen ist dies verhältnismäßig einfach zu übersehen. Die Dielektrizitätszahl kann annähernd gleich 1 gesetzt werden, wenn keine Polarisation vorhanden ist. Die Abweichung von diesem Betrag beginnt erst

2.2 Elektrisches Verhalten

in der dritten oder vierten Stelle hinter dem Komma. Mit dem Druck nimmt die Dielektrizitätszahl insofern zu, als sich die Dichte ändert. Zur Berechnung kann man vereinfachend $\varepsilon_r + 2 \approx 3$ setzen. Der Verlustfaktor ist, solange keine Beeinflussung von außen erfolgt und die Feldstärke im Gasraum ein gewisses Maß nicht überschreitet, praktisch gleich null. Damit ist die mit Gasen erzielte Isolierung im Gegensatz zu der mit anderen Isolierstoffen vollkommen verlustlos.

Die dielektrischen Eigenschaften der flüssigen und insbesondere der festen Isolierstoffe hängen von der Frequenz, der Feldstärke, der Temperatur, der Anisotropie und praktisch auch von der Feuchte ab. Die Aufnahme der Frequenz- und Temperaturabhängigkeit der Dielektrizitätszahl und des dielektrischen Verlustfaktors kann wichtige Aufschlüsse über die Struktur des Isolierstoffes geben. Was die Frequenzabhängigkeit anbelangt, so wird die Dielektrizitätszahl durch das Zeitverhalten der Polarisation bestimmt, nämlich der Grenzflächenpolarisation, der Polarisationsvorgänge auf Grund von Dipolorientierungen und der Atom- und Elektronenpolarisation. Auf den Verlustfaktor wirkt bei niedrigen Frequenzen zusätzlich noch die Gleichstromleitfähigkeit.

Die Isolierstoffe haben neben der elektronischen Leitfähigkeit auch eine durch Ionen verursachte Leitfähigkeit. Diese Ionen können sich im statischen oder niedrigfrequenten elektrischen Feld auch über verhältnismäßig große Entfernungen bewegen. So wird diese Gleichstromleitfähigkeit durch die Anzahl der Ladungsträger, ihre Ladung und ihre Beweglichkeit bestimmt. Das sind die Leitfähigkeitsverluste, die mit steigender Frequenz rasch abnehmen. Die Grenzflächenpolarisation tritt bei niedrigen Frequenzen auf, wenn im Isolierstoff Inhomogenitäten vorhanden sind. Sie ist bei Stoffen mit Bezirken unterschiedlicher Dielektrizitätszahl und Leitfähigkeit zu erwarten, entsteht also dadurch, daß bewegliche Ladungsträger unter dem Einfluß des elektrischen Feldes an den Grenzflächen Ladungen anhäufen. Die Moleküle vieler Isolierstoffe sind permanente Dipole. Wenn sie ohne äußeres Feld nicht zur Wirkung kommen, so liegt das daran, daß sie infolge der thermischen Unordnung regellos verteilt sind. Polarisationsvorgänge, die bei Anwesenheit solcher polarer Gruppen auftreten, bilden den Hauptteil der dielektrischen Verluste in polaren Substanzen und verursachen damit deren Frequenzabhängigkeit von Dielektrizitätszahl und Verlustfaktor. In diesem Zusammenhange wird als Relaxationszeit die Zeit bezeichnet, welche die Dipole zur Orientierung im elektrischen Feld benötigen. Allgemein hängt sie exponentiell von der Temperatur ab, ferner von der Gitterschwingungsfrequenz und auch vom Ordnungsgrad im Stoff. Sie liegt bei Raumtemperatur zwischen 10^{-1} und 10^{-12} s. Der reziproke Wert dieser Relaxationszeit bezeichnet also die Frequenz, bei welcher der Verlustfaktor einen Höchstwert aufweist.

Bei Isolierstoffen, die aus Ionen aufgebaut sind, werden unter dem Einfluß des elektrischen Feldes die positiven Ionen in Feldrichtung, die negativen Ionen in entgegengesetzter Richtung verschoben. Hier erhalten die Moleküle also dadurch ein elektrisches Dipolmoment, daß sich die Teilgitter gegeneinander verschieben. Das ist die Ionenpolarisation, hervorgerufen durch die elastische Verschiebung der Ionen. Für die Dämpfung kommen hauptsächlich Stöße mit anderen Atomen bzw. Molekülen in Betracht. Wird schließlich unter dem Einfluß des elektrischen Feldes die Elektronenwolke des einzelnen Atoms gegenüber seinem positiven Kern verschoben, so spricht man von der elektronischen Polarisierbarkeit. Hierfür liegen die Relaxationszeiten in der Größenordnung von 10^{-13} bis 10^{-16} s. Die Ioneneigenresonanz (Gitterschwingungsfrequenz) liegt bei etwa 10^{13} Hz und die Elektronenresonanz (Deformation der Elektronenhüllen) bei etwa 10^{16} Hz, Frequenzen, die technisch meistens nicht mehr genutzt werden. Solche Polarisationsvorgänge treten in Gasen, Flüssigkeiten und festen Stoffen in gleicher Weise auf; die Elektronenpolarisation sogar in allen.

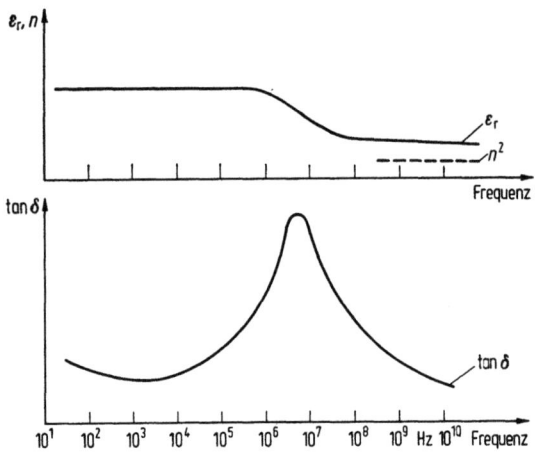

Abb. 2.4. Dielektrizitätszahl ε_r, Brechzahl n und dielektrischer Verlustfaktor $\tan \delta$ im Absorptionsgebiet.

Betrachtet man den hauptsächlich interessierenden Teil des Frequenzbereiches, so kommt man zu einer Darstellung, wie sie Abb. 2.4 wiedergibt. Die Dipolpolarisation führt, wie erwähnt, zu einem Höchstwert des Verlustfaktors, dessen Lage mit dem Dispersionsgebiet der Dielektrizitätszahl übereinstimmt. Bei der zugehörigen Relaxationsfrequenz hat die Dielektrizitätszahl, die im Absorptionsgebiet zu höheren Frequenzen hin sinkt, theoretisch den steilsten Abfall. Zu niedrigeren Frequenzen hin kommen die Grenzflächenpolarisation und die Leitfähigkeit zur Wirkung.

2.2 Elektrisches Verhalten

Im Frequenzbereich des sichtbaren Lichtes ist nur Elektronenpolarisation wirksam. In diesem Bereich ist $\varepsilon_r = n^2$. Bei der höchsten Frequenz, im Gebiet oberhalb der ultravioletten Strahlung (z. B. bei Röntgenstrahlung), wird $\varepsilon_r = 1$, da hier kein Polarisationsmechanismus mehr wirksam ist.

Zur Temperaturabhängigkeit sei nur vermerkt, daß sich die gezeigten Kurven für Dielektrizitätszahl und Verlustfaktor mit steigender Temperatur nach höheren Frequenzen verschieben.

Aus dem Gesagten ergibt sich, daß Dielektrizitätszahl und Verlustfaktor polarer Isolierstoffe durch eine ausgeprägte Frequenz- und Temperaturabhängigkeit gekennzeichnet sind. Bei synthetischen Isolierstoffen, die verwickelte Molekülstrukturen besitzen, sind oft mehrere Mechanismen beteiligt, deren Wirkungen sich überlagern. Infolgedessen sind ein diskretes Dispersionsgebiet und ein scharf ausgeprägter Höchstwert des Verlustfaktors bei diesen selten festzustellen. Die Verschiebungspolarisation ist mit keinem großen Energieaufwand verbunden. Unpolare Isolierstoffe, also Stoffe, bei denen der Schwerpunkt der positiven Ladung mit dem der negativen Ladung im feldfreien Raum zusammenfällt, zeigen deshalb auch nur sehr kleine Verlustfaktoren.

Zur Bestimmung der dielektrischen Eigenschaften von Gasen werden definierte Elektrodenanordnungen, zu der von flüssigen Isolierstoffen geeignete Meßzellen verwendet. Als Elektroden für feste Isolierstoffe benutzt man vorzugsweise kreisförmige Plattenelektroden mit Schutzring. Als Meßeinrichtungen werden die Hochspannungsbrücke ($f = 15$ bis 10^2 Hz), die Tonfrequenzbrücke ($f = 50$ bis 10^3 Hz), die Niederspannungsbrücke ($f = 50$ bis 10^5 Hz), der Leitwertmesser ($f = 10^5$ bis 10^8 Hz), die Resonanzschaltung ($f = 10^5$ bis 10^7 Hz) und schließlich bei Ultrahochfrequenz die Meßleitung ($f = 10^8$ bis 10^{10} Hz) empfohlen.

Manchmal muß der Isolierstoff auch *lichtbogenfest* sein. Bei gasförmigen und flüssigen Isolierstoffen sind die im Lichtbogen entstehenden Zersetzungsprodukte zu beachten. Man wünscht, daß sie nicht explosiv oder brennbar und nicht korrosiv sind. Andernfalls müssen Gegenmaßnahmen getroffen werden. Bei Festkörpern mißt man die Widerstandsfähigkeit, indem man auf die Probe zwei Kohlestäbe aufsetzt und mit einer Gleichspannung einen Lichtbogen zündet. Nach einer gewissen Zeit und nach dem Erkalten stellt man fest, ob sich eine leitende Brücke gebildet hat, ob der Isolierstoff zersprungen ist, ob er sich zersetzt oder dem Lichtbogen ohne Schädigung standgehalten hat.

Auch die elektrolytische Korrosionswirkung wird gelegentlich untersucht. Man versucht dabei festzustellen, ob der Isolierstoff an Metallteilen, die an Gleichspannung liegen, *Korrosion* zeigt, wenn Wärme und hohe Luftfeuchtigkeit gleichzeitig auf ihn einwirken. Man benutzt Prüffolien aus Messing, deren Aussehen nach Ablauf des Versuches begutachtet wird.

Schließlich ist in vielen Fällen das Verhalten fester Isolierstoffe unter der Einwirkung von *Glimmentladungen* von Bedeutung. Sie sollen den Isolierstoff unbeschädigt lassen. Man prüft dies im einen Falle, indem man auf den Isolierstoff eine Stiftelektrode aufsetzt, eine Plattenelektrode als Gegenelektrode benutzt, eine bestimmte Wechselspannung anlegt und die Zeit feststellt, bis zu welcher der Isolierstoff soweit geschädigt ist, daß ein Durchschlag erfolgt. Im anderen Falle baut man den Prüfkörper in eine Kammer ein, setzt ihn dort eine Zeitlang einer Glimmentladung aus und stellt abschließend fest, wie weit sich bestimmte Eigenschaften geändert haben. Durch Vergleich der Proben kann auf das Verhalten des betreffenden Isolierstoffes nach Einwirkung von Glimmentladungen geschlossen werden. Auch bei den gasförmigen und flüssigen Isolierstoffen können Glimmentladungen zu Zersetzungserscheinungen führen, die beachtet werden müssen. Genau festgelegte Prüfvorschriften hierfür gibt es noch nicht.

In den letzten Jahren wird immer häufiger die Forderung nach *Strahlenbeständigkeit* gestellt. Im einfachsten Falle handelt es sich um Sonnenstrahlung; aber auch um ultraviolettes Licht in Bestrahlungsgeräten oder bei elektrischen Entladungsvorgängen. Besondere Bedingungen liegen schließlich beim Einsatz radioaktiver Isotope, bei Teilchenbeschleunigern, Reaktoren und neuerdings in der Raketentechnik vor. Dabei hat man zwischen einer kurzzeitigen Einwirkung und einer Dauerbelastung zu unterscheiden. Im ersten Falle brauchen noch keine Strahlenschäden zu entstehen. Man kennt solche Erscheinungen u.a. bei Gasentladungsvorgängen. Weit kritischer sind die durch Strahlung hervorgerufenen Veränderungen der Molekülstruktur. Während atomare Gase in ihrer Struktur nicht beeinflußt werden, können molekulare Gase, Flüssigkeiten und Festkörper schwer geschädigt werden. Das trifft in besonderem Maße für Kunststoffe zu, wenn auch einige von ihnen, im Hochvakuum oder in einer Atmosphäre eines neutralen Gases vorsichtig bestrahlt, durch die damit eintretende Vernetzung für bestimmte Anwendungsfälle verbessert werden. Der Strahlenschaden ist abhängig von der Energiedosis, die hier in J/kg angegeben wird (DIN 53750). Findet die Bestrahlung in Luft statt, so spielt in vielen Fällen der Sauerstoff eine Rolle, woraus sich auch ein Einfluß der Dosisleistung ergibt. Bei Bestrahlung mit Neutronen und Protonen kann der Isolierstoff radioaktiv werden, womit er vollends unbrauchbar wird. Die Strahlenbeständigkeit ist leider keine eindeutige Größe, und die Prüfung aufwendig. Die auf diesem Gebiete bisher vorliegenden Untersuchungen sind noch sehr spärlich.

Das, was man unter den elektrischen Eigenschaften der Isolierstoffe versteht und wie sie zu prüfen sind, ist in den Bestimmungen des Verbandes Deutscher Elektrotechniker VDE 0303 übersichtlich festgelegt.

2.3 Verhalten in der Wärme

Die *Wärmeleitfähigkeit* interessiert in allen Fällen, in denen Isolierstoffe betriebsmäßig Wärme abzuführen haben. Als solche wird die Wärmemenge bezeichnet, die in der Zeiteinheit durch die Querschnittseinheit bei einem Temperaturgefälle von 1 K je Längeneinheit hindurchtritt. Die Wärmeleitfähigkeit wird angegeben in W/m · K. Zu der Wärmeleitung kommen noch andere physikalische Effekte, bei den Gasen Strahlung und Konvektion und bei den Flüssigkeiten die Konvektion hinzu. Die Wärmeleitfähigkeit der Isolierstoffe ist im allgemeinen wenig temperaturabhängig (VDE 0304). Sie kann daher im Bereich von 20 bis 100°C als praktisch konstant angenommen werden. Eine Ausnahme bilden einige keramische Massen auf der Grundlage reiner Oxide, bei denen die Leitfähigkeit der absoluten Temperatur proportional ist. In der Regel kann der Isolierstoff nur in trockenem Zustande gemessen werden, weil sonst während der Messung ein Wärmeverlust eintritt und sich damit ein falsches Ergebnis einstellt. Allgemein gesprochen ist die Wärmeleitfähigkeit von Isolierstoffen wesentlich niedriger als die von Metallen.

Die *Wärmeausdehnung* wird bei den Gasen volumetrisch gemessen. Sie folgt der Zustandsgleichung (1.3) und ist der absoluten Temperatur proportional. Bei Flüssigkeiten wird ebenfalls volumetrisch gemessen. Bei festen Stoffen wird die lineare Wärmedehnzahl festgelegt (VDE 0304), die bei nicht zu großen Werten etwa gleich einem Drittel des Volumenausdehnungskoeffizienten ist. Sie gibt die Längenänderung bei einer Temperaturerhöhung von 1 K an; sie wird auf die Länge bei 20°C bezogen und in 10^{-6}/K angegeben. Die Werte gelten in der Regel für den Bereich von 20°C bis zur Gebrauchstemperatur des Isolierstoffes. Ist das Gefüge der Probe orientiert, so kann die Wärmedehnzahl richtungsabhängig sein. Synthetische Isolierstoffe können außerdem in der Wärme zum Schwinden neigen. Das hängt mit einer noch nicht ganz abgeschlossenen chemischen Reaktion zusammen. Wird dies festgestellt, ist die Probe so lange bei der höchsten Prüftemperatur zu lagern, bis sie nach dem Abkühlen wieder ihre ursprüngliche Länge erreicht hat. Bei teilkristallinen Kunststoffen ist die Wärmedehnung im allgemeinen größer als bei amorphen Kunststoffen. Im Vergleich zu Metallen ist sie immer verhältnismäßig hoch. Nur bei den anorganischen festen Isolierstoffen kommt sie in die Größenordnung der Metalle.

Für manche Betriebsvorgänge ist die *spezifische Wärmekapazität* von Bedeutung. Das gilt hauptsächlich für Gase und Flüssigkeiten. Es ist diejenige Wärmemenge, die erforderlich ist, um die Temperatur von 1 kg des untersuchten Isolierstoffes um 1 K zu erhöhen. Sie wird meistens als mittlere spezifische Wärmekapazität für den Temperaturbereich von 20 bis 100°C in J/(kg · K) bestimmt.

Die *Temperaturwechselbeständigkeit* ist der Widerstand eines Werkstoffes gegen die Einflüsse schroffer Erhitzung oder Abkühlung. Sie spielt bei Glas und keramischen Isolierstoffen eine Rolle. Um sie zu bestimmen, verwendet man einen elektrischen Ofen oder ein Flüssigkeitsbad für die Erhitzung und ein Gefäß mit kaltem Wasser für die Abkühlung. Man beobachtet bei steigender Temperatur das Auftreten von Rissen oder auch eine bestimmte Abnahme der Biegefestigkeit (VDE 0335). Als Maß für die Temperaturwechselbeständigkeit gilt bei Auftreten der Schädigung die Differenz von Erhitzungs- und Kühlwassertemperatur.

Wichtig ist, daß die festen Isolierstoffe auch bei mechanischer Beanspruchung bis zu höheren Temperaturen formbeständig sind. Das festzustellen ist besonders bei Kunststoffen von Belang. Geprüft wird die *Formbeständigkeit*, indem man einen Probekörper bestimmter Abmessungen auf Biegung beansprucht und in einen Wärmeschrank gibt. Dieser wird so beheizt, daß die Temperatur in vorgeschriebener Weise stetig ansteigt. Schließlich mißt man die Temperatur, bei der sich der zunehmend erwärmte Probekörper unter der Krafteinwirkung um einen bestimmten Betrag durchgebogen hat (DIN 53458). Das ist die *Formbeständigkeit in der Wärme nach Martens*. In ähnlicher Richtung geht die Bestimmung der *Vicat-Erweichungstemperatur* (DIN 53460). Sie ist hauptsächlich für thermoplastische Kunststoffe gedacht und kennzeichnet deren Erweichungsverhalten bei Erwärmung. Gemessen wird die Temperatur, bei der ein festgelegter Eindringkörper unter einer vorgeschriebenen Kraft bis zu einer bestimmten Tiefe senkrecht in die Probe eingedrungen ist. Auch hier muß die Temperatur gleichmäßig mit der angegebenen Geschwindigkeit gesteigert werden.

Die gestiegenen Anforderungen an die elektrischen Maschinen und Geräte, verbunden mit dem Zwang zu geringerem Gewicht und kleineren Ausführungen, haben es mit sich gebracht, daß die Isolierstoffe heute thermisch zum Teil hoch beansprucht werden. Sie können, wenn man damit zu weit geht, durch die dabei auftretenden chemischen Reaktionen geschädigt oder gar zerstört werden. Die häufigste Form dieser Wärmealterung ist die Oxydation, die bei organischen Isolierstoffen zu Säurebildung oder Kettenspaltung führen kann. Eine andere Veränderung zeigt sich in der Versprödung des Isolierstoffes, die durch zusätzliche Vernetzung oder durch Ausdiffundieren von Weichmachern hervorgerufen sein kann. Ferner kann ein thermischer Abbau der Ketten eintreten, eine Depolymerisation also, die jedoch von geringerer Bedeutung als die Oxydation ist. Die Temperatur, welche ein Isolierstoff im Dauerbetrieb aushält, muß also von besonderem Interesse sein. Dafür ein einheitliches Prüfverfahren festzulegen, ist allerdings schwer. Schon die Definition einer solchen *Dauerwärmebeständigkeit* macht einige Schwierigkeiten. Bei Gasen tritt dieses Problem zum Teil nicht auf, zum Teil ist es nicht kritisch. Aber schon bei

2.3 Verhalten in der Wärme

Flüssigkeiten wird es schwierig. Bei hohen Temperaturen können auch sie sich zersetzen.

In den Leitsätzen des Verbandes Deutscher Elektrotechniker (VDE 0304) sind für feste Isolierstoffe einige Begriffe für die Wärmebeanspruchung, die in etwa auch für Flüssigkeiten gelten können, festgelegt. Eine bis an die Grenze gehende thermische Belastung eines Isolierstoffes hat in jedem Falle eine *Alterung* zur Folge. Darunter versteht man die Gesamtheit aller mit der Zeit eintretenden Eigenschaftsänderungen. Die *Gebrauchstemperatur* ist die Temperatur, die der Isolierstoff bei normaler Belastung der Maschine bzw. des Gerätes, in dem er verwendet wird, erreicht. Dagegen ist die *Grenztemperatur* die Temperatur, mit der ein Isolierstoff bei gegebenen Anforderungen eine festzulegende Zeit beanspruchbar ist. Sie ist also grundsätzlich durch die Gebrauchsdauer bestimmt. Die Forderungen werden durch einen Eigenschaftsgrenzwert dargestellt, der jeweils festzulegen ist. Außerdem muß bestimmt werden, für welche Eigenschaften der Grenzwert ermittelt werden soll. Unterschiedliche Bezugswerte beeinflussen jedenfalls den Wert dieser sogenannten Grenztemperatur. Damit können sich bei dem gleichen Isolierstoff verschiedene Grenztemperaturen ergeben. Dazu kommt, daß der Wert meistens durch Extrapolieren festgestellt werden muß, was eine weitere Unsicherheit in das Ergebnis bringt. Das alles macht deutlich, wie schwierig es ist, für die Isolierstoffe eine eindeutige Aussage über die Dauerwärmebeständigkeit zu machen. Hierfür genauere Verfahren und Definitionen zu erarbeiten [9], scheint erforderlich. Die Dauerwärmebeständigkeit soll hier als die Temperatur verstanden werden, bei welcher der Isolierstoff mechanisch und elektrisch unbelastet mindestens einige Jahre betrieben werden kann, ohne daß seine Eigenschaften, insbesondere die, welche im praktischen Einsatz gefordert werden, merklich leiden. Auch dises Definition natürlich läßt in bezug auf die Genauigkeit gleicherweise zu wünschen übrig. Wenn die Dauerwärmebeständigkeit in dieser Form festgelegt wird, so liegt sie um einige Grad unter der genannten Grenztemperatur.

Das Verhalten in der Wärme von synthetischen festen Isolierstoffen, aber auch von einigen anderen organischen Stoffen, wird im übrigen sehr gut durch den Schubmodul charakterisiert. Man versteht darunter den Quotienten aus der Schubspannung und der durch sie verursachten elastischen Winkelverformung innerhalb des Hookeschen Bereiches. Er ist ein Maß für die Steifheit des Werkstoffes. Das für dessen Bestimmung übliche Verfahren (DIN 53445 bzw. DIN 53520) hat den Vorteil, daß mit einer einzigen Probe bis in die Nähe des Schmelz- bzw. Zersetzungsbereiches gemessen werden kann. Trägt man den auf diese Weise erhaltenen Schubmodul nach Abb. 2.5 in Abhängigkeit von der Temperatur auf, so erhält man einen ausgezeichneten Überblick über das mechanisch-thermische Verhalten (DIN 7724). Man kann an Hand des Kurvenverlaufs die Temperaturbereiche feststellen, in denen sich der Kunststoff hart, zäh oder gummielastisch verhält. Man kann auch sehr genau das Erweichungsverhalten verfolgen. Hohe Modulwerte kennzeichnen den eingefrorenen Zustandsbereich. Dort, wo die Werte stark temperaturabhängig sind, liegen die Erweichungsbereiche. Die Glasübergangstemperatur ist die Temperatur, oberhalb der die Hauptkette des Polymeren beweglich wird. Sie zeigt eine Änderung der physikalischen Eigenschaften an, die übrigens nicht sprunghaft erfolgt. Der Übergang aus dem festen Zustand in die Schmelze erstreckt sich nämlich bei den Kunststoffen über einen teilweise sehr breiten Temperaturbereich. Einen genauen Schmelzpunkt anzugeben, ist daher meistens nicht möglich.

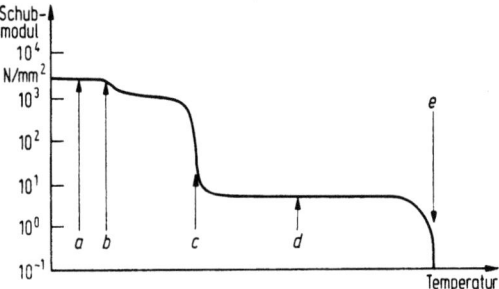

Abb. 2.5. Schematische Darstellung der Zustands- und Übergangsbereiche amorpher, hochpolymerer Werkstoffe an Hand des Temperaturverlaufs des Schubmoduls.
a energieelastisches Verhalten; *b* sekundärer Übergang; *c* Glasübergangstemperatur; *d* entropieelastisches Verhalten; *e* viskoses Verhalten.

Sowohl amorphe als auch zur Kristallisation neigende Kunststoffe können nach diesem Verfahren untersucht werden. Bei den Duromeren liegen die Verhältnisse etwas anders als bei den Thermoplasten und Elastomeren, da die in engen Abständen vorhandenen Querverbindungen zwischen den Molekülketten ein starres räumliches Netz bilden. Praktisch kann man einen duromeren Körper als aus einem einzigen Molekül bestehend auffassen. Eine übereinandergleitende Bewegung einzelner Moleküle, also ein Schmelzen und Fließen ist aus diesem Grunde nicht möglich. Der in Abb. 2.5 dargestellte an den Glaszustand anschließende Übergangsbereich ist infolgedessen hier nur andeutungsweise vorhanden. Bei weiterem Temperaturanstieg kommt es zur Zersetzung. Bei den Thermoplasten wird die Glasübergangstemperatur deutlich sichtbar. Der Schubmodul fällt ab. Die amorphen Thermoplaste unterscheiden sich an dieser Stelle von den teilkristallinen dadurch, daß sie ihren molekularen Zusammenhalt und damit ihre mechanischen Eigenschaften schnell verlieren, während bei den kristallisierenden Stoffen der Festigkeitsabfall durch die versteifende Wirkung der kristallinen Bereiche weitgehend abgefangen wird.

2.3 Verhalten in der Wärme

Oberhalb des Glasübergangsbereiches werden diese zwar auch weicher, verhalten sich aber noch weitgehend hartelastisch; sie behalten damit bis nahe an den Kristallitschmelzpunkt eine ausreichende mechanische Festigkeit. Der eigentliche Gebrauchswert der teilkristallinen Thermoplaste liegt oberhalb des Glasübergangsbereiches. Die Elastomere unterscheiden sich im Glaszustand grundsätzlich nicht von den Thermoplasten. An den Glasübergangsbereich schließt sich nach oben jedoch der gummielastische Zustand an, in welchem sie eine hohe reversible Dehnbarkeit aufweisen. Bei weiter ansteigender Temperatur kommt es zur Zersetzung, ohne daß ein viskoser Zustand erreicht wird.

Der Schubmodul kann auch als Maß für den Elastizitätsmodul gelten, den man durch Multiplikation mit dem Faktor 2,7 bis 3,0 errechnet. Mit ihm erhält man auch die wichtigsten thermischen Angaben für den Einsatz und die Verarbeitung. Oberhalb eines Schubmoduls von 1000 N/mm² ist der Werkstoff jedenfalls fest (bzw. spröde) und einsatzfähig, bei 10 N/mm² etwa ist er plastisch formbar, unterhalb 0,1 N/mm² zeigt er viskoses Fließen und kann dort thermoplastisch verarbeitet werden.

Hinsichtlich des Gebrauchstemperaturbereiches haben die anorganischen Isolierstoffe den organischen gegenüber einen gewaltigen Vorteil. Sie sind sowohl bei sehr tiefen als auch bei hohen Temperaturen einsatzfähig. Einige thermoplastische Isolierstoffe sind schon unterhalb $-30\,°C$ und oberhalb $60\,°C$ nicht mehr brauchbar. Andere kann man immerhin bis zu Temperaturen über $200\,°C$ einsetzen. In der Kälte verspröden sie, während die obere Grenze durch die allmählich einsetzende chemische Zersetzung bestimmt wird. Bei weiterer Temperaturerhöhung kann es schließlich zur Entzündung kommen.

Sehr schwierig ist die Bewertung des *Brennverhaltens* der Isolierstoffe. Bei gasförmigen Isolierstoffen handelt es sich fast ausschließlich um unbrennbare Gase. Wenn Brennbarkeit vorliegt, so muß dafür gesorgt werden, daß kein Sauerstoff hinzutritt. Da es sich dort aber ohnehin um geschlossene Systeme handelt, können hier sowieso keine Schwierigkeiten auftreten. Bei flüssigen Isolierstoffen ist der Flammpunkt zu ermitteln (VDE 0370). Er gibt Aufschluß über die Entflammbarkeit der beim Erwärmen eines Öles sich bildenden Dämpfe und über die Anwesenheit entflammbarer Bestandteile. Er wird bei normalem atmosphärischen Druck (1 bar) festgelegt als die niedrigste Temperatur, bei der sich aus dem Öl Dämpfe in solcher Menge entwickeln, daß sie mit der über dem Flüssigkeitsspiegel stehenden Luft ein entflammbares Gemisch ergeben. Gemessen wird dies über einem mit dem Isolieröl gefüllten offenen Porzellantiegel, der langsam auf Temperatur gebracht wird. Bei jedem Grad Temperaturanstieg wird eine Zündflamme über die Tiegeloberfläche bewegt. Sobald die Entflammung eintritt, wird die Öltemperatur abgelesen. Dies ist der Flammpunkt (DIN 51584).

Für die Prüfung fester Isolierstoffe benötigt man nach Deutschen Vorschriften (VDE 0304) ein Glühstabgerät, in dem der Glühstab die Zündquelle darstellt. Er wird durch direkten Stromdurchgang auf eine festgelegte Temperatur gebracht, auf der er konstant gehalten werden muß. So wird er eine bestimmte Zeitlang gegen das freie Ende des Prüflings gedrückt. Schließlich wird festgestellt, ob im Falle der Entzündung der Isolierstoff eine sichtbare Flamme zeigt, ob die Flamme erlischt oder ob bzw. mit welcher Geschwindigkeit sie weiterbrennt. Nicht ganz richtig bleiben dabei Nebenerscheinungen wie das Abtropfen brennender Bestandteile, Rußbildung und die Entwicklung giftiger bzw. korrodierend wirkender gasförmiger Zersetzungsprodukte unberücksichtigt, obwohl sie praktisch von erheblicher Bedeutung sind. Außer dem genannten Verfahren gibt es noch andere [10]. Die meisten arbeiten mit einem Bunsenbrenner (z.B. ASTM D635), dessen Durchmesser, Flammenart und Flammenhöhe ebenfalls wie die Lage zum Prüfkörper festgelegt sind. Eine gewisse Unsicherheit liegt hier darin, daß der Heizwert des zu verwendenden Gases unbestimmt ist.

Während anorganische Isolierstoffe in bezug auf das Brennverhalten vollkommen unbedenklich sind, ist dies bei organischen Isolierstoffen nicht der Fall. Das trifft in erster Linie für die Öle und Wachse zu, von denen zwar ein großer Teil heute kaum noch verwendet wird. Aber auch von den Kunststoffen unter den Isolierstoffen kann man Unbrennbarkeit im allgemeinen nicht erwarten.

2.4 Verhalten gegen chemische und andere Einflüsse

Bei festen Isolierstoffen kann die *Gasdurchlässigkeit* interessieren. Sie zu kennen, ist wichtig, wenn der Isolierstoff gleichzeitig als Behälterwerkstoff dient, wie beispielsweise bei Kolben. Glas und dichtgebrannte keramische Isolierstoffe gelten als gasundurchlässig. Durch Kunststoffe dagegen, deren Moleküle nur durch zwischenmolekulare Kräfte zusammengehalten werden, diffundieren die Gase wesentlich leichter. Bei ihnen erfolgt die Diffusion des Gases mit Hilfe seiner Löslichkeit. Auf der einen Seite löst sich das Gas im Polymeren, wandert in dessen Molekülverband zur anderen Seite und tritt dort wieder aus. Die Durchlässigkeit ist daher nicht nur von der Art des Gasmoleküls, sondern auch vom Aufbau des Polymeren sowie von der chemischen Affinität der beteiligten Stoffe abhängig. In diesem Zusammenhange muß auch auf die *Gasabsorption* hingewiesen werden, die bei allen Isolierstoffen im Vakuum eine Gasabgabe zur Folge hat.

Oft ist auch eine gewisse Durchlässigkeit für Wasserdampf vorhanden. Darüber hinaus ist das Aufnahmevermögen für Wasser wichtig. Schon bei Gasen kann die relative Feuchtigkeit stören. Auch Isolieröle können außer Luft verhältnismäßig große Mengen Wasser absorbieren. In festen Isolier-

2.4 Verhalten gegen chemische und andere Einflüsse

stoffen ist die *Wasseraufnahmefähigkiet* recht unterschiedlich. In Kunststoffen wird sie in einfacher Weise nach einer bestimmten Lagerung in feuchter Luft (DIN 53473) bzw. in Wasser (DIN 53472) gemessen.

Die Einwirkung der Feuchtigkeit verschlechtert die isolierenden Eigenschaften, sie kann auch andere unangenehme Nebenwirkungen zeigen. So kann sie Abmessungen beeinflussen und an metallischen Teilen zu Korrosion führen. Für die Beurteilung des Feuchtigkeitsverhaltens ist auch die Benetzbarkeit der Isolierstoffoberfläche wissenswert. Sie hängt vom Verhältnis der Grenzflächenenergieen Isolierstoff-Wasser zu Isolierstoff-Luft ab. Ist dieses Verhältnis kleiner als eins, dann liegt Wasserabweisung vor. Ein Maß für die Grenzflächenenergie Isolierstoff-Wasser ist der Randwinkel, den der Wassertropfen auf der Oberfläche des Isolierstoffes bildet.

Bei Papier, das oft mit flüssigen Isolierstoffen verarbeitet bzw. mit Kunstharzlösungen behandelt wird, ist anderseits die Saugfähigkeit wichtig. Sie wird als Saughöhe mit Wasser bestimmt (VDE 0311).

Die Beständigkeit gegenüber der *Einwirkung von Chemikalien* hängt von der Natur des Stoffes und auch von den Bedingungen ab. Konzentration, Einflußdauer und Temperatur geben den Ausschlag. Ein Isolieröl muß frei von Säuren, insbesondere wasserlöslichen Säuren sein, welche die Werkstoffe, mit denen das Öl in Verbindung steht, angreifen können. Um das zu bestimmen, mißt man die *Neutralisationszahl*, welche die Menge Kaliumhydroxid (KOH) in mg angibt, die erforderlich ist, um die in einem Gramm Öl enthaltenen freien Säuren zu neutralisieren (DIN 51558). Die *Verseifungszahl* dient dazu, den Gehalt eines Mineralöles an leicht verseifbaren Bestandteilen zu bestimmen (DIN 51559). Ein Ansteigen der Verseifungszahl im Gebrauch deutet Alterungserscheinungen des Öles an. Anorganische, vor allem keramische Isolierstoffe, sind gegen chemische Angriffe gut beständig. Die chemische Widerstandsfähigkeit von Glas gegen 98 °C heißes Wasser wird als seine Wasserbeständigkeit bezeichnet. Man benutzt dafür als reziprokes Maß die Menge an Basen, die aus Glasgrieß während einer Stunde in Lösung gehen. Sie wird angegeben als Basenäquivalent in µg Natriumoxid je g Glasgrieß. Auch die synthetischen Isolierstoffe zeigen, verglichen mit Metallen, eine gute chemische Widerstandsfähigkeit. Organische Lösemittel lösen jedoch im chemischen Aufbau verwandte Kunststoffe.

Wetterbeständig ist ein Isolierstoff, der durch die Einflüsse der Witterung keine den Gebrauch beeinträchtigende Veränderung erfährt. Er muß gegen Licht, Wärme und Feuchtigkeit, sowie gegen Sauerstoff und Ozon unempfindlich sein. Oft kommen dazu Einwirkungen durch Flugsand und Salznebel, biologische Einwirkungen durch Schimmelpilze und Bakterien und Angriffe durch Termiten. Schimmelpilze und Bakterien können die Isolierstoffe durch ihre Säureabspaltung zerstören. Die Termiten zerfressen den Isolierstoff. Oft sind auch ihre Verdauungsprodukte säurehaltig.

Anorganische Isolierstoffe verhalten sich in dieser Beziehung recht gut. Nicht alle Kunststoffe widerstehen aber den wechselnden Einflüssen der Witterung, den Mikroben und Kleinlebewesen.

Eine Schwierigkeit eigener Art macht bei den thermoplastischen Isolierstoffen gelegentlich die *Spannungskorrosion*, die auch bei den metallischen Werkstoffen bekannt ist. Im Gegensatz zu diesen besitzen jene jedoch Angriffsmitteln gegenüber eine ausgezeichnete Beständigkeit. Unter der gleichzeitigen Wirkung von bestimmten Flüssigkeiten oder Dämpfen und einer Beanspruchung durch äußere oder innere Spannungen können aber auch Kunststoffe Spannungsrißbildung zeigen. Hier spielen dann meistens die Benetzung durch das Umgebungsmedium und zeitabhängige Diffusions- und Quellungsvorgänge eine Rolle. Da Spannungsrißbildung erst nach einer gewissen Zeit auftritt, ist das Messen der Spannungsrißempfindlichkeit ziemlich schwierig und umständlich [11].

Bei Benetzungsproblemen ist die *Grenzflächenspannung* zu beachten. Das ist eine Größe, die auf der Tatsache beruht, daß die zwischenmolekulare Wechselwirkung an der Grenzfläche zweier Phasen eine andere ist als in der homogenen Phase selbst. Im Falle einer Grenzfläche zwischen flüssiger und gasförmiger Phase wird sie auch als Oberflächenspannung bezeichnet. Ein Teilchen im Inneren eines Körpers wird bekanntlich durch alle benachbarten Teilchen angezogen, so daß sich innerhalb des Festkörpers bzw. der Flüssigkeit die Anziehungskräfte kompensieren. Befindet sich dagegen ein Teilchen an der Oberfläche, dann ändern sich diese Anziehungskräfte auf der einen Seite. An der Oberfläche werden sie durch die angrenzende Gasphase nicht in dem Maße kompensiert wie in der Flüssigkeit; es bleibt eine Kraft, die in das Innere gerichtet ist. Um nun ein Teilchen aus dem Inneren an die Oberfläche zu bringen, muß eine bestimmte Arbeit gegen die Anziehungskräfte in der Flüssigkeit aufgebracht werden. Das besagt, daß jede Vergrößerung einer Oberfläche den Transport von Teilchen aus dem Inneren voraussetzt; sie erfordert einen Energieaufwand. Die Energie, die dabei notwendig ist, um eine neue Oberfläche von 1 cm^2 zu bilden, wird als spezifische freie Oberflächenenergie bezeichnet. Sie hat die Einheit N/m. Im allgemeinen ist dafür jedoch die Bezeichnung Oberflächenspannung, die früher in dyn/cm gemessen wurde, heute in mN/m angegeben wird, gebräuchlich.

Körper mit einer großen Oberfläche haben also eine größere Energie als gleiche Körper mit kleinerer Oberfläche und damit das Bestreben, einen Zustand geringerer Oberflächenenergie einzunehmen, indem sie die Oberfläche verringern. Flüssigkeiten nehmen deswegen nach Möglichkeit Kugelgestalt an, da bei dieser das Verhältnis von Oberfläche zu Volumen am geringsten ist.

Eine Änderung der Oberflächenspannung kann nun aber nicht nur physikalisch durch Änderung der Oberflächengestalt eintreten, sondern

2.4 Verhalten gegen chemische und andere Einflüsse

auch durch Adsorption oder chemische Veränderung der Oberfläche bzw. durch beide Vorgänge gleichzeitig. Das heißt, die freie Energie eines Systems wird durch Erniedrigung der Oberflächenenergie minimalisiert, was bei Flüssigkeiten dazu führt, daß sich an der Oberfläche immer die Teilchen ansammeln, auf die in Richtung auf das Innere die geringsten Kräfte wirken (Tenside = grenzflächenaktive Stoffe). An Grenzflächen können also Erscheinungen auftreten, die von großer praktischer Bedeutung sind. So nimmt auch die Haftfestigkeit zwischen zwei Stoffen mit abnehmender Grenzflächenspannung zu. Das ist bei Tränkvorgängen, also bei der Herstellung von Verbundwerkstoffen wichtig. Damit spielt sie auch bei der Verschmutzung, bei Benetzungsvorgängen durch Regen und chemische Dämpfe eine Rolle. In ähnlicher Weise werden Reinigungs- und Korrosionsvorgänge beeinflußt. Auch der Reibungskoeffizient nimmt mit zunehmender Festkörperoberflächenenergie zu [12].

3. Zuschlagstoffe und ihr Einfluß auf die Werkstoffeigenschaften

Wenn von den Werkstoffeigenschaften gesprochen wird, so muß auch auf die Zusätze hingewiesen werden, die in vielen Fällen insbesondere den Kunststoffen zugegeben werden. Stabilisatoren, Weichmacher, Gleitmittel und haftverhindernde Zusätze sind zu nennen, ebenso eine Menge Füllstoffe, die aus den verschiedensten Gründen zugemischt werden.

3.1 Stabilisatoren

Isolierstoffe sollen alterungsbeständig sein. Sie sollen von ihren Eigenschaften im Laufe der Zeit möglichst wenig verlieren. Bei anorganischen Isolierstoffen sind derartige Problem im allgemeinen unbekannt. Anders ist es bei den organischen Isolierstoffen. Wie es bei diesen grundsätzlich viele Möglichkeiten gibt, die Gebrauchseigenschaften zu beeinflussen, so wird es oft auch erforderlich, sie durch bestimmte Zusätze dauerhaft zu erhalten. Die Isolierstoffe müssen während der Betriebszeit vielen Einwirkungen widerstehen, ohne Schaden zu leiden. Bei Mineralöl werden zu diesem Zwecke bestimmte Alterungsschutzstoffe verwendet. Bei den Kunststoffen darf unter den üblichen Verarbeitungs- und Betriebsbedingungen keine Zersetzung auftreten. Sie müssen bestimmte Temperaturen vertragen. Schon bei der Verarbeitung, beispielsweise beim Spritzgießen oder Pressen, kann durch die mechanische Beanspruchung eine thermische Schädigung des Makromoleküls auftreten. Liegt doch die Verarbeitungstemperatur vieler Thermoplaste sehr nahe bei der Zersetzungstemperatur. So besteht die Möglichkeit, daß bei falschen Fertigungsbedingungen die erwarteten Eigenschaften bereits nach dem Spritzen nicht vorhanden sind. Die Isolierteile sollen nach Möglichkeit auch kurzwelliges Licht bis zu einem gewissen Grade vertragen. Sauerstoff und Ozon dürfen sich nicht nachteilig auswirken; sie dürfen nicht durch ultraviolette Strahlung angeregt zu räumlicher Vernetzung und damit zum Verspröden und Schrumpfen führen. Darüber hinaus sind Kettenabbaureaktionen bekannt. Um all dies zu verhindern oder wenigstens zu verzögern, werden den Kunststoffen Stabilisatoren zugegeben, an die natürlich einige Bedingungen zu stellen sind.

Sie müssen u. a. mit dem Kunststoff verträglich sein, dürfen sich nicht verflüchtigen, müssen physiologisch unbedenklich sein und sollen schließlich die Werkstoffeigenschaften nicht beeinträchtigen. Die Vielfalt der Forderungen macht es verständlich, daß sie meistens auf den späteren Einsatz abgestimmt werden und daß oft mehrere derartige Mittel gleichzeitig eingebaut werden. Auf die verschiedenen Stabilisatorgruppen sowie auf die Verfahren, sie einzuarbeiten, soll hier nicht eingegangen werden. Jedenfalls sind sie bei höherer Temperatur oder auch längerer Bewitterungszeit oft nur von begrenzter Wirksamkeit; außerdem beeinträchtigen sie die elektrischen Eigenschaften.

Ihr Wirkungsmechanismus ist noch weitgehend unbekannt. Bei Abbaureaktionen kann man annehmen, daß die Stabilisatoren mit den durch den Abbau entstehenden Radikalen reagieren und aktiven Sauerstoff abfangen, so daß weitere Kettenreaktionen unterbunden werden.

3.2 Weichmacher, Gleit- und Trennmittel

Weichmacher sind flüssige oder feste organische Verbindungen mit geringer Flüchtigkeit, die einigen polymeren Isolierstoffen zugegeben werden, um bestimmte physikalische Eigenschaften zu verbessern. Sie verleihen Elastizität, Zähigkeit, verringerte Härte und eine erniedrigte Einfriertemperatur. Man nimmt an, daß sich die Weichmachermoleküle zwischen die einzelnen Makromoleküle drängen, ihren Abstand voneinander vergrößern und so die zwischenmolekularen Bindungskräfte schwächen.

Weichmacher sind sorgfältig auszuwählen. Es ist zunächst zu fordern, daß sie sich leicht einarbeiten lassen. Sie müssen sich außerdem mit dem Grundstoff vertragen, müssen neutral, chemisch beständig, möglichst wasserabweisend sein und keine Verträglichkeit mit Öl und Lösungsmitteln zeigen. Sie dürfen nicht wandern, also nicht in andere Werkstoffe übergehen, die mit den jeweiligen Isolierteilen in Berührung stehen. Sie wandern vor allem gern in benachbarte Isolierstoffe ein, wo dies meistens zu schweren Störungen führt. Sie sollen auch nicht ausschwitzen. Darunter versteht man die Eigenschaft der Weichmacher an die Oberfläche zu treten, wo sie ebenfalls beträchtlich stören. Sie können schließlich ausgewaschen werden oder sich verflüchtigen. Die Flüchtigkeit setzt sich hier sowohl aus chemischen als auch aus physikalischen Erscheinungen zusammen. Durch alle diese Vorgänge werden die inneren Bezirke des Isolierstoffes weichmacherarm und spröde. In geschlossenen Geräten können Weichmacherdämpfe zu Kontaktschwierigkeiten führen. Verlangt wird ferner, daß die weichmachenden Eigenschaften nicht nur bei Raumtemperatur, sondern auch bei den üblichen Betriebstemperaturen vorhanden sind. Weichmacher sollen nicht riechen, keinen Geschmack abgeben und physiologisch einwandfrei sein. Oft sollen sie farblos sein, was den Elektrotechniker allerdings selten interessiert. Endlich müssen gute elektrische Eigenschaften gefordert werden.

Es gibt derartige Weichmacher für die verschiedensten Kunststoffe und Anwendungszwecke, die aufzuzählen, hier zu weit führen würde. Ebensowenig wie den entsprechenden Stabilisator gibt es den für alles brauchbaren Weichmacher. Man wird auch hier, vor allem wenn gegenläufige Eigenschaften verlangt werden, das eine gegen das andere abzuwägen haben. In den meisten Fällen wird man auch hier ein Gemisch verschiedener Weichmacher wählen. Ausfälle eines Isolierteiles mußten früher oft auf die Weichmacher zurückgeführt werden.

Gleitmittel werden bei der Verarbeitung härterer Kunststoffe eingesetzt. Sie sollen das Fließverhalten der plastifizierten Massen verbessern, indem sie die Wandreibung in den Werkzeugen vermindern. Verwendet werden Kohlenwasserstoffe (wie Paraffin), Fettsäuren, höhere Fettalkohole, Metallseifen und andere. Ähnlich in der Wirkung sind haftverhindernde Zuschläge, sogenannte *Trennmittel*. Man braucht sie zum Einstreichen der Werkzeuge, um das Entformen zu erleichtern. Oft werden sie gleich in die Formmassen eingearbeitet. Das gilt auch für die Folienherstellung, um das Kleben untereinander zu verhindern. Dafür ist u.a. Zinkstearat bekannt.

Auch bei diesen Zusätzen ist darauf zu achten, daß unerwünschte Nebenwirkungen auf ein Mindestmaß beschränkt bleiben. In der Elektrotechnik werden im allgemeinen Isolierstoffe bevorzugt, die von solchen Zuschlägen frei sind.

3.3 Füllstoffe

Die eigentlichen Füllstoffe dienen einmal zur Verbesserung der mechanischen Eigenschaften. Das trifft in erster Linie für faserige Stoffe und Gewebe zu. Diese verstärkenden Füllstoffe geben manchem Kunstharz erst den Gebrauchswert. Zu den aktiven Füllstoffen gehören weiterhin elektrisch wirksame Zusätze und solche, welche normalerweise brennbaren Kunststoffen eine flammenhemmende Wirkung verleihen. Auch Treibmittel und Fungizide sind dazu zu rechnen. Andere Füllstoffe sollen die Kosten verringern. Sie müssen dann natürlich billiger als der Grundstoff sein. Sie gelten als inaktive Füllstoffe, wozu auch die Farbstoffe gehören. Ob Stabilisatoren, Weichmacher und Gleitmittel zu den Füllstoffen zu rechnen sind, ist eine Frage der Vereinbarung.

Mit der Füllstoffmenge darf man nicht zu weit gehen. Zu hohe Anteile haben eine deutliche Verschlechterung der Eigenschaften zur Folge. Oft nimmt mit dem Füllstoff auch die Wasseraufnahme zu. Bei feinkörnigen Füllstoffen kann die Verarbeitungsviskosität zu groß werden.

3.3.1 Verstärkende Füllstoffe

Die verstärkenden Füllstoffe haben die Aufgabe, die mechanische Beanspruchung des Fertigteils zu übernehmen. Die Verwendung in Duromeren

3.3 Füllstoffe 43

ist naturgemäß etwas anders gelagert als in Thermoplasten. So sollen die echten Verbundstoffe hier nicht behandelt, sondern lediglich die mit Füllstoffen verarbeiteten Spritzguß-, Preß- und Gießteile betrachtet werden. Für Thermoplaste kommen, von Ausnahmen abgesehen, eigentlich nur Asbest- und Glasfasern als Verstärkungsmittel in Betracht; davon die Glasfasern in ziemlich großen Mengen. Bei den Duromeren sind Asbest, Glimmer und Glasfasern sowie Holz und Holzmehl, Kokos- und Walnußschalen, Textilien wie Baumwolle, Zellulosepapier und, verhältnismäßig selten, synthetische Fasern zu nennen.

Asbest und *Glasfasern* werden in Form feinster Teilchen eingearbeitet. *Glimmer* kommt hauptsächlich als Glimmermehl zur Verwendung. Über Asbest, Glimmer und Glas wird später gesprochen (4.4, 4.5 und 5.2). Diese Zuschläge verleihen Biegefestigkeit, Zugfestigkeit und Formbeständigkeit in der Wärme. Oft wird auch die Wärmeleitfähigkeit verbessert. *Holz* wird ebenfalls als Isolierstoff behandelt (6.6). Die in Preßmassen zu verarbeitenden Sägespäne müssen sorgfältig ausgewählt, Verunreinigungen durch Äste und Borke ferngehalten werden, da die Preßteile sonst eine fleckige Oberfläche bekommen. Im übrigen ist nur das Kernholz erwünscht. Das unreife Splintholz enthält Stärke und Zucker, die der Verwendung in der Elektrotechnik abträglich sind. *Kokos-* und *Walnußschalen* werden dort verwendet, wo sie in passenden Mengen anfallen. Jute- und Ramiefasern werden in Preßmassen selten verarbeitet. Was die *Baumwolle* (6.7.6) anbelangt, so zwingen wirtschaftliche Gründe zur Verwendung von Abfällen, die durch Zerreißen und Zerfasern von Lumpen gewonnen werden. Die Reifenindustrie liefert überdies wertvolle Cordabfälle. Die Güte solcher Rohstoffe muß aber sorgfältig überwacht werden. Die Lieferungen sollen gleichmäßig sein und dürfen keine Verunreinigungen enthalten. Anteile aus Kunstfaser müssen ebenfalls ausgeschieden werden, da sich diese als Fehler an der Oberfläche des Isolierstückes bemerkbar machen würden. *Zellstoff*, ein echter Isolierstoff (6.8), wird vor allem in Phenolharzpreßmassen eingesetzt.

3.3.2 Sonstige aktive Füllstoffe

Zu den übrigen aktiven Füllstoffen gehören vor allem Ruß, elektrisch aktive Zuschläge, antistatische Zuschlagstoffe, flammenhemmende Zuschläge, Treibmittel und Fungizide.

Ruß wird bei Elastomeren aus mechanischen Gründen, aber auch thermoplastischen Isolierstoffen zugemischt, um deren Beständigkeit gegen Licht, insbesondere Sonnenlicht, zu erhöhen. Eine mögliche Schädigung wird damit auf die äußerste Schicht begrenzt. In kleinen Mengen bringt er auch eine gewisse Homogenisierung des elektrischen Feldes; in größeren Mengen ist der damit verarbeitete Kunststoff allerdings nicht mehr als Isolierstoff anzusprechen. Zu erwähnen ist auch, daß man durch gewisse Füllstoffe die Kriechstromfestigkeit zu verbessern sucht, was jedoch selten zufriedenstellend gelingt. Bei Polyäthylen versucht man, die Hochspannungsfestigkeit von Kabeln durch *elektrisch aktive Zuschläge* zu erhöhen. Wie weit diese Zuschläge (aromatische oder teilaromatische Verbindungen) dauerhaft wirksam sind, insbesondere auch bei höheren Temperaturen, läßt sich noch nicht übersehen. Bei Stoßbeanspruchung sind sie jedenfalls unwirksam.

Der im allgemeinen geschätzte hohe spezifische Widerstand, verbunden mit hohem Oberflächenwiderstand der Kunststoffe, hat in bestimmten Fällen einen gewissen Nachteil. Auf der Oberfläche können sich elektrische Ladungen ansammeln, die zuweilen sogar zu elektrischen Funken führen. Aber auch kleinere Aufladungen sind unangenehm, da sie Staub anziehen, der sich auf der Oberfläche des Kunststoffteils niederschlägt. Das ist die Ursache für die bekannten eisblumenartigen Staubmuster. Solche elektrischen Ladungen können schon bei Entnahme eines Spritzgußteils aus dem Formwerkzeug entstehen. Bei Gehäusen elektrischer Maschinen, besonders von Haushaltsmaschinen, wirkt diese Erscheinung recht störend. Es hat daher nicht an Bemühungen gefehlt, Stoffe einzuarbeiten, die an der Oberfläche der Teile einen etwas leitfähigen Film bilden. Das Verfahren ist noch unsicher und hat bisher keine dauerhafte Lösung des Problems gebracht. Da es die elektrischen Eigenschaften des Isolierstoffes beeinträchtigt, kann es auch nur für solche Teile zur Anwendung kommen, bei denen in dieser Beziehung keine hohen Ansprüche gestellt werden.

Verbesserte Flammwidrigkeit organischer fester Isolierstoffe erreicht man zu einem gewissen Grad durch *flammwidrige Zusätze*. Aluminiumoxidtrihydrat, halogenhaltige Stoffe und Antimontrioxid sind dafür bekannt geworden. Aber auch diese Zuschläge können nicht verhindern, daß die Kunststoffe bei genügender Wärmezufuhr thermisch zerstört werden, denn sie alle sind, wie groß auch die Unterschiede sein mögen, grundsätzlich brennbar. Darüber hinaus darf nicht vergessen werden, daß Flammschutzmittel die elektrischen Eigenschaften beeinträchtigen und daß im Falle eines Brandes ihre Zersetzungsprodukte Korrosionserscheinungen verursachen können.

Zur Herstellung von geschäumtem Isolierstoff werden *Treibmittel* eingesetzt, die physikalisch oder chemisch wirksam werden. So kann man unter Druck neutrale Gase einarbeiten, die beim Entspannen expandieren. Man kann auch eine niedrig siedende Flüssigkeit verwenden, die bei Erwärmung verdampft. Oft wird eine chemische Reaktion bevorzugt. In dem Falle werden Treibmittel zugesetzt, die sich in der Wärme unter Gasabspaltung zersetzen und dabei den Werkstoff auftreiben. Von den verschiedenen Arbeitsbedingungen hängt die Schaumstruktur ab. *Insektizide* und *Fungizide* werden eingearbeitet, um Termitenfraß, Schimmelbildung und Bakterienwachstum zu verhindern oder wenigstens einzudämmen.

Beim Einsatz unter erschwerten klimatischen Verhältnissen kann dies bei einigen organischen Isolierstoffen sinnvoll sein.

3.3.3 Inaktive Füllstoffe

Inaktive Füllstoffe sollen im allgemeinen die Gestehungskosten herabsetzen. Sie dürfen nicht zu teuer sein und müssen in ausreichender Menge zur Verfügung stehen. Man wünscht Gleichmäßigkeit der einzelnen Lieferungen, da sonst die Fertigungsschwankungen zu groß werden. Die Teilchengröße soll nicht zu grob, im besonderen Falle möglichst feinkörnig sein. Der Feuchtigkeitsgehalt muß gering sein. Der Füllstoff darf keine chemischen Agenzien enthalten, welche die Werkzeuge korrodieren können. Aus gleichem Grunde sind schleifende Anteile unerwünscht; sie können die Preßwerkzeuge in kurzer Zeit unbrauchbar machen. Der Füllstoff muß sich von dem Harz leicht durchtränken oder wenigstens benetzen lassen. An solchen Stoffen steht eine große Menge zur Auswahl. Zu nennen sind Eisen- und Bleioxide, Aluminiumoxid, Titandioxid, Schwerspat (Bariumsulfat), Schiefermehl, Quarzmehl, pyrogene Kieselsäure, Dolomit, Kieselgur, Talkum, Kaolin (Aluminiumsilikat) und Kreide (Kalziumkarbonat).

Aluminiumoxid kommt in bestimmten Fällen als Füllstoff für Epoxidharz in Betracht. Bariumsulfat hat den Nachteil einer geringen Wärmeleitfähigkeit. Schiefer und Quarz werden bei den anorganischen Isolierstoffen (4.2 und 4.3) behandelt werden. Schiefermehl wird gelegentlich Phenolharzpreßmassen eingearbeitet. Quarzmehl ist ein, besonders in Gießharzen, vielverwendeter Füllstoff, der gut und preiswert ist. Er erhöht die Formbeständigkeit. Ein Nachteil ist der Abrieb, den er in den Mischern und Dosiergeräten hervorruft. Pyrogene Kieselsäure besteht zu über 98% aus Siliziumdioxid und zeichnet sich durch eine besondere Feinheit aus. Die Korngröße liegt in der Größenordnung von 10 nm. Dolomit ist ein Doppelkarbonat aus Kalzium und Magnesium ($CaMg(CO_3)_2$) und hat in gebrauchsfertigem Zustande eine Teilchengröße von etwa 1 μm. Die Dichte ist mit 2,85 g/cm^3 verhältnismäßig hoch. Es eignet sich besonders gut für Gießharze und extrudierte Erzeugnisse aus Polyvinylchlorid. Kieselgur ist eine Ablagerung von Meeralgen der Tertiärzeit. Diese fossilen Überreste haben ihre zellenartige Struktur behalten und bestehen zu etwa 75% aus Siliziumdioxid. Kaolin ist ein Aluminiumsilikat, dessen chemische Analyse 48 bis 50% Siliziumdioxid und 35 bis 38% Aluminiumoxid ergibt. Es ist einer der billigsten Füllstoffe. Kreide müßte, was den Verbrauch anbelangt, an erster Stelle genannt werden.

Abgesehen davon, daß die inaktiven Füllstoffe die Kosten verringern sollen, erhöhen sie im allgemeinen auch die Dichte des Werkstoffes. Durch pulverförmige Zuschläge wird die Schlagzähigkeit herabgesetzt. Je nach der Art des Füllstoffes wird auch die Verarbeitbarkeit beeinträchtigt. Bei

Gießharzen wird die Viskosität erhöht. In vorteilhafter Weise verringern die inaktiven Füllstoffe aber die Schwindung bei der Härtung.

Auch die inaktiven Füllstoffe können das elektrische Verhalten des Isolierstoffes beeinflussen. Zur Verbesserung der elektrischen Eigenschaften werden Füllstoffe selten eingesetzt. Viele inaktive Füllstoffe senken auch die Wärmedehnzahl, und die Wärmeleitfähigkeit wird verbessert, so daß die Abgrenzung gegen die verstärkenden Füllstoffe manchmal nicht ganz eindeutig ist.

Die Farbe des Isolierstoffes interessiert den Elektrotechniker nur selten. Gelegentlich werden bei Gehäusen und anderen Teilen, die sich in das äußere Bild einer Anlage einfügen müssen, entsprechende Forderungen gestellt. Dann werden sowohl Farbstoffe (lösliche Farbkörper) als auch Farbpigmente (unlösliche Farbkörper) eingearbeitet. Bei der Aushärtung duromerer Kunststoffe beeinflussen manche Farbstoffe und Farbpigmente die Reaktionsgeschwindigkeit.

B. Die Isolierstoffe

Die Naturstoffe unter den Isolierstoffen sind teilweise seit vielen tausend Jahren bekannt und haben schon bei der Entdeckung der elektrischen Erscheinungen eine Rolle gespielt. Bei den synthetischen anorganischen Erzeugnissen sind die gasförmigen Halogenverbindungen völlig neu. Das altbekannte Glas und die keramischen Isolierstoffe sind weiterentwickelt worden. Zahlreiche Neuentwicklungen gibt es auf dem Gebiete der synthetischen organischen Isolierstoffe. Neben den substituierten Kohlenwasserstoffen nehmen die Kunststoffe einen breiten Raum ein. Das ist ein Erfolg der chemischen Industrie, der sich in einem großen Angebot an Kunststoffen äußert, die als Isolierstoffe, zum Teil mit hervorragenden Eigenschaften, brauchbar sind.

4. Natürliche anorganische Isolierstoffe

Charakteristisch für die natürlichen Isolierstoffe ist, daß sie ohne chemische Abwandlung technisch eingesetzt werden. Eine mechanische Aufbereitung braucht allerdings nicht ausgeschlossen zu sein. So enthält Tabelle 0.1 unter den Naturstoffen auf der Seite der anorganischen Isolierstoffe gasförmige und feste Isolierstoffe. Dazu gehören eine Anzahl von Gasen, wenige Naturgesteine, Quarz, Asbest und Glimmer.

4.1 Gase

Die Gase nehmen unter den Isolierstoffen eine besondere Stellung ein. So muß mit der Luft überall dort gerechnet werden, wo sie nicht auf Grund besonderer Maßnahmen beseitigt oder etwa durch flüssige Isolierstoffe ersetzt worden ist. Die Gase sind auch wichtigen Sonderfällen vorbehalten. An natürlichen gasförmigen Isolierstoffen kommen neben Luft, Stickstoff, Kohlendioxid und Wasserstoff die Edelgase Helium, Neon, Argon, Krypton und Xenon in Betracht. Die Gase können einen hochwertigen Isolierstoff darstellen. Auf das allgemeine Verhalten der Gase wurde bereits hingewiesen (1.3 und 2.2). Die für die Elektrotechnik wichtigen Eigenschaften sind in Tabelle 4.1 angegeben. Der Vollständigkeit halber ist hier auch Schwefelhexafluorid aufgeführt, das später (5.1.1) behandelt wird.

Tabelle 4.1. Eigenschaften der elektrotechnisch wichtigen Gase bei Atmosphärendruck und Raumtemperatur

Gas		Atom- bzw. Molekulargewicht	Dichte g/l	Ionisierungsspannung eV	Lage des Durchschlagminimums im homogenen Feld (bei Messingelektroden)	
					mbar · cm	V
Luft			1,205		0,76	327
Stickstoff	N_2	28,0134	1,165	16,0	0,85	266
Sauerstoff	O_2	31,9988	1,330	12,5	0,85	260
Kohlendioxid	CO_2	44,0099	1,840	13,73	0,68	420
Wasserstoff	H_2	2,0159	0,0836	15,4	1,39	238
Helium	He	4,0026	0,1665	24,56	5,32	155
Neon	Ne	20,183	0,837	21,56	5,32	245
Argon	Ar	39,948	1,660	15,76	1,0	233
Krypton	Kr	83,80	3,480	14,00		
Xenon	Xe	131,30	5,500	12,13		
Schwefelhexafluorid	SF_6	146,054	6,150	15,7	0,35	507

Wenn man auf den praktischen Einsatz der gasförmigen Isolierstoffe zu sprechen kommt, dann ist zunächst darauf hinzuweisen, daß die Gasisolierung gegenüber der Feststoffisolierung den Vorteil eines dauernden Isolierstoffaustausches zwischen elektrisch unterschiedlich beanspruchten Bereichen mit sich bringt. Das ist bei Flüssigkeiten in wesentlich geringerem Maße, bei festen Isolierstoffen natürlich überhaupt nicht der Fall. Bei einem Durchschlag ist der feste Isolierstoff zerstört. Im flüssigen Isolierstoff entstehen große Mengen gasförmiger Zersetzungsprodukte, die im Gerät zu einer unerwünschten Druckzunahme führen. Bei einem gasgefüllten Gerät steigt der Druck nur infolge der Wärmeausdehnung ein wenig an. Außerdem kann die ganze Isolierung jederzeit schnell und ohne große Unkosten erneuert werden. Die Anlage läßt sich wesentlich verkleinern, wenn man die normale Luftisolierung durch eine Druckgasisolierung ersetzt, wodurch die mittlere freie Weglänge verringert wird.

Anderseits ist aber zu beachten, daß Luft überall da vorhanden ist, wo sie nicht wie im Vakuum entfernt oder gegen einen andern Isolierstoff ausgetauscht worden ist. Es ergibt sich auch die Möglichkeit der Isolation durch Vakuum. Sie ist bei einwandfreiem Vakuum vollkommen verlustlos. Verluste können hier nur durch äußere Einwirkungen, beispielsweise bei Bestrahlung der Elektroden, entstehen. So baut man Vakuumkondensatoren, die dort eingesetzt werden, wo wie bei Sendeanlagen frequenz- und temperaturunabhängige Kapazitäten benötigt werden. Ein solcher Kondensator ist in Abb. 4.1 wiedergegeben. Heute werden auch noch Glühlam-

Durchschlag-feldstärke (Schlagw. = 1 cm) kV/cm	Dielektrizitäts-zahl	Wärmeleit-fähigkeit mW/Km	Siede-punkt °C	Spez. Wärme-kapazität kJ/kg K
32	1,000590	25,6		1,00
33	1,000540	25,5	−195,8	1,04
29	1,000510	26,0	−183,0	0,912
29	1,000920	16,0	−78,5	0,825
19	1,000252	179	−252,8	14,2
10	1,000065	149	−269,0	5,24
2,9	1,000123	48,3	−246,0	1,03
6,5	1,000514	17,5	−185,9	0,524
8	1,000770	9,35	−152,9	
	1,001240	5,45	−107,1	
89	1,002049	18,83	−63,8	0,633

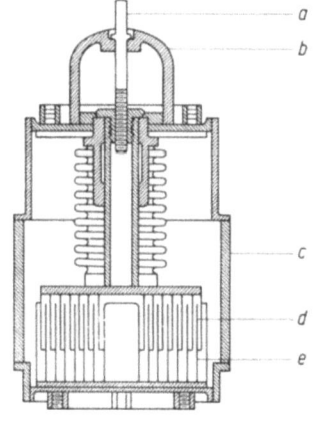

Abb. 4.1. Drehkondensator in Hochvakuumausführung (Werkbild: ITT Jennings). a Justierschraube; b Drehkopf; c Gehäuse aus Keramik mit hohem Aluminiumoxidgehalt; d Kondensatorplatten aus Kupfer; e Dielektrikum (Hochvakuum).

pen, die im Freien betrieben werden, als Vakuumlampen ausgeführt, und zwar deshalb, weil sie nicht so heiß werden wie gasgefüllte Lampen und damit den Temperaturstürzen besser standhalten. Das Vakuum wird wahrscheinlich auch einmal in Hochleistungsschaltern und bei supraleitenden Kabeln eine Rolle spielen. Im letzten Falle ist es zur Wärmeisolierung ohnehin unentbehrlich und so scheint es zweckmäßig, es auch zur elektrischen Isolation heranzuziehen.

4.1.1 Luft

Zusammensetzung und Werkstoffeigenschaften. Die Luft besteht zu 78% (Vol.) aus Stickstoff und zu 21% (Vol.) aus Sauerstoff, enthält aber in geringen Anteilen auch noch die in Tabelle 4.2 aufgeführten Stoffe, die ebenfalls als Isoliergase in Betracht kommen.

Tabelle 4.2. Mittlere Zusammensetzung der trockenen Luft an der Erdoberfläche

Gas		Volumenprozent	Gewichtsprozent (Massenprozent)
Stickstoff	N_2	78,09	75,52
Sauerstoff	O_2	20,95	23,15
Argon	Ar	0,933	1,28
Kohlendioxid	CO_2	0,030	0,046
Neon	Ne	0,0018	0,0012
Helium	He	0,0005	0,00007
Krypton	Kr	0,0001	0,0003
Wasserstoff	H_2	0,00005	0,000003
Xenon	Xe	0,000008	0,00004

Die physikalischen Eigenschaften der Luft sind durch ihre Hauptbestandteile bestimmt und liegen nahe bei denen des Stickstoffs. Luft hat damit eine verhältnismäßig gute Durchschlagfestigkeit. Die Durchschlagspannung zeigt in Abhängigkeit vom pd-Wert Abb. 4.2. Sie fällt mit abnehmendem pd-Wert, um bei sehr kleinen pd-Werten, wie bei allen Gasen, wieder stark anzusteigen (2.2). Bei Atmosphärendruck und Raumtemperatur beträgt die Durchschlagfestigkeit für 1 cm Schlagweite 32 kV/cm.

Einsatzgebiete. Das Vorhandensein von Luft macht sich manchmal störend bemerkbar, nämlich in Form von Einschlüssen in flüssigen oder festen Isolierstoffen. In der Mehrschichtisolierung ist bekanntlich die Beanspruchung der einzelnen Bestandteile dem umgekehrten Verhältnis ihrer Dielektrizitätszahlen proportional. Da nun Luft wie alle Gase eine im Verhältnis zu den anderen Isolierstoffen beträchtlich geringere Dielektrizitätszahl hat, ist die Feldstärke, die an solch einem Gasbläschen liegt, besonders hoch. So erklärt sich die außerordentliche Sorgfalt, die bei Imprägnierungen von Transformatoren, Kabeln, Kondensatoren und dergleichen aufgewendet werden muß. Würde die Luft dabei nicht restlos entfernt, wären die verbleibenden Bläschen überbeansprucht. An ihnen würden Ionisations- und Entladungsvorgänge auftreten, die den übrigen Isolierstoff angreifen. In den Luftbläschen bilden sich Ozon und nitrose Gase. Ozon kann den Isolierstoff chemisch zerstören. Die in beschädigten Isolationen früher als weißes Pulver oft gefundene Oxyzellulose war durch die Zerstörung zellulosehaltiger Isolierstoffe entstanden. Feuchtigkeit er-

4.1 Gase

höht die Gefahr insofern, als durch den Angriff der nitrosen Gase Salpetersäure entsteht, die ebenfalls chemisch zerstörend wirkt. In Verbindung mit Kupfer bildet sie Kupfernitrat, einen grünen Niederschlag. Tatsächlich ist Luft ein wichtiger Isolierstoff. Auch das in Abb. 9.70 dargestellte Hochfrequenzkabel ist mit Luft isoliert, und zwar unter einem Druck von 5 bar. Trotzdem wird sie, weil der Sauerstoff Ozon bilden und zu unangenehmen Oxydationserscheinungen führen kann, bewußt selten eingesetzt. Anders liegen die Verhältnisse bei trockenem Stickstoff.

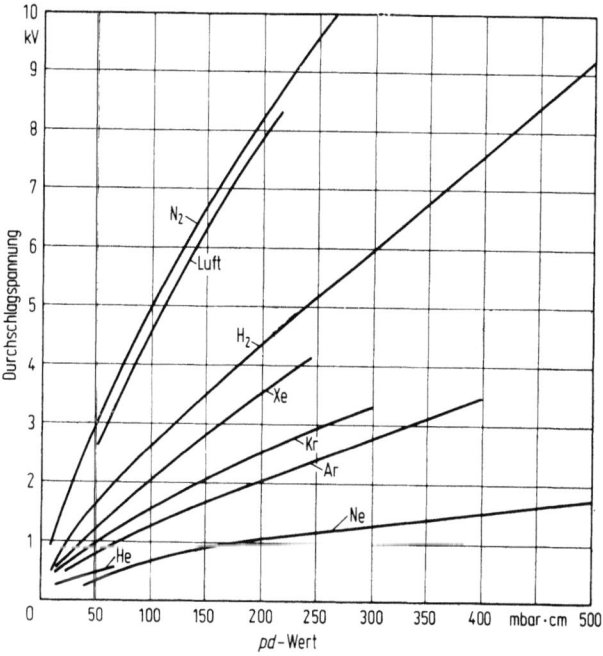

Abb. 4.2. Durchschlagspannung verschiedener Gase im homogenen Feld in Abhängigkeit vom pd-Wert bei 20 °C.

4.1.2 Stickstoff

Werkstoffeigenschaften. Die wertvollen Eigenschaften des Stickstoffes sind ebenfalls aus Tabelle 4.1 zu ersehen. Wichtig ist die hohe Durchschlagfestigkeit. Für mittlere pd-Werte ist die Durchschlagspannung ebenfalls in Abb. 4.2 eingetragen. Dem Sauerstoff gegenüber hat Stickstoff den Vorteil, daß es nicht zu Korrosion führt; es ist chemisch neutral.

Einsatzgebiete. So werden die bekannten Schutzrohrkontakte zu 97% mit Stickstoff gefüllt. Reiner Stickstoff wird auch in Glühlampen verwendet, wenn der Leuchtkörper, um eine besonders hohe Leuchtdichte zu erzielen, sehr eng gewickelt ist. Bei den in solchen Fällen zwischen den Windungen auftretenden hohen Feldstärken wird er wegen der hohen Durchschlagfestigkeit bevorzugt. Anwendungsbeispiele für Stickstoff sind ferner die Druckgasisolierung des Preßgaskondensators, der als verlustarmer Vergleichskondensator in Brückenmeßanordnungen Verwendung findet, und des van de Graaffschen Bandgenerators. Stickstoff findet auch im Druckgaskabel Verwendung, das bei einem Druck von etwa 15 bar betrieben wird. Im Gasinnendruckkabel ist die Papierisolierung mit einer gut haftenden, bei Betriebstemperatur nicht fließfähigen Isoliermasse getränkt. Um im Kabel keine Ionisierung möglicherweise vorhandener Gasbläschen aufkommen zu lassen, wird es nach der Montage unter hohem Druck zusätzlich mit Stickstoff gefüllt. Beim Gasaußendruckkabel sind die papierisolierten Adern mit Öl getränkt. Darüber liegt als Diaphragma ein Blei- oder Polyäthylenmantel. Das ganze Kabel befindet sich in einem Stahlrohr, das nach beendeter Montage ebenfalls mit Stickstoff gefüllt wird. Hier bewirkt der Gasdruck, daß das Diaphragma den durch die Wärmeschwankungen des Tränkmittels verursachten Volumenänderungen folgen kann, ohne daß irgendwo ein Hohlraum entsteht. In diesem zweiten Falle hat das Gas natürlich keine isolierenden Aufgaben.

4.1.3 Kohlendioxid (Kohlensäure)

Kohlendioxid (CO_2), allgemein als Kohlensäure bezeichnet, hat eine dem Stickstoff bzw. der Luft fast gleichkommende Durchschlagfestigkeit. Es ist im Handel leicht zu haben. Für die Zwecke der Elektrotechnik muß es rein und trocken sein. Es dient als Füllgas für Preßgaskondensatoren und Generatoren nach van de Graaff. Gelegentlich gibt man auch etwas Schwefelhexafluorid (5.1.1) hinzu.

4.1.4 Wasserstoff

Werkstoffeigenschaften. Wasserstoff ist bekanntlich das leichteste Element. Die recht gute Durchschlagfestigkeit ist ebenfalls in Abb. 4.2 eingetragen. Als besondere Eigenschaft hat er, wie Tabelle 4.1 zeigt, eine hervorragende Wärmeleitfähigkeit.

Einsatzgebiete. Wasserstoff hat als Kühlmittel bei raschlaufenden elektrischen Maschinen großer Leistung, z. B. bei Turbogengeneratoren, Bedeutung erlangt. Die gegenüber Luft besseren Kühleigenschaften gestatten eine Verdopplung der Wärmebelastung der Kühlflächen, und die geringere Luftreibungs- bzw. Ventilationsarbeit führt weiter zu einer merklichen Verbesserung des Wirkungsgrades. Zudem wirkt sich die Abwesenheit von Sauerstoff für die Werkstoffe der Maschine günstig aus. Ein Kurzschluß kann nicht zum Wicklungsbrand führen. Man arbeitet mit einem geringen Gasüberdruck von etwa 250 mbar. Die Verlustwärme des im Inneren der Maschine umgewälzten Gases wird in Wasserrohrkühlern entzogen. Wenn dem Stickstoff in den erwähnten Schutzrohrkontakten noch

4.1 Gase

3% Wasserstoff zugegeben wird, so soll er hier hauptsächlich als Reduktionsmittel dienen. Erwogen wird heute aber auch der Bau von mit flüssigem Wasserstoff gekühlten Aluminiumkabeln.

4.1.5 Edelgase

Werkstoffeigenschaften. Die in Tabelle 4.1 aufgeführten Edelgase Helium, Neon, Argon, Krypton und Xenon werden durch fraktionierte Destillation flüssiger Luft gewonnen. Sie zeichnen sich dadurch aus, daß die äußersten Elektronenschalen mit 8 Elektronen voll besetzt sind. Sie sind infolgedessen chemisch neutral. Abb. 4.2 zeigt ihr Durchschlagsverhalten. Von großer Bedeutung ist ihre Wärmeleitfähigkeit. In Abb. 4.3 ist diese in Abhängigkeit vom Atom- bzw. Molekulargewicht dargestellt. Daraus ergibt sich, daß die Wärmeleitung mit dem Atom- bzw. Molekulargewicht abfällt. Die eingetragene Gerade würde bedeuten, daß sie umgekehrt proportional mit dem Atom- bzw. Molekulargewicht verläuft. Annähernd ist dies der Fall.

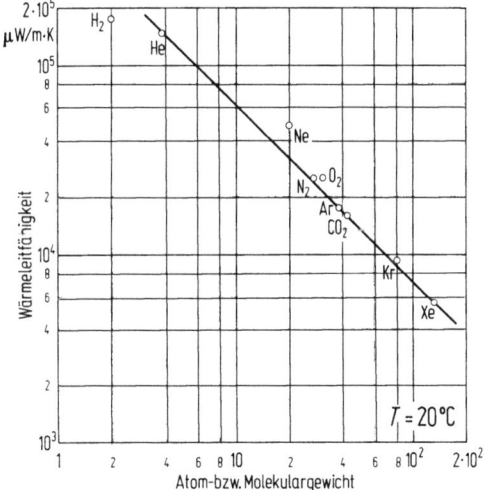

Abb. 4.3. Die Wärmeleitfähigkeit der gasförmigen Isolierstoffe in Abhängigkeit vom Atom- bzw. Molekulargewicht.

Einsatzgebiete. Überkritisch verdichtetes Heliumgas wird voraussichtlich in Zukunft in supraleitenden Kabeln verwendet werden, und zwar sowohl als Kühlmittel als auch als Isolierstoff. Unentbehrlich haben sich die Edelgase in den elektrischen Glühlampen gemacht. Nach den Gesetzen der Temperaturstrahlung ist die Lichterzeugung durch Erhitzen fester Körper um so wirtschaftlicher, je höher die Temperatur des strahlenden Körpers gewählt wird. In der Vakuumglühlampe hatte sie jedoch mit etwa 2000°C zunächst eine Grenze gefunden, und zwar wegen der übermäßig zunehmenden Verdampfungsgeschwindigkeit des Wolframfadens. Da brachte die Gasfüllung der Lampe den entscheidenden Fortschritt. Sie verringert die Verdampfungsgeschwindigkeit, und die Temperatur der Wendel konnte erhöht werden.

Nun traten aber Wärmeverluste durch Leitung und Konvektion auf, und das Füllgas mußte auch daraufhin untersucht werden. Darüber hinaus darf es natürlich den Glühdraht nicht angreifen und durch Lichtbogenbildung nicht zu Kurzschlüssen innerhalb der Lampe führen.

Man verwendete anfangs Stickstoff, der zunächst die beiden letzten Forderungen ausgezeichnet erfüllt. Da sie den Glühdraht nicht schädigen, bieten sich auch die Edelgase zur Füllung an. Andere Gase kommen nicht in Betracht. Untersucht man den Stickstoff und die Edelgase in bezug auf die Herabsetzung der Verdampfungsgeschwindigkeit des Wolframs, so stellt man fest, daß diese um so kleiner ist, je größer das Atom- bzw. Molekulargewicht ist. Sie nimmt etwa umgekehrt proportional mit diesem ab. In Abb. 4.3 wurde bereits gezeigt, daß die Wärmeleitfähigkeit ebenfalls mit dem Atom- bzw. Molekulargewicht abfällt. Aus zwei Gründen muß demnach zur Füllung ein Gas mit hohem Atom- bzw. Molekulargewicht gewählt werden.

Diese Entwicklung leitete schon frühzeitig von der Stickstoffüllung zur Argonfüllung über. Üblicherweise besteht die Füllung heute zu 90% aus Argon und, um die Zündspannung heraufzusetzen und damit die Kurzschlußgefahr zu mindern, zu 10% aus Stickstoff. Den Fülldruck wird man, da sowohl die Verdampfungsgeschwindigkeit als auch die Gefahr der Lichtbogenbildung mit Erhöhung des Fülldruckes abnehmen, nicht zu niedrig wählen. In der Regel wird mit etwa 800 mbar gefüllt. Das ist der sogenannte Kaltfülldruck. Der Betriebsdruck ist wegen der weit über Raumtemperatur liegenden Betriebstemperatur entsprechend höher.

Nach diesen Überlegungen müssen Krypton und Xenon noch vorteilhafter als Argon sein. Seit dem Jahre 1936 werden Glühlampen daher auch mit Krypton gefüllt, während der Glühfaden mit einer Temperatur von 2300°C beansprucht wird. Wegen des hohen Preises von Krypton werden kleine Lampenkolben verwendet, was allerdings wieder andere Nachteile mit sich bringt. Immerhin stellt die Kryptonlampe einen beachtlichen Fortschritt dar. Das elektrisch wertvolle Xenon ist zu teuer.

4.2 Naturgesteine

Von den Naturgesteinen, die für die Elektrotechnik in Betracht kommen, sind nur Marmor und Schiefer zu nennen.

4.2.1 Marmor

Vorkommen und Gewinnung. Marmor ist ein metamorphes Gestein, d.h. ein Gestein, das nach der Sedimentation durch Einwirkung von Druck und Temperatur verfestigt und umkristallisiert worden ist. Es kommt auf der Erde in einer Fülle verschiedener Sorten vor. Marmor wird im Tagebau in großen Blöcken gewonnen. Die Bearbeitbarkeit ist im allgemeinen gut. Er wird mit diamantbestückten Trennscheiben oder Sägegattern in die gewünschten Abmessungen gebracht. So kann man also verhältnismäßig gut sägen; man kann fräsen und bohren. Mit Karborundum, Bimsstein und anderen Schleifmitteln wird geschliffen und schließlich poliert.

Werkstoffeigenschaften und Einsatzgebiete. Da die bei Naturgesteinen häufig vorhandenen Einschlüsse oft leitend sind, können die elektrischen Werte, wie auch Tabelle 4.3 zeigt, nicht besonders gut sein. Betriebstemperaturen über 100°C machen den Marmor mit der Zeit brüchig. Recht gut verträgt er anderseits kurzzeitige Hitzeeinwirkungen. So ist er als feuersicher anzusehen. Die Wasseraufnahme des Marmors kann 0,5% des Gewichtes betragen; sie ist also sehr hoch. Von Säuren wird Marmor angegriffen, etwas weniger von Alkalien. Mineralöl soll man fernhalten, da es häßliche Flecken verursacht.

Marmor eignet sich für Schalttafeln. Dafür wurde er früher viel verwendet. Durch veränderte Konstruktionen einerseits und durch neuzeitliche Isolierstoffe anderseits ist er heute fast vollständig verdrängt worden.

Tabelle 4.3. Werkstoffeigenschaften von Marmor und Schiefer

Eigenschaften	Einheit	Marmor	Schiefer
Dichte	g/cm^3	2,5 bis 2,8	2,7 bis 2,9
Biegefestigkeit	N/mm^2	15 bis 25	30 bis 40
Zugfestigkeit	N/mm^2	25	25
Kriechstromfestigkeit		KA 1	KA 1
Durchschlagfestigkeit	kV/mm	3 bis 5	0,3
Spezifischer Durchgangswiderstand	Ω cm	10^9 bis 10^{11}	10^8
Dielektrizitätszahl ($f = 1$ MHz)		8	6 bis 10
Dielektr. Verlustf. ($f = 1$ MHz)		10^{-1}	$2 \cdot 10^{-1}$
Wärmeleitfähigkeit	W/Km	2,1 bis 3,5	
Lineare Wärmedehnzahl	10^{-6}/K	2,6	10
Dauerwärmebeständigkeit	°C	100	100
Wasseraufnahme	%	0,5	1

4.2.2 Schiefer

Vorkommen und Gewinnung. Unter Schiefer versteht man im besonderen den Tonschiefer. Dabei handelt es sich um ein dichtes Gestein, das plattenförmig auftritt. Es ist meist grau, aber auch rötlich, grünlich oder bläulich gefärbt. Es besteht im wesentlichen aus Siliziumdioxid (58%) und aus Aluminiumoxid (21%).

Ebenso wie Marmor wird Schiefer im Tagebau gewonnen. Dort wird er in Platten von 30 bis 80 mm Dicke gebrochen. Im Schieferwerk wird er mit Meißeln auf die gewünschte Plattendicke gespalten und auf Maß geschnitten. Der englische Schiefer ist etwas schwer zu spalten, der italienische anderseits sehr gut. Der Schiefer läßt sich ohne Mühe fräsen, bohren und feilen. Die Polierfähigkeit allerdings ist gering.

Werkstoffeigenschaften und Einsatzgebiete. Die Werkstoffeigenschaften sind in Tabelle 4.3 zusammengestellt. Die elektrischen Eigenschaften sind nicht gut. Dazu kommt eine große Feuchtigkeitsaufnahme. Im Gegensatz zu Marmor ist Schiefer gegen Säuren unempfindlich, von Alkalien wird er schwach angegriffen.

Schiefer ist für Grundplatten von Anlassern, schwer belastete Widerstände und ähnliche Geräte schwerer Ausführung geeignet. Auch der technische Einsatz von Schiefer ist stark zurückgegangen. In fein vermahlener Form wird er aber verschiedenen Preßmassen zugesetzt, also mit Kunstharzen zusammen verarbeitet.

4.3 Quarz

Quarz ist als chemische Verbindung das Dioxid des Siliziums (SiO_2). Kristallin tritt dieses als wasserklarer Bergkristall auf.

Kristallstruktur. Der Quarz kristallisiert nach Abb. 1.1b in der trigonalen trapezoedrischen Form des trigonalen Systems. Die Hauptachse ist die dreizählige c-Achse. In der Ebene senkrecht dazu liegen drei zweizählige a-Achsen, die infolge der Dreizähligkeit der Hauptachse miteinander einen Winkel von 120° bilden. Diese a-Achsen sind polar, d.h. sie stoßen auf zwei nicht gleichartige Kristallflächen. Entgegengesetzte Richtungen sind demnach physikalisch ungleichwertig, was für die Eigenschaften von Bedeutung ist. Die Hauptachse ist gleichzeitig die optische Achse. Die Kristallstruktur ist aus Abb. 4.4 ersichtlich.

Vorkommen. Der Quarz ist eine der auf der Erde am häufigsten vorkommenden Mineralarten; er ist am Aufbau der Erdkruste mit 12% beteiligt. In reinster Form liegt er im Bergkristall, von dem Brasilien die bekanntesten Lagerstätten besitzt, vor. Abb. 4.5 zeigt ein solches Stück. Häufiger tritt der Quarz in der weniger reinen Form des Quarzits auf, und zwar als Bestandteil der Sande.

4.3 Quarz

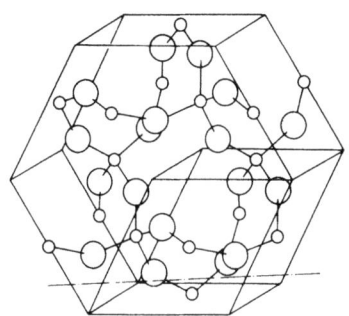

Abb. 4.4. Kristallstruktur des Quarzes.

Abb. 4.5. Quarzkristall (Werkbild: Bayer AG).

Verarbeitung. In natürlichem Zustande wird Quarz in der Elektrotechnik hauptsächlich als Quarzsand verarbeitet. Besonders ausgesucht wird er vor der Verwendung fein gemahlen und kommt in Korngrößen, die in der Regel kleiner als 40 μm sind, zum Versand. Der Quarzsand soll mit einem Anteil von über 99% SiO_2 möglichst rein sein. Er wird vor dem Mahlen gelegentlich noch bei Temperaturen über 1000°C geglüht. Das hat vor allem dann Sinn, wenn in ihm noch Spuren von Huminsäure und störende Hydroxylgruppen vorhanden sind. Auch Anteile von Kaliumoxid können unangenehm sein.

Wird Quarz geschmolzen, so erstarrt er bei Wiederabkühlung in amorpher, also nichtkristalliner Form. Man erhält dann Quarzglas bzw. Quarzgut. Während Quarzglas aus reinem Bergkristall erschmolzen wird, ist Quarzgut ein aus Quarzsand gewonnenes Erzeugnis. Mit 99,8% Siliziumdioxidgehalt ist dies weniger rein. In feinster Verteilung enthält es außerdem mehr oder weniger zahlreiche Luftbläschen. Quarzglas ist in Form von Rohren und Stäben für die glasbläserische Weiterverarbeitung und außerdem in Stücken und Platten lieferbar. Aus Quarzgut werden in sich drehenden Schleuderformen vorwiegend rotationssymmetrische Körper hergestellt. Quarz und Quarzglas können heute auch synthetisch hergestellt werden.

Werkstoffeigenschaften. Kristalliner Quarz ist optisch und mechanisch anisotrop, d.h. die optischen und mechanischen und zum Teil auch die elektrischen Eigenschaften sind von der Richtung der Kristallachse abhängig. Quarzglas unterscheidet sich vom Bergkristall dadurch, daß es isotrop ist. Es ist weder optisch aktiv noch doppelbrechend. Es ist, wenn sehr rein, voll durchsichtig. Auch Quarzgut ist isotrop; es erscheint, weil die eingeschlossenen Bläschen lichtstreuend wirken, durchscheinend milchigweiß, in dicker Schicht sogar reinweiß.

Die Werkstoffeigenschaften von Quarz, Quarzglas und Quarzgut unterscheiden sich, wie aus Tabelle 4.4 hervorgeht, im allgemeinen nur unwesentlich. Das ist in der Natur des Werkstoffes begründet. Hervorragende mechanische Eigenschaften sind nicht zu erwarten. Die elektrischen Werte sind dagegen besonders gut. Kriechstromfestigkeit ist selbstverständlich vorhanden. Die Durchschlagfestigkeit von Quarzgut ist geringer als die von Quarz und Quarzglas. Der Mechanismus der Stromleitung im Quarzkristall ist ziemlich komplex und noch nicht ganz geklärt. In den verschiedenen Richtungen bestehen offensichtlich Leitfähigkeitsunterschiede [13]. Mit seinem hohen spezifischen Durchgangswiderstand, der noch bei 500 °C 10^9 Ω · cm beträgt, ist Quarz jedenfalls ein ausgezeichneter Isolator. Das gilt auch für Quarzglas und ähnlich für Quarzgut. Wenn fast

Tabelle 4.4. Werkstoffeigenschaften von Quarz

Eigenschaften		Einheit	Bergkristall	Quarzglas	Quarzgut
Dichte		g/cm³	2,65	2,20	2,10
Elastizitätsmodul		kN/mm²		70	70
Biegefestigkeit		N/mm²		67	67
Zugfestigkeit		N/mm²		50	40
Druckfestigkeit		N/mm²	300	1 000	500
Härte nach Mohs			7	5	5
Kriechstromfestigkeit			KA 3c	KA 3c	KA 3c
Durchschlagfestigkeit	(20 °C)	kV/mm	30	40	5
	(500 °C)			15	2
Spezifischer	(20 °C)	Ω cm	10^{17}	10^{17}	10^{15}
Durchgangs-	(500 °C)		10^9	10^9	10^8
widerstand	(1 000 °C)			10^6	10^4
Dielektrizitätszahl (1 MHz)			4,5 bis 4,6	3,7	3,5
Dielektr. Verlustf. (1 MHz)			$2 \cdot 10^{-4}$	10^{-4}	10^{-3}
Wärmeleitfähigkeit		W/Km	8 bis 10	1,38	1,08
Lineare Wärmedehn-	(0 °C)	10^{-6}/K	8*—14,5**	0,4	0,4
zahl	(100 °C)			0,51	0,51
Spezif. Wärmekapazität		J/kg K		760	
Dauerwärmebeständigkeit		°C	500	1 000	600

* Kristallachse
** Kristallachse

4.3 Quarz

keine Alkaliionen vorhanden sind, haben auch Quarzglas und Quarzgut selbst noch bei hohen Temperaturen ausreichende Isoliereigenschaften. Es muß allerdings immer darauf geachtet werden, daß der Werkstoff rißfrei ist. Feine Haarrisse ermöglichen das Eindringen von Feuchtigkeit und führen damit zu zusätzlichen Verlusten.

Der Quarzkristall und auch Quarzglas weisen eine hohe Lichtdurchlässigkeit auf. Sie ist nicht nur besser als bei den üblichen Gläsern, auch der spektrale Durchlaßbereich ist wesentlich breiter. Beachtlich ist insbesondere, wie aus Abb. 4.6 hervorgeht, die Durchlässigkeit des Quarzglases im kurzwelligen Ultraviolett.

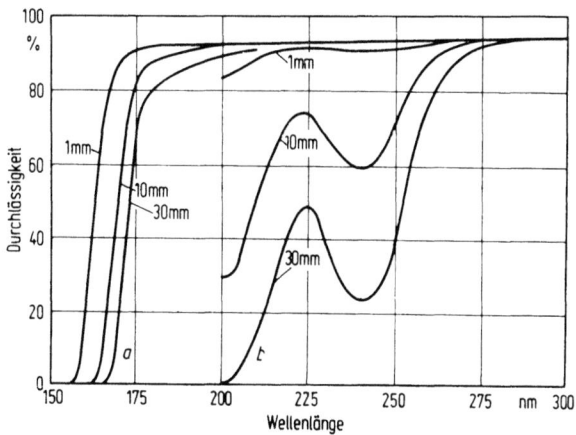

Abb. 4.6. Lichtdurchlässigkeit zweier Quarzgläser in Abhängigkeit von der Wellenlänge bei verschiedener Schichtdicke.
a Synthetisches Quarzglas; b Aus Bergkristall hergestelltes Quarzglas üblicher Güte.

Gut ist ferner die Beständigkeit der Quarzgläser gegenüber energiereicher Strahlung. Sie hängt von der Sorte ab und ist außerdem temperaturabhängig. Bei höheren Temperaturen ($>150\,°C$) treten Rekombinations- und Ausheilvorgänge auf, welche die Strahlenempfindlichkeit herabsetzen. Eine Strahlenbelastung von etwa 1 MJ/kg wird jedenfalls ohne Schwierigkeiten überstanden.

Die Wärmeleitfähigkeit ist verhältnismäßig gering. Bei 573 °C wandelt sich der Quarzkristall in den im Aufbau etwas abweichenden Hochquarz um. Aus diesem entsteht oberhalb 870 °C die Modifikation des Tridymit, die sich bei 1470 °C in den Cristobalit umwandelt, der bei 1723 °C schmilzt. Bei diesem Schmelzvorgang geht der Quarz mit einer regellosen Anordnung der SiO_4-Tetraeder in den glasartigen Zustand über, in dem er dann bei Abkühlung zu dem erwähnten Quarzglas erstarrt. Nicht unbedeutend ist, daß Quarzglas einen hohen Erweichungspunkt (1700 °C) und noch bei 1000 °C eine Viskosität von 1,6 Pa · s besitzt. Vorteilhaft ist die geringe

Wärmeausdehnung. Der Bergkristall hat bei 573°C zugleich eine Anomalie im Ausdehnungsverhalten und verträgt deshalb kein stoßartiges Erwärmen auf noch höhere Temperaturen und in dem Bereich kein plötzliches Abkühlen. Die Temperaturwechselbeständigkeit von Quarzglas und Quarzgut ist dagegen ausgezeichnet. Sie ist um ein Vielfaches größer als die von Hartglas und den meisten Keramiken. Quarz, Quarzglas und Quarzgut sind so bis zu Betriebstemperaturen von 500 bzw. 1000°C brauchbar.

Quarzglas neigt bei hohen Temperaturen (oberhalb 1000°C) wie jedes Glas dazu, in die stabilere kristalline Form überzugehen. Diesen Vorgang nennt man Entglasung oder Rekristallisation. Er beginnt an zufällig vorhandenen Keimen und wächst von dort in das gesamte Quarzglas hinein, wo er zu Sprüngen führen kann. Wenn infolge der hohen Reinheit im Werkstoffinneren kaum Kristallisationskeime vorhanden sind, setzt die Entglasung an der mehr oder weniger verunreinigten Außenfläche an. Besondere Empfindlichkeit besteht gegen Alkali- und Erdalkaliverbindungen. Schon Spuren davon beschleunigen das Entglasen bei hohen Temperaturen. Es empfiehlt sich daher, die Oberfläche sauber zu halten und selbst Fingerabdrücke sorgfältig abzuwischen. Quarzgut entglast wegen seiner geringeren Reinheit natürlich schneller als Quarzglas. Quarz, Quarzglas und Quarzgut werden weder von Wasser und Salzlösungen noch von Säuren, mit Ausnahme von Flußsäure und heißer Phosphorsäure, angegriffen.

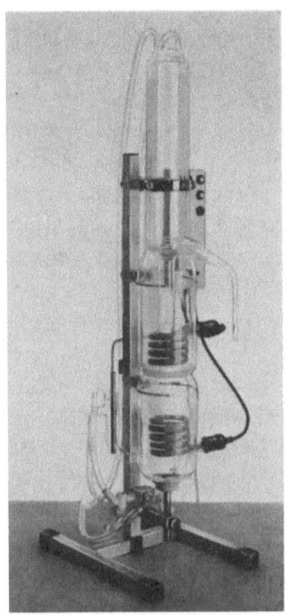

Abb. 4.7. Doppeldestillierapparat mit zwei elektrischen Tauchheizern aus Quarzgut (Werkbild: Heraeus).

Einsatzgebiete. Wenn man von den piezoelektrischen Anwendungen des Quarzes absieht, wird Bergkristall wegen des beschränkten Vorkommens und des damit verbundenen hohen Preises kaum eingesetzt. Quarzsand dient zur Lichtbogenlöschung in Sicherungen. Quarzmehl wird in großen Mengen für die Verstärkung von Gießharzen (10.11) gebraucht. Aus Quarzglas werden die Deckgläser für Solarzellen hergestellt. Wegen der hohen Durchlässigkeit für ultraviolettes Licht findet es auch in der physikalischen Meßtechnik und in Bestrahlungsgeräten Verwendung. Ferner werden die kleinen Lampenkolben der Halogenglühlampen (5.1.2) wegen der hohen Betriebstemperaturen von 500 bis 900°C aus Quarzglas hergestellt. Damit kann man dann auch hohe Betriebsdrücke erzielen. Aus Quarzgut bestehen die Stützisolatoren der elektrostatischen Entstaubungsanlagen, die bei starker elektrischer Beanspruchung hohen Rauchgastemperaturen standhalten müssen. Aus Quarzgut hergestellte Tauchheizer sind betriebssicher und eignen sich sogar zum unmittelbaren Erwärmen von Säuren. In Abb. 4.7 ist ein Destillierapparat dargestellt, in dem zwei Tauchheizer aus Quarzgut eingeschmolzen sind. Schließlich, dienen synthetisch hergestellte Schichten aus Siliziumdioxid zur Isolation in den integrierten Schaltungen.

4.4 Asbest

Unter Asbest versteht man eine Gruppe natürlicher, in der Regel faseriger Mineralien. Eine dieser Arten ist der Serpentinasbest. Er ist chemisch ein Magnesiumhydrosilikat und tritt in zwei Varianten auf, in einer schuppenartigen Struktur als Antigorit und in faseriger Struktur als Chrysotil. Der letztgenannte ist der weitaus wichtigste und hat allein für die Elektrotechnik Bedeutung. Er besitzt verhältnismäßig lange Fasern.

Kristallstruktur. Die Strukturformel des Chrysotils ist $Mg_3[(OH)_4/Si_2O_5]$. Er kristallisiert monoklin nach Abb. 1.1f, wobei die c-Achse in Fadenrichtung liegt und der Winkel $\beta = 93°$ beträgt. Die Struktur besteht aus der Verbindung einer Si_2O_5-Tetraederschicht und einer $[Mg_3(OH)_6-(OH_2=Mg_3(OH)_4]$-Oktaederschicht (Brucitschicht). Die Schichten sind kreisförmig als Blattstruktur um die Fadenachse angeordnet.

Der Einzelfaden ist hohl, hat einen rundlichen Querschnitt und den außergewöhnlich dünnen Durchmesser von durchschnittlich 30 nm. In der Natur treten solche Fäden einzeln allerdings nicht auf; man hat es stets mit Bündeln solcher parallel zueinander liegenden Elementarfasern zu tun. Deren Länge geht selten über 20 mm hinaus.

Vorkommen. Serpentinasbest ist überall sekundärer Entstehung, und zwar ist er meistens aus Olivin (Mg_2SiO_4) hervorgegangen. Die Entstehung des Asbestes, d.h. der faserigen Abart des Serpentins, ist so zu erklären, daß in dem Olivin Klüfte und Spalten entstanden sind. Durch Aufnahme von

Wasser und Kohlensäure erfolgte eine chemische Umwandlung des Olivins, und senkrecht auf den Spaltflächen bildeten sich die fadenförmigen Kristalle des Serpentinasbestes. Der Asbest tritt daher ader-, band- oder nestförmig meistens in massivem Gestein auf, wobei die Lagerdicke nie über 100 mm hinausgeht. Ein Asbestgesteinsstück dieser Art, bei dem die Faserlänge 20 mm beträgt, ist in Abb. 4.8 wiedergegeben. Die wichtigsten Asbestlagerstätten befinden sich in Kanada, im südöstlichen Teil der Provinz Quebec. An zweiter Stelle liegen wahrscheinlich die der Sowjetunion. Sie verfügt bei Bashenowo am Osthang des mittleren Urals über ausgedehnte und ebenfalls recht gute Asbestvorkommen. Es folgen Südrhodesien und Südafrika. Während alle diese Länder einen leistungsfähigen Asbestbergbau besitzen, fällt Europa kaum ins Gewicht.

Abb. 4.8. Chrysotilader in Peridotitgestein.

Gewinnung und Aufbereitung. Der Abbau erfolgt im Tagebau oder im Untertagebau. Eine bedeutende im Tagebau betriebene Grube, die hier flach und terrassenförmig angeordnet ist, zeigt Abb. 4.9. Die Härte des Gesteins macht oft Sprengmittel erforderlich.

Die langfaserigen Asbeststücke werden von dem gesprengten Gestein abgeschlagen, grob gereinigt und nach der Faserstapellänge in verschiedenen Güteklassen sortiert. Die weitere Aufbereitung erfolgt beim Verarbeiter. Das übrige asbesthaltige Gestein wird in die Asbestmühlen gebracht. In diesen durchläuft es eine Reihe von Aufbereitungsanlagen, in denen die Fasern daraus entfernt werden. Sind sie schließlich aufgefasert, getrocknet, ausgesiebt und gereinigt, können sie, in verschiedenen Längen sortiert, verpackt werden. Die guten Fasern verlassen das Werk in Form weicher Watte; sie werden als Mühlfasern bezeichnet.

Die Verunreinigungen, die der aufbereitete Asbest noch enthält, bestehen aus Teilchen des umgebenden Gesteins und eingeschlossenen Partikeln. Besonders störend ist der leitfähige und magnetische Magnetit (Fe_3O_4). Er ist in Form von Splittern ungleichmäßig im Asbest verteilt und mit den Asbestfasern oft so fest verwachsen, daß er schwer zu ent-

4.4 Asbest

fernen ist [14]. Man arbeitet mit magnetischen Abscheidern, Zentrifugen und mit Flotationsverfahren. Die übliche Handelsware enthält endlich 80 bis 85% reinen Asbest. Die Ansprüche, die in der Elektrotechnik gestellt werden, liegen aber höher. So soll der Anteil an Magnetit nicht höher als 1% sein. Um dies zu erreichen, muß bei der Aufbereitung eine möglichst weitgehende Öffnung der Asbestfaserbündel angestrebt werden. Trotz aller Sorgfalt ist Asbest als Naturerzeugnis chemisch nicht rein.

Abb. 4.9. Blick auf die Asbestgrube im Black Lake
(Werkbild: Lake Asbestos of Quebec Ltd.).

Die Ausbeute an Rohasbest ist im Vergleich zu den zu verarbeitenden Felsmassen gering; sie übersteigt selten 5% [12*]. Und davon wiederum beträgt der Anteil, der zu Spinnfasern verarbeitet werden kann, nur 5 bis 20%; die Hauptmenge des Asbestes besteht aus kurzen und mittellangen Fasern.

Verarbeitung. Die guten langen Fasern werden gekämmt und zu parallelen Strängen ausgerichtet. Sie bilden einen weichen, watteartigen Flor, der zunächst zu einem Vorgarn verarbeitet wird. Auf den auch in der Baumwollindustrie üblichen Maschinen wird es versponnen. Das versponnene Garn wird nach Bedarf gezwirnt und auch zu Gewebe verarbeitet. Man stellt außerdem Schnüre und Bänder her.

Um Papier bzw. Pappe herzustellen, werden die kurzen Fasern in Wasser aufgeschwemmt und bei geringem Zusatz eines Bindemittels in einen Holländer gegeben, wo die Asbestbündel weiter geöffnet werden. Die nachfolgende Verarbeitung unterscheidet sich nur wenig von der in der Papierindustrie üblichen Technik.

Oft wird Asbest zur Verbesserung bestimmter Eigenschaften, beispielsweise auch um die Widerstandsfestigkeit gegen Feuchtigkeit zu erhöhen, mit Kunstharz getränkt. Synthetische Isolierstoffe werden mit Asbestfasern verstärkt, wobei der hohe Elastizitätsmodul und die große Festigkeit des Asbestes von besonderer Bedeutung sind. Fertigungstechnisch sind die Naßfestigkeit der Asbestfaser und die von der Natur aus gute Haftfestigkeit an den Kunstharzen, die keinerlei Vorbehandlung erforderlich macht, recht vorteilhaft. So dient Asbest in kurzen Fasern als anorganische Verstärkung für thermoplastische Isolierstoffe (9.7). Die großen Oberflächenkräfte der Asbestfaser erhöhen hier die Erweichungstemperatur, also die Formbeständigkeit in der Wärme ganz wesentlich [15]. Auch mit härtbaren Kunstharzen läßt sich Asbest ohne Schwierigkeit tränken und dann weiterverarbeiten, wobei dem Phenolharz die größte Bedeutung zukommt (10.5). Mit Vliesen, Papier und Gewebe werden hauptsächlich Platten, Stangen und Rohre gefertigt. Zur Herstellung von Preßmassen bzw. Preßteilen werden Fasern unterschiedlicher Länge bis hinab zu den Feinflugabfällen verwendet. Die bekannten Asbestzementerzeugnisse bestehen zu 80% aus gemahlenen Asbestfasern und zu 20% aus Portlandzement.

Werkstoffeigenschaften. Die Fasern des Chrysotils sind weißlich, grüngelb bis graugrün; sie sind glatt, weich und schmiegsam. Die Frage nach der Dichte des Chrysotils ist nicht ganz leicht zu beantworten. Nur mit Schwierigkeiten erhält man einigermaßen übereinstimmende Ergebnisse, was in der Natur der Hohlfaser begründet liegt. Immerhin sind Werte von 2,3 bis 2,6 g/cm³ als gesichert anzusehen. Natürliche Verunreinigungen können diese Werte etwas anheben. So schwanken auch die übrigen Werkstoffeigenschaften nicht unbeträchtlich. Der Elastizitätsmodul bewegt sich zwischen 50 und 100 kN/mm². Die Zugfestigkeit liegt zwischen 0,5 und 1,0 kN/mm². Bei der Faser tritt im wesentlichen nur eine elastische, also keine plastische Verformung auf; die Bruchspannung fällt also mit der Elastizitätsgrenze zusammen; es gilt das Hookesche Gesetz. Dabei beträgt die Bruchdehnung 1 bis 2%. Die Härte nach Mohs schwankt zwischen 2,5 und 3,5.

Ein sehr guter Isolierstoff ist Asbest nicht. Die Durchschlagfestigkeit von getrocknetem Asbestpapier ist etwa 5 kV/mm. Den spezifischen Durchgangswiderstand kann man mit etwa 10^9 $\Omega \cdot$ cm ansetzen. Die Dielektrizitätszahl beträgt 3,0 und der Verlustfaktor etwa 0,15. Durch die faserige Struktur sind die elektrischen Werte schlecht zu erfassen, und der jeweilige Wassergehalt spielt dabei eine große Rolle. Asbest ist aber lichtbogensicher und fest gegen Glimmentladungen.

Die Wärmeleitfähigkeit wird mit 0,1 bis 0,3 W/Km und die lineare Wärmedehnzahl mit $1,6 \cdot 10^{-6}$/K angegeben. Als spezifische Wärmekapazität ist 0,84 kJ/kgK anzusetzen. Asbest mit einem Reinheitsgehalt von

95 bis 99% hält Temperaturen von 400 °C aus. Dies ist die Grenztemperatur, oberhalb welcher das Kristallwasser, also die Hydroxylgruppen, verlorengehen und die Faser zerfällt. Die gute Temperaturbeständigkeit ist der große Vorteil des Asbestes. Der Asbest ist vollkommen unbrennbar und feuerfest.

Ein Nachteil der Asbestfaser ist, daß sie stark hygroskopisch ist. Sie ist darüber hinaus nur bedingt säurebeständig. Bei Verwendung von Asbest in Verbindung mit Heizdrähten ist besonders darauf zu achten, daß er frei von schädlichen Bestandteilen wie Magnesiumchlorid sein muß, da dies zu Korrosionserscheinungen führen würde [16].

Das Einatmen von Asbeststaub muß vermieden werden. Es kann zu gesundheitlichen Schäden führen. Sowohl bei der Aufbereitung als auch bei der Verarbeitung von Asbest sind daher Staubschutz- bzw. Staubsaugvorrichtungen vorzusehen.

Ist Asbest mit verschiedenen Kunstharzen verarbeitet, so sind die Eigenschaften natürlich abgewandelt. Derartige Verbundwerkstoffe haben gute mechanische und ausreichende elektrische Festigkeiten.

Die Asbestzementerzeugnisse haben eine Dichte von etwa 1,9 g/cm³. Die elektrischen Werte sind unbedeutend; dieser Werkstoff zeichnet sich aber durch seine Lichtbogen- und Wärmebeständigkeit aus. Er widersteht Flammen und auch hoher Wärmestrahlung und kann im Dauerbetrieb Temperaturen von 350 °C ausgesetzt werden. Er ist unbrennbar wie der Asbest selbst.

Einsatzgebiete. Asbest kann nur bei bescheidenen elektrischen Ansprüchen eingesetzt werden; aber da, wo hohe Temperaturen oder harte chemische Bedingungen vorliegen, ist er heute noch unentbehrlich. Für Zuleitungen von Thermoelementen, für Heizleitungen in Glühöfen, für die Umspinnung von Heizdrähten in Heizkissen, zum Bau von Widerständen und für ähnliche Zwecke wird er, zumal da ihm ein gewisser Lichtbogenschutz zukommt, mit Erfolg verarbeitet. Asbestpapier wird zum Isolieren von Kupferleitern und zur Spulenisolation verwendet, in Röbelstäben von Großmaschinen und dergleichen mehr. Für Trennwände und Sicherungspatronen hat sich Asbestpappe bewährt. Die Isolierstoffe auf Grundlage von Asbest und Kunstharzen werden der Zusammensetzung entsprechend für die verschiedensten Zwecke eingesetzt (9 und 10). Mit Zement oder sonstigen anorganischen Bindemitteln verarbeitet ist Asbest für Löschkammerwände und isolierende Lüftungskanäle geeignet. Für Hochfrequenzzwecke ist es nicht brauchbar.

4.5 Glimmer

Glimmer, ein Mineral, das schon in alten Zeiten durch seinen Glanz und seine ausgezeichnete Spaltbarkeit die Aufmerksamkeit auf sich lenkte, war schon den Ureinwohnern Amerikas bekannt. Welche auch immer die

Anwendungsgebiete hier und in Indien, Griechenland, Rom und Rußland gewesen sein mögen [13*], heute haben sie alle keine Bedeutung mehr. An ihre Stelle ist seit einiger Zeit die Elektrotechnik getreten, welche die gesamte Glimmerförderung an sich gerissen und darüber hinaus beträchtlich erweitert hat.

Glimmer kommt in der Natur in verschiedenen Arten vor, von denen zwei für die Verwendung in der Elektrotechnik besonders wichtig geworden sind. Das sind der Muskowit oder Kaliglimmer (wegen seiner Farbe oft auch Rubyglimmer genannt) und der Phlogopit oder Magnesiaglimmer (wegen seiner Farbe auch Amberglimmer genannt). Beide unterscheiden sich nach ihren Vorkommen, in ihrer Zusammensetzung und auch in ihren Eigenschaften.

Kristallstruktur. Der Muskowit ist ein Kalium-Aluminium-Hydrosilikat von der Formel $KAl_2[(OH)_2/AlSi_3O_{10}]$, der Phlogopit ein Kalium-Magnesium-Aluminium-Hydrosilikat von der Formel $KMg_3[(OH)_2/AlSi_3O_{10}]$. Auf den ersten Blick erscheint der Glimmerkristall als ein sechsseitiges regelmäßiges Prisma. Genaue röntgenographische Untersuchungen beweisen jedoch, daß alle Glimmersorten monoklin (Abb. 1.1f) kristallisieren [17, 18], allerdings mit Annäherung an die hexagonale Symmetrie. Der Kristall besitzt ein Zentrum der Symmetrie und eine zweizählige Symmetrieachse. Diese ist die b-Achse. Sie liegt senkrecht auf der Symmetrieebene (Kristallebene) und hier parallel zur Spaltebene. Der Winkel β zwischen der a- und c-Achse beträgt 96° beim Muskowit, 100° beim Phlogopit.

Der optische Achsenwinkel unterscheidet sich bei den einzelnen Glimmersorten beträchtlich. Beim Muskowit beträgt er 35 bis 50°. Phlogopit verhält sich dagegen optisch nahezu einachsig; dessen Achsenwinkel beträgt höchstens 20°. Die optische Achsenebene läuft bei den verschiedenen Glimmersorten manchmal senkrecht und manchmal parallel zur Symmetrieebene (Kristallebene). Zu der ersten Sorte gehört der Muskowit, zu der zweiten der Phlogopit. An dem verschiedenen optischen Achsenwinkel und der Lage der optischen Achsenebene sind also Muskowit und Phlogopit voneinander zu unterscheiden. Es sei noch erwähnt, daß die optischen Achsen keine Beziehung zu den geometrischen Achsen haben.

Die typische, in Abb. 4.10 skizzierte Kristallstruktur des Glimmers wird als Schichtgitter bezeichnet. Es besteht aus hexagonalen Sauerstofftetraedern, in denen sich Aluminum bzw. Silizium befindet. Senkrecht zu diesen Schichten besteht Van-der-Waalssche Bindung, während parallel dazu eine gemischt homöopolare und heteropolare Bindung vorhanden ist.

Die Kristallstruktur ist in den seltensten Fällen äußerlich erkennbar. Manchmal kann man die kristallographische Umgrenzung an der gesetzmäßigen Verwachsung ungleichartiger Kristalle erkennen. Die sogenannte Schlagfigur gibt aber einfach und schnell einen ungefähren Überblick.

4.5 Glimmer

Führt man nämlich senkrecht auf das Glimmerblättchen, also in Richtung der c-Achse mit einer spitzen Nadel einen kurzen Schlag, so entsteht an der Schlagstelle eine ganz charakteristische Beschädigung, ein sechsstrah-

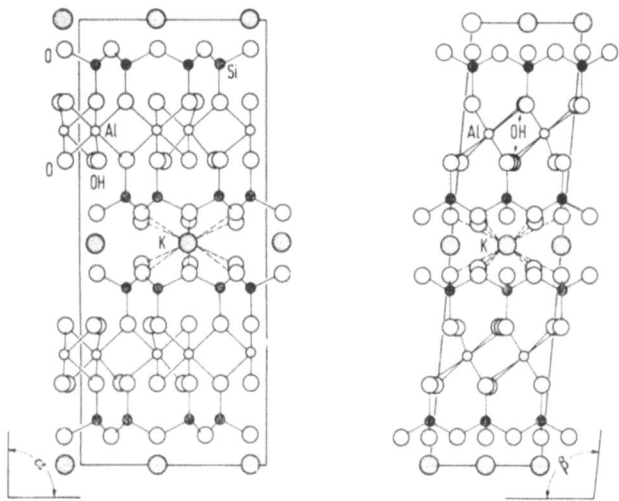

Abb. 4.10. Kristallstruktur des Muskowits.

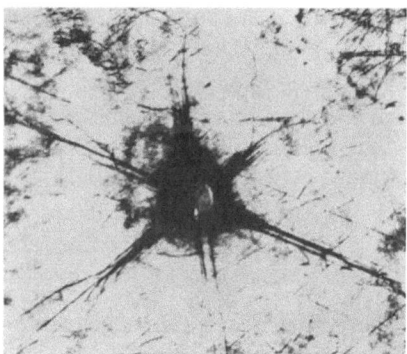

Abb. 4.11. Mikroaufnahme eines Phlogopitkristalls mit Schlagfigur.

liger Stern. Abbildung 4.11 zeigt eine Mikroaufnahme eines Phlogopitkristalls mit einer solchen Schlagfigur. Die Strahlen laufen den Sauerstofftetraederkanten entlang, so daß bei der pseudohexagonalen Struktur des Glimmers Winkel von 58 bis 64° entstehen. Einer dieser Strahlen, der in der Regel etwa stärker ausgeprägt ist, steht parallel zur Symmetrieebene und senkrecht zur Symmetrieachse. Ein anderes Verfahren zur Bestimmung der kristallographischen Richtung besteht darin, daß man ein frisch gespaltenes Glimmerblatt mit einer dünnen Schicht einer erwärmten Lösung von Jodkalium benetzt. Dies kristallisiert dann auf dem Glimmer in kleinen Oktaedern aus, die sich parallel zur kristallographischen Umgrenzung in einem Netzwerk anordnen, deren Linien zueinander den besagten Winkel von etwa 60° bilden. Bei dieser Erscheinung spielen außer dem Gitterbau die elektrischen Ladungen eine Rolle.

Im übrigen muß darauf hingewiesen werden, daß es sich bei praktisch allen natürlichen Glimmersorten um Mischkristalle handelt, die den angegebenen Idealformeln nicht unbedingt entsprechen.

Vorkommen. Glimmer wird an vielen Stellen der Erde in unregelmäßigen Blöcken im Tagebergbau gewonnen. Es handelt sich meistens um kleine Betriebe. Der Glimmer ist in diesen Glimmerbrüchen meistens von Feldspat und Quarz umgeben. Diese Feldspat-Quarz-Glimmergänge sind im Urgestein, das oft Granit ist, eingesprengt. Die Hauptfundgebiete sind Indien, Madagaskar, die Vereinigten Staaten von Amerika, Brasilien, Kanada und Südafrika. Die Sowjetunion besitzt in der Gegend des Baikalsees, insbesondere bei Sljudjanka, nennenswerte Vorkommen, die den eigenen Bedarf offensichtlich decken. Alle europäischen Länder sind auf ausländische Glimmerzufuhr angewiesen und wurden bzw. werden fast ausschließlich von Indien beliefert, das allein 80% des Welthandels innehat. Der Muskowit aus Indien hat von jeher die größte Bedeutung. Die beiden wichtigsten Gebiete sind dort Bengalen und Madras.

Die gewonnenen Platten zeigen oft einen unregelmäßigen Bau, indem sie geknickt, gefaltet, gedreht oder ineinander verwachsen sind. Viele sind stark von Verunreinigungen durchsetzt, so daß die brauchbaren Stücke oder Teile solcher Platten nur einen Bruchteil der gesamten Förderung ausmachen. Besonders selten sind völlig ausgebildete Kristalle, bei denen sämtliche Flächen vollkommen entwickelt sind. Platten in einer Größe von 30 bis 50 cm^2 sind schon als sehr gut zu bezeichnen, wenngleich gelegentlich auch solche von 500 cm^2 gefunden werden. Die größten bisher gefundenen Tafeln hatten eine Fläche von etwa 1 m^2.

Gewinnung und Aufbereitung. Der Glimmer wird von Hand aus dem anhaftenden Gestein ausgelesen und dann zunächst in zwei Größen geteilt. Stückchen, deren Flächen kleiner sind als etwa 6 cm^2, werden zum Vermahlen bereitgestellt. Die größeren Stücke werden in etwa 0,5 bis 2 mm dicke Platten gespalten, an den Kanten kurz gesäubert und nach Größe und Güte sortiert. Sie werden als Blockglimmer verkauft. Später wird dieser von Hand zu feinen Blättchen von 0,01 bis 0,1 mm Dicke gespalten. Maschinelle Einrichtungen dafür haben sich bis heute nicht durchgesetzt. Dieser Spaltglimmer kommt lose, nach Aussehen, Flächengröße und Dicke sortiert, in den Handel. Man unterscheidet klaren, gefleckten und schmutzigen (clear, stained und spotted) Glimmer mit entsprechenden Zwischen-

4.5 Glimmer

stufen. Ein Beispiel zeigt Abb. 4.12. Die aus besonders gutem und großflächigem Blockglimmer gewonnenen Blättchen werden in der Regel getrennt verpackt, wie sie aus den verschiedenen Blöcken erhalten worden sind. Bei der Verpackung ist großer Wert darauf zu legen, daß der Glimmer nicht angestoßen wird.

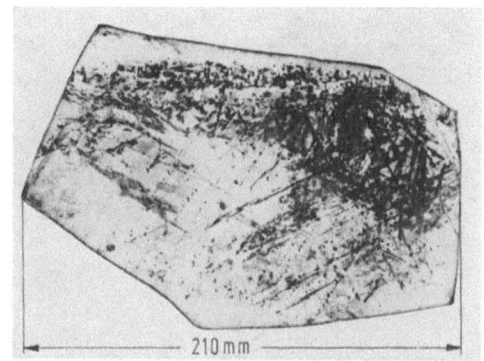

Abb. 4.12. Gefleckter Naturblockglimmer (Muskowit) (Größe 1).

In den letzten Jahren ist auch die synthetische Herstellung von Glimmer gelungen [19]. In diesem Kunstglimmer sind an Stelle von Hydroxylgruppen Fluorionen eingebaut. Er wird aus der Schmelze durch Kristallisieren hergestellt. Die elektrischen Eigenschaften stehen denen des Naturerzeugnisses in nichts nach. Allerdings ist die Spaltbarkeit schlecht.

Verarbeitung von Reinglimmer. Sauberer Spaltglimmer wird meistens zu Stanzteilen weiterverarbeitet. Um solche Teile mit sauberen Kanten, ohne Risse und ohne Aufblätterungen zu erhalten, müssen die Werkzeuge besonders sorgfältig hergestellt werden. Die äußere Begrenzung des Teiles und sämtliche Durchbrüche werden in einem Schlag gestanzt. Dabei darf die Blättchendicke nicht größer als der Radius des kleinsten Loches sein. Auch soll der Steg zwischen zwei Druchbrüchen bzw. einem Durchbruch und dem äußeren Rande möglichst nicht kleiner als 1 mm sein. An die Toleranzen für die Lochgrößen und Lochabstände werden oft sehr hohe Anforderungen (± 10 µm) gestellt, deren Überprüfung mit Profilprojektoren vorgenommen wird. Der Glimmer muß trocken gestanzt, das Werkzeug darf nicht geschmiert werden. Ein verhältnismäßig großer Werkzeugverschleiß ist unvermeidlich.

Da die glatte Oberfläche der Glimmerscheiben die Bildung leitender Schichten aus kondensierten Fremdbestandteilen begünstigt, ist der Oberflächenwiderstand des Glimmers manchmal nicht besonders gut. Man kann die Verhältnisse verbessern, indem man an geeigneter Stelle feine Schlitze einstanzt und damit den Kriechweg zwischen den Elektrodenhalterungen vergrößert. Besser noch ist das Auftragen hochisolierender Oxidschichten (5.3), die infolge ihrer rauhen Oberfläche zusammenhängende leitende Pfade zwischen den Elektroden verhindern.

Für die Anwendung im Kondensatorenbau ist wichtig, daß die Metallbeläge unmittelbar auf das Glimmerblatt aufgetragen werden können, wodurch schädliche Lufteinschlüsse vermieden werden. Dies geschieht zum Beispiel einwandfrei in der Weise, daß man im Siebdruckverfahren in einer Zelluloselösung suspendiertes Silber, dem auch noch etwas Glasflußmittel zugesetzt ist, aufbringt. Diese Schicht wird in der Luft vorgetrocknet und dann bei 600°C eingebrannt bzw. aufgesintert. Auf dem Glimmer bleibt ein dünner festhaftender Metallüberzug zurück. So ist Unveränderlichkeit der Kapazität gewährleistet. Außerdem kann man den Belag, falls erforderlich, mit einem Stichel durch stückweises Abtragen auf vorgeschriebene Werte abgleichen. Diese Silberüberzüge sind etwa 4 μm dick; werden starke Hochfrequenzströme geführt, verstärkt man die eingebrannten Metallüberzüge durch versilberte Kupferfolien.

Erwähnenswert ist auch, daß sich Glimmer vakuumdicht einschmelzen läßt. Zum Einschmelzen von Glimmerfensterchen eignen sich Lotglassuspensionen aus niedrigschmelzenden Bleiboratgläsern (5.2), deren Wärmedehnzahl der des Glimmers gleichkommt, besonders gut. Bis 300°C sind solche Einschmelzungen betriebssicher.

Verarbeitung von Verbundisolierstoffen. Glimmer macht in seiner Verarbeitung einige Schwierigkeiten. Dazu kommt, daß die natürliche Blättchengröße für viele Zwecke nicht ausreicht; ganz abgesehen davon, daß mit steigender Blattgröße auch der Preis des Glimmers beträchtlich anwächst. Man muß also die dünnen Blättchen, um für die Verarbeitungstechnik geeignete Formate zu erhalten, zu größeren Einheiten verbinden. Schließlich muß auch der Glimmerabfall, dessen geringe Größe früher keine wirtschaftliche Verwendung zuließ, der Verarbeitung zugeführt werden. Vor Jahren ist es gelungen, diesen aufzuschließen, d. h. in kleinste Schuppen aufzuspalten [20], was ganz neue Möglichkeiten eröffnet hat.

Das Verfahren beginnt damit, daß man den vorher gut gesäuberten Glimmerabfall erhitzt. Temperatur und Behandlungsdauer hängen von der Glimmersorte ab. Man kann etwa 800°C und 20 min ansetzen. Unter teilweiser Aufspaltung der Schichten geht dabei etwa die Hälfte des Kristallwassers verloren. Der auf diese Weise etwas aufgeschwollene Muskowit wird noch heiß in eine Natriumkarbonatlösung getaucht, wobei die zwischen den Glimmerblättchen enthaltene Luft durch die Natriumkarbonatlösung ersetzt wird. Nach dem Erkalten liegt der Glimmer in Form ganz dünner Blättchen vor, die kaum noch einen Zusammenhalt haben. Er wird so in einen Behälter mit verdünnter Salzsäure oder auch Schwefelsäure geschüttet. Die Säure tritt zwischen die Glimmerblättchen

4.5 Glimmer

und reagiert mit dem Natriumkarbonat, wobei sich Kohlendioxid bildet, das nun die Blättchen endgültig voneinander trennt. Man erhält eine sich etwas fettig anfühlende Pulpe mit feinen Glimmerteilchen von etwa 0,001 mm Dicke und etwa 1 mm Seitenlänge. Diese werden jetzt abfiltriert und in Wasser geschüttet. Nach einem anderen Verfahren wird Muskowit oder auch Phlogopit durch einen starken Wasserstrahl aufgespalten. Dabei bleibt die Kristallstruktur der Teilchen weitgehend erhalten. Die nach diesen Verfahren in den wässerigen Aufschwemmungen suspendierten feinen Schuppen können nun, ähnlich wie bei der Papierherstellung, zu endlosen dünnen, papierähnlichen Vliesen verarbeitet werden. Am Maschinenende kann das austretende Band in üblicher Weise aufgewickelt werden. Es ist etwa 0,1 mm dick. Die Herstellung dieser Glimmervliese hat einen großen Aufschwung genommen und die Fertigungstechnik vereinfacht. Die Vliese sind verhältnismäßig gut zu handhaben. Von einer mechanischen Festigkeit kann allerdings zunächst nicht gesprochen werden. Sie bedürfen der weiteren Verarbeitung.

Aus den kleinen Sortierungen des Spaltglimmers werden nun ebenso wie aus den Feinglimmervliesen mit Hilfe natürlicher oder synthetischer Bindemittel Platten, Folien und Bänder hergestellt, d.h. Mikanit, Mikafolium und Glimmerband (VDE 0332). Man verwendet Asphalt (6.2.4) und Schellack (6.5.4), Alkydharz (10.4), Silikonharz (10.8) und Epoxidharz (10.11).

Mikanit ist ein bindemittelhaltiges, tafelförmiges Erzeugnis aus Glimmer. Für die Spaltglimmerverarbeitung gibt es gut durchgebildete, selbsttätig arbeitende Klebemaschinen, die den Glimmer von einem hohen Streuturm auf eine Saugtrommel fallen lassen, die ihn dann bei dauernder Umdrehung hinreichend gleichmäßig auf die vorbeigleitende Unterlage überträgt. Das Bindemittel wird in Lösung oder auch als Pulver aufgebracht. Dann läuft die Bahn durch einen Trockenofen, in dem das Lösungsmittel verdampft und das Harz etwas anschmilzt. Das kann bis zur gewünschten Plattendicke mehrere Male wiederholt werden. Zum Schluß werden die Formate geschnitten. Wertvolle Platten werden auch heute noch von Hand hergestellt. Der bis zu etwa 0,02 mm Stärke feingespaltene Glimmer wird in diesem Falle in einem verdunkelten Raum schuppenartig auf eine von unten beleuchtete Glasplatte gelegt. Man achtet darauf, daß dies möglichst gleichmäßig geschieht, was man an der Leuchtdichte erkennt. Nach jeder Schuppenreihe wird eine geeignete Lösung des isolierenden Bindemittels aufgestrichen oder aufgesprüht. Darauf wird in gleicher Weise die zweite Schicht aufgelegt, und zwar so, daß möglichst die Fugen der vorhergehenden überdeckt werden. Das wird wiederholt, bis die Platte die gewünschte Stärke erreicht hat. Ist die Platte derart vorbereitet, wird das Lösungsmittel entfernt. Das kann bei einer Temperatur von 90 bis 95°C im Vakuum erfolgen. Die dünnen Glimmervliese werden in einer Tränkanlage mit dem für den jeweiligen Zweck geeigneten Harz versehen. Sie werden in Formate geschnitten und zu mehreren übereinander gepackt.

Nun werden die Platten heiß gepreßt. Man bringt sie zwischen die Heizplatten einer großen, mit Dampf beheizten hydraulischen Etagenpresse, in der sie bei einer dem Bindemittel angepaßten Temperatur einem Druck von etwa 10 N/mm^2 ausgesetzt werden. Nach ein bis zwei Stunden sind sie fertig. Das Bindemittel hat sich gut verteilt und ist nun mehr oder weniger gehärtet. Der Druck hat für ein gutes, festes Gefüge gesorgt. Vor dem Herausnehmen muß noch gekühlt werden, damit sich die Platten nicht werfen und verziehen. Bei sachgemäßer Fertigung ist die Bindung so gut, daß die Glimmerblättchen bzw. Feinglimmerfolien nicht abblättern.

Kommutatormikanit soll nicht mehr als 4% Bindemittel enthalten. Dies war früher ausschließlich Schellack. Heute kommen weitere Bindemittel wie ungesättigte Polyesterharze, Silikonharze und Epoxidharze zur Anwendung. Nach dem Pressen müssen die Platten einer Schleifmaschine zugeführt werden, wo sie beidseitig auf die eng tolerierte Dicke abgeschliffen werden. Um das Abstoßen oder Abblättern der aufgerauhten Oberfläche durch unvorsichtige Behandlung zu vermeiden, werden sie meistens noch mit einem dünnen Papier bezogen. Eine Schneidemaschine beschneidet die Platten zuletzt an den Rändern. Die gewünschten Isolierteile, also hier die Segmente für die Kommutatoren, lassen sich daraus im üblichen Stanzvorgang herausarbeiten.

Das für Heizgeräte verwendete *Heizmikanit* wird grundsätzlich so gehalten, daß das gesamte Bindemittel bei der ersten Inbetriebnahme verbrennt. Darin liegt ein gewisser Nachteil, der jedoch bei richtiger Wahl des Bindemittels bedeutungslos wird, da das Qualmen bereits nach kurzer Zeit beendet ist. Bei der Konstruktion muß darauf geachtet werden. Unter weiterer Berücksichtigung, daß keine elektrisch leitenden Verbrennungsrückstände verbleiben dürfen, ist Schellack, das man in Anteilen bis 3% zugibt, als Bindemittel vorzüglich geeignet. Endgültig soll der Glimmer allein die gewünschte Isolation übernehmen. Die Bindung zwischen den einzelnen Glimmerblättchen ist im Betrieb nicht mehr erforderlich, da die konstruktive Anordnung ein Auseinanderfallen des Glimmers verhindert. Während man hierfür Spaltglimmer verwendet, wird Heizmikanit heute oft aus Feinglimmer mit 10 bis 15% Silikonharz als Bindemittel hergestellt. Dieses Harz enthält einen nur geringen organischen Anteil ohne Phenylgruppen, der beim thermischen Abbau zerfällt. Dabei werden keine Kohlenstoffrückstände hinterlassen. Die Spaltprodukte sind gasförmig und entweichen, ohne daß sie die Heizdrähte beeinträchtigen. Hier verleiht das verbleibende Siliziumdioxidgerüst, das von organischen Bestandteilen frei ist und auf den Glimmerteilchen gut haftet, dem Isolierstoff die erforderliche Festigkeit.

4.5 Glimmer

Für bestimmte Anwendungen stellt man ein *Hartmikanit* her, das größere Mengen eines gehärteten Bindemittels enthält als Kommutator- oder Heizmikanit. Es ist ebenfalls nicht verformbar. Muß Mikanit nachträglich verformt werden, so gibt man dem Spaltglimmer reichliche Mengen von Bindemitteln zu. Dafür eignen sich Schellack, Silikonharz und Epoxidharz. Ein solches Mikanit bezeichnet man als *Formmikanit*. Es ist bei Raumtemperatur hart, bei höheren Temperaturen jedoch, bei 100°C etwa, verformbar. Die Herstellung ist einfacher als die von Kommutatormikanit, da der hohe Lackgehalt, der bis zu 25% beträgt, ein sicheres Binden ermöglicht und eine gute Festigkeit verleiht. Auch Stanzen und Schneiden macht deshalb keine Schwierigkeiten. Einfache Krümmungen erzielt man leicht durch Biegen. Um es zu Formstücken verarbeiten zu können, wird es zuvor auf beheizten Wärmeplatten (auf etwa 80 bis 100°C) angewärmt. Innerhalb weniger Minuten wird die Platte weich und kann in das vorbereitete Formwerkzeug eingelegt und gehärtet werden.

Rundrohre werden aus Formmikanit in der Regel mit Hilfe einer dafür besonders geeigneten Wickelmaschine hergestellt. Die in ihrer Länge der Rohrwandstärke angepaßte Mikanitplatte gleitet zunächst über die angewärmte Tischplatte dieser Maschine und wird dann mit Hilfe einer Bandschlinge aus Bronzegewebe um einen sich drehenden Dorn gezogen. Darauf wird die Umwicklung bandagiert und zum Härten in einen Ofen gebracht. Nach dem Erkalten wird Dorn und Bandage entfernt. Sollen Profilrohre gefertigt werden, geht man zweckmäßig von vorgeformten Rundrohren passenden Durchmessers aus und zieht sie angewärmt auf profilierte, keilförmig längsgeteilte Doppelkerne auf. Die Keile werden auf richtiges Innenmaß gegeneinander getrieben und dann wird gehärtet. Nach dem Erkalten werden die Keile herausgeschlagen.

Für einfache Konstruktionsteile verwendet man *Biegemikanit*. Es wird in Dicken von 0,2 bis 0,5 mm ebenfalls bis zu einem Bindemittelanteil von 25% hergestellt und ist damit leicht zu verformen.

Mikafolium ist ein Erzeugnis, bei dem ein dünner Träger mit ein oder zwei Lagen Spaltglimmer oder Feinglimmervlies belegt ist und ein in der Wärme klebfähiges, formbares oder härtbares Bindemittel enthält. Man unterscheidet je nach Art des Trägers Papiermikafolium, Gewebemikafolium, Vliesmikafolium und Folienmikafolium (VDE 0332). Bindemittel sind Asphalt, Schellack, Silikonharz oder Epoxidharz. Man belegt die mit dem Bindemittel beschichtete und leicht angewärmte Trägerbahn mit Spaltglimmer oder Glimmervlies in ähnlicher Weise wie bei der Mikanitherstellung, und so unterscheidet man auch hier hand- und maschinengelegtes Mikafolium aus Spaltglimmer sowie Feinglimmermikafolium. Das handgelegte ist etwa 0,05 mm dick und von besonders hoher Qualität. In allen Fällen muß falten- und blasenfrei aufgeklebt und die Bindung so gut sein, daß der Glimmer beim Abwickeln des Mikafoliums nicht abblättert. *Glimmerband* unterscheidet sich grundsätzlich nicht von Mikafolium. Die Bahnen sind lediglich in Bänder zerschnitten. Gegebenenfalls können sie auch eine Decklage besitzen. Das Bindemittel kann nichthärtbar, härtbar oder gehärtet sein.

Auf ein weiteres Glimmererzeugnis muß hingewiesen werden. Das ist ein Isolierstoff, der auf einer Mischung von Glas und Glimmer aufgebaut ist. Zu etwa gleichen Teilen wird feines Glimmerpulver mit Glasmehl gemischt und in der Schmelzphase des Glases unter Druck in die gewünschte Form gebracht. Man stellt Platten und Preßteile her. In diese können ohne Schwierigkeiten auch Metalleinlagen eingepreßt werden, und zwar vakuumdicht. Einige Einstellungen erlauben eine spanende Nachbearbeitung. Die Komponenten des Glases sind entsprechend ausgewählt, denn es muß bei einer für den Glimmer zulässigen Temperatur fließfähig sein. So kommt ein niedrigschmelzendes Glas wie beispielsweise ein Bleiboratglas in Betracht. Die für die Herstellung erforderliche Temperatur beträgt etwa 600 °C und der Druck 50 N/mm^2.

Werkstoffeigenschaften des Reinglimmers. Die Werkstoffeigenschaften sind weitgehend von der Reinheit und der ungestörten Kristallstruktur des Glimmers abhängig. Vollkommen einwandfreier Glimmer ist glasklar. Meistens ist er jedoch etwas gefärbt. Bei Muskowit sind helle Töne vorherrschend, beispielsweise grünliche, gelbliche, rötliche und graue. Der Phlogopit ist dunkler und zeigt in der Regel kraftvollere Farben wie bernsteingelb, rot und braun. Doch kennt man auch bei diesem farblose Vorkommen. Oft weist Glimmer rötlich oder grünlich schillernde oder gar braune und schwarze Flecken auf. Bei Muskowit kann dies Feldspat, Beryll, Turmalin, Quarz, Granat und Zirkon sein, beim Phlogopit Kalkspat, Apatit, Feldspat und Quarz. Rotbraune Farben deuten auf Fluorgehalt, braune bis schwarze auf Eisen, Magnesium und Mangan. Die Einschlüsse haben die Form von Klecksen oder Streifen oder auch von dendritischen Verästelungen. Für die Verwendung des Glimmers sind diese Einschlüsse nicht ohne Bedeutung. Während ein farbiger Schimmer die elektrischen Werte nicht beeinträchtigt, sind Flecken zu beachten. Kleine Einschlüsse können zwar noch ohne wesentlichen Nachteil sein, wenn sie zwischen der Schichtung eingebettet liegen und die elektrische Beanspruchung gering ist und senkrecht zur Schicht erfolgt. Eine Beanspruchung in Schichtebene ebenso wie eine Beanspruchung bei Hochfrequenz ist in solchen Fällen aber bedenklich. Glimmer mit gröberen Einschlüssen muß selbstverständlich verworfen werden. Immerhin gibt es auch brauchbaren Glimmer von tief schwarzbrauner Färbung.

Der eigentümliche Perlmutterglanz heller Glimmerblättchen hat mit den Einschlüssen nichts zu tun. Er beruht auf der dünnblättrigen Struktur des Glimmers. Es sind die Newtonschen Streifen dünner Blättchen, wie man sie auch bei Seifenblasen beobachtet. Bei dickeren Tafeln wird die

4.5 Glimmer

Erscheinung durch Totalreflexion an den dünnen, in den Spaltrissen liegenden Luftschichten verursacht. Diese wiederum sind dann die Folge einer inneren Ablösung, die im übrigen unerwünscht ist.

Die Dichte des Glimmers beträgt 2,7 bis 3,2 g/cm³. Er läßt sich leicht in vollkommen gleichmäßige dünne Blätter aufspalten, was eine Folge der geringen Festigkeit der Van-der-Waalsschen Bindung ist. Geübte Hände spalten ihn bis zu Blättchendicken von wenigen μm. Diese Blättchen sind biegsam und elastisch. Der Elastizitätsmodul ist abhängig von der Beanspruchungsrichtung und, wie Tabelle 4.5 zeigt, recht hoch. Auch die Zugfestigkeit ist beachtlich. Muskowit ist ein wenig härter als Phlogopit.

Tabelle 4.5. Werkstoffeigenschaften von Glimmer

Eigenschaften	Einheit	Muskowit	Phlogopit
Dichte	g/cm³	2,7 bis 3,1	2,7 bis 3,2
Elastizitätsmodul	kN/mm²	160 bis 220	160 bis 190
Zugfestigkeit	N/mm²	250 bis 300	250 bis 300
Mohshärte		2,8 bis 3,2	2,5 bis 2,8
Kriechstromfestigkeit		KA 3c	KA 3c
Durchschlagfestigkeit ($d = 0,1$ mm)	kV/mm	200	150
Spezifischer Durchgangswiderstand	Ω cm	10^{16}	10^{14}
Dielektrizitätszahl ($f = 1$ MHz)		5 bis 8	5 bis 6
Dielektr. Verlustf. ($f = 1$ MHz)		10^{-4}	10^{-3}
Wärmeleitfähigkeit	W/Km	0,4	0,4
Lineare Wärmedehnzahl	10^{-6}/K	10 bis 20	13 bis 18
Dauerwärmebeständigkeit	°C	500	700
Spezifische Wärmekapazität	kJ/kg · K	0,8	0,8

Glimmer ist selbstverständlich kriechstromfest. Was den Glimmer ebenfalls auszeichnet, sind hohe Durchschlagfestigkeit und ein hoher spezifischer Widerstand. Die Dielektrizitätszahl liegt zwischen 5 und 8. Sie steigt bei guten Glimmersorten mit der Temperatur nur wenig an. Der sehr gute Verlustfaktor ist von der Frequenz wenig, von der Temperatur zuweilen aber mehr abhängig [21] und beim Muskowit durchschnittlich um eine Größenordnung kleiner als beim Phlogopit. Glimmer ist lichtbogenfest und widersteht Glimmentladungen.

Erwähnt sei noch, daß der Glimmer unmittelbar nach dem Spalten eine hohe Leitfähigkeit an der Oberfläche zeigt. Mit der Zeit verliert sich die Erscheinung. Sie ist mit freien elektrischen Ladungen zu erklären, die beim Spalten des Kristalls auftreten. Es zeigt sich, daß dabei die eine Spaltungsfläche positiv, die andere negativ wird. So kann man beim Spalten oder Reißen eines Glimmerblattes im verdunkelten Raum auch elektrische Entladungserscheinungen beobachten.

Ein klares Glimmerblättchen von 25 µm Dicke läßt ungefähr 90% an sichtbarem Licht durch. Zu kürzeren Wellenlängen hin nimmt die Absorption merklich zu, bis bei 300 nm kein Licht mehr hindurchgeht. Auch für energiereiche Strahlung ist Glimmer in dünnen Blättchen durchlässig. Gammastrahlen werden von den in den üblichen Dicken von 10 µm ausgeführten Glimmerfenstern zu mehr als 90% durchgelassen, sofern ihre Energie über 10 keV liegt. Bei Elektronenstrahlen erhält man die gleiche Durchlässigkeit bei Energien von etwa 1 MeV. Glimmerfenster sind auch für Alphastrahlen geeignet. Die Beständigkeit gegen energiereiche Strahlung kann als gut bezeichnet werden.

Die bemerkenswerteste Eigenschaft des Glimmers ist bei seinen guten elektrischen Eigenschaften zweifellos die hohe Temperaturbeständigkeit. Sie wird nur von den Metalloxiden und den keramischen Isolierstoffen übertroffen. Begrenzt wird sie durch die Kalzinierungstemperatur. Das ist die Temperatur, bei der die Hydroxylgruppen abgebaut werden. Das Blatt wird dann trübe und brüchig und verliert seine Festigkeit. Sie liegt bei Muskowit zwischen 600 und 800 °C, beim Phlogopit zwischen 700 und 900 °C. Glimmer ist außerdem unempfindlich gegen plötzliche Temperaturschwankungen.

Die Wasseraufnahme ist senkrecht zur Schichtebene des Glimmers praktisch null. In Schichtrichtung ist sie nicht immer zu vernachlässigen. Deshalb soll der Glimmer bei hohen elektrischen Ansprüchen trocken sein. Glimmer ist gegen Mineralöl beständig, wenn dies senkrecht zur Schichtebene einwirkt. Hat es allerdings Zutritt zur Kante, so kommt es zu Aufblätterungen. Gegen organisshe Lösungsmittel und die meisten Säuren, mit Ausnahme von Flußsäure, ist Muskowit unempfindlich; Phlogopit dagegen wird durch viele Säuren geschädigt.

Werkstoffeigenschaften der Verbundisolierstoffe. Die Glimmererzeugnisse haben natürlich nicht die hervorragenden Eigenschaften des reinen Glimmers, sondern sind in Richtung auf die verwendeten Bindemittel verändert. Sie hängen von der Art, der Güte und dem Anteil der Komponenten ab; auch die Verarbeitung hat einen bedeutenden Einfluß. Feinglimmererzeugnisse sind schmiegsamer als Spaltglimmererzeugnisse. Außerdem federn sie nicht so stark. Anderseits ist die elektrische Durchschlagfestigkeit bei Verwendung von Schuppen wegen der geringen Längenausdehnung weniger gut. Alle solche Glimmererzeugnisse sind bei Temperaturen bis 120 °C brauchbar. Bei Verwendung von Silikonharz sind Dauertemperaturen bis 180 °C zulässig.

Das glasgebundene Glimmererzeugnis hat in Plattenform eine Dichte von 3,0 g/cm^3 und als Preßteil eine solche von 3,8 g/cm^3. Als Elastizitätsmodul kann man 50 bis 80 kN/mm^2 angeben. Die Zugfestigkeit beträgt 40 bzw. 30 N/mm^2, die Schlagzähigkeit 2,5 bis 5 Nmm/mm^2. Der Werkstoff

4.5 Glimmer

hat ferner, wie bei den beiden Komponenten zu erwarten ist, gute elektrische Eigenschaften. Er ist kriechstromfest. Er hat eine Durchschlagfestigkeit von etwa 10 kV/mm. Der spezifische Widerstand liegt bei $10^{14}\,\Omega\cdot\text{cm}$. Die Dielektrizitätszahl liegt zwischen 7 und 9, der Verlustfaktor bei $2\cdot 10^{-3}$. Der Isolierstoff ist lichtbogenfest. Die Formbeständigkeit in der Wärme nach Martens beträgt 400°C. Im Dauerbetrieb ist dieser Isolierstoff wärmebeständig bis 350°C. Natürlich ist er nicht brennbar. Er ist schließlich feuchtigkeits- und weitgehend chemikalienbeständig, termitenfest und tropeneinsatzfähig. Er ist allerdings nicht sehr billig.

Einsatzgebiete. Leider ist die Verwendung des natürlichen Glimmerblattes, da es nur in kleinen Stücken vorkommt, von Natur aus stark eingeschränkt. Dazu kommt ein verhältnismäßig hoher Preis. Es wird hauptsächlich in Elektronenröhren verwendet. Dort dient es zur Abstützung des oft verwickelten Elektrodensystems, das unabhängig von der Betriebstemperatur sehr genau gehalten sein muß. Solche Ausführungsformen sind in Abb. 4.13 wiedergegeben. Den heute ebenfalls verwendeten Keramikstützen gegenüber hat die Haltescheibe aus Glimmer immer noch gewisse Vorteile wie die Ausführbarkeit in sehr geringer Dicke und engen Toleranzen. Aus Glimmer macht man ferner Austrittsfenster für Hochfrequenzernergie, beispielsweise von Senderöhren im Mikrowellenbereich vom

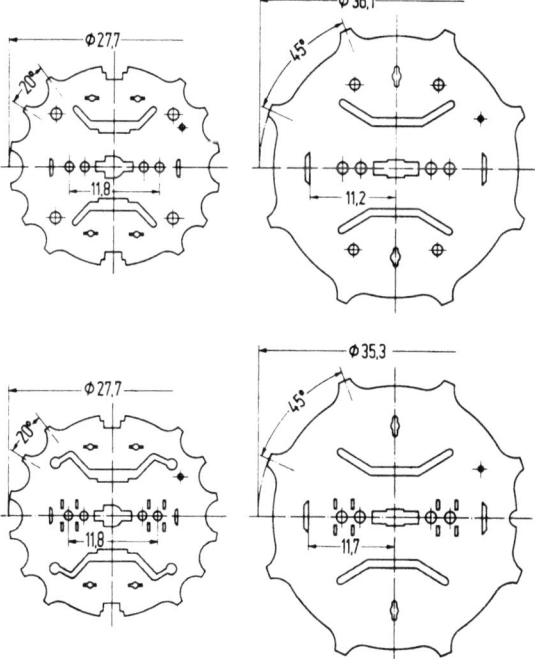

Abb. 4.13. Aufbauscheiben aus Glimmer für Leistungspentoden.

Klystron- bzw. Magnetrontyp. Die gute Strahlendurchlässigkeit des dünnen Glimmerblattes macht es auch für Eintrittsfenster von Zählrohren geeignet. Die verhältnismäßig hohe Dielektrizitätszahl begründet den Einsatz des Glimmers für hochwertige Kondensatoren in frequenzstabilen Schaltkreisen bei harten Umweltbedingungen. Die verwendeten Glimmerblättchen sind etwa 20 µm dick. Solche Kondensatoren gibt es in kleinsten und großen Ausführungen. Ein Leistungskondensator für Sendeanlagen ist in Abb. 4.14 dargestellt. Um eine einwandfreie Isolation zu erhalten, sind die Pakete hier im Vakuum entgast und mit Vaseline (6.2.1) getränkt worden. Für verwickelte, vor allemn sehr kleine Heizkörperausführungen, eignet sich der Glimmer wegen seiner hohen Temperaturbeständigkeit. Für besonders hohe Temperaturen kommt Phlogopit zum Einsatz.

Abb. 4.14. Leistungskondensator mit Glimmerdielektrikum (Werkbild: Richard Jahre). Kapazität: 0,03 µF; Betriebsspannung: 1,8 kV eff.; Stromstärke: 330 A max.

Die Mikanite werden, wie aus dem Gesagten hervorgeht, für Kommutatoren verwendet, zum Isolieren von Heizleitern in Wärmegeräten (z.B. Brotröstern nach Abb. 10.17) und für Kommutatorringe. Mikafolium wird für die Nutenisolation elektrischer Maschinen eingesetzt. Da Glimmer von Glimmentladungen nicht beeinträchtigt wird, ist es auch für die Isolierung von elektrischen Hochspannungsmaschinen geeignet. So ist es in Verbindung mit natürlichen Bindemitteln oder Kunstharzen für Hochspannungswicklungen elektrischer Maschinen im Einsatz. Der mineralgebundene Glimmerwerkstoff eignet sich besonders für Bürstenträger und Stromdurchführungen bei hohen Beanspruchungen, ebenso für Funkenschutzplatten und ähnliche Teile.

5. Künstlich hergestellte anorganische Isolierstoffe

Zu den künstlich hergestellten anorganischen Isolierstoffen sind die gasförmigen Halogenverbindungen, das Glas, die keramischen Erzeugnisse und verschiedene Metalloxide zu rechnen.

5.1 Gasförmige Halogenverbindungen

Halogene sind Elemente, welche mit Metallen (unmittelbar, d. h. ohne Beteiligung von Sauerstoff, echte, meist farblose) wasserlösliche und gut kristallisierende Salze bilden. Zu den Halogenen gehören die Elemente der VII. Gruppe des Periodensystems Fluor, Chlor, Brom und Jod. Da sie in ihrer äußersten Schale sieben Elektronen besitzen, sind sie einwertig. Sie haben das Bestreben, durch Aufnahme eines Elektrons, ihre äußere Elektronenschale aufzufüllen, also zur Edelgasschale zu ergänzen. Sie sind also elektronegativ und bilden verhältnismäßig stabile negative Ionen. Diese Eigenschaft bleibt auch in der Verbindung mit anderen Elementen erhalten. Von den gasförmigen Halogenverbindungen haben Schwefelhexafluorid und Bromwasserstoff Bedeutung erlangt.

5.1.1 Schwefelhexafluorid

Das zur Zeit als Isolierstoff am besten geeignete und in ausreichenden Mengen erhältliche Halogengas ist Schwefelhexafluorid (SF_6). Es wird in einer Reaktion zwischen geschmolzenem Schwefel und gasförmigem Fluor bei etwa 300 °C hergestellt. Die Reaktion ist exotherm, so daß gekühlt werden muß. Das Erzeugnis muß mehrere Reinigungsstufen durchlaufen und wird dann getrocknet. Dabei soll ein Reinheitsgrad von mindestens 99,6 Volumenprozent (99,9 Gewichtsprozent) erreicht werden. Die Hauptverunreinigung ist Luft und in geringerer Menge Schwefeltetrafluorid (SF_4). Das Gas wird schließlich komprimiert und verflüssigt bei einem Druck von etwa 70 bar in Stahlflaschen versandt.

Molekülstruktur. Das Molekül dieses Gases hat, wie Abb. 5.1 zeigt, die Struktur eines Oktaeders mit dem Schwefelatom in der Mitte und je einem Fluoratom an den sechs Ecken. Der Abstand zwischen den Fluoratomen und dem Schwefel beträgt 0,158 nm. Das Molekulargewicht ist 146,06.

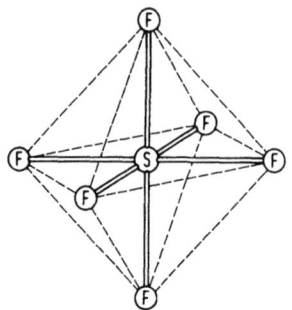

Abb. 5.1. Molekülaufbau des Schwefelhexafluorids.

Stoffeigenschaften. Schwefelhexafluorid ist farblos und geruchlos. Es ist etwa fünfmal so schwer wie Luft (vgl. Tabelle 4.1). Schon bei verhältnismäßig niedrigen Drücken geht es von der gasförmigen in die flüssige Phase über. Das ist aus der in Abb. 5.2 wiedergegebenen Dampfdruckkurve deutlich erkennbar.

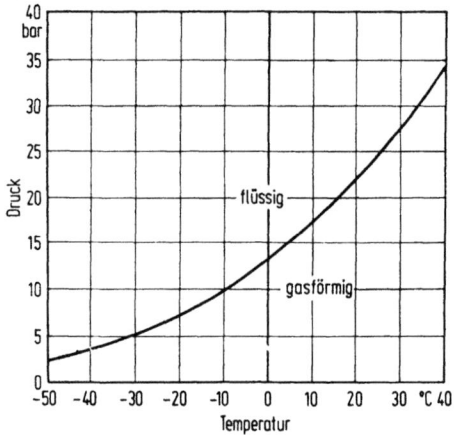

Abb. 5.2. Dampfdruckkurve von Schwefelhexafluorid.

Die Ionisierungsspannung von 15,7 eV ist die niedrigste Ionisierungsspannung ($SF_6 \rightarrow SF_5^+ + F^-$), bei der gleichzeitig ein Fluoratom abgespalten wird. Eine Ionisierung nur unter Befreiung eines Elektrons ($SF_6 \rightarrow SF_6^+ + e$) geschieht erst bei 19,3 eV. Negative Ionen des Gases werden durch Elektroneneinfang gebildet. Die dafür erforderliche Energie ist kleiner als 0,1 eV [22], was mit der Stellung des Fluoratoms im Periodensystem zusammenhängt. Das Einfangen wird noch dadurch erleichtert, daß die im elektrischen Feld beschleunigten Elektronen wegen der grö-

5.1 Gasförmige Halogenverbindungen

ßeren Abmessungen der Moleküle häufiger in deren Wirkungsbereich gelangen als in Luft. Die eingefangenen Elektronen werden dem Durchschlagsvorgang entzogen, wodurch sich die im Vergleich mit anderen Gasen hohe Durchschlagspannung erklärt. Die in Abhängigkeit von Druck und Schlagweite gemessene Durchschlagfestigkeit zeigt Abb. 5.3 und Abb. 5.4 [14*]. Sie beträgt demnach für größere pd-Werte, etwa oberhalb 0,1 bar·cm,

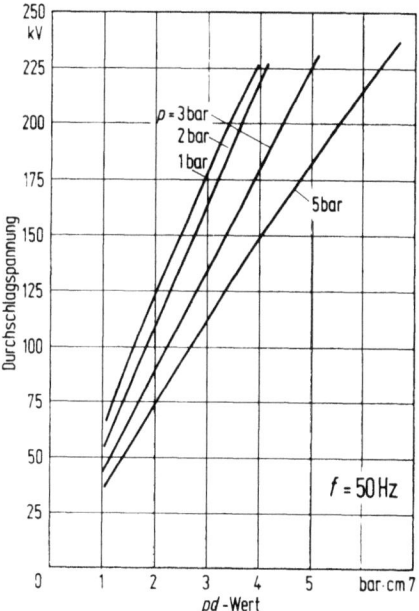

Abb. 5.3. Durchschlagspannung von Schwefelhexafluorid im homogenen Feld in Abhängigkeit vom pd-Wert bei Wechselspannung.

zwei- bis dreimal so viel wie für Luft bzw. Stickstoff. Wie bei Luft wird auch bei Schwefelhexafluorid die Durchschlagfestigkeit durch Erhöhung des Gasdruckes weiter verbessert. Zu beachten ist aber, daß im inhomogenen Feld, wie Abb. 5.5 veranschaulicht, bald ein Höchstwert auftreten kann, und zwar bei wesentlich niedrigeren Drücken, als dies in Luft der Fall ist. Während sich, abhängig von Schlagweite und Elektrodenform, solch eine vorübergehende Absenkung der Durchschlagspannung in Luft erst bei Drücken von 8 bis 12 bar zeigt, ist dies in Schwefelhexafluorid schon bei 1 bis 2 bar möglich.

Das Verhältnis der Durchschlagspannung von Schwefelhexafluorid und Luft ist demnach von Druck und Schlagweite, von Elektrodenform, gegebenenfalls Polarität und schließlich Art der Spannungsbeanspruchung abhängig. Das niedrigste Verhältnis wird bei Stoßspannung, das höchste bei Wechselspannung im stark inhomogenen Feld ermittelt [14*]. Trotzdem ist das Durchschlagsverhalten grundsätzlich nicht anders als in Luft.

Ähnlich wie in Luft treten photographisch nachweisbare Vorentladungskanäle auf, aus denen sich der Durchschlagskanal entwickelt. Im Gegensatz zu Luft geht hier aber die erste sichtbare Entladung unmittelbar von der Kathode aus [23]. Das läßt darauf schließen, daß die Einleitung der Entladung in Schwefelhexafluorid auf Elektronen zurückzuführen ist, die aus der Kathode austreten. Während sich in Luft auf der ganzen Länge

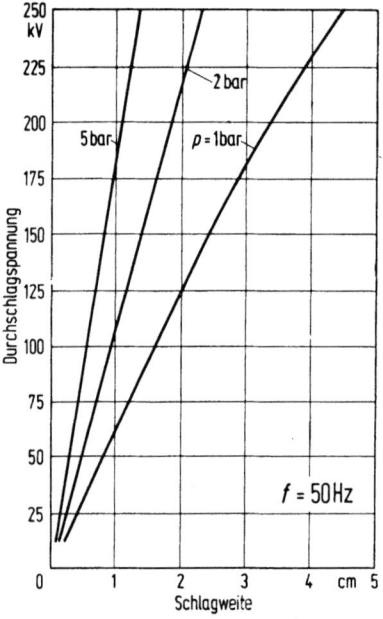

Abb. 5.4. Durchschlagspannung von Schwefelhexafluorid im homogenen Feld in Abhängigkeit von der Schlagweite bei Wechselspannung.

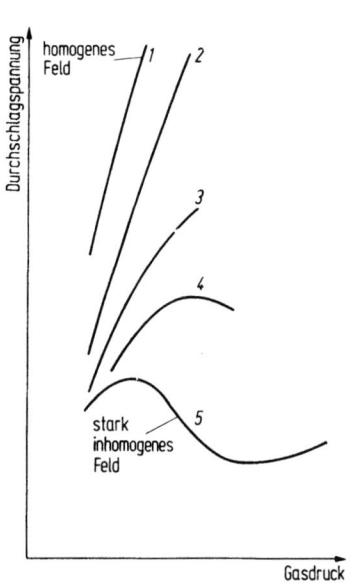

Abb. 5.5. Druckabhängigkeit der Durchschlagspannung von Schwefelhexafluorid bei konstantem Elektrodenabstand, aber verschiedener (in Richtung der Parameter 1 bis 5 zunehmender) Inhomogenität des Feldes.

der Vorentladungsbahn getrennte Kanalstücke bilden, besteht die erste sichtbare Entladung in Schwefelhexafluorid aus einem Fußpunkt mit einem daran anschließenden diffusen Entladungsschlauch. Die geschilderten quantitativen Unterschiede sind der Elektronenaffinität des Schwefelhexafluorids sowie der Gasdichte und ihrem Einfluß auf Trägerbeweglichkeit und Strahlungsabsorption zuzuschreiben [24].

Das Paschensche Gesetz (2.2) hat bekanntlich für jedes Gas einen durch einen oberen Grenzgasdruck (genauer: eine Grenzgasdichte) beschränkten Gültigkeitsbereich, der auch von Schlagweite, Spannungsart und Elektrodenwerkstoff abhängig ist. Darüber nimmt die Durchschlagspannung

5.1 Gasförmige Halogenverbindungen

bei der betreffenden Schlagweite mit steigendem Gasdruck weniger zu, als es dem Paschenschen Gesetz entspricht. Die an dieser Stelle vorhandene Gasdichte scheint mit 5 g/l für die verschiedenen Gase etwa gleich zu sein [14*]. So erfolgt der Übergang von der Townsend- zur Kanalentladung in Schwefelhexafluorid bereits bei 0,8 bar, während das Paschensche Gesetz für Luft von Raumtemperatur bis zu einem Druck von 3,7 bis 4 bar gilt.

Schwefelhexafluorid ist thermisch sehr widerstandsfähig. Eine teilweise Zersetzung beginnt erst oberhalb 500°C; bei Kontakt mit gewissen Metallen durch katalytische Wirkung zwar auch schon früher. Zur völligen Dissoziation kommt es bei einer Temperatur von 2000 K. In der Koronaentladung und insbesondere im Lichtbogen hat man mit solchen Erscheinungen zu rechnen. Die Zersetzungsprodukte werden jedoch weitgehend zu Schwefelhexafluorid zurückgebildet. Dennoch können Reste verbleiben, die mit dem verdampften Kontaktwerkstoff reagieren. Die in Tabelle 4.1 angegebene Wärmeleitfähigkeit ist druckunabhängig und proportional der Wurzel aus der absoluten Temperatur. Bei Kühlvorgängen kommt dazu die Konvektion und bei hohen Temperaturen auch noch der Transport potentieller Energie in Form von Dissoziationsenergie. Moleküle, die in heißen Bezirken infolge unelastischer gaskinetischer Stöße unter Energieaufnahme in ihre Atome zerfallen und als freie Atome in kältere Bereiche diffundieren, rekombinieren dort den örtlichen thermischen Verhältnissen entsprechend, wobei die Dissoziationsenergie als Wärme frei wird. Da Schwefelhexafluorid schon bei 2000 K in seine Bestandteile zerfällt, und zwar mit der gesamten Dissoziationsenergie von 22,4 eV [25, 26], wird die Wärmeleitfähigkeit auf diese Weise um mehr als das Zehnfache erhöht. Aus alledem erklärt sich die hohe Löschfähigkeit für den Wechselstromlichtbogen. Unter sonst gleichen Bedingungen können in Schwefelhexafluorid Ströme gelöscht werden, die etwa hundertmal größer als in Luft sind. Die spezifische Wärmekapazität, die im Falle der konstruktiven Wärmeabfuhr maßgebend ist, insbesondere wenn die Isolationsräume verhältnismäßig groß sind, beträgt 0,633 kJ/kgK; ein Wert, der erst bei Berücksichtigung der Dichte des Gases seine Bedeutung erhält. Ein ganz wichtiger Faktor ist natürlich, daß das Gas unentflammbar ist.

Schwefelhexafluorid ist auch chemisch inaktiv. Jedoch können die erwähnten Spaltprodukte [27], insbesondere bei Anwesenheit von Feuchtigkeit, korrosiv wirken [28]. Um sie zu entfernen bzw. zu binden, werden im praktischen Einsatz Filter mit Adsorptionsmitteln, über die das Gas im Kreislauf umgepumpt wird, verwendet. Als solche eignen sich Kaliumhydroxid und aktiviertes Aluminiumoxid. Trotzdem sollen die in Schwefelhexafluorid verwendeten festen Isolierstoffe kein Siliziumdioxid oder ähnliche mit Flußsäure reagierenden Stoffe, also auch kein Glas und kein

Porzellan, enthalten. Von den metallischen Werkstoffen ist Aluminium der korrosionsbeständigste [29]. Physiologisch ist Schwefelhexafluorid ebenfalls einwandfrei. Die in der elektrischen Entladung, insbesondere bei hohen Temperaturen, möglicherweise entstehenden Fluoride sind jedoch giftig. Der Grad ihrer Giftigkeit ist unterschiedlich und zum Teil noch nicht bekannt [27].

Einsatzgebiete. Für die Isolierung von Hochspannungsgeräten und Hochspannungsanlagen erscheint Schwefelhexafluorid von allen bekannten Isoliergasen am besten geeignet. So wird es vorteilhaft für Hochspannungsschaltanlagen eingesetzt. Da in diesen die Schaltstrecke nach dem Nulldurchgang mit Spannungsanstiegen von mehreren kV/µs beansprucht wird, spielt die schnelle Kühlung des heißen Säulenplasmas eine große Rolle. Anderseits kommt beim Abkühlen unter 2000 K die Elektronenaffinität der SF_6-Moleküle voll zur Geltung, so daß die Durchschlagfestigkeit wieder steil ansteigt. Solche Anlagen werden vollgekapselt ausgeführt. Um eine Verflüssigung des Gases mit den damit verbundenen Nachteilen zu vermeiden, ist der Druckbereich, in dem eine Anlage nicht geheizt zu werden braucht, wie aus Abb. 5.2 hervorgeht, begrenzt. Infolgedessen werden Niederdrucksysteme bevorzugt, denn eine Beheizung ist umständlich und teuer. Die Gasdrücke für solche Schaltanlagen werden deshalb so gewählt, daß im Isolierbereich keine Verflüssigung eintritt. Meistens arbeitet man nach dem Zweidrucksystem. Die aus Aluminium bestehenden Sammelschienen sind bei einem Isolierdruck von etwa 2,5 bar voll gekapselt. Dafür ist sowohl die einphasige als auch die dreiphasige Kapselung üblich. Der für die Ausschaltung der Leistungsschalter benötigte Hochdruck beträgt etwa 10 bar. Das zum Löschen benutzte Gas wird anschließend wieder verdichtet und in den Hochdruckbehälter zurückgeführt. In dem allgemein für Innenraumanlagen geforderten Temperaturbereich von −5 bis 40 °C ist somit eine Heizung nicht erforderlich. Zur Verhinderung der chemischen Reaktionen muß für einwandfreie Trocknung und eine dichte Konstruktion gesorgt werden, was keine besonderen Schwierigkeiten macht. Die Leckverluste machen jährlich weniger als 10% des Anlagengasvolumens.

Derartige Anlagen haben gegenüber der bisher üblichen Bauart einige wesentliche Vorteile. Die elektrische Abschirmung macht den Außenraum feldfrei und bringt damit für das Bedienungspersonal eine hohe Sicherheit. Die Kapselung stellt einen sicheren Schutz gegen Blitzeinschlag dar. Die isolierenden Oberflächen bleiben frei von Fremdschichten und sind damit unabhängig von klimatischen Einflüssen. Die Anlagen sind teilentladungsfrei und, da sie zusätzlich elektrisch geschirmt sind, können keine Störspannungen auftreten. Da sich das Gas in einem geschlossenen Kreislauf bewegt, fällt auch die Belästigung durch das mit dem Betrieb der herkömmlichen Luftblaseschalter verbundene Geräusch weg. Schließlich haben solche Anlagen einen geringen Platzbedarf [30 bis 34]. Sie können raumsparend selbst inmitten der Großstädte untergebracht werden.

Nachdem sich Schwefelhexafluorid im Schaltanlagenbau bewährt hat, lag es nahe, es auch zur Isolierung von Hochspannungskabeln zu benutzen [35, 36]. Die Anordnung besteht in der Regel aus drei parallelen koaxialen Rohrleitern. In Gebirgsgegenden und in Kavernenkraftwerken, wo große Höhenunterschiede zu überwinden sind, haben diese Rohrleiter insofern noch besondere Vorteile, als sich das Problem des Überdrucks in den tiefer gelegenen Teilen, das in Ölpapierkabeln oft schwer zu beheben ist, hier nicht stellt. Da die Leiterquerschnitte beliebig groß gewählt werden können, sind derartige Übertragungsleitungen in der Stromstärke kaum begrenzt. Die dielektrischen Verluste sind vernachlässigbar und wegen der kleinen Betriebskapazität die Ladeströme wesentlich kleiner als bei dem bisher üblichen Kabel, wodurch auch größere Übertragungsstrecken möglich werden. Festen Isolierstoffen gegenüber ist die bessere Wärmeabfuhr durch das Schwefelhexafluorid zu nennen. Anderseits sind auch die an das umgebende Erdreich abführbaren Verluste begrenzt, wobei eine mögliche Bodenaustrocknung von Nachteil ist [37]. Schwer zu entscheiden ist, ob man für Leiter und Außenmäntel starren oder flexiblen Rohren den Vorzug geben soll. Da aus Gründen der Betriebssicherheit eine Gasschottung in gewissen Abständen notwendig ist, macht die einwandfreie Ausführung des ringförmigen Stützisolators einige Schwierigkeiten. Das, was über die Verflüssigungsgrenze des Gases gesagt worden ist, gilt natürlich auch für das Kabel.

Schwefelhexafluorid ist schließlich für Meßwandler, Preßgaskondensatoren, Bandgeneratoren und Transformatoren geeignet. Neuzeitliche Röntgenanlagen werden manchmal samt Röhre, Transformator, Gleichrichter und Kondensator in gasdichte Gehäuse mit einer Füllung aus Schwefelhexafluorid eingebaut.

5.1.2 Bromwasserstoff

Bromwasserstoff (HBr) ist eine farblose bei $-67\,°C$ siedende Flüssigkeit. Bei Raumtemperatur ist er also gasförmig.

Einsatzgebiet. Bromwasserstoff findet in Halogenglühlampen Verwendung. Als Dibrommethan (CH_2Br_2) wird er dem Füllgas in Volumenanteilen von etwa einem Tausendstel zugegeben. Wird die fertige Lampe zum ersten Mal eingeschaltet, dann zersetzt sich das Dibrommethan an der glühenden Wolframwendel in Bromwasserstoff und atomaren Kohlenstoff. Dieser schlägt sich an Gestell und Lampenkolben nieder und hat für den Ablauf des Halogenkreisprozesses keine Bedeutung.

Der Kreisprozeß, der eine Kolbenschwärzung durch verdampftes Wolfram verhindern soll, läuft wie folgt ab. Nach Erreichen der Betriebstemperatur dissoziiert der Bromwasserstoff, wobei sowohl atomares als auch molekulares Brom entsteht, welches bei bestimmten Temperaturen mit den von der Wendel abgedampften Wolframatomen gasförmige Wolframbromide bzw. Wolframoxibromide bildet. Durch Konvektion und Diffusion kommen diese Wolframbromverbindungen an die Wendel oder heiße Gestellteile zurück, wo sie wieder in Wolfram und Brom zersetzt werden. Das Wolfram schlägt sich wieder an der Wendel oder an wendelnahen Gestellteilen nieder. Auf diese Weise wird eine Schwärzung des Kolbens verhindert. Da es sich um keinen regenerativen Vorgang handelt, führt der Halogenkreisprozeß an sich nicht zu einer Verlängerung der Lebensdauer.

Da jedoch Kolbenschwärzung verhindert wird, ist es möglich, Halogenglühlampen mit kleinem Volumen herzustellen. Dadurch wiederum wird es wirtschaftlich, teuere Füllgase wie Krypton und Xenon zu verwenden, welche auf Grund ihrer hohen Atomgewichte eine Herabsetzung der Wolframverdampfungsrate und damit gegenüber stickstoffgefüllten Lampen eine Verlängerung der Lebensdauer bei konstanter Wendeltemperatur bzw. Lichtausbeute bewirken (4.1.5). Außerdem können wegen der selbst bei hohen Temperaturen günstigen mechanischen Eigenschaften der verwendeten Quarzglaskolben Lampen mit Betriebsdrücken von 15 bar und darüber gebaut werden. Auch diese Überdruckfüllung führt zu einer Verringerung der Wolframverdampfungsrate und damit zu einer Verlängerung der Betriebsdauer. Verzichtet man auf sie, so ist eine erhebliche Erhöhung der Wendeltemperatur bzw. Lichtausbeute und damit des Wirkungsgrades der Lampe möglich. Dabei muß aber berücksichtigt werden, daß die Lebensdauer mit der 7. Potenz der Lichtausbeute abnimmt. Das ist bei Photoaufnahmelampen mit ihrer an der Wendel auftretenden Farbtemperatur von 3 400 K schon beachtlich.

Halogenglühlampen finden vorzugsweise Anwendung, wenn kleine Abmessungen der Lampen und hohe Leuchtdichte gefordert werden. Beispiele sind Halogenglühlampen für Projektion, für Photoaufnahme, für Studios, für Flutlicht und Kraftfahrzeugbeleuchtung.

Zu Beginn der Entwicklung wurde das gegenüber Brom weniger aggressive Jod eingesetzt. Es ist jedoch wegen verfahrenstechnischer Nachteile weitgehend durch Bromverbindungen ersetzt worden.

5.2 Glas

Glas, aus anorganischen Naturstoffen aufgebaut, ist eines der ältesten künstlich hergestellten Erzeugnisse der Menschheit. In Assyrien und Ägypten wurde es schon vor 6 000 Jahren hergestellt, und noch heute gibt es Perlen und Vasen aus Glas, die über 3 000 Jahre alt sind. Auch als Iso-

5.2 Glas

lierstoff hat das Glas schon bei der Entdeckung der elektrischen Erscheinungen eine Rolle gespielt. Die Leydener Flasche, deren Dielektrikum aus Glas bestand, stellt die erste Kondensatorbauart dar. Eigenartigerweise hat das Glas mit der Entwicklung der Elektrotechnik zunächst an Bedeutung verloren, um in letzter Zeit wieder in verstärktem Maße hervorzutreten.

Struktur. Physikalisch gesehen ist das Glas eine unterkühlte Flüssigkeit, hat also eine amorphe Struktur. Das ist eine Folge davon, daß die Viskosität der Schmelze beim Erstarren so schnell ansteigt, daß sich keine Kristalle bilden können. Die Moleküle bleiben so in ungeordneter Verteilung.

Zusammensetzung des Glases. Man erhält Glas durch Zusammenschmelzen verschiedener Oxide, deren wichtigstes das Siliziumdioxid ist, das in der Regel als Quarzsand (4.3) vorliegt. Weitere Oxide sind Bortrioxid (B_2O_3), Aluminiumoxid (Al_2O_3), Kalziumoxid (CaO), Bariumoxid (BaO) und Bleioxid (PbO). Aus fertigungstechnischen Gründen, um die Schmelztemperatur herabzusetzen, werden noch Alkalien, meistens in Form von Soda (Na_2CO_3) oder Kaliumsalzen, zugegeben. Der Zusammensetzung entsprechend ist die Liste der heute erhältlichen Gläser sehr umfangreich. Einheitlich ist dagegen die Zusammensetzung der für die Elektrotechnik in Betracht kommenden Textilglasfaser, die der Tabelle 5.1 entspricht. Diese Glastype ist besonders alkaliarm. Man fordert heute, daß der Gehalt an Natriumoxid (Na_2O) und Kaliumoxid (K_2O) unter 0,8% liegt. Ergänzend sei bemerkt, daß es auch noch Glasfasern anderer Zusammensetzung gibt, die für besondere Zwecke, zum Teil für besonders hohe mechanische Anforderungen entwickelt wurden. Selbst für die Elektrotechnik spielt aber die als „D-Glas" bezeichnete Sorte, die fast nur aus Siliziumdioxid ($SiO_2 = 74\%$) und Bortrioxid ($B_2O_3 = 22,5\%$) besteht und eine besonders niedrige Dielektrizitätszahl hat, keine Rolle.

Tabelle 5.1. Zusammensetzung von E-Glas (Richtwerte)

Bestandteil	Gewichtsanteil %
SiO_2	54,5
CaO	17
Al_2O_3	14,5
B_2O_3	7,5
MgO	4,5
Fe_2O_3	0,5
TiO_2	0,1
$Na_2O + K_2O$	<0,8

5.2.1 Vollglas

Verarbeitung durch Gießen, Ziehen, Walzen, Blasen, Pressen und Schleudern. Die Formgebung des Glases aus der Schmelze erfolgt durch Gießen, Ziehen, Walzen, Blasen, Pressen und Schleudern [15* bis 17*]. Mit einer Gießform arbeitet man beispielsweise bei der Herstellung bestimmter Überwürfe. Sie hat die Außenform des Isolators. Die Bohrung wird dadurch hergestellt, daß in das mit einer bestimmten Menge flüssigen Glases gefüllte Werkzeug ein Stempel eingeführt wird. Die viskose Glasmasse schießt dann unter dem Druck des Stempels hoch. Nach Abkühlung auf etwa 400°C wird der Stempel herausgefahren und der Isolator durch Aufklappen der längsgeteilten Außenform entformt. Die Tropfschirme können in diesem Falle nach erneuter Erwärmung nachträglich ausgeformt werden. Über dem Transformationspunkt beginnend wird in temperaturgesteuerten Stufen schließlich entspannt [38]. Flachglas wird gezogen, mit oder ohne Breitschlitzdüse in senkrechter oder waagerechter Arbeitsweise [15*]. Für die Herstellung von Glasstäben und Rohren werden Ziehmaschinen eingesetzt. Bei der Rohrfertigung (nach dem Dannerverfahren) läuft das flüssige Glas aus der Schmelzeinheit über Temperaturreglerstrecken auf ein nach unten geneigtes konisches Rohrstück, die sogenannte Pfeife, die sich dabei ständig dreht, ab. Durch das Rohrstück, das einen Schamottenmantel hat, wird während des Ablaufens des Glases heiße Luft geblasen, wodurch sich das heiße Glas zu einem Rohr formt. Nach einigen Metern hat das Glas bereits genügende Festigkeit, um über eine Rollenbahn abgezogen zu werden. Passend eingestellte Kühlzonen sorgen für eine gleichmäßige Abkühlung. Am Ende der Bahn werden die gewünschten Rohrlängen ohne Unterbrechung des Vorschubes abgetrennt. Dies ist eines der neuzeitlichen Fertigungsverfahren; es gibt noch andere.

Kolben für Glühlampen und Elektronenröhren werden geblasen. Für die Herstellung solcher Hohlkörper benutzt man, soweit es sich um Einzelfertigung handelt, Formwerkzeuge aus Gußeisen, in die der Glasbläser die Pfeife mit dem leicht vorgeblasenen Külbel einsteckt. Das Aufblasen wird mit dem Mund vorgenommen. Um ein Haften des Glases am Werkzeug zu vermeiden, schmiert man es mit einer wässerigen oder öligen Suspension aus kolloidalem Graphit aus. Beim Verdampfen des Schmiermittels entsteht zwischen Werkzeug und Glaskörper eine dünne Dampfschicht, die ein Festhaften verhindert. Für die Massenfertigung gibt es Maschinen, Rundläufer- und auch Bandanlagen [16*], die in der Minute bis zu 1000 Lampenkolben herstellen.

Gezogene und geblasene Erzeugnisse haben verhältnismäßig weite Toleranzen. Beim Pressen können die Toleranzen enger gehalten werden. Die Formwerkzeuge bestehen aus Gußstahl; sie können innen verchromt sein.

5.2 Glas

Das Schleudern ist eigentlich dem Gießverfahren zuzuordnen. Dafür wird eine Art Zentrifuge benutzt. Während sie sich dreht, wird das flüssige Glas eingegossen, das dann an der Werkzeugwandung hochläuft. Geschleudert wird so lange, bis das Glas fest geworden ist. Dann wird es herausgenommen und gekühlt.

Glasschmelzformung. Die Verarbeitungsbetriebe beziehen von der Hütte oft vorgeformtes Halbzeug, das Formglas, das dann erst nach Wiedererwärmung in die endgültige Form gebracht wird. Die Aufheizung des Rohlings erfolgt in der Regel mit der Gebläseflamme. Als Flammengas dient meistens Leuchtgas, aber auch Propan und Butan, wenn der Schwefelgehalt des Leuchtgases stört.

Erwähnt sei auch das Verschmelzen mit Infrarotstrahlung, die mit Hilfe geeignet fokussierender Reflektoren auf eine hohe Energiedichte gebracht wird. Dadurch wird das Einschmelzen temperaturempfindlicher Bauteile, beispielsweise von Schutzrohrkontakten in maschinengezogene Röhrchen, sehr erleichtert.

Spannungsfreimachen. Bei der Glasverarbeitung muß darauf geachtet werden, daß die Fertigteile möglichst frei von inneren Spannungen sind. Diese können nämlich schon durch geringe zusätzliche Beanspruchung zum Bruch führen. Sie entstehen, wenn zu schnell und ungleichmäßig abgekühlt wird oder wenn die Wärmedehnung verschmolzener Gläser oder auch eines Glases mit einem Metall nicht aufeinander abgestimmt ist. Im erstgenannten Falle muß man für eine langsamere Abkühlung bei der Fertigung sorgen oder man erhitzt die Teile erneut so weit, daß sich die vorhandenen Spannungen, ohne dabei die Form zu beeinträchtigen, ausgleichen zu können. Dann kühlt man wieder vorsichtig ab. Im anderen Falle hat man eine andere Werkstoffauswahl zu treffen oder Übergangsgläser so dazwischen einzuschmelzen, daß die höchstzulässige mechanische Spannung an den Schweißnähten nicht überschritten wird.

Verspannen. In entgegengesetzter Richtung wirkt das Verspannen des Glases. Wird ein Glaskörper von einer Temperatur oberhalb des Transformationspunktes abgeschreckt, so weist er nach Abkühlung einen vorgespannten Zustand auf, bei dem die äußeren Glasschichten unter Druck, das Glasinnere unter Zugspannung stehen. Da ein Glaskörper Druckspannungen wesentlich besser standhält als Zugspannungen, kann man von dieser Eigenschaft Gebrauch machen, um den äußeren Bereichen (beispielsweise eines Isolators) eine größere Zugfestigkeit zu verleihen. Da natürlich auch die Zugspannungen im Inneren bestimmte Höchstwerte nicht überschreiten dürfen, muß dies Fertigungsverfahren genau beherrscht werden. Bei gegebenem Glas hat man also Abschrecktemperatur, Abschreckdauer und Kühlmittel genau aufeinander abzustimmen. Sie beeinflussen die Größe dieser Spannungen sowie ihre Verteilung. Durch diese

Technik kann man vorteilhafte mechanische Eigenschaften erhalten. Im Betrieb auf den Glaskörper einwirkende Zugspannungen können dann wegen der Druckvorspannung selten zum Bruch führen.

Entgasen von Glas. Bei vielen elektrotechnischen Erzeugnissen bildet das Glas selbst das Vakuumgefäß. Oft sind auch Teile aus Glas als Stützen und dergleichen eingebaut. Immer tritt die Forderung auf, nicht nur den Innenraum dauerhaft zu evakuieren, sondern auch die Wand und die übrigen Teile selbst so wirkungsvoll zu entgasen, daß während des Betriebes kein Gas nachgeliefert wird. Das erfordert beim Glas, das während der Fertigung Gas aufgenommen hat, besondere Maßnahmen. Was die Herkunft dieser Gase anbelangt, so sind Luft beim Ansetzen der Rohstoffe, Wasser und Kohlendioxid bei der Zersetzung verschiedener Komponenten in die Glasschmelze eingedrungen. Ferner hat Glas im geschmolzenen Zustande Gase der Umgebung absorbiert. Obwohl während der Weiterverarbeitung eine Menge davon verlorengeht, bleiben nennenswerte Mengen Kohlendioxid und Sauerstoff, geringere Mengen Stickstoff und anderer Gase im Glas zurück. Dazu kommt mechanisch gebundenes Wasser an der Oberfläche. Diese Gase und Dämpfe müssen bei abzuschmelzenden Röhren so weit entfernt werden, daß bei der höchsten Betriebstemperatur keine nennenswerten Nachlieferungen mehr zu erwarten sind.

Die Entgasung wird durch Erhitzung während der Evakuierung vorgenommen. Dafür gibt es Pumpautomaten in Rundläuferausführung. Erhitzt man Glas im Vakuum, so werden bei 150 bis 200°C zunächst die adsorbierten Gase und die Wasserhaut entfernt. Oberhalb 300°C wird die Gelschicht des Siliziumdioxids ausgetrocknet. Oberhalb 500°C treten schließlich die im Glaskörper gelösten Mengen an Wasserdampf und Gas aus. Temperatur und die Erhitzungszeit sind von der Glassorte und von den Betriebsdaten abhängig, denen der Glaskörper später unterworfen ist.

Mechanische Bearbeitung. Wenn auch Glaskörper immer plastisch geformt werden, so kann man Glas aber auch abhebend bearbeiten. Man kann es schneiden, mit Hartmetallwerkzeugen fräsen, drehen und bohren. Wegen des großen Aufwandes vermeidet man das jedoch nach Möglichkeit. Schneiden bzw. Trennen ist allerdings ein häufig vorkommender Arbeitsvorgang. Stäbe und Rohre müssen zur Weiterverarbeitung in passende Längen geschnitten werden. Man kann das Glas mit einer diamantbestückten Scheibe, mit einer Stahl- oder Karborundscheibe ritzen und dann brechen. Bei einem anderen Verfahren ritzt man zunächst an und sprengt dann durch örtliche Wärmezufuhr ab. Man kann auch das sich drehende Glasrohr mit einer scharfen Flamme bearbeiten. Wird es unmittelbar darauf mit einer wassergekühlten sich drehenden Kupferscheibe berührt, so bricht es infolge der plötzlichen Abkühlung an der Stelle ebenfalls ab. Geschliffen wird mit Karborundscheiben und -pulvern.

5.2 Glas

Mattätzen. Zum Mattätzen des Glases werden Gemische aus Flußsäure und Fluoriden verwendet. Zu diesen gehören Natriumfluorid (NaF), Kaliumhydrogenfluorid (KHF_2) und Ammoniumhydrogenfluorid (NH_4HF_2). Manchmal wird der Mischung gefälltes Bariumsulfat ($BaSO_4$) zugegeben, das sich in die Rauhigkeiten der mattierten Flächen einlagert und dadurch eine weiße Tönung ergibt. Ein opakes Aussehen erzielt man auch dadurch, daß man lichtstreuende Schichten aufträgt wie kolloidales Siliziumdioxid oder Titandioxid.

Metallisieren von Glas. Glasoberflächen müssen häufig mit einem Metallbelag versehen werden. Oft wird ein großes Reflexionsvermögen von Licht- und Wärmestrahlen gewünscht. In anderen Fällen benötigt man elektrisch leitfähige Oberflächen, um Aufladungen abzuleiten oder zur elektrostatischen Abschirmung. Vielfach dienen solche Beläge als Elektroden von Photozellen, Kathoden von Zählrohren und dergleichen mehr. Schließlich wird eine Metallisierung nötig, wenn gelötet werden soll. Auch für das Metallisieren gibt es eine Reihe verschiedener Verfahren.

Das *Einbrennverfahren* beruht auf der Tatsache, daß sich Lösungen von gewissen Edelmetallen beim Erhitzen zersetzen. Es eignet sich zur Erzeugung von Palladium-, Silber-, Platin- und Goldschichten. Man bringt auf die Glasoberfläche eine dünne Schicht einer Lösung des entsprechenden Salzes, die mit etwas Öl gemischt ist. Nach einigen Minuten Trockenzeit geht das so behandelte Glas in einen elektrischen Ofen. Das Öl brennt aus, das Salz wird reduziert und bildet die gewünschte Metallschicht in Form eines dünnen, glänzenden Filmes, der sich in der Nähe der Erweichungstemperatur des Glases mit diesem fest verbindet. Der Belag ist etwa 1 μm dick. Um dickere Schichten zu erhalten, kann das Verfahren wiederholt werden.

Das Aufbringen metallischer Schichten auf Glas mit *chemischen Verfahren* ist schon lange bekannt, insbesondere bei Silber. Das Verfahren besteht in der Ausfällung des Metalls aus ammoniakalischen Silbernitratlösungen mit Hilfe einer Reduktionslösung. Die zur Metallisierung vorbereitete Glasoberfläche wird mit dem frisch angesetzten Gemisch der beiden Lösungen übergossen oder besprüht. Ähnlich arbeitet man bei der Vergoldung mit einer Goldchloridlösung. Benötigt man besonders durchsichtige Schichten, so verwendet man Zinntetrachlorid, das als Dampf mit Stickstoff als Trägergas über die heiße Glasoberfläche geleitet wird. In Reaktion mit der Luftfeuchtigkeit oder mit OH-Gruppen zusätzlich eingeleiteter Dämpfe zersetzt sich das Zinntetrachlorid und es scheidet sich feinkristallines Zinnoxid ab, wobei der freiwerdende Chlorwasserstoff noch eine gewisse Anätzung des Glases hervorruft. Derartige Metallisierungen dauern einige Minuten bis zu einer Stunde.

Das Verfahren der *Kathodenzerstäubung* beruht darauf, daß die Oberfläche der metallischen Kathode bei einer anomalen Glimmentladung zerstäubt. Das rührt von den aufprallenden Gasionen her, die aus der Kathode Atome herausschlagen, die sich nach Zusammenstößen mit den Füllgasmolekülen als Metalldampfgaswolke vor der Kathode ansammeln. Bringt man in die Nähe der Kathode, etwa parallel zu ihrer Fläche, den zu beschichtenden Glaskörper, so wird er von den diffundierenden Metallatomen bedeckt. Die Kathodenform paßt man, um gleichmäßige Beläge zu bekommen, den zu metallisierenden Glasteilen etwas an. 10^{-2} bis 1 mbar ist der zweckmäßige Betriebsdruck. Die Spannung liegt bei 1 bis 5 kV und die Stromstärke zwischen 5 und 50 mA. Als Abstand zwischen Anode und Kathode nimmt man 5 bis 10 cm; die Tiefe des Kathodendunkelraumes soll etwa die Hälfte davon betragen. Das Verfahren der Kathodenzerstäubung ermöglicht Beläge von 0,01 bis 1,0 μm und eignet sich damit besonders gut zur Herstellung lichtdurchlässiger Elektroden, so auch von Zinnoxidschichten.

Immer mehr angewendet wird die *Bedampfung im Hochvakuum*. Man beginnt mit einem Druck von etw 10^{-5} mbar. Der zu verdampfende Werkstoff wird dann so weit aufgeheizt, daß sein Dampfdruck etwa 10^{-2} mbar erreicht. Dabei spielt es keine Rolle, ob das zu verdampfende Metall dann noch fest oder schon flüssig ist. Es verdampft, und die Metallatome schlagen sich in einer festen Schicht auf den eingebrachten Glasteilen nieder. Ist das Metall bei dem erforderlichen Dampfdruck noch fest, so kann es als Draht oder Band leicht elektrisch beheizt werden. Ist es flüssig, was meistens der Fall ist, so muß es in Schiffchen oder Tiegeln fremdbeheizt werden. Auch das geschieht fast immer elektrisch. Man muß aber darauf achten, daß das Heizsystem aus einem Werkstoff besteht, der unter den Betriebedingungen weder schmilzt noch einen merkbaren Dampfdruck hat, noch mit dem zu verdampfenden Metall eine niedrigschmelzende Legierung bildet und so mitverdampft. Man verwendet dafür Niob, Tantal, Molybdän und Wolfram. Das zu bedampfende Gut wird meistens, um eine gleichmäßige Auflage zu erhalten, in einer Drehvorrichtung angeordnet. Die aufgetragenen Schichtdicken betragen 0,1 bis 2 μm.

Man kann Metall auch auf Glas *aufspritzen*. Das Metall wird als Draht einer Art Pistole zugeführt, wo es von einer Wasserstoffgebläseflamme geschmolzen und mit Preßluft auf den Glaskörper geschleudert wird. Dort bildet sich ein fester Überzug. Das Glas wird dabei thermisch kaum beansprucht. Eine Abänderung dieses Verfahrens besteht darin, das Glas bis zum Erweichungspunkt zu erhitzen und dann zu bespritzen. Dafür nimmt man meistens Aluminium, das mit dem Glas eine chemische Bindung eingeht. Müssen derartige Schichten gelötet werden, so ist auf die Aluminiumschicht zusätzlich Kupfer aufzuspritzen. Das haftet gut am Aluminium und läßt sich wie gewünscht löten.

Schließlich ist der *Graphitüberzug* zu erwähnen. Er wird zur Ableitung von Aufladungen, zur optischen Schwärzung und zur Erhöhung der

5.2 Glas

Wärmeabstrahlung oft gewählt. Der Auftrag ist einfach. Die Glasoberfläche wird gereinigt und mit einer wässerigen Suspension von kolloidalem Graphit überzogen. Auch *dekorative, farbig durchsichtige und leitende Lacküberzüge* müssen erwähnt werden. Die Leitfähigkeit der Leitlacküberzüge ist meistens nicht sehr groß. Man verwendet dafür vorwiegend versilbertes Kupferpulver.

Einfärben. Durch Zugabe von Metalloxiden können Gläser gefärbt werden. Von diesen Oxiden sind Kadmiumoxid (CdO) für gelb, Eisenoxid (Fe_2O_3) und Chromoxid (Cr_2O_3) für gelbgrün, Kupferoxid (CuO) für blau und Manganoxid (Mn_2O_3) für rot bis violett zu erwähnen. Bei Bildschirmen gibt man zur Erhöhung des Kontrastes geringe Mengen von Arsenoxid (As_2O_3), Antimonoxid (Sb_2O_3) und Kobaltoxid (CoO) hinzu. Die gewünschte Infrarotabsorption der Einschmelzgläser wird dadurch erreicht, daß der Glasschmelze Eisenoxid (FeO) beigegeben wird. Als wirkungsvollsten Zusatz für ultraviolettabsorbierende Gläser ist Vanadiumoxid (VO) bekannt. Bleioxid (PbO) wird in einem Anteil von 12% als Röntgenstrahlenschutz zugemischt.

Herstellung von Glaskeramikwerkstoffen. Während man bei der Glasherstellung allgemein bemüht ist, die Kristallisationsneigung der Gläser zu unterdrücken, hat man durch gesteuerte Kristallisation Werkstoffe entwickelt, die als Glaskeramiken bezeichnet werden [39]. Die Herstellung erfolgt in zwei Stufen. Im ersten Schritt wird das Gemenge in der definierten Zusammensetzung nach Zugabe ganz bestimmter Keimbildner geschmolzen. Anschließend wird die Schmelze durch Gießen, Ziehen, Walzen oder Pressen geformt und gekühlt. In diesem Zustand hat der Werkstoff die normalen Eigenschaften eines Glases. Im zweiten Verfahrensschritt wird das Glas durch eine Wärmebehandlung in einen überwiegend kristallinen, und zwar polykristallinen Werkstoff umgewandelt. Neben der dabei ausgeschiedenen Kristallphase ist dann mit einem Anteil von 10 bis 50% auch noch eine Restglasphase vorhanden. Die Zusammensetzung der Glaskeramiken ist vielfältig und wird den gestellten Anforderungen und der Verfahrenstechnik angepaßt. Am besten bekannt sind heute Glaskeramiken aus dem System Li_2O-Al_2O_3-SiO_2.

Verarbeitung von Pulverglas. Auch die Verarbeitung von pulverförmigem Glas hat Bedeutung erlangt. Es handelt sich um Sinterglas und um Glaslote.

Die Sinterglastechnik gestattet es, Teile aus Glas ohne großen fertigungstechnischen Aufwand herzustellen. Dabei geht man von zerkleinertem, feinkörnigem Glas aus. Man verwendet Formen aus dichtem hochgebrannten Graphit. Der Glasgrieß ist getrocknet und in einer genau bestimmten Menge einzufüllen. Verschlossen wird mit einem ebenfalls aus Graphit bestehenden Deckel. Da ein Druck von 1 mN/mm^2 genügt, kann mit einem einfachen Gewicht belastet werden. Das Ganze kommt zum Schutz der Graphitform in eine Stickstoffatmosphäre und wird so lange erhitzt, bis durch das Verschmelzen der einzelnen Glaskörnchen ein vakuumdichter Glaskörper entsteht. Er ist zwar von zahlreichen Gasbläschen durchsetzt, was ihn undurchsichtig macht, aber dicht. Dabei ist die Glasmasse etwa auf ein Drittel des Volumens des Glaspulvers zusammengeschrumpft. Metallische Durchführungen lassen sich in solche Glaskörper besonders leicht einschmelzen. Für solche Durchführungsstifte, die zweckmäßigerweise vorbeglast werden, sind entsprechende Bohrungen in der Graphitform vorzusehen. Auch Stäbchen und Pumpröhrchen können beim Sintern eingeschmolzen werden. Man kann auch mit vorgefertigten Sinterglaskörpern arbeiten. Dazu wird das Glaspulver mit einem organischen Binder versetzt und auf mechanischen Pressen formentsprechend verfestigt. Diese vorgefertigten Teile werden ebenfalls in geeigneter Weise zu dem gewünschten Teil zusammengesintert.

Die Glaslote dienen zum Verbinden eines Glaskörpers mit einem anderen Körper aus Glas, Metall oder auch Glimmer. Der Löttemperaturbereich muß wie bei den Metalloten so weit unter dem Schmelzpunkt der zusammenzulötenden Teile liegen, daß diese nicht selbst erweichen oder sonst irgendwie beschädigt werden. Das Glaslot muß bei Löttemperaturen von 400 bis 650 °C verarbeitbar sein, d.h. in dem Bereich eine Viskosität von 10^3 bis 10^5 Pa · s besitzen. Es muß die zu verbindenden Teile gut benetzen und eine chemische Verbindung herstellen. Die Wärmedehnzahl des Glaslotes muß den zu verbindenden Werkstoffen, insbesondere im Bereich zwischen Raumtemperatur und Transformationstemperatur, angepaßt sein. Schließlich muß die Lötstelle den späteren Betriebsbedingungen entsprechen.

Es gibt eine Reihe handelsüblicher Glaslote, und zwar solche, die beim normalen Lötvorgang ihre glasige Struktur weitgehend bewahren, und die sog. entglasbaren Glaslote, die zu den Glaskeramiken zu zählen sind [40]. Sie bestehen im wesentlichen aus Bleiborat mit Anteilen an Zinkoxid oder Aluminiumoxid. Der Anteil an Siliziumdioxid beträgt selten mehr als 5%. Die Glaslote sind als Pulver, Paste, Suspension oder auch in dünnen Stangen und Formstücken erhältlich. Zum Löten gehen die Glasteile, an den zu verbindenden Flächen mit dem passenden Lot versehen und mit leichtem Druck aufeinandergesetzt, in einen elektrischen Ofen, wo sie vorsichtig auf die Erweichungstemperatur des Lotes gebracht und dann wieder langsam abgekühlt werden. Die Güte der Lötverbindungen wird wesentlich durch die Fließ- und Benetzungseigenschaften des Glaslotes bestimmt.

Herstellung von Gläsern mit hohem Gehalt an Siliziumdioxid. Die in mancher Beziehung hervorragenden Eigenschaften des reinen Quarzglases,

5.2 Glas

insbesondere der geringe dielektrische Verlustfaktor und die Durchlässigkeit für ultraviolettes Licht, erklären das Streben nach Gläsern mit hohem Gehalt an Siliziumdioxid. Die Herstellung solcher Gläser ist allerdings umständlich. Man geht von einem Grundglas aus, das etwa 75% Siliziumdioxid, 20% Boroxid und 5% Alkalioxide enthält. Daraus fertigt man Rohre, Kolben und andere Teile. Behandelt man einen solchen Glaskörper etwa 5 Stunden lang bei 600 bis 650°C, so tritt eine Trennung in zwei nichtkristalline glasige Phasen ein. Schon äußerlich erkennt man dies an einem leichten Schillern. Während die eine aus einem porösen Gerüst aus Siliziumdioxid besteht, besteht die andere fast nur aus Boroxid und Alkalioxid. Die erste Phase ist in vielen Säuren, beispielsweise in Salzsäure, nicht löslich, die zweite ist löslich.

Der in der genannten Zusammensetzung hergestellte Glaskörper wird nun in heißer Salzsäure (3n-HCl) oder Schwefelsäure (5n-H_2SO_4) bei 98°C so lange ausgelaugt, bis praktisch nur das Gerüst des Siliziumdioxids übrigbleibt. Das dauert bis zu mehreren Tagen. Das ausgelaugte Glas, das zunächst die ursprünglichen Abmessungen beibehalten hat, wird nun sorgfältig gewaschen. Anschließend muß es langsam getrocknet werden, wozu es vorsichtig auf 100°C gebracht wird. Während es in nassem Zustande noch ziemlich durchsichtig war, ist es jetzt, bläulich schillernd, matt geworden. Wird die Temperatur weiter auf 900 bis 1000°C erhöht, sintert das Gerüst des Siliziumdioxids bei einer linearen Schrumpfung von 14% porenfrei zusammen. Das fertige Glas besteht zu 95% aus Siliziumdioxid, zu etwa 3% aus Boroxid und etwa 2% aus Alkalioxiden. In Wandstärken bis zu einigen Millimetern ist es durchsichtig [16*].

Technische Teile aus solchem Glase kann man unter Berücksichtigung der Schwindung gleich aus dem Grundglas herstellen. Man kann aber auch zunächst Rohre, Kolben, Stäbe und dergleichen fertigen bzw. beziehen und sie dann thermoplastisch weiterverarbeiten, was nicht so schwierig ist wie bei reinem Quarzglas und daher die Verarbeitung mit Automaten gestattet.

Werkstoffeigenschaften. Die wichtigsten Werkstoffeigenschaften sind in Tabelle 5.2 enthalten. Die Dichte des technischen Glases liegt zwischen 2,2 und 6,0 g/cm³. Bei mechanischer Beanspruchung verhalten sich Gläser ganz anders als Metalle. Der bei diesen vor dem Bruch auftretende Fließvorgang fehlt bei Glas. Die Biegefestigkeit hängt entscheidend vom Oberflächenzustand ab. Gleichmäßige Beanspruchungen hält Glas verhältnismäßig gut aus, wobei allerdings der Zeitfaktor (die Ermüdung) zu berücksichtigen ist; es zerbricht leicht bei Schlagbeanspruchung. Die Schlagzähigkeit ist also klein.

Die technischen Gläser sind im allgemeinen gute Isolierstoffe. Sie sind kriechstromfest. Die Durchschlagfestigkeit ist hoch. Die Leitfähigkeit des Glases beruht auf reiner Ionenleitung; es sind vornehmlich Na^+-

Tabelle 5.2. Werkstoffeigenschaften des Glases

Eigenschaften	Einheit	Vollglas	Glasfaser E-Glas
Dichte	g/cm³	2,2 bis 6	2,52
Elastizitätsmodul	kN/mm²	50 bis 90	73
Biegefestigkeit	N/mm²	30 bis 120	
Schlagzähigkeit	Nmm/mm²	1 bis 3	
Zugfestigkeit	N/mm²	40 bis 100	2000 bis 3000
Bruchdehnung	%		2 bis 2,5
Druckfestigkeit	N/mm²	500 bis 1000	
Kriechstromfestigkeit		KA 3c	KA 3c
Durchschlagfestigkeit	kV/mm	50 bis 100	
Spezifischer Durchgangswiderstand	Ω cm	10^{12} bis 10^{16}	10^{13}
Dielektrizitätszahl ($f = 1$ MHz)		5 bis 9	6,0
Dielektr. Verlustf. ($f = 1$ MHz)		10^{-3} bis 10^{-2}	10^{-3}
Wärmeleitfähigkeit	W/Km	0,7 bis 1,2	1,1
Lineare Wärmedehnzahl	10^{-6}/K	3 bis 12	5
Spezifische Wärmekapazität	J/kg · K	700 bis 850	800
Dauerwärmebeständigkeit	°C	500	300
Erweichungspunkt	°C	500 bis 800	625
Wasseraufnahme	%	0	
Wasserbeständigkeit	µg/g	5 bis 50	
Oberflächenspannung	mN/m	200 bis 350	400

Ionen und in geringerem Maße K⁺-Ionen, die sich auf Zwischenplätzen bewegen und die Leitfähigkeit bewirken. Der Alkaligehalt ist also nachteilig. Dabei ist auch das Verhältnis $Na_2O:K_2O$ für die Leitfähigkeit wichtig (Mischalkalieffekt). Natürlich spielt auch die Grundzusammensetzung eine Rolle. Bei Raumtemperatur behindert die hohe Viskosität diese Ionenbeweglichkeit. Außerdem haben abgeschreckte, also verspannte Gläser, unterhalb der Transformationstemperatur eine höhere Leitfähigkeit als spannungsfreie Gläser. Es darf jedoch nicht vergessen werden, daß diese Werte durch die bedeutend höhere Oberflächenleitfähigkeit, vor allem bei Temperaturen unter 150 °C, oft völlig überdeckt werden. Hohe Forderungen an die Isolation scheitern deshalb seltener daran, daß der Durchgangswiderstand, als daß der Oberflächenwiderstand zu gering ist. Dieser kann durch Adsorption einer Wasserhaut um mehrere Größenordnungen kleiner sein als der Durchgangswiderstand. An der Innenseite von geschlossenen Kolben ist eine Wasserhaut durch Entgasen zu vermeiden; an der Außenseite kann die Wasserhaut jedoch beträchtlich stören. Durch konstruktive Kunstgriffe, indem man einerseits den Kriech-

5.2 Glas

weg möglichst groß macht und anderseits die Flächen künstlich trocknet, sucht man dem stets entgegenzuwirken. So ist im allgemeinen der elektrische Widerstand bei Raumtemperatur ausreichend hoch. Schwierig kann es aber bei erhöhter Temperatur werden. Infolge der Viskositätsabnahme nimmt die Leitfähigkeit des Glases mit steigender Temperatur stark zu. Bei Gleichspannung kann das zur Glaselektrolyse und damit zu beachtlichen Schäden führen. Die Alkaliionen wandern zum negativen Draht; an der positiven Zuleitung entsteht eine alkaliarme Schicht. Damit ändert sich der Ausdehnungskoeffizient. Es treten Spannungen innerhalb des Glases auf so, als ob man verschiedene Gläser miteinander verschmolzen hätte. Es kommt zum Bruch. Oft werden solche elektrolytischen Vorgänge schon an Glasverfärbungen sichtbar.

Die Dielektrizitätszahl, die übrigens bei Glasloten bis zu 20 beträgt, steigt bei den technischen Gläsern mit der Temperatur etwas an. Mit steigender Frequenz fällt sie ein wenig. Bei sehr hohen Frequenzen wird sie gleich dem Quadrate der Brechzahl des Glases ($\varepsilon = n^2$). Der Verlustfaktor steigt mit der Temperatur ebenfalls an; die Abhängigkeit von der Frequenz ist unterschiedlich. Gläser mit höherem Alkaligehalt, wie sie auch bei vorgespannten Glaskörpern verwendet werden, haben größere dielektrische Verluste als die übrigen technischen Gläser.

Die Durchlässigkeit des Glases für Licht ist von der Wellenlänge abhängig. Bei den für Röhren und Glühlampen üblichen Wandstärken kann man rechnen, daß weniger als 1% des sichtbaren Teiles durch Absorption verlorengeht. In der Glühlampenfertigung spielen mattierte und trübe Gläser, auch Milchgläser genannt, eine Rolle. Die Innenmattierung hat einen Lichtverlust von 1 bis 2% zur Folge. Opakeffekte bringen eine Lichteinbuße von etwa 12%. Gefärbte Gläser verschieben natürlich die spektrale Verteilung der Durchlässigkeit. Ähnliches gilt für die mit Kontrastmitteln versehene Frontscheibe der Bildröhre. So hat bei einer Wanddicke von 5 mm und einer Wellenlänge von 550 nm, also im Grünen, die Schwarzweißbildröhre eine Durchlässigkeit von 65%, die Farbbildröhre eine von 72%.

Die Durchlässigkeit für Wärmestrahlen spielt insofern eine Rolle, als bei zu großer Absorption von Wärmestrahlung im Glas so viel Wärme entstehen kann, daß es weich wird. Das ist bei Kolben hochbelasteter Elektronenröhren von Bedeutung. Anderseits ergeben sich durch den Einsatz von Infrarotstrahlen als Energiequelle neue Möglichkeiten für die Glasmetallverschmelzung, wenn das Glas in diesem Wellenlängenbereich eine hohe Absorption besitzt [41]. Der Strahlungshöchstwert der als Energiequelle dafür in Betracht kommenden Halogenlampen liegt bei etwa 1 µm. Die Durchlässigkeit für ultraviolettes Licht ist für bestimmte Photozellen, für medizinische Lampen und Ultraviolettstrahler aller Art wichtig. Dabei ist zu beachten, daß die meisten für ultraviolette Strahlen durchlässigen

Gläser einen Teil ihrer Durchlässigkeit verlieren, wenn sie längere Zeit dem Licht ausgesetzt werden; ein Vorgang, den man Solarisation nennt. Das hängt mit atomaren Umwandlungsvorgängen zusammen (z.B. $Fe^{2+} \rightarrow Fe^{3+}$). Das beste Glas in dieser Hinsicht ist Quarzglas, dessen gute Lichtdurchlässigkeit von keinem technischen Glase erreicht wird.

Die Absorption für Röntgen- und Gammastrahlen ist der dritten Potenz der Ordnungszahl des Elementes proportional. Gläser, die für weiche Röntgenstrahlung durchlässig sein sollen, können also nur aus Oxiden von Lithium, Beryllium und Bor aufgebaut sein. Auch hier sind Solarisationsvorgänge bekannt. Röntgenschutzgläser anderseits verlangen eine große Absorption, also Oxide von Elementen mit möglichst hoher Ordnungszahl.

Wird Glas erhitzt, so weicht sein Verhalten ebenfalls von dem der Metalle ab. Es hat keinen definierten Schmelzpunkt. Von einer bestimmten Temperatur ab, dem sogenannten Transformationspunkt (bzw. Transformationsbereich), wird es weich, um bei weiterer Erhitzung stetig in den schmelzflüssigen Zustand überzugehen. Darüber gibt das Zähigkeitsverhalten des betreffenden Glases, also die Temperaturabhängigkeit der Viskosität Aufschluß. Sie ist nicht nur für den Einsatz wichtig, für die höchstzulässige Betriebstemperatur; sie gibt auch Hinweise für die Glasherstellung und die technische Verarbeitung. Sie ist von der Zusammensetzung des Glases abhängig. Bis etwa 300 °C ist Glas voll einsatzfähig. Der Transformationspunkt liegt bei einer Viskosität nahe 10^{12} Pa·s normalerweise zwischen 400 und 600 °C. Bei Viskositäten von 10^2 bis 10^4 Pa·s ist Glas durch Schmelzformung zu verarbeiten. Das ist allgemein bei Temperaturen zwischen 900 und 1200 °C der Fall. Schließlich befindet sich die Gießviskosität von 1 bis 10 Pa·s meistens bei Temperaturen von 1300 bis 1500 °C.

In einem bestimmten Temperaturbereich neigt Glas dazu, auszukristallisieren. Das ist, da im Laufe der Zeit die kleinen Kristalle in dem ursprünglich klaren Glase so zahlreich werden können, daß es auch undurchsichtig wird, in der Regel durchaus unerwünscht. Deshalb ist bei den technischen Gläsern eine möglichst geringe Kristallisationsneigung anzustreben. Der Temperaturbereich, in dem die Entglasung besonders leicht eintreten kann, muß während der Verarbeitung schnell durchlaufen werden. Er liegt etwa bei Zähigkeiten zwischen 10^2 und 10^6 Pa·s, was bei der Herstellung und Verarbeitung beachtet werden muß.

Die größtenteils kristallinen Glaskeramikwerkstoffe haben die charakteristischen Eigenschaften des Glases, nämlich das mit zunehmender Temperatur langsam einsetzende Erweichen verloren. Sie können daher auch nicht mehr wie Glas verarbeitet werden.

Die Wärmeleitfähigkeit technischer Gläser ist im Vergleich zu Metallen gering, im Vergleich zu organischen Isolierstoffen aber noch um fast eine

Größenordnung größer. Die lineare Wärmedehnzahl ist von Bedeutung, wenn es um die Verschmelzung verschiedener Glassorten oder um die Herstellung vakuumdichter Verschmelzungen von Gläsern und Metallen geht, z.B. bei der Röhrenfertigung. Man kann nur solche Werkstoffe miteinander verschmelzen, die möglichst gleiche Wärmeausdehnung haben. Die Wärmedehnung beeinträchtigt auch die Temperaturwechselbeständigkeit. Das ist die Widerstandsfähigkeit eines Glases gegen plötzliche Temperaturänderungen. Plötzliche Abkühlungen sind, da sie schneller vor sich gehen als Aufheizvorgänge, besonders gefährlich. Örtliche Schrumpfungen und Dehnungen führen zu Zug- und Druckspannungen, von denen die ersten schnell so groß werden, daß sie zum Bruch führen. Interessant ist in diesem Zusammenhange, daß Glaskeramiken hergestellt werden können, die in weiten Temperaturbereichen keine Wärmedehnung aufweisen und daher von plötzlichen Temperaturänderungen nicht beeinflußt werden. Glas ist in der Regel bis zu einer Temperatur von 250 °C als Isolierstoff verwendbar. Die Tatsache, daß das Glas nicht brennbar ist, hat für die Anwendung ausschlaggebende Bedeutung.

Eine Wasseraufnahme wie beispielsweise bei Kunststoffen liegt bei Glas nicht vor; doch wirken Wasser und Wasserdampf insofern schädlich, als sie die Alkaliionen der Oberfläche, beispielsweise die Natriumionen hydrolytisch abspalten. Diese bilden dann eine in Wasser lösliche Verbindung, die ausgewaschen wird. Der hydrolytische Angriff steigt mit zunehmendem Alkaligehalt und fällt mit dem Gehalt an Siliziumdioxid. Bei Einwirkung von Laugen wird die SiO_2-Bindung des Glases aufgebrochen und es bilden sich Siliziumoxidalkaligruppen, die sich in der Flüssigkeit lösen. Säuren wirken ähnlich wie Wasser, indem sie die alkalischen Bestandteile herauslösen. Das freigelegte Siliziumdioxid kann aber, da es durch Aufnahme von Wasser in einen Gelzustand übergeht, die Glasoberfläche vor weiterem Angriff schützen.

Einsatzgebiete. Aus Borosilikatglas, bei dem der Siliziumdioxid- und Bortrioxidgehalt mehr als 90% des Glasgemenges ausmacht, werden im Gießverfahren Kabelendverschlüsse nach Abb. 5.6 hergestellt. Ein Vorteil Porzellanisolatoren gegenüber ist beispielsweise die leichte Sichtkontrolle des Ölstandes. Gezogenes Glas wird für Leuchtstoffröhren eingesetzt. An die für Trimmerkondensatoren verwendeten Glasrohre werden besonders hohe Anforderungen in bezug auf Innendurchmesser und Innenoberfläche gestellt, damit man zusammen mit dem im Glasrohr geführten Abstimmkolben die gewünschte Genauigkeit in der Linearität der Kapazität erhält. Als Dielektrikum werden das bleioxidhaltige Silikatglas und reines Quarzglas verwendet. Mit enger Toleranz hergestellt werden müssen auch die feinen Röhrchen für Halbleiterdioden. Hierfür sind Bleiglas und Borosilikatglas üblich. Auch Trägerplättchen für Filmschaltungen werden heute aus alkaliarmem Borosilikatglas hergestellt. Zu Gefäßen und Kolben verarbeitet ist Glas bei Glühlampen und Elektronenröhren bekannt. Dafür werden meistens Magnesium- und Magnesiumbariumgläser eingesetzt, während für Verschmelzungen Bleigläser und Borosilikatgläser in Betracht kommen. Bewährt haben sich auch Kappenisolatoren aus Glas, die gepreßt und wie gezeigt mechanisch vorgespannt werden. Die Tragfähigkeit wird so auf etwa den fünffachen Wert des normal gekühlten Glases angehoben. Wird ein solcher Isolator im Betrieb beschädigt, so bleiben die Befestigungsarmaturen in den Freileitungen miteinander verbunden. Die

Abb. 5.6. Kabelendverschluß aus Borosilikatglas für Freiluftanlagen mit Nennspannungen bis 30 kV
(Werkbild: Felten & Guilleaume).

schadhaften Isolatoren können, ohne daß sie zum Ausfall geführt haben, ausgewechselt werden [42]. Zu den durch Pressen hergestellten Teilen gehören außerdem die Frontscheiben der Fernsehröhren. Der Tellerfuß im Strahlsystem der Fernsehröhre nach Abb. 5.7 ist ebenfalls aus Preßglas. Der Konus wird im allgemeinen geschleudert; er hat als Röntgenstrahlenschutz einen hohen Anteil an Bleioxid. Was die Glaskeramik anbelangt, so wird sie ganz neue Einsatzmöglichkeiten erschließen. Bis heute hat sie für elektrotechnische Bauteile sowie für Raketenspitzen Anwendung gefunden.

Ebenfalls Glas verwendet man heute für vielerlei Durchführungen. Bei einfachen Durchführungen wird der Draht mit kleinen Glasperlen vorverglast, bevor er mit der Kolbenwand oder dem Quetschfuß verschmolzen wird. Im besonderen Falle versteht man unter Glasdurchführungen vakuumdichte Verschmelzungen von Gläsern mit Metallen. Sie dienen zur isolierten Stromzuführung in vakuumdicht gekapselten Gehäusen. Als Verschmelzgläser kommen Massivgläser und Sintergläser zum Einsatz.

5.2 Glas

Für diesen Anwendungsbereich hat man zwischen angepaßten Glasdurchführungen und Druckglasdurchführungen zu unterscheiden. Die spannungsfreie und vakuumdichte Verschmelzung von Gläsern mit Metallen setzt eine Anpassung der Wärmedehnung beider Teile voraus. Die äußeren Elektroden werden vorwiegend aus dünnem Blech in Form von Töpfen und Lochscheiben gestanzt. Um möglichst große Kriechwege zu erzielen, läßt man das Glas von den inneren Einschmelzelektroden weit aus der Einschmelzebene herausragen. Das sind die angepaßten Durchführungen.

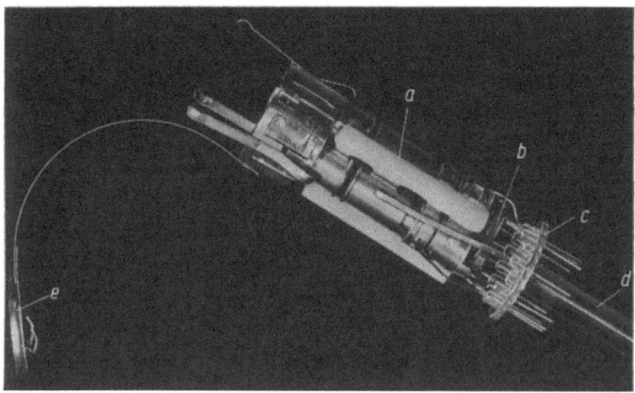

Abb. 5.7. Strahlensystem einer Farbfernsehröhre (Werkbild: AEG-Telefunken). *a* Aufbaustäbe aus Sinterglas (Borosilikatglas); *b* Heizelementhalter aus Glimmer (Muskowit); *c* Tellerfuß aus Preßglas (Bleiglas mit 24% PbO); *d* Pumpstengel aus hochisolierendem Bleiglas (mit 28% PbO); *e* Antennengetter.

Bei den Druckglasdurchführungen wird die Tatsache ausgenutzt, daß die Druckfestigkeit des Glases wesentlich größer als seine Zugfestigkeit ist. Bei diesen haben dann die äußeren Metallteile eine wesentlich höhere Wärmedehnzahl als der eingeschmolzene Glaskörper mit der Einschmelzelektrode. So gerät der Glaskörper bei der Herstellung unter eine hohe allseitige Druckspannung, und Zugspannungen im Glas werden vermieden. Solche Druckglasdurchführungen sind gegenüber angepaßten Durchführungen thermisch und mechanisch besonders hoch belastbar. Ein Hochziehen des Glases an den Einschmelzelektroden zur Vergrößerung des Kriechweges ist hier allerdings nicht möglich, da die gleichmäßige Druckverteilung dadurch gestört würde. Solche Glasmetallverschmelzungen werden in der in Abb. 5.8 gezeigten Form vorgefertigt und dann durch Löten oder Schweißen mit dem metallischen Gehäuse verbunden. So haben sie sich zur Kapselung von Halbleiterbauteilen, Relais und dergleichen bewährt. Dabei dient die Glasdurchführung oft auch zum Aufbau des elektronischen Bauelementes, mit dem sie in das metallische Gehäuse eingebaut wird. Reaktoren werden zur Abschirmung gegen die Umgebung und zum radioaktiven Schutz der Bedienungspersonen von einem Reaktorschutzbehälter umgeben, der vorzugsweise aus Stahl gefertigt ist. Durch die Behälterwandung müssen isolierte Meß- und Steuerleitungen sowie Leistungskabel hindurchgeführt werden. Auch hierfür werden Druckglasdurchführungen verwendet.

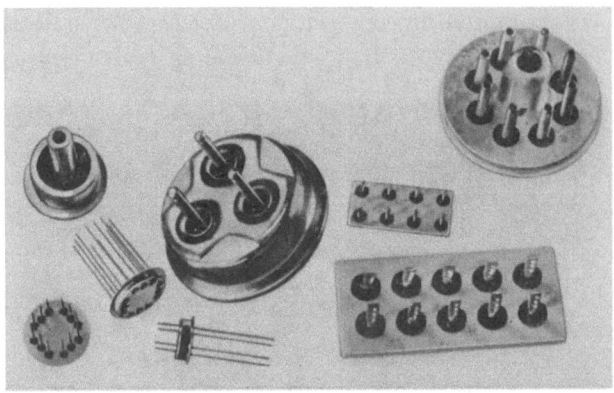

Abb. 5.8. Glasdurchführungen (Vorgefertigte Glasmetallverschmelzungen)
(Werkbild: Jenaer Glaswerk Schott & Gen.).

In Vakuumröhren sind Haltestreben jeder Art aus Glas hergestellt. Ein Beispiel ist der aus Sinterglas hergestellte Aufbaustab des in Abb. 5.7 dargestellten Strahlensystems der Fernsehröhre. Typisches Beispiel für die Verwendung von Glasloten ist die Verbindung der Frontplatte bei der Farbbildröhre. Sie wird nach der Fertigstellung mit einem nach dem Fließvorgang keramisierenden Glaslot an den Trichter gelötet. Die Verbindungsstelle hält dann Temperaturen stand, die bis an die Löttemperatur heranreichen. Diese Technik hat das Einbringen des Farbrasters und der Maske ermöglicht. Ein weiterer Vorteil ist, daß man die teuere Frontscheibe bei Bedarf wieder abtrennen kann, indem man sie chemisch herauslöst.

5.2.2 Glasfaser

Zu dem Vollglas sind vor Jahrzehnten als wichtiges technisches Erzeugnis die Glasfasern getreten. Auch sie waren schon vor mehr als 3000 Jahren bekannt; aber erst seit dem Jahre 1932 haben sie als verspinnbare Fasern technische Bedeutung erlangt. Die folgenden Ausführungen sollen sich auf solche verspinnbare Glasfasern beschränken. Nach dem Herstellungsverfahren unterscheidet man bei diesen die Glasstapelfaser und die Glaslangfaser (früher Glasseide, heute auch Glasendlosfaser und nach DIN 61850 Glasfilament genannt). Glasstapelfasern sind Fasern endlicher Länge, die sich aus einer unbestimmten Anzahl parallel ausgerichteter und meist miteinander verdrehter Fäden zusammensetzen. Die Glasendlos-

5.2 Glas

fasern (Glasfilamente) haben eine praktisch unbegrenzte Länge mit einem einheitlichen Durchmesser zwischen 5 und 14 µm.

Für elektrische Isolierzwecke kommt praktisch allein das sogenannte E-Glas, das die in Tabelle 5.1 angegebenen Zusammensetzung hat, in Betracht. Glasfasern, die 96 bis 98% Siliziumdioxid enthalten, finden, ebenso wie die Fasern aus dem sogenannten D-Glas, kaum Einsatz.

Herstellung. Die Glasfasern werden nach dem Düsenblasverfahren und dem Düsenziehverfahren hergestellt.

Bei dem Düsenblasverfahren, wie es in Abb. 5.9 skizziert ist, wird das Glas einer kleinen Schmelzwanne, die aus einer Platinrhodiumlegierung besteht, zugeführt und durch Widerstandserhitzung der Wanne auf die

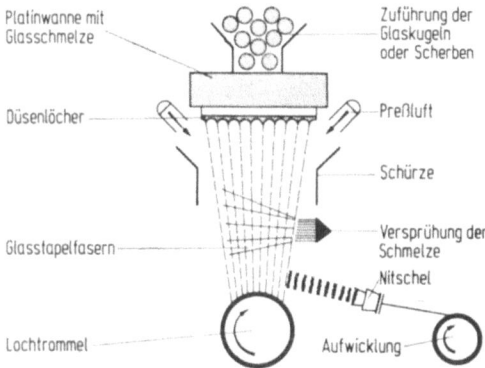

Abb. 5.9. Schematische Darstellung der Glasstapelfaserherstellung nach dem Düsenblasverfahren (Werkbild: Gevetex).

für das Ziehen erforderliche Viskosität gebracht [18*]. Das Glas wird entweder aus dem Schmelzofen über Speiser unmittelbar in die Wanne geleitet oder es werden kleine Glaskugeln eingebracht, die, in vollautomatischer Fertigung von einer Maschine geliefert, erneut aufgeschmolzen werden. Solche vorgeschmolzenen Glaskugeln haben den Vorteil, daß sie selbsttätig bequem zugeführt werden können. Der Boden der Wanne ist mit einer großen Anzahl von Öffnungen versehen, deren Durchmesser zwischen 1 und 2 mm liegt. Durch diese tritt das flüssige Glas aus und wird in Austrittsrichtung mit Hilfe eines Luftstromes mit hoher Geschwindigkeit (100 m/s) ausgezogen. Nach etwa 10 bis 30 cm Länge reißen die entstandenen Fäden ab. Nach Zugabe einer Schmälze, die sie geschmeidig machen und verkleben soll, fallen sie auf eine unter Unterdruck stehende Siebtrommel. Beim Abziehen richten sie sich in Längsrichtung aus und es entsteht als fortlaufendes Band ein Stapelfaservorgarn mit flauschiger Beschaffenheit, das zu Garnen, Zwirnen und Vliesstoffen weiterverarbeitet wird.

Das in Abb. 5.10 dargestellte Düsenziehverfahren ist das technisch bedeutendste. Für die Glaszuführung ist sowohl das Direktschmelzen als auch das Kugelschmelzen üblich. Der Boden der aus der Platinlegierung bestehenden Wanne ist auch hier mit einer großen Anzahl Düsen versehen, durch welche das flüssige Glas bei etwa 1200 °C austritt. Die Fäden werden hier aber nicht zerrissen wie bei der Stapelfaser, sondern kontinuierlich ausgezogen. Sie werden, ebenfalls mit hoher Geschwindigkeit (60 m/s), auf sich drehende Spulköpfe gewickelt. Der Durchmesser der auf diese Weise erzeugten Elementarfäden beträgt in der Regel 5,7 oder 9 µm, für die Kunststoffverstärkung auch 10 oder 14 µm. Da die frisch erzeugten Glasfäden sehr oberflächenempfindlich sind, d. h. eine sehr geringe Scheuer-

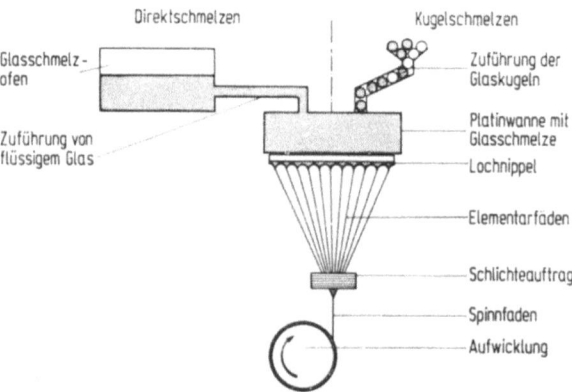

Abb. 5.10. Schematische Darstellung der Herstellung von Glasendlosfasern nach dem Düsenziehverfahren (Werkbild: Gevetex).

festigkeit besitzen, und so schon bei der gegenseitigen Reibung leicht brechen würden, erhalten sie immer einen Oberflächenschutz, die sogenannte Schlichte. Sie wird, wie aus Abb. 5.10 hervorgeht, während des Fadenziehens aufgetragen. Gleichzeitig werden die aus den gesamten Düsen austretenden Elementarflächen zu einem oder mehreren Spinnfäden zusammengefaßt. Durch die Schlichte werden die Fäden gleitend geschmeidig und für den Webvorgang und andere Verarbeitungsverfahren geeignet. Außerdem hat sie die Aufgabe, die Elementarfäden etwas zu verkleben und elektrostatische Aufladungen zu verhindern. Ihr ist in bezug auf die Verwendung in der Elektrotechnik besondere Aufmerksamkeit zu widmen. Die übliche textile Schlichte besteht nämlich aus Stärke oder Ölen, die für die in der Elektrotechnik verwendeten Kunstharze und Imprägniermittel nicht immer verträglich sind.

Das Stabziehverfahren, das von Glasstäben ausgeht, die durch Vorschubwalzen einem elektrisch beheizten Ziehbrenner zugeführt werden,

5.2 Glas

ist aus wirtschaftlichen Gründen allgemein eingestellt worden, so daß es nicht weiter behandelt zu werden braucht.

Abbildung 5.11 zeigt den Unterschied zwischen einem Faden aus Glasstapelfaser und einem Glasspinnfaden. Der linke besitzt krause Einzelfäden und hat daher das flauschige Aussehen eines Wollfadens; der rechte besteht aus endlosen Elementarfäden (Glasfilamenten).

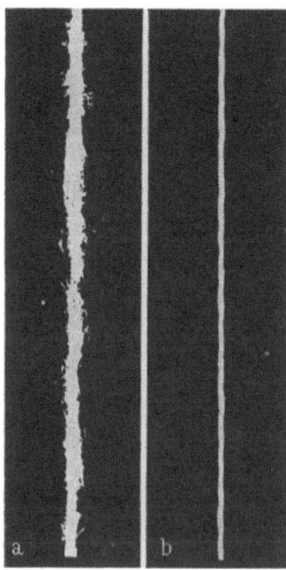

Abb. 5.11. Glasfäden (Werkbild: Gevetex).
a) Glasstapelfaser;
b) Glasspinnfaden.

Verarbeitung. Die Spinnfäden können so, wie sie anfallen, weiterverarbeitet werden. *Gefachtes Glasgarn* wird erhalten, wenn eine Anzahl ungedrehter Glasspinnfäden parallel zusammengeführt wird. Sie wird lediglich mit einer geringen Schutzdrehung versehen. Die bekannten *Glasfaserstränge* bestehen aus einer besonders großen Anzahl parallelliegender ungedrehter Spinnfäden. Üblich ist ein dreißig- oder sechzigfädiger Strang, der dann z. B. aus 30 bzw. 60 mal 200 Elementarfäden besteht. Infolge der beachtlichen mechanischen Eigenschaften des dünnen Glasfadens ist seine Weiterverarbeitung zu Garnen und Zwirnen und weiter das Flechten und Weben möglich geworden. Erhält der Spinnfaden eine Drehung, so entsteht ein *Glasfasergarn*. Werden auf der Zwirnmaschine mehrere Garne miteinander verdreht, so nennt man das Erzeugnis *Zwirn*.

Die Kennzeichnung erfolgt nach Merkmalen, die zum Teil von der in der Textilindustrie üblichen Bezeichnung abweichen. Der Elementarfadendurchmesser wird in μm angegeben. Die Feinheit wird in tex festgelegt und bezeichnet das Verhältnis von Gewicht zu Länge (g/km). Die Drehung wird angegeben durch die Anzahl der Drehungen je Längeneinheit. Bei einfachen Glasfilamentgarnen kann sie je nach Garnfeinheit 30 bis 80 je

Meter betragen. Die Drehrichtung wird als Z- oder S-Drehung bezeichnet, je nachdem ob die Windungen des senkrecht gehaltenen Fadens dem Mittelstrich des Buchstabens Z oder S entsprechend verlaufen. Handelsüblich haben Glasgarne Z-Drehung und Zwirne S-Drehung [18*].

Werden die Glasfasern (Glasfilamente) in Wasser aufgeschlemmt, so können sie auf der Papiermaschine zu einem *Glaspapier* verarbeitet werden. Während aber bei Papier die Zellulose selbst als Bindemittel wirkt und die Bindung der Faser somit keine Schwierigkeiten macht, ist diese bei dem Glaspapier ein Problem. Man muß daher eine gewisse Menge an Bindemitteln zugeben, die aber, da organischer Natur, hier meistens nicht erwünscht sind. Dies und der Mangel an mechanischer Festigkeit behindern natürlich die weitere Verarbeitung oder stellen gar den Einsatz in Frage. Glaspapier hat in der Elektrotechnik daher noch keine große Bedeutung erlangt.

Bei den *Glasfaservliesen* handelt es sich um Glasfaserschleier von 0,2 bis 0,5 mm Dicke mit Flächengewichten von 25 bis 100 g/m². Sie werden wie die Glasstapelfaser hergestellt und als Elementarfäden dabei auf ein fortlaufendes Transportband verteilt. Die einzelnen regellos auf dem Band liegenden verschieden langen Glasfasern sind dann mit einem Kunststoffbindemittel zu benetzen und können nach Durchgang durch einen Trockenofen aufgewickelt werden.

Ähnlich, allerdings auf Spinnfäden aufgebaut, sind die *Glasfasermatten*, welche in der Isolierstoffindustrie viel Verwendung finden. Es sind ebenfalls flächenhafte Glasfasererzeugnisse. Sie werden aus Glasspinnfäden oder Strängen hergestellt, die zu Längen von etwa 50 mm zerhackt in Beflockungsmaschinen gegeben werden. Während des Herabfallens auf ein Transportband lagern sich die Schnitzel in regelloser Schichtung ab. Dabei werden sie auch wieder mit einem passenden Bindemittel (z. B. Polyesterharz) versehen. Das so entstehende breite Band geht weiter durch einen Durchlaufofen, wo dieses Bindemittel aufschmilzt und die Fäden verklebt. Die Matten erhalten damit zunächst eine für die Handhabung genügende Steifigkeit und werden am Ende aufgerollt. Sie sind fertigungstechnisch einfach zu handhaben und preiswerter als die später zu besprechenden Gewebe. Man verwendet sie in Flächengewichten von 150 bis 900 g/m².

Neben diesen gibt es auch mechanisch gebundene Matten. Hier sind die einzelnen Glasfäden bindemittelfrei versteppt. Diese Matten sind flauschig und schmiegsam. Die Festigkeit ist verhältnismäßig gut. Bei höheren Ansprüchen werden sie auch mit Gewebe unterlegt. Daß sie keine Bindemittel enthalten, ist der große Vorteil dieser Matten. Sie sind damit ohne Schwierigkeiten für alle Kunstharzkombinationen geeignet. Auch Schmiegsamkeit und Gleichmäßigkeit sind besser als bei Verwendung von Bindemitteln.

5.2 Glas

Groß ist der Anteil der in der Elektrotechnik verwendeten *Glasfilamentgewebe*. Wie in der Textilindustrie üblich unterscheidet man sie durch den Typ des verwendeten Kett- und Schußfadens, man unterscheidet sie nach der Zahl der Kett- und Schußfäden und nach Bindungsart. Daraus ergeben sich Dicke, Maschenbreite und Flächengewicht des Gewebes und wichtige Eigenschaften wie Schmiegsamkeit, Oberflächenbeschaffenheit und Zerreißfestigkeit.

Das Gewebe hat durch Kette und Schuß zwei Vorzugsrichtungen. Das Festigkeitsverhältnis zwischen Kett- und Schußrichtung ist deshalb in gewissen Grenzen veränderlich. Man verwendet kettverstärkte Gewebe mit zahlreichen dicken Kettfäden und wenigen schwachen Schußfäden bewußt, wenn man in der Kettrichtung besonders hohe mechanische Eigenschaften benötigt. Durch passende Wahl geeigneter Gewebe und durch sinnvolles Übereinanderlegen hat der Konstrukteur somit die Möglichkeit, die Eigenschaften des Erzeugnisses den Beanspruchungen anzupassen.

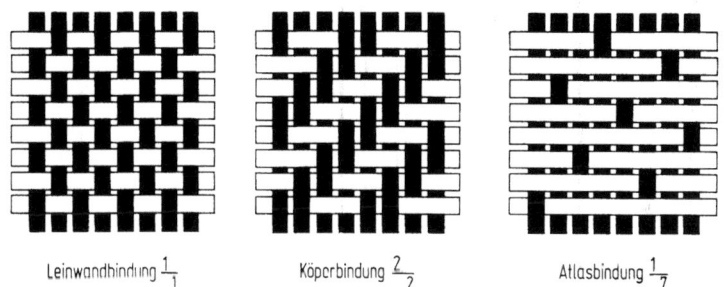

Leinwandbindung $\frac{1}{1}$ Köperbindung $\frac{2}{2}$ Atlasbindung $\frac{1}{7}$

Abb. 5.12. Die wichtigsten Bindungsarten für Glasfilamentgewebe (Dunkler Streifen = Kettfaden — Heller Streifen = Schußfaden).

Wie bei allen Geweben hat man die bekannten drei Grundbindungen: Die Leinwandbindung, die Köperbindung und die Atlasbindung, wie sie in Abb. 5.12 veranschaulicht sind (DIN 61854). Die Leinwandbindung ist die einfachste Bindung. Die Kett- und Schußfäden kreuzen sich abwechselnd auf der Ober- und Unterseite des Gewebes. Die Zahl der Abbindungsstellen ist daher die höchste. Das Gewebe ist bei hoher Fadendichte verhältnismäßig steif. Wegen der vielen Abbindungsstellen ist auch die Scherbeanspruchung der sich kreuzenden Fäden ziemlich groß. Die Köperbindung hat weniger Abbindungsstellen. Der Schußfaden läuft abwechselnd über oder unter mehrere Kettfäden. Dieses Gewebe braucht auf der Ober- und Unterseite nicht gleich zu sein. Es ist weicher und daher leichter um abgerundete Teile und Ecken zu legen. Infolge der größeren Flottierung, der weniger zahlreichen Abbindungsstellen also, ist die Scherwirkung der Fäden aufeinander vermindert und damit die Zugfestigkeit erhöht. Bei der Atlasbindung werden abwechselnd ein Faden unter- und mehrere Fäden überlaufen. Die Abbindungsstellen sind so verteilt, daß sie sich überhaupt nicht mehr berühren. Ein Gewebe mit Atlasbindung hat wegen der großen Flottierung bei sonst gleicher Ausführung die glatteste Oberfläche der genannten Bindungsarten. Auch ist seine Schmiegsamkeit die beste. Ein Nachteil dieses Gewebes ist die geringe Schiebefestigkeit. Alle Gewebe werden in Flächengewichten von 50 bis 400 g/m² oder auch mehr geliefert.

Neben den üblichen Geweben aus Glasendlosfasern (Glasfilamenten) werden in Breiten von 10 bis 50 mm auch *Bänder* hergestellt, in der Regel mit verstärkter Webekante. Sie werden, um die Verschiebefestigkeit zu verbessern, gelegentlich mit Kunstharzlacken vorimprägniert, was nur den Zweck hat, sie besser handhaben zu können. Oft werden diagonal ausgerichtete Glasgewebebänder eingesetzt. Sie haben grundsätzlich keine Webekante. Man stellt sie in der Weise her, daß man sie von der Gewebebahn im Schrägschnitt abtrennt und die Enden dann vernäht oder miteinander verklebt. Auch durch schraubenförmiges Aufschneiden von Schläuchen kann man Diagonalbänder erhalten.

Schläuche aus Glasfilamenten geflochten, gewebt oder gewirkt dienen ebenfalls zur elektrischen Isolierung. Sie werden als Band aufgewickelt geliefert. Beim Abbinden und Bandagieren haben sie den Vorteil der gleichmäßigen Schichtstärke. *Kordeln* werden durch Verseilen von Glasgarnen oder durch Umklöppeln loser Glasstapelfasern mit Glasfilamentgarn hergestellt. Durch eine leichte Gummierung mit einem Elastomeren umgeht man die Scheuerempfindlichkeit und Sprödigkeit der Glasfaser; die Handhabung wird damit angenehmer.

Haftmittel. Das Kapitel über die Verarbeitung der Glasfaser wäre unvollständig ohne die Behandlung der Haftmittel. Sie haben bei der Verarbeitung mit Kunstharzen, also bei der Herstellung von Verbundisolierstoffen, einen ausschlaggebenden Einfluß. In solchen Verbundstoffen hat das Harz immer den kleineren Elastizitätsmodul, also die größere Dehnung, und infolgedessen übernimmt bei mechanischen Belastungen die Glasfaser den weitaus größten Teil der Last. Die Kraftübertragung zwischen den Fäden erfolgt durch das verbindende Harz. Damit kommt der Grenzflächenbindung eine entscheidende Bedeutung zu. Um so mehr, als bei schlechter Bindung die Trennflächen an den Fasern aufbrechen, wodurch feine Kapillaren entstehen, so daß Feuchtigkeit in das Innere des Isolierstoffes eindringen kann. So genügen die elektrischen Werte bald nicht mehr den Anforderungen.

Um die Haftung sicherzustellen, werden Haftmittel benutzt [43, 44], denen man eine doppelte Wirkungsweise zuordnet. Zunächst sollen sie

5.2 Glas

eine bessere mechanische Verbindung zwischen Glasfaser und Harz bewirken. Über die sich dabei abspielenden grundlegenden Vorgänge ist noch nicht viel bekannt. Dann soll die Haftschicht als elastische Zwischenschicht wirken, welche die zwischen Glasfaser und Harz auftretenden Scherspannungen [45] aufnimmt. Schließlich will man festgestellt haben, daß dem Haftmittel um so mehr Bedeutung zukommt, je weniger polar das Harz ist [18*]. Zum Einsatz kommen Silane und Chromkomplexverbindungen. Die Silane sind zum Teil nur für bestimmte Harztypen geeignet, andere aber und auch die Mischungen verschiedener Haftvermittler können in gleicher Weise für Polyester-, Phenol- und Epoxidharze eingesetzt werden. Diese vielseitige Verwendbarkeit ist ein Vorteil, der auch die Lagerhaltung vereinfacht.

Glasfilamente für den Webvorgang werden, wie gesagt, aus Fertigungsgründen in der Regel mit der üblichen textilen Schlichte hergestellt. Vor der Weiterverarbeitung des Gewebes zu Verbundisolierstoffen muß sie wieder entfernt werden. Das geschieht fast immer thermisch, manchmal auch chemisch. Die thermischen Verfahren ermöglichen eine sehr gleichmäßige Entschlichtung. Nach dem einen (Coronizing) wird die Gewebebahn kontinuierlich durch einen Heißluftschacht bewegt, in dem bei einer Verweildauer von nur wenigen Sekunden eine Temperatur von etwa 600 °C auf das Glasgewebe einwirkt. Damit wird ein Restgehalt an Schlichte von 0,2 bis 0,4% erzielt. Er besteht aus karamelisierter Stärke, die dem Gewebe einen bräunlichen Schimmer gibt. Das zweite Verfahren (Batching) arbeitet diskontinuierlich. Das Gewebe befindet sich hier in einem Ofen und wird zwei Tage lang mit einem gleichmäßigen Heißluftstrom von 300 bis 325 °C behandelt. Auf diese Weise kann man den Restgehalt an Schlichte auf weniger als 0,1% absenken. Das Waschen und Entschlichten mit Lösemitteln ist schonender, aber meistens nicht so wirksam und teuer. Nach dem Entschlichten werden die eigentlichen Haftvermittler aufgebracht.

Leider verliert der Faden bei der Entfernung der ursprünglichen Textilschlichte an Festigkeit, so daß man die Kunststoffschlichte heute zum Teil schon während des Fadenziehens aufbringt, wodurch auch dem Angriff des Wasserdampfes begegnet wird. Das geschieht im allgemeinen in Form einer wässerigen Emulsion. Solche Fadenschlichten haben drei Aufgaben zu erfüllen. Außer als Haftmittel müssen sie als Binder für die Elementarfäden und als Gleitmittel für den Webvorgang dienen. Daß derartige Mehrzweckschlichten leicht Schwierigkeiten machen, ist verständlich. So macht das Weben mit Fadenschlichten noch Schwierigkeiten. Außerdem ist eine gleichmäßige, die ganze Trennfläche erfassende Verbindung zwischen Glas und Harz in Frage gestellt, wenn bei der Herstellung und Weiterverarbeitung der Glasfasererzeugnisse mit größeren Verletzungen des Haftmittelfilms gerechnet werden muß.

Allgemein werden gefachte Glasfilamentgarne und Zwirne mit textiler Schlichte oder auch mit einer für Kunstharze geeigneten Schlichte angeboten. Stränge besitzen stets eine haftmittelhaltige Schlichte. Rohgewebe, die aus Fäden mit textiler Schlichte hergestellt sind, werden entschlichtet und so verarbeitet oder zuvor mit einem auf das Harz abgestimmten Haftmittel versehen. Für die Isolierstoffherstellung werden auch haftmittelhaltige fadengeschlichtete Gewebe geliefert. Bänder sind ohne und mit Schlichte im Handel.

Werkstoffeigenschaften. Die Glasfasern besitzen dem Vollglas gegenüber abweichende Eigenschaften. Dafür sind Verzugsgeschwindigkeit und Temperaturverlauf während der Fertigung und die dadurch bedingte strukturelle Anordnung im Glasfaden verantwortlich. Beim Ziehen der Faser wird das geschmolzene Glas in äußerst kurzer Zeit (etwa 10^{-5} s) auf eine Temperatur unterhalb des Transformationspunktes abgekühlt. Dadurch kommt es zu einer unterschiedlichen Dichte zwischen den äußeren und inneren Bezirken des Glasfadens und somit zur Ausbildung von Druckvorspannungen in den äußeren Teilen [18*]. Die Struktur ist also nicht homogen.

Der Elementarfaden verhält sich bei Zugbeanspruchung vollkommen elastisch, er zeigt weder Kriecherscheinungen noch Hysterese. Der Bruch erfolgt ohne vorangegangene plastische Verformung. Dünne Glasfäden haben nach Tabelle 5.2 eine Zugfestigkeit, die mehr als das Zwanzigfache der von Stäben beträgt. Sie übertreffen damit die meisten natürlichen und synthetischen Fäden. Dünne Fasern besitzen eine etwas größere Bruchdehnung als dickere. Daß bei Mehrfachfäden und bei Garnen und Zwirnen neben der elastischen Dehnung praktisch auch eine nichtelastische gemessen wird, ist eine Folge der Verschiebung der Elementarfäden. Ein Strang oder ein Garn halten also niemals die Beanspruchung aus, die sich aus der Summe der Festigkeiten der Elementarfäden ergeben würde. Einzelne Fäden brechen infolge zu hoher Belastung vorzeitig und die übrigen werden dann einer entsprechend höheren Beanspruchung ausgesetzt.

Für die Beurteilung des Glasfadens ist auch die Biegsamkeit wichtig, im besonderen Falle die Möglichkeit der Schlingenbildung. Zieht man eine Glasfaserschlinge zu, so bricht sie, sobald sie einen bestimmten Krümmungsdurchmesser unterschreitet. Elementarfäden können also nicht verknotet werden. Der Grund für diese geringe Schlingenfestigkeit ist die kleine Bruchdehnung, der bei der Biegung zugbeanspruchten Außenhaut der Faser. Die Biegsamkeit wird im allgemeinen durch das Verhältnis des erreichbaren Schlingendurchmessers zum Fadendurchmesser gekennzeichnet. Für die hier interessierenden Glasfäden liegt der Wert bei etwa 25. Zu beachten ist, daß der Alkaligehalt die Biegsamkeit verschlechtert. Die Biegsamkeit der organischen Textilfaser wird jedenfalls nicht erreicht.

5.2 Glas

Die übrigen Eigenschaften des Glasfadens entsprechen in vielem denen des Vollglases. Der spezifische Durchgangswiderstand fällt bis zu einer Temperatur von 250 °C um nur eine Größenordnung. Die Abhängigkeit des dielektrischen Verlustfaktors von der Frequenz zeigt Abb. 5.13 [46]. Bei einer Temperatur von 250 °C beträgt er etwa das Vierfache.

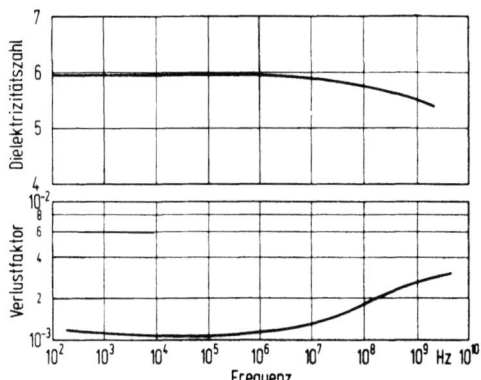

Abb. 5.13. Frequenzabhängigkeit der Dielektrizitätszahl und des dielektrischen Verlustfaktors von E-Glas.

Die Transformationstemperatur der Glasfaser liegt bei 625 °C. Selbst bei einer Temperatur von 300 °C hat die Glasfaser noch 80% der Festigkeit bei Raumtemperatur. Die Wärmeleitfähigkeit ist im Vergleich zu den organischen Isolierstoffen günstig. Die Glasfaser ist temperaturbeständig bis 500 °C und natürlich unbrennbar.

Chemisch ist die Glasfaser infolge ihrer zum Querschnitt verhältnismäßig großen Oberfläche natürlich wesentlich reaktionsfähiger als Vollglas. Sie widersteht aber organischen und auch vielen anorganischen Chemikalien. Sie ist gegen verdünnte Laugen, mit Ausnahme von Kalilauge, im allgemeinen beständig. Von Essigsäure und verdünnter Schwefelsäure wird sie angegriffen; in Flußsäure ist sie löslich.

Schädlich ist Wasser, selbst in Form von Dampf; das ist für alle elektrotechnischen Anwendungsfälle wichtig. Der Alkaligehalt ist dabei besonders kritisch. Daß Alkali im Glas verhältnismäßig schwach gebunden ist, wurde schon gesagt, und so nimmt die Wasserbeständigkeit mit zunehmendem Alkaligehalt ab. Wenn auch die alkaliarmen Glasfasern widerstandsfähiger als Kalknatrongläser sind, so ist doch der Angriff nicht zu vernachlässigen. In feuchter Luft wird eine Wasserhaut adsorbiert. Selbst in normaler Atmosphäre kann sie beträchtlich stören und muß daher bei allen Tränkvorgängen entfernt werden.

Die Glasfaser ist, da sie praktisch keine Schrumpfung zeigt, stets maßhaltig. Sie ist beständig gegen den Angriff von Pilzen aller Art, im allgemeinen auch gegen Termitenfraß und damit tropeneinsatzfähig. Sie ist schließlich physiologisch einwandfrei [47]. Textilglas ist ein ungiftiges Erzeugnis. Werden Glasfasern geschnitten oder zerbrochen, so sind die Bruchflächen glatt; scharfe Kanten oder Splitter treten nicht auf. Bei der Herstellung und Weiterverarbeitung möglicherweise abgebrochene Fasern können eine Zeitlang in der Luft schweben. In allen Fällen sind die Fadenteilchen so groß, daß die natürlichen Schutzfilter in Nase und Rachen den Zutritt in die Lunge verhindern. Das steht in Einklang mit den Ergebnissen von Röntgenuntersuchungen, die keine erhöhten Lungenerkrankungen an Personen, die Textilglas herstellen oder verarbeiten, gezeigt haben. In seltenen Fällen hat man bei Personen mit besonders empfindlicher Haut leichte Hautrötungen festgestellt, die aber bei der nötigen Sauberkeit nach kurzer Zeit wieder verschwinden. Nur vereinzelt sind überempfindliche Personen von der Arbeit mit Glasfasererzeugnissen auszuschließen.

Ergänzend sei bemerkt, daß die Fasern mit hohem Gehalt an Siliziumdioxid etwas bessere elektrische Werte und eine höhere Temperaturbeständigkeit haben als die der hier behandelten Zusammensetzung. Da Fasern und Gewebe dieser Art aber durch Auslaugen hergestellt werden, sind sie in mechanischer Hinsicht nicht so gut.

Die Eigenschaften der glasfaserverstärkten Isolierstoffe werden bei den dafür verwendeten Kunstharzen (9,10) besprochen. In bezug auf die Schichtstoffe ist zu sagen, daß man mit Geweben aus ungezwirnten Garnen eine hohe mechanische Festigkeit erreicht. Wegen der geringen Schiebefestigkeit ist es allerdings schwieriger, es zu gleichmäßigen Schichtstoffen zu verarbeiten. Für elektrisch hochwertige Platten werden daher meistens leinwandbindige Gewebe, die eine hohe Schiebefestigkeit aufweisen, verwendet [48].

Einsatzgebiete. Gefachte Glasfilamente, Garne und Zwirne, Matten, Glasfilamentgewebe, Bänder und Schläuche können ohne weitere Behandlung in der Elektrotechnik zum Isolieren, Festlegen von Spulen, Abbinden und Bandagieren von Wicklungen verwendet werden. Wenn bei Abbindearbeiten besonders hohe Zugfestigkeiten benötigt werden, sind Glasfaserkordeln zu empfehlen. Sie geben, einmal festgelegt, im Gegensatz zu solchen aus organischen Fasern nicht nach. So werden auch Bandagen von Läufern elektrischer Maschinen, für die man früher Stahldrähte verwendete, heute mit Erfolg aus vorimprägnierten Glasfastersträngen hergestellt [49]. Diese mit Polyesterharz (10.1) getränkten Bänder sind wie die Stahldrähte mit einer Vorspannung zu wickeln, die hier der Glasfaser angepaßt wird. Die nach dem Wickeln notwendige Wärmebehandlung ist für die Aushärtung der imprägnierten Wicklung ohnehin erforderlich. Ähnlich werden, wie Abb. 5.14 zeigt, die Blechpakete von Großtransformatoren abgebunden. Die verwendeten Glasfaserbänder haben eine hohe mecha-

5.2 Glas

nische Festigkeit. Daß sie elektrisch isolierend und unmagnetisch sind, ist ein weiterer Vorteil; sie haben keine Eigenverluste.

Abb. 5.14. Mit Glasfastersträngen bandagierter Kern eines Maschinentransformators von 500 MVA (Werkbild: Transformatoren Union).

Meistens tritt die Glasfaser in der Elektrotechnik in Verbindung mit Kunstharzen auf. Gefachte Glasfilamente werden mit Polyesterharz (10.1), Phenolharz (10.5), Silikonharz (10.8), Epoxidharz (10.11) und anderen Harzen als Bindemittel zur Isolierung von Kupferdrähten verwendet. Manchmal werden die Leiter umklöppelt. Das ist teurer als das einfache Umspinnen. Es hat aber bei der Verarbeitung, z.B. beim Abbiegen und Kröpfen, wo hohe mechanische Beanspruchungen auftreten, beachtliche Vorteile.

Eine besondere Bedeutung hat die Glasfaser als Einlage zur mechanischen Verstärkung von Kunststoffen (9,10). Man hat zu unterscheiden zwischen denen, welche feingeschnittene Fasern in unregelmäßiger Form enthalten und den geschichteten Isolierstoffen. In solchen Verbundstoffen kommt die Festigkeit der Glasfaser in hervorragender Weise zur Geltung. Da der Elastizitätsmodul und die Zugfestigkeit der Glasfaser beträchtlich höher als die der Kunstharze liegen, wird die mechanische

Festigkeit zum größten Teil von der Glasfaser übernommen. Das Ergebnis ist ein mechanisch und elektrisch hochwertiger Isolierstoff.

Geschnittene Glasfasern dienen mit einer haftmittelhaltigen Schicht versehen zur Verstärkung von wärmehärtbaren Preßstoffen. Mit Glasfilamentkurzfasern, deren Länge durchschnittlich nur 0,3 mm beträgt, werden sowohl thermoplastische als auch härtbare Preßmassen und Gießharze verstärkt.

Glasfaservliese werden zur Oberflächenverbesserung von Fertigteilen eingesetzt. Als Decklage auf andere Schichtstoffunterlagen aufgelegt sollen sie Ungleichmäßigkeiten verdecken. Glasfasermatten werden meistens in Verbindung mit Polyesterharzen verwendet und gestatten infolge ihrer Geschmeidigkeit, selbst schwierig gestaltete Teile einwandfrei zu fertigen. Solche Isolierstoffgebilde sind verhältnismäßig preiswert. Ihre Festigkeit ist infolge der ungeordneten Ausrichtung der Fäden in allen Richtungen der Schichtung praktisch gleich, allerdings niedriger als bei Verwendung von Geweben. Glasfasermatten werden bevorzugt für Kappen und Gehäuse verarbeitet.

Aus Geweben werden geschichtete Isolierstoffe aller Art hergestellt. Bei diesen ist die richtige Auswahl des Garnes und Gewebes von entscheidender Bedeutung. Zwirne sind oft insofern nachteilig, als bei der Tränkung das Fadeninnere durch den darauf wirkenden Radialdruck vom Harz schlecht erreicht wird. Auch wird bei gegebenem Glasfaseranteil die Verteilung der Faser im Isolierstoffverband verhältnismäßig ungleich, da der Fadendurchmesser durch das Zwirnen verringert und somit die Glasmasse im Faden konzentriert wird. Durch die spiralförmige Lage der Elementarfäden werden diese außerdem ungleichförmig beansprucht, so daß deren Festigkeit nicht optimal ausgenutzt wird. Man soll nach Möglichkeit Gewebe aus niedrig gedrehten Garnen, bei denen die Fäden füllig sind und die Faserlage praktisch gestreckt ist, nehmen. Sie sind auch preisgünstiger. Die Benetzbarkeit für Kunstharze ist schließlich bei feinen Garnen und feinen Geweben besser als bei groben.

Bänder aus Glasseide werden, mit hochwertigen Kunstharzen getränkt, fadengerade oder auch diagonal geschnitten, in vielfacher Weise zum Bewickeln von Leitern und Leiterverbindungen, zum Einbinden von Spulenköpfen und für ähnliche Isolierungen eingesetzt. In Verbindung mit Glimmer und Harz wird feines Glasfilamentgewebe zum Umbügeln von Leitern, Röbelstäben und Spulen genommen. Viele in der Elektrotechnik verwendeten Isolierschläuche bestehen ebenfalls aus gewirktem oder geflochtenem Textilglas.

Verwendet werden diese mit Glasfasern verarbeiteten Isolierstoffe grundsätzlich dort, wo bei hohen Ansprüchen an die elektrische Güte Forderungen an die mechanischen Eigenschaften gestellt werden, und dort, wo verhältnismäßig hohe Temperaturen auftreten.

5.3 Keramische Isolierstoffe

Keramische Stoffe bestehen überwiegend oder ausschließlich aus kristallinen Phasen und sind wasserunlöslich. Bei der Herstellung werden sie auf hohe Temperaturen erhitzt und halten auch im Betrieb sehr hohe Temperaturen aus. Sie werden üblicherweise aus einer bildsamen Rohmasse bei Raumtemperatur geformt. Bei dem anschließenden Brennen gehen, während ein Volumenschwund eintritt, die anfangs plastischen Eigenschaften des Rohstoffs verloren; das Erzeugnis wird hart und formstarr.

Rohstoffgrundlage. Als Rohstoffe kommen sowohl natürliche wie synthetische Stoffe, bei denen zwischen plastischen und unplastischen zu unterscheiden ist, in Betracht. Plastisch sind insbesondere Kaolin und Ton. Eine gewisse Plastizität weisen auch Talk bzw. Speckstein auf. Sowohl Kaolin als auch Ton enthalten typische Tonminerale in Form von Aluminiumhydrosilikaten, wobei die Vielzahl der möglichen Minerale ihre Vielfalt und ihre Eigenschaften bestimmt. In Kaolin ist das Hauptmineral der Kaolinit ($Al_2O_3 \cdot 2\,SiO_2 \cdot 2\,H_2O$). Im Ton treten neben Kaolinit auch glimmerartige Tonminerale, Illite und Montmorillonite als typische Minerale auf. Das liegt darin begründet, daß Kaolin auf primärer Lagerstätte liegt. Es ist an Ort und Stelle zersetzt und liegengeblieben. Der Ton befindet sich dagegen auf sekundärer Lagerstätte. Er ist in der Natur durch Wind, teilweise auch durch Wasser transportiert und dadurch aufbereitet worden. Dabei ist es zu Um- und Neubildungen von Tonmineralen gekommen, womit auch eine Verbesserung der plastischen Eigenschaften einhergegangen ist. Anderseits wurden bei dem Transport auch Eisenminerale oder organische Verbindungen aufgenommen, weshalb der Ton nicht das weiße Aussehen des Kaolins hat und nach dem Brennen wesentlich dunkler ist. Allen diesen Mineralen ist gemeinsam, daß sie zusammen mit Wasser eine bildsame Masse ergeben. Talk kommt in der Natur in zwei Arten vor, dem grobblätterigen Talk und dem feinkristallinen Speckstein. Weil er zu weit weniger Texturbildung bei der Formgebung neigt, wird der Speckstein als keramischer Rohstoff bevorzugt.

Unplastische Rohstoffe sind Quarz (4.3), Feldspat und die synthetischen Metalloxide, von denen insbesondere Aluminiumoxid (Al_2O_3) Bedeutung hat. Quarz wird vorwiegend als Sand verwendet. Seine Aufgabe ist einerseits, in der keramischen Masse die Schwindung beim Trocknen und Brennen zu regeln, anderseits, im fertigen Werkstoff das erforderliche Gerüst zu bilden. Feldspat kommt hauptsächlich in Form von Alkalifeldspat und da wieder vorzugsweise als Kalifeldspat ($KAlSi_3O_8$) zum Einsatz. Er ist zwar mit einem hohen Anteil am Aufbau der Erdrinde beteiligt, dennoch nur dort wirtschaftlich zu gewinnen, wo er eine gewisse natürliche Anreicherung erfahren hat. Aluminiumoxid wird aus Bauxit, einem natürlichen Aluminiumhydroxid als rein weißes Pulver gewonnen.

Für titanhaltige Verbindungen werden die Rohstoffe Anatas und Rutil, gegebenenfalls die Verbindungen mit Erdalkalikarbonaten verwendet. Die Metalloxide werden von der chemischen Industrie geliefert, die über das Herstellungsverfahren in der Lage ist, sie den Erfordernissen der keramischen Industrie anzupassen. So gibt es beispielsweise Aluminiumoxide, die schon bei ungewöhnlich niedriger Temperatur dichtsintern. Weiter zu erwähnen sind Magnesiumoxid (MgO), Zirkoniumdioxid (ZrO_2) und Thoriumdioxid (ThO_2).

Von besonderer Bedeutung ist Berylliumoxid (BeO). Es ist in der Natur nicht sehr verbreitet und sowohl deshalb als auch wegen der hohen Herstellungskosten sehr teuer.

Herstellung. Die elektrischen Isolierstoffe sind fast durchweg den feinkeramischen Werkstoffen zuzuordnen, so daß auch das Herstellungsverfahren nach den dort üblichen Grundsätzen aufgebaut ist. Die mineralischen Bestandteile werden, nachdem sie in Brechern zerkleinert worden sind, in Kugelmühlen, vorzugsweise naß, feingemahlen [50, 51]. Von dort gelangt der Masseschlicker in einen Mischer, wo weitere Bestandteile zugesetzt werden können. Kaolin beispielsweise wird im allgemeinen erst hier der Masse zugesetzt. Die weitere Zubereitung richtet sich nach dem vorgesehenen Formgebungsverfahren. Als solche sind das Gießen, die plastische Formgebung und das Pressen bekannt. Für die Gießtechnik wird nicht entwässert, sondern sofort der Elektrolyt zugefügt, um einen flüssigen Masseschlicker zu bekommen. Für die plastische Verarbeitung wird in der Filterpresse entwässert, in der Vakuumstrangpresse homogenisiert und die Masse dann in diesem Zustande verwendet. Wird undosiert oder dosiert gepreßt, so kann über Filterpressen entwässert und anschließend getrocknet werden, oder es wird gleich der Sprühtrockner eingesetzt.

Die Formgebungsverfahren sind dem Verwendungszweck anzupassen [51, 52]. Das Gießverfahren gestattet, verwickelte nichtsymmetrische Teile herzustellen, wozu man Formwerkzeuge aus Gips benutzt, in welche die flüssige Masse hineingegossen wird. Die saugfähige Gipswand entnimmt den wandnahen Bereichen der Masse dann so viel Wasser, daß nach einer bestimmten Zeit eine feste Schicht entsprechender Stärke an der Formwand stehenbleibt. Die nicht angezogene Masse wird abgegossen. Das so entstandene Teil wird im Formwerkzeug vorgetrocknet, wobei es von der Wand abschwindet. Es wird gewartet, bis es fest genug geworden ist. Es wird entnommen und zu Ende getrocknet. Dies bezeichnet man als Hohlguß. Beim Vollguß wird so lange Masse nachgegossen, bis der Raum mit erstarrter Masse voll ausgefüllt ist. Der Kernguß ist ein Vollguß, bei dem durch passende Formgestaltung und Einführen eines Kerns ein Hohlraum in dem Formteil erzeugt wird. In der Fertigung von Isolierteilen ist dies Verfahren nicht sehr verbreitet.

5.3 Keramische Isolierstoffe

Die plastische Formgebung mit Schneckenpresse gestattet, große Teile selbst mit dünnen Wandstärken herzustellen. Sie können überdies nachträglich spanend verarbeitet werden. Für die Fertigung von Isolatoren kann man auf diese Weise einen zylindrischen Hubel vorformen, aus dem dann durch spanende Bearbeitung die endgültige Form herausgearbeitet wird. Dies geschieht auf Drehmaschinen nach dem Ablaufkopierverfahren; aber auch das Abdrehen von Hand ist verbreitet. Der Feuchtigkeitsgehalt beträgt dabei etwa 17%. Neben dieser Technik kommt bei Wassergehalten von unter 1% auch die sog. Weißbearbeitung zur Anwendung. Da bei dieser die Trockenschwindung schon abgelaufen ist, hat es gegenüber dem Hubelabdrehen den Vorteil der besseren Maßgenauigkeit. Ein Nachteil ist bei aufwendigeren Maschinen der hohe Staubanfall.

Sehr große und schwierige Werkstücke wie Überwürfe für Durchführungen müssen aus vorgeformten Teilen zusammengesetzt werden. Dieses Garnieren geschieht mit Hilfe eines zähflüssigen Schlickers. Er wird auf den Grenzflächen aufgetragen. Die Teile werden zusammengesetzt; nach dem Einbrennen des Schlickers sind sie fest miteinander verbunden.

Preßteile sind in schwieriger Form, aber immer nur in begrenzter Größe herstellbar. Beim undosierten Pressen hat die Ausgangsmasse 15 bis 20% Wasser und Preßöl. Man verwendet Abquetschwerkzeuge. Das dosierte Pressen erfordert eine feingepulverte Masse, die nur 2 bis 8% Wasser enthält. Dieses Verfahren arbeitet mit genau dosierten Mengen bei verhältnismäßig hohen Drucken und bietet eine hohe Maßgenauigkeit. Neueren Datums ist das isostatische Pressen [53]. Zur Verarbeitung wird die keramische Masse im allgemeinen zuvor nach dem Trockensprühverfahren aufbereitet. Das so erhaltene kugelförmige Granulat wird in eine Gummiform eingefüllt und unter hydrostatischem Druck von über 100 N/mm^2 allseitig verdichtet. Der Vorteil ist, daß der Rohling keine durch Pressen bedingten Texturen aufweist. Dagegen ist die Maßgenauigkeit nicht so hoch, so daß meistens nachbearbeitet werden muß.

Beim Aluminiumoxid wurde die Spritzgießtechnik entwickelt, wodurch auch verwickelte Formen mit geringem Aufwand herstellbar sind. Um die Massen in der Spritzgießmaschine verarbeitbar zu machen, wird die Zugabe bestimmter Mischungen von Plastifizierungmitteln notwendig. Auch auf das Foliengießverfahren, das mit einem endlosen Band arbeitet, muß bei Aluminiumoxid hingewiesen werden.

An die Formgebungsverfahren anschließend werden die vorbereiteten Teile in Kammeröfen oder kontinuierlich laufenden Tunnelöfen gebrannt. Dabei ist hervorzuheben, daß der Kammerofen wendiger ist und mit sehr großen Teilen beschickt werden kann. Dagegen ist der Tunnelofen, jedenfalls wenn eine volle Ausnutzung erreicht wird, wirtschaftlicher.

Beim Brennen treten verschiedenartige Reaktionen ein, mit denen ein Verlust der plastischen Eigenschaften einhergeht. Kaolin, Ton und Speckstein verlieren ihr Kristallwasser. Aus Feldspat und anderen Flußmitteln bildet sich eine Schmelzphase. Quarz und Aluminiumoxid bleiben, soweit sie sich nicht in der Schmelzphase lösen, weitgehend erhalten. Bei hohen Temperaturen kommt es auch zu Reaktionen im festen Zustand, durch die eine Verdichtung des Scherbens eintritt. Auf jeden Fall vermindert sich bei der Sinterung das Porenvolumen. Bei einer Dichtsinterung verschwinden die offenen Poren völlig. Die dadurch hervorgerufene Schwindung kann je nach Werkstoff und Art der Formgebung zwischen 10 und 20% liegen. Sie ist wesentlich von der Vorverdichtung abhängig und auch in verschiedenen Richtungen unterschiedlich. Aus diesem Grunde hat man mit entsprechenden Toleranzen zu rechnen (DIN 40680). Für den Brennverlauf spielt auch die Brennatmosphäre eine Rolle. Während einige Werkstoffe eine durchgehend oxydierende Atmosphäre erfordern, ist zur Erzielung des gewünschten Scherbens bei anderen Werkstoffen das Einschalten von Reduktionszeiten in bestimmten Temperaturbereichen notwendig.

Die Brenntemperaturen liegen bei den meisten keramischen Isolierstoffen zwischen 1200 und 1500°C, wobei aber für bestimmte Werkstoffe Abweichungen nach unten und oben möglich sind. Als Brennintervall bezeichnet man den Temperaturbereich zwischen Dichtsinterung und Erweichung. Die keramische Fertigung ist um so weniger mit Problemen behaftet, je größer dieses Intervall ist. Poröse Werkstoffe werden unterhalb der Dichtbrandtemperatur gebrannt. Bei richtiger Temperaturführung und richtiger Führung der Ofenatmosphäre bekommt man den gewünschten Keramikkörper mit dem angestrebten Verhältnis von Kristallen, glasigen Bestandteilen und Poren in entsprechender Verteilung.

Zum Schutz gegen Schmutz und Feuchtigkeit können Keramikteile mit einer Glasur überzogen werden. Praktisch immer glasiert sind Hochspannungsisolatoren, wobei diese Glasur im Rohzustand aufgetragen und mit dem Dichtsintern des Scherbens eingebrannt wird (Scharffeuerglasur). Isolierteile für Niederspannung werden nur zu geringem Teil glasiert. Hier herrschen Muffelglasuren vor, die auf das gebrannte Teil aufgebracht und bei erheblich tieferer Temperatur eingebrannt werden.

Die Glasur der Hochspannungsisolatoren muß unter Druckspannung auf dem Scherben sitzen, da sie nur in diesem Falle günstig auf die Festigkeit des Werkstoffes einwirkt. Man erreicht den richtigen Sitz der Glasur dadurch, daß ihr Ausdehnungskoeffizient etwas niedriger gehalten wird als der des Keramikkörpers. Dies hat man durch passende Wahl der Zusammensetzung in der Hand. Glasuren für Isolatoren werden mit Schwermetalloxiden und Oxidverbindungen häufig braun gefärbt, wenn auch neuerdings Grauglasuren an Bedeutung gewinnen. Solche Glasuren sind aber keineswegs immer nötig. Unzweckmäßig sind sie beispielsweise in der

5.3 Keramische Isolierstoffe

Elektrowärmetechnik und bei engtolerierten Bauteilen der Vakuumröhrentechnik.

Von dieser keramischen Fertigungsart in gewisser Hinsicht zu unterscheiden, ist die Verarbeitung der Einbettmasse, mit der man Heizkörper herstellt. Sie wird mit etwas Wasser angefeuchtet plastisch verarbeitet. Die Heizwendeln werden mit Hilfe einer Schablone aufgelegt und darin eingebettet. Nach einer Vortrocknung in Luft wird gebrannt. Die Temperatur ist nicht so hoch wie bei keramischen Massen, schon weil man auf den Heizdraht Rücksicht nehmen muß. So werden Muffel- und Tiegelöfen hergestellt.

Eine andere Art eines Heizkörpers ist der Rohrheizkörper. Die Heizwendel wird hier konzentrisch in ein gerade ausgerichtetes Metallrohr eingebracht. Senkrecht angeordnet wird dann in dafür besonders gestalteten Maschinen zwischen Heizdraht und Rohrwand der körnige Isolierstoff eingestampft. Das Ganze wird anschließend noch durch eine Art Ziehdüse gezogen und auf diese Weise verfestigt. Bei einer ähnlichen Ausführung werden zwischen dem langgestreckten Heizdraht und dem metallischen Rohr Brechröhrchen aus Magnesiumoxid eingeschoben, die zuvor keramisch hergestellt worden sind. Auch in diesem Falle wird der so vorbereitete Rohrkörper bei hoher Temperatur noch einmal verdichtet, was bei dem porösen Magnesiumoxid möglich ist. Praktisch ist bedeutsam, daß sich solche Rohrheizkörper biegen und, nachdem sie vorgebogen sind, auch in Eisen- und Aluminiumplatten eingießen lassen.

Nachbearbeitung. Die gebrannte Keramik ist normalerweise einsatzfähig. Für bestimmte Anwendungsfälle muß sie jedoch nachbearbeitet werden, sei es um die Toleranzen einzuengen, sei es um die Oberflächengüte zu erhöhen. Das geschieht durch Schleifen bzw. Polieren, wofür Siliziumkarbid- und Diamantscheiben oder Diamantpulver erforderlich sind. Mit neuzeitlichen Rund- und Planschleifmaschinen erreicht man immerhin Toleranzen von weniger als 0,01 mm und hervorragende Oberflächen. Die Kosten sind naturgemäß hoch. Für die Herstellung von Schlitzen oder Öffnungen, wie sie in der Röhrenindustrie benötigt werden, hat sich das Ultraschallverfahren bewährt.

Metallisiert wird, sowohl um Elektroden aufzubringen, als auch um die Teile lötfähig zu machen. Soll die Metallschicht zum Weichlöten dienen, so ist die Grundschicht aus Silber zu empfehlen. Zum Hartlöten hat sich Molybdänmangan bewährt. In diesem Falle wird der Keramikkörper dicht gebrannt und erforderlichenfalls geschliffen. Dann wird die Metallisierungspaste aus Molybdän und Mangan aufgestrichen und eingebrannt. Dabei vermittelt der Mangananteil die Bindung an den Keramikkörper. Die Metallschicht, die sehr dünn sein soll, wird noch galvanisch mit Nickel verstärkt.

Gruppeneinteilung (Typisierung). Aus den vielen Möglichkeiten der Zusammensetzung ergibt sich eine große Sortenvielfalt. Beschränkt man sich auf die, welche für die Elektrotechnik in Betracht kommen, so teilt man sie, wie in Tabelle 0.1 angegeben, in sieben Gruppen (DIN 40685) ein.

Die Gruppe 100 umfaßt die vorwiegend Aluminiumsilikat enthaltenden Erzeugnisse. Es handelt sich um das bekannte Hartporzellan. Es besteht aus 40 bis 50% Kaolin bzw. Ton, 30 bis 40% Quarz und 20 bis 30% Feldspat. Im fertigen Erzeugnis sind neben Quarzrelikten kristallisierte Aluminiumsilikate in einer Glasphase eingebettet. In einem hochfesten Sonderporzellan ist der Quarz weitgehend oder vollständig durch Aluminiumoxid ersetzt, das im fertigen Werkstoff als Korund vorliegt.

Die Gruppe 200 enthält hauptsächlich Magnesiumsilikate. Der Anteil des Tones in der Rohmasse liegt zwischen 5 und 10%, der des Specksteins zwischen 70 und 90% und der des Feldspats zwischen 5 und 10%. Im endgültigen Zustande besteht diese Keramikgruppe somit aus kristallinem Magnesiumsilikat, das in einer Glasmatrix eingebettet ist. Ersetzt man im Versatz den Feldspat durch Bariumkarbonat, so erhält man einen Werkstoff mit verbesserter mechanischer Festigkeit und geringen dielektrischen Verlusten.

In der Gruppe 300 sind die keramischen Werkstoffe mit hoher Dielektrizitätszahl untergebracht. Sie enthalten als hauptsächlichen Bestandteil Titandioxid oder sonstige Titanverbindungen, insbesondere in Form von Magnesiumtitanat oder Bariumtitanat ($BaTiO_3$). Da diese Stoffe wenig plastisch sind, muß man solche Massen organisch plastifizieren.

Verwendet man Mischungen der Rohstoffe der beiden ersten Gruppen (Ton und Talk) in geeignetem Verhältnis, so bildet sich ein Magnesiumaluminiumsilikat, der Cordierit ($2MgO \cdot 2Al_2O_3 \cdot 5SiO_2$). Solche Werkstoffe haben ein sehr geringes Brennintervall, weshalb sie vorwiegend in poröser Form zum Einsatz kommen. Will man trotzdem einen dichten Werkstoff herstellen, so werden geringe Mengen an Zirkoniumverbindungen oder Lithiumkarbonat zugegeben, die den Dichtbrand verbessern. Werkstoffe auf dieser Grundlage sind in Gruppe 400 genormt.

Die Gruppe 500 enthält Werkstoffe der porösen Ausführung, Cordieritwerkstoffe und auch andere; im allgemeinen Systeme mit wenig Glasphase.

In der Gruppe 600 sind dichte Massen mit hohem Aluminiumoxidgehalt aufgeführt. Dieser beträgt, bezogen auf die chemische Analyse, 50 bis 80%.

Die reinen Metalloxide oder Stoffe, die ganz überwiegend aus solchen hochfeuerfesten Oxiden bestehen, sind in der Gruppe 700 zusammengefaßt. Die größte Bedeutung unter diesen haben die Werkstoffe auf Grundlage von Aluminiumoxid, die in verschiedenen Typen mit unterschiedlichem Tonerdegehalt aufgeteilt sind. Daneben enthält diese Gruppe auch noch Magnesiumoxid und Zirkoniumdioxid. Bei dem letztgenannten gelingt es

5.3 Keramische Isolierstoffe

durch Zusätze von Erdalkalien, eine kubische Struktur zu stabilisieren, in der allein es keramisch verarbeitbar ist. Zu dieser Gruppe, wenn auch bis heute nicht genormt, gehören noch Thoriumdioxid und Berylliumoxid.

Werkstoffeigenschaften. Da fast alle keramischen Werkstoffe einen mehr oder weniger großen Porenanteil enthalten, wird die Dichte als Rohdichte, also als scheinbare Dichte (die Hohlräume eingeschlossen), angegeben. Selbst dichtgebrannte Keramik hat im allgemeinen ein Porenvolumen von 2 bis 6%. Die Poren sind hier allerdings geschlossen. So sind derartige Keramikkörper auch völlig gasdicht. Von einer porösen Keramik spricht man erst dann, wenn sie bis zur Oberfläche durchgehende (offene) Poren enthält. Das mechanische Verhalten ist dem des Glases ähnlich. Der Bruch erfolgt ohne vorangegangenes Fließen.

Bei allen keramischen Isolierstoffen wird vorausgesetzt, daß sie kriechstromfest sind. Sie sind beständig gegen Funkenüberschlag und Lichtbogen. Sie sind unempfindlich gegen Sonnenlicht und besonders weitgehend auch gegen energiereiche Strahlung.

Der größte Vorteil ist ohne Zweifel die hohe Temperaturbeständigkeit. Bis 1000 °C stellt man weder Form- noch Strukturänderungen fest. So kann man bei der notwendigen Entgasung von Kolben mit der Temperatur wesentlich höher gehen als bei Glas. Da auch die elektrischen Eigenschaften noch bei hohen Temperaturen gut sind, kann man hohe Betriebstemperaturen zulassen. Während der üblichen Gebrauchsdauer ist außerdem keine Alterung festzustellen. Selbst bei dynamischer Beanspruchung zeigen sie keine Ermüdungserscheinungen.

Keramische Isolierstoffe sind allgemein korrosionsbeständig. In der Elektrowärmetechnik, also bei den porösen Werkstoffen, muß man allerdings bei den hohen zur Anwendung kommenden Temperaturen ein Augenmerk auf die Heizleiterlegierungen richten. Die Widerstandsfähigkeit der keramischen Isolierstoffe gegen chemische Einflüsse ist im allgemeinen ausgezeichnet. Angegriffen werden sie von Flußsäure und konzentrierter Phosphorsäure. Nachteilig ist außerdem eine langdauernde Einwirkung von heißer Natronlauge und Kalilauge. Mineralsäuren wie Salz-, Salpeter- und Schwefelsäure widerstehen die keramischen Erzeugnisse. Sie widerstehen damit auch atmosphärischen Einflüssen und sind tropenfest.

Als Nachteil keramischer Bauteile ist allgemein die verhältnismäßig umständliche und teuere Herstellung zu nennen. Ferner ist die Maßgenauigkeit, wenn man von teueren Nachbearbeitungsverfahren absieht, nur mäßig. Hinderlich ist die Sprödigkeit, die Empfindlichkeit gegen örtliche mechanische Überbeanspruchung. Es fehlt den Keramikteilen an Zähigkeit.

Betrachtet man die verschiedenen keramischen Isolierstoffe im einzelnen, so stellt man fest, daß die Werkstoffeigenschaften durch die Mischungsverhältnisse wesentlich beeinflußt werden, was auch aus Tabelle 5.3 ersichtlich wird, die hier die wichtigsten Daten von DIN 40685 zusammenfassend wiedergibt und außerdem die Werte für Berylliumoxid enthält. Was die Unterteilung in die verschiedenen Typen und deren unterschiedliche Bewertung anbelangt, so sei auf das Normblatt verwiesen.

Porzellan der Gruppe 100 zeichnet sich zunächst dadurch aus, daß sehr große Körper hergestellt werden können. Die Tonerdeporzellantypen haben besonders gute mechanische Eigenschaften. Sie besitzen eine hohe elektrische Durchschlagfestigkeit. Die dielektrischen Werte dagegen sind weniger gut, was aber bei den in Betracht kommenden Einsatzgebieten nicht sehr störend ist.

Das in Gruppe 200 aufgeführte Steatit bietet grundsätzlich nicht die Möglichkeit der Herstellung sehr großer Teile. Das ist fertigungstechnisch

Tabelle 5.3. Werkstoffeigenschaften keramischer Isolierstoffe

Eigenschaften (nach VDE 0335)	Einheit	Dichte, Aluminiumsilikat enthaltende Erzeugnisse (Hartporzellan)	Überwiegend Magnesiumsilikat enthaltende Erzeugnisse
Rohdichte	g/cm^3	2,3 bis 2,6	2,6 bis 2,8
Elastizitätsmodul	kN/mm^2	50 bis 100	80 bis 130
Biegefestigkeit	N/mm^2	30 bis 120	100 bis 160
Schlagzähigkeit	Nmm/mm^2	1,3 bis 3,0	3,0 bis 5,0
Zugfestigkeit	N/mm^2	25 bis 60	45 bis 90
Druckfestigkeit	N/mm^2	250 bis 700	800 bis 1000
Mohshärte		7 bis 8	7 bis 8
Kriechstromfestigkeit		KA 3c	KA 3c
Durchschlagfestigkeit	kV/mm	30 bis 40	20 bis 45
Spezif. 20°C	Ω cm	10^{11} bis 10^{12}	10^{11} bis 10^{13}
Durchgangswiderstand 1000°C			10^{4} bis 10^{6}
Dielektrizitätszahl (1 MHz)		6	6
Dielektr. Verlustf. (1 MHz)		$5 \cdot 10^{-3}$ bis 10^{-2}	$5 \cdot 10^{-4}$ bis 10^{-3}
Lichtbogenfestigkeit		L 6	L 6
Wärmeleitfähigkeit	W/Km	1,2 bis 2,6	1,4 bis 4,2
Lineare Wärmedehnzahl	10^{-6}/K	3,5 bis 5,5	6 bis 9
Spezifische Wärmekapazität	J/kg · K	790 bis 880	790 bis 920
Wasseraufnahme	%	0 bis 0,8	0 bis 0,5

5.3 Keramische Isolierstoffe

bedingt, da der Körper beim Überschreiten einer bestimmten Größe beim Brennen zusammenbricht. Da Speckstein sehr weich ist, hat es anderseits einen geringen Werkzeugverschleiß bei der Formgebung. Steatit besitzt eine besonders hohe mechanische Festigkeit, die im Durchschnitt an die der besten Porzellane herankommt. Es hat ferner kleine dielektrische Verluste.

Die Gruppe 300 ist, wie schon erwähnt, für hohe Dielektrizitätszahlen entwickelt worden. Das regellose Kristallgemisch des Rutils hat eine Dielektrizitätszahl von 114. Bei den übrigen Titanverbindungen handelt es sich um Kristalle mit kubischer Hochtemperaturphase, die bei Raumtemperatur pseudokubisch sind. Da die günstigen dielektrischen Eigenschaften mit der Abweichung von der kubischen Struktur zusammenhängen, ist hier die nicht mehr kubische Tieftemperaturphase interessant. Diese Kri-

Dichte Erzeugnisse mit hohem Geh. an Titandioxid o. sonstigen Titanverb.	Dichte, Cor.-dierit enthaltende Erzeugnisse	Poröse Erzeugnisse	Dichte, überwiegend Aluminiumoxid enthaltende Erzeugnisse	Erzeugnisse aus hochfeuerfesten Oxiden	Berylliumoxid
3 bis 6	2,1 bis 2,2	1,9 bis 2,1	2,6 bis 3,3	2,5 bis 5,0	2,8 bis 3,01
	90 bis 120	80	100	170 bis 300	370
80 bis 100	50 bis 85	20 bis 60	120 bis 220	50 bis 300	320
2,5 bis 3,3	1,8 bis 2,2	1,3 bis 2,2	4 bis 5		
30 bis 60	25 bis 35	10 bis 20	40 bis 100		
300 bis 500	300 bis 500	50 bis 350	700 bis 1500	110 bis 1000	2000
7 bis 8	7 bis 8	6 bis 7	8 bis 9	5 bis 9	9
KA 3c	KA 3c	KA 3c	KA 3c	KA 3c	KA 3c
3 bis 20	10 bis 20		25 bis 35	12 bis 14	13
	10^{11} bis 10^{12}		10^{11}	10^{11}	10^{17}
		10^4 bis 10^5	10^3	10^1 bis 10^6	10^8
12 bis 5000	5			8 bis 24	6,9
10^{-4} bis 10^{-2}	$5 \cdot 10^{-3}$				$1,7 \cdot 10^{-4}$
L 6	L 6	L 6	L 6	L 6	L 6
3,1 bis 4	2 bis 2,3	1,0 bis 1,7	2,3 bis 5,8	1,2 bis 29	270
6 bis 10	1 bis 2	2 bis 5	5 bis 6	5 bis 9	9
700 bis 1000	840 bis 920	790 bis 880	840 bis 1050	460 bis 1050	
0	0	5 bis 20	0	0 bis 5	

stalle enthalten Bezirke (Domänen) mit unterschiedlicher Polarisationsrichtung. Beim Anlegen eines Feldes kommt es zu Umorientierungen, die eine hohe Dielektrizitätszahl zur Folge haben, sich anderseits aber auch, da jeder Umorientierungsvorgang eine Arbeit erfordert, in höheren Verlusten bemerkbar machen. Keramiken, die mit Bariumtitanat verarbeitet sind, besitzen Dielektrizitätszahlen bis zu 10 000. Sie haben aber auch eine große Feldstärkenabhängigkeit und eine nichtlineare Temperaturabhängigkeit, die im Bereich der hohen Werte besonders stark ist. Man stellt ausgeprägte Höchstwerte der Dielektrizitätszahl fest. Während die hohe Dielektrizitätszahl für die Elektrotechnik von großer Bedeutung ist, macht die aufgezeigte Feldstärke- und Temperaturabhängigkeit beträchtliche Schwierigkeiten. Um günstige Werte zu erreichen, versucht man oft durch Mischkristallbildung mit Bariumzirkonat bzw. anderen Erdalkalititanaten den Höchstwert der Dielektrizitätszahl zu verschieben, etwa in die Nähe der Raumtemperatur zu bringen. So kann man durch Wahl des Mischkristallverhältnisses den Temperaturkoeffizienten zwischen positiven und negativen Werten in weiten Grenzen verändern. Durch Zusätze von Magnesiumtitanat erreicht man bei mittelgroßen Dielektrizitätszahlen geringe dielektrische Verluste.

Die Gruppe 400 stellt einen sehr dichten Werkstoff dar. Die geringe Wärmedehnung ist um so kleiner, je mehr Cordierit er enthält. Damit verbunden ist folgerichtig eine hohe Temperaturwechselbeständigkeit.

Sehr hohe Temperaturwechselbeständigkeit besitzen auch die Werkstoffe der Gruppe 500. Das erreicht man zum Teil durch mineralogische Phasen mit niedriger Wärmedehnung, zum Teil mit einem durch die poröse Struktur erzielten niedrigen Elastizitätsmodul. Bis zu hohen Temperaturen besteht außerdem eine gute Isolierfähigkeit.

Die Gruppe 600 zeichnet sich bei guter Temperaturbeständigkeit durch eine gute bis sehr gute Wärmeleitfähigkeit aus.

Bei der Gruppe 700 liegt im allgemeinen eine für viele Anwendungsfälle günstige Verbindung guter mechanischer und elektrischer Eigenschaften vor. Sie besitzen eine gute Wärmeleitfähigkeit. Schließlich vertragen solche oxidkeramischen Werkstoffe von allen elektrischen Isolierstoffen die höchsten Temperaturen. Aluminiumoxid und Magnesiumoxid besitzen noch bei Temperaturen von 1 000 °C spezifische Durchgangswiderstände von $10^6\,\Omega \cdot \text{cm}$. Hochreines Aluminiumoxid ist selbst gegen Flußsäure beständig.

Thoriumdioxid hat einen Schmelzpunkt bei 3 050 °C. Es hat demnach eine besonders hohe Temperaturbeständigkeit, ist aber gegen Temperaturschwankungen sehr empfindlich. Berylliumoxid bildet farblose hexagonale Kristalle. Es ist mit einer theoretischen Dichte von 3,01 g/cm³ das leichteste der hier in Betracht kommenden Metalloxide. Bis zur Grenze seiner Verwendbarkeit ist hochdichtes Berylliumoxid gasdicht. Elektrisch

5.3 Keramische Isolierstoffe

ist es ein Ionenleiter mit sehr guten Isoliereigenschaften, die jedoch schon bei geringen Verunreinigungen schlechter werden. Bei einer Dielektrizitätszahl von 6,9 hat es sehr geringe dielektrische Verluste. Charakteristisch für Berylliumoxid ist die große Wärmeleitfähigkeit, die etwa zwei Drittel von der des Kupfers beträgt. Es hat auch eine hohe Widerstandsfähigkeit gegen Temperaturwechsel, falls sie nicht allzu schroff erfolgen. Der Schmelzpunkt liegt bei 2570°C. Während es gegen Basen widerstandsfähig ist, wird es von Säuren angegriffen. Bei der Verarbeitung ist darauf zu achten, daß staubförmiges Berylliumoxid ein starkes Lungengift ist [54].

Einsatzgebiete. Hartporzellan wird für Nieder- und Hochspannungsisolatoren verwendet, meist mit glasierter Außenfläche, teilweise in recht großen Abmessungen. Die Kriechstromfestigkeit und die damit verbundene Widerstandsfähigkeit gegen atmosphärische Einflüsse haben dem Hartporzellan eine unumstrittene Vormachtstellung für den Einsatz in Freiluftanlagen gegeben, von der Abb. 5.15 eine Vorstellung gibt. Die

Abb. 5.15. Hochleistungsfreistrahlschalter in einer Schaltanlage für 380 kV mit keramischen Isolierungen aus Hartporzellan Typ KER 110.2 nach DIN 40685 (Werkbild: AEG-Telefunken).
a Langstabisolator; *b* Hohlisolator; *c* Freistrahldüse.

1200 mm langen Langstabisolatoren für Freileitungen von 110 kV sind allgemein bekannt. In Versuchsanlagen sind sie sogar in Längen von 2220 mm eingebaut. Auch die Isolierungen für Fahrleitungen von Bahnen bestehen oft aus Hartporzellan. Ferner sind Trag- und Betätigungsstützer für Schaltanlagen zu nennen. Gehäuseisolatoren für Hochspannungsdurchführungen, Kabelendverschlüsse und Kopplungskondensatoren gibt es bis zu 5 m Höhe und mehr.

Aus den überwiegend Magnesiumsilikat enthaltenden Erzeugnissen fertigt man Isolierteile für die Niederspannung, Klemmleisten, Isolierkörper für Sicherungspatronen, Tragkörper für Schicht- und Drahtwiderstände und dergleichen. Wegen des geringen Verlustfaktors werden auch die meisten Teile für die Hochfrequenztechnik aus dieser Keramik, insbesondere aus Bariumsteatit, gefertigt. Dazu gehören Antennendurchführungen, Fußisolatoren für Antennenmaste, Isolatoren für Antennenabspannungen und Kondensatoren. Bei Hochfrequenzvariometern können die Windungen aufmetallisiert werden. Man fertigt weiter Röhrensockel aus dieser magnesiumsilikathaltigen Keramik. Auch Haltescheiben für den Aufbau des Elektrodensystems in Elektronenröhren (Verstärker- und Senderöhren) werden daraus hergestellt. Aus Feldspatsteatit werden auf dem Hochspannungsgebiet vakuumdichte rohrförmige Gehäuse von

Abb. 5.16.   Abb. 5.17.

Abb. 5.16. Keramischer Plattenkondensator für Hochspannung (Werkbild: CRL Electronic Bauelemente).
Dielektrikum: KER 310 DIN 40685; Dielektrizitätszahl des Dielektrikums: 85; Dicke des Dielektrikums: 11 mm; Kapazität: 3000 pF; Nennspannung: 12 kV; Frequenzbereich: 0,04 bis 0,925 MHz; Leistung: 50 kVA; Durchmesser des Kondensators: 200 mm.

Abb. 5.17. Wassergekühlter Leistungskondensator mit keramischem Dielektrikum für Innen- und Außenkühlung (Werkbild: CRL Electronic Bauelemente).
(Links: Betriebsfertiger Kondensator; Rechts: Metallisierter Keramikkörper vor dem Einbau).
Dielektrikum: KER 310 DIN 40685; Dielektrizitätszahl des Dielektrikums: 85; Dicke des Dielektrikums: 6 mm; Kapazität: 2000 pF; Nennspannung: 14 kV (Größtwert); Frequenzbereich: 0,1 bis 2,5 MHz; Leistung: 3000 kVA; Gesamthöhe des Kondensators: 190 mm.

5.3 Keramische Isolierstoffe

Überspannungsableitern, ferner Freileitungs- und Fahrleitungsisolatoren gefertigt. Da die Herstellung aus Steatit in Durchmesser und Höhe begrenzt ist, kommen große Gehäuseisolatoren nicht in Betracht [19*].

Erzeugnisse mit hohem Gehalt an Titandioxid oder sonstigen Titanverbindungen verwendet man für Kondensatoren. Bei hohen Dielektrizitätszahlen ermöglichen sie kleine Baugrößen und wegen ihres häufig negativen Temperaturkoeffizienten eine Kompensierung des positiven Temperaturganges anderer Bauelemente. Bewährte Ausführungen zeigen Abb. 5.16 bis Abb. 5.18.

Abb. 5.18. Keramische Vielschichtkondensatoren (Werkbild: CRL Electronic Bauelemente).
Dielektrikum: KER 351 DIN 40685; Dielektrizitätszahl des Dielektrikums: 6000; Kapazitätswerte: 0,5 bis 270 nF; Nennspannung: 100 V; Frequenzbereich: bis 500 MHz; Abmessungen der Kondensatoren: 4×4 bis $7 \times 7,5$ mm.

Keramiksorten mit besonders kleiner Wärmedehnung sind für temperaturwechselbeständige Isolierteile gedacht. Sie werden für Funken- und Lichtbogenschutz eingesetzt. Man benutzt sie auch für den Aufbau von Kurzwellensendern, von denen höchste Frequenzstabilität und damit Beständigkeit der Abmessungen gefordert werden.

Heizleiterträger für Elektrowärmegeräte und elektrische Industrieöfen werden aus den porösen Erzeugnissen hergestellt. Bei thermisch hochbelasteten Funkenlöschkammern verhindern deren rauhe Oberflächen außerdem, daß sich bei Verdampfen des Kontaktmetalls zusammenhängende leitfähige Niederschläge bilden.

Aus Keramik mit hohem Aluminiumoxidgehalt werden Isolierrohre der verschiedensten Art gefertigt, beispielsweise Schutzrohre für Thermoelemente. Seit langem bekannt ist diese Keramik bei den Zündkerzen. Reines Aluminiumoxid ist geeignet für vakuumdichte Kolben von Elektronenröhren [55]. Abbildung 5.19 zeigt den Schnitt durch eine Hochstromdiode. Ebenfalls aus dieser Type macht man Energieaustrittsfenster für den Ultrakurzwellenbereich. Am Rande metallisiert und vakuumdicht hart eingelötet erlauben sie einen verlustarmen Austritt der Hochfrequenzenergie aus Magnetron- oder Klystronröhren in den angeschlossenen Hohlleiter. Eine Keramik mit hohem Aluminiumoxidgehalt, teilweise mit Zusätzen von Strontiumtitanat oder Kalziumtitanat wird auch für Raketenspitzen eingesetzt. Die Möglichkeit, festhaftende Metallschichten auf

 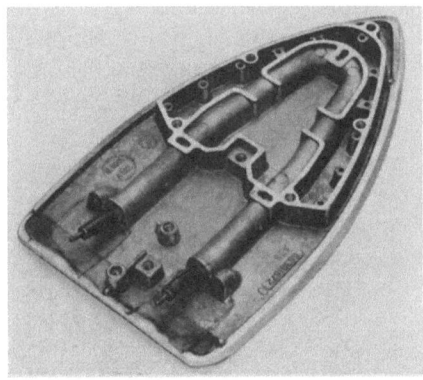

Abb. 5.19. Abb. 5.21.

Abb. 5.19. Schnitt durch eine Hochstromdiode (Werkbild: AEG-Telefunken). Höchstzulässige negative periodische Spitzensperrspannung: 1400 V; Höchstzulässiger effektiver Durchlaßstrom: 700 A.
a Keramikkörper mit 96% Al_2O_3; b Tellerfedern; c Silikongummi (darunter die Siliziumdiode).

Abb. 5.21. Sohle eines Dampfbügeleisens aus Leichtmetall mit Isolierung aus Magnesiumoxid in einem eingegossenen Heizstab (Werkbild: AEG-Telefunken).

die Keramik aufzutragen, bildet die Grundlage für die Verwendung als Trägerplatte (Substrat) für Miniaturschaltungen. An diese werden neben Formstarrheit, Wärmeleitfähigkeit und der erwähnten Temperaturbeständigkeit hohe Anforderungen an die dielektrischen Eigenschaften, an Maßgenauigkeit, Ebenheit und Oberflächengüte gestellt. Im Vordergrund stehen Trägerplättchen für Hybridschaltungen in Dickschichttechnik. Die integrierten passiven Schaltkreise werden durch Siebdruck aufgebracht, eingebrannt und anschließend mit den aktiven Bauteilen bestückt. Solch ein Beispiel zeigt Abb. 5.20. Keramische Folien können auch, mit Leiterbahnen bedruckt, in mehreren Plättchen übereinandergestapelt, gepreßt und zu einem monolithischen Block hermetisch dicht zusammengesintert werden. So entstehen Mehrschichtschaltungen größter Zuverlässigkeit. In der Dünnfilmtechnik werden die passiven Bauelemente und Leiterbahnen durch Aufdampfen im Vakuum erzeugt, was wesentlich feinere

5.3 Keramische Isolierstoffe

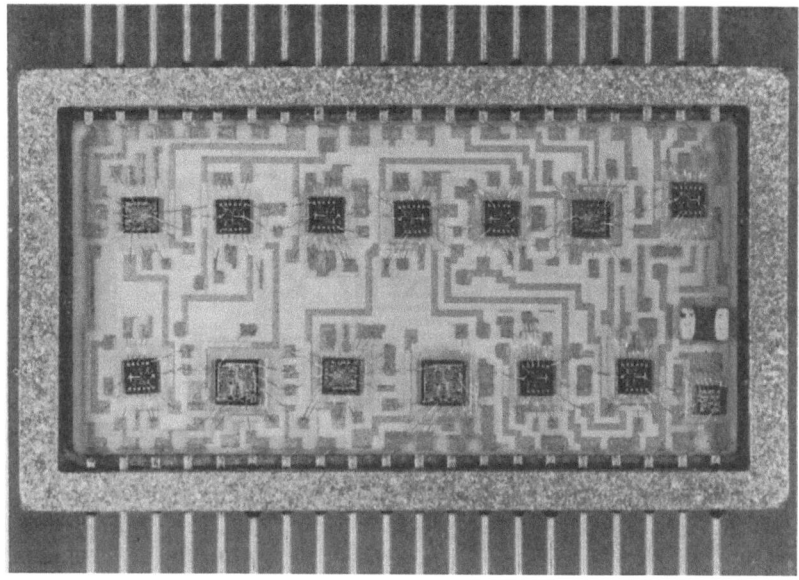

Abb. 5.20. Hybridgroßschaltkreis hoher Packungsdichte für einen Raumfahrtbordrechner auf einer Trägerplatte aus Aluminiumoxid (Al_2O_3) (Werkbild: AEG-Telefunken) (Größe des Bausteins: $29 \times 17 \times 3{,}25$ mm).

Schichtdicken ermöglicht, aber auch an die Oberfläche der Trägerplatte erhöhte Anforderungen stellt. Ein arithmetischer Mittenrauhwert von etwa 0,3 µm muß hier ohne Schleifen erreicht werden.

Magnesiumoxid eignet sich schließlich als Einbettmasse für Heizdrähte und auch als Isolierung in Rohrheizkörpern. In der in Abb. 5.21 gezeigten Sohle eines Bügeleisens ist ein mit Magnesiumoxidpulver isoliertes Heizrohr eingebaut. In ähnlicher Weise kommt es als Heizleiterisolation in Tauchsiedern, Frostschutzkabeln von Ölleitungen und sogar in temperaturfesten Leistungskabeln zur Anwendung. Es dient wie Aluminiumoxid auch als isolierender Auftrag auf Glasoberflächen und Glimmerscheiben in Elektronenröhren, auf die es aufgesintert wird und so die Ausbildung eines zusammenhängenden leitenden Metallfilms erschwert. Oxidkeramische Stoffe aus Zirkoniumdioxid haben keine große Bedeutung. Sie bewähren sich in Öfen, die mit niedrigen Spannungen arbeiten.

Thoriumdioxid hat in der Elektrotechnik bisher keinen Einsatz gefunden. Wegen der hohen Wärmeleitfähigkeit wird Berylliumoxid für Halterungen von Mikrowellenröhren verwendet. Auch Mikrowellenfenster von neuzeitlichen Höchstfrequenzröhren, die nach dem Laufzeitsystem arbeiten, wie Klystrons, Magnetrons und Wanderfeldröhren, werden daraus hergestellt. Damit verarbeitete Potentiometergrundplatten können viermal so hoch belastet werden wie andere. In Sonderfällen werden Trägerplatten (Substrate) aus Berylliumoxid gefertigt.

5.4 Metalloxide nichtkeramischer Fertigungstechnik

Einige Metalloxide spielen auch außerhalb der Keramik eine nicht geringe Rolle, und zwar als Einkristalle und außerdem in Form polykristalliner Schichten. Dafür kommen Aluminiumoxid (Al_2O_3) und Tantalpentoxid (Ta_2O_5) in Betracht.

5.4.1 Aluminiumoxid

Die einkristalline Form des Aluminiumoxids ist der Saphir. Er kristallisiert im hexagonalen System. Da er anisotrop ist, sind die Werkstoffeigenschaften zum Teil von der Kristallausrichtung abhängig und unterscheiden sich somit von denen des polykristallinen Körpers. Mechanisch ist der Einkristall besonders fest. Die Dielektrizitätszahl beträgt senkrecht zur optischen Achse 8,5 und parallel dazu 10,5. Der Verlustfaktor ist 10^{-4} und von der Kristallrichtung unabhängig. Beide Eigenschaften zeigen, ebenso wie der polykristalline Körper, bis 10^9 Hz keine Frequenzabhängigkeit. Erst mit zunehmender Temperatur, etwa oberhalb 300 °C, ist ein Anstieg zu erwarten. Hervorzuheben ist noch die gute Lichtdurchlässigkeit vom ultravioletten bis in den infraroten Bereich ($\lambda = 0{,}15$ bis 5 µm). Die Wärmeausdehnung ist von der Kristallausrichtung abhängig. Sie beträgt $5{,}4 \cdot 10^{-6}$/K senkrecht und $6{,}2 \cdot 10^{-6}$/K parallel zur optischen Achse. Die Oberfläche der Teile kann feinstpoliert bis zu einem Rauhwert von 0,08 µm geliefert werden.

Wegen der hohen mechanischen Festigkeit, des hohen elektrischen Widerstandes, der geringen dielektrischen Verluste und endlich auch wegen der Tatsache, daß im Hochvakuum keine Gasabgabe erfolgt, wird Saphir für Austrittsfenster von Mikrowellenröhren eingesetzt. In Anbetracht der homogenen Eigenschaften und der nicht nur geringen, sondern auch gleichmäßigen Oberflächenrauhtiefe wird er trotz des hohen Preises gelegentlich für Trägerplatten von integrierten Schaltungen benutzt. Dabei wird die optische Achse, um eine möglichst konstante Dielektrizitätszahl zu erhalten, in die Plattenebene gelegt. Eine derartige Oberfläche zeigt außerdem eine besonders gute und einheitliche Haftung für das unter der Goldschicht zunächst aufgetragene Chrom.

Technisch interessant ist auch die Einkristallfaser, deren Elastizitätsmodul mit $2 \cdot 10^6$ N/mm² etwa zehnmal so hoch wie derjenige von Stahl ist. Die Zugfestigkeit wird mit $25 \cdot 10^3$ N/mm² angegeben.

Die Oxidschicht hat bei Elektrolytkondensatoren eine ziemliche Bedeutung. Auf der Aluminiumoberfläche durch elektrolytische Behandlung erzeugt dient sie bekanntlich als Dielektrikum. Sie hat nur eine Dicke von 0,01 bis 0,7 µm. Außerdem wird die wirksame Oberfläche durch chemisches Anätzen vor der Oxydierung noch um ein Mehrfaches vergrößert. Sie besitzt mit 10^{15} Ω · cm einen hohen spezifischen Widerstand und mit 9,8 eine hohe Dielektrizitätszahl. Mit diesen Eigenschaften und Maßnahmen erzielt man die bekannte hohe Kapazität je Volumeneinheit. Elektrophoretisch aufgetragen dient Aluminiumoxid zur Isolation von Wolframheizwendeln, beispielsweise in Fernsehröhren.

5.4.2 Tantalpentoxid

Im allgemeinen wird angenommen, daß Tantalpentoxid in zwei Modifikationen vorkommt, in der Hochtemperatur-α-Phase und in der Tieftemperatur-β-Phase. Untersuchungen lassen jedoch mehrere, wenn auch teils instabile, Kristallstrukturen vermuten, die monoklin-pseudotetragonal, teilweise oktaedrisch aufgebaut sind [20*]. Der Übergang von der α- in die β-Phase ist verschwommen und erfolgt bei etwa 1360°C. Die Struktur der anodisch gebildeten Schicht, die in der Elektrotechnik bisher die größte Bedeutung erlangt hat, scheint der α-Form ähnlich zu sein [56]. In den Einzelheiten sind diese Strukturen noch unbekannt.

Tantalpentoxid spielt in den neuzeitlichen Elektrolytkondensatoren eine maßgebliche Rolle. Die anodisch erzeugte Schicht hat eine Dichte von etwa 8,0 g/cm³ [57]. Ein Nachteil gegenüber dem Aluminiumoxid ist zwar die geringere Sperrspannung, welche die Betriebsspannung auf 200 V gegenüber 500 V beim Aluminiumkondensator beschränkt. Tantalpentoxid besitzt aber mit einem Wert von 26 eine wesentlich größere Dielektrizitätszahl. Der dielektrische Verlustfaktor liegt bei 10^{-3} bis 10^{-2}. Darüber hinaus hat Tantal dem Aluminium gegenüber noch den Vorteil, daß der Temperaturbereich des damit hergestellten Kondensators ziemlich breit ist. Er reicht von −55 bis +120°C. Das beruht auf der besseren chemischen Beständigkeit des Tantals und auf der damit möglichen Verwendung aggressiver Elektrolyte, die auch noch bei tiefen Temperaturen genügend leitfähig sind.

Elektrolytkondensatoren wurden anfangs ausschließlich aus Folien hergestellt, also gewickelt; so auch der Tantalkondensator mit Folien von etwa 6 µm Dicke. Bei Tantal tritt die Folie aber mehr und mehr zurück und man verwendet Sinterkörper. Diese werden aus reinstem Pulver in Argon als Schutzgas bei etwa 2000°C gesintert und erhalten anschließend durch die bekannte anodische Oxydation die gewünschte Oxidschicht. Sie werden in üblicher Weise mit Papier als Abstandhalter und einem passenden Elektrolyten, der Schwefelsäure oder Salpetersäure sein kann, mit dem erforderlichen Anschluß in einen Becher eingebaut, der anschließend mit einer Vergußmasse verschlossen wird. In der weiteren Entwicklung ist man dann von diesem sogenannten nassen Sinterkörper zum trockenen Sinterkörper übergegangen. Er wird zusätzlich mit einer Schicht aus Mangandioxid (MnO_2) überzogen, die hier den gleichen Zweck erfüllt wie der Elektrolyt im Elektrolytkondensator. Darüber kann dann als Schutz- und Kontaktlage noch Graphit aufgebracht werden. Es folgt ein Überzug aus Kupfer oder Silber, der gegebenenfalls mit Zinn verstärkt wird. Kondensatoren aus Tantal werden bevorzugt für hochwertige elektronische Steuergeräte z.B. in Raketen verwendet.

6. Natürliche organische Isolierstoffe

Die organischen Isolierstoffe sind Kohlenstoffverbindungen. In der organischen Chemie hat man früher nur solche Verbindungen behandelt, die im pflanzlichen und tierischen Organismus erzeugt waren. Daher der Name. Heute versteht man unter organischer Chemie allgemein die Chemie der Kohlenstoffverbindungen, unter organischen Werkstoffen also Werkstoffe mit Kohlenstoffverbindungen. Zu den natürlichen Isolierstoffen dieser Art sind die Erdölerzeugnisse, darunter vor allem das Mineralöl, ferner Asphalt, Pflanzenöle, Wachse, Naturharze, Holz und die Faserstoffe zu rechnen.

6.1 Mineralöl

Gewinnung. Das Erdöl, das als Rohstoff dem Mineralöl zugrunde liegt, wird an vielen Stellen der Erde gefördert, von denen die Vereinigten Staaten von Amerika, Saudi-Arabien, Iran, Sowjetunion, Venezuela und Kuwait die bedeutendsten sind. Seine Farbe ist dunkelblaugrün, rotbraun bis tiefdunkelbraun. Die Konsistenz ist dünnflüssig bis talgartig. Die Rohöle bestehen hauptsächlich aus gesättigten Kohlenwasserstoffen paraffinischer und naphthenischer Struktur; daneben aus ungesättigten aromatischen Kohlenwasserstoffen in unterschiedlichen Mengen. Weiter enthalten die Erdöle geringe Mengen von Naphthensäuren, Harzen, Asphalten und organische Schwefel- und Stickstoffverbindungen. Mit einer gewissen Berechtigung kann man die paraffinbasischen Rohöle, die auch verhältnismäßig hochsschmelzende Paraffinkohlenwasserstoffe enthalten, von den naphthenbasischen Rohölen, in denen diese Verbindungen fehlen, voneinander abgrenzen. Zwischen beiden gibt es natürlich Übergänge.

Die Verarbeitung beginnt mit der Entgasung, Entwässerung und Entsalzung. Die eigentliche Aufbereitung des vorgereinigten Erdöls erfolgt durch fraktionierte Destillation, welche das Rohöl nach den verschiedenen Siedebereichen trennt. Die erste bei Atmosphärendruck arbeitende Stufe, in die das erhitzte Rohöl eintritt, liefert Benzin, Petroleum, Gasöl und leichtes Spindelöl. Die zweite mit Unterdruck arbeitende Kolonne ergibt mittelschwere Ölfraktionen unterschiedlicher Viskosität.

Herstellung und Verarbeitung. Die Isolieröle werden aus dem Gasöl bzw. den niedrigviskosen Spindelöldestillaten gewonnen. Durch weitergehende

Verarbeitung werden ein Teil der aromatischen Kohlenwasserstoffe und die polaren Nichtkohlenswassertoffe entfernt. Von entscheidender Bedeutung bei der selektiven Raffination ist, daß bestimmte natürliche Alterungsschutzstoffe erhalten bleiben. Was den Stockpunkt anbelangt, so besitzen naphthenbasische Öle, die als Isolieröle bisher fast ausschließlich verwendet werden, schon von Natur aus einen tiefen Stockpunkt.

Isolieröl muß, wenn es zum Einsatz kommt, nicht nur sauber, sondern auch weitgehend von gelöstem Gas und Wasser befreit sein. Dies wird unter Vakuum, sei es durch Versprühen oder durch Großflächenbehandlung erreicht. Man arbeitet bei einem Druck von 10^{-2} mbar (oft auch bei 100 mbar) und einer Temperatur von 50 bis 60 °C. Die Sprühentgasung, die meistens in älteren Anlagen Verwendung findet, ist wegen der Tropfenbildung heute weniger zu empfehlen. Die Entgasung ist wesentlich wirksamer, wenn große Oberflächen dem Vakuum ausgesetzt werden. Eine solche Filmentgasung kann man u. a. in Entgasungskolonnen mit Raschigringfüllung erzielen. Man arbeitet auch mit Prallplatten und gelegentlich mit trockener Spülluft [58], die dem fließenden Öl unter Vakuum entgegengeleitet wird.

Zur Verbesserung der Alterungsbeständigkeit werden gelegentlich synthetisch hergestellte Wirkstoffe zugesetzt [59]. Der Wirkungsmechanismus der sogenannten Inhibitoren besteht in einem Abfangen der Radikale aus der Oxydationskette und der katalytischen Zersetzung der Hydroperoxide (also der Reaktionsprodukte der Autoxydation organischer Verbindungen) [60]. Man verwendet heute fast ausschließlich Ditertiärbutylparakresol (Kurzzeichen: DBPC), das in Anteilen von $3^0/_{00}$ zugegeben wird. Da es sich verbraucht, muß es gelegentlich nachgegeben werden. Die durch öllösliche Metall- insbesondere Kupferverbindungen beschleunigte Alterung wird weitgehend durch Mittel beseitigt, die durch Bildung eines Schutzfilms das Lösen des Kupfers im Öl erschweren bzw. verhindern (Passivatoren). Andere Stoffe reagieren mit den bereits im Öl gelösten metallorganischen Verbindungen und machen sie dadurch unwirksam, daß sie weniger schädliche Komplexverbindungen bilden (Deaktivatoren).

Großen elektrischen Geräten werden zur Prüfung des Alterungszustandes der Ölfüllung regelmäßig Proben entnommen und auf Ölalterungskennzeichen wie auf dielektrischen Verlustfaktor, auf Schlammgehalt, Neutralisationszahl und Verseifungszahl hin untersucht [21*]. Danach kann eine Ölaufbereitung (Regenerierung) notwendig werden. Gelöste Alterungsanteile, Schlammteilchen und ähnliches werden mit Hilfe von Bleicherde und Filterpressen entfernt [61]. Für die Entgasung und Entwässerung kommen die bereits erwähnten Verfahren in Betracht. Von den heute zur Verfügung stehenden Regenerier- und Aufbereitungsanlagen sind fahrbare Ausführungen besonders vorteilhaft [62].

6.1 Mineralöl

Eigenschaften. Die Isolieröle sollen durchsichtig und klar sein und die in Tabelle 6.1 aufgeführten Eigenschaften besitzen. Während der Stockpunkt der Isolieröle etwa bei $-40\,°C$ liegt, wählt man für Leistungsschalter Öle mit einem Stockpunkt um $-70\,°C$. Auch soll die Viskosität bei Verwendung in ölarmen Schaltern wegen der rasch bewegten Teile möglichst niedrig liegen. Das heißt, noch bei tiefen Temperaturen muß das Öl ausreichend dünnflüssig sein. Die Viskosität ist schon deswegen wichtig, weil die Kühlung weniger durch Leitung als durch Konvektion stattfindet. Dem kommt auch entgegen, daß Mineralöl mit steigender Temperatur, also mit höherer Belastung der Anlage dünnflüssiger wird.

Mineralöl ist fast dipolfrei. Die elektrischen Eigenschaften sind daher gut, aber natürlich stark von der Reinheit des Öles abhängig. Die Durchschlagfeldstärke wird in der Regel mit festgelegten Elektroden (VDE 0370) gemessen. Die so bei 2,5 mm Abstand ermittelte Durchschlagspannung soll bei einem getrockneten Öl zwischen 50 und 60 kV liegen. Dabei spielt der Gehalt von im Öl gelösten Gasen eine nicht unbedeutende Rolle. Wasser kann die Durchschlagfestigkeit sogar um mehr als 30% herabsetzen. In Verbindung mit Fasern und festen Verunreinigungen wird der Wert weiter erniedrigt. Interessant sind die hohen Durchschlagfeldstärken sehr dünner Ölschichten (2.2), die bei 1 µm Schichtdicke bis zu 300 kV/mm betragen können, was beim Bau von Kondensatoren ausschlaggebend ist. Die Dielektrizitätszahl ist innerhalb des Anwendungsbereiches fast unabhängig von der Temperatur, so lange das Öl nicht verschmutzt ist. Infolge des niedrigen Wertes ist das Öl in den Fällen, wo es mit festen Isolierstoffen elektrisch hintereinandergeschaltet ist, verhältnismäßig hoch beansprucht. Im Laufe der Betriebszeit verschlechtern sich die elektrischen Eigenschaften, was bis zu gewissen Grenzen noch keine Beeinträchtigung der Funktion bedeutet [63].

Beim Glimmen zeigen die Isolieröle nach einer anfänglichen Gasaufnahme eine ständige Gasabspaltung, die mit der Temperatur zunimmt. Die Feldstärke, bei der Gasabspaltung auftritt, ist unterschiedlich und abhängig von der Struktur des Öles. Für bestimmte Anwendungen werden deshalb Öle vorgezogen, die auf Grund ihres Aromatengehaltes als „gasaufnehmend" bezeichnet werden und die Gasabspaltung erst bei extremer elektrischer Belastung zeigen [64 bis 66]. Mineralöl ist also nur in beschränktem Umfange glimmfest. Wird es dauernd Glimmentladungen ausgesetzt, so werden dabei auch feste Stoffe gebildet. Es kann infolge von Polymerisations- und Kondensationsvorgängen eine gelbliche, wachsartige Masse entstehen. Als Niederschlag kann sie wieder zu verstärkten Glimmentladungen, zu Wärmestau und damit schließlich zum Durchschlag führen. Im Lichtbogen wird Öl zersetzt. Neben Ruß bilden sich nach Tabelle 6.2 Wasserstoff und Kohlenwasserstoffe, davon insbesondere Azetylen. Mit Sauerstoff sind diese Gase hochexplosiv.

Tabelle 6.1. Eigenschaften der Erdölerzeugnisse

Eigenschaften	Einheit	Mineralöl (Neuöl)	Vaseline	Paraffin	Bitumen
Dichte	g/cm^3	<0,89	0,87 bis 0,90	0,85 bis 0,94	1,02 bis 1,05
Kinematische Viskosität					
$T = -30\,°C$	mm^2/s	1800 (65)*			
$T = 20\,°C$		25 (6)*			
$T = 70\,°C$			20		
$T = 170\,°C$					10^4
Kriechstromfestigkeit				KA 1	KA 1
Durchschlagfestigkeit	kV/mm	25		30	25 bis 35
Spezifischer Durchgangswiderstand	Ω cm	10^{14}		10^{17}	10^{14}
Dielektrizitätszahl					
$f = 50$ Hz		2,0	2,16	2,2	2,7 bis 2,8
$f = 1$ MHz		2,2	2,16	2,3	
Dielektr. Verlustfaktor					
$f = 50$ Hz		10^{-3}	$3 \cdot 10^{-4}$	10^{-4}	10^{-2}
$f = 1$ MHz		10^{-3}	10^{-4}	10^{-4}	
$f = 50$ Hz, $T = 90\,°C$		$5 \cdot 10^{-3}$			
Wärmeleitfähigkeit	W/Km	0,14			0,16
Lineare Wärmedehnzahl	10^{-6}/K	230			200
Spezifische Wärmekapazität	kJ/kg · K	1,8			1,7
Schmelzpunkt (Erweichungspunkt)	°C		40 bis 55	50 bis 80	100 bis 140
Dauerwärmebeständigkeit	°C	90			90
Flammpunkt	°C	>130 (>100)*	230		250 bis 300
Oberflächenspannung	mN/m	40			33
Neutralisationszahl	mg KOH/g	<0,3	0		
Verseifungszahl	mg KOH/g	<0,6			

* Öl für ölarme Schalter.

6.1 Mineralöl

Tabelle 6.2. Zersetzungsprodukte von Mineralöl und Pentachlordiphenyl

Zersetzungsprodukte	Mineralöl %	Pentachlordiphenyl %
Wasserstoff	60,0	0,0
Stickstoff	9,0	2,0
Sauerstoff	2,0	0,25
Kohlenoxid	3,0	0,25
Kohlendioxid	0,0	0,0
Unges. Kohlenwasserstoffe	16,0	0,5
Ges. Kohlenwasserstoffe	10,0	0,0
Chlorwasserstoff	0,0	97,0

Für den praktischen Betrieb sind ferner die Wärmeleitfähigkeit, die Wärmedehnung und die spezifische Wärmekapazität wichtig, die ebenfalls in Tabelle 6.1 aufgeführt sind. Schließlich soll Mineralöl nicht dauernd bei einer Temperatur über 90°C betrieben werden. Wird Öl unzulässig erwärmt, so entwickelt es brennbare Dämpfe. Der Flammpunkt (2.3) soll daher über 130°C liegen; bei Ölen für ölarme Schalter jedenfalls über 100°C. Oberhalb des Siedepunktes bei etwa 400°C zersetzt sich das Öl, wobei die erwähnten Gase entstehen, deren Mengenverhältnis etwas von der Zersetzungstemperatur abhängig ist. Außerdem bildet sich elementarer Kohlenstoff.

Stehen die Isolieröle mit Luft in Berührung, können sie einen hohen Anteil davon absorbieren, ein Vorgang, der durch die fast immer stattfindende Konvektion beschleunigt wird. Im Gleichgewichtszustand beträgt das im Öl gelöste Gas zu etwa 70% des Volumens aus Stickstoff, zu etwa 30% aus Sauerstoff und zu etwa 0,3% aus Kohlendioxid. Insgesamt kann die Löslichkeit bei Atmosphärendruck und Raumtemperatur für Stickstoff 8 bis 9 und für Sauerstoff etwa 16 Volumenprozent betragen. Sie nimmt mit dem Druck zu; mit der Temperatur ändert sie sich unterschiedlich [21*]. Auch die erwähnten bei der Zersetzung entstehenden Gase gehen in Lösung.

Der Sauerstoff führt, insbesondere bei hohen Temperaturen, zu Oxydationsvorgängen und damit zu einer Alterung des Öles. Kupfer übt noch einen beschleunigenden Einfluß auf die Oxydation aus. Es kommt vor allem im Transformator mit verhältnismäßig großen Oberflächen zur Wirkung, wobei die Oberflächenbeschaffenheit bzw. die vorangegangene Behandlung (z. B. Lackierung) eine beträchtliche Rolle spielt. Aluminium ist katalytisch weniger wirksam. Bei Bleimantelkabeln können unter dem Einfluß des eindiffundierenden Luftsauerstoffs Bleiseifen entstehen. Diese sind im Mineralöl verhältnismäßig schlecht löslich und scheiden daher leicht aus. In Lösung haben sie hohe dielektrische Verluste zur Folge. Auch Licht beschleunigt die Alterung von Isolierölen.

In geringer Menge wird auch Wasser im Öl gelöst. Es kann bei der Oxydation des Öles entstehen oder aus der Atmosphäre aufgenommen werden. Die Bildung von Wasser durch thermischen Abbau der Zellulose im ölgetränkten Papier ist erst möglich, wenn Öl und Zellulose stark gealtert sind. Bei Überschreitung der Sättigungsgrenze tritt es als freies Wasser, emulgiert oder abgesetzt, auf. Die Sättigungsgrenze ist von der Konstitution und der Temperatur des Öles abhängig. In klaren Ölproben können bei Raumtemperatur Anteile von 40 bis $100 \cdot 10^{-6}$ nachgewiesen werden [21*].

Schließlich können feste Isolierstoffe in Verbindung mit dem Öl die Alterung beeinflussen [67]. Entstehen höhermolekulare Verbindungen und Reaktionsprodukte, so fallen sie nach längerer Betriebszeit ebenfalls als Schlamm aus. Als Belag auf den Wicklungen führt dieser zu Wärmestauungen, wodurch die Isolierung thermisch zerstört werden kann und die Gefahr eines Wärmedurchschlags vergrößert wird. Betriebstechnisch wichtig kann auch die Grenzflächenspannung gegen Wasser sein, die gelegentlich Gegenstand von Untersuchungen ist.

Einsatzgebiete. Mineralöl dient in der Elektrotechnik einerseits zum Isolieren und anderseits zum Abführen der Verlustwärme. In Verbindung mit gutem Zellulosepapier entsteht ein hochwertiger und bei höchsten Spannungen brauchbarer Verbundisolierstoff. So also wird Mineralöl in Transformatoren und Meßwandlern, in Gleichrichtern, Durchführungen, Kabeln und Kondensatoren eingesetzt. Bei Leistungsschaltern werden Mineralöle benutzt, um den Lichtbogen zu löschen.

Im Transformator verhindert das gute Isoliervermögen des Mineralöls den Überschlag zwischen spannungsführenden Teilen. Infolge der niedrigen Dielektrizitätszahl des Öles werden die festen Isolierstoffe in bezug auf die dielektrische Beanspruchung entlastet. Die im Transformator entstehende Verlustwärme wird durch Konvektion abgeführt. Das Öl schützt ferner die tragenden festen Isolierstoffe gegen Einwirkung der Feuchtigkeit und der Luft. Zum Schutz des Isolieröles gegen atmosphärische Einflüsse haben sich Ausdehnungsgefäße, welche über Luftentfeuchter atmen, gut bewährt. Bei Meßwandlern zieht man den vollständigen Abschluß durch geschlossene Ausdehnungsgefäße (Faltenbälge) vor. Bei den Kondensatordurchführungen liegt eine geschichtete Isolation aus Öl und Papier vor.

Zum Tränken papierisolierter Hochspannungskabel werden hochwertige Isolieröle geringer Viskosität verwendet. Durch Wärmeschwankungen hervorgerufene Druckänderungen sollen schnell ausgeglichen werden. In dieser Art werden Dreileiterkabel bis zu Betriebsspannungen von 132 kV und Einleiterkabel bis zu den höchsten gegenwärtig verwendeten

Betriebsspannungen gebaut. Als Längskanäle für den Ölfluß dienen im ersten Falle die Zwickel zwischen den verseilten Adern und dem Metallmantel. Beim Einleiterkabel wird der Leiter hohl ausgeführt. Zum Tränken der Papierisolation von Ölpapierkabeln für Betriebsspannungen bis 60 kV werden meistens Mischungen von zähflüssigen Ölen mit Kolophonium (6.5.1) oder Kunstharzen (10) verwendet. Auf diese Weise soll beim Versand der Kabel das Austreten des flüssigen Isolierstoffs und im verlegten Zustande das Abwandern zu tieferen Stellen verhindert werden. Die Kabelöle stehen normalerweise unter Luftabschluß und können daher im Betrieb nicht überwacht werden, was in dem Falle allerdings auch nicht nötig ist.

Ölpapierkondensatoren haben entweder elastische Außenwände oder geschlossene Ausdehnungsgefäße, so daß die Ölfüllung in jedem Falle vor der Einwirkung der Außenluft geschützt ist. Auch hier ist eine Pflege des Öles im Betrieb nicht möglich.

Im Ölschalter bewirkt die niedrige Viskosität, daß das Öl schnell in die Unterbrechungsstelle fließt. Dadurch, daß es dabei verdampft und sich zum Teil auch zersetzt, werden große Wärmemengen aufgenommen. So wird der Lichtbogen gut gekühlt. Während die Gase teilweise im Öl wieder gelöst werden, entsteht darüber hinaus aber auch Ruß. Diese harten Beanspruchungen haben zur Folge, daß sich das Öl im Leistungsschalter verhältnismäßig schnell verändert. Nach einer bestimmten Anzahl von Schaltungen muß es aufbereitet oder ausgewechselt werden.

6.2 Sonstige Erdölerzeugnisse und Asphalt

Zu den weiteren Erdölerzeugnissen, die für die Elektrotechnik in Betracht kommen, sind Vaseline, Paraffin und Bitumen zu rechnen. Asphalt ist aus dem Erdöl durch Sauerstoffaufnahme entstanden und wird in den oberen Erdschichten gefunden.

6.2.1 Vaseline

Vaseline wurde früher aus den Rückständen der Vakuumdestillation asphaltfreier paraffinbasischer Rohöle gewonnen, so u.a. aus den alten pennsylvanischen Erdölen. Da diese nicht mehr in ausreichendem Maße zur Verfügung stehen, stellt man sie heute auch aus den bei der Entparaffinierung schwerer Erdöldestillate abgetrennten Paraffingemischen her. Es handelt sich um eine weiße bis gelbe durchscheinende Masse von salbenartiger Konsistenz. Sie soll weitgehend amorph, d.h. ohne kristalline Ausscheidungen sein. Sie ist geruch- und geschmackfrei. Die elektrischen Eigenschaften sind, wie Tabelle 6.1 zeigt, sehr gut. In Wasser ist Vaseline unlöslich, in Alkohol wenig, in Benzin und Benzol leicht löslich.

Vaseline wird als Isoliermasse verwendet oder auch Vergußmassen zugesetzt. Als Abschluß von Kondensatoren, beispielsweise auch von Elektrolytkondensatoren, hatte sie eine große Bedeutung, die heute noch nicht ganz zurückgegangen ist. Glimmerkondensatoren (Abb. 4.14) werden oft mit Vaseline imprägniert. So wird sie auch für Haftmassekabel verarbeitet, die als Schachtkabel und für die Verlegung bei großen Höhenunterschieden zum Einsatz kommen. In bestimmten mit Kunststoff isolierten Fernmeldekabeln dient sie als Längswasserschutz.

6.2.2 Paraffin

Paraffin ist eine Sammelbezeichnung für ein Gemisch gesättigter Kohlenwasserstoffe mit kristalliner Struktur. Die paraffinbasischen Destillate weisen hohe Stockpunkte auf und müssen durch Entparaffinierung auf gutes Fließverhalten in der Kälte gebracht werden. Überwiegend arbeitet man heute mit Lösungsmitteln. Das Paraffin wird darin zunächst bei Raumtemperatur gelöst und dann bei $-20\,°C$ auskristallisiert. Das so erhaltene Paraffin wird noch von verbliebenen Ölanteilen befreit und durch Schwefelsäurebehandlung oder katalytische Hydrierung raffiniert. Außerdem wird Paraffin in erheblichen Mengen aus Braunkohlenschwelteer gewonnen.

Das höchstraffinierte Paraffin nennt man vollraffiniertes Hartparaffin; es besteht aus überwiegend geradkettigen Kohlenwasserstoffen. Als Mikroparaffin bezeichnet man eine Paraffinart mit einer Teilchengröße von 1 bis 5 µm, das aus verzweigtkettigen und in untergeordneter Menge auch ringförmigen Kohlenwasserstoffen besteht. Da es Paraffine verschiedenen Siedebereiche gibt, sind auch die Molekulargewichte unterschiedlich und schwanken zwischen 400 und 1000.

Paraffin ist fest, sieht farblos bis weiß aus und ist geruch- und geschmacklos. Das Hartparaffin hat eine Dichte von $0{,}91\ \text{g/cm}^3$ und das mikrokristalline Paraffin eine solche von $0{,}94\ \text{g/cm}^3$. Der spezifische Durchgangswiderstand zeigt, wie aus Tabelle 6.1 ersichtlich, besonders hohe Werte. Paraffin hat ein sehr geringes Dipolmoment und entsprechend geringe dielektrische Verluste.

Der Erstarrungspunkt liegt bei dem vollraffinierten Hartparaffin zwischen 50 und 60 °C, bei dem mikrokristallinen Paraffin zwischen 70 und 83 °C. Paraffin ist brennbar. Es nimmt fast kein Wasser auf. In Alkohol ist es wenig löslich; leicht löslich ist es in Benzin und Chloroform. Schließlich ist es ziemlich beständig gegen Laugen und Säuren.

Es wird zur Tränkung von Papier, zur Kabelisolierung und als Vergußmasse gebraucht. Nutenkeile aus Holz sind mit Paraffin getränkt. Die gegenseitige Isolierung der Zellen in einer Anodenbatterie besteht meistens aus paraffingetränkter Pappe. In Gummimischungen eingearbeitet eignet es sich als Lichtschutzmittel zur Verbesserung der Ozonbeständigkeit mechanisch beanspruchter Kabel.

6.2.3 Bitumen

Bitumen ist ein bei der schonenden Aufbereitung des Erdöls aus dem Rückstand gewonnenes Gemisch hochmolekularer Kohlenwasserstoffe. Es hat amorphe Struktur und dunkle bis schwarze Farbe. Die gebräuchlichste Trennung dieses Gemisches ist die in benzinunlösliche Asphaltene und benzinlösliche Maltene. Man nimmt an, daß im Bitumen die Asphaltene ungelöst in den Maltenen dispergiert sind. Das Verhältnis der beiden Phasen kann sowohl mengenmäßig als auch strukturell verschieden sein, was sich vor allem in den mechanischen Eigenschaften bemerkbar macht. So enthalten im allgemeinen die härteren Sorten mehr Asphaltene als die weicheren. Außer der Zusammensetzung des Rohöls beeinflußt auch die Technologie die Beschaffenheit des Bitumens. Das Molekulargewicht liegt bei etwa 1000. Ein für die Elektrotechnik brauchbares Bitumen erfordert bei der Herstellung in der Regel ein höheres Vakuum, so als Hochvakuumbitumen bekannt.

Verarbeitung. Das unmittelbar anfallende Bitumen ist für die Verwendung in der Elektrotechnik oft nicht brauchbar und wird deshalb durch Blasen mit Luft nachbehandelt [22*]. Dabei spielen sich Polymerisations- und Oxydationsvorgänge (in gewissem Maße auch eine Dehydrogenisierung) ab, die zur weiteren Bildung von Asphaltenen mit durchgehenden Strukturen führen. Diese Asphaltenphase bildet ein Gerüst, das der Verformung einen größeren Widerstand entgegensetzt. Der Erweichungspunkt wird damit angehoben. In geschmolzenem Zustande läßt sich Bitumen leicht verarbeiten.

Die übliche Verpackung für Bitumen ist die Eisenblechtrommel. Geblasene Sorten werden auch in Blöcken geliefert, die in Kunststoffolie eingehüllt sind.

Eigenschaften. Bitumen, dessen Eigenschaften ebenfalls in Tabelle 6.1 aufgeführt sind, gibt mechanischen Belastungen verhältnismäßig leicht nach. Bei tiefen Temperaturen ist es spröde. Das trifft jedoch weniger für geblasenes Bitumen zu, dessen Elastizität durch Blasen wesentlich verbessert worden ist. Daß bei kleinen Verformungen völlige Rückfederung eintritt, ist dessen charakteristische Eigenschaft. Bitumen zeichnet sich durch brauchbare elektrische Werte aus. Es hat auf Grund seiner Zusammensetzung aus verschieden großen Molekülen keinen definierten Schmelzpunkt, sondern einen Schmelzbereich. Die nach festgelegtem Verfahren (Messung mit Ring und Kugel) ermittelten Erweichungspunkte der verschiedenen Bitumen (Hochvakuumbitumen und geblasenes Bitumen) liegen zwischen 100 und 140 °C. Bitumen hat ein gutes Tränkvermögen und bei entsprechender Temperatur (170°C) die gewünschte Viskosität. Die große Wärmedehnung ist ein Nachteil, der sowohl bei der Tränkung wegen der möglichen Lunkerbildung als auch im Betrieb beachtet werden muß. Die Oberflächenspannung spielt bei der Benetzung von festen Stoffen eine Rolle und bedeutet hier, daß es ohne Schwierigkeit gelingt, Kupfer und Isolierstoffe mit Bitumen zu überziehen, vorausgesetzt, daß die Tränkviskosität niedrig genug ist. Die Wasseraufnahme von Bitumen ist selbst bei dauernder Berührung klein. Auch die Durchlässigkeit von Wasserdampf ist unbedeutend. Bitumen ist in Schwefelkohlenstoff löslich. Es ist beständig gegen die Einwirkung von anorganischen und organischen Salzen sowie den meisten Alkalien. Bei Raumtemperatur widersteht es Salzsäure, verdünnter Schwefelsäure, verdünnter Salpetersäure und vielen organischen Säuren. Im übrigen können verschiedene Bitumensorten ohne Schwierigkeit miteinander gemischt werden. Ein weiterer Vorteil des Bitumens ist seine Preiswürdigkeit.

Einsatzgebiete. Bitumen eignet sich gut zum Tränken und Befestigen von Spulen und Wicklungen. Die gute Benetzung der Kupferleiter und ihrer Isolation ist dabei besonders vorteilhaft. Deshalb wurde es in großer Menge für die Wicklungsisolierung elektrischer Großmaschinen verwendet. Für Batterievergußmassen, Kabelmassen und Isolierlacke wird Bitumen noch heute eingesetzt. Die Vergußmassen, welche in Trockenbatterien einen luftdichten Abschluß gewährleisten, bestehen meistens aus Bitumen. Die Isolation der Zinkelektrode gegenüber dem Stahlblechmantel solcher Batterien wird von einem bitumengetränkten Papier übernommen. Das gleiche ist bei der Isolierung der Zellen großer Anodenbatterien der Fall. Bleimantelkabel haben als Korrosionsschutz eine Juteumwicklung, die mit Bitumen getränkt ist.

6.2.4 Asphalt

Asphalt ist eine tiefbraune bis schwarze Masse, die außer Bitumen verschiedene mineralische Bestandteile enthält und so dem Bitumen ähnlich ist. Der bekannteste Asphalt wird aus dem Trinidader Asphaltsee gewonnen. Eine besondere Art des natürlichen Asphalts ist der in Nordamerika und Mexiko vorkommende Gilsonit. Er ist tiefschwarz, hat einen besonderen Glanz und zeichnet sich bei niedrigem Gehalt an Mineralstoffen durch große Härte aus.

Asphalt wird wie Bitumen durch Erhitzen dünnflüssig. Er ist wasserabweisend, aber in organischen Lösemitteln wie Benzol, Benzin und Chloroform löslich. Er ist widerstandsfähig gegen Alkalien und verdünnte Mineralsäuren.

Aus Asphalt werden Vergußmassen für Geräte, Kondensatoren, Trokkenbatterien und dergleichen hergestellt. Er ist mit Terpentinöl Bestandteil der sogenannten schwarzen Lacke, denen er Feuchtigkeitsbeständigkeit und gutes Trocknungsvermögen verleiht. So kommt er auch für Glimmerbänder zum Einsatz. Weiter werden Isolier- und Klebebänder aus Asphalt hergestellt. Da sich die so verarbeiteten Lacke in Öl lösen, dürfen sie allerdings nicht für Wicklungen, die mit Öl in Berührung kommen, Verwendung finden.

6.3 Pflanzenöle

Obwohl unter den Naturstoffen das Mineralöl der wichtigste flüssige Isolierstoff ist, kommen wegen besonderer Eigenschaften gelegentlich auch noch andere Öle in der Elektrotechnik zum Einsatz. Es sind Leinöl, Holzöl, Sojaöl, Rizinusöl und Terpentinöl zu erwähnen. Diese pflanzlichen Öle bestehen aus Fettsäuren, die mit Glycerin verestert sind. Die erstgenannten sind fette Öle, die in Pflanzensamen gespeichert sind. Ätherische Öle, zu denen das Terpentinöl gehört, sind leichtflüchtige und starkriechende Flüssigkeiten, die aus Blättern, Stämmen und Wurzeln von Pflanzen gewonnen werden.

Zur Ölgewinnung wird die Ölsaat gemahlen, gepreßt, mit Hilfe von Fettlösungsmitteln extrahiert oder auch gepreßt und extrahiert. Das wird heute meistens kontinuierlich gemacht. Gepreßtes Öl ist verhältnismäßig hell und ziemlich frei von störenden Begleitstoffen wie Schleimstoffen und ähnlichen. Es wird im allgemeinen bevorzugt. Chemisch extrahiertes Öl wird weniger empfohlen. Um die Öle technisch einsatzfähig zu machen, müssen sie noch aufbereitet werden. Sie werden entschleimt, entsäuert und von Wachs und Stearin befreit. Das ätherische Terpentinöl wird mit Wasserdampf aus dem von Kiefern gewonnenen Rohbalsam destilliert.

Die fetten Öle teilt man meistens in trocknende, halbtrocknende und nichttrocknende Öle ein. Darin liegt eine Aussage über die Fähigkeit, oxydativ zu trocknen bzw. zu härten. Die trocknenden Öle oxydieren bei Anwesenheit von Luftsauerstoff und werden damit fest. Durch Zugabe von Trockenstoffen kann diese Autoxydation noch beschleunigt werden. Auch durch das sogenannte Blasen, das darin besteht, daß bei einer Temperatur von über 100 °C Luft durch das Öl geleitet wird, verstärkt man die Oxydation. Es findet ein Polymerisationsvorgang statt. Die halbtrocknenden Öle haben ebenfalls die Eigenschaft, auf einer nichttrocknenden Unterlage in einen festen Film überzugehen; jedoch erst nach wesentlich längerer Zeit. Nichttrocknende Öle zeigen auch nach langer Zeit keine Filmbildung.

6.3.1 Leinöl

Leinöl wird aus dem Samen des Flachses (*Linum usitatissimum*) gewonnen, der 32 bis 43% von diesem Öl enthält. Flachs wird in Europa, mehr aber noch in Argentinien, Kanada und den Vereinigten Staaten angebaut.

Es ist ein goldgelbes trocknendes Öl, ein Gemisch von Glyzerinestern ungesättigter und gesättigter Fettsäuren.

Die Dichte beträgt bei Raumtemperatur 0,93 g/cm³. Es erstarrt bei −15 bis −20 °C. Je höher das Molekulargewicht ist, desto höher ist der spezifische Widerstand und desto geringer der Verlustfaktor. Als spezifischen Widerstand kann man etwa 10^{12} Ω · cm angeben. Die Dielektrizitätszahl liegt bei 3,2, der Verlustfaktor etwas über 10^{-3}. Der Flammpunkt des Leinöls ist etwa 250 °C. Im Wasser ist Leinöl unlöslich; löslich aber in vielen Lösemitteln. Bei Luftzutritt kann Leinöl bis zu 25% des Eigengewichtes an Sauerstoff aufnehmen. Dieses polymerisierte Leinöl ist dann sehr zäh und kann harte Filme bilden.

6.3.2 Holzöl

Ein weiteres wichtiges Pflanzenöl ist das hellgelbe bis dunkelbraune Holzöl. Es wird aus den zerkleinerten Fruchtkernen des in China beheimateten, aber auch in Argentinien und den Vereinigten Staaten angebauten Tungölbaumes (*Aleurites fordii*) kalt gepreßt oder extrahiert. Sie haben einen Ölgehalt von 25 bis 45%. Wegen seines hohen Gehaltes an ungesättigten Fettsäuren gehört es, ebenso wie das Leinöl, zu den trocknenden Ölen. Die handelsüblichen Öle sind leider nicht sehr einheitlich. Auch in der Farbe weisen sie Unterschiede auf. Die Dichte ist 0,94 g/cm³. Der Erstarrungspunkt liegt zwischen −17 und −18 °C und der Flammpunkt bei 260 °C. Bei 280 °C gelatiniert es. Holzöl wird als giftig bezeichnet; bei empfindlichen Personen kann es unangenehm juckende Hautekzeme verursachen.

6.3.3 Sojaöl

Das Sojaöl erhält man aus den 5 bis 10 mm langen Sojabohnen (*Glycine max*), die vornehmlich im nördlichen China, in der Mandschurei, den Vereinigten Staaten und Brasilien angepflanzt werden. Es ist ein halbtrocknendes Öl von hellgelber Farbe mit einer Dichte von etwa 0,93 g/cm³. Der Erstarrungspunkt bewegt sich zwischen −8 und −18 °C. Durch Veredelung können halbtrocknende Sojaöle in trocknende Öle umgewandelt werden.

6.3.4 Rizinusöl

Rizinusöl besteht zu 90% aus dem Diester und dem Triester des Glyzerins mit Rizinolsäure, die eine ungesättigte, langkettige Fettsäure mit einer Hydroxylgruppe ist. Es ist in dem Samen der Rizinuspflanze (*Ricinus communis*) enthalten, die in tropischen und subtropischen Gebieten wächst, z. B. in Indien, in Brasilien, in Griechenland, auf den Philippinen, in Südafrika und auch im südlichen Teil der Vereinigten Staaten. Der Ölgehalt der Saat beträgt auf die Trockenmasse bezogen 35 bis 37%. Aus dem Samen wird das Öl meistens mit Hilfe hydraulischer Pressen gewonnen. Es wird erwärmt und bei Unterdruck getrocknet, gefiltert und mit Bleicherde und aktivierter Kohle gereinigt.

Es handelt sich um ein fast farbloses, ziemlich viskoses, nichttrocknendes Öl, das einen charakteristischen Geruch besitzt. Sein Erstarrungspunkt liegt bei -10 bis $-18\,°C$. Durch Dehydratisierung kann es in ein trocknendes Öl übergeführt werden, das dann als Rizinenöl bezeichnet wird. Es hat eine Dichte von 0,96 bis 0,97 g/cm³, ist also verhältnismäßig schwer.

6.3.5 Terpentinöl

Das Terpentinöl (genau: Balsamterpentinöl) ist ein reines, ätherisches Öl, das aus der Destillation des harzigen Ausflusses (Balsam) lebender Kiefern gewonnen wird. Zapfstellen dieser Art befinden sich u.a. in französischen, portugiesischen und spanischen Kiefernwäldern. In der Gesamternte an erster Stelle stehen die Vereinigten Staaten, gefolgt von China, der Sowjetunion und Polen. Für die Harzgewinnung kommen über achtzig Kiefernarten in Betracht, wenn man alle Erzeugerländer berücksichtigt (6.5.1).

Die Zusammensetzung des Terpentinöls ist von Kiefernart, Standort, Klima und Alter des Baumes abhängig [23*]. Wenn sie infolgedessen auch oft wechselt, so ähneln sich die französischen, portugiesischen und spanischen Terpentinöle, die alle von der Seestrandkiefer (*Pinus halepensis*) gewonnen werden, doch weitgehend. Terpentinöl soll wasserhell, höchstens schwach gefärbt sein. Die Dichte reicht von 0,85 bis 0,87 g/cm³. Der Flammpunkt liegt etwas über 30°C und der Siedepunkt bei 160°C. Auf die übrigen Terpentinölsorten wie Wurzelterpentinöl, Sulfatterpentinöl und Kienöl soll hier nicht eingegangen werden.

6.3.6 Einsatzgebiete der Pflanzenöle

Die Pflanzenöle sind als Isolierstoffe bzw. als Komponenten dafür seit langem bekannt. Die Eigenschaften des Leinöls und des Holzöls zu oxydieren und zu polymerisieren, macht sie für Isolierlacke und auch für die Baumwoll- oder Seidenlackbänder, die früher eine große Bedeutung gehabt haben, besonders geeignet. Um bei der Verarbeitung das Tränken zu erleichtern, werden sie in geeigneten Lösemitteln gelöst. Durch Verdunsten des Lösemittels und gleichzeitige Oxydation des Öles bildet sich ein harter und zäher Film.

Leinöl, Sojaöl und Rizinusöl haben in den letzten Jahren für die Herstellung von Alkydharzen (10.4) große Bedeutung erlangt. In diesen bestimmen sie wesentlich die Eigenschaften. So verbinden die ölmodifizierten Alkydharze die Vorteile des Öls in Hinblick auf die Elastizität mit denen der harten Trocknung des Harzes. Epoxydiertes Sojaöl ist als Weichmacher für bestimmte Kunststoffe bekannt geworden. Rizinusöl ist mit seinem Hydroxylgruppengehalt von etwa 5% auch ein interessanter Reaktionspartner für Polyisozyanate (10.10 und 11.12). Unter geeigneten Bedingungen kann es dabei gleichzeitig als Lösemittel und als Reaktionsteilnehmer auftreten. Es verleiht dem Polyurethanpolymeren nichtpolare Eigenschaften, gute Wasserbeständigkeit und Flexibilität. Terpentinöl kann Lacken zugemischt werden, wo es nicht nur als Lösemittel dient, sondern wegen seines hohen Gehaltes an Peroxiden auch die Trocknung und damit den Lackfilm beeinflußt. Es dient ferner als Grundstoff für einige Lackharze.

6.4 Wachse

Als Wachse bezeichnet man Ester von hochmolekularen Fettsäuren mit langkettigen einwertigen Alkoholen. Sie können pflanzlichen, tierischen und mineralischen Ursprungs sein. Sie sind grob- bis feinkristallin, bei Raumtemperatur fest, aber knetbar. Sie schmelzen zwischen 45 und 90°C und werden mit zunehmender Temperatur leichtflüssig.

6.4.1 Karnaubawachs

Karnaubawachs besteht aus Cerotinsäuremyricylester ($C_{25}H_{51}COOC_{31}H_{63}$), dem noch freie Säuren (Karnaubasäure, Cerotinsäure), höhere Alkohole und ein Kohlenwasserstoff beigemengt sind. Es wird aus den Wedeln einer brasilianischen Fächerpalme (*Copernicia prunifera*) gewonnen. Bei normalerweise hellgelber bis grauer Färbung hat es eine Dichte von 0,99 g/cm³. Der Schmelzpunkt liegt bei 80 bis 85°C. Es ist löslich in Alkohol, Äther und anderen organischen Lösemitteln.

6.4.2 Kandellilawachs

Kandellilawachs wird in Mexiko und im Süden der Vereinigten Staaten aus den Blättern eines binsenartigen Wolfsmilchgewächses der Familie Euphorbiaceae durch Ausschmelzen hergestellt. Die Dichte beträgt 0,94 bis 0,98 g/cm³. Äußerlich ist dieses Wachs dem Karnaubawachs ähnlich, hat jedoch mit 65 bis 70°C einen tieferen Schmelzpunkt.

6.4.3 Chinesisches Insektenwachs

Cheinesisches Insektenwachs ist das Erzeugnis einer Schildlaus und besteht im wesentlichen aus Cerotinsäurecerylester ($C_{25}H_{51}COOC_{26}H_{53}$). Es ist ein körnigkristallines Wachs, rein weiß und schmilzt bei 82 bis 84°C.

6.4.4 Bienenwachs

Bienenwachs ist wohl das wichtigste tierische Wachs. Dessen Hauptbestandteil ist der Palmitinsäureester des Myrizylalkohols ($CH_3(CH_2)_{14}COOC_{31}H_{63}$). Es wird in den Wachsdrüsen der Honigbiene gebildet und zum Wabenbau verwandt. Gewonnen wird es durch Ausschmelzen der ausgeschleuderten Honigwaben. Dabei entsteht zunächst eine hellgelbe bis braunrote Masse, die dann durch Sonnenlicht oder durch chemische Bleiche entfärbt wird. Die Schmelztemperatur ist 63 bis 65°C.

6.4.5 Walrat

Im Walrat, dem festen Bestandteil des Walratöls, das aus der Kopfhöhle des Pottwals stammt, überwiegt der Palmitinsäurezetylester ($C_{15}H_{31}COOC_{16}H_{53}$). Es ist eine weiße, kristallinische, blätterige Masse mit einer Dichte von 0,92 bis 0,93 g/cm³. Der Schmelzpunkt liegt bei 45 bis 52°C.

6.4.6 Montanwachs

Montanwachs ist ein fossiles Pflanzenwachs, das in der Braunkohle vorliegt. Es besteht im wesentlichen aus Estern der Montansäure ($C_{29}H_{56}O_2$). Nach einer Vortrocknung der Braunkohle wird es mit Benzol oder Gemischen wie Benzolalkohol und Toluolalkohol extrahiert. Das erhaltene Rohwachs ist eine harte, amorphe, dunkle Masse, die noch durch Vakuumdestillation, mit überhitztem Wasserdampf oder durch eine Säurebehandlung raffiniert wird. Das Enderzeugnis ist weiß und ähnelt dem Karnaubawachs. Seine Dichte beträgt etwa 1,0 g/cm³ und es schmilzt bei 80 bis 90°C.

6.4.7 Ozokerit

Ozokerit oder Erdwachs ist ein mineralisches Wachs, ein natürlich vorkommendes Gemenge von Kohlenwasserstoffen der Methanreihe (C_nH_{2n+2}) mit mehr als 18 Kohlenstoffatomen. Es kommt in Spaltungen der Erdrinde vor und wird bergmännisch gewonnen. Die Hauptfundorte sind in Polen (Galizien), Ungarn, der Sowjetunion, Nordamerika und Persien. Nach einer Wäsche auf kaltem oder heißem Wege kommt es in mehreren Güteklassen in den Handel. Es ist grünlich bis gelblich braun und schwarz, dabei ziemlich weich. Die weitere Reinigung des Erdwachses geschieht im allgemeinen durch Behandlung mit konzentrierter Schwefelsäure und Bleicherde oder Aktivkohle. Dieses gereinigte Erdwachs wird als Zeresin bezeichnet. Reines Zeresin, das entsäuert ist, hat mit Bienenwachs große Ähnlichkeit. Es läßt sich warm kneten, ohne klebrig zu sein.

Die Dichte reicht von 0,92 bis 0,96 g/cm³. Der spezifische Durchgangswiderstand hat mit 10^{17} $\Omega \cdot$ cm einen ausgezeichneten Wert. Die Dielektrizitätszahl beträgt 2,3 und auch der dielektrische Verlustfaktor ist mit 10^{-3} sehr gut. Zeresin schmilzt bei einer Temperatur zwischen 60 und 80°C. Es ist in Äther und Benzin löslich.

6.4.8 Einsatzgebiete der Wachse

Da die Wachse eine sehr geringe Wasserdampfdurchlässigkeit und eine hohe Wasserabweisung zeigen, eignen sie sich in Verbindung mit den guten elektrischen Eigenschaften hervorragend als Tränkmittel und Vergußmasse. Mit anorganischen oder organischen Stoffen gefüllt können sie in gewickelten kunststoffisolierten Fernsprechkabeln als Längswasserschutz zum Füllen der Hohlräume verwendet werden. Als Matrizenwerkstoff werden sie in der Galvanoplastik benutzt.

6.5 Naturharze

Naturharze, von denen Kolophonium, Kopal, Bernstein und Schellack genannt werden sollen, sind Absonderungen von Pflanzen oder Tieren, die entweder als normale Stoffwechselprodukte oder bei Verletzungen der Pflanzen entstehen bzw. entstanden sind. Sie sind chemisch keine einheitlichen Stoffe. Sie bestehen aus Harzsäuren und hydrierten Kohlenwasserstoffen.

6.5.1 Kolophonium

Kolophonium besteht zu 65 bis 80% aus Harzsäuren (Palustrinsäure, Abietinsäure und Neoabietinsäure); das übrige ist ein Gemisch aus Estern und Resenen. Es wird aus verschiedenen Kiefernarten gewonnen. Der Baum wird in geeigneter Weise angeschnitten und der austretende Balsam aufgefangen. Gelegentlich wird die Schnittwunde mit Reizmitteln (z.B. Schwefelsäure) behandelt, um den Ertrag zu steigern [23*]. Die austretende harzige Masse besteht zu etwa einem Fünftel aus Terpentinöl (6.3.5) und zu vier Fünftel aus Kolophonium. Das Terpentinöl wird durch Destillation entzogen. Der Rohbalsam wird zu diesem Zwecke geschmolzen und gereinigt und dann in die Destillationsblase geleitet, wo er bei 150 bis 160°C behandelt wird. Das in der Blase als Rückstand verbleibende Harz wird schließlich zum Erkalten abgelassen. Das aus Kiefernstubben gewonnene Wurzelharz und das als Nebenerzeugnis bei der Sulfatzellstofferzeugung erhaltene Tallharz seien der Vollständigkeit halber erwähnt.

Das Harz ist gelb bis braun durchscheinend. Sein spezifischer Durchgangswiderstand ist $10^{15}\,\Omega \cdot \text{cm}$. Seine Dielektrizitätszahl beträgt 2,5. Der Erweichungspunkt schwankt zwischen 55 und 75°C. Kolophonium dient als Dickungs- und Stabilisierungsmittel für Isolieröle. Mit Leinöl oder Holzöl verarbeitet erhält man schnell trocknende und alkalifeste Isolierlacke. Mit Kolophonium werden Alkydharze (10.4) und Phenolharze (10.5) modifiziert.

Als wichtiger isolierender Hilfswerkstoff der Elektrotechnik tritt Kolophonium auch als Flußmittel zum Weichlöten auf. Das geschmolzene Kolophonium löst auf Grund seines sauren Charakters die dünnen Oxid-

6.5 Naturharze 149

schichten der Metalloberflächen und ermöglicht damit eine einwandfreie Lötung. Die Reste des Kolophoniums können im allgemeinen auf der Lötstelle verbleiben, ohne daß sie zur Korrosion führen.

6.5.2 Kopal

Kopal umfaßt als Sammelbezeichnung Harze verschiedenster Beschaffenheit und botanischer Herkunft [23*]. Man hat sie deshalb nach botanischen und geographischen Gesichtspunkten eingeteilt, findet aber von den überaus zahlreichen Sorten im Handel im wesentlichen nur Kongo-, Kauri- und Manilakopal. Kongokopal wird in der Hauptsache fossil gewonnen; rezent nur in geringem Umfange. Sein Alter kann bis zu tausend Jahren betragen. Die ausgegrabenen Harze werden in Handarbeit vorgereinigt und dann maschinell von der Kruste befreit, bevor sie in den Handel kommen. Der Kaurikopal ist eine Absonderung der Kaurifichte (*Agathis australis*) auf Neuseeland. Er wird aus harzführender Erde oder Sümpfen herausgeholt, kann aber auch durch Anzapfen des lebenden Baumes erhalten werden. Manilakopal wird durch Harzung des Baumes (*Dammara orientalis*) gewonnen. Anbauländer sind die Philippinen und Indonesien.

Das Molekulargewicht des Kopals liegt allgemein in der Größenordnung von 15000. Die Dichte liegt bei 1,04 g/cm³. Kopal ist ziemlich hart. Die Durchschlagfestigkeit ist 10 kV/mm. Der spezifische Durchgangswiderstand beträgt 10^{17} Ω · cm. Die Dielektrizitätszahl ist 2,8. Bei 80 °C beginnt Kopal zu erweichen. Das Harz dient als Lackrohstoff.

6.5.3 Bernstein

Der Bernstein (griechisch: elektron) hat schon bei der Namengebung des Wortes Elektrizität Pate gestanden. Die bei seiner Reibung auftretenden elektrischen Erscheinungen sind von altersher bekannt. Bernstein ist ein fossiles Harz, dessen Grundgerüst ein Diabietinolpolyester ist. Es stammt möglicherweise von verschiedenen Kiefernarten, deren Wälder in dem Gebiet der heutigen Ostsee und Südschwedens bis Südfinnlands zu suchen sind [24*]. Eine neuere Hypothese schreibt den Bernstein der Kaurifichte zu, die, wie ausgeführt, noch heute den Kaurikopal liefert. Zweifellos ist der Bernstein über 30 Millionen Jahre alt. In knolligen Stücken von gelblicher bis gelblichbrauner Farbe wird er gefunden. Der wichtigste Fundort ist die frühere ostpreußische Küste (Samland). Dort liegt der Bernstein, wahrscheinlich nicht auf seiner ursprünglichen Lagerstätte, in der sogenannten Blauen Erde, die sich nahe unter dem Meeresspiegel hinzieht. Wird diese Schicht vom Meer angenagt, so treibt der Bernstein, oft in Seetang eingewickelt, dem Strande zu. Heute wird die Blaue Erde auch im Tagebau abgetragen. Diese Bernsteinart wird Succinit genannt. Es ist der eigentliche Bernstein des Handels. Daneben gibt es rumänischen Bernstein (Cedarit), der im Bergbau gewonnen wird. Er ist zum Teil ganz schwarz. Bernstein gibt es in geringen Mengen auch in Sibirien und Holland.

Bernstein läßt sich angewärmt gut verpressen. Die für Schmuck ohne weiteres nicht brauchbaren Abfälle und kleinen Stücke werden daher chemisch gereinigt und unter Hitze bei 140 bis 200 °C und hohem Druck bei 30 bis 40 N/mm² zu gleichmäßigen großen Stücken zusammengepreßt. Das ist der bekannte Preßbernstein, der sich mechanisch leicht bearbeiten läßt. Die geringwertigen Körner werden schließlich ausgeschmolzen. Dieser geschmolzene Bernstein ist wesentlich dunkler als der unbehandelte.

Bernstein ist mit einer Mohshärte von 2 bis 3 das härteste Naturharz. Der Bruch ist muschelig. Die Dichte beträgt 1,05 bis 1,09 g/cm³. Die Durchschlagfestigkeit hat einen Wert von etwa 20 kV/mm. Der spezifische Durchgangswiderstand liegt bei 10^{18} Ω · cm, ist also außergewöhnlich hoch. Die Dielektrizitätszahl ist 2,8 bis 2,9, der Verlustfaktor 10^{-3}. Die Wärmeleitfähigkeit ist 0,215 W/Km. Das Harz schmilzt bei einer Temperatur von 375 °C. Angezündet brennt der Bernstein mit leuchtender, stark rußender Flamme, wobei ein angenehmer aromatischer Geruch verbreitet wird. Bernstein ist unempfindlich gegen Wasser und Salzlösungen, beständig gegen viele Laugen und Säuren. Er ist schwerlöslich in Alkohol, Äther, Azeton, Benzol und anderen Lösemitteln.

In der Elektrotechnik und in der physikalischen Meßtechnik wurde der Bernstein früher überall dort eingesetzt, wo an den Isolationswiderstand allerhöchste Ansprüche gestellt wurden. Die Schmelzware diente als Rohstoff für wertvolle Lacke. Die Güte des Bernsteins als Isolierstoff der Elektrotechnik ist unbestritten. Er ist aber heute viel zu teuer.

6.5.4 Schellack

Schellack wird chemisch als Polyester verschiedener Oxykarbonsäuren betrachtet. Er ist das Erzeugnis einer Lackschildlaus (*Tachardia lacca*), die auf den Zweigen und Blättern indischer Gummibäume lebt. Deren Larven ernähren sich von dem Saft der Triebe und scheiden den Lack aus, der an der Luft erhärtet und die Tiere schließlich vollständig umgibt. Auch der Schellack ist als Naturerzeugnis kein einheitlicher Stoff. Der Harzanteil beträgt etwa 65 bis 80%. Dazu kommt Wachs in Anteilen von 4 bis 8%. Eiweiß, Zucker und lösliche Salze machen 2 bis 6% aus. Schließlich sind Verunreinigungen (Pflanzen- und Tierteile) von 7 bis 18% vorhanden [23*]. Der Rohschellack muß infolgedessen aufgearbeitet werden. Er wird in Alkohol gelöst, gefiltert, chemisch gereinigt und anschließend in dünner Schicht auf einem Band ausgegossen. Getrocknet und erstarrt kommt er in kleinen, dünnen, eckigen Bruchstücken verschiedener Güte in den Handel. Hauptexportländer sind Indien und Thailand.

Die Farbe des Schellacks ist gelblichbraun. Seine Dichte beträgt 1,0 bis 1,1 g/cm³. Er ist spröde, brüchig und hart. Ein Vorzug aller mit Schelllack hergestellten Isolierstoffe oder Isolierteile ist die verhältnismäßig geringe Neigung zur Bildung von Kriechströmen. Diese Eigenschaft ist auf die geringe Leitfähigkeit der verkohlten Rückstände zurückzuführen. Die Durchschlagfestigkeit kann mit 20 kV/mm angegeben werden. Der spezifische Durchgangswiderstand ist 10^{13} Ω · cm. Die Dielektrizitätszahl ist 2,7 bis 3,7. Der Verlustfaktor liegt unter 10^{-2}.

Frischer Schellack schmilzt bei einer Temperatur von 70 bis 90 °C. Diese geringe Wärmebeständigkeit kann aber durch den bei einer passenden Wärmebehandlung ausgelösten Kondensationsvorgang wesentlich verbessert werden. Meistens genügt dafür schon die bei der Verarbeitung ohnedies angewendete Wärme. Beim Erhitzen reagieren die Hydroxylgruppen der im Schellack enthaltenen Aleuritinsäure mit den Karboxylgruppen der darin ebenfalls vorkommenden Schellacksäure unter Bildung eines hochmolekularen Polyesters. Schellack ist geruch- und geschmacklos. In Wasser löst er sich nicht; zur Weiterverarbeitung wird er in Spiritus gelöst. Schellack hat als Bindemittel für Mikanitplatten (4.5) und als Grundstoff für Lacke noch eine gewisse Bedeutung.

6.6 Holz

Von den verschiedenen Hölzern kommen als Bau- und Isolierstoff für die Elektrotechnik hauptsächlich Weißbuche (*Carpinus betulus*) und Rotbuche (*Fagus sylvatica*), manchmal auch Kiefern- und Fichtenholz in Betracht. Aber auch das Balsaholz sei erwähnt, für das Ecuador der Haupterzeuger ist.

Verarbeitung. Holz wird sowohl in gewachsenem Zustande verwendet als auch getränkt und unter hohem Druck verdichtet. Neben dem Vollholz ist als Halbzeug auch das Furnier von Bedeutung. Für dessen Herstellung sind zwei Aufbereitungsverfahren üblich, das Messern und das Schälen. Beim Messern wird der Stamm auf einem sich senkrecht auf und nieder bewegenden Schlitten eingespannt und gegen das feststehende Messer bewegt. Beim Schälen dreht sich der Stamm um seine Achse und bewegt sich so mit einem der Furnierdicke entsprechenden Vorschub gegen das feststehende Messer. Auf diese Weise entstehen im Gegensatz zu dem ersten Verfahren lange Bahnen. Man hat also zwischen Messerfurnieren und Schälfurnieren zu unterscheiden, insbesondere in bezug auf die Struktur. Mit Kunstharz getränkt und längs oder mit gekreuzter Faserrichtung geschichtet, werden diese Furniere unter Druck und Hitze zu Kunstharzpreßholz (DIN 7707) weiterverarbeitet. Dafür werden in der Regel Rotbuchenfurniere und zum Tränken wird Phenolharz (10.5) genommen. Die Verdichtung läßt sich durch den Preßdruck in weiten Grenzen steuern.

So wird also als Isolierholz außer dem Vollholz auch Lagenholz verwendet (VDE 0310). Beide können spanend gut verarbeitet werden.

Werkstoffeigenschaften. Das Holz besteht etwa zur Hälfte aus den gebündelten Fadenmolekülen der Zellulose. Die scheinbare Dichte des Holzes schwankt, wenn man alle Arten berücksichtigt, in dem großen Bereich von 0,1 bis 1,3 g/cm³. Die Unterschiede erklären sich aus dem verschieden großen Porenanteil. Wenn man den Stoff der Zellwand des Holzes auf seine Dichte untersucht, kommt man unabhängig von Holzart und Wuchsort auf einen Wert, der bei 1,5 g/cm³ liegt. Mit einer Rohdichte von 0,1 bis 0,3 g/cm³ ist Balsaholz das leichteste Holz [68]. Das Holz der Fichte hat bei normalem Feuchtegehalt durchschnittlich eine Dichte von 0,47, das der Kiefer von 0,53 und das der Rotbuche von 0,72 g/cm³. Gepreßtes Isoliervollholz und Kunstharzpreßholz haben Dichten bis zu 1,4 g/cm³. Die natürliche Struktur des Holzes hat eine beträchtliche Anisotropie der Eigenschaften zur Folge. Der Elastizitätsmodul des Rotbuchenholzes beträgt in der günstigen Richtung 12 kN/mm², die Biegefestigkeit 100 N/mm² und die Zugfestigkeit 70 N/mm². Bei einem Elastizitätsmodul von 2 bis 4 kN/mm² ist die Biegefestigkeit des Balsaholzes je nach Dichte 5 bis 15 N/mm². Isoliervollholz und Kunstharzpreßholz haben dem gewachsenen Holz gegenüber natürlich verbesserte mechanische Werte. Der Elastizitätsmodul reicht von 8 bis 18 kN/mm². Biegefestigkeiten werden gemessen von 100 bis 180 N/mm², Schlagzähigkeiten von 20 bis 50 Nmm/mm² und schließlich Zugfestigkeiten von 60 bis 160 N/mm². Auch die Splitterfestigkeit des Kunstharzpreßholzes verdient erwähnt zu werden.

Alle Isolierholzsorten, auch die nachbehandelten, werden hinsichtlich der Kriechstromfestigkeit in die Stufe KA 1 verwiesen; sie sind also, wie zu erwarten, nicht kriechstromfest. Die Durchschlagfestigkeit des gewachsenen Holzes ist etwa 5 kV/mm. Der spezifische Durchgangswiderstand liegt zwischen 10^8 und 10^9 Ω · cm. Die Dielektrizitätszahl schwankt bei Rotbuchen- und Fichtenholz zwischen 1,5 und 2,5. Der Verlustfaktor liegt bei 10^{-2} [69]. Auch diese Werte sind richtungsabhängig. Selbstverständlich darf bei solchen Messungen nicht außer Betracht gelassen werden, daß die Proben zum großen Teil von Luft ausgefüllt sind. Berücksichtigt man dies, so erhält man für die Dielektrizitätszahl des hohlraumfreien Werkstoffes bei Netzfrequenz Werte von 6 und bei 1 MHz solche von 5, während der Verlustfaktor 10^{-2} bzw. $5 \cdot 10^{-2}$ beträgt [69]. Die Dielektrizitätszahl des Balsaholzes beträgt infolge des besonders großen Luftraumanteils je nach Dichte 1,1 bis 1,5. Der Verlustfaktor liegt ebenfalls bei 10^{-2}. Gepreßtes Isoliervollholz und Kunstharzpreßholz ergeben Durchschlagfestigkeiten bei Raumtemperatur von etwa 15 kV/mm, bei 90°C von 5 kV/mm. Der spezifische Durchgangswiderstand bewegt sich in der Größenordnung von 10^8 Ω · cm. Der dielektrische Verlustfaktor zeigt Werte bei 10^{-1}.

Die Wärmeleitfähigkeit des Holzes ist angenähert 0,2 W/Km. Bei Preßholz mit der höheren Dichte ist sie mit etwa 0,3 W/Km natürlich größer. Die lineare Wärmedehnzahl ist für gewachsenes Holz in radialer Richtung 30 bis $50 \cdot 10^{-6}$/K und in Faserrichtung 4 bis $5 \cdot 10^{-6}$/K. Bei Kunstharzpreßholz schwankt sie zwischen 10 und $40 \cdot 10^{-6}$/K. Die Dauerwärmebeständigkeit kann allgemein mit knapp 100 °C angesetzt werden. Darüber beginnt die Zersetzung. Der Flammpunkt der Zersetzungsphase liegt bei 230 bis 260 °C [25*].

Ein Nachteil für die Verwendung des Holzes als Isolierstoff ist die große Empfindlichkeit gegen Feuchtigkeit, die das Holz aus der Umgebung aufnimmt. Schon bei Normalklima beträgt das Holzfeuchtegleichgewicht etwa 12%. Mit der Feuchte vergrößern sich die Abmessungen des Holzes. Außerdem sind die Werkstoffeigenschaften wesentlich davon abhängig. Auf den Trockenzustand ist daher ein besonderes Augenmerk zu richten. Während aber die natürliche Trocknung früher mehrere Jahre erforderte, ermöglicht die technische Trocknung heute eine Verringerung der Trockenzeit auf wenige Tage. Durch die Verarbeitung mit Kunstharz wird die Empfindlichkeit gegen Wasser natürlich beträchtlich herabgesetzt. Gegen Zerstörungen durch Bakterien, Pilze und Insekten wird Holz durch eine Tränkung mit keimtötenden Mitteln geschützt [25*].

Einsatzgebiete. Maste für Fernmelde- und Starkstromfreileitungen aus Kiefern- oder Fichtenholz (DIN 48350) erfüllen, vor allem in ländlichen Gegenden, noch immer ihren Zweck. Sorgfältig getrocknete und getränkte Weißbuche findet für Nutenkeile und Wickelkopfabstützungen in elektrischen Maschinen Verwendung. Als Baustoff in Transformatoren ist Rotbuchenholz anzutreffen. Balsaholz kann für Verstärkungsstreben in großen Isolierstoffkonstruktionen insbesondere in Verbindung mit Polyesterharz (10.1) verwendet werden. Kunstharzpreßholz kommt in Transformatoren, Läufern von Turbogeneratoren und ähnlichen Stellen, wo schwere Wicklungen abzustützen sind, zum Einsatz. Bewährt haben sich auch die daraus hergestellten Schienenlaschen. In feinvermahlener Form wird Holz (vor allem Fichtenholz) als Füllstoff in Preßmassen (10.5) eingearbeitet. Es verleiht den daraus hergestellten Preßteilen eine erhöhte Festigkeit.

6.7 Faserstoffe

Von den natürlichen Faserstoffen, die in der Elektrotechnik Verwendung finden, sind Seide, Leinen, Jute, Hanf, Ramie und Baumwolle zu nennen.

6.7.1 Seide

Die Seide ist einer der wenigen Isolierstoffe tierischer Herkunft. Sie stammt aus dem Kokon der Seidenraupe und ist ein Sekret aus den Spinndrüsen der Larven. Solch ein Kokon hat einen mehr als einen Kilometer langen Doppelfaden, der sich aus zwei Einzelfäden von 10 bis 15 µm Dicke zusammensetzt. Zu etwa 75% besteht dieser Seidenfaden aus Fibroin. Er ist sowohl mechanisch als auch elektrisch sehr wertvoll. Die Dichte ist 1,35 g/cm^3. Der Elastizitätsmodul beträgt 7,5 kN/mm^2. Bei einer Zugfestigkeit von 450 N/mm^2 ist die Reißdehnung 12,5% und mehr. Die Dauerwärmebeständigkeit ist mit 60°C ziemlich begrenzt. Naturseide vermag bis zu 30% ihrer Masse an Wasser aufzunehmen, was ein gewisser Nachteil ist. Sie eignet sich für besonders feine Garne und feine Gewebe, ist allerdings sehr teuer.

Aus dem letztgenannten Grunde wird sie in der Elektrotechnik heute kaum noch verwendet. Mit feuchtigkeitsbeständigem gelben Öllack getränkt, hatte sie sich ausgezeichnet als Isolierband bewährt. Auch die Glimmerseidenbänder waren von hohem Wert. Sie wurden immer da eingesetzt, wo bei geringem Auftrag eine hohe mechanische Festigkeit verlangt wurde.

6.7.2 Leinen

Die vier folgenden Faserstoffe gehören zu den Bastfasern. Damit bezeichnet man Gewebefasern aus der Rinde des Stammes, aus dem Stengel oder aus dem Blatt gewisser Pflanzen. Die Leinfaser ist als Stengelfaser des Flachses (6.3.1) wahrscheinlich die älteste von Menschen genutzte Pflanzenfaser. Der Faserflachs wird meistens durch Raufen geerntet. Mit Hilfe von Riffelkämmen wird er von den Kapseln befreit. Aus dem Leinstroh gewinnt man die Faser schließlich durch biochemisches Rösten oder auch mit Hilfe von Brechmaschinen, mit denen der holzige Anteil mechanisch zerbrochen wird. Es folgen noch Nachbehandlungen.

Die Faser ist 5 bis 60 mm lang und hat die Form polygonaler Röhrchen von etwa 20 µm Dicke. Sie bestehen zu 65 bis 70% aus Zellulose mit einem Polymerisationsgrad von etwa 2200. Ferner sind darin enthalten Hemizellulose, Pektin, Lignin und andere Stoffe.

Die Dichte der Leinfaser ist 1,47 g/cm^3. Die Zugfestigkeit liegt bei 800 N/mm^2. Beim Bruch hat sich die luftfeuchte Faser um 1,6 bis 1,8% gedehnt. Die Leinfaser verträgt eine Dauertemperatur von 90 bis 100°C. Trotz guter Eigenschaften verbietet meistens der Preis einen größeren Einsatz in der Elektrotechnik.

6.7.3 Jute

Die Jutefaser wird vorwiegend aus einjährigen Pflanzen (Corchorus) der Familie Tiliaceae gewonnen, die hauptsächlich in Indien angebaut werden. Sie werden unter sehr einfachen Bedingungen gesät und wachsen in feuchtheißem Klima in drei bis vier Monaten heran. Die Stengel sind 3 bis 4 m hoch und haben einen Durchmesser von 12 bis 20 mm. Sie werden vor der Samenreife geschnitten. Das Rösten wird ähnlich wie beim Flachs

6.7 Faserstoffe   155

durchgeführt. Danach wird die Faser von Hand abgezogen, gewaschen und getrocknet. Große Bedeutung in der Verarbeitung der Jutefaser hat der Batschvorgang, durch den die Faser nicht nur glatt, geschmeidig und damit spinnfähig gemacht wird, man erreicht dadurch auch eine leichte Aufteilbarkeit der Faserbänder. Die Zusammensetzung der Batschemulsion ist für die Verwendung der Faser in der Elektrotechnik nicht ohne Bedenken. Die öligen Bestandteile können bei der Weiterverarbeitung zu elektrotechnischen Erzeugnissen beträchtlich stören und müssen entfernt werden.

Die Faser ist ebenfalls aus aneinandergelagerten Einzelzellen aufgebaut. Sie hat bei einer Länge von 1 bis 5 mm eine Breite von annähernd 20 μm. Der Zelluloseanteil ist 65%; der Polymerisationsgrad der Zellulose 1900.

Die Dichte der Jutefaser ist 1,43 g/cm³. Als Zugfestigkeit wird 500 N/mm² genannt, wobei eine Reißdehnung von 1,8% auftritt.

Hinter der Baumwolle ist die Jute mengenmäßig die bedeutendste Naturfaser auf dem Weltmarkt. Sie wird fast immer zu Gewebe verarbeitet, das verhältnismäßig billig ist. Es dient zum Abbinden von Wicklungen und für Kabelgarnituren. Starkstromkabel mit Metallmantel und Bewehrungen müssen mit einem Korrosionsschutz versehen werden, der in der Regel aus einer Bewicklung aus Jute besteht, die mit Bitumen (6.2.3) getränkt ist.

6.7.4 Hanf

Die Hanfpflanze (*Cannabis sativa*) ist eine einjährige Gespinstpflanze, deren Hauptanbaugebiete in der Sowjetunion, in Italien, Jugoslawien und Ungarn liegen. Je nach Sorte und Klima wird sie 1 bis 5 m hoch und hat dabei einen Stengeldurchmesser von knapp 10 mm. Die Hanfstengel werden grundsätzlich ebenso wie Flachs aufbereitet. Es fallen Langfasern und Werg in Längen von 10 bis 50 mm an. Die Faserbreite ist etwa 22 μm. Die darin mit einem Anteil von 67% enthaltene Zellulose hat einen Polymerisationsgrad von 2200.

Hanf hat wie Leinen eine Dichte von 1,47 g/cm³. Die Zugfestigkeit ist bei einer Reißdehnung von 1,7% etwa 850 N/mm². Zu Band und Schnüren verarbeitet wird Hanf zum Abbinden verwendet.

6.7.5 Ramie

Ramie ist die Bastfaser aus den Stengeln eines Nesselgewächses (*Boehmeria nivea*), das hauptsächlich in China, aber auch in Japan, auf den Philippinen, in der Sowjetunion und in Amerika angebaut wird. Es ist ein Halbstrauch mit 1 bis 3 m langen und 10 bis 20 mm dicken Stengeln. Geerntet wird zur Zeit der Blüte, unter günstigen Umständen bis zu viermal im Jahr. Nach zehn bis fünfzehn Jahren sind die Pflanzen abgewirtschaftet. Von den geernteten Stengeln wird der Bast von Hand oder mit Quetschwalzen und Schlageinrichtungen abgezogen. Aus dem Rohbast wird gleich anschließend eine spinnfertige Faser hergestellt oder er wird in Ballen gepreßt und in dieser Form versandt, um später unter optimalen Bedingungen chemisch weiterbehandelt zu werden. Man erhält glänzende und feste Fasern. Sie sind 60 bis 250 mm lang und im Einzelfaden 50 µm dick. Die Zellulose mit einem Polymerisationsgrad von etwa 2600 macht 69% des Fadengewichtes aus.

Diese fast weiße Ramiefaser hat eine Dichte von 1,54 g/cm^3 und ist mit fast 900 N/mm^2 sehr reißfest. Sie nimmt leicht Feuchtigkeit auf, trocknet aber auch schnell. Gegen Fäulnis und Verrottung ist sie ziemlich beständig.

6.7.6 Baumwolle

Die Baumwollfasern sind die Haare der Samenkapseln von Baumwollpflanzen der Gattung Gossypium, von der es zahlreiche Arten gibt. Sie wachsen baumförmig, strauch- oder krautartig. Die meisten von ihnen sind Dauerpflanzen. Gegenden mit einer mittleren Jahrestemperatur von 20 bis 30°C sind für den Anbau am geeignetsten. Die Hauptanbaugebiete liegen im Süden der Vereinigten Staaten, in Indien, der Sowjetunion, China, Ägypten und Brasilien. Zum Lösen der Fasern von den Samen dienen besonders konstruierte Maschinen. Die Fasern können ohne chemische Vorbehandlung unmittelbar gesponnen werden.

Ein Nebenerzeugnis bilden die Linters, die kurzen Samenhaare, die bei der Aufarbeitung der Baumwollkapseln zunächst an den Samenschalen hängenbleiben und sich wegen der Kürze der Fasern nicht spinnen lassen. Sie dienen zur Herstellung von Papier (6.8) und gegebenenfalls auch von Zelluloseabkömmlingen (9.1 bis 9.4). Für diese Zwecke müssen auch sie sorgfältig ausgewählt werden. Ursprungsland, Bodenbeschaffenheit, Witterungsverhältnisse und Reifegrad sind zu beurteilen.

Bei den Fasern handelt es sich um schlauchartige Bänder von 10 bis 40 mm Länge und 15 bis 30 µm Breite, die oft korkenzieherartig gewunden sind. Sie bestehen zu 85 bis 91% aus Zellulose mit einem Molekulargewicht von durchschnittlich 320000. Daneben ist normalerweise 8% Wasser enthalten.

Die Dichte reicht von 1,35 bis 1,5 g/cm^3. Der Elastizitätsmodul ist 50 kN/mm^2. Die Zugfestigkeit beträgt 300 bis 400 N/mm^2. Bekannt ist die hohe Naßfestigkeit der Baumwollfaser. Die Dauerwärmebeständigkeit liegt ebenso wie die der Leinfaser bei 90 bis 100°C. Bei etwa 140°C beginnt unter Braunfärbung die Zersetzung. Die getrocknete Baumwolle ist ziemlich hygroskopisch. Von konzentrierten Säuren wird Baumwolle abgebaut, gegen Alkalien ist sie verhältnismäßig beständig.

Baumwolle dient ebenso wie Ramie als Schnüre und als Wickelband zum Abbinden und Bandagieren von Spulen und Wicklungen. Die Bänder

6.8 Papier

werden zu diesem Zwecke oft mit Öllack oder Kunstharzlack getränkt. Die Baumwolle wird in Verbindung mit Kunstharzen, insbesondere Phenolharz (10.5), unter Druck und Hitze auch zu Schichtpreßstoffen verarbeitet. Solche als Hartgewebe bekannt gewordenen Isolierstoffe können in Platten, Rohren und gewickelten Vollstäben (VDE 0318) geliefert werden.

6.8 Papier

Papier besteht aus einem statistisch verteilten Netzwerk von Zellstofffasern, die in der als Rohstoff benutzten Pflanze einmal das mechanische Gerüst gebildet haben. Es ist damit den Faserstoffen zuzurechnen. Dessen wichtigster Rohstoff ist heute das Holz, und zwar hauptsächlich die Nadelhölzer Kiefer und Fichte. Unterhalb der Wachstumsgrenze liefern sie die besten und stärksten Fasern. Der Zellstoff, von dem Abb. 6.1 zwei typische Mikroaufnahmen zeigt, wird daher vornehmlich aus den nordischen Ländern bezogen.

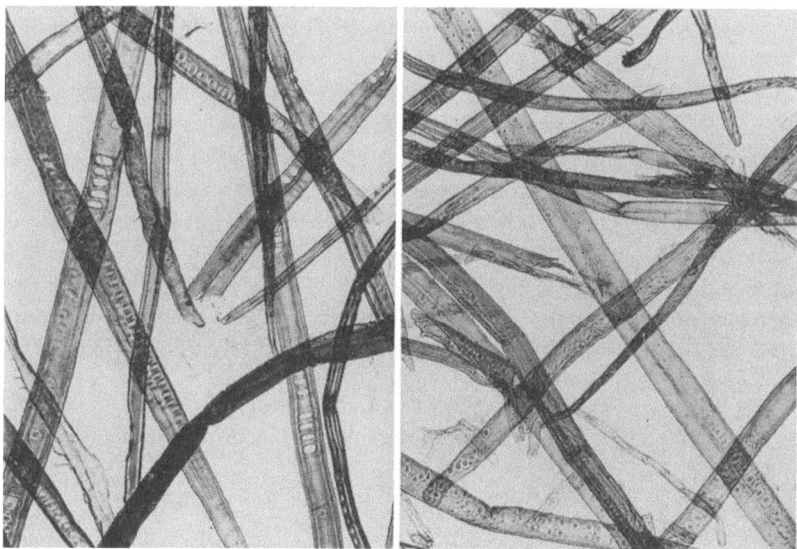

Abb. 6.1. Mikroaufnahmen von Kiefernzellstoff (links) und Fichtenzellstoff (rechts) (Vergrößerung = 65:1) (Bild: Das Finnische Zellstoff- und Papierforschungsinstitut).

Herstellung. Es ist die erste Aufgabe des Papierherstellers, den Zellstoff, der in reiner Form hauptsächlich aus Zellulose und Hemizellulose besteht, von den übrigen Bestandteilen der Pflanze wie dem Lignin, dem Harz und den übrigen Inkrusten zu befreien. So beginnt man mit dem Zerkleinern des entrindeten Holzes. Die auf diese Weise gewonnenen etwa 6 mm dicken und 25 mm langen Schnitzel werden noch von Ästen und feinen

Partikeln befreit, bevor sie den Zellstoffkochern zugeführt werden. Für den Aufschluß gibt es zwei Verfahren. Nach dem einen werden die Holzschnitzel in einer Bisulfitlösung gekocht, nach dem anderen in einer Lösung, die hauptsächlich aus Natronlauge und Natriumsulfid besteht. Der erste ist ein saurer Aufschluß, der zweite ein alkalischer Aufschluß. Man unterscheidet so Sulfit- und Sulfatzellstoff. Um die nach diesem chemisch-thermischen Aufschluß noch verbliebenen Astteile, schlecht aufgeschlossenen Holzstücke und sonstigen Verunreinigungen auszuscheiden, durchläuft der so behandelte Rohstoff noch mehrere Sortierstufen und wird anschließend von den Kochsäuren bzw. Kochlaugen befreit. Eine mögliche Bleiche zur Entfernung von Ligninresten und Erhöhung des Weißgrades ist für elektrotechnische Zwecke meistens weder erforderlich noch angebracht. Im allgemeinen, wenn also die Faserstoffe nicht in dieser Suspension von einer nahegelegenen Papierfabrik übernommen werden, geht der Weg von den Behältern in die Zellstoffentwässerungsmaschinen (Langsiebmaschinen), wo der größte Teil des Wassers entzogen wird. In dicken Kartonformaten fällt der Zellstoff schließlich an und wird zu Ballen gepreßt. Bezieht man die erhaltene Menge auf das ursprüngliche Holzgewicht, so beträgt die Ausbeute an Sulfitzellstoff etwa 45% und an Sulfatzellstoff 40%.

Wegen des hohen Zelluloseanteils der Baumwolle ist die Aufbereitung bei dieser natürlich besonders einfach. So wird auch Baumwolle zur Papierherstellung herangezogen; wegen des Preises allerdings vornehmlich in Form von Linters und Lumpen. Ähnlich werden Leinen-, Hanf- und Ramieabfälle verarbeitet. Manilahanf (*Musa textilis*), eine Staude, die u. a. auf den Philippinen angebaut wird, liefert einen Faserstoff für ein besonders leichtes und feines Papier, das sich für Elektrolytkondensatoren hervorragend eignet (VDE 0311). Aus dem Espartogras (*Stipa tenacissima*), einer bis zu 1 m hohen Grasart in Nordafrika und Spanien, wird hochwertiger Zellstoff mit feiner Faserstruktur gewonnen.

Die Papierherstellung beginnt mit dem Auflösen des Zellstoffs in einem Behälter mit viel Wasser, so daß bei starker Turbulenz wieder eine pumpfähige Fasersuspension entsteht. In der nachgeschalteten Entstippungsmaschine wird der Zellstoff in seine Einzelfasern zerlegt; anschließend wird er gemahlen. Grundsätzlich will man dabei zwei Wirkungen erreichen. Die Faser soll sowohl zerschnitten als auch zerquetscht werden. Durch entsprechende Einstellungen erzielt man mehr den einen oder den anderen Effekt. Man mahlt rösch oder schmierig. Die Mahlung gibt dem Papier den Charakter. Rösche Papiere sind saugfähig und luftdurchlässig, schmierig gemahlene dicht. Kondensatorpapier beispielsweise wird sehr hoch gemahlen, so daß die ursprüngliche Faserstruktur, wie Abb. 6.2 verdeutlicht, stark verändert ist.

Wenn das Verhalten gegenüber Flüssigkeiten verbessert, insbesondere die Naßfestigkeit erhöht werden soll, erhält das Papier eine Leimung. Sie

6.8 Papier

wird meistens als wässerige Dispersion eines natürlichen oder synthetischen Harzes beigegeben. Weiter werden oft Füllstoffe (Kaolin, Kreide) zugegeben, welche die Lücken zwischen den Fasern des Papiers ausfüllen, die Unebenheiten der Papieroberfläche ausgleichen, das Papier weich und geschmeidig machen und ihm weißes Aussehen verleihen sollen. Das alles hat für die Elektrotechnik keine große Bedeutung. Das dafür verwendete Papier darf keine Elektrolyte enthalten, und auch Papiere, die getränkt werden sollen, müssen ungeleimt und unbeschwert sein.

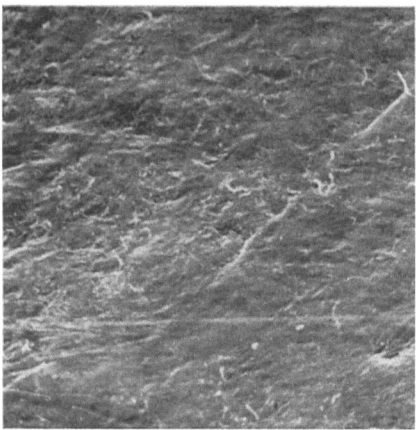

Abb. 6.2. Elektronenmikroskopische Aufnahme von Kondensatorpapier (Vergrößerung $= 800:1$). (Bild: Das Finnische Zellstoff- und Papierforschungsinstitut.)

Auf der Papiermaschine entsteht schließlich aus der hochverdünnten Suspension, die anfangs mehr als 99% Wasser enthält, das Papier. Eine Papiermaschine besteht aus der Siebpartie, der Pressenpartie und der Trockenpartie. Es folgen die Kühlzylinder, das Glättwerk und der Tragwalzenroller zum Aufwickeln der Papierbahn. Verständlicherweise ergeben sich daraus recht große Maschinenlängen von 100 m und mehr. Das Papiermaschinensieb, auf dem sich das Papierblatt bildet, ist aus feinen Bronzedrähten oder Kunststoffäden gewebt. Seine Länge liegt zwischen 15 und 35 m. Nach der Siebpartie sind dem Papiervlies etwa 10 bis 20% der Wassermenge entzogen. Nun wird die Papierbahn unter hohem Druck zwischen Preßwalzen und Filztüchern in den Naßpressen weiter entwässert. Beim Einlauf in die nun folgende Trockenpartie hat die Papierbahn noch etwa 65 bis 70% Wasser, das jetzt auf einen Anteil von 4 bis 8% durch Verdampfung vermindert wird. Das Papier ist hier stark erwärmt. Deshalb wird es anschließend um einen oder mehrere Kühlzylinder geführt, durch die kaltes Wasser läuft. Nach dem Kühlen wird die Papierbahn geglättet. Sie wandert durch ein Trockenglättwerk, das aus mehreren übereinanderliegenden Hartgußwalzen besteht.

Im Anschluß an die Papiermaschine wird die Bahn bei Rollenware in einer Rollenschneidmaschine in die marktgängigen Rollenbreiten aufgeteilt. Das Papier, das so angeliefert wird, ist maschinenglatt im Gegensatz zum satinierten Papier, das noch eine weitere Verarbeitungsstelle durchlaufen muß. Unter Satinieren versteht man die mechanische Behandlung des Papiers unter hohem Druck auf dem Kalander, einer aus vielen Walzen bestehenden Anlage, zwecks Erhöhung von Glätte und Glanz. Schwere Hartgußwalzen und elastische mit Papier oder Baumwolle bezogene Walzen wechseln darin ab. Die damit erzielte Oberflächenstruktur und Dichte des Papiers spielen für die Verarbeitungs- und Anwendungstechnik eine große Rolle.

Verarbeitung. Technisch wird das Rohpapier meistens ohne weitere Verarbeitung eingesetzt. Gelegentlich wird es weiterbehandelt, um beispielsweise den Alterungsablauf zu verzögern. So können die dafür verantwortlichen Hydroxylgruppen durch chemische Modifizierung der Zellulose, etwa durch Veresterung, substituiert werden. Das azetylierte Papier hat einige Bedeutung erlangt. Eine andere Stabilisierung besteht in der Zugabe von Stabilisatoren, welche die Alterung durch chemische Reaktion mit den Alterungsprodukten nicht zur Wirkung bringen. Hierfür eignen sich stickstoffhaltige organische Verbindungen [70], die der Papierbahn zugesetzt werden.

Als Papiererzeugnis muß noch Preßspan erwähnt werden. Darunter versteht man eine besondere zähe und dichte Feinpappe, die aus Sulfatzellstoff, gelegentlich unter Beimischung von Hadernhalbstoff, hergestellt wird. Eine große Anzahl sehr dünner Papierlagen wird bei noch großem Wassergehalt unter hohem Druck auf einen Zylinder aufgewickelt, d. h. auf schweren Walzwerken hochgeglättet. Es gelingt auf diese Weise die einzelnen Papierschichten so innig miteinander zu verbinden, daß sie später nicht mehr aufblättern. Geliefert wird Preßspan in Tafeln und Rollen. Der für elektrotechnische Geräte vorgesehene Preßspan wird als Elektropreßspan besonders gekennzeichnet. Er kann geschnitten, gestanzt, gesägt, gebohrt, gebogen und auch geklebt werden.

Papier kann mit Lack, beispielsweise auf Grundlage von Polyurethanharz (10.10), getränkt und so zu Wickelbändern verarbeitet werden.

Werkstoffeigenschaften. Der Gehalt an Alphazellulose ist wesentlich für die Güte des gefertigten Papiers. Er beträgt hier 90% und mehr. Bedingt durch das Herstellungsverfahren ist mit einer gewissen Anisotropie des Papiers zu rechnen. So sind Unter- und Oberseite (Sieb- und Filzseite) nicht ganz gleich. Trotz großer Sorgfalt in der Fertigung sind Poren und Löcher im Papier nicht ganz zu vermeiden, ebenso wenig wie leitende Einschlüsse (Elektrolyte anorganischer Natur aus dem Fabrikationswasser). Ferner ist die Zugfestigkeit in Maschinenrichtung immer größer

6.8 Papier

und die Bruchdehnung immer kleiner als senkrecht dazu (VDE 0311). Papier hat ein Porenvolumen von 20 bis 60%. Während die theoretische Dichte 1,55 g/cm^3 beträgt, schwankt die Rohdichte von 0,65 bei maschinenglattem bis 1,15 g/cm^3 und mehr bei hochsatiniertem Papier (VDE 0311). Dies kann sehr dünn und bis zu 10 µm Dicke hergestellt werden und hat dann ein Flächengewicht von etwa 12 g/m^2. Die Zugfestigkeit in Längs- und Querrichtung wird bei Papier in der Regel als Reißlänge angegeben, ein Wert, der den Vorteil hat, daß das Flächengewicht eliminiert ist. Sie ist die Länge des Papierstreifens von gleichbleibendem Querschnitt, der frei aufgehängt durch seine eigene Last zerreißt. Bei Isolierpapier schwankt sie zwischen 8000 und 12500 m in Längs- und 1500 bis 3500 m in Querrichtung. Das entspricht einer Zugfestigkeit von 53 bis 130 N/mm^2. Das für die Elektrotechnik bevorzugte Papier aus Sulfatzellulose ist besonders zäh und reißfest; Papier für Elektrolytkondensatoren wesentlich weniger. Die Bruchdehnung beträgt allgemein 2 bis 5%.

Die elektrische Güte eines Papiers ist in erster Linie eine Frage der Sauberkeit bei der Herstellung. Auf elektrolytfreies Papier ist größter Wert zu legen. Es soll chemisch neutral sein, also einen pH-Wert von etwa 7 haben. Die Leitfähigkeit des wässerigen Auszuges darf je nach Verwendungszweck 40 bis 120 µS/cm nicht übersteigen. Deshalb muß auf die Bedeutung eines einwandfreien Wassers bei der Papierherstellung besonders hingewiesen werden. Die Dielektrizitätszahl des Papiergrundstoffs beträgt 5,6 bei 23°C und 6,1 bei 90°C. Im Papierblatt ist sie natürlich infolge der unvollständigen Raumausfüllung des Zellstoffs wesentlich kleiner. Der Verlustfaktor der reinen Zellulose ist $3 \cdot 10^{-3}$; er ist also recht gut. In trockenem Zustande ist er wenig temperaturabhängig, wird aber stark vom Feuchtigkeitsgehalt des Papiers beeinflußt.

Der Feuchtigkeitsgehalt des Papiers beträgt bei normaler Atmosphäre 5 bis 12%. Für viele Anwendungsfälle muß das Papier eine bestimmte Saugfähigkeit besitzen (2.4). In bezug auf die chemische Beständigkeit ist Sulfatzellstoff besser als Sulfitzellstoff, was im wesentlichen darauf beruht, daß man die Kochflüssigkeit leichter auswaschen kann; man beherrscht das Verfahren besser. Im Betrieb tritt eine gewisse Alterung des Papiers ein. In der Hauptsache sind es die Hydroxylgruppen, welche das chemische Verhalten des Zellstoffs bestimmen. Sie sind die Ursache für die Adsorption der Feuchtigkeit und die Angriffspunkte beim thermischen und chemischen Abbau.

Von großer praktischer Bedeutung sind die günstigen Werte des mit Mineralöl getränkten Papiers. Man kann Betriebsfeldstärken zulassen, welche bei Gleichspannung etwa 50 kV/mm und bei Wechselspannung 20 kV/mm betragen. Der spezifische Durchgangswiderstand dieses Verbundisolierstoffes liegt bei 10^{15} Ω · cm. Man rechnet mit einer Dielektrizitätszahl von 3,5 und einem dielektrischen Verlustfaktor von $3 \cdot 10^{-3}$.

Mit der Dauerbetriebstemperatur geht man jedoch meistens nicht höher als 60°C.

Bei azetyliertem Papier sind die mechanischen Eigenschaften ungünstiger als die des unbehandelten Papiers. Isolationswiderstand, Dielektrizitätszahl, Verlustfaktor und auch die Dauerwärmebeständigkeit sind jedoch besonders günstig; die Dielektrizitätszahl ist kleiner.

Preßspan kann bis zu einer Dichte von 1,4 g/cm^3 hergestellt werden. Die Zugfestigkeit beträgt in Längsrichtung mindestens 60 bis 80 N/mm^2, in Querrichtung 30 bis 50 N/mm^2. Als Durchschlagfestigkeit kann man 8 bis 12 kV/mm angeben. Der dielektrische Verlustfaktor liegt etwas unter 10^{-2}. Für die Brauchbarkeit in der Elektrotechnik ist auch hier die chemische Reinheit ausschlaggebend. Die Leitfähigkeit des wässerigen Auszuges (VDE 0315) soll bei sogenanntem Transformatorenpreßspan höchstens 100, bei Kondensatorenpreßspan höchstens 40 µS/cm betragen.

Einsatzgebiete. Bekannt ist der große Verbrauch von Papier in Fernmeldekabeln. In der Schwachstrom- und Starkstromtechnik wird mit Lack getränktes Papier zu Abdeckungen von blanken Leitern und zur Lagenisolation von Spulen verwendet. Der bedeutendste Einsatz des Papiers ist in Verbindung mit hochwertigen Isolierölen. So hat es sich in Transformatoren, in Hochspannungsdurchführungen, in Leistungs- und Hochspannungskondensatoren und in Ölkabeln ausgezeichnet bewährt. Gerade die besonderen Anforderungen der Hochspannungstechnik werden mit dieser Isolierung in zufriedenstellender Weise erfüllt. Um den Einfluß möglicher Fehlstellen weitgehend auszuschließen, werden in diesen Fällen fast immer mehrere Lagen eines dünnen Papiers genommen.

Ein größerer Einsatz des qualitativ hochwertigen azetylierten Papiers scheitert noch an der Preisfrage. Preßspan wird für Spulenkörper und im Elektromaschinenbau vornehmlich für die Nutisolation verwendet. Große Mengen gehen als Trennwände, Abstandstücke, Winkelringe und dergleichen in den Transformatorenbau. Die rohrförmigen Wicklungsträger der Großtransformatoren, also die Isolierkörper zwischen Wicklung und Eisenpaket, werden aus Preßspan hergestellt. Wichtig ist auch der Einsatz im Ölkondensator geworden. Dazu hat vor allem die erzielte wesentliche Qualitätsverbesserung beigetragen.

Mit Phenolharz (10.5), Melaminharz (10.6) oder Epoxidharz (10.11) kommt Papier als geschichteter Isolierstoff im sogenannten Hartpapier (VDE 0318) für die verschiedensten Anwendungszwecke zum Einsatz, z.B. für Trennwände von Transformatoren, Unterlagen für gedruckte Schaltungen und dergleichen mehr. Baumwoll- bzw. Hadernpapier hat sich hier wegen der guten Bindung zwischen den Schichten und der dadurch bedingten geringen Wasseraufnahme als besonders geeignet erwiesen. Die auf Papier und Phenolharz aufgebauten kapazitiv gesteuerten Hochspannungsdurchführungen sind mit bestem Erfolg in Betrieb.

7. Substituierte Kohlenwasserstoffe

Zu den künstlich hergestellten organischen Isolierstoffen gehören die substituierten Kohlenwasserstoffe und die Kunststoffe, soweit sie als Isolierstoffe brauchbar sind.

Substituierte Kohlenwasserstoffe sind die gasförmigen fluorierten und chlorierten Kohlenstoffverbindungen und die flüssigen chlorierten Diphenyle.

7.1 Fluorierte und chlorierte Kohlenstoffverbindungen

Werkstoffeigenschaften. Einige chlorhaltige Gase besitzen eine gute Durchschlagfestigkeit, die in gewisser Weise mit der im Molekül vorhandenen Zahl der Chloratome anwächst. Die meisten dieser Verbindungen führen aber zu Korrosion, sind giftig oder aus anderen Gründen ungeeignet.

Dennoch ist das *Difluordichlormethan* (CF_2Cl_2) für die Elektrotechnik von einiger Bedeutung. Es ist farblos, fast geruchlos und wird bei $-29{,}8\,°C$ flüssig. Seine Dichte ist bei Raumtemperatur und Atmosphärendruck 5,55 g/l. Difluordichlormethan ist wie Schwefelhexafluorid elektronegativ und zeichnet sich durch eine hohe Durchschlagfestigkeit aus, welche die der Luft und des Stickstoffs weit übertrifft. Die Dielektrizitätszahl ist 1,014. Normalerweise ist das Gas ungiftig und korrodiert auch nicht. Mit Luft bildet es keine explosiven Gemische. Bis 750 °C ist es chemisch stabil. Oberhalb dieser Temperatur spaltet es aber Chlor ab und kann dann bei Anwesenheit von Sauerstoff bzw. Luft Phosgen ($COCl_2$) bilden. Das gleiche ist natürlich im elektrischen Funken möglich. Bei Anwesenheit von Wasserstoff können Chlorwasserstoff und Fluorwasserstoff entstehen.

Einsatzgebiete. Das Gas wird hauptsächlich als Kühlmittel für Kompressorkühlanlagen verwendet. Da es mit Kompressor und Motor in eine gasdichte Kapsel eingebaut wird, ist es für die Motorwicklung auch als Isolierstoff zu betrachten. Die Betriebsbedingungen liegen bei Temperaturen um 80 °C und Drücken zwischen 2,5 und 4 bar. Unter solchen Verhältnissen werden viele Isolierstoffe von Difluordichlormethan angegriffen. Deren Einsatzmöglichkeit im Motor ist also sorgfältig zu prüfen [71]. Diese Schwierigkeiten sind übrigens bei *Chlordifluormethan* ($CHClF_2$), das bei $-40{,}8\,°C$ flüssig wird und deshalb gelegentlich für höhere Kälteleistungen verwendet wird, noch größer. Versuchsweise sind derartige Gase in Verbindung mit Polyäthylen in Innendruckkabeln in Betrieb [72].

7.2 Chlorierte Diphenyle

Als flüssige Isolierstoffe haben heute die chlorierten Diphenyle größte Bedeutung.

Chemische Zusammensetzung. Es handelt sich um wasserhelle Flüssigkeiten von dünnflüssiger bis sirupartiger Konsistenz, die aus dem Diphenyl dadurch gewonnen werden, daß zwei bis fünf Wasserstoffatome je Molekül durch Chloratome ersetzt werden. So entsteht Di-, Tri-, Tetra- oder Pentachlordiphenyl. Trichlordiphenyl hat beispielsweise die Formel $C_{12}H_7Cl_3$ und Pentachlordiphenyl die Formel $C_{12}H_5Cl_5$. Dementsprechend liegt der Chlorgehalt im ersten Falle bei 42 und im zweiten Falle bei 54%.

Werkstoffeigenschaften. Die Dichte der chlorierten Diphenyle ist, durch den hohen Chlorgehalt bedingt, verhältnismäßig hoch; sie liegt zwischen 1,4 und 1,55 g/cm³. Ihre dynamische Viskosität ist ebenfalls vom Chlorgehalt abhängig und beträgt bei Raumtemperatur 0,15 Pa·s für Trichlordiphenyl und 8 Pa·s für Pentachlordiphenyl. Um zur Erleichterung des Kühlmittelumlaufs in Transformatoren die Viskosität des Pentachlordiphenyls weiter herabzusetzen, wird meistens noch Trichlorbenzol ($C_6H_3Cl_3$) zugesetzt, womit man dann bei 20°C eine Viskosität von 0,06 und bei 90°C von 0,004 Pa·s erreicht. Beim Abkühlen nimmt die Viskosität zu und die Flüssigkeit geht in einen glasartigen Zustand über. Der Stockpunkt (nach DIN 51583) liegt für Trichlordiphenyl bei −21°C und für Pentachlordiphenyl bei 6°C. Für die Papierimprägnierung und die Betriebsweise sind das wichtige Werte.

Die Durchschlagfestigkeit des Pentachlordiphenyls beträgt in dem Temperaturbereich von 20 bis 120°C etwa 20 kV/mm. Sie steigt kontinuierlich zu tiefen Temperaturen hin an, um bei −20°C steil abzufallen [73]. Dieser Abfall ist theoretisch allerdings nicht begründet; er ist offenbar auf Rißbildung der erstarrenden Flüssigkeit zurückzuführen. Der spezifische Durchgangswiderstand beträgt 10^{14} bis 10^{15} $\Omega \cdot$ cm. Infolge der elektronegativen Wirkung der Chloratome und des dadurch bedingten polaren Aufbaus des Moleküls besitzen die Chlordiphenyle eine verhältnismäßig hohe Dielektrizitätszahl. Sie liegt bei 20°C zwischen 5,0 und 5,6. Da sie nahe an die des Papiers (6.8) herankommt, ergibt sich für das Ölpapierdielektrikum mit der Dielektrizitätszahl 5,6 nicht nur eine hoher Wert, sondern gegenüber der Mineralöltränkung auch eine gleichmäßigere Feldverteilung. Das Chlordiphenyl wird deshalb im geschichteten Dielektrikum nicht so stark beansprucht wie das Mineralöl. In Abb. 7.1 ist die Dielektrizitätszahl von zwei Diphenylen bei einer Frequenz von 50 Hz in Abhängigkeit von der Temperatur aufgetragen. Die mit steigender Tempe-

7.2 Chlorierte Diphenyle

ratur beobachtete Abnahme wird durch die zunehmende Behinderung der Dipoleinstellung verursacht (2.2). Durch das Einfrieren der Rotationsbewegung bei tiefen Temperaturen fällt die Dielektrizitätszahl je nach dem Chlorierungsgrad bei etwa -40 bzw. $-10\,°C$ schließlich auf den Wert 2,7.

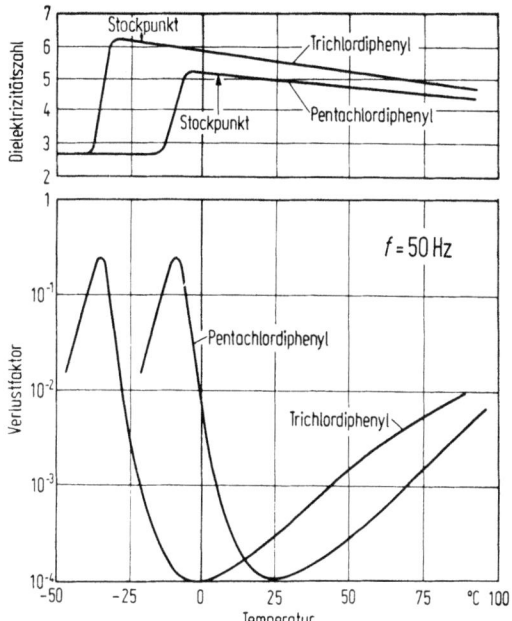

Abb. 7.1. Verlustfaktor und Dielektrizitätszahl chlorierter Diphenyle in Abhängigkeit von der Temperatur.

Der dielektrische Verlustfaktor ist bei Raumtemperatur 10^{-4} bis 10^{-3}. Wie bei allen dipolbehafteten Stoffen ist die Temperaturabhängigkeit durch einen Höchstwert im Bereich der Dispersion der Dielektrizitätszahl charakterisiert, wie in Abb. 7.1 ebenfalls dargestellt ist [74]. Aus dieser Darstellung sowie aus Abb. 7.2 und Abb. 7.3 ist weiter zu ersehen, daß sich die Dispersionskurven mit der höheren Chlorierung zu höheren Temperaturen und zu höheren Frequenzen hin verschieben [74]. Für Pentachlordiphenyl

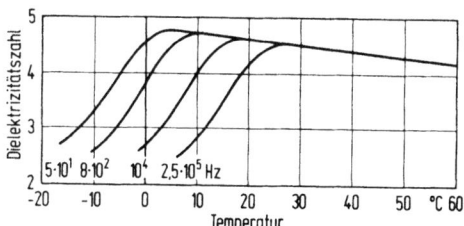

Abb. 7.2. Dielektrizitätszahl von Pentachlordiphenyl in Abhängigkeit von der Temperatur bei verschiedenen Frequenzen.

liegt die Mitte des Übergangsbereiches für 50 Hz etwa 14 K unterhalb und für 100 kHz etwa 8 K über der Einfriertemperatur. Bei höherer Frequenz reichen die Dispersionskurven bald in das Gebiet der Raumtemperatur hinein. Für das getränkte Papierdielektrikum wird im Betriebsbereich ein Verlustfaktor von 2 bis $3 \cdot 10^{-3}$ gemessen.

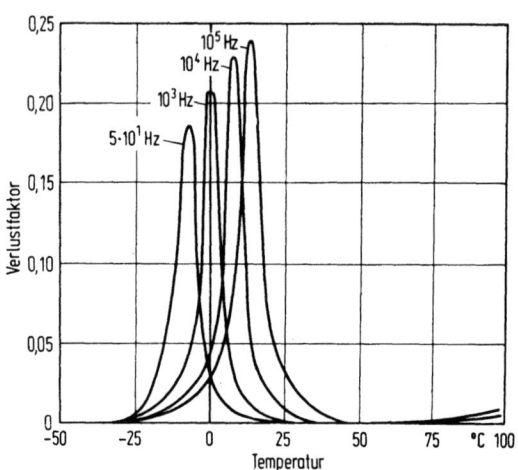

Abb. 7.3. Verlustfaktor von Pentachlordiphenyl in Abhängigkeit von der Temperatur bei verschiedenen Frequenzen.

Die Wärmeleitfähigkeit der chlorierten Diphenyle beträgt 0,096 W/Km. Sie haben eine hohe Verdampfungswärme und sind damit flammwidrig. Im Gegensatz zu den Mineralölen besitzen sie keinen Flammpunkt. Der Dampf unterhält die Verbrennung nach Entfernung der Zündquelle nicht. Die Chlordiphenyle sind nicht explosionsgefährlich. Durch den Lichtbogen werden sie allerdings zersetzt, was Schwierigkeiten machen kann. Es wird Kohlenstoff in Form feinen Rußes ausgeschieden, der zwar kaum stört. Es bilden sich aber Gase, die, wie aus Tabelle 6.2 hervorgeht, zum überwiegenden Teil aus Chlorwasserstoff bestehen. Es werden daher meistens noch Mittel zugegeben, welche sich lösende Bestandteile und die bei Glimmentladungen entstehenden schädlichen Gase absorbieren und damit neutralisieren sollen. Als solche Stabilisatoren werden in der Regel Epoxide verwendet. Freies Chlor tritt nicht auf.

Im normalen Betrieb sind Chlordiphenyle äußerst beständig. Sie sind oxydationsfest und zeigen keine Alterung. Metalle werden nicht angegriffen. Anderseits haben sie aber ein hohes Lösevermögen für organische Stoffe, was beachtet werden muß. Diese können gelöst oder angequollen, also schwer beschädigt werden. Drahtlacken ist besondere Aufmerksamkeit zu widmen. Auch durch Verunreinigungen in Papier und Preßspan können spezifischer Widerstand und Verlustfaktor der Isolierflüssigkeit

7.2 Chlorierte Diphenyle

stark beeinträchtigt werden [75]. Dabei wirkt Trichlordiphenyl nachhaltiger als Pentachlordiphenyl. Werden also auch feste Isolierstoffe eingesetzt, so sind ihre Sauberkeit und ihre Verträglichkeit mit Chlordiphenyl sorgfältig zu prüfen. Sauberes Papier und sauberer Preßspan jedenfalls machen heute nicht die geringsten Schwierigkeiten.

Physiologisch sind die chlorierten Diphenyle leider nicht unbedenklich. Durch geeignete Maßnahmen muß daher bei der Verarbeitung und im Einsatz verhindert werden, daß sie über die Atemwege oder in flüssiger Form durch die Haut in den menschlichen Körper gelangen. Sie sind daher nur in geschlossenen Systemen verwendbar. Schließlich dürfen ausgediente Geräte, die damit ausgestattet waren, nicht ohne weiteres auf Müllplätzen abgeladen werden.

Einsatzgebiete. Die chlorierten Diphenyle sind bei weitem die wichtigsten synthetischen Flüssigkeiten, die in der Elektrotechnik eingesetzt werden. Sie dienen als Isolier- und Kühlflüssigkeit für Transformatoren und als Dielektrikum für Kondensatoren.

Die damit gefüllten Transformatoren eignen sich besonders für feuergefährliche Betriebe. Wo baupolizeilich der Einbau von Öltransformatoren untersagt oder mit kostspieligen Auflagen verbunden ist, bewährt sich der mit chlorierten Diphenylen gefüllte Transformator. Er kann ohne Gefahr in Verbrauchsschwerpunkten aufgestellt werden und erspart Energieverluste in langen Niederspannungskabeln. Er wird damit wirtschaftlich, obwohl der Anschaffungspreis 30% über dem des Öltransformators liegt. Da die Isolierflüssigkeit im betriebswarmen Zustande des Transformators etwas verdampft, wird das Ausdehnungsgefäß des Transformators heute luftdicht verschlossen. Der Kesseldruck wird durch ein Kontrollgerät, das bei 1,25 bis 1,5 bar anspricht, überwacht. Da die chlorierten Diphenyle alterungsbeständig sind, braucht die Füllung des Transformators nicht gewartet oder erneuert zu werden. Nur wenn sie verschmutzt oder infolge eines Durchschlags unbrauchbar geworden sein sollte, muß sie regeneriert werden, was durch eine Behandlung mit Bleicherde ohne weiteres möglich ist.

In Starkstromkondensatoren bringt die Tränkung der Papierlagen mit einem chlorierten Diphenyl gegenüber der Mineralöltränkung eine Erhöhung der Dielektrizitätszahl von etwa 30%, wodurch man ein kleineres Volumen erzielt. Außerdem ist wegen der gleichmäßigeren Feldverteilung auch die Glimmeinsatzspannung eines solchen Kondensators wesentlich höher als beim Ölpapierkondensator gleicher Bauart. Darüber hinaus setzen die Teilentladungen mit fallender Spannung bald wieder aus, während sie beim Ölpapierdielektrikum zu weit tieferen Spannungen hin anhalten. So können in solchen Kondensatoren auch höhere Betriebsfeldstärken zugelassen werden, was die spezifische Nutzkapazität nochmal vergrößert.

Das Betriebsverhalten des Kondensators hat, insbesondere bei tiefen Temperaturen, einige weitere Eigenheiten [76]. Es kann sein, daß er sich bei niedriger Außentemperatur gar nicht sehr abkühlt, da das Dielektrikum mit sinkender Temperatur in den ansteigenden Ast der Verlustfaktorkurve gerät, was höhere Verlustwärme und damit eine Selbstaufheizung des Kondensators bedeutet. Darüber hinaus hat man mit folgenden Schwierigkeiten zu rechnen. Die Chlordiphenyle schwinden beim Gefrieren. Im Wickel des Kondensators können sich dann Hohlräume bilden, in denen Glimmentladungen auftreten, welche das Dielektrikum im Laufe der Zeit zerstören. Ferner können beim Wiederauftauen mechanische Spannungen auftreten, welche den Papierwickel zerreißen. Die Verlustleistung ist ja beim Durchlaufen des Dispersionsgebietes sehr hoch, wodurch sich das Innere des Wickels sehr schnell erwärmt. Die äußeren Lagen sind zunächst noch starr und werden in diesem Zustande übermäßig beansprucht. So sollen also die kritischen Temperaturgrenzen nicht unterschritten werden. Freiluftkondensatoren, die bei tiefen Außentemperaturen betrieben werden, müssen daher mit niedrig chlorierten Diphenylen, die bei den vorkommenden Temperaturen nicht einfrieren, getränkt werden.

Auch für Mittelfrequenzkondensatoren muß man eine niedrigchlorierte Type verwenden, um nicht schon bei normalen Temperaturen in den Bereich des Höchstwertes der dielektrischen Verluste zu geraten. In letzter Zeit wird das Trichlordiphenyl oft bevorzugt, wobei auch die etwas höhere Dielektrizitätszahl einen gewissen Ausschlag gibt.

Aus den elektrischen Eigenschaften der chlorierten Diphenyle ergibt sich eindeutig, daß der Betriebsbereich oberhalb des Stockpunktes für die Arbeitsweise eines Kondensators am günstigsten ist. Er muß außerdem im unteren Teil des rechten Astes der Verlustfaktorkurve (Abb. 7.3) liegen.

Der Hauptverbrauch der Chlordiphenyle liegt bei den Wechselspannungskondensatoren, genauer gesagt bei den Phasenschiebern für Netzfrequenz, deren Betriebsfeldstärke heute etwa 20 kV/mm beträgt. Man baut sie in genormten Einheiten, die hintereinandergeschaltet werden. Solche Leistungskondensatoren besitzen keine Ausdehnungsgefäße. Die durch die Temperaturschwankungen bedingten Volumenänderungen werden durch die elastischen Wände des Gehäuses aufgenommen. Für den Einsatz in den sogenannten MP-Kondensatoren kommen Chlordiphenyle nicht in Betracht, da der beim Ausbrand der Schwachstellen entstehende Chlorwasserstoff nicht unbedenklich wäre.

8. Halogenfreie synthetische Öle

Die Kunststoffe sind in der Elektrotechnik heute von besonderer Bedeutung. Mengenmäßig übertreffen die unter die Kunststoffe einzureihenden Isolierstoffe alle anderen um ein Mehrfaches. Versucht man sie in ein Schema einzuordnen, so liegt es nahe, hier der chemischen Verfahrenstechnik zu folgen und zwischen den abgewandelten Naturstoffen, den Polymerisaten, den Polykondensaten und den Polyaddukten zu unterscheiden. Dennoch ist es sinnvoller, dieses Werkstoffgebiet nach den für die Beurteilung weitaus wichtigeren anwendungstechnischen Gesichtspunkten zu behandeln. Da der Aggregatzustand der Kunststoffe eine Frage des molekularen Aufbaues ist, können sie grundsätzlich in flüssiger oder fester Form vorliegen. Gasförmige Kunststoffe sind ihrer Natur nach nicht möglich. Es ist daher nützlich, zunächst die flüssigen von den festen Isolierstoffen zu trennen.

Die hochpolymeren festen Isolierstoffe werden entsprechend ihrem mechanischen Verhalten zweckmäßig in drei Gruppen behandelt. Dazu gehören die thermoplastischen Isolierstoffe, die gehärteten (duromeren) Isolierstoffe und die Elastomere (DIN 7724)[1]. Die nach dem Herstellungsverfahren aufgebaute Einteilung wird zweckmäßigerweise als Untergliederung gewählt. In dieser Darstellung ist allerdings nicht zu vermeiden, daß einige wenige Werkstoffe mehrmals aufgeführt werden. So ist die Tabelle 8.1 entstanden, die alle als Isolierstoffe in Betracht kommenden Kunststoffe enthält.

Bei den flüssigen Isolierstoffen dieser Art handelt es sich um das Polymerisationsprodukt Polyisobutylen und das Silikonpolykondensat.

8.1 Polyisobutylen

Isobutylen hat seinen Siedepunkt bei $-6,9\,°C$, ist also bei Raumtemperatur gasförmig. Es ist brennbar und bildet mit Luft explosive Gemische.

---

[1] Es ist vorgeschlagen worden, auch noch zwischen Elastomeren und Thermoelasten zu unterscheiden, wobei die Raumtemperatur für den Beginn des gummielastischen Verhaltens nach oben bzw. unten eine Grenze darstellen soll.

Tabelle 8.1. Kunststoffe als Isolierstoffe der Elektrotechnik

	Flüssige Isolierstoffe	Thermoplastische Kunststoffe	
Abgewandelte Naturstoffe		Zelluloseabkömmlinge	Zellulosehydrat Zellulosenitrat Zelluloseazetat Zellulosepropionat Zelluloseazetobutyrat Äthylzellulose Benzylzellulose
Polymerisate und Mischpolymerisate	Polyisobutylen		Polyäthylen Äthylenvinylazetat-Mischpolymerisat Polypropylen Polybuten Polymethylpenten Polystyrol und Styrolmischpolymerisate Polyvinylchlorid Polyvinylidenchlorid Polyvinyläther Polyvinylkarbazol Polytetrafluoräthylen Tetrafluoräthylenhexafluorpropylen-Mischpolymerisat Polychlortrifluoräthylen Äthylentetrafluoräthylen-Mischpolymerisat Perfluoralkoxy Polyphenylensulfid Polyazetal Polymethakrylsäureester
Polykondensate	Silikonöl		Polyamid Polyäthylenterephthalat Polybutylenterephthalat Polykarbonat Polybenzoxazindion Polyphenylenoxid Polysulfon Polyimid Polyesterimid und Polyamidimid Polyhydantoin
Polyaddukte			Phenoxyharz

8.1 Polyisobutylen

Feste Isolierstoffe			
Gehärtete Kunststoffe (Duromere)	Elastomere		
	Kautschuk-erzeugnisse	Naturgummi Kautschukhydrochlorid Chlorkautschuk Zyklokautschuk	
Polyesterharz Diallylphthalatharz Cyanatharz	Polyisopren Polyisobutylen Butylgummi Styrolbutadiengummi Chloroprengummi Äthylenpropylen-Mischpolymerisat bzw. Terpolymerisat Äthylenvinylazetat-Mischpolymerisat Chloriertes bzw. chlorsulfoniertes Polyäthylen		
Alkydharz Phenolharz Melaminharz Harnstoffharz Silikonharz	Silikongummi		
Polyimid Polyurethan Epoxidharz	Polyurethan		

Molekülstruktur. Die Molekülstruktur ist in Abb. 8.1 skizziert. Das Molekulargewicht des monomeren Isobutylens beträgt demnach 56,1. Das der dünnflüssigen Polyisobutylenöle liegt bei 300, das der viskoseren Öle entsprechend höher.

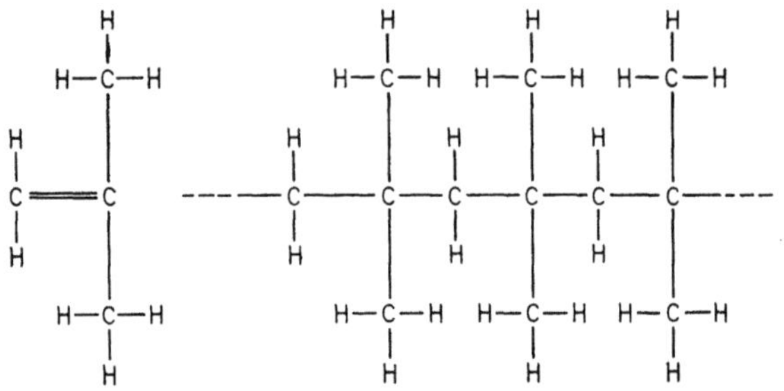

Abb. 8.1. Molekülstruktur des Isobutylens und des Polyisobutylens (PIB).

Herstellung. Polyisobutylen entsteht aus dem Isobutylen durch Polymerisation bei Temperaturen zwischen 0 und $-164\,°C$. Für die Herstellung gibt es zahlreiche Verfahren, die diskontinuierlich, halbkontinuierlich oder kontinuierlich arbeiten, und zwar meistens drucklos [26*].

Eigenschaften. Die Polymere sind je nach Polymerisationsgrad sehr verschieden. Die niederen Polymerisationsstufen des Polyisobutylens sind ölartige Flüssigkeiten. Die Eigenschaften eines solchen dünnflüssigen Polyisobutylens sind in Tabelle 8.2 wiedergegeben. Es ist schließlich wasserunempfindlich und auch die Alterungsbeständigkeit befriedigt bei nicht zu hohen Temperaturbeanspruchungen.

Tabelle 8.2. Eigenschaften der flüssigen Isolierstoffe Polyisobutylen und Silikonöl

Eigenschaften	Einheit	Polyisobutylen	Silikonöl
Dichte	g/cm³	0,82 bis 0,87	0,96 bis 0,97
Dynamische Viskosität	Pa · s	0,1 bis 10	0,01 bis 10
Durchschlagfestigkeit	kV/mm	15	10
Spezifischer Durchgangswiderstand	Ω cm	10^{14}	10^{15}
Dielektrizitätszahl (1 MHz)		2,2	2,8
Dielektr. Verlustf. (1 MHz)		10^{-3}	$2 \cdot 10^{-4}$
Wärmeleitfähigkeit	W/Km	0,17	0,16
Kubische Wärmedehnzahl	10^{-6}/K	800	1000
Flammpunkt	°C	140 bis 200	>300
Dauerwärmebeständigkeit	°C	85	150
Dampfdruck (23°C)	bar	$5 \cdot 10^{-7}$	10^{-8}
Oberflächenspannung	mN/m	30	20

8.2 Silikonöl

Einsatzgebiete. Polyisobutylen kann in der Elektrotechnik als Isolieröl und in Verbindung mit Papier für Kabel und Starkstromkondensatoren verwendet werden. Tränkt man Papier mit Polyisobutylen, so erreicht man Durchschlagfeldstärken von 80 bis 150 kV/mm. Außerdem ist die zulässige Betriebstemperatur gegenüber der Mineralöltränkung von 70 auf 85 °C angehoben. So werden u.a. sogenannte MP-Kondensatoren hergestellt, für deren Wickel die Papierlage, bzw. eine Lage des oft mehrlagig verwendeten Papiers, einseitig mit Zink bedampft wird. Polyisobutylen dient ferner zur Verbesserung von Kabelfüllmassen. Der Preis ist allerdings etwa siebenmal so hoch wie der von Mineralöl.

8.2 Silikonöl

In den Silikonen ist Silizium mit organischen Resten verknüpft. Da Silizium wie der Kohlentoff vierwertig ist, ermöglicht es den Aufbau ähnlich vielfältiger Makromoleküle wie dieser. Genau genommen sind die Silikone als Polyorganosiloxane zu bezeichnen, eine Namensbildung, die auf der Formulierung der Si—O—Si-Bindung als Siloxanbindung beruht [27*]. Das Silizium kann in diesen an eine, zwei oder drei organische Gruppen gebunden sein. Diese aus Silizium, Sauerstoff und organischen Resten aufgebauten Einheiten werden als Siloxaneinheiten der Polymere bezeichnet. Da sie sehr verschieden sein können und somit sehr verschiedene Siloxaneinheiten im Molekül miteinander verbunden werden können, ergibt sich eine große Mannigfaltigkeit der Verbindungstypen. Der Vielzahl entsprechend liegen die Silikone als flüssige, harzartig feste und gummielastische Erzeugnisse vor. Man spricht von Silikonölen, Silikonharzen und Silikongummi.

Molekülstruktur. Die Silikonöle sind linearpolymere Siloxane, deren organische Gruppen Methyl- oder Phenylreste, also die Gruppen CH_3 oder C_6H_5, sein können. Die für die Elektrotechnik verwendbaren flüssigen Silikone sind, wie Abb. 8.2 darstellt, fast ausschließlich methylsubstituiert. Die Kettenlänge kann recht verschieden sein. Es ist zu beachten, daß eine einheitliche Molekülgröße und damit ein einheitliches Molekulargewicht nicht herzustellen ist. Dies wird sich vielmehr über einen gewissen Bereich verteilen. Die durchschnittliche Zahl der Siloxaneinheiten je Mole-

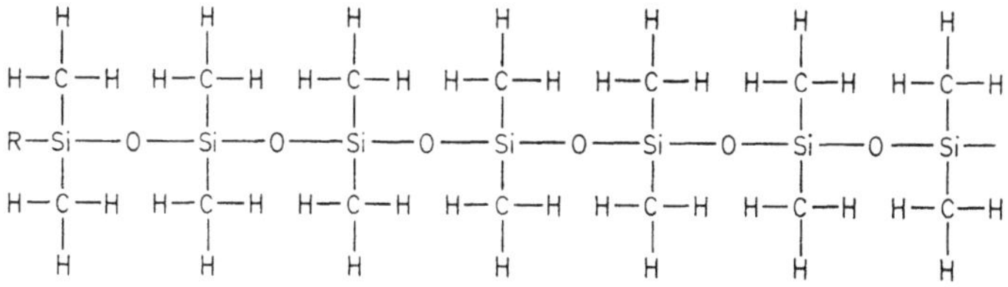

Abb. 8.2. Molekülstruktur des Methylpolysiloxans.

kül ist etwa 50 bis 800. Die Molekulargewichte liegen dann zwischen 3700 und 60000.

Herstellung. Bei der Herstellung von Polyorganosiloxanen geht man gewöhnlich von monomeren Organosiliziumverbindungen aus. Die Gewinnung der monomeren Vorprodukte ist der weitaus schwierigste Teil des gesamten Herstellungsverfahrens. Er ist sehr komplex und für den Elektrotechniker ohne besonderes Interesse, so daß hier nicht darauf eingegangen werden soll. Die Herstellung des Polymeren wirft heute keine besonderen Probleme auf.

Eigenschaften. Silikonöle sind wasserhelle klare Flüssigkeiten ohne Geruch und Geschmack. Ihre Betriebseigenschaften werden weitgehend durch den Kondensationsgrad bestimmt. Sie sind in Tabelle 8.2 denen des Polyisobutylens gegenübergestellt. Die Dichte der Silikonöle fällt mit der Temperatur etwa linear von 1,03 bei $-40\,°C$ bis 0,84 bei $175\,°C$. Die Viskosität kann, je nach Kondensationsgrad, sehr unterschiedlich sein. Ihre Temperaturabhängigkeit ist, wie aus Abb. 8.3 hervorgeht, wesentlich geringer als bei den Mineralölen. Sie zeichnen sich außerdem dadurch aus, daß sie innerhalb eines weiten Temperaturbereiches flüssig bleiben. Der Stockpunkt liegt bei $-50\,°C$.

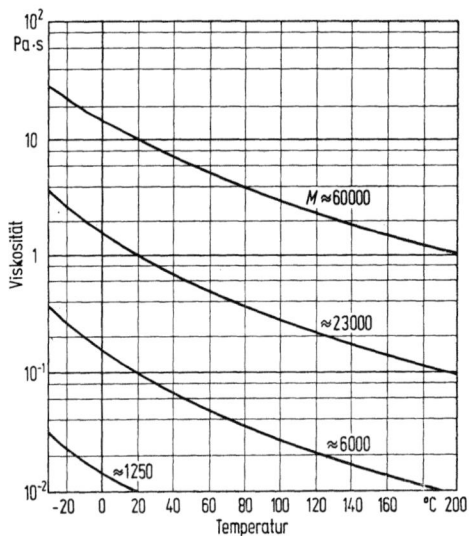

Abb. 8.3. Temperaturabhängigkeit der Viskosität von Methylsilikonölen verschiedener Molekulargewichte.

Die Silikonöle sind hochwertige Isolierflüssigkeiten. Die Dielektrizitätszahl fällt mit der Temperatur von dem Wert 2,8 kontinuierlich, um bei $200\,°C$ den Wert von 2,3 zu erreichen. Der Verlustfaktor bewegt sich in dem gesamten Temperaturbereich von 0 bis $200\,°C$ und in dem großen

Frequenzbereich von 10^2 bis 10^7 Hz zwischen 1 und $2 \cdot 10^{-4}$. Daß sich alle diese Werte wie gezeigt mit Temperatur und Frequenz wenig ändern, ist für die Anwendungstechnik besonders wichtig.

Unter dem Einfluß energiereicher Strahlung werden die Moleküle der Silikonöle teils vernetzt, teils abgebaut. Da die Vernetzung den Abbau überwiegt, erhöht sich die Viskosität, bis schließlich eine Gelierung eintritt.

Selbst in Gegenwart von Luft sind die Öle bis zu Temperaturen von 150°C praktisch unbegrenzt beständig. Von Bedeutung ist auch der geringe Dampfdruck, der bei 23°C in der Größenordnung von 10^{-5} und beispielsweise bei 100°C von 10^{-4} mbar liegt. Für die Verwendung in der Elektrotechnik ist ebenfalls wichtig, daß im Falle eines Brandes als Hauptverbrennungsrückstand Siliziumdioxid entsteht, welches im Gegensatz zu Kohlenstoff nicht leitend ist.

Die Silikonöle haben eine sehr geringe Oberflächenspannung. Da Wasser eine solche von $72,8 \cdot 10^{-2}$ mN/m hat, ergibt sich eine hohe Grenzflächenspannung gegenüber Wasser. Das heißt, Silikonöle sind wasserabweisend. Bei Befeuchtung bilden sich voneinander getrennte Tröpfchen, und ein zusammenhängender leitender Film wird verhindert. Silikonöle sind schließlich gegen Wasser, Sauerstoff und viele Chemikalien beständig. Von manchen Laugen und Säuren werden sie allerdings angegriffen. Sie sind löslich in Benzin, Benzol, Toluol, Tetrachlorkohlenstoff, Äthern, Estern und höheren Alkoholen. Die Löslichkeit von Gasen in Silikonöl ist verhältnismäßig hoch. So können in einem Gramm Öl bei Raumtemperatur und Atmosphärendruck 0,19 cm³ Luft, 0,17 cm³ Stickstoff bzw. 1,00 cm³ Kohlendioxid gelöst werden. Physiologisch sind Silikonöle vollkommen unschädlich.

Einsatzgebiete. Silikonöl kann als Isolier- und Tränkflüssigkeit für Kabel und Kondensatoren verwendet werden, wobei es einen breiten Temperaturbereich zuläßt. Aus preislichen Gründen bleibt seine Verwendung allerdings gering. Im Wettbewerb mit dem Mineralöl und den chlorierten Diphenylen ist es unterlegen. Wegen seines wasserabstoßenden Verhaltens werden oft Isolatoren, die einer feuchten Atmosphäre ausgesetzt sind, damit überzogen. Da es sich auf den meisten festen Körpern schnell zu einem Film ausbreitet, ist das in sehr dünner Schicht möglich. Fremdschichten haften auf der Silikonhaut schlechter als auf der Porzellanglasur. Derart behandelte Porzellanisolatoren sind somit frei von Sprüherscheinungen. So wird, da eine durchgehende Benetzung der Isolatoren verhindert wird, auch die Regenüberschlagspannung der Isolatoren wesentlich heraufgesetzt [77]. Ähnlich wirken die aus Silikonöl unter Verwendung von Verdickungsmitteln (z.B. pyrogener Kieselsäure) hergestellten Pasten, die in verschmutzter Atmosphäre auf den Isolatoren Kriechströme und Überschläge verhindern [78, 79]. Die Schmutzteilchen werden eingehüllt und damit voneinander und von der Feuchtigkeit auf der Isolatoroberfläche isoliert.

9. Thermoplastische Isolierstoffe

Das wesentliche Merkmal aller folgenden künstlich hergestellten Isolierstoffe ist der hochmolekulare Aufbau; die Moleküle dieser Werkstoffe setzen sich aus einer großen Anzahl kleiner Bausteine zusammen. Aus Tabelle 8.1 geht hervor, wie viele Kunststoffe heute für die Elektrotechnik in Betracht kommen. Es handelt sich dabei um Stoffe der verschiedensten chemischen Zusammensetzung mit den verschiedensten Eigenschaften und damit auch für die verschiedensten Anwendungsgebiete. Sie werden von der chemischen Industrie als halbfertiges Erzeugnis in granulierter, pulvriger, flockiger, stückiger oder auch flüssiger Form dem Verarbeiter angeboten, der daraus dann Bauteile, Umgüsse, Beschichtungen und dergleichen herstellt; Isolierungen mit konstruktiv fast unbeschränkten Möglichkeiten. Dafür hat sich im Laufe der Jahre eine vielseitige Fertigungstechnik entwickelt.

Thermoplaste sind nichtvernetzte Werkstoffe dieser Art, die sich bei niederen Temperaturen stahlelastisch[1] verhalten und bei Temperaturen unterhalb ihrer Zersetzungstemperatur viskos fließen. Sie werden teils in Spritzgießmaschinen, teils in Schneckenpressen (Extrudern) verarbeitet. Die Spritzgießmaschinen wärmen das Granulat zunächst an und durchkneten es, verwandeln es damit in eine heiße, zähflüssige homogene Masse, die dann in ein geeignetes Formwerkzeug eingespritzt wird. Nach der in dem verhältnismäßig kühlen Werkzeug stattfindenden Erstarrung kann das fertige Teil entnommen werden. Folien, Platten und Profile werden in ähnlicher Weise im Strangpreßverfahren hergestellt, Fasern aus der Spinndüse gespritzt. Das Blasen von Hohlkörpern, das Warmformen, das Wirbelsintern und schließlich für bestimmte Anwendungsfälle sind das Gieß- und das Tauchverfahren zu erwähnen.

9.1 Zellulosehydrat

Die ersten Kunststoffe, die für die Elektrotechnik Bedeutung erlangt haben, sind abgewandelte Naturstoffe. Die Zellulose, die man aus Baumwolle und Holz erhält, und der Kautschuk sind die Grundlage.

Die Zelluloseabkömmlinge werden durch Umwandlung der bereits in makromolekularem Zustande vorliegenden Zellulose gewonnen [28*].

---

[1] Man sollte hier besser „energieelastisch" sagen.

9.1 Zellulosehydrat

Der Baustein der Zellulose ist die Glukose ($C_6H_{12}O_6$), ein Kohlehydrat. Bei der Verbindung der Moleküle zum Zellulosemolekül fallen zwei Wasserstoffatome fort, so daß ein Kettenmolekül von der Formel $[C_6H_{10}O_5]_n$ bzw. $[C_6H_7O_2(OH)_3]_n$ entsteht. Auf je sechs Kohlenstoffatome enthält es also drei Hydroxylgruppen, und diese sind für die Reaktionsfähigkeit der Zellulose verantwortlich. Von den Zelluloseabkömmlingen sind das Zellulosehydrat, die Zelluloseester und die Zelluloseäther als Isolierstoffe zu nennen.

In seiner chemischen Zusammensetzung unterscheidet sich das Zellulosehydrat nicht von der natürlichen Zellulose. Es zeigt die gleichen chemischen Reaktionen. Lediglich der physikalische Aufbau ist ein anderer. Durch einen Umlösungsvorgang ist an Stelle der weitgehend parallelen Anordnung der Fadenmoleküle eine netzartige Struktur getreten. Das erreicht man durch die sogenannte Quellungsreaktion, durch das Viskoseverfahren und (für die Elektrotechnik allerdings von geringerer Bedeutung) durch das Kupferoxidammoniakverfahren.

Quellungsreaktion. Wird Zellulose mit Schwefelsäure oder Zinkchlorid behandelt, so quillt die Faser. Gleichzeitig verkürzt sie sich auf etwa ein Viertel ihrer Länge. Das Kristallgitter der Zellulose verschiebt und erweitert sich. Entgegen früheren Anschauungen ist dieser Vorgang rein physikalischer Natur. Wird die Zellulose nach dieser Behandlung ausgewaschen und getrocknet, so liegt sie in Form der sogenannten Hydratzellulose vor. Solche Verfahren zur Herstellung von Pergamentpapier und Vulkanfiber sind schon seit weit über hundert Jahren bekannt.

Herstellung. Als Rohstoff für die Herstellung von Vulkanfiber dient ungeleimtes Papier. Dies ist meistens Hadernpapier, dem aber auch Natronzellstoff zugemischt wird. Das Papier muß frei von Verunreinigungen sein. Es darf keine Mittel zu Erhöhung der Naßfestigkeit enthalten. Das Quadratmetergewicht beträgt 60 bis 150 g/m². Das Papier wird als Bahn von der Lieferrolle abgezogen und langsam durch die angewärmte siebzigprozentige Zinkchloridlösung geführt, wo die Faser zur Quellung kommt. Die ursprünglich weichen Zellstoffasern werden dabei hornartig und verkleben miteinander. Das auf diese Weise behandelte Papier wird nun unter dem Druck einer beheizten Gegenwalze auf eine ebenfalls beheizte Trommel von mehreren Metern Durchmesser gewickelt. Dabei verfilzen (verschweißen) die gequollenen Fasern der einzelnen Bahnen so stark, daß die Papierschichten in dem Enderzeugnis nicht mehr zu erkennen sind. Man wickelt so lange auf, bis die gewünschte Schichtstärke erreicht ist. Dann wird der Trommelbelag aufgeschnitten und ausgelegt. Manchmal wird er anschließend mit einer Lösung aus Ätznatron behandelt. Die pergamentierten Platten packt man darauf in Stapeln übereinander und läßt sie so ein bis mehrere Tage liegen. Es tritt eine Nachpergamentierung ein. Die Platten kühlen langsam ab und schrumpfen. Es folgt eine Waschbehandlung, die einige Wochen dauern kann. Von der Sorgfalt beim Waschen hängen die elektrischen Eigenschaften ab. Nach dem sich anschließenden Trocknen werden die Platten in einer Presse gerichtet. Zum Schluß liegt ein zäher, ziemlich isotroper Werkstoff vor. Weiße Platten, die aus Baumwollinters hergestellt werden, sind nach dem Trocknen noch zu bleichen. Ähnlich werden Rohre hergestellt. Anstatt auf einen Zylinder wickelt man auf einen Dorn mit dem gewünschten Durchmesser auf. Schließlich gibt es heute eine kontinuierliche Herstellung von Vulkanfiberbahnen. Ist die Vulkanfiber für die Verwendung in der Elektrotechnik vorgesehen, so ist die Fertigung so zu führen, daß das Erzeugnis nicht mehr als 0,04% Chlorzink ($ZnCl_2$) enthält.

Verarbeitung. Vulkanfiber läßt sich mechanisch gut bearbeiten. Dabei muß man die Schichtstruktur beachten. Bis zu 2,5 mm Dicke können Platten auf der Schlagschere geschnitten werden; bis zu 4 mm können Rollmesser verwendet werden. Auch Stanzen und Lochen ist ohne Schwierigkeit möglich. Gesägt wird bis zu einer Dicke von 25 mm auf der Kreissäge. Darüber verwendet man Bandsägen mit geschränkten Sägeblättern, die scharf geschliffene Zähne haben müssen. Man kann auch hobeln und fräsen. Gedreht wird auf schnellaufenden Drehbänken ohne Flüssigkeitskühlung. Zum Bohren werden steilgängige Spiralbohrer benutzt. Vulkanfiber läßt sich auch biegen; am leichtesten, wenn die Biegekante in Faserrichtung liegt. Stärkere Platten werden vorher in Wasser getaucht und mit geheiztem Werkzeug gebogen. Vulkanfiber läßt sich auch weitgehend drücken und ziehen sowie kleben.

Werkstoffeigenschaften. Vulkanfiber [28*] ist meistens naturfarben grau, manchmal, wie gesagt, auch weiß, sonst aber schwarz oder rot gefärbt. Tabelle 9.1 enthält die wichtigsten Werkstoffeigenschaften. Da bei dem Papier die Fasern, durch die Fertigung bedingt, orientiert sind, besitzt auch die Vulkanfiber unterschiedliche Werte in den drei Hauptrichtungen; die mechanischen sind quer zur Faserrichtung immer schlechter als in Längsrichtung. Besonders gut ist die Schlagzähigkeit; der Werkstoff ist sehr zäh.

Da das verwendete Chlorzink nicht restlos entfernt werden kann, ist Vulkanfiber chemisch nicht ganz rein, und die elektrischen Werte sind dementsprechend ungünstig. Vulkanfiber hat indessen gute lichtbogenlöschende Eigenschaften.

Die Wärmeausdehnung ist vom Feuchtigkeitsgehalt abhängig. So sind auch die temperaturabhängigen Längenänderungen kleiner als die, welche durch Feuchtigkeit hervorgerufen werden. Die Brennbarkeit ist gering. Leider ist Vulkanfiber ziemlich hygroskopisch. Schon bei Normalklima beträgt der Feuchtigkeitsgehalt 8 bis 9%. Gegen Öl, Benzin, Benzol,

9.1 Zellulosehydrat

Alkohol und andere Lösemittel ist Vulkanfiber beständig. Angegriffen wird sie von Flußsäure, Salzsäure und Natronlauge.

Tabelle 9.1. Werkstoffeigenschaften von Vulkanfiber

Eigenschaften	Einheit	
Dichte	g/cm^3	1,2 bis 1,45
Elastizitätsmodul	kN/mm^2	5,5
Biegefestigkeit	N/mm^2	80 bis 90
Schlagzähigkeit	Nmm/mm^2	20 bis 80
Zugfestigkeit	N/mm^2	45 bis 65
Bruchdehnung	%	7 bis 8
Kriechstromfestigkeit		KA 1
Durchschlagfestigkeit	kV/mm	5
Spezifischer Durchgangswiderstand	Ω cm	10^8
Dielektrizitätszahl (1 MHz)		4,8 bis 5,8
Dielektr. Verlustf. (1 MHz)		$5 \cdot 10^{-2}$
Formbest. in der Wärme nach Martens	°C	110
Dauerwärmebeständigkeit	°C	105
Wasseraufnahme	g	5

Einsatzgebiete. Vulkanfiber hat in der Elektrotechnik auch heute noch eine gewisse Bedeutung. Sie wird wegen seiner guten Lichtbogenfestigkeit für Funkenlöschkammern eingesetzt. Dabei spielt die Abgabe von Gasen insbesondere von Wasserdampf, die zur Lichtbogenlöschung beitragen, eine wichtige Rolle. Durch Feuchtigkeitsaufnahme regeneriert sich der Werkstoff immer wieder. Aus Vulkanfiber werden ferner Nutverschlußkeile, Klemmisolatoren, kleine Durchführungen, Spulenkörper und Schalterteile hergestellt. Wegen der leichten Verarbeitbarkeit und der Möglichkeit, verhältnismäßig dicke Stanzteile vom Band unter gleichzeitiger Verformung herzustellen, wird Vulkanfiber für Massenartikel verwendet. Das hohe Wasseraufnahmevermögen begünstigt leider die Korrosion, was einen größeren Einsatz verbietet.

Viskoseverfahren. Die bedeutendste Zelluloseumsetzung ist die Xanthogenatreaktion bzw. das Viskoseverfahren, das sich daraus entwickelt hat.

Herstellung. Der Zellstoff wird in Flocken oder in Tafelform mit Natronlauge (von 17 bis 21% NaOH) behandelt. Dabei quellen die Fasern und bilden eine Natriumverbindung der Zellulose. Der entstandenen Alkalizellulose wird in hydraulischen Pressen die überschüssige Lauge wieder entzogen. Danach wird die Masse in einem Zerfaserer aufgelockert, bis sie knötchenfrei ist. Man schließt eine Vorreife an; man läßt Sauerstoff zutreten, wodurch ein Kettenabbau erzielt wird. Es folgt die Behandlung mit Schwefelkohlenstoff (CS_2) in druckdicht verschließbaren Sulfidiertrommeln, die sogenannte Xanthogenierung, die einige Stunden dauert. Das erhaltene Zellulosexanthogenat löst man nun in Wasser mit so viel Natronlauge, daß die fertige Viskose einen Natriumhydroxidgehalt von etwa 7% aufweist. Danach wird die Xanthogenatlösung gefiltert, um unvollständig sulfidierte Fasern, Gelkörper und Schmutz zu entfernen. Es folgt eine Nachreife in einem Vakuumkessel, in dem bestimmte Zeiten, Temperaturen und Vakuum einzuhalten sind. Nach ein bis vier Tagen liegt eine von Wasser und Luft freie Masse vor.

Verarbeitung. Aus diesem Zellulosehydrat werden Folien und Fasern hergestellt. Die Folie erzeugt man im allgemeinen dadurch, daß man die Zellulosexanthogenatlösung durch eine Breitschlitzdüse unmittelbar in ein aus Säuren und Salzen bestehendes Fällbad gießt. Man kann aber auch auf eine sich drehende Trommel aufgeben, auf der sich zunächst eine gleichmäßige Viskoseschicht bildet, die erst bei weiterer Drehung in das Fällbad eintaucht. Dort wird sie dann von der Trommel abgezogen. Es folgen Nachbehandlungsbäder. So können Folien bis herab zu 0,02 mm Dicke hergestellt werden. Ähnlich kann man mit einer Ringdüse Schläuche herstellen.

Diese Erzeugnisse bestehen aus reiner Zellulose. Um Geschmeidigkeit und Zugfestigkeit zu verbessern, werden aber oft Weichmacher wie beispielsweise Glyzerin zugegeben. Das kann in einem nachgeschalteten Bad geschehen. Auch werden haftverhindernde Zuschläge und Schlupfmittel erforderlich, welche das Verkleben der einzelnen Lagen auf den Rollen verhindern.

Ebenso wichtig sind die Fasern, die als Kunstfaser und als Zellwolle geliefert werden. Die Viskose wird durch feine Düsen in ein Fällbad gepreßt. Die Bohrungsdurchmesser liegen zwischen 0,05 und 0,1 mm. Die Düsen müssen korrosionsfest sein und werden aus Edelmetall wie Gold, Palladium, Iridium oder Platin hergestellt. Durch die Anzahl der Düsen, die über hundert betragen kann, wird die Zahl der Einzelfäden im Spinnfaden festgelegt.

Die Fadendicke ergibt sich nicht nur aus dem Düsendurchmesser, sondern auch aus der Menge der zugeführten Viskose und der Abzugsgeschwindigkeit. Zur Verbesserung seiner Zugfestigkeit wird der Faden auf dem Wege zur Abzugsvorrichtung üblicherweise gestreckt. Oft läßt man sogar wei-

9.1 Zellulosehydrat

tere mit heißem Wasser gefüllte Verstreckungsbäder folgen. Gesammelt werden die Fäden auf Spindelspulen oder in einer schnell rotierenden Zentrifuge, dem Spinntopf. Im zweiten Falle erhalten sie erzwungenermaßen eine Zwirnung. Zum Waschen stellt man die Spulen bzw. die sogenannten Spinnkuchen aufeinander und durchspült sie abwechselnd mit Wasser, Natriumsulfid (Na_2S) und einer Bleichlauge. Abschließend folgt eine Textilseifenlösung und endlich wird getrocknet und konditioniert, d. h. auf den richtigen Feuchtigkeitsgehalt eingestellt.

Bei Zellwolle werden die Fäden in Strängen zusammengeführt und ungeschnitten über Walzen oder geschnitten über Siebbänder geleitet. Um leicht gekräuselte Fasern zu erhalten, muß die abschließende Trocknung in entspanntem Zustande vorgenommen werden. Um eine möglichst gute Haftung nach dem Verspinnen zu erzielen, versucht man eine möglichst rauhe Oberfläche zu erzeugen. So entstehen kurze Faserbündel von einer gewissen Stapellänge, die wie Baumwollflocken aussehen und in ähnlicher Weise in der Spinnerei zu Garnen versponnen werden.

Werkstoffeigenschaften. Folien aus Zellulosehydrat gehören zu den ältesten in der Elektroindustrie eingesetzten Kunststoffolien. Ihre Zugfestigkeit kann über 80 N/mm^2 liegen. Ein Nachteil ist ihre große Wasseraufnahme. Sie kann bei Raumtemperatur und 50% rel. Luftfeuchtigkeit bis zu 10% Wasser aufnehmen. Man kann aber Folien aus Zellulosehydrat lackieren oder auch mit Isolierstoffolien anderer Art verbinden (kaschieren), wodurch man Verbundfolien mit verbesserten Eigenschaften erhält.

Einsatzgebiete. Die hohe Wasseraufnahme der Folie verbietet oft den Einsatz in der Elektrotechnik. Die Zellwolle kann in der Elektroindustrie genau so wie Baumwolle eingesetzt werden, insbesondere als Gewebe. Wie weit sie wettbewerbsfähig ist, hängt von der Marktlage ab.

Kupferoxidammoniakverfahren. Kupferoxidammoniak ist das bekannteste und einfachste Lösemittel für Zellulose. Die spinnfähige Lösung enthält 11% Zellulose, etwas über 4% Kupfer und 5% Ammoniak. Ihre Viskosität ist wesentlich höher als die der Viskose, was auch die Bearbeitungsverfahren beeinflußt. Abweichend von der Verarbeitung der Viskose läßt man bei diesem Verfahren die Zelluloselösung nicht unmittelbar in das Fällbad eintreten; die Breitschlitzdüse befindet sich etwa 10 mm darüber. So können sich keine koagulierten Teilchen daran festsetzen, und sie ist weniger korrosionsanfällig. Der in das Fällbad eintretende Film läuft zunächst frei hindurch, koaguliert und wird dann von einer großen Trommel geführt. In den folgenden Bädern werden Natriumhydrochlorid und Ammoniak ausgewaschen und das Kupfer herausgelöst. Es schließen sich Waschbäder und ein Weichmacherbad an. Die Trocknung erfolgt auf geheizten Walzen. Die Arbeitsgeschwindigkeit einer solchen Anlage kann bis zu 120 m/min betragen. Die Herstellung von Fäden, die als sogenannte

Kupferkunstfaser bekannt sind, ist ähnlich. So können auch nach diesem Verfahren Folien und Garne hergestellt werden, die für die Elektrotechnik brauchbar sind.

9.2 Zellulosenitrat

Die für die Elektrotechnik wichtigen Zelluloseester werden durch Veresterung der Zellulose mit verschiedenen Säuren hergestellt. Ein solcher Zelluloseester ist das Zellulosenitrat (Kurzzeichen: CN).

Herstellung. Zellulosenitrat entsteht aus der Zellulose bei Behandlung mit Salpetersäure (HNO_3), Schwefelsäure (H_2SO_4) und Wasser. Am besten ist die aus Baumwollinters hergestellte Zellulose für die Weiterverarbeitung zu Nitrozellulose geeignet, wenn an das Erzeugnis qualitative Anforderungen gestellt werden. Man nitriert so weit, bis das Zellulosenitrat 10 bis 12% Stickstoff enthält. Dann wird die Säure in einer Zentrifuge abgeschleudert. Anschließend wird mit reichlich Wasser gewaschen. Die Reste an Säureestern werden durch Kochen in angesäuertem Wasser verseift und damit entfernt.

Die frisch hergestellte Nitrozellulose enthält etwa 50% Wasser, das zur besseren Verarbeitung entfernt bzw. durch Alkohol ersetzt werden muß. So enthält die zur Weiterverarbeitung vorbereitete Nitrozellulose meistens 30% Alkohol und 10% Wasser. Die Faserstruktur der Zellulose ist während der Nitrierung erhalten geblieben. Das vorliegende Zellulosenitrat ist in Alkohol löslich und leicht entzündbar. In höchster Nitrierungsstufe gehört das trockene Zellulosenitrat als Schießbaumwolle zu den wirkungsvollsten Sprengstoffen. Es muß also angefeuchtet aufbewahrt werden.

Um einen thermoplastischen Kunststoff bzw. Isolierstoff zu erhalten, müssen noch passende Weichmacher zugegeben werden, beispielsweise Kampfer. Die Nitrozellulose wird mit dem oder den Weichmachern und weiterem Alkohol gemischt und so lange bearbeitet, bis eine zähe, klebrige Masse entstanden ist. An dieser Stelle läßt es sich auch einfärben. In einem folgenden Arbeitsgang wird unter hohem Druck filtriert. Auf großen beheizten Walzen wird der Alkohol entzogen. Die dabei ausgewalzten Felle werden zu Paketen aufgeschichtet und in allseitig geschlossenen Pressen bei mäßiger Wärme zu einheitlichen Blöcken zusammengepreßt. Von diesen Blöcken werden nach dem Erkalten Stäbe und Tafeln geschnitten oder auch Folien geschält. Um die letzten Reste von Spiritus auszutreiben, folgt ein mehrere Tage dauernder Trockenvorgang. Zum Schluß werden die getrockneten Tafeln in beheizten Etagenpressen bei einem Druck von etwa 10 N/mm² gerichtet und geglättet. Durch geschicktes Zusammenwalzen verschieden gefärbter Felle und durch eine gezielte Verlegetechnik unterschiedlich gefärbter Rohblöcke und Tafeln lassen sich die schönsten Muste-

9.2 Zellulosenitrat

rungen herstellen. Sollen die Zelluloidtafeln eine hochglänzende Oberfläche besitzen, müssen die Bleche, zwischen denen sie gepreßt werden, eine Hochglanzpolitur aufweisen. Rohre werden mit Schneckenpressen hergestellt. Die Arbeitstemperatur ist 80°C.

Verarbeitung. Ein großer Vorteil des so hergestellten Zelluloids, das als Halbzeug in Form von Tafeln, Rollen und Rohren geliefert wird, ist, daß es leicht und vielseitig bearbeitet werden kann. So läßt es sich schneiden, stanzen und sägen. Dabei darf es nicht zu kalt sein. Unterhalb 15°C ist es so spröde, daß die Kanten ausplatzen. Zum Stanzen soll es auf 70°C erwärmt werden. Am wichtigsten ist die spanlose Verformung. Dazu wird es auf 90 bis 100°C in heißem Wasser, in Heizschränken oder auf Heizplatten erwärmt. So kann Zelluloid bequem gebogen werden. Die hohe Dehnbarkeit im plastischen Bereich macht Zelluloid besonders für das Ziehen und Blasen von Hohlkörpern geeignet. Da es leicht verschweißt, lassen sich beispielsweise Hohlkörper leicht zusammensetzen. Mit Lösemitteln (z.B. Azeton) läßt es sich auch gut verkleben. Der Werkstoff läßt sich schließlich an der Schwabbelscheibe oder in der Trommel leicht polieren.

Werkstoffeigenschaften. Zelluloid ist ein zäher, hornartiger Isolierstoff mit thermoplastischem Verhalten. Die Eigenschaften, welche die erste Spalte der Tabelle 9.2 enthält, sind zum Teil vom Kampfergehalt abhängig, der im allgemeinen 20 bis 30% beträgt. Bei niedrigem Kampfergehalt ist der Werkstoff hart und spröde, bei höherem elastisch. Außerdem setzt höherer Kampfergehalt den Erweichungspunkt herab. Im Bereich des Gefrierpunktes ist Zelluloid sehr spröde. Beim Erwärmen auf 70 bis 100°C erweicht Zelluloid. Ein großer Nachteil ist, daß es leicht entflammbar ist. Bei einer Temperatur von 200°C entzündet es sich von selbst innerhalb weniger Minuten. Um die Entflammbarkeit zu erschweren, wurden eine große Zahl flammenhemmender Zusätze vorgeschlagen, die aber wegen der gleichzeitigen Beeinträchtigung der mechanischen und elektrischen Eigenschaften kaum zu empfehlen sind.

Ungefärbtes Zelluloid ist durchsichtig und hat einen schwach gelblichen Farbton. Es ist beständig gegen Wasser und Salzlösungen, gegen verdünnte Säuren und schwache Alkalien. Von konzentrierten Säuren und starken Alkalien wird es aber angegriffen. Ebenso wird es von vielen organischen Lösemitteln, insbesondere von Ketonen und Estern, gelöst.

Einsatzgebiete. Zellulosenitrat, als Halbzeug geliefert, kann beispielsweise zu Akkumulatorenkästen und ähnlichen Teilen verarbeitet werden. In Form von Plättchen (Chips) dient es als Lackgrundstoff. Die Brennbarkeit und die verhältnismäßig hohen Herstellungskosten haben aber dazu beigetragen, daß die Welterzeugung und damit der Einsatz in der Elektroindustrie stark zurückgegangen ist.

Tabelle 9.2. Werkstoffeigenschaften der Zelluloseester

Eigenschaften	Einheit	Zellulose-nitrat	Zellulose-azetat
Dichte	g/cm³	1,37	1,3
Elastizitätsmodul	kN/mm²	2	3
Biegefestigkeit	N/mm²	60 bis 80	50
Schlagzähigkeit	Nmm/mm²	120	50
Zugfestigkeit	N/mm²	50	45
Kriechstromfestigkeit		KA 1	KA 3a
Durchschlagfestigkeit	kV/mm	15	30
Spezifischer Durchgangswiderstand	Ω cm	10^{11}	10^{12}
Dielektrizitätszahl (1 MHz)		6,5	4
Dielektr. Verlustf. (1 MHz)		$5 \cdot 10^{-2}$	$5 \cdot 10^{-2}$
Wärmeleitfähigkeit	W/Km	0,23	0,23
Lineare Wärmedehnzahl	10^{-6}/K	100	110
Formbest. in der Wärme nach Martens	°C	58	45
Vicat-Erweichungstemperatur	°C	70	70
Dauerwärmebeständigkeit	°C	100	60
Wasseraufnahme	mg	100	200

9.3 Zelluloseazetat, Zellulosepropionat und Zelluloseazetobutyrat

Einen wesentlichen Fortschritt gegenüber manchen Nachteilen des Zelluloids, insbesondere in bezug auf die Brennbarkeit, hat zunächst das Zelluloseazetat (Kurzzeichen: CA) gebracht, das durch Azetylierung der Zellulose entsteht. Später kamen Zellulosepropionat (Kurzzeichen: CP) und Zelluloseazetobutyrat (Kurzzeichen: CAB) hinzu.

Herstellung. Als Rohstoff dienen auch hier hauptsächlich die Baumwolllinters, aber auch hochwertiger Holzzellstoff. Azetylierungsmittel für *Zelluloseazetat* ist Essigsäureanhydrid; Katalysator ist Schwefelsäure. Den drei Hydroxylgruppen des Zellulosemoleküls entsprechend, entsteht bei vollständiger Azetylierung das Zellulosetriazetat. Diese höchste Stufe der Azetylierung weist 62,5% Essigsäure auf. Aus verarbeitungstechnischen Gründen bevorzugt man jedoch Azetate, bei denen durchschnittlich nur etwa 2,5 Hydroxylgruppen verestert sind. Trotzdem führt man aus chemischtechnischen Gründen zunächst die gesamte Zellulose in Triazetat über und stellt dann anschließend durch partielle Hydrolyse den gewünsch-

9.3 Zelluloseazetat, Zellulosepropionat und Zelluloseazetobutyrat

Zellulosepropionat	Zelluloseazetobutyrat	Zelluloseazetat Weichmacherfreie Folie	Zelluloseazetobutyrat
1,22	1,19	1,30	1,25
2,1	2		
48	46		
60	80		
38	35	80	75
KA 3c	KA 3c	KA 3b	KA 3c
33	35	100*	100*
10^{13}	10^{13}	$5 \cdot 10^{14}$	10^{15}
3,6	3,5	3,7	3,4
$3 \cdot 10^{-2}$	$3 \cdot 10^{-2}$	$2 \cdot 10^{-2}$	$2,5 \cdot 10^{-2}$
0,21	0,21		
123	129		
45	40		
82	80		
70	70	120	120
90	70		

* s = 0,1 mm

ten Essigsäuregehalt ein. Er soll zwischen 52 und 60% liegen. Er ist 56% bei einem Veresterungsgrad von 2,5.

Zellulosepropionat und *Zelluloseazetobutyrat* werden ähnlich wie das Zelluloseazetat hergestellt. Die Zellulose wird dann mit Propionsäureanhydrid bzw. mit einem Gemisch aus Buttersäure- und Essigsäureanhydrid behandelt.

Da Erweichungs- und Zersetzungspunkt dieser Zelluloseester ziemlich nahe beieinander liegen, sind diese zur thermoplastischen Verformung ohne weiteres noch nicht geeignet. Zwecks Herabsetzung der Verarbeitungstemperatur und der Verarbeitungsviskosität werden ihnen, ebenso wie dem Zellulosenitrat, 20 bis 35% Weichmacher zugegeben. Erst dadurch entsteht ein brauchbarer thermoplastischer Isolierstoff.

Verarbeitung. Solche Zelluloseester können nach allen für Thermoplaste üblichen Verfahren einwandfrei verarbeitet werden. Der größte Teil wird als Granulat in Spritzgießmaschinen und Extrudern verarbeitet. In der Fertigung unterscheiden sich die drei Zelluloseester kaum voneinander.

Allerdings werden schon durch die Weichmacher bestimmte Verarbeitungseigenschaften eingestellt. So werden alle möglichen Formteile im Spritzguß gefertigt. Platten, Rohre und Profile werden extrudiert.

Platten und Folien, insbesondere aus Zelluloseazetobutyrat, können im Vakuumverformungs- und Preßluftverfahren scharfkantig verformt werden. Dabei ist darauf zu achten, daß sie durch die Lagerung nicht zu viel Feuchtigkeit aufgenommen haben. Andernfalls müssen sie vorher getrocknet werden. Um spannungsfreie Fertigteile, die mechanische Festigkeit und optische Klarheit besitzen, zu erhalten, muß man im plastischen Bereich zwischen 180 und 200°C arbeiten.

Zelluloseazetobutyrat ist auch als Sinterpulver, also als ein wirbelfähiges Pulver in Teilchengrößen von etwa 150 µm lieferbar. Man erzielt damit korrosionsfeste und gut isolierende Überzüge, insbesondere auf metallischen Teilen. Das Pulver wird zu diesem Zwecke in einer Wanne durch einen von unten eintretenden Luftstrom aufgewirbelt, wobei es sich ähnlich wie eine Flüssigkeit verhält. Darin wird das zu behandelnde Werkstück angewärmt hin und her bewegt. Die mit diesem nun in Berührung kommenden Pulverteilchen schmelzen auf und schließen sich zu einer zusammenhängenden porenfreien Isolierschicht zusammen. Die so überzogenen Teile wandern darauf in einen Ofen und werden zum Schluß abgekühlt. In etwas anderer Art kann das Pulver auch mit Hilfe von Düsen auf das vorgewärmte Teil gesprüht werden. Es läßt sich ferner mit der Flammspritzpistole verspritzen. Diese besteht aus einem Gebläsebrenner, dessen Flamme reduzierend eingestellt wird, und einer darin eingebauten Vorrichtung für die pneumatische Zufuhr des Kunststoffpulvers. Ähnlich kann man schließlich mit Hilfe des elektrostatischen Verfahrens arbeiten.

In geeigneten Lösemitteln wie Methylenchlorid (mit etwas Methylalkohol) gelöst ermöglichen die Zelluloseester auch das Gießen von Folien. Da eine solche Verarbeitung in Lösung keine Schwierigkeiten macht, kann höher verestert werden als bei Spritzgußmassen. Außerdem braucht man keine Weichmacher einzubauen. Beide Tatsachen bringen nicht zu unterschätzende Vorteile. Die Zelluloseazetatfolie wird zwar auch mit flammwidrigem Weichmacher geliefert, meistens ist sie aber weichmacherfrei. Die Zelluloseazetobutyratfolie ist fast immer ohne Weichmacher. Solche Isolierfolien werden einseitig mattiert, was die maschinelle Verarbeitung später erleichtert. Man erreicht dies dadurch, daß man eine Gießtrommel mit einer sauber mattierten Oberfläche einsetzt. Die Folien sind homogen und praktisch spannungsfrei. Sie sind in Dicken von 0,02 bis 0,3 mm und in Breiten von 5 bis 1200 mm lieferbar. Bei Dicken unter 50 µm betragen die Dickentoleranzen ± 5 µm. Zur Kennzeichnung werden die Folien meistens etwas eingefärbt. Die Zelluloseazetatfolie ist blau, die Zelluloseazetobutyratfolie violett. Folien aus Zellulosepropionat haben keine Bedeutung. Natürlich sind gegossene Folien wegen des unvermeidbaren Verlustes an

9.3 Zelluloseazetat, Zellulosepropionat und Zelluloseazetobutyrat

Lösemitteln, der höheren Maschinenkosten und der nicht sehr hohen Fertigungsgeschwindigkeit teuerer als extrudierte.

Azetatkunstfaser wird hauptsächlich nach dem Trockenspinnverfahren gewonnen. Dabei wird die Lösung in Luft ausgepreßt, wobei das Lösemittel verdunstet.

Zelluloseester kommen auch für Klebebänder (VDE 0340) in Betracht. Für selbstklebende Isolierbänder werden Zelluloseazetat und Zelluloseazetobutyrat verarbeitet. Einseitig klebende Isolierbänder, deren klebender Auftrag in der Wärme aushärtet, können aus Folie oder Gewebe geschnitten sein und werden aus Zelluloseazetat gefertigt.

Teile aus Zelluloseester lassen sich leicht schneiden, stanzen, sägen, fräsen, drehen und bohren. Auch das Schweißen ist möglich, bei Folien insbesondere das Hochfrequenzschweißen. Das Kleben geht allerdings im allgemeinen nur bei Teilen aus gleichen Typen. Als Klebstoffe werden in der Regel Lösemittel auf der Grundlage von Estern und Ketonen verwendet. Eine passende Verarbeitungsviskosität stellt man dadurch ein, daß man ein paar Abfallstücke des betreffenden Isolierstoffes auflöst. Die Klebstoffmenge soll dünn aufgetragen werden. Teile aus Zelluloseazetobutyrat können auch poliert werden, indem man sie einige Sekunden in Lösemittel (wie Azeton oder Butylazetat) eintaucht. Nach der Herausnahme trocknet die Oberfläche mit hohem Glanz ab.

Werkstoffeigenschaften. Wie bei fast allen synthetischen Isolierstoffen gibt es auch bei den Zelluloseestern verschiedene Einstellungen, die sich in ihren Eigenschaften unterscheiden. Alle Angaben, auch die der Tabelle 9.2, können sich daher genau genommen nur auf einen bestimmten, im besonderen Falle für die Elektrotechnik geeigneten Typ beziehen oder Mittelwerte darstellen. So sind auch die Normen (DIN 7742 und 7743) zu verstehen, in denen einige Formmassen aus Zelluloseazetat und Zelluloseazetobutyrat festgelegt sind. Hier sei auch darauf hingewiesen, daß Isolierteile, Griffe und Gehäuse, die oft angefaßt werden, im Laufe der Zeit nicht etwa Kratzer zeigen, sondern glatt bleiben. Man stellt einen gewissen Selbstpoliereffekt fest.

An Isolierfolien werden in bezug auf Homogenität, Zugfestigkeit, Durchschlagfestigkeit, elektrischen Widerstand, dielektrische Verluste und Feuchtigkeitsaufnahme oft hohe Anforderungen gestellt. Infolge der nach dem Gießen erfolgten Reckung besitzen sie eine besonders hohe Zugfestigkeit (VDE 0345). Beim Wickeln ist oft das Zugdehnungsdiagramm von Wichtigkeit. Abb. 9.1 zeigt solch einen Zusammenhang zwischen Zugspannung und Dehnung bei Folien aus Zellulosetriazetat und Zelluloseazetobutyrat. Die weichmacherfreie Zelluloseazetobutyratfolie hat sich zwar wegen der Alterungsbeständigkeit besonders bewährt; die geringe Falzbeständigkeit ist allerdings manchmal nachteilig.

9. Thermoplastische Isolierstoffe

Wie aus Tabelle 9.2 hervorgeht, sind die elektrischen Werte für Zellulosepropionat und Zelluloseazetobutyrat im allgemeinen besser als die für Zelluloseazetat. Die der weichmacherfreien Folien sind wiederum besser als die der Formteile. Das liegt nicht nur an dem fehlenden Weichmacher, sondern auch an dem höheren Veresterungsgrad. Die Durchschlagfestigkeit in Abhängigkeit von der Temperatur ist in Abb. 9.2 wiedergegeben.

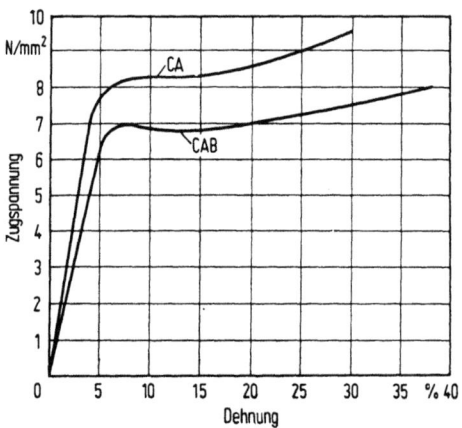

Abb. 9.1. Zusammenhang zwischen Zugspannung und Dehnung von Folien aus Zellulosetriazetat (CA) und Zelluloseazetobutyrat (CAB).

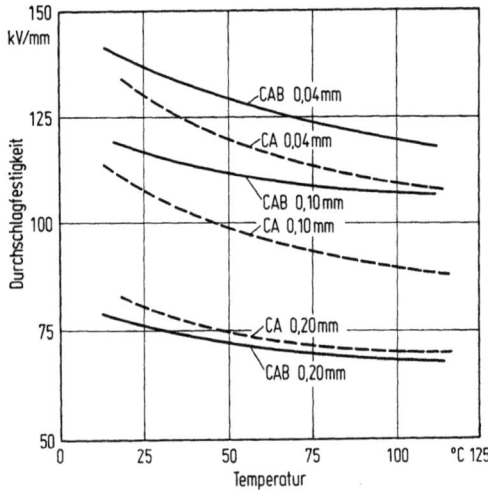

Abb. 9.2. Durchschlagfestigkeit von Zelluloseesterfolien in Abhängigkeit von der Temperatur.

9.3 Zelluloseazetat, Zellulosepropionat und Zelluloseazetobutyrat

Abb. 9.3 zeigt den Verlauf des spezifischen Durchgangswiderstandes in Abhängigkeit von der Temperatur. Für viele Anwendungsfälle, beispielsweise für Gehäuse von Haushaltsgeräten ist es wichtig, daß der Oberflächenwiderstand der Zelluloseester klein genug ist, um aufgebrachte oder durch die Fertigung entstandene Oberflächenladungen schnell genug abzuführen. Dadurch kann sich der Schmutzbelag, der durch die elektrostatische Anziehung im Raum schwebender Staubteilchen entsteht, nicht ausbilden. Die Dielektrizitätszahl nimmt in dem Frequenzbereich von 10^2 bis 10^8 Hz bei der Zelluloseazetatfolie von 3,8 auf 3,4, bei der Zelluloseazetobutyratfolie von 3,8 auf 3,2 ab. Der Verlustfaktor bewegt sich in dem gleichen Frequenzbereich zwischen 10^{-2} und $3 \cdot 10^{-2}$.

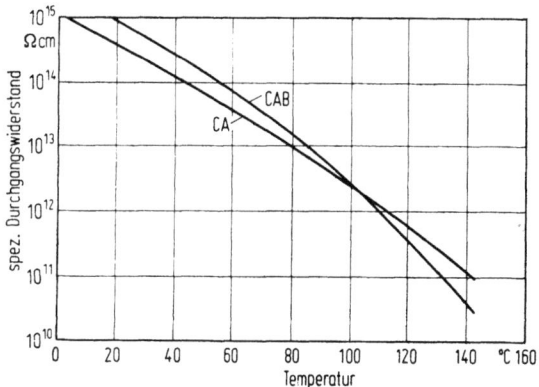

Abb. 9.3. Spezifischer Durchgangswiderstand von Zelluloseesterfolien in Abhängigkeit von der Temperatur

Die Formbeständigkeit in der Wärme nach Martens ist, wie Tabelle 9.2 ausweist, nicht besonders gut. Ebenso ist die Dauerwärmebeständigkeit gering. Von dem Zellulosenitrat unterscheiden sich die drei Zelluloseester aber wesentlich. Sie sind nicht feuergefährlich. Sie brennen zwar, aber erlöschen wieder. So ermöglichen sie auch die Verarbeitung im Spritzgießverfahren.

Während bei Spritzgußteilen aus Zelluloseazetat eine gewisse Abgabe von Weichmacheranteilen möglich ist, haben Zellulosepropionat und Zelluloseazetobutyrat eine gute Weichmacherverträglichkeit. Deshalb kann man weniger flüchtige Weichmacher einsetzen und auch deren Anteil niedrig halten. Dadurch erhöht sich die Alterungsbeständigkeit, und zu der höheren mechanischen Festigkeit kommt eine erhöhte Beständigkeit der Abmessungen, insbesondere bei höheren Temperaturen. Damit werden wiederum engere Maßtoleranzen möglich. Gegenüber Säuren und Alkalien sind diese drei Zelluloseester etwas empfindlicher als Zelluloid.

Vorteilhaft ist manchmal das glasklare Aussehen und die Möglichkeit der Einfärbung. Die farblos transparenten Einfärbungen weisen eine Lichtdurchlässigkeit auf, die der des Fensterglases entspricht. Die Abb. 9.4 zeigt die Lichtdurchlässigkeit einer 2 mm dicken Platte im Vergleich zu Fensterglas.

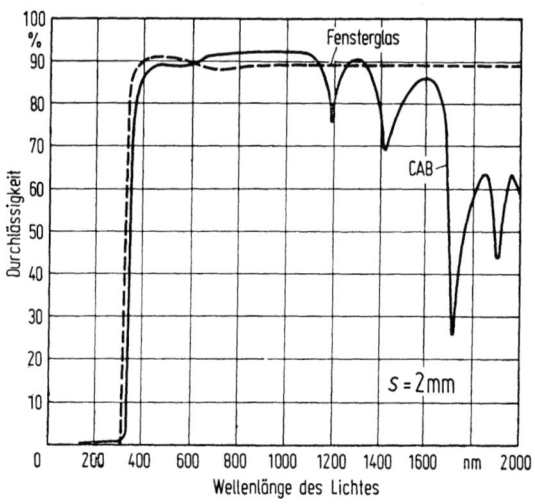

Abb. 9.4. Lichtdurchlässigkeit von Zelluloseazetobutyrat (CAB) und Fensterglas in Abhängigkeit von der Wellenlänge.

Einsatzgebiete. Diese Zelluloseester werden als Granulat in verschiedenen Einstellungen bzw. Härtestufen geliefert und haben in der Elektrotechnik für isolierende Formteile ein breites Anwendungsgebiet gefunden. Isolierende Werkzeuggriffe sind für Zelluloseazetat geradezu kennzeichnend geworden. Das rißfreie Einbetten von Metallteilen wie beispielsweise bei den Schraubenziehergriffen wird durch hohe Zähigkeit und Dehnung und einen gewissen kalten Fluß ermöglicht. Wegen des guten Schallschluckvermögens wird Zelluloseazetat für Gehäuse und Zubehörteile von Rundfunk-, Tonband- und Fernsprechgeräten eingesetzt. So sind die Geräte klirrfrei, was beispielsweise beim Mikrophon besonders wichtig ist. Sie haben darüber hinaus den Vorteil, daß keine elektrostatischen Aufladungen auftreten. Aus dem Gebiete der Haushaltsmaschinen, wo eine Verstaubung besonders lästig werden kann, seien Gehäuse für Mixer und elektrische Kaffeemühlen angeführt.

Zellulosepropionat und besonders Zelluloseazetobutyrat verwendet man für Bedienungsknöpfe, Weidezaunisolatoren nach Abb. 9.5, für Gehäuse von Telephonapparaten und Lautsprechern, Tischlüftern, Rasierapparaten, für Tonabnehmerarme, Taschenlampenteile, Skalenscheiben und natürlich auch für Gehäuse von Haushaltsmaschinen. Bei den in

Abb. 9.6 wiedergegebenen Mikrophongehäusen aus Zellulosepropionat werden das gute Aussehen und der geringe Klirrfaktor geschätzt. Kabelvergußmuffen aus Zelluloseazetobutyrat werden nach der Montage mit Epoxidharz (10.11) ausgegossen. Der Isolierstoff ist gegen das Gießharz ebenso beständig wie gegen die im Boden vorkommenden Huminsäuren. Außerdem können bei der durchsichtigen Einstellung Fehler beim Vergießen deutlich erkannt werden. Lampenschirme, Leuchtkörperverkleidungen und Leuchtenwannen werden sowohl klar als auch in milchglasähnlichen Einfärbungen, die sich bei guter Lichtdurchlässigkeit durch hohe Lichtstreuung auszeichnen, geliefert. Ferner bewähren sich diese Zelluloseester für elektrische Schaltanlagen.

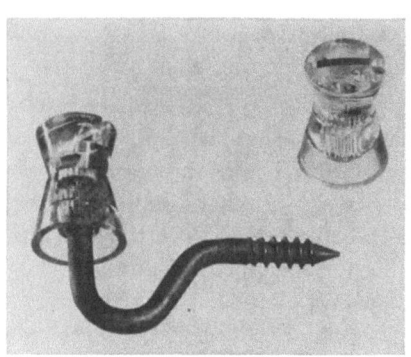

Abb. 9.5. Weidezaunisolatoren aus Zelluloseazetobutyrat (CAB).

Abb. 9.6. Mikrophongehäuse aus Zellulosepropionat (CP) (Werkbild: Bayer AG).

Dort, wo besonders hohe Steifigkeit und Formbeständigkeit in der Wärme oder ein seidenmatter Oberflächenglanz gewünscht werden, sind glasfaserverstärkte Spritzgußmassen zu empfehlen.

Mit Zelluloseazetobutyratfolien werden Drähte und Spulen isoliert bzw. bewickelt, wobei es keine Rolle spielt, ob sie in Luft, in Öl oder in Kunstharz vergossen zum Einsatz kommen. Große Mengen gehen in die Fertigung von Wickeldrähten. Die selbstklebenden Isolierbänder und insbesondere die Isolierbänder mit wärmehärtender Klebeschicht haben sich als Wicklungsisolierung und als mechanischer Halteschutz in elektrischen Geräten bewährt. Durch die damit mögliche lohnsparende Anwendung von selbsttätigen Wickel- und Abdeckmaschinen sind sie aus der Elektroindustrie nicht mehr wegzudenken. Mit Preßspan zusammen kommen die Folien für die Nutisolation (VDE 0316) von elektrischen Maschinen zum Einsatz.

Auch als Dielektrikum von Kondensatoren werden Folien aus Zelluloseester verwendet; allerdings nur für Gleichspannungskondensatoren, da bei Wechselspannung der verhältnismäßig hohe Verlustfaktor nicht tragbar ist. Ein Nachteil ist, daß sie oft nicht dünn genug sind. Die Folie läßt sich aber gut mit Aluminium bedampfen und ist preiswert.

Die Azetatkunstfaser kann in der Elektrotechnik ebenso wie die erwähnte Viskosefaser Verwendung finden. Schließlich spielen die genannten Zelluloseester auch als Grundstoff für Isolier- und Tauchlacke eine gewisse Rolle.

9.4 Zelluloseäther

Der Vollständigkeit halber seien unter den Zelluloseabkömmlingen noch die Zelluloseäther angeführt. Diese erhält man durch Reaktion von Alkalizellulose mit Alkylhalogeniden. Die Äthylzellulose und die Benzylzellulose müssen in diesem Zusammenhange erwähnt werden.

Äthylzellulose. Baumwollinters oder hochwertiger Zellstoff werden in einem Kneter mit Natronlauge behandelt und zunächst in Natronzellulose umgewandelt. Dieser Zellulosebrei wird in einen Autoklaven gegeben, Äthylchlorid wird zugefüllt und so entsteht in einer Reaktionszeit von etwa 20 Stunden die Äthylzellulose. Das überschüssige Äthylchlorid und die Nebenerzeugnisse werden abdestilliert. Schließlich wird die Äthylzellulose gewaschen, gefiltert, naß gemahlen und getrocknet. Man strebt nach diesem Verfahren einen Substitutionsgrad von 2,2 bis 2,5, also Erzeugnisse von etwa 2,2 bis 2,5 Äthoxylgruppen (OC_2H_5) je Glukosebaustein an.

Bei einem Substitutionsgrad von etwa 2,4 hat die Äthylzellulose die tiefste Erweichungstemperatur und geringste Härte. Sie läßt sich thermoplastisch verformen und so sind mit geringen Weichmacherzugaben Spritzgußteile im üblichen Verfahren herstellbar. Auch für Folien ist Äthylzellulose geeignet. Um einwandfreie Erzeugnisse zu erhalten, muß die Masse vor der Verarbeitung bis auf einen Feuchtigkeitsgehalt von 0,2% getrocknet werden.

Die hergestellten Isolierteile sind bei einer leicht gelbbraunen Tönung durchsichtig. Die wichtigsten Werkstoffeigenschaften, die im übrigen vom Substitutionsgrad abhängen, sind in Tabelle 9.3 aufgeführt. Charakteristisch ist die hohe Schlagzähigkeit. Äthylzellulose ist geschmacklos. Sie ist löslich in Estern, aromatischen Kohlenwasserstoffen und Alkohol. Sie ist beständig gegen verdünnte und starke Laugen und gegen Salzlösungen. Von Säuren wird sie angegriffen. Obwohl auch die elektrischen Werte nicht schlecht sind, findet Äthylzellulose in der Elektrotechnik wenig Verwendung, da sie in der Herstellung zu teuer und auch zu weich ist.

Benzylzellulose. Das Herstellungsverfahren ist bei der Benzylzellulose dem der Äthylzellulose ähnlich. Die Alkalizellulose (Natronzellulose) wird auch

Tabelle 9.3. Werkstoffeigenschaften der Zelluloseäther

Eigenschaften	Einheit	Äthyl-zellulose	Benzyl-zellulose
Dichte	g/cm³	1,1 bis 1,2	1,2
Elastizitätsmodul	kN/mm²	1,5	2,5
Biegefestigkeit			
(Grenzbiegespannung)	N/mm²	60	60
Schlagzähigkeit	Nmm/mm²	60	
Zugfestigkeit	N/mm²	45	35
Härte	Shore C	90	
Kriechstromfestigkeit		KA 3c	
Durchschlagfestigkeit	kV/mm	20	40
Spezifischer Durchgangswiderstand	Ω cm	10^{13}	10^{14}
Dielektrizitätszahl (1 MHz)		3 bis 4	2,5
Dielektr. Verlustf. (1 MHz)		10^{-2}	$5 \cdot 10^{-2}$
Wärmeleitfähigkeit	W/Km	0,23	
Lineare Wärmedehnzahl	10^{-6}/K	120	
Formbest. in der Wärme			
nach Martens	°C	45	50
Vicat-Erweichungstemperatur	°C	140	80
Dauerwärmebeständigkeit	°C	70	
Wasseraufnahme		120	

hier zunächst in einem Autoklaven behandelt. Die Reaktion wird mit Benzylchlorid durchgeführt. Die fertige Benzylzellulose wird wieder gewaschen, gemahlen und getrocknet. An dem Zellulosemolekül sind jetzt Benzylgruppen ($OCH_2C_6H_5$) angelagert.

Das Erzeugnis ist ein weißes bis hellgelbes Pulver. Die Eigenschaften sind, wie aus Tabelle 9.3 ersichtlich, denen der Äthylzellulose ähnlich. Die Erweichungstemperatur liegt aber wesentlich tiefer. Anderseits ist die Benzylzellulose weniger feuchtigkeitsempfindlich, und so werden auch die elektrischen Eigenschaften von Feuchtigkeit und Wasser weniger beeinträchtigt. Sie ist für Spritzgußmassen und Drahtlacke geeignet. Gegenüber anderen gleichwertigen Isolierstoffen ist auch die Benzylzellulose wegen des höheren Preises nicht wettbewerbsfähig.

9.5 Polyäthylen

Für die Polymerisate sind die gleichartigen Bausteine des Makromoleküls kennzeichnend. Das Polyäthylen (Kurzzeichen: PE), ein wichtiger Isolierstoff dieser Art, zeigt einen derartigen Aufbau besonders deutlich.

Molekülstruktur. Polyäthylen wird aus dem monomeren Äthylen (C_2H_4) gebildet. Dies ist ein bei Raumtemperatur gasförmiger Kohlenwasserstoff von der in Abb. 9.7 wiedergegebenen Struktur.

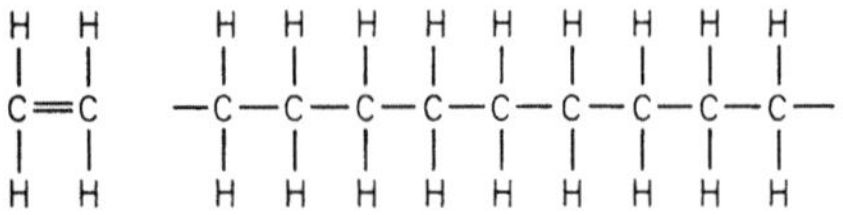

$$\begin{array}{cc} H & H \\ | & | \\ C = C \\ | & | \\ H & H \end{array} \qquad \begin{array}{c} H \ H \ H \ H \ H \ H \ H \ H \\ | \ | \ | \ | \ | \ | \ | \ | \\ -C-C-C-C-C-C-C-C- \\ | \ | \ | \ | \ | \ | \ | \ | \\ H \ H \ H \ H \ H \ H \ H \ H \end{array}$$

Abb. 9.7. Molekülstruktur des Äthylens und des Polyäthylens (PE).

Das Makromolekül besteht aus einer Kohlenstoffkette, deren freie Valenzen, wie Abb. 9.7 zeigt, durch Wasserstoffatome besetzt sind. Es ist unpolar; eine Voraussetzung für die guten elektrischen Eigenschaften. Bei solchen symmetrischen Molekülen können sich die Ketten leicht parallel ausrichten, sie können sich ordnen, das heißt, wie in Abb. 9.8 dargestellt,

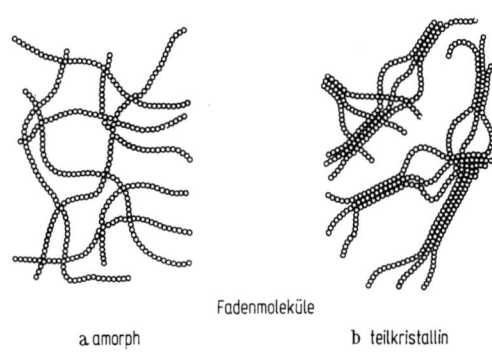

Fadenmoleküle
a amorph   b teilkristallin

Abb. 9.8. Fadenmoleküle.
a) amorph; b) teilkristallin.

kristalline Bereiche bilden. Ein einzelnes Molekül gehört dann, sowohl einem geordneten kristallinen, als auch einem ungeordneten amorphen Bereich an. Gelegentlich treten Verzweigungen auf; dann bilden sich Seitenketten, wie sie in Abb. 9.9 gezeigt sind. Man erhält eine astartige Struktur.

Je zahlreicher die Verästelungen sind, um so kleiner ist der kristalline Anteil, weil sich die Moleküle dann nicht so eng packen lassen. Aus gleichem Grunde muß die Dichte geringer sein.

Die Molekulargewichte liegen zwischen 30000 und 500000. Bei einem Molekulargewicht des Monomeren von 28 entspricht das einem mittleren Polymerisationsgrad von etwa 1000 bis 18000. Wie alle Thermoplaste besteht Polyäthylen aus einem Gemisch verschieden großer Makromoleküle, die sich um einen Mittelwert verteilen.

9.5 Polyäthylen

Durch eine zusätzliche Behandlung können zwischen den Molekülketten Querverbindungen geschaffen werden, wie sie in Abb. 9.10 skizziert sind. Dadurch kommt eine räumliche Molekülanordnung zustande, die in Sonderfällen gewünscht wird.

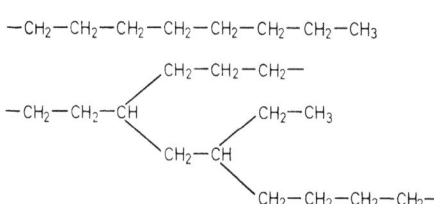

Abb. 9.9. Molekülstruktur eines unverzweigten und eines verzweigten Polyäthylens.

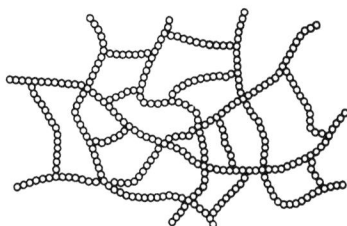

Abb. 9.10. Vernetzte Molekülanordnung.

Herstellung. Zum Herstellungsverfahren des Polyäthylens seien nur ein paar Worte gesagt. Ein Weg zur Herstellung von Äthylen ist beispielsweise die Hydrierung von Azetylen. Dieses entsteht aus der Reaktion von Kalziumkarbid und Wasser, wird aber in der Regel als Nebenerzeugnis bei der Erdölraffinierung gewonnen. Heute gibt es für die Herstellung von Äthylen eine Reihe anderer Verfahren, welche auf dem Erdöl aufbauen. Durch thermische Spaltung gelangt man dabei zum Äthylen [29*]. Zur Herstellung eines einwandfreien Erzeugnisses ist natürlich die Gewinnung eines sehr reinen Äthylens erste Voraussetzung.

Die Polymerisation wurde bis vor einigen Jahren ausschließlich unter dem beträchtlichen Druck von mehr als 1500 bar vorgenommen. Später ist ein weiteres Verfahren als Niederdruckpolymerisation bekannt geworden. Heute sind beide Herstellungsverfahren in Anwendung.

Bei dem ersten wird die Reaktion im Gas durchgeführt, bei einer mittleren Polymerisationstemperatur von 250°C und, wie gesagt, unter hohem Druck. Sie ist heftig und erfolgt exotherm, so daß sie gut beobachtet werden muß. Eingeleitet und gesteuert wird sie durch die Katalysatorzugabe (Sauerstoff), die man dem Reaktionsverlauf anpaßt. Man arbeitet in der Regel mit Reaktoren, die einen kontinuierlichen Betrieb ermöglichen, entweder mit einem Rührreaktor oder einem Rohrschlangenreaktor. Die dabei entsehende Reaktionswärme wird zum Teil zum Aufheizen des frischen Äthylens benutzt. Nach der Polymerisation liegt zunächst ein Reaktionsgemisch vor, das aus Polyäthylen und monomerem Äthylen besteht. Wird es auf einen Druck von 100 bis 300 bar entspannt, trennt sich das Polymere als zähflüssige Schmelze von dem nicht umgesetzten Äthylen [29*]. Bei der sich anschließenden vollkommenen Entspannung dieses nicht umgesetzten Äthylens scheiden sich schließlich auch noch die restlichen niedrigmolekularen Erzeugnisse ab. Das nicht polymerisierte Gas wird zurückgeleitet und erneut der Reaktion zugeführt.

Das im Hochdruckabscheider gesammelte Polymerisat wird über ein Ventil in den Niederdruckabscheider abgelassen und von dort mit etwa 200 °C einer Schneckenpresse zugeführt. Dabei können erforderliche Zuschläge zugegeben werden. Es wird durch einen Schlitz oder eine Siebplatte ausgepreßt. Das aus dem Schlitz austretende Band wird in dem folgenden Wasserbad abgekühlt und in Würfel von etwa 3 bis 4 mm Kantenlänge zerschlagen. Das aus der Siebplatte austretende Polymerisat ist nudelförmig mit etwa 3 mm Durchmesser; es wird in kleine Zylinder zerschnitten.

Es ist verständlich, daß die hohen Drücke in der Fertigung beträchtliche mechanische Probleme aufwerfen. Die Herstellungskosten sind zum großen Teil dadurch bestimmt. Man benötigt große Energien und ausgezeichnete Kompressoranlagen. Da Äthylen außerdem mit Luft sehr explosive Gemische bildet, wird auch in dieser Richtung erhöhte Aufmerksamkeit gefordert. Die Kontrolle wird dadurch erschwert, daß es geruchlos ist.

Die Gasnatur des Monomeren legt den Gedanken nahe, die Lösungspolymerisation (1.5) anzuwenden. Dafür benötigt man nur einen geringen Druck. Zwei Verfahren dieser Art haben Bedeutung erlangt. In dem einen wird das Äthylen in aliphatischen Kohlenwasserstoffen gelöst und bei einem Druck von etwa 40 bar polymerisiert. Die Temperatur liegt unterhalb 150 °C. Die Polymerisationsgeschwindigkit, das Molekulargewicht, die Molekulargewichtsverteilung, die Dichte des Erzeugnisses und auch das fertigungstechnische Verhalten werden im wesentlichen mit Hilfe von Katalysatoren (Titanverbindungen und aluminiumorganischen Verbindungen) gesteuert. Die Polymerisation kann diskontinuierlich oder kontinuierlich erfolgen. Das Polymerisat kann zunächst in Lösung bleiben oder auch (bei Temperaturen unter 100 °C) sich als feinteiliges Pulver abscheiden. Für die elektrischen Eigenschaften von besonderer Bedeutung ist dann, daß der Katalysator sorgfältig entfernt wird. Am Ende ist das Polyäthylen noch von dem Lösemittel zu trennen bzw. von den Lösemittelresten zu befreien. Auch hier wird das angefallene Polyäthylen in eine Schneckenpresse gegeben, in dem es homogenisiert und in Form von Bändern oder Fäden ausgepreßt wird.

Nach dem Hochdruckverfahren erhält man ein verzweigtes Polyäthylen niedriger Dichte, während das Niederdruckverfahren ein Erzeugnis mit geringem Verzweigungsgrad und hoher Dichte liefert.

Verarbeitung. Aus dem Granulat läßt sich Polyäthylen sowohl zu Spritzgußteilen als auch zu Rohren und Folien bzw. Bändern verarbeiten. Das geschieht auf den für Thermoplaste gebräuchlichen Verarbeitungsmaschinen wie Spritzgießmaschinen, Schneckenpressen und Blasanlagen.

9.5 Polyäthylen

Die Gleichmäßigkeit der Lieferungen, die Geschmeidigkeit des Formteils, welche Formschäden vermeidet, selbst wenn es zufällig zwischen die Maschinenteile gerät, und schließlich die Tatsache, daß sich die Spritzteile leicht von dem Formwerkzeug lösen, macht Polyäthylen für die vollautomatische Fertigung besonders geeignet. Polyäthylen ist damit auch der Werkstoff für besonders große Formstücke. Hochdruckpolyäthylen ermöglicht sogar das Entformen von Hinterschneidungen. Die Temperatur beim Spritzgießen liegt zwischen 180 und 250°C, wobei die höheren Temperaturen für Polyäthylen hoher Dichte und auch höherer Schmelzviskosität gelten. Das Schwindmaß beträgt 2 bis 3%.

Rohre werden stranggepreßt. Glatte Oberflächen und gleichmäßige Wandstärken kann man dadurch erzielen, daß man den ausgestoßenen Teil des Rohres aufbläst und so gegen die Wandung einer Kalibrierdüse preßt. Für das Strangpreßverfahren eignet sich vorzugsweise ein Polyäthylen mit niedrigem Schmelzindex, also hohem Molekulargewicht.

Mit Hilfe der Schneckenpresse lassen sich auch elektrische Leiter und Kabel mit Polyäthylen umspritzen. Um in Hochfrequenzkabeln elektrische und geometrische Unsymmetrien weitgehend zu vermeiden, muß der Isolierstoff eine einheitliche Dielektrizitätszahl aufweisen. Das frisch aufgebrachte Polyäthlyen wird daher in abgestuften Wasserbädern langsam abgekühlt, so daß es dicht wird und eine gleichmäßige Kristallinität erhält. Vor der Weiterverarbeitung wird die Isolation schließlich mit höchster Zentrizität auf einen genau festgelegten Durchmesser abgeschält. Bei Energiekabeln wird auf den Leiter durch eine erste Schneckenpresse zunächst ein mit Ruß leitend gemachtes Polyäthylen oder Äthylenvinylazetat-Mischpolymerisat (9.6) aufgetragen. Diese Schicht hat die Aufgabe, das elektrische Feld um den Leiter mit seinen Oberflächenrauhigkeiten zu vergleichmäßigen und eine hohlraumfreie Verbindung mit der Isolierung herzustellen, also das schädliche Glimmen zu verhindern. Sie zeigt gleichzeitig eine gewisse Festigkeit bei übermäßiger Erwärmung; sie vermindert das Kriechen, d.h. sie fängt bei kurzzeitiger Überlastung den Wärmestoß auf. Wird auf diese Art das Problem am Leiter gelöst, kann man für die eigentliche Isolation reinstes unvernetztes Polyäthylen verwenden. Normale Betriebstemperaturen, selbst mit kurzen Überlastungen, werden ausgehalten. Nach einer geeigneten Durchlaufprüfung wird auch auf diese Isolierung eine leitfähige Schicht aufgebracht, die sich selbstverständlich wie die innere Lage damit einwandfrei verbinden muß. Darüber kommt ein Kupferschirm und über diesen der Außenmantel. Dafür nimmt man in der Regel ein Polyäthylen niedriger Dichte, das, um Spannungsrisse zu vermeiden, ein hohes Molekulargewicht haben soll. Außerdem wird es mit Ruß eingefärbt.

Polyäthylenfolien werden im Extruderverfahren als Schlauch- oder als Flachfolien bis hinunter zu einer Dicke von 0,02 mm hergestellt. Werden solche Folien, was man bei Niederdruckpolyäthylen macht, anschließend an die Extrusion noch in einer oder auch in zwei zueinander senkrechten Richtungen verstreckt, so erreicht man Dicken bis zu 0,01 mm. Mit Längsschneidemaschinen werden aus diesen Folien Isolierbänder hergestellt. Folien und Platten aus hochmolekularem Niederdruckpolyäthylen können auch durch Warmformen weiter verarbeitet werden. So werden Teile der verschiedensten Form mit beträchtlichen Ziehtiefen gefertigt.

Auch ein papierähnliches Erzeugnis aus reinem hochdichten Polyäthylen ist auf dem Markt. Es ist aus sehr feinen Fäden von etwa 0,02 mm Dicke aufgebaut, die unregelmäßig verteilt unter Anwendung von Druck und Hitze gebunden sind.

Erwähnt werden muß weiter der Oberflächenüberzug aus Polyäthylen, der nicht nur für den Apparatebau, sondern auch für die Elektrotechnik Bedeutung hat. Dafür sind das Wirbelsintern und das Flammspritzen üblich. Verarbeitet wird ein Pulver hohen Molekulargewichts.

Unter Verwendung eines Treibmittels (Stickstoff oder Azodicarbonamid) ist es gelungen, Polyäthylen auf der Schneckenspritzmaschine zu Schaumstoff zu verarbeiten. Die scheinbare Dichte kann dabei auf weniger als die Hälfte herabgesetzt werden [80]. Die Zellen sind geschlossen.

Gelegentlich wird Polyäthylen, wie angedeutet, einem Vernetzungsvorgang unterworfen. Die Voraussetzung für eine Vernetzung der Moleküle ist, daß reaktionsfähige Stellen vorhanden sind bzw. geschaffen werden, die eine Brückenbildung zwischen zwei Kohlenstoffatomen ermöglichen. Dies läßt sich sowohl durch energiereiche Strahlung als auch auf chemischem Wege erreichen.

Für die Strahlenbehandlung kommen Röntgen- und Elektronenstrahlen in Betracht. Dabei werden Wasserstoffatome aus dem Molekülverband herausgeschlagen, so daß neue Querverbindungen zwischen den Kohlenstoffatomen stattfinden können. Diese Vorgänge sind von der Strahlendosis abhängig; von Strahlenart und Leistung nur insofern, als diese die Dosis bestimmen. Man benötigt 1 bis 100 kJ/kg, um nennenswerte Ergebnisse zu erzielen [30*, 81]. Durch Zusätze können die Dosen bis auf die Hälfte herabgesetzt werden. Schon geringe Strahlendosen erhöhen die Schmelzviskosität des Polyäthylens so stark, daß es praktisch nicht mehr verarbeitet werden kann. Die Behandlung wird deshalb an bereits geformten Gegenständen vorgenommen. Die Bestrahlung in der Schmelze ist mehr von theoretischem als praktischem Interesse. Ferner kann bei Bestrahlung mit ultraviolettem Licht eine Vernetzung der Fadenmoleküle eintreten. Auch dabei bilden sich Spaltgase, die aus Wasserstoff und Methan bestehen. Auf dieser Erscheinung beruht auch die bei längerer Einwirkung nicht ausreichende Lichtbeständigkeit. Die Strahlenvernetzung ist ein verhältnismäßig teueres Verfahren, kann aber trotzdem wegen gegebenenfalls höherer Durchsatzgeschwindigkeit und Einsparung des Ver-

9.5 Polyäthylen

netzers wirtschaftlich sein. Wegen der begrenzten Eindringtiefe der Strahlen können nur dünnwandige Isolierungen behandelt werden.

Bei der chemischen Behandlung entstehen durch den Zerfall der Peroxide Oxyradikale, die dem Molekül ebenfalls Wasserstoff entreißen. Die Verarbeitungsbedingungen von peroxidhaltigen Mischungen sind durch die Temperaturabhängigkeit des Peroxidzerfalls innerhalb enger Grenzen festgelegt. Ein solches Granulat kann jedenfalls gepreßt und bei einer Temperatur von 130 °C auch auf der Schneckenpresse gespritzt werden. Die peroxidische Vernetzung erfordert dann eine weitere Erwärmung des gesamten Isolierkörpers. Da erst die Vernetzung die gewünschte Formsteifheit verleiht, muß dabei der vor der Vernetzung schmelzflüssige Körper in seiner Form gut gehalten werden. Bei der Kabelisolierung wird das Polyäthylen durch den eingehüllten Leiter ausreichend gestützt. Um z. B. die frisch gefertigte Kabelisolierung auf die zur Vernetzung erforderliche Temperatur zu bringen, wird der Kabelstrang nach dem Austritt aus der Schneckenpresse in eine Durchlaufstrecke geführt, die mit Wasserdampf von etwa 25 bar bei 225 °C gespeist wird. Der hochgespannte Wasserdampf hat neben der Wärmezufuhr die Aufgabe, eine Blasenbildung im Isolierstoff zu verhindern. Nach einer Durchlaufzeit von 2 bis 40 min wird vorsichtig gekühlt. Zu diesem Zwecke ist der untere Teil des Vulkanisierrohres mit Wasser gefüllt, das in der Temperatur abgestuft ist, um das Kabel allmählich auf Raumtemperatur zu bringen. Durch eine Druckschleuse, zwei Nachkühlbecken und einen Raupenabzug wird das Kabel schließlich zur Aufwickelvorrichtung befördert, um im üblichen Arbeitsgang fertiggestellt zu werden [82 bis 84]. Die chemische Vernetzung ist in etwa mit der Kautschukvulkanisierung durch Schwefelbrücken vergleichbar.

Interessant ist weiterhin die Verarbeitung von Polyäthylen zu Wärmeschrumpferzeugnissen. Beim Blasverfahren beispielsweise wird der in der Strangpresse aufgeschmolzene Thermoplast durch eine Ringdüse gepreßt, von innen mit Luft zu einem Schlauch aufgeblasen und dann gekühlt. Dabei entsteht eine normalerweise unerwünschte Schrumpfneigung, die auch erhalten bleibt, wenn der Schlauch anschließend zur Folie aufgeschnitten wird. Das heißt, Schlauch und Folie schrumpfen, wenn sie später erwärmt werden. Nutzt man diese Erscheinung bewußt aus, indem der geblasene Schlauch im gummielastischen Bereich der Schmelze geblasen wird, in dem der Werkstoff eine hohe Dehnfähigkeit aufweist, dann erhält man die sogenannten Schrumpfschläuche bzw. Schrumpffolien. Die Schrumpfeigenschaften werden dabei von der Abzugsgeschwindigkeit und dem Aufblasverhältnis bestimmt. Ähnlich können strahlenbehandelte (vornehmlich mit Elektronenstrahlen vernetzte) Schläuche und Formteile nach Erwärmung gedehnt werden. Sie sind ja durch die Bestrahlung unschmelzbar geworden und zeigen oberhalb des Kristallitschmelzpunktes elastisches Verhalten. Wird anschließend gekühlt, friert der gedehnte Zustand ein. Damit bleibt die aufgezwungene Form zunächst erhalten. Auf diese Weise werden Erzeugnisse mit hohem Schrumpfvermögen hergestellt. Bei erneutem Erhitzen versucht das Teil wieder seine alte Form anzunehmen. Man zieht sie in gedehntem Zustande auf die zu isolierenden Gegenstände und läßt sie dann aufschrumpfen. Zum Anwärmen benutzt man geeignete Wärmegeräte. Die Schrumpftemperatur liegt in der Regel zwischen 120 und 175°C.

Oft macht man den Schrumpfschlauch, die Kappe oder das Formteil doppelwandig in der Form, daß man die Innenwand aus unvernetztem Polyäthylen aufbaut. Erwärmt wird dieses dann durch die schrumpfende Außenwand in die Hohlräume des zu umhüllenden Gegenstandes gedrückt. Nach Abkühlung ist das Ganze ein festes, widerstandsfähiges Gebilde. Zum Ausfüllen von Zwischenräumen und auch, um einen feuchtigkeitsdichten Abschluß zu erreichen, kann man mit Hilfe einer kleinen Spritze auch Gießharz in den unter dem Formteil befindlichen Hohlraum einfüllen. Die für die Schrumpfung ohnehin erforderliche Wärme führt dann gleichzeitig zur Aushärtung dieses Harzes. Solche Formteile können schließlich als Umgußformen ausgebildet werden, die zur Aufnahme zähflüssiger Vergußmassen geeignet sind. Sie werden zu diesem Zwecke mit je einer Einguß- und Entlüftungsöffnung versehen. Das Verfahren bietet viele Möglichkeiten.

Auch mechanisch ist Polyäthylen bearbeitbar. Schneiden und Stanzen ist ohne weiteres möglich. Es kann außerdem gefräst, gedreht und gebohrt werden, vorausgesetzt, daß das Werkzeug scharf ist und eine kleine Spantiefe gewählt wird. Um unerwünschte Erwärmung zu vermeiden, soll die Schnittgeschwindigkeit nicht allzu hoch sein. Luftkühlung ist empfehlenswert. Da die Spritzgußtechnik im allgemeinen fertige Konstruktionsteile liefert, ist die spanabhebende Bearbeitung verhältnismäßig selten. Von praktischer Bedeutung ist noch, daß Polyäthylen heißsiegelbar ist und geschweißt werden kann [85]. Folien verbindet man unter Druck zwischen geheizten Messerleisten durch einfache Kontaktwärme oder durch Wärmeimpuls. Bei Platten, Rohren und dergleichen wird meistens die Heißgassschweißung angewendet. Man arbeitet mit einem ebenfalls aus Polyäthylen bestehenden Schweißdraht, den man in eine V-förmige Naht einbringt. Schweißdraht und Schweißnahtzone werden mit einem Warmgasstrom erwärmt. In neuerer Zeit hat sich die Heizelementschweißung weitgehend durchgesetzt. Stark bestrahltes Polyäthylen ist nicht schweißbar. Mit Hochfrequenz ist Polyäthylen wegen seiner geringen dielektrischen Verluste nicht schweißbar.

Werkstoffeigenschaften. Hochdruck- und Niederdruckpolyäthylen haben, wie aus Tabelle 9.4 deutlich wird, unterschiedliche Eigenschaften. Die

9.5 Polyäthylen

Dichte ist bei Hochdruckpolyäthylen geringer als bei Niederdruckpolyäthylen. Es besteht nämlich ein Zusammenhang zwischen dem Kristallinitätsgrad und der Dichte. Er steigt von etwa 70% bei der Dichte 0,918 auf etwa 93% bei der Dichte 0,96 g/cm³ an. Der zwischen 0,925 und 0,945 g/cm³ liegende Bereich kann gegenwärtig wirtschaftlich nicht hergestellt werden.

Polyäthylen ist hornartig zäh, elastisch und biegsam und von paraffinartigem Griff. Es behält die guten Eigenschaften, insbesondere die Schlagzähigkeit, selbst bei tiefen Temperaturen (bis $-40\,°C$) bei, wenn auch nicht in vollem Umfange. Mit der Kristallinität bzw. mit der Dichte neh-

Tabelle 9.4. Werkstoffeigenschaften von Polyäthylen und Äthylenvinylazetat-Mischpolymerisat

Eigenschaften	Einheit	Hochdruck-polyäth.	Niederdruck-polyäth.	Vernetztes Polyäth.	Äthylen-vinylazetat (12 bis 18% VA)
Dichte	g/cm³	0,915 bis 0,925	0,945 bis 0,965	0,915	0,93 bis 0,94
Elastizitätsmodul	kN/mm²	0,15	0,7	0,11	0,02 bis 0,06
Biegefestigkeit	N/mm²	13	30		10 bis 50
Schlagzähigkeit	Nmm/mm²	kein Br.	kein Br.	kein Br.	kein Br.
Zugfestigkeit	N/mm²	12	20	15	15
Härte	Shore C	40	60		
	Shore D				30
Kriechstromfestigkeit		KA 3b	KA 3c	KA 3c	
Durchschlagfestigkeit	kV/mm	75	100	50	30
Spezifischer Durchgangswiderstand	Ω cm	$5 \cdot 10^{17}$	$5 \cdot 10^{17}$	10^{16}	10^{16}
Dielektrizitätszahl (1 MHz)		2,3	2,4	2,3	2,5 bis 2,7
Dielektr. Verlustf. (1 MHz)		$2 \cdot 10^{-4}$	10^{-3}	10^{-3}	$3 \cdot 10^{-2}$
Wärmeleitfähigkeit	W/Km	0,32	0,4	0,3	0,3
Lineare Wärmedehnzahl	10^{-6}/K	250	150	250	180 bis 220
Vicat-Erweichungstemperatur	°C	40	75		60
Dauerwärmebeständigkeit	°C	70	80	90	65
Wasseraufnahme	mg	0,3	0,3		0,1 bis 1,0

men Elastizitätsmodul, Grenzbiegespannung, Zugfestigkeit und Härte zu, wie Abb. 9.11 bis Abb. 9.14 deutlich veranschaulichen. Beim Zugversuch ist wie bei anderen Kunststoffen zu beachten, daß die Zugspannung anfangs steil ansteigt und, wie in Abb. 9.15 dargestellt, bald einen Höchstwert erreicht. Mit fortschreitender Dehnung fällt sie dann wieder. Abbildung 9.16 gibt die Abhängigkeit der Streckspannung (2.1) von der Temperatur wieder. Man stellt einen verhältnismäßig starken Abfall fest.

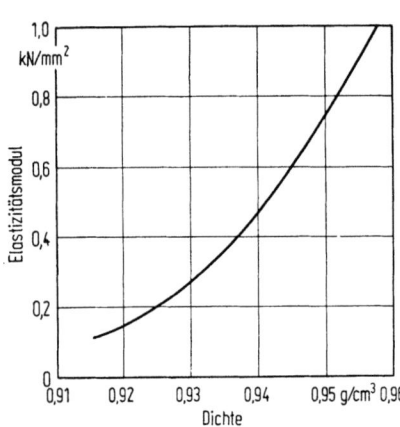

Abb. 9.11. Elastizitätsmodul von Polyäthylen in Abhängigkeit von der Dichte.

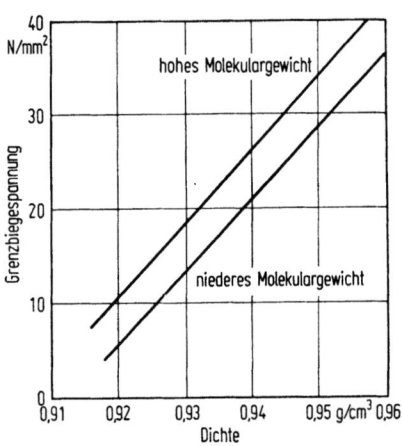

Abb. 9.12. Grenzbiegespannung von Polyäthylen niederen und hohen Molekulargewichtes in Abhängigkeit von der Dichte.

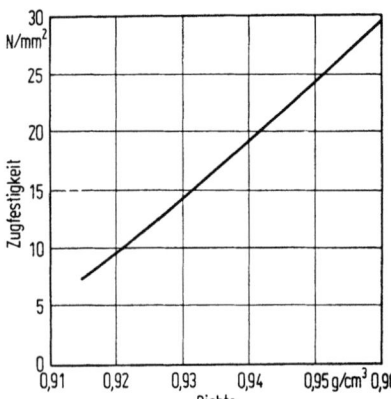

Abb. 9.13. Zugfestigkeit von Polyäthylen in Abhängigkeit von der Dichte.

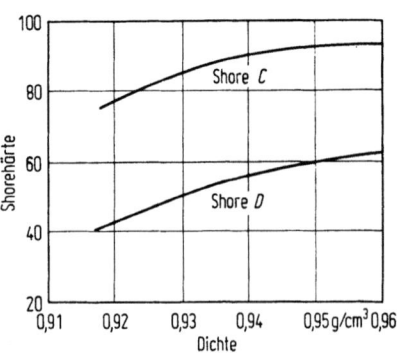

Abb. 9.14. Härte von Polyäthylen in Abhängigkeit von der Dichte.

9.5 Polyäthylen 203

Für die Anwendungstechnik ist ferner das Verhalten bei einer länger dauernden Belastung wichtig. Polyäthylen neigt wie die meisten Kunststoffe bei hoher statischer Beanspruchung zum Fließen oder Kriechen. Darunter versteht man die bei gleichbleibender Belastung mit der Zeit zunehmende Verformung. Das ist in Abb. 9.17 für Niederdruckpolyäthylen bei Raumtemperatur dargestellt [86]. Die Verformung eines Isolierteils setzt sich damit aus der elastischen Verformung, die unmittelbar nach Aufbringen der Belastung gemessen wird, und der Verformung infolge des Kriechens zusammen. Auch hier ist das hochdichte Polyäthylen von Vorteil. Durch Zusatz von Füllstoffen wie Graphit, Ruß und Quarzmehl kann dieser kalte Fluß etwas herabgesetzt werden. Niederdruckpolyäthylen ist also, wie

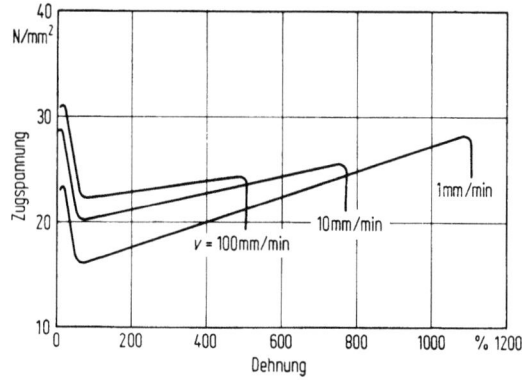

Abb. 9.15. Die Zugspannung in Abhängigkeit von der Dehnung des Niederdruckpolyäthylens bei verschiedenen Dehnungsgeschwindigkeiten.

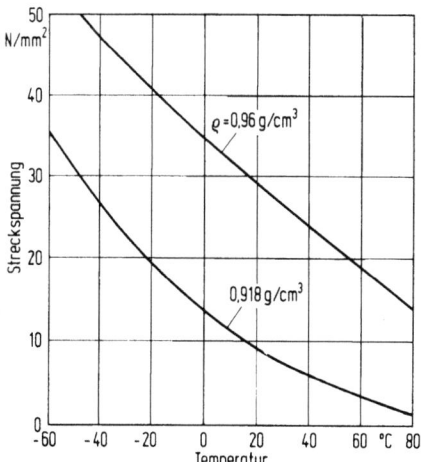

Abb. 9.16. Streckspannung in Abhängigkeit von der Temperatur bei Polyäthylen verschiedener Dichte.

auch Tabelle 9.4 zeigt, formsteifer, biegefester, zugfester, härter und in der Wärme formbeständiger als Hochdruckpolyäthylen und wird deshalb oft bevorzugt. Das trifft u. a. für Mehrleiterisolierungen zu, bei denen darauf geachtet werden muß, daß die Leiter bei hohen Temperaturen und mechanischen Spannungen den Isolierstoff nicht durchdrücken. Es hat ferner einen besseren Oberflächenglanz. Das mechanische Verhalten ist schließlich auch vom Molekulargewicht und von der Molekulargewichtsverteilung abhängig [87]. So nimmt die Schlagzähigkeit mit dem Molekulargewicht zu.

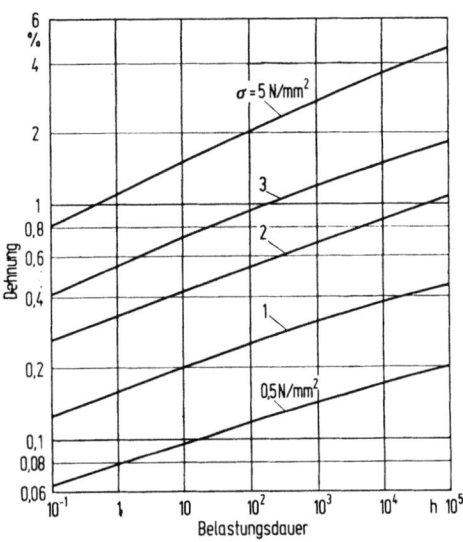

Abb. 9.17. Die Dehnung in Abhängigkeit von der Belastungsdauer des Niederdruckpolyäthylens bei verschiedenen Belastungen.

Bei den Folien hat die Herstellung eine Orientierung der Moleküle zur Folge, so daß die mechanischen Eigenschaften in und senkrecht zur Abzugsrichtung nicht die gleichen sind. Für die Zugfestigkeit wird bei Hochdruckpolyäthylen 20 bis 26 in Längsrichtung und 16 bis 19 N/mm² in Querrichtung angegeben (VDE 0345). Die entsprechenden Werte für Niederdruckpolyäthylen sind 20 bis 40 bzw. 20 bis 30 N/mm². Wesentlich höhere Werte erzielt man durch biaxiale Verstreckung. Solche Folien aus Niederdruckpolyäthylen haben Reißfestigkeiten von 120 bis 160 N/mm² [88]. Auch die Einreißfestigkeit ist sehr hoch, während die Weiterreißfestigkeit bei derart dünnen Folien gering ist.

Das erwähnte papierartige Vlies zeichnet sich durch hohe Zähigkeit und Biegsamkeit bei tiefen Temperaturen aus. Es ist, selbst bei starker Änderung der Luftfeuchtigkeit, formbeständig. Bei gleichbleibender Tem-

9.5 Polyäthylen

peratur, aber bei einer Luftfeuchteänderung zwischen 0 und 100 %, liegt die Formänderung unterhalb 0,01 %.

Polyäthylen ist kriechstromfest und hat eine hohe Durchschlagfestigkeit [89]. In Abb. 9.18 ist die Temperaturabhängigkeit der Durchschlagfestigkeit einer hochmolekularen Sorte niedriger Dichte von besonderer Reinheit dargestellt [90]. Im Bereich von 20 bis 80°C scheint die Durchschlagfestigkeit annähernd konstant zu sein, um dann abzufallen. Folien besitzen besonders hohe Durchschlagfestigkeiten (2.2), die 200 kV/mm betragen können. Bei verstreckten Folien sind sie noch höher [88].

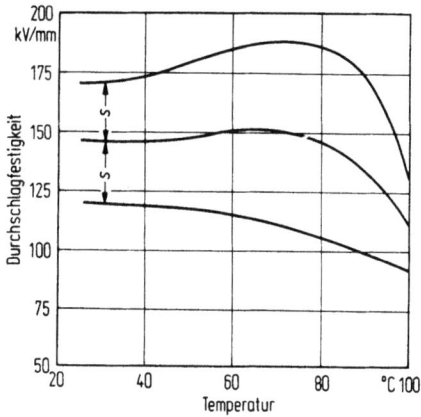

Abb. 9.18. Temperaturabhängigkeit der Durchschlagfestigkeit von hochmolekularem Polyäthylen niedriger Dichte (Probendicke = 0,45 mm — s = Standardabweichung).

Untersuchungen des Durchschlagsverhaltens haben gezeigt, daß bestimmte Zuschläge den Widerstand des Polyäthylens gegen Glimmen erhöhen bzw. das Glimmen verhindern können (3.3.2). So konnte durch aromatische oder teilaromatische Verbindungen die Wechselspannungsfestigkeit des Polyäthylens in gewisser Weise erhöht werden [91 bis 94].

Beachtlich ist bei Polyäthylen der hohe spezifische Widerstand. Die Dielektrizitätszahl steigt im Dichtebereich von 0,90 bis 0,96 g/cm³ linear mit der Dichte [95]. Mit der Frequenz fällt sie geringfügig ab. Eine Temperaturabhängigkeit besteht nur insofern, als sich mit der Temperatur die Dichte ändert und sich nach der Gleichung von Clausius-Mosotti (2.2) damit auch die Dielektrizitätszahl ändern muß. Das Fehlen polarer Gruppen hat den besonders geringen dielektrischen Verlustfaktor zur Folge. Er ändert sich nur wenig mit der Frequenz. Selbstverständlich beeinflussen polare Verunreinigungen, die beispielsweise als Rückstände aus dem Polymerisationsverfahren vorhanden sein können, Durchschlagspannung, Dielektrizitätszahl und Verlustfaktor. Bei hohen elektrischen Forderungen kommt also dem Herstellungsverfahren besondere Bedeutung zu. Die niedrige Dielektrizitätszahl des Polyäthylens wirkt sich auch günstig auf die Glimmeinsatzspannung der Luft aus, insofern als die elektrische Beanspruchung eines aus mehreren Komponenten geschichteten Isolierstoffes im umgekehrten Verhältnis ihrer Dielektrizitätszahlen steht. Lufteinschlüsse sind daher in Polyäthylen elektrisch nicht so stark belastet wie in vielen andern Isolierstoffen.

Der eingefrorene spröde Glaszustand liegt bei −80°C, so daß Polyäthylen bis −50°C ohne weiteres brauchbar ist. Die höchstzulässige Betriebstemperatur liegt verhältnismäßig niedrig. Der Kristallitschmelzbereich liegt mit der Dichte zunehmend zwischen 105 und 130°C. Wenn Sauerstoff ferngehalten wird, erfolgt allerdings erst oberhalb von 290°C eine wirkliche thermische Schädigung. Für die Verarbeitung ist die Abhängigkeit des spezifischen Volumens von der Temperatur wichtig. Der sich aus Abb. 9.19 ergebende Volumenschwund macht in der Fertigung besondere Maßnahmen erforderlich, um die Bildung von Hohlräumen zu verhindern.

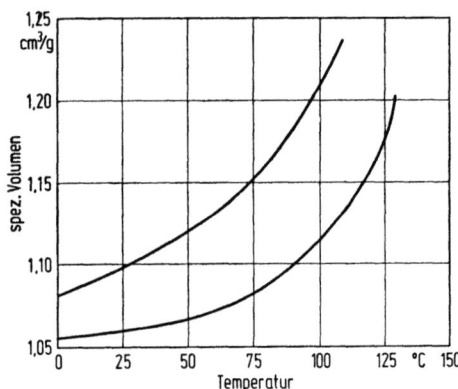

Abb. 9.19. Temperaturabhängigkeit des spez. Volumens von Polyäthylen verschiedener Dichte.

Polyäthylen ist entzündbar. Es brennt mit rußender Flamme unter Tropfenbildung. Das ist ein beachtenswerter Nachteil. Er kann durch Zusätze von Antimontrioxid, Chlorparaffin und organischen Bromverbindungen verringert werden. Die elektrischen Werte werden dadurch allerdings erheblich verschlechtert.

Die geringe Wasseraufnahme ist besonders vorteilhaft. Chemisch ist Polyäthylen sehr widerstandsfähig. In allen gebräuchlichen Lösemitteln ist es bei Raumtemperatur unlöslich; löslich ist es erst bei höheren Temperaturen in Benzol, Benzin, Xylol und chlorierten Kohlenwasserstoffen. Es ist mit Ausnahme von Salpeter-, Schwefel- und Phosphorsäure beständig gegen Säuren, Laugen und Salze. Chlor greift die Oberfläche an.

9.5 Polyäthylen

Isolierteile aus Polyäthylen können nach längerem Gebrauch Risse zeigen, die auf Spannungskorrosion zurückzuführen sind. Sie entstehen, wenn die Formteile bei mechanischer Belastung oder wenn sie mit inneren Spannungen, die durch ungünstige Verarbeitung entstanden sein können, bestimmten polaren Flüssigkeiten bzw. deren Dämpfen ausgesetzt sind. Derartige Wirkungen zeigen Alkohole, organische Säuren und dergleichen. Mit höherem Molekulargewicht des Polyäthylens nimmt die Gefahr der Spannungsrißbildung ab [87].

Polyäthylen ist sauerstoffempfindlich, was sich in der Wärme und beispielsweise bei Sonnenbestrahlung bemerkbar macht. Unter solcher Einwirkung tritt bei Anwesenheit von Sauerstoff ein oxydativer Abbau ein. Der Werkstoff versprödet; an der Oberfläche können Risse entstehen. Berührung mit Schwermetallen insbesondere mit Mangan, Eisen und Kobalt verstärkt diese Schädigungen. Die Stabilisierung gegen Wärmeoxydation macht allerdings keine besonderen Schwierigkeiten. Durch geeignete Stabilisatoren (z. B. Phenole und Amine) wird der schädigende Einfluß des Sauerstoffs eingedämmt. Die Stabilisierung gegen photochemische Oxydation stellt noch immer ein gewisses Problem dar. Sind Teile aus Polyäthylen dem Licht oder der Witterung ausgesetzt, so wird Granulat verarbeitet, dem etwa 2,5% Ruß beigemischt ist. Die elektrischen Eigenschaften werden durch die Rußzugabe allerdings verschlechtert, so daß sie bei hohen elektrischen Beanspruchungen nicht möglich ist (3.3.2).

Hiermit hängt auch die Frage der Beständigkeit gegen energiereiche Strahlen zusammen. Werden diese auch gelegentlich benutzt, um das Betriebsverhalten des Werkstoffes zu verbessern, so können hohe Dosen zu beträchtlichen Schäden fuhren. Die Kristallite werden zerstört. Das Polyäthylen wird dann gelb, durchsichtig und schließlich hart, spröde und rissig und läßt sich in der Hand zerbrechen. Als obere Grenze der Belastbarkeit werden Bestrahlungsdosen von 100 kJ/kg angesehen.

Ungefärbt ist Polyäthylen durchscheinend milchigweiß. Als Folie ist es, vom kristallinen Anteil abhängig, mehr oder weniger durchsichtig. Es kann mit vielen Farbstoffen und Pigmenten eingefärbt werden [96], was zu einem reichhaltigen Farbsortiment führt. Auf unerwünschte Nebenwirkungen der Zuschläge muß geachtet werden. In der Elektrotechnik hat die Einfärbung bekanntlich wenig Bedeutung. Polyäthylen ist geruch- und geschmackfrei und physiologisch unschädlich.

Vernetztes Polyäthylen weist, wie auch aus Tabelle·9.4 hervorgeht, zum Teil von den üblichen Polyäthylensorten abweichende Eigenschaften auf [97]. Durch die Vernetzung ist die Beweglichkeit des ursprünglichen Fadenmoleküls stark eingeengt worden, so daß die thermoplastischen Eigenschaften verlorengegangen sind. Vernetztes Polyäthylen schmilzt nicht, sondern zeigt oberhalb seines kristallinen Schmelzbereiches gummielastische Eigenschaften. Praktisch bedeutet das, daß die mechanische

Belastbarkeit bei höheren Temperaturen verbessert ist. Der charakteristische und für die Anwendungstechnik außerordentlich wichtige Unterschied im Wärmeverhalten zwischen einem Hochdruckpolyäthylen und einem vernetzten Polyäthylen wird durch die in Abb. 9.20 gezeigte Temperaturabhängigkeit des Schubmoduls deutlich [90] Über 105°C wird das normale Polyäthylen sehr weich und beginnt zu schmelzen, während das vernetzte Polyäthylen die an dieser Stelle erreichte Formbeständigkeit beibehält. Das Kriechen unter Belastung ist also durch die Vernetzung wesentlich herabgesetzt. Außerdem ist die Neigung zu Spannungsrissen weitgehend verringert. Vernetztes Polyäthylen ist auch ozonfester.

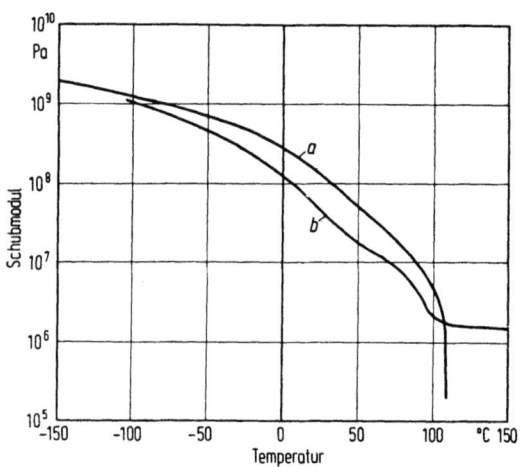

Abb. 9.20. Schubmodul eines unvernetzten und eines vernetzten Polyäthylens in Abhängigkeit von der Temperatur.
a Hochdruckpolyäthylen ($\gamma = 0{,}918$ g/cm³); b Vernetztes Hochdruckpolyäthylen ($\gamma = 0{,}915$ g/cm³).

Einsatzgebiete. Die Möglichkeit, in Dichte und Molekulargewicht verschiedene Sorten herzustellen, erlaubt es, Polyäthylen für bestimmte Anwendungsfälle abzustimmen. Die gute Verarbeitbarkeit, die Elastizität und die geringe Wasseraufnahme machen Polyäthylen als Schutzumhüllung geeignet. So werden beispielsweise die in Abb. 9.21 dargestellten Spannungsspulen elektrischer Zähler mit Polyäthylen umspritzt.

Polyäthylen ist mit seinen geringen dielektrischen Verlusten, seiner geringen Dielektrizitätszahl und hohen Durchschlagfestigkeit verbunden mit mechanischer Zähigkeit und Geschmeidigkeit der gegebene Isolierstoff für die Hochfrequenztechnik. Hochfrequenzkabel werden heute allgemein mit Polyäthylen isoliert. Dabei wird es entweder geschlossen um die Leiter gespritzt oder mit Hohlräumen in Form von Bändern, Wendeln, Scheiben oder auch als Schaum [80] aufgebracht. Abb. 9.22 und Abb. 9.23

9.5 Polyäthylen

zeigen zwei Beispiele. Eine weitere interessante Ausführung eines Koaxialkabels ist das in Abb. 9.24 dargestellte Schlitzkabel. Es dient als strahlende Hochfrequenzleitung für das Tunnelfunksystem, also beispielsweise für Funksprechverbindungen mit Untergrundbahnen. Die Sendeimpulse werden durch den Schlitz abgestrahlt und von der Antenne des Zuges empfangen.

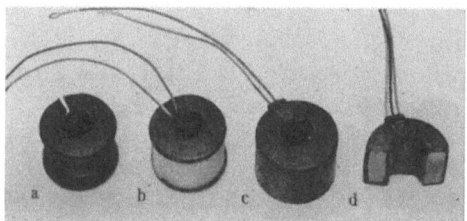

Abb. 9.21. Mit Polyäthylen umspritzte Spannungsspule eines Drehstromzählers (Werkbild: AEG-Telefunken).
a) Spulenkörper; b) Spule, gewickelt mit Schutzbandage; c) Spule, einbaufertig umspritzt; d) Spule, aufgeschnitten.

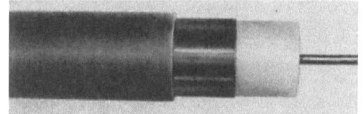 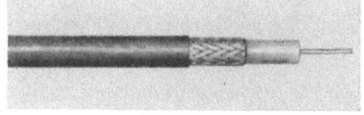

Abb. 9.22. Abb. 9.23.

Abb. 9.22. Antennenkabel (Werkbild: AEG-Telefunken Kabelwerke AG Rheydt).
Innenleiter: Kupferdraht (3,65 mm ⌀); Isolierhülle: Polyäthylen (23,8 mm ⌀); Außenleiter: Längslaufendes, sich überlappendes Kupferband; Mantel: Polyvinylchlorid (28,2 mm ⌀); Wellenwiderstand: $75\,\Omega \pm 4\%$; Dämpfung (10^8 Hz): 1,8 dB/100 m.

Abb. 9.23. Hochfrequenzkabel (Videokabel) für die Übertragung von Bildsignalen (Werkbild: AEG-Telefunken Kabelwerke AG Rheydt).
Innenleiter: Blanker Kupferdraht (1 mm ⌀); Isolierhülle: Polyäthylen (6,6 mm ⌀); Außenleiter: Blankes Kupferdrahtgeflecht; Mantel: Polyvinylchlorid (9 mm ⌀); Wellenwiderstand: $75\,\Omega \pm 1\%$; Dämpfung (10^6 Hz): 0,61 dB/100 m.

Abb. 9.24. Schlitzkabel für Untergrundbahnfunk
(Werkbild: AEG-TelefunkenKabelwerke AG Rheydt).
Innenleiter: Blanker Kupferdraht (4,5 mm ⌀); Isolierhülle: Polyäthylen (19 mm ⌀); Außenleiter: Blankes geschlitztes Kupferband; Mantel: Polyäthylen (23 mm ⌀); Wellenwiderstand: $60\,\Omega \pm 2\%$; Dämpfung ($1{,}5 \cdot 10^{10}$ Hz): 3 dB/100 m.

Auf dem Gebiete der Fernsprechkabel wird das Papier für die Leiterisolierung ebenso wie das Blei für den Mantel allmählich durch Polyäthylen ersetzt [98 bis 100].

Die Fernsprechadern kann man unmittelbar umspritzen [100]. Die Polyäthylenkordel, welche die Papierkordel bei der Papierluftisolierung ersetzt, hat bessere und gleichmäßigere mechanische und elektrische Eigenschaften als das Papier. Dabei macht indessen die Längswasserundichtigkeit einige Schwierigkeiten. Während das gewickelte Papierband bei Wassereintritt quillt und so als Sperre wirkt, treten beim Polyäthylenband unangenehme Kapillarwirkungen auf. Die Zwischenräume müssen deshalb ausgefüllt werden. Das kann man mit Vaseline oder einem ähnlichen Erdölerzeugnis machen, das während der Kabelfertigung eingeführt wird, oder auch durch Einblasen eines quellfähigen pulverförmigen Isolierstoffes oder durch Einfüllen eines Schaumes mit geschlossenen Poren [101]. Als Pulver nimmt man Methylzellulose, das bei Wassereintritt zu quellen beginnt. Im anderen Falle hat sich Polyurethanschaum (10.10) bewährt.

Der Polyäthylenmantel ist, einwandfrei gefertigt, wasserundurchlässig, leider aber nicht wasserdampfdicht. Beim papierisolierten Kabel braucht man demnach, um die papierisolierte Kabelseele gegen das Eindringen von Wasserdampf zu schützen, eine zusätzliche wasserdampfdichte Sperrschicht. Als solche kommt Metallfolie in Betracht. Man verwendet dafür [102] ein mit einem Copolymer beschichtetes Aluminiumband, welches in Längsrichtung auf die Kabelseele aufgebracht, zum Rohr geformt und an der längslaufenden Überlappungsstelle mit Hilfe von Wärme verschlossen wird. Das ist eine durchaus brauchbare Lösung. Selbst die Kabelmuffen können dann aus Polyäthylen gefertigt werden [103]. Sie werden mit dem Kabelmantel verschweißt. Solche Kabel sind biegsamer und leichter als bleibewehrte Kabel und billiger herzustellen.

Für Energiekabel ist Polyäthylen seit dem Jahre 1953 in Anwendung. Bei diesen muß dem bei Hochspannung möglicherweise auftretenden Glimmen, das auf die Dauer die Isolierung beeinträchtigt, besondere Beachtung geschenkt werden. Solche Kabel sind bis zu Spannungen von 60 kV im Einsatz [104, 105]. Hochspannungskabel mit einer Nennspannung von 110 kV sind in der Erprobung [106]. Die anfänglichen Schwierigkeiten hat man durch verschiedene Maßnahmen überwunden. Vor allem sind die Güte und Reinheit des Isolierstoffes sowie die Vermeidung von Luft- und Gaseinschlüssen bei der Fertigung wichtige Voraussetzungen für das Gelingen. Aus diesem Grunde wird hauptsächlich Hochdruckpolyäthylen, das sich gut verarbeiten läßt und wegen seiner Geschmeidigkeit auch dickwandige Isolierungen frei von mechanischen Spannungen herzustellen gestattet, eingesetzt. Hochmolekulare Typen dieser Art sind besonders geeignet, da das hohe Molekulargewicht und die damit verbundene höhere Schmelzviskosität Verschiebungen der Leiter im Überlastungsfalle verhin-

9.5 Polyäthylen 211

dern und auch Fehler durch Spannungskorrosion weitgehend ausschließen [87]. Trotz der höheren Steifigkeit und der damit verbundenen Verarbeitungsschwierigkeit verwendet man gelegentlich aber auch Niederdruckpolyäthylen, wofür dann die bessere Beständigkeit gegen Sprühentladungen und das Durchschlagsverhalten maßgebend sind.

Die thermische Belastbarkeit hochbeanspruchter Netze, in denen mit häufigen Kurzschlüssen gerechnet werden muß, wird durch vernetztes Polyäthylen gewährleistet. Abbildung 9.25 zeigt ein Kabel, das mit solch

Abb. 9.25. Einleiterkabel mit Isolierung aus vernetztem Polyäthylen
(Werkbild: AEG-Telefunken Kabelwerke AG Rheydt).
a Runder mehrdrähtiger Kupferleiter; b Halbleitende Schicht zur Leiterglättung; c Vernetztes Polyäthylen; d Halbleitend getränktes Baumwollgewebeband; e Kupferdrähte und Kupferfolie; f Trockenes Band aus Leinen oder Baumwolle; g Polyvinylchlorid.

einem vernetzten Polyäthylen isoliert ist. Ob ein Kabel zweckmäßigerweise mit Hochdruckpolyäthylen oder mit vernetztem Polyäthylen ausgelegt wird, ist im wesentlichen eine Frage der Betriebsbedingungen und damit auch der Wirtschaftlichkeit. Bei nicht voller leistungsmäßiger und damit thermischer Ausnutzung des Kabels sind die etwas höheren Verluste des mit vernetztem Polyäthylen isolierten Kabels in Betracht zu ziehen [84].

Die Betriebsfeldstärken der mit Polyäthylen isolierten Kabel liegen bei 3 bis 3,5 kV/mm. In Anbetracht der an Polyäthylenproben gemessenen Durchschlagfeldstärken von 75 bis 100 kV/mm ist das wenig. Im Dauerbetrieb müßten Feldstärken von 10 kV/mm möglich sein, wenn die offensichtlich noch vorhandenen Fehlerursachen erkannt und beseitigt werden können. Die mit dem Durchschlag des Kabels zusammenhängenden Vorgänge werden noch keineswegs ganz überschaut [107]. Mechanische Spannungen als Folge der Verarbeitungstechnik und möglicherweise eine ebenfalls dadurch bedingte kristalline Ausrichtung des Isolierstoffes [108] dürften eine nicht unerhebliche Rolle spielen.

Hervorzuheben ist, daß bei der extrudierten Isolierung das bekannte Problem der Massewanderung nicht auftreten kann. Außerdem ist sie unempfindlich gegenüber Feuchtigkeit, so daß auf einen geschlossenen

Metallmantel verzichtet werden kann. Das geringe Gewicht und das gute Biegeverhalten des Kabels erleichtern die Verlegung. Der Hauptvorteil der mit Polyäthylen isolierten Kabel liegt in den geringen dielektrischen Verlusten. Sie liegen etwa eine Größenordnung unter denen von Massekabeln und betragen damit nur einige Prozent der durchschnittlichen Stromleitungsverluste. So rechnet man bei einer Nennspannung von 60 kV mit einem dielektrischen Verlust von 36 W/km [107]. Die niedrige Betriebskapazität hat außerdem eine kleine Blindleistung zur Folge.

Die ausgezeichnete Geschmeidigkeit bei tiefen Temperaturen macht Polyäthylen auch für Anlagen, die bei tiefen Kältegraden betrieben werden müssen, geeignet. Wegen der chemischen Widerstandsfähigkeit wird Polyäthylen ferner für mechanische Halterungen und Scheider in Akkumulatoren verwendet. Es sind interessante Konstruktionen mit geschlitzten Polyäthylenröhrchen bekannt geworden, welche den aktiven Werkstoff so gut umfassen, daß nicht nur die Stoßfestigkeit des Akkumulators und damit die Lebensdauer, sondern auch die aktive Oberfläche wesentlich vergrößert werden konnte.

Als Folie wird Polyäthylen für die Leiterisolierung und als selbstklebendes, druckhaftendes Isolierband verwendet (VDE 0340). Die erwähnten Schrumpffolien, schrumpfenden Schläuche und Verzweigungsteile benutzt man, um bestimmte Gegenstände, nachträglich mit einer isolierenden Hülle zu überziehen. Wärmeschrumpfende Kappen dienen hauptsächlich zur Isolation und zum Endverschluß von Drahtverbindungen. Das hohe Schrumpfverhältnis ermöglicht sogar die Umhüllung von Teilen mit sehr unregelmäßigen Querschnitten. So gibt es Formteile für Kabeläste und Stecker, die damit eine spannungsentlastete Verbindung erhalten und vor Beschädigung geschützt werden.

9.6 Äthylenvinylazetat-Mischpolymerisat

Wird Äthylen mit Vinylazetat polymerisiert, so erhält man ein Mischpolymerisat, das ebenfalls für die Elektrotechnik in Betracht kommt.

Molekülstruktur. Durch den Einbau von Vinylazetat in die Molekülkette des Äthylens entstehen, wie Abb. 9.26 zeigt, zusätzliche kurze Verzweigungen, die ein Zusammenlagern der Moleküle zu geordneten kristallinen Bereichen behindern. So steigt mit höherem Gehalt an Vinylazetat der amorphe Anteil. Diese Abhängigkeit veranschaulicht Abb. 9.27 [109].

Herstellung und Verarbeitung. Der Polymerisationsvorgang ist im Grundsätzlichen dem des Äthylens gleich. Das fertige Polymerisat, das als Granulat geliefert wird, eignet sich für die thermoplastische Verarbeitung sowohl durch Spritzgießen als auch durch Strangpressen. Die Verarbeitungstemperaturen liegen zwischen 160 und 230 °C. Die lineare Schwindung beträgt 0,5 bis 1%. Um die für einige Anwendungen zu niedrige Formbe-

9.6 Äthylenvinylazetat-Mischpolymerisat

ständigkeit in der Wärme zu erhöhen, kann das Mischpolymerisat ähnlich wie Polyäthylen auch mit Peroxiden vernetzt werden. Bei einer etwas niedriger gehaltenen Spritztemperatur wird der mit einem geeigneten Peroxid gemischte Kunststoff dann über eine Nadelverschlußdüse in das auf 180 bis 200°C gehaltene Werkzeug gespritzt, wo es vernetzt [110]. Das Spritzgußteil kann heiß entnommen werden.

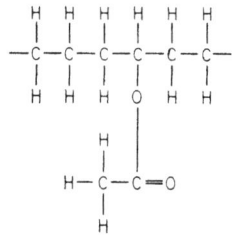

Abb. 9.26. Molekülstruktur des Äthylenvinylazetat-Mischpolymerisates.

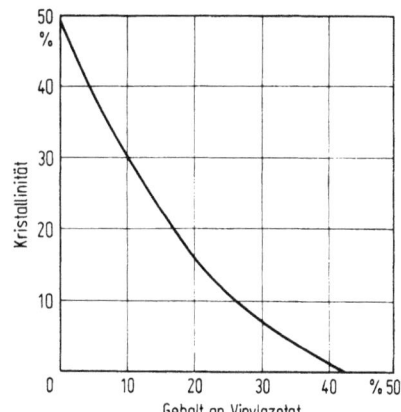

Abb. 9.27. Kristallinität des Äthylenvinylazetat-Mischpolymerisates in Abhängigkeit vom Gewichtsanteil des Vinylazetats.

Wegen seiner geringen Kristallinität eignet sich das Polymerisat hervorragend zur Aufnahme von Füllstoffen. Kreide kann bis zu Anteilen von 30% zugegeben werden. Mit den bekannten Schweißverfahren kann ohne Schwierigkeiten geschweißt werden, auch mit Hochfrequenz.

Werkstoffeigenschaften. Die Eigenschaften des Mischpolymerisates werden nicht nur durch das Mengenverhältnis der am Aufbau beteiligten kristallinen und amorphen Bestandteile, sondern auch durch das Molekulargewicht bestimmt. Das trifft auch für die Dichte zu. Dadurch, daß die Dichte mit abnehmendem kristallinen Anteil abnimmt, anderseits aber mit zunehmendem Gehalt an Vinylazetat wegen dessen höherer Dichte zunehmen muß, ergibt sich der in Abb. 9.28 dargestellte Verlauf [109]. Die kristallinen Anteile geben dem Isolierstoff Steifigkeit und Härte, höhere Formbeständigkeit in der Wärme sowie Lösemittelbeständigkeit, während die amorphen Anteile, also der höhere Vinylazetatgehalt, Biegsamkeit und Schlagzähigkeit verleihen. Auch die Zugfestigkeit nimmt mit dem Gehalt an Vinylazetat zunächst zu, um dann wieder abzunehmen. Die Beständigkeit des Mischpolymerisates gegen Spannungsrißbildung (Spannungskorrosion) ist besonders hervorzuheben. Eine für die Elektrotechnik brauchbare Type hat die in Tabelle 9.4 wiedergegebenen Eigenschaften.

Die elektrischen Werte sind, wie daraus hervorgeht, weniger gut als die von Polyäthylen, wenn auch durchaus brauchbar. Die Dielektrizitätszahl ebenso wie der Verlustfaktor gebräuchlicher Mischpolymerisate

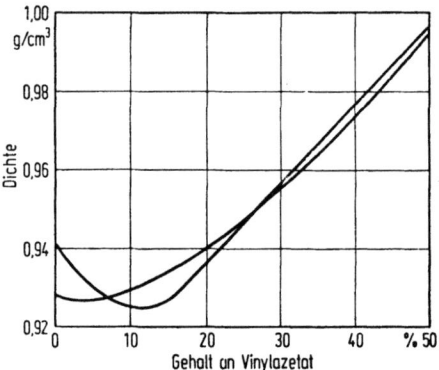

Abb. 9.28. Dichte zweier Äthylenvinylazetat-Mischpolymerisate in Abhängigkeit vom Gewichtsanteil des Vinylazetats.

steigen in der in Abb. 9.29 wiedergegebenen Weise mit dem Gehalt an Vinylazetat [109]. Durch Zugabe von Ruß kann man einen spezifischen Durchgangswiderstand in der Größenordnung von 10^5 Ω · cm erreichen, was für manche Anwendungen von Interesse ist. Normalerweise ist der Isolierstoff farblos durchsichtig.

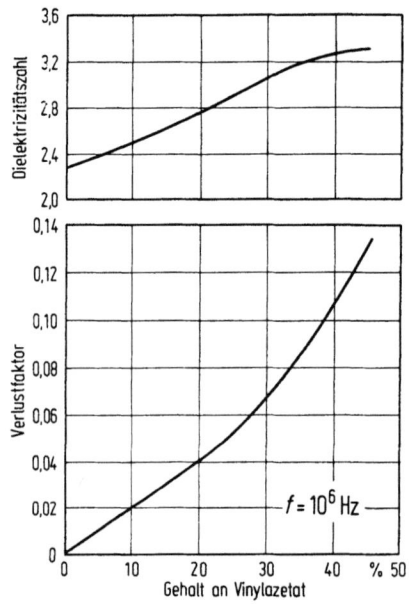

Abb. 9.29. Verlustfaktor und Dielektrizitätszahl des Äthylenvinylazetat-Mischpolymerisates in Abhängigkeit vom Gewichtsanteil des Vinylazetats.

Einsatzgebiete. Das Mischpolymerisat wird für Einsatzgebiete, wo es auf besonders geringe dielektrische Verluste ankommt, nicht empfohlen. Dort aber, wo die hohe Biegsamkeit und die bemerkenswert geringe Anfälligkeit gegen Spannungskorrosion von Nutzen sind, läßt es sich vorteilhaft verwenden, und zwar in einem Temperaturbereich von -60 bis $60\,°C$.

Der thermoplastische Typ mit geringem Vinylazetatgehalt, etwa bis zu 25 Gewichtsprozenten, ist so für die Leiterisolation geeignet. Mit Ruß gefüllt wird der Isolierstoff für die Leiterglättung von Hochspannungskabeln verwendet. Mit Ferriten werden daraus Magnetstreifen, wie sie u. a. in Kühlschranktüren verwendet werden, hergestellt. In diese werden bis zu 90 Gewichtsprozente (55 Volumenprozente) an Bariumferrit eingearbeitet. Das Magnetband ist trotzdem biegsam und knickfest. Durch Zumischen von Bleioxid oder Kaliumwolframat werden Strahlenschutzfolien gefertigt.

9.7 Polypropylen

Propylen (C_3H_6) gehört wie das Äthylen zu den Olefinen und hat die in Abb. 9.30 wiedergegebene Strukturformel.

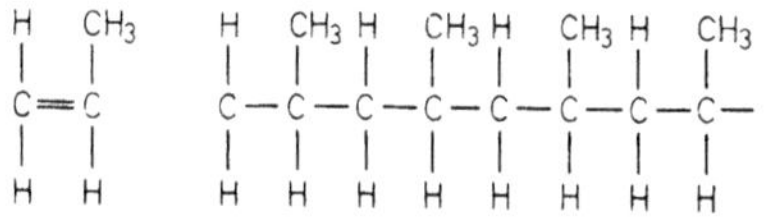

Abb. 9.30. Molekülstruktur des Propylens und des isotaktischen Polypropylens (PP).

Molekülstruktur. In einer Polypropylenkette können die CH_3-Gruppen regelmäßig oder regellos verteilt sein. Die erste Anordnung, so wie sie in Abb. 9.30 dargestellt ist, wird isotaktisch, die andere, also die statistisch unregelmäßige Raumverteilung der CH_3-Gruppen, ataktisch genannt. Das isotaktische Polypropylen, also das regelmäßig angeordnete, wird gewünscht. Man erreicht es mit bestimmten Katalysatoren und entsprechender Führung der Polymerisation. Das Polypropylen (Kurzzeichen: PP) ist ebenso wie das Polyäthylen ein praktisch unpolarer Werkstoff. Die Makromoleküle des Polypropylens enthalten üblicherweise 7000 bis 18000 Monomereinheiten. Das Molekulargewicht ist in der Größenordnung von 500000. Der Kristallisationsgrad beträgt 50 bis 70%.

Herstellung. Propylen fällt als Nebenerzeugnis in Crackanlagen der Erdölraffinerien an. Selbstverständlich muß es für die Weiterverarbeitung sorgfältig gereinigt werden. Die Polymerisation kann wieder diskontinuierlich oder kontinuierlich durchgeführt werden. Sie erfolgt in Lösung drucklos bzw. bei einem Druck von nur einigen bar. Das Propylen wird gasförmig dem Lösemittel und dem Katalysator zugeführt. Die Anlagen sowohl wie die Verfahren ähneln denen, die für die Herstellung von Polyäthylen üblich sind. Das nach der Aufarbeitung des Reaktionsgutes angefallene pulverförmige Polypropylen wird anschließend ebenfalls granuliert [29*].

Verarbeitung. Polypropylen wird hauptsächlich im Spritzgießverfahren verarbeitet [111, 112]. Die Verarbeitung entspricht der des Polyäthylens hoher Dichte. Der höhere Schmelzpunkt verlangt allerdings eine etwas höhere Verarbeitungstemperatur (190 bis 240°C). Sie darf aber nicht so stark angehoben werden, daß sie die thermische Stabilität der Schmelze überschreitet. Die Schwindung beim Spritzguß liegt bei 1,5%. Sie ist in Spritzrichtung etwa 10% größer als quer zur Spritzrichtung.

Polypropylen bietet die Möglichkeit, Teile zusammenhängend durch sogenannte Filmscharniere zu verbinden. Man spritzt dann zwei etwa mit einem Scharnier zusammenzufügende Teile nebeneinander in demselben Spritzwerkzeug, wobei das Scharnier als eine die beiden Teile verbindende Lasche ausgebildet wird. Nach dem Entformen können die beiden aneinanderhängenden Teile unmittelbar zusammengefügt werden. Angußlage und Werkzeugtemperatur sind dabei besonders zu beachten. Zu erwähnen ist auch die Verarbeitung schäumbaren Polypropylens.

Polypropylen kann mit den bekannten Werkzeugen auch spanabhebend bearbeitet werden [112]. Es ist darauf zu achten, daß die dabei auftretende Wärme gut abgeführt wird. Nur glatte und scharfe Schneiden liefern saubere Schnittflächen. Die Kreissägeblätter sollen ungeschränkt und zur Achsmitte hin hohl geschliffen sein. Die Zahnteilung bei Bandsägen soll 3 bis 10 mm betragen, die Schränkung 0,5 mm. Das Fräsen ist mit hoher Drehzahl, hoher Schnittgeschwindigkeit und geringer Spantiefe vorzunehmen. Der Vorschub ist etwa 0,3 mm je Zahn zu wählen. Auch beim Drehen soll die Schnittgeschwindigkeit hoch sein. Den Keilwinkel des Drehstahles soll man nicht zu groß machen. Gebohrt wird am besten unter Verwendung eines Kühlmittels. Gegebenenfalls genügt es, wenn der Bohrer mit Luft angeblasen wird. Tiefe Löcher machen ein mehrfaches Entfernen der Späne durch Herausziehen des Bohrers erforderlich. Zum Verschweißen eignet sich am besten die Heizelementschweißung. Auch die Heißluftverschweißung mit Zusatzdraht ist wie bei Polyäthylen möglich. Die Temperatur des heißen Gases soll dann etwa 220°C betragen. Als solches ist Stickstoff zweckmäßig. Eine Hochfrequenzverschweißung ist wegen der kleinen dielektrischen Verluste nicht möglich. Klebverbindungen soll man nach Möglichkeit vermeiden.

Auch sehr gute Folien lassen sich aus Polypropylen herstellen. Wie bei Polyäthylen ermöglicht der lineare Aufbau der Makromoleküle eine beträchtliche Verfestigung, wenn man sie ausrichtet. Zu diesem Zwecke werden die Folien bis in die Nähe der Kristallitschmelztemperatur erneut erwärmt und, wie schon an anderer Stelle geschildert, biaxial gereckt. Die so erreichbare dünnste Foliendicke ist 6 µm. Die üblichen Foliendicken liegen zwischen 6 und 12 µm. Dabei werden Toleranzen von $\pm 10\%$ eingehalten. Die Bedampfung, das ist für die Kondensatorenfertigung wichtig, macht allerdings einige Schwierigkeiten, was auf Oberflächeneffekte

9.7 Polypropylen

zurückzuführen ist, die mit der molekularen Struktur zusammenhängen. Durch Beglimmen bei etwa 10^{-1} mbar wird die Oberflächenspannung verringert und die Haftungseigenschaften werden verbessert. Allerdings ist die Wirkung von begrenzter Dauer. Die Folien müssen bald verarbeitet werden.

Seit einigen Jahren gewinnt das Verstärken thermoplastischer Formmassen durch faserförmige Zusätze zunehmende Bedeutung. So werden Spritzgußmassen aus Polypropylen gelegentlich mit Asbestfasern in Anteilen bis zu 40% (Gew.) verstärkt [113]. Am wichtigsten sind die Glasfasern. Daß die Einarbeitung bei den Polyolefinen wegen ihrer geringen Affinität zur Glasfaser besondere Schwierigkeiten gemacht hat [114], sei nebenbei erwähnt. Beim Spritzgießen ist die Fließfähigkeit des verstärkten Polypropylens geringfügig herabgesetzt. Die Spritztemperatur liegt deshalb um etwa 10 K höher. Die Verarbeitungsschwindung ist niedriger als bei der unverstärkten Spritzgußmasse und beträgt 0,8 bis 1,2%. Die höhere Steifheit des verstärkten Polypropylens führt in der Regel auch zu kürzeren Zykluszeiten, da die Teile früher entformt werden können.

Werkstoffeigenschaften. Polypropylen hat eine geringere Dichte als Polyäthylen. Die bedeutendsten Unterschiede gegenüber dem Polyäthylen sind der höhere Elastizitätsmodul, die größere Biegefestigkeit, die gute Zugfestigkeit und die größere Härte. Auch dieser Isolierstoff zeigt, wie aus Abb. 9.31 ersichtlich, eine von der Belastungsdauer abhängige Dehnung [86]. Die technisch wichtigen Eigenschaften sind in Tabelle 9.5 ein-

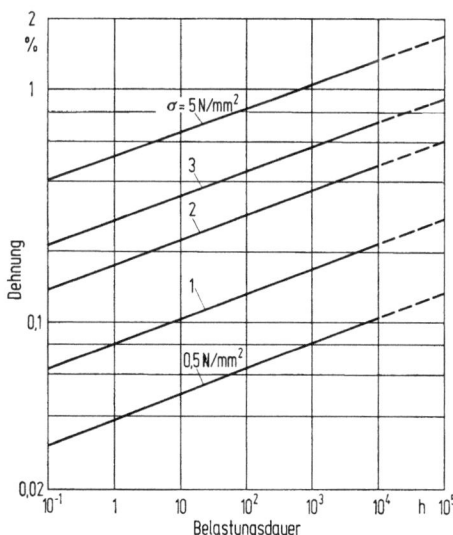

Abb. 9.31. Die Dehnung in Abhängigkeit von der Belastungsdauer des Polypropylens bei verschiedenen Belastungen.

Tabelle 9.5. Werkstoffeigenschaften von Polypropylen

Eigenschaften	Einheit	Unverst. Type	Asbestv. Type (40%)	Glasfaserverstärkte Type (25%)
Dichte	g/cm³	0,905	1,25	1,08
Elastizitätsmodul	kN/mm²	1,1	4,0	3,0
Biegefestigkeit (Grenzbiegespannung)	N/mm²	45	55	
Schlagzähigkeit	Nmm/mm²	kein Bruch	9	30
Zugfestigkeit	N/mm²	30	40	40
Bruchdehnung	%	600	15	20
Härte	Shore D	60	75	
Kriechstromfestigkeit		KA 3c	KA 3c	KA 3c
Durchschlagfestigkeit	kV/mm	35	20	20
Spezifischer Durchgangswiderstand	Ω cm	10^{17}	10^{16}	10^{16}
Dielektrizitätszahl (1 MHz)		2,3	2,9	2,5
Dielektr. Verlustf. (1 MHz)		$5 \cdot 10^{-4}$	10^{-2}	10^{-3}
Wärmeleitfähigkeit	W/Km	0,23	0,49	
Lineare Wärmedehnzahl	10^{-6}/K	180	130	100
Formbest. in der Wärme nach Martens	°C	40		
Vicat-Erweichungstemperatur	°C	80 bis 90	110	100
Dauerwärmebeständigkeit	°C	70	75	75
Wasseraufnahme	mg	1,0		

getragen [111, 112]. Sie liegen um so günstiger, je geringer der ataktische Anteil des Erzeugnisses ist. Daraus gefertigte Spritzgußteile haben die vorteilhafte Eigenschaft, daß beim Spritzgießen entstandene Spannungen sich in verhältnismäßig kurzer Zeit abbauen. Daher wurde keine Neigung zu Spannungsrissen beobachtet. Die Folien haben durch das mechanische Recken einen hohen kristallinen Anteil bekommen; die Werkstoffeigenschaften sind in bekannter Weise verbessert [88]. Die Zugfestigkeit der biaxial gereckten Folie liegt zwischen 120 und 200 N/mm², was in Anbetracht der beim Wickeln von Kondensatoren auftretenden hohen mechanischen Beanspruchungen recht vorteilhaft ist.

Polypropylen ist als kriechstromfest zu bezeichnen. Die Durchschlagfestigkeit der gereckten Folie bei liegt 300 kV/mm (VDE 0345). Sehr gut ist auch der spezifische Durchgangswiderstand. In der Dielektrizitätszahl unterscheidet sich Polypropylen kaum vom Polyäthylen. Da es wie dieses

9.7 Polypropylen

keine Dipole besitzt, ist auch die Dielektrizitätszahl im gesamten Frequenzbereich von 10^2 bis 10^9 Hz fast konstant. Mit der Temperatur schwankt sie nur, soweit es durch die Dichteänderung bedingt ist. Hervorzuheben ist schließlich der geringe dielektrische Verlustfaktor. Frequenz- und Temperaturabhängigkeit der Verluste schwanken im anwendungstechnischen Bereich nur innerhalb einer Größenordnung [115]. Der für die Verwendung in Kondensatoren wichtige Frequenz- und Temperaturgang der Folie ist in Abb. 9.32 wiedergegeben.

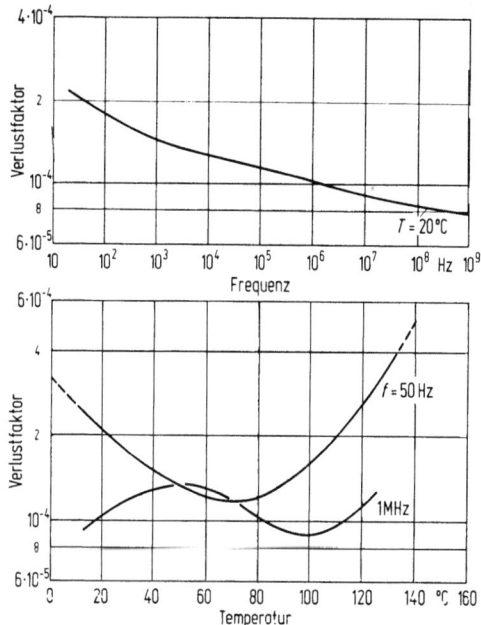

Abb. 9.32. Dielektr. Verlustfaktor der Polypropylenfolie in Abhängigkeit von Frequenz und Temperatur.

Teile aus Polypropylen sollen möglichst nicht einer Gesamtstrahlendosis von mehr als 1 kJ/kg ausgesetzt werden. Darüber hinaus verspröden sie, wobei noch der Sauerstoff der Luft eine besondere Rolle spielt [116]. Allerdings kann der schädigende Einfluß durch geeignete Stabilisierungsmittel verringert werden.

Erwähnenswert ist hier auch die Verbindung der Polypropylenfolie mit Papier (6.8) und Trichlordiphenyl (7.2). Mit einem derartigen Dielektrikum im Kondensator erreicht man unter Betriebsbedingungen eine Dielektrizitätszahl von 3,3 und einen Verlustfaktor von etwa $5 \cdot 10^{-4}$.

Polypropylen hat gegenüber Polyäthylen eine etwas höhere Einfriertemperatur. Unter $-12\,°C$ befindet es sich im eingefrorenen Zustand und ist glasartig spröde. Bei diesen Temperaturen sind daraus hergestellte

Gegenstände also schlag- und stoßempfindlicher als solche aus Polyäthylen. Auch die Schmelztemperatur ist dementsprechend höher; der Kristallitschmelzbereich liegt bei 165°C. Polypropylen brennt wie Polyäthylen leuchtend mit blauem Kern und tropft dabei. Der auftretende Geruch ähnelt dem des Paraffins.

Da Polypropylen bei Wasserlagerung nur sehr wenig Wasser aufnimmt, sind auch die physikalischen Eigenschaften, ebenso wie die Maßhaltigkeit derartiger Isolierteile, vom Feuchtigkeitsgehalt der Umgebung praktisch unabhängig. Chemisch angegriffen wird es nur von konzentrierter Salpetersäure, Chlorsulfonsäure und Halogenen. Bei der Folie ist besonders darauf hinzuweisen, daß sie gegen Isolieröle, also gegen Mineralöl und chlorierte Diphenyle, vollkommen beständig ist. Nachteilig ist die Empfindlichkeit des Isolierstoffes gegenüber oxydativen Einflüssen insbesondere bei höheren Temperaturen [117]. Durch den Einbau von Wärmestabilisatoren kann diese Empfindlichkeit allerdings herabgesetzt werden. Was die Stabilisierung gegen ultraviolette Strahlung anbelangt, so ist auch hier der Ruß noch durch nichts Gleichwertiges ersetzt worden. Der in Gegenwart von Metallen, insbesondere von Kupfer beobachtete beschleunigte Abbau ist ebenfalls störend, wenn man nicht eine für solche Anwendungsfälle vorgesehene kupferstabilisierte Einstellung verwendet. Immerhin soll man in Verbindung mit Polypropylen Teile aus Mangan, Kobalt, Kupfer und deren Legierungen vermeiden.

Polypropylen kann in antistatischer Ausrüstung geliefert werden. Hier ist es durch Einarbeitung geeigneter Zusätze gelungen, die elektrostatische Staubanziehung zu vermeiden, ohne daß dadurch die mechanischen Eigenschaften geändert werden. Dies kann man u.a. durch Äthanolamine erreichen. Mit diesen werden hydrophile Gruppen an die Oberfläche gebracht und dadurch, daß etwas Wasser angezogen wird, fließt die Ladung leichter ab. Diese Einstellung ist bei Polypropylen verhältnismäßig gut, aber auch hier von begrenzter Dauer. Selbstverständlich ist diese Einstellung in der Elektrotechnik durchaus nicht immer erwünscht, vorteilhaft aber bei Gehäusen elektrischer Geräte.

Bei dem faserverstärkten Polypropylen sind dem unverstärkten gegenüber als besondere Vorteile die höhere Steifigkeit und Härte sowie das geringere Kriechen zu werten. Durch den Zusatz von Asbest werden die elektrischen Eigenschaften wie aus Tabelle 9.5 zu ersehen ist, erklärlicherweise verschlechtert. Die Formbeständigkeit in der Wärme ist allgemein besser, die störende Wärmeausdehnung etwas kleiner [113].

Einsatzgebiete. Auf Grund seiner guten mechanischen und elektrischen Werte wird Polypropylen in der Elektroindustrie in großem Umfange eingesetzt. Isolierteile von Antennen, Kabelmuffen nach Abb. 9.33, verschraubungsfreie Kabelschellen und Becher für Kleinkondensatoren sind

9.7 Polypropylen

typische Beispiele. Auch Gehäuse für elektrische Geräte, vor allem im Haushaltssektor, bei denen sowohl konstruktive als auch isolierende Aufgaben zu erfüllen sind, bestehen häufig aus Polypropylen. Für solche Anwendungen, von denen Abb. 9.34 ein Beispiel bringt, wird meistens die antistatische Einstellung verwendet. Ferner sind Spulenkörper [118] für Hochfrequenzgeräte und Lüfterräder für Motoren zu nennen.

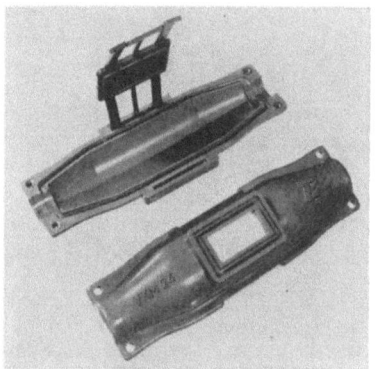

Abb. 9.33. Kabelverbindungsmuffe aus Polypropylen mit Deckelverschluß.

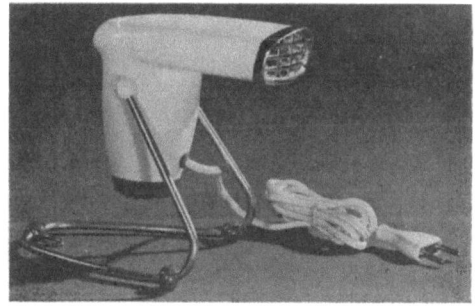

Abb. 9.34. Haartrockner mit Gehäuse, Luftaustrittsöffnung und Motorabdeckung aus Polypropylen (Werkbild: Montecatini Edison).

Die elektrisch hochwertige und weitgehend fehlstellenfreie Folie ist für den Kondensatorenbau geeignet. Mit Papier und Mineralöl bzw. chlorierten Diphenylen als Dielektrikum ist der Leistungskondensator für die Blindleistungskompensation seit vielen Jahren im Einsatz. Dazu kommt heute die durch passende Zuschläge wärmestabilisierte Polypropylenfolie. Sie wird, 6 bis 12 μm dick, in Verbindung mit Papierzwischenlagen, welche die Tränkfähigkeit gewährleisten, und meistens chlorierten Diphenylen verarbeitet [119]. Die gegenüber Papier niedrigere Dielektrizitätszahl der Folie ermöglicht eine besonders günstige Feldstärkenverteilung, so daß im Betrieb gerade an der durchschlagfesten Folie die höhere Feldstärke liegt. Mit mittleren Feldstärken von 33 bis 39 kV/mm bzw. 50 bis 60 kV/mm an der Polypropylenfolie erhält man ein kleines Bauvolumen. Auf Grund der ihr eigenen geringen dielektrischen Verluste bringt die Folie darüber hinaus, wie in Abb. 9.35 dargestellt, eine erhebliche Verringerung der Verlustleistung, die schließlich in der Größenordnung von 1,0 W/kvar liegt [120]. Solche Kondensatoren mit Trichlordiphenyl sind bei Betriebstemperaturen bis zu 90°C verwendbar.

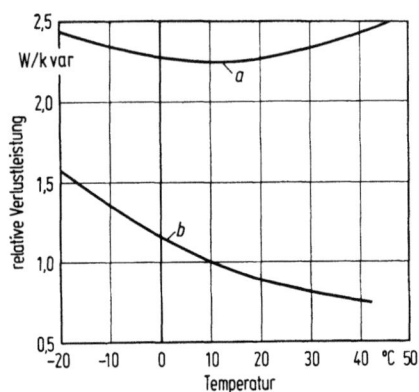

Abb. 9.35. Temperaturabhängigkeit der dielektrischen Verluste von Mittelspannungs-Leistungskondensatoren.
a Dielektrikum aus Papier und Trichlordiphenyl; b Dielektrikum aus Polypropylen, Papier und Trichlordiphenyl

Die Anordnung des Dielektrikums im Leistungskondensator ist verschieden. Im Hochspannungskondensator läßt man die als Flüssigkeitsträger und Polster dienende Papierbahn zwischen Metallfolie und Kunststoffolie einlaufen. Die Polypropylenfolie quillt bei der Tränkung in ihren amorphen Bezirken ein wenig an und preßt dann gegen das Papier. Bei Niederspannung kann man ohne große Schwierigkeiten mit je einer Lage Polypropylenfolie und Papier zwischen der Metallfolie auskommen [121]. Bei einer anderen Ausführung für Niederspannung wird die Papierbahn zweiseitig mit Aluminium oder Zink bedampft und so zwischen die Polypropylenfolie eingewickelt. Dies ist ein Kondensator mit Selbstheileffekt, der allerdings nur mit Mineralöl (6.1) hergestellt werden kann. Natürlich kann man auch die Kunststoffolie bedampfen. Auf diese Weise stellt man Trockenkondensatoren her, die in einem Nennspannungsbereich von 220 bis 400 V für Leuchtstofflampen und als Motorkondensatoren eingesetzt werden.

Im praktischen Betrieb des Kondensators treten bei der Polypropylenfolie, ähnlich wie bei anderen Folien, noch insofern Schwierigkeiten auf, als sie durch den elektrostatischen Effekt auch mechanisch beansprucht wird [122]. Der Mechanismus ist noch nicht ganz geklärt. Möglicherweise werden die kristallinen Bereiche mechanisch zerstört und dadurch die theoretisch mögliche Durchschlagfestigkeit beträchtlich herabgesetzt.

9.8 Polybuten

Polybuten zählt seiner Struktur nach zu den teilkristallinen linearen Niederdruckpolyolefinen.

Molekülstruktur. Es besitzt die in Abb. 9.36 dargestellte Molekülstruktur mit isotaktischer Anordnung. Im Gegensatz zu Niederdruckpolyäthylen und Polypropylen kristallisiert es in mehreren Modifikationen. Für die Anwendungstechnik von Bedeutung sind die instabile tetragonale Modifikation und die stabile rhomboedrische Modifikation. Beim Abkühlen aus der Schmelze bildet sich zunächst die instabile Struktur, aus der im Laufe der Zeit der Isolierstoff dann in die stabile Form übergeht. Polybuten wird mit Molekulargewichten von 800 000 bis 1 800 000 geliefert. Dies ist also höher als das von Polyäthylen und Polypropylen.

$$
\begin{array}{cccccccc}
H & H & H & H & H & H & H & H \\
| & | & | & | & | & | & | & | \\
-C & -C & -C & -C & -C & -C & -C & -C- \\
| & | & | & | & | & | & | & | \\
H & CH_2 & H & CH_2 & H & CH_2 & H & CH_2 \\
 & | & & | & & | & & | \\
 & CH_3 & & CH_3 & & CH_3 & & CH_3
\end{array}
$$

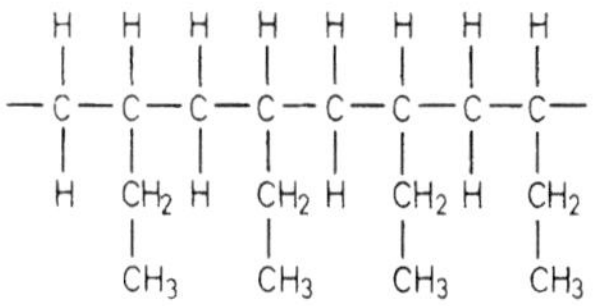

Abb. 9.36. Molekülstruktur des isotaktischen Polybutens (Polybuten-1).

Verarbeitung. Das Granulat aus Polybuten kann mit den für Niederdruckpolyäthylen und Polypropylen üblichen Verfahren verarbeitet werden. Trotz des hohen Molekulargewichtes macht dies keine Schwierigkeiten. Dünne Platten werden im allgemeinen extrudiert, dicke Platten gepreßt. Die Verarbeitungstemperatur ist über 200 °C zu halten. Die Werkzeugtemperatur soll auf etwa 80 °C eingestellt werden. Die Schwindung beträgt 1,5 bis 3 %. Der größere Anteil davon bezieht sich auf die Nachschwindung, die sich in den ersten Tagen nach dem Entformen bemerkbar macht. Fertigteile und Platten können spanend ohne Schwierigkeiten bearbeitet werden. Auch das Warmformen ist möglich. Das Verbinden von Teilen kann durch Heizelementschweißen und durch Warmgasschweißen erfolgen.

Werkstoffeigenschaften. Die Eigenschaften sind in Tabelle 9.6 aufgeführt. Dabei muß nach dem oben Gesagten berücksichtigt werden, daß der Isolierstoff erst nach einer etwa achttägigen Lagerzeit in seiner stabilen Modifikation vorliegt. Prüfwerte können also erst an gelagerten Proben ermittelt werden. Gegenüber Polypropylen ist eine bessere Zähigkeit und Biegsamkeit in der Kälte und eine geringere Abhängigkeit der mechanischen Werte von der Temperatur vorhanden. Die Glastemperatur ist 78 °C. Hervorzuheben ist noch, daß bei mechanischer Dauerbeanspruchung eine verhältnismäßig geringe Neigung zum Kriechen besteht. Ferner ist die hervorragende Spannungsrißbeständigkeit zu nennen; es tritt keine Spannungskorrosion auf. In diesen beiden Eigenschaften übertrifft Polybuten alle übrigen Polyolefine. Die elektrischen Werte unterscheiden sich nur wenig von denen der üblichen Polyolefine; sie sind also sehr gut. Der Kristallitschmelzbereich liegt bei 124 °C. Polybuten ist wie alle Polyolefine brennbar.

Tabelle 9.6. Werkstoffeigenschaften von Polybuten und Polymethylpenten

Eigenschaften	Einheit	Polybuten	Polymethylpenten
Dichte	g/cm^3	0,914 bis 0,919	0,83
Elastizitätsmodul	kN/mm^2	0,45 bis 0,60	1,5
Biegefestigkeit			
(Grenzbiegespannung)	N/mm^2	25	
Schlagzähigkeit	Nmm/mm^2	kein Bruch	
Zugfestigkeit	N/mm^2	35	25
Bruchdehnung	%	250	15
Härte	Shore D	63	
Kriechstromfestigkeit		KA 3c	KA 3c
Durchschlagfestigkeit	kV/mm	40	20
Spezifischer Durchgangswiderstand	Ω cm	10^{17}	10^{16}
Dielektrizitätszahl (1 MHz)		2,3	2,1
Dielektr. Verlustf. (1 MHz)		$5 \cdot 10^{-4}$	10^{-4}
Wärmeleitfähigkeit	W/Km	0,24	0,17
Lineare Wärmedehnzahl	10^{-6}/K	120	115
Vicat-Erweichungstemperatur	°C	95	175
Dauerwärmebeständigkeit	°C	80	110
Brennbarkeit nach ASTM	cm/min		2,5
Wasseraufnahme	mg	1,0	0,2

Was die Chemikalienbeständigkeit anbelangt, so weist es mit Ausnahme heißer organischer und oxydierender Säuren eine weitgehende Beständigkeit gegenüber den meisten Flüssigkeiten auf. In bezug auf die aliphatischen Kohlenwasserstoffe ist es nicht so widerstandsfähig wie Polyäthylen hoher Dichte und Polypropylen. In organischen Lösemitteln und chlorierten Kohlenwasserstoffen ist es oberhalb 60 °C löslich. Die Bestrahlung von Polybuten führt zu einem Abbau des Werkstoffes.

Einsatzgebiete. Da sich Polybuten gut extrudieren läßt, dürfte es sich für die Kabelisolierung eignen, obwohl es dafür möglicherweise etwas zu spröde ist. Sollte der gegenwärtige Preis sinken, könnte Polybuten als wertvolle Ergänzung der übrigen Polyolefine auch in der Elektrotechnik Bedeutung erlangen. [123]

9.9 Polymethylpenten

Von den Polyolefinen ist weiter das Polymethylpenten zu nennen, das im Jahre 1965 auf dem Markt erschienen ist.

Molekülstruktur. Das Strukturschema des Polymeren ist vorwiegend isotaktisch von der in Abb. 9.37 gezeigten Art. Der Kristallisationsgrad beträgt in der Regel 40%, kann aber bis zu 65% ansteigen.

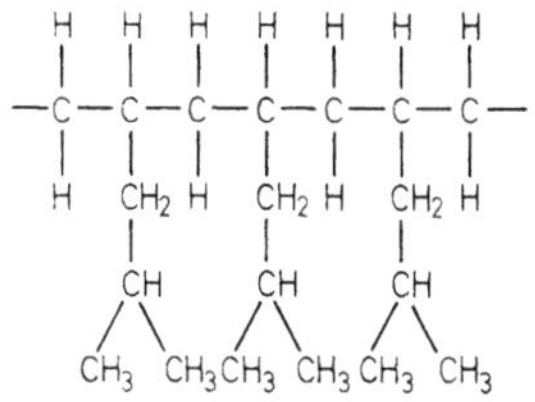

```
     H   H   H   H   H   H   H
     |   |   |   |   |   |   |
  —C—C—C—C—C—C—C—
     |   |   |   |   |   |   |
     H  CH₂  H  CH₂  H  CH₂  H
         |       |       |
        CH      CH      CH
        / \     / \     / \
      CH₃ CH₃ CH₃ CH₃ CH₃ CH₃
```

Abb. 9.37. Molekülstruktur des isotaktischen Polymethylpentens (Poly-4-methylpenten-1).

Herstellung und Verarbeitung. Polymere von Methylpenten sind entweder als rieselfähige Pulvermischungen oder in Granulatform erhältlich. Sie können auf den herkömmlichen Maschinen verarbeitet werden, wenn diese mit einer ausreichenden Heizung und guten Temperaturkontrolle versehen sind. Die Verarbeitungsbedingungen sind durch die hohe Schmelztemperatur des Polymerisates, seinen eng begrenzten Schmelzbereich, seine niedrige Schmelzviskosität und eine außergewöhnliche Thixotropie der Schmelze gekennzeichnet. Das muß berücksichtigt werden. Die Spritztemperaturen bewegen sich zwischen 270 und 300 °C. Das Schwindmaß liegt zwischen 1,5 und 3%. Bei der Herstellung von Isolierrohren verwendet man zweckmäßigerweise Kalibrierdüsen, wie sie auch beim Polyäthylen erwähnt wurden. Folien aus Polymethylpenten werden im Extrusionsverfahren hergestellt. Das Recken derartiger Folien ist jedoch mit Schwierigkeiten verbunden.

Der Werkstoff ist gut spanabhebend zu bearbeiten. Aus gepreßten Platten oder gespritzten Teilen lassen sich bequem Musterausführungen herstellen.

Werkstoffeigenschaften. Fertigteile aus Polymethylpenten besitzen einige einzigartige Eigenschaften. Die Dichte ist mit 0,83 g/cm³ die niedrigste aller bekannten thermoplastischen Isolierstoffe. Sie dürfte der theoretischen Grenze für solche Werkstoffe sehr nahe kommen. Der Elastizitätsmodul ist 1,5 kN/mm². Der Isolierstoff besitzt Steifigkeit und Härte, neigt aber etwas zum Verspröden. Er zeigt anderseits, wie Abb. 9.38 veranschaulicht, ein von der Belastungsdauer abhängiges Kriechen. Dieses ist trotzdem geringer als bei Polyäthylen. Im Vergleich zu Polypropylen ist es nur am Anfang geringer, bei längerer Belastungsdauer wird es größer.

Die elektrischen Eigenschaften von Polymethylpenten entsprechen, wie aus Tabelle 9.6 ersichtlich, weitgehend denen der anderen Polyolefine. Die Dielektrizitätszahl bleibt über einen breiten Frequenz- und Temperaturbereich hinweg annähernd konstant. Der Verlustfaktor zeigt die in Abb. 9.39 und Abb. 9.40 dargestellte Frequenz- und Temperaturabhängigkeit. Man beobachtet ausgeprägte Relaxationserscheinungen, stellt dabei aber fest, daß die Höchstwerte des Verlustfaktors immer noch unter 10^{-3} liegen. Der Isolierstoff ist etwa wie Glas klar durchsichtig. Hinsichtlich der Lichtdurchlässigkeit ist es mit dem Polymethakrylsäureester (9.22) vergleichbar. Was die Widerstandsfähigkeit gegen energiereiche Strahlen anbelangt, so sind entsprechende Einstellungen bis zu Strahlendosen von 20 kJ/kg einsatzfähig.

Der kristalline Schmelzpunkt von Polymethylpenten liegt bei 230 °C. Der Isolierstoff hat deshalb eine bessere Formbeständigkeit in der Wärme

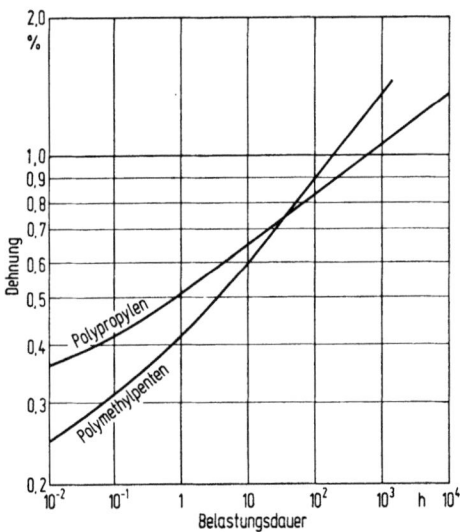

Abb. 9.38. Die Dehnung des Polymethylpentens in Abhängigkeit von der Belastungsdauer bei einer Zugbeanspruchung von 5 N/mm².

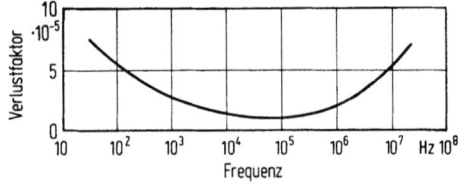

Abb. 9.39. Verlustfaktor von Polymethylpenten in Abhängigkeit von der Frequenz bei 20 °C.

9.10 Polystyrol und Styrolmischpolymerisate

und kann selbst bei mechanischer Belastung kurzzeitig höheren Temperaturen ausgesetzt werden als alle anderen Polyolefine.

Polymethylpenten ist beständig gegen wässerige Lösungen anorganischer Salze und gegen die meisten mineralischen Säuren und Laugen. Von stark oxydierenden Chemikalien wird es angegriffen. So werden auch ultraviolettes Licht und Sauerstoff nicht gut vertragen. Bei Anwesenheit einiger oberflächenaktiver Stoffe zeigt es Spannungskorrosion.

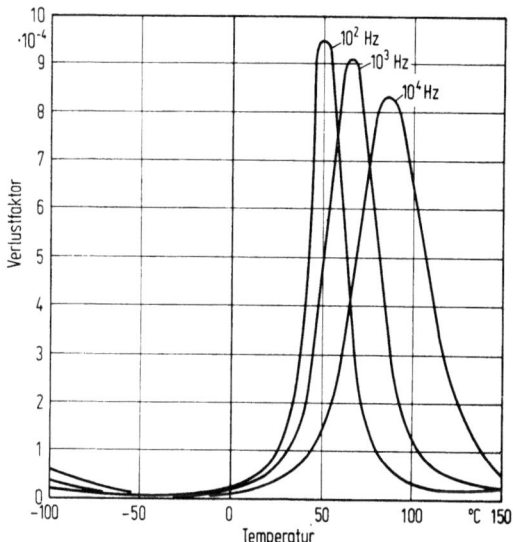

Abb. 9.40. Verlustfaktor von Polymethylpenten in Abhängigkeit von der Temperatur bei verschiedenen Frequenzen.

Einsatzgebiete. Die Versuche in bezug auf die verschiedenen Verwendungsmöglichkeiten sind noch nicht abgeschlossen. Polymethylpenten eignet sich für kleine im Betrieb sehr warm werdende Leuchtenabdeckungen, ferner zum Einkapseln von Relais und dergleichen. Es dürfte auch als Unterlage für Leiterplatten ebenso wie als Kabelisolierung in Betracht kommen. Es ist allerdings gegenwärtig noch zu teuer.

9.10 Polystyrol und Styrolmischpolymerisate

Styrol ist eine aromatische Verbindung, die bei Raumtemperatur flüssig ist und bei $-30\,°C$ erstarrt. Sie ist leicht zu polymerisieren. Das daraus hergestellte Polystyrol (Kurzzeichen: PS) spielt nicht nur in der Gerätefertigung, sondern auch als Isolierstoff eine bedeutende Rolle. Dazu kommen Mischpolymerisate mit Butadien und Akrylnitril.

Molekülstruktur. Die Molekülstruktur des Styrols und Polystyrols ist aus Abb. 9.41 ersichtlich. Man sieht, sie ist der des Äthylens ähnlich; nur daß hier ein Wasserstoffatom des Äthylens durch einen Benzolring ersetzt ist. Da Benzolringe verhältnismäßig groß und hier außerdem unregelmäßig verteilt sind, können sich zwischen den einzelnen Ketten des Polymeren keine geordneten Bereiche ausbilden. Eine Kristallisation ist daher praktisch unmöglich. Das Molekulargewicht der technisch brauchbaren Thermoplaste liegt zwischen 150000 und 400000. Das heißt, daß eine Kette etwa 1500 bis 4000 Styroleinheiten enthält. Wenngleich grundsätzlich polarer Natur, wirkt sich beim Polystyrol diese polare Struktur wegen der Größe des Benzolringes und der damit verbundenen Starrheit der einzelnen Momente nicht aus, so daß es unpolares Verhalten zeigt. Die beiden für Mischpolymerisate in Betracht kommenden Komponenten Butadien und Akrylnitril sind in Abb. 9.42 dargestellt.

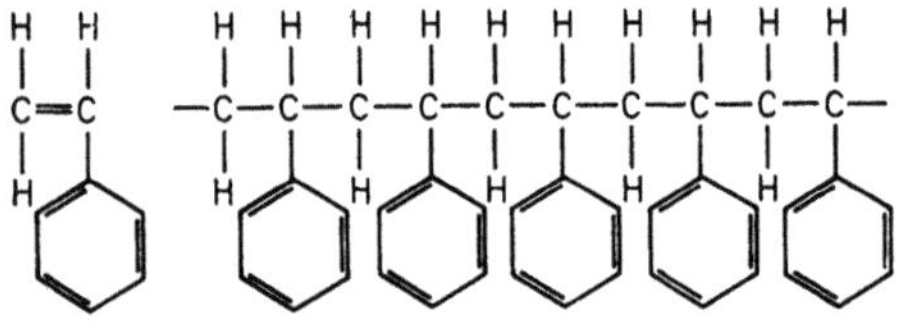

Abb. 9.41. Molekülstruktur des Styrols und des Polystyrols (PS).

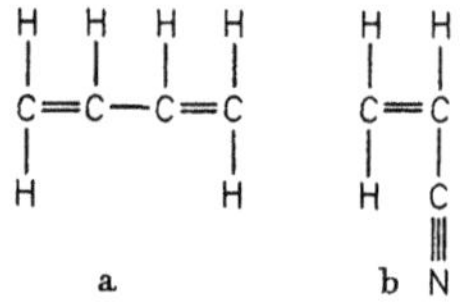

Abb. 9.42. Molekülstruktur des Butadiens a) und des Akrylnitrils b).

Herstellung. Die Ausgangsstoffe für Styrol sind, nach obigen Überlegungen naheliegend, Äthylen (C_2H_4) und Benzol (C_6H_6), die petrochemisch gewonnen werden. Indem man Äthylen in Benzol einleitet, stellt man zunächst Äthylbenzol her, aus dem dann durch katalytische Dehydrierung das Styrol gewonnen wird [31*]. Polystyrol wird großtechnisch sowohl in homogener Phase als auch in heterogener Phase hergestellt. Im ersten Falle kann die Polymerisation in Substanz (Blockpolymerisation) oder in Lösemitteln erfolgen. Im zweiten Falle ist die Perlpolymerisation, die Fällungspolymerisation und die Emulsionspolymerisation möglich. Bei der Substanzpolymerisation entsteht, da man keine Hilfsstoffe benötigt, ein besonders reines Polystyrol, was für die Verwendung in der Elektrotechnik wichtig ist. Grundsätzlich sind hier alle genannten Polymerisationsverfahren in Anwendung. Man erhält je nach Polymerisationsart in warmem Zustande eine Schmelze oder ein pulverförmiges Erzeugnis, dem nach Bedarf Stabilisatoren, Gleitmittel oder auch kurzgeschnittene Glasfasern zugemischt werden. Es wird in üblicher Weise in Schneckenpressen homogenisiert und zu Granulat weiterverarbeitet.

Werden dem Polystyrol butadienhaltige Elastomere zugegeben, so erhält man die sogenannten schlagfesten Einstellungen (Kurzzeichen: SB).

9.10 Polystyrol und Styrolmischpolymerisate

Mit 22 bis 28% Akrylnitril wird ein weiteres Mischpolymerisat (Kurzzeichen: SAN) hergestellt. Optimale Polymerisationsbedingungen erhält man bei 24 Gewichtsprozenten. Dann hat man sich zwei von fünf Molekülen der Polystyrolkette durch Akrylnitril ersetzt zu denken. Eine Abwandlung dieses Typs besteht noch darin, daß man ein Elastomer auf Grundlage von Akrylester einarbeitet.

Die Mischpolymerisate aus Akrylnitril, Butadien und Styrol (Kurzzeichen: ABS) stellen schließlich eine weitere Entwicklung dar. Hier handelt es sich genau genommen um eine Mischung dreier Bestandteile. Der erste ist ein Mischpolymerisat aus Akrylnitril und Styrol, beispielsweise mit 25% Akrylnitril und 75% Styrol. Der zweite ist ein Akrylnitrilbutadien-Mischpolymerisat mit 25% Akrylnitril und 75% Butadien. Da nun diese beiden Polymerisate normalerweise keine volle Verträglichkeit besitzen, muß man den dritten Bestandteil hinzugeben. Das ist Styrolbutadiengummi. Diese drei Bestandteile werden schließlich in folgenden Anteilen gemischt: Von dem ersten 60 bis 80%, von dem zweiten 10 bis 20% und von dem dritten ebenfalls 10 bis 20%. Da alle drei in Emulsionspolymerisation hergestellt werden, mischt man am besten den gewonnenen Latex in den gewünschten Anteilen, koaguliert, trocknet und granuliert. Das Erzeugnis ist ein Thermoplast, der in üblicher Weise verarbeitet werden kann.

Verarbeitung. Polystyrolformmassen gehören zu den Thermoplasten mit Erweichungscharakter. Der Übergang in den plastischen Zustand erfolgt innerhalb eines weiten Temperaturbereiches; hier zwischen 80 und 120°C. Er liegt im Vergleich zu anderen Thermoplasten ziemlich tief. In bezug auf die Formbeständigkeit des Fertigteils in der Wärme ist das zwar nicht günstig. In Verbindung mit einer guten Wärmebeständigkeit der Schmelze macht diese Tatsache den Isolierstoff aber zu einem leicht verarbeitbaren Werkstoff. So wird Polystyrol im Temperaturbereich von 180 bis 270°C meistens im Spritzguß verarbeitet. Die Fließeigenschaften sind dabei gut. Das Standardpolystyrol war der erste vollsynthetische Thermoplast, der im Spritzgießverfahren zu Fertigteilen verarbeitet werden konnte. Der Sprödigkeit muß durch geeignete Gestaltung des Fertigteils und des Werkzeugs Rechnung getragen werden. Als Schwindung hat man 0,5% zu berücksichtigen.

Styrolakrylnitril-Mischpolymerisate fließen schwerer als das entsprechende Reinpolystyrol. In der Regel werden sie daher bei etwas höheren Temperaturen verspritzt. Auch bei ABS-Mischpolymerisaten ist die Fließfähigkeit während des Spritzens etwas schlechter als beim reinen Polystyrol. Das muß bei der Ausführung des Spritzwerkzeuges berücksichtigt werden. Größere Angüsse und wegen des höheren Spritzdruckes eine Seitenneigung des Formnestes von 1% sind zu empfehlen.

Platten werden mit Schneckenpresse und Breitschlitzdüse hergestellt. Die optimale Temperatur der Schmelze liegt hier bei 200 bis 220 °C. Sie werden oft im Warmformverfahren zu Formkörpern weiterverarbeitet. Als dafür günstigste Temperatur gilt 140 bis 170 °C. Folien werden in gleicher Weise oder nach dem Folienblasverfahren in Stärken von 20 bis 250 µm hergestellt. Für die Verwendung als Isolierung werden sie noch biaxial gereckt und so in Dicken von 20 bis 50 µm geliefert. Das Recken erfolgt im thermoplastischen Temperaturbereich. Dabei werden die fadenförmigen Moleküle in Zugrichtung ausgerichtet.

Teile aus Polystyrol und seiner Mischpolymerisate lassen sich leicht spanend nachbearbeiten. Sie lassen sich ferner angewärmt biegen. Nach den genannten Verfahren, mit Ausnahme des Hochfrequenzverfahrens,

Tabelle 9.7. Werkstoffeigenschaften von Polystyrol und Styrolmischpolymerisaten

Eigenschaften	Einheit	Wärmeformb. Standardpolystyrol	Butadienfl. Polystyrol	SAN-Mischpolym.	ABS-Mischpolym.
Dichte	g/cm³	1,05	1,05	1,07	1,12
Elastizitätsmodul	kN/mm²	3,3	2 bis 2,5	3,5	2,2
Biegefestigkeit	N/mm²	90	50 bis 80	110	70
Schlagzähigkeit	Nmm/mm²	20	60 bis 80	20	kein Br.
Zugfestigkeit	N/mm²	50 bis 60	30 bis 40	60 bis 70	40
Härte	Shore D			85	75
Kriechstromfestigkeit		KA 2	KA 2	KA 1	KA 2
Durchschlagfestigkeit	kV/mm	40	40	30	20
Spezifischer Durchgangswiderstand	Ω cm	10^{17}	10^{16}	10^{15}	10^{14}
Dielektrizitätszahl (1 MHz)		2,5	2,6	2,9	3,5
Dielektr. Verlustf. (1 MHz)		10^{-4}	$5 \cdot 10^{-4}$	10^{-2}	$2 \cdot 10^{-2}$
Wärmeleitfähigkeit	W/Km	0,18	0,18	0,18	0,18
Lineare Wärmedehnzahl	10^{-6}/K	70	90	75	80
Formbest. in der Wärme nach Martens	°C	75		75	70
Vicat-Erweichungstemperatur	°C	95	70 bis 90	95	95
Dauerwärmebeständigkeit	°C	75	60	80	75
Wasseraufnahme	mg	3	80	10	60

9.10 Polystyrol und Styrolmischpolymerisate

lassen sie sich miteinander verschweißen. Besonders gute Erfolge erzielt man bei Standardpolystyrol und den Akrylnitril-Mischpolymerisaten mit dem Ultraschallschweißen. ABS-Mischpolymerisate können, wie sich aus Tabelle 9.7 schließen läßt, auch mit Hochfrequenz verschweißt werden. Das Kleben erfolgt mit Hilfe geeigneter Lösemittel, mit Kontaktklebern auf Grundlage von Polychlorbutadien, mit Urethanklebern und dergleichen. Solche Verbindungsverfahren werden erforderlich, wenn die Fertigteile nicht aus einem Stück hergestellt werden können.

Die ABS-Polymerisate nehmen unter den bekannten thermoplastischen Isolierstoffen insofern noch eine Sonderstellung ein, als sich auf der Oberfläche daraus hergestellter Teile mit einfachen chemischen und galvanischen Verfahren festhaftende Metallüberzüge abscheiden lassen [124].

Eine interessante Anwendung hat Polystyrol in geschäumter Form gefunden. Das Verfahren besteht darin, daß man dem Polymerisat ein Treibmittel zusetzt, das bei Erwärmung Gase (z. B. Stickstoff) bildet, oder ein Lösemittel zugibt, das verdampft. Expandiert wird bei 100 bis 110 °C. Der Blähvorgang erfolgt zweckmäßigerweise in zwei Stufen. Als Wärmeträger dient in der Regel Sattdampf. Es bilden sich so feine Bläschen (geschlossene Zellen), die nach dem Abkühlen erhalten bleiben und die Schaumstruktur bilden. Die Expansion kann mehr als das Zwanzigfache des ursprünglichen Volumens betragen.

Polystyrol kann auch vernetzt werden, was in der Regel nach chemischen Verfahren geschieht. Ein so behandelter Isolierstoff ist allerdings nur in Platten und Rohren, die gegebenenfalls spanabhebend nachbearbeitet werden können, lieferbar.

Werkstoffeigenschaften. Polystyrol gibt es in verschiedenen Einstellungen und zusammen mit den Mischpolymerisaten in nahezu dreißig Typen. Die Werte der für die Elektrotechnik wichtigsten Polymeren sind in Tabelle 9.7 zusammengestellt.

Die aus reinem Polystyrol gefertigten Spritzgußteile haben eine gute Härte; sie sind aber ziemlich spröde und schlagempfindlich. Folien aus Polystyrol, die, wie es üblich ist, in noch thermoplastischem Zutande warm gereckt worden sind, haben die für Polystyrol charakteristische Sprödigkeit weitgehend verloren. Das muß wegen der technischen Bedeutung solcher Folien besonders hervorgehoben werden.

Das butadienflexibilisierte Polystyrol (SB) ist schlagzäh und bruchunempfindlich. Das rührt von der stoßdämpfenden und energieumwandelnden Eigenschaft der eingebetteten Kautschukteilchen her. Infolgedessen sind aber Steifigkeit, Zugfestigkeit und Härte geringer als bei Standardpolystyrol. Styrolakrylnitril-Mischpolymerisat (SAN) zeichnet sich durch seinen für thermoplastische Kunststoffe besonders hohen Elastizitätsmodul aus. Auch die Biege- und die Zugfestigkeit sind gut. Bei den ABS-

Mischpolymerisaten ist die Zähigkeit hervorzuheben. Auch im Zeitstandsverhalten zeigen die verschiedenen Polystyroltypen werkstoffbedingte Unterschiede, wie Abb. 9.43 veranschaulicht [31*]. Das Kriechen und damit die Bruchdehnung nehmen selbstverständlich mit der Temperatur zu. Nicht außer Betracht gelassen werden darf, daß auch die Herstellungsbedingungen die Ergebnisse beeinflussen. So ist die Werkstofforientierung im Spritzgußteil von großer Bedeutung. Die Kennlinien sind entsprechend zu bewerten.

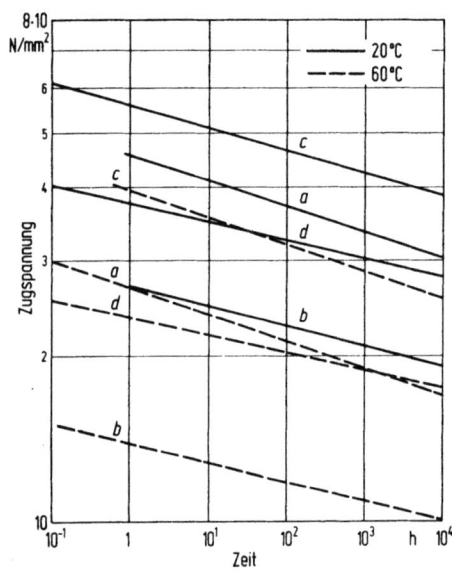

Abb. 9.43. Die Zugfestigkeit verschiedener Polystyroltypen in Abhängigkeit von der Belastungsdauer bei Temperaturen von 20 und 60 °C.
a Wärmebest. Standardpolystyrol; b Butadienfl. Polystyrol; c Styrolakrylnitril-Mischpolymerisat; d ABS-Mischpolymerisat.

Die elektrischen Werte des Standardpolystyrols sind sehr gut; die des schlagfesten Polystyrols sind aber schlechter und bei den akrylnitrilhaltigen Mischpolymerisaten liegen sie noch weiter darunter. Die Kriechstromfestigkeit ist höchstens befriedigend. Die Durchschlagfestigkeit der Polystyrolfolie ist mit 200 kV/mm (DIN 40634) besonders gut. Auch der spezifische Durchgangswiderstand des Standardpolystyrols ist ausgezeichnet. Da Polystyrol praktisch dipolfrei ist, sind die geringen dielektrischen Verluste nicht verwunderlich. Abb. 9.44 und Abb. 9.45 zeigen Dielektrizitätszahl und Verlustfaktor der verschiedenen Typen in Abhängigkeit von Frequenz und Temperatur [31*]. Polystyrol gilt bei einer Bestrahlungsgrenze von 5 MJ/kg im Vergleich mit anderen Kunststoffen als besonders strahlenbeständig [116, 125].

9.10 Polystyrol und Styrolmischpolymerisate

Das wärmebeständige Standardpolystyrol, welches u. a. der Tabelle 9.7 zugrunde liegt, hat eine ansprechende glänzende Oberfläche; es ist ungefärbt glasklar und hat eine hohe Lichtdurchlässigkeit, die bei den üblichen Schichtdicken im sichtbaren Bereich etwa 90% beträgt. Es kann anderseits in vielen Farben geliefert werden. Bei den schlagfesten modifizierten Mischpolymerisaten führt die unterschiedliche Brechzahl der Bestandteile zu der für die meisten Erzeugnisse dieser Art bekannten Undurchsichtigkeit. Das Mischpolymerisat mit Akrylnitril ist dagegen ebenfalls klar durchsichtig.

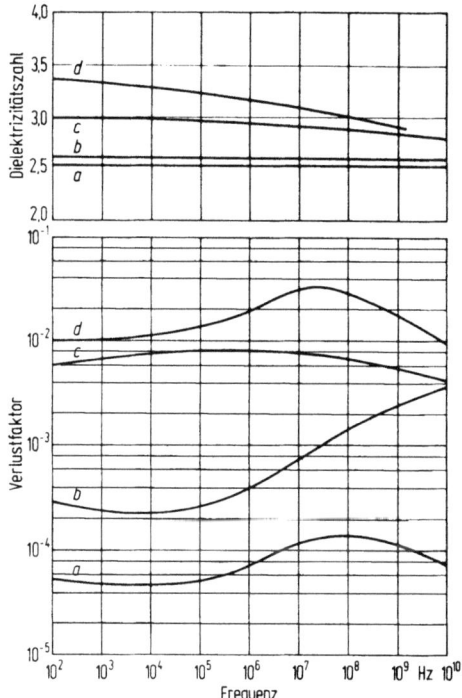

Abb. 9.44. Dielektrizitätszahl und dielektrischer Verlustfaktor von Polystyrol und Styrolmischpolymerisaten in Abhängigkeit von der Frequenz.

Die untere Temperaturgrenze der verschiedenen Polystyrolsorten ist durch die Einfriertemperatur der elastischen Komponente bestimmt, die je nach Einstellung bei −20 bis −70 °C liegt, bei ABS-Mischpolymerisat beispielsweise bei −58 °C. Der Erweichungsbereich der aus den genannten Polymeren hergestellten Formteile beträgt 85 bis 120 °C [126]. Die Formbeständigkeit in der Wärme wird bei den Mischpolymerisaten naturgemäß vom Temperaturverhalten der thermoplastischen Komponente bestimmt. Sie entspricht somit der von Standardpolystyrol. Die Dauerwärmebeständigkeit der Styrolpolymere ist nicht sehr groß; sie genügt aber den meisten

Anforderungen. Polystyrol brennt stark rußend mit einem süßlichen Styrolgeruch. Die Mischpolymerisate verbreiten außerdem einen gummiartigen Geruch, und der Rauch wirkt kratzend.

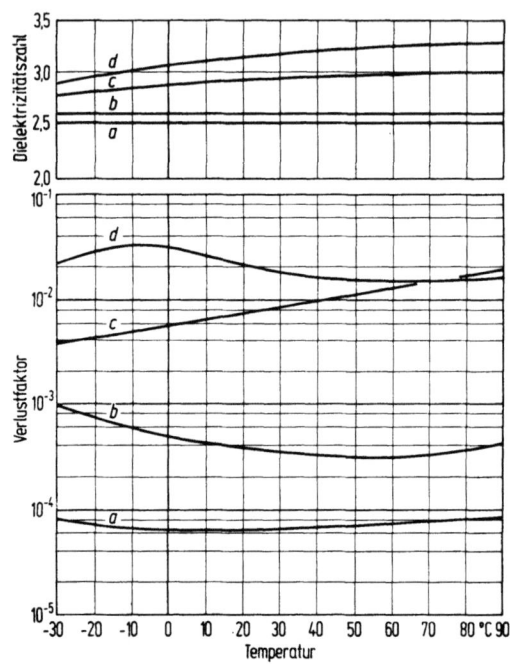

Abb. 9.45. Dielektrizitätszahl und dielektrischer Verlustfaktor von Polystyrol und Styrolmischpolymerisaten in Abhängigkeit von der Temperatur.

Die Wasseraufnahme ist bei Standardpolystyrol sehr gering, bei den Mischpolymerisaten größer. Alle Polymerisate auf Grundlage von Styrol sind beständig gegen Salzlösungen, schwache Säuren und Laugen. Nicht beständig sind sie gegen aromatische Lösemittel wie Benzol und Toluol sowie gegen Ester, Äther und Ketone. Aliphatische Kohlenwasserstoffe greifen die reinen und die butadienhaltigen Styrolpolymerisate ein. Die akrylnitrilhaltigen sind dagegen widerstandsfähig.

Fertigteile aus Polystyrol können Spannungskorrosion zeigen [127]. Möglicherweise treten also Risse auf, wenn sie unter mechanischer Spannung stehen und gleichzeitig Lösemittel wie aliphatische Kohlenwasserstoffe, fluorchlorierte Kohlenstoffverbindungen und andere Agenzien oder deren Dämpfe einwirken. Dabei braucht nicht unbedingt eine äußere Belastung vorhanden zu sein; es können auch innere Spannungen vorliegen, die beispielsweise durch das Spritzgießen entstanden sind. Die akrylnitrilhaltigen Erzeugnisse sind in dieser Hinsicht weniger empfindlich als das Standardpolystyrol und die butadienhaltigen Typen.

9.10 Polystyrol und Styrolmischpolymerisate

Polystyrolteile unterliegen bei entsprechender Beanspruchung einer allmählich fortschreitenden Alterung, die bei normalem Raumklima allerdings unmerklich ist. Werden solche Teile ultraviolettem Licht ausgesetzt, wie beispielsweise bei Leuchtstoffröhren, so treten Schwierigkeiten auf. Es müssen Einstellungen verarbeitet werden, die stabilisierende Zusätze enthalten, welche die Vergilbung zwar nicht grundsätzlich verhindern, aber doch weitgehend hinauszögern. Beim schlagfesten Polystyrol führt die Kautschukkomponente dazu, daß es bei Licht- und Wärmeeinwirkung, also besonders bei Sonneneinstrahlung, verhältnismäßig rasch altert. Bei Styrolakrylnitrilmischpolymerisat ist die Alterung gering; für die mit Akrylester modifizierte Einstellung sogar besonders gering. Bei hoher Vergilbungsbeständigkeit zeigen Einfärbungen dieser Type, was bei Gehäusen eine Rolle spielt, eine durchaus befriedigende Lichtechtheit.

Die Werkstoffeigenschaften des geschäumten Polystyrols entsprechen dem hohen Luftanteil. Dielektrizitätszahl und Verlustfaktor sind gering. Die Wärmeleitfähigkeit ist beispielsweise bei einer scheinbaren Dichte von 50 kg/m³ 0,032 W/Km. Der vernetzte Isolierstoff hat eine bessere Schlagzähigkeit als normales Polystyrol und hat trotzdem die guten elektrischen Eigenschaften beibehalten.

Polystyrol und die Mischpolymerisate sind verhältnismäßig preiswert [118], worauf nicht zuletzt der große Absatz zurückzuführen ist.

Einsatzgebiete. Polystyrol findet man praktisch auf allen Gebieten der Elektrotechnik. Daraus werden kleinste Teile mit Gewichten unter 1 g und große Teile mit Gewichten über 10 kg hergestellt. So sind Isolierstücke und Spulenkörper zu nennen, Gehäuse und Kästen für Starterbatterien. Bei Lichtrastern und Leuchtenwannen wird durch eingeformte Muster, wie Prismen oder ähnlichem, eine ausgezeichnete Lichtbrechung erzielt. Grundplatten und Gehäuse werden vorzugsweise aus schlagfestem Polystyrol oder ABS-Mischpolymerisaten hergestellt. Dem reinen Polystyrol gegenüber haben solche Ausführungen außer der größeren Schlagzähigkeit noch den Vorteil, daß keine elektrostatische Staubanziehung stattfindet. Abbildung 9.46 zeigt ein Trägergestell eines Rundfunkgerätes aus schlag-

Abb. 9.46. Trägergestell eines Stereosteuergerätes aus schlagfestem Polystyrol (Werkbild: AEG-Telefunken).

festem Polystyrol, das bei 600 mm Länge zeigt, welche konstruktiven Möglichkeiten sich hier für die Elektrotechnik durch das Spritzgießen bieten. Styrolakrylnitril-Mischpolymerisate sind für Spulenkörper und Batteriekästen geeignet. Es wird auch gern für Gehäuse von Fernsprechern verwendet, insbesondere in der mit Akrylester modifizierten Ausführung. In Abb. 9.47 ist eine Fernsehantenne mit Reflektorhalterungen aus diesem

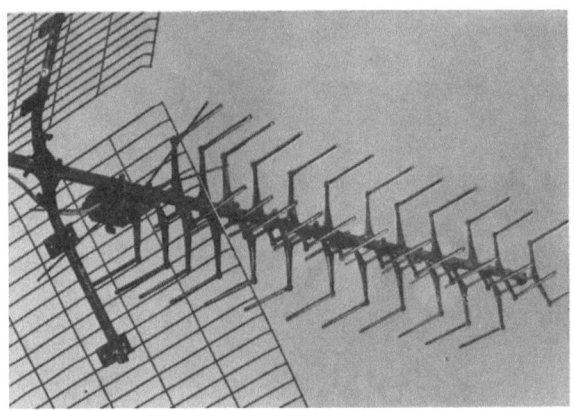

Abb. 9.47. Fernsehantenne mit Reflektorhalterungen aus akrylestermodifiziertem Styrolakrylnitril-Mischpolymerisat (Werkbild: BASF).

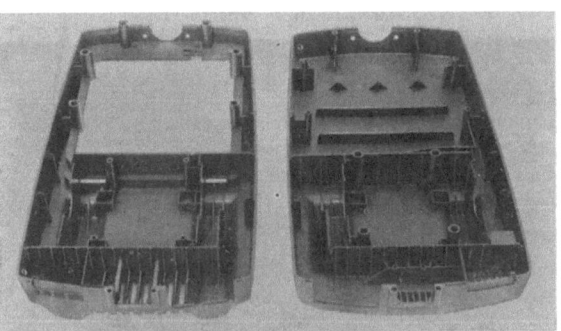

Abb. 9.48. Aus ABS-Mischpolymerisat im Spritzgießverfahren hergestellte Schalenhälften eines Staubsaugergehäuses.

Isolierstoff dargestellt. Abbildung 9.48 zeigt die beiden Schalenhälften eines Staubsaugergehäuses und Abb. 9.49 Tischgerät und Handapparat eines Fernsprechers aus ABS-Mischpolymerisat. Wegen der hohen Dämpfung verwendet man diese Isolierstoffgruppe auch für Tonabnehmer. Die gereckte Polystyrolfolie dient als Dielektrikum für Kondensatoren. Wird sie nach dem Wickeln durch eine Wärmebehandlung zum Schrumpfen gebracht, entsteht ein sehr festes Bauteil. Auch in geschäumter Form wird Polystyrol eingesetzt. In Schwimmkörpern, die elektrisch neutral sein müssen, gibt dieses den notwendigen Auftrieb für die daran befestigten Meßinstrumente.

Abb. 9.49. Die Isolierstoffe des Telephonapparates (Werkbild: T&N).
a ABS-Mischpolymerisat; b Niederdruckpolyäthylen; c Polykarbonat;
d Polyamid 11; e Polyvinylchlorid.

9.11 Polyvinylchlorid

Vinylchlorid ist ein farbloses Gas, das sich durch Abkühlen auf eine Temperatur von $-14\,°C$ oder bei Raumtemperatur durch Verdichten auf 4 bis 5 bar verflüssigen läßt. Polyvinylchlorid (Kurzzeichen: PVC) wird daraus durch Polymerisation hergestellt.

Molekülstruktur. Man erhält Polymerisate mit Kettenstruktur, die, wie in Abb. 9.50 dargestellt, hinsichtlich der räumlichen Anordnung der Chloratome regellos aufgebaut sind. Der Aufbau ist also ataktisch. Demzufolge ist Polyvinylchlorid ein vorwiegend amorpher, also schwachkristalliner Kunststoff. Das große Dipolmoment der C—Cl-Bindungen des Moleküls bewirkt starke Dipolkräfte zwischen den Ketten. Das ist auch der Grund für die hohe Steifigkeit und Festigkeit des Polyvinylchlorids.

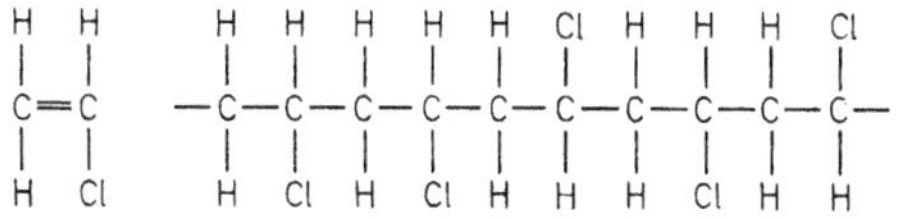

Abb. 9.50. Molekülstruktur des Vinylchlorids und des Polyvinylchlorids (PVC).

Herstellung. Das monomere Vinylchlorid wird sowohl nach dem älteren Verfahren aus Azetylen und Chlorwasserstoff als auch nach dem neueren, auf petrochemischer Rohstoffgrundlage beruhenden Verfahren aus Äthylen und Chlor hergestellt. Wegen des niedrigen Siedepunktes erfolgt die Polymerisation des Vinylchlorids unter Druck. Fast alle Polymerisationsverfahren kommen zur Anwendung. In Substanz zu polymerisieren war bis vor einigen Jahren sehr schwierig. So, wie das Verfahren heute durchgeführt wird, hat es den anderen gegenüber aber einige Vorteile. Es ist frei von Beimengungen wie Emulgatoren und Schutzkolloiden und enthält nur Reste des eingebrachten Katalysators als Fremdanteil. Man erhält ein locker aufgebautes Pulverkorn. Bei der Suspensionspolymerisation wird das Vinylchlorid unter Zusatz von Suspensionsstabilisatoren unter kräftigem Rühren in Wasser zu Tröpfchen aufgeteilt. Die Reaktion wird durch Katalysatoren eingeleitet, die im Monomeren löslich sind. Das in kleinen Perlen mit einem mittleren Durchmesser von etwa 0,1 mm anfallende Polyvinylchlorid wird von der wässerigen Phase durch Dekantieren oder Schleudern abgetrennt und dann getrocknet. Auch dieses Polymerisat ist verhältnismäßig sauber und für die Elektrotechnik gut geeignet. Bei der Emulsionspolymerisation wird das Gemisch aus Wasser und Vinylchlorid durch Zusatz von Emulgatoren in eine stabile Emulsion übergeführt. Hier wird ein wasserlöslicher Katalysator verwendet. Es fällt ein Latex an, der durch Ausfällen oder Sprühtrocknen zu einem feinen Pulver führt. Bei hohen Ansprüchen an die Eigenschaften des Erzeugnisses kann der Emulgatorgehalt stören.

Da Polyvinylchlorid ohne Zusatz nicht nur gegen Wärme, sondern auch gegen Licht wenig widerstandsfähig ist, müssen Stabilisatoren (3.1) (z.B. Bleistearat) zugesetzt werden [128]. In der Regel erhält Polyvinylchlorid außerdem Weichmacher (3.2), also Quellmittel, die den Isolierstoff geschmeidig machen. Sie beeinflussen das Verhalten in Kälte und Wärme, die Alterung und die elektrischen Eigenschaften [128]. Der am meisten verwendete Weichmacher für PVC ist Dioktylphthalat (DOP). Schließlich erhält Polyvinylchlorid Gleitmitel, welche die Verarbeitung erleichtern. Es erhält Füllstoffe (wie Kreide, Kaolin, pyrogene Kieselsäure) und Farbstoffe. Diese können wieder auf den Weichmacher einwirken und seine Stabilität erhöhen oder herabsetzen. Will man optimale Eigenschaften erzielen, so muß nun nicht nur die Stabilisierung des Polymeren und des Weichmachers gesichert sein; auch die Füllstoffe müssen so gewählt werden, daß sie weder das Polyvinylchlorid noch den Weichmacher chemisch schädigen [129].

Die starken Dipolbindungskräfte zwischen den Molekülketten können auch durch Einfügen polymerisierbarer Stoffe verringert werden. So kann man mit Hilfe von Vinylestern, ungesättigten Dicarbonsäureestern, Akrylsäureestern, Vinylidenchlorid oder Olefinen auch eine sogenannte innere Weichmachung erreichen. Auf diese Weise werden manche mit dem Weichmacher zusammenhängende Schwierigkeiten vermieden. Anderseits aber werden oft andere Nachteile wie eine verminderte Chemikalienbeständigkeit damit eingetauscht. So haben sich bisher nur Mischpolymerisate mit Vinylazetat durchsetzen können.

9.11 Polyvinylchlorid

In ähnlicher Weise kann man schließlich die Bindungskräfte zwischen den Polymerketten dadurch herabsetzen, daß man ein Gemisch aus Polyvinylchlorid und anderen Polymeren herstellt. In diesem Zusammenhange muß das Polymerengemisch aus Polyvinylchlorid und chloriertem Polyäthylen genannt werden. In der chemischen Zusamensetzung ist ja das chlorierte Polyäthylen dem Polyvinylchlorid sehr ähnlich.

Verarbeitung. Polyvinylchlorid wird dem Verarbeiter entweder als Rohpulver; das noch gemischt und aufbereitet werden muß, oder als verarbeitungsfertige Pulvermischung oder auch als Granulat angeliefert. Es kann auf Spritzgießmaschinen, Schneckenpressen und Kalandern verarbeitet werden. Zu beachten ist, daß Maschinenteile und Werkzeuge, die mit dem Polyvinylchlorid in Berührung kommen, aus korrosionsfesten Stählen bestehen müssen. Sie müssen möglichen Spuren von Salzsäure widerstehen.

Spritzgußteile werden hauptsächlich aus sogenanntem Hart-PVC, also aus einem nicht weichgemachten Isolierstoff, hergestellt. Man kommt dabei mit verhältnismäßig niedrigen Spritzdrucken von 500 bar aus. Mit der Temperatur muß man aber, um gute mechanische und elektrische Eigenschaften zu bekommen, bis an die Belastungsgrenze von 170 bis 190 °C gehen. Erklärlicherweise muß man dann auch noch dafür sorgen, daß die Formmasse nicht zu lange im Spritzzylinder verweilt. Die Schwindung beim Spritzgießen beträgt etwa 0,5%.

Rohre, Profilleisten und auch Platten werden mit der Schneckenpresse gefertigt. Man arbeitet mit einer Massetemperatur von 175 bis 200 °C. Die Rohre werden, um die Fertigungstoleranzen eng zu halten, bei Austritt aus der Maschine, solange sie also noch plastisch sind, durch Vakuum- oder Druckvorrichtungen kalibriert und laufen anschließend in ein Wasserbad. Die Platten werden von der Schneckenpresse hochglanzpolierten Walzen zugeführt, wo sie bei 100 bis 120 °C hochgeglättet werden. Folien aus Hart-PVC werden auf dem Kalander hergestellt; dabei gegebenenfalls gereckt.

Auch aus weichgemachten Einstellungen werden Spritzgußteile hergestellt. Die Verarbeitungstemperatur liegt bei diesen um etwa 30 K niedriger als bei nicht weichgemachtem Polyvinylchlorid. Die Schwindung ist etwas höher als bei Hart-PVC und hängt sehr vom Weichmachergehalt ab. Profile, Magnetdichtungen und dergleichen werden extrudiert. Das Umspritzen von elektrischen Leitern und Kabeln aus weichgemachtem PVC erfolgt ebenso auf der Schneckenpresse. Die Verarbeitungstemperaturen liegen zwischen 140 und 170 °C. Das Polyvinylchlorid hat den hier besonders geschätzten Vorteil einer hohen Arbeitsgeschwindigkeit. Die Leiter brauchen außerdem nicht wie bei Gummi als Schutz gegen den in der Isolierung enthaltenen Schwefel verzinnt und die Überzüge nicht vulkanisiert zu werden. Folien aus weichgemachtem Polyvinylchlorid können ebenfalls mit der Schneckenpresse hergestellt werden, und zwar mit Hilfe von Breitschlitzdüsen. Zur Verbesserung der Oberfläche werden sie anschließend den Walzen eines Glättwerkes zugeführt. Ähnlich wie bei Polyäthylen ist auch die Rundschlitzdüse üblich, bei der ein dünnwandiger Schlauch in noch heißem Zustande durch Stützluft in die gewünschte Abmessung geblasen wird.

Das Blasen, Tauchen und Gießen sowie das Beschichten von Gewebe und Blechen mit Pasten ist für die Elektrotechnik nicht besonders wichtig. Erwähnenswert ist noch das Wirbelsintern und das elektrostatische Auftragsverfahren mit Pulver. Ferner gibt es schäumbares Polyvinylchlorid in harter und weicher Einstellung. Das Schäumen ist nach physikalischen und chemischen Verfahren möglich (3.3.2).

Ein Verarbeitungsverfahren besonderer Art ist das Bandsinterverfahren, nach dem poröse Scheider für Akkumulatoren hergestellt werden. Man verwendet dafür ein sehr feines, für die richtige Porengröße zugeschnittenes Pulvergemisch, das möglichst gleichmäßig auf ein endloses Stahlband gegeben wird. Durch eine Prägewalze wird der aufgetragenen Schicht die gewünschte Prägung aufgedrückt. Anschließend durchläuft sie einen auf 170 bis 180°C gehaltenen Tunnelofen, wo sie zu einem porösen Band zusammensintert, das am Ende zugeschnitten wird.

Polyvinylchlorid, insbesondere das Polymerengemisch, läßt sich ausgezeichnet schweißen. Bei der Verbindung mit Hilfe des Heizelementes sind Oberflächentemperaturen von etwa 220°C erforderlich. Für das Warmgasssschweißen benötigt man Temperaturen von 230 bis 250°C. Auch das Reibschweißen ist anwendbar. Infolge seiner polaren Gruppen läßt sich Polyvinylchlorid auch im Hochfrequenzfeld wirtschaftlich verschweißen. Schließlich ist es auch gut klebbar, wobei Lösemittelklebstoffe, Kontaktklebstoffe (z.B. Polychlorbutadien), Zweikomponentenklebstoffe und Schmelzklebstoffe (z.B. Vinylmischpolymerisate) verwendet werden können.

Werkstoffeigenschaften. Polyvinylchlorid sieht ungefärbt weiß bis gelblich aus. Die Eigenschaften sind abgesehen von der chemischen Zusammensetzung und dem Strukturaufbau von dem Polymerisationsverfahren und von den Zuschlagstoffen abhängig, die das Polyvinylchlorid sehr wandlungsfähig machen. Die Eigenschaften für weichgemachtes PVC liegen, wie Tabelle 9.8 veranschaulicht, immer unter denen von Hart-PVC. Praktisch aber ist weichgemachtes PVC abriebfest und zäh. Die für gespritzte Teile angegebene Zugfestigkeit gilt etwa auch für die ungereckte Folie, während die gereckte Folie in Längsrichtung eine Zugfestigkeit bis zu 120 N/mm² aufweisen kann.

Das Verhalten der Zugspannung in Abhängigkeit von der Dehnung zeigt für ein in Masse polymerisiertes Polyvinylchlorid Abb. 9.51. Die

9.11 Polyvinylchlorid

Tabelle 9.8. Werkstoffeigenschaften von Polyvinylchlorid

Eigenschaften	Einheit	Hart-PVC	PVC mit 30% DOP
Dichte	g/cm³	1,39	1,32
Elastizitätsmodul	kN/mm²	3	0,05
Biegefestigkeit	N/mm²	100	
Schlagzähigkeit	Nmm/mm²	kein Bruch	kein Bruch
Zugfestigkeit	N/mm²	50	25
Härte	Shore D	84	44
Biegewechselfest. (10 Hz)	N/mm²	18	
Kriechstromfestigkeit		KA 3a	KA 1
Durchschlagfestigkeit	kV/mm	30	10
Spezifischer Durchgangswiderstand	Ω cm	10^{15}	10^{14}
Dielektrizitätszahl (1 MHz)		3,0	4 bis 5
Dielektr. Verlustf. (1 MHz)		$2 \cdot 10^{-2}$	10^{-1}
Wärmeleitfähigkeit	W/Km	0,17	0,17
Lineare Wärmedehnzahl	10^{-6}/K	70	190
Formbest. in der Wärme nach Martens	°C	60	
Vicat-Erweichungstemperatur	°C	70 bis 90	38
Dauerwärmebeständigkeit	°C	65	50
Wasseraufnahme	mg	4	10

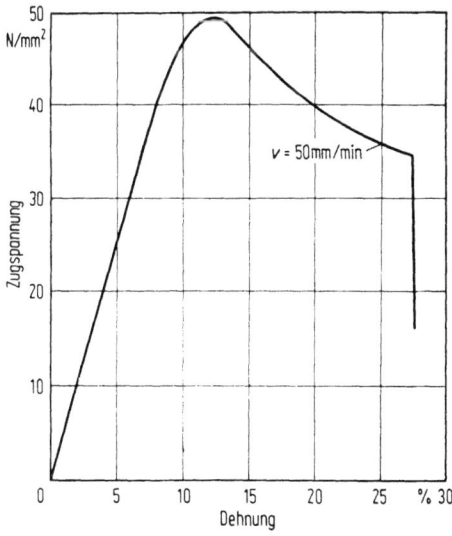

Abb. 9.51. Die Zugspannung in Abhängigkeit von der Dehnung eines in Masse polymerisierten Polyvinylchlorids.

Belastung steigt mit der Dehnung zunächst steil an, um dann langsam abzufallen, bis der Bruch erfolgt. Der Kurvenverlauf unterscheidet sich von dem des Polyäthylens (9.5) nicht unwesentlich. Wie Abb. 9.52 am Zugversuch zeigt, wird auch an Polyvinylchlorid eine von der Belastungsdauer abhängige Dehnung festgestellt. Das Verhalten bei schwingender Beanspruchung ist in Abb. 9.53 dargestellt. Die dort wiedergegebenen Werte kennzeichnen die Belastungsgrenze im Dauerschwingversuch. Aus der

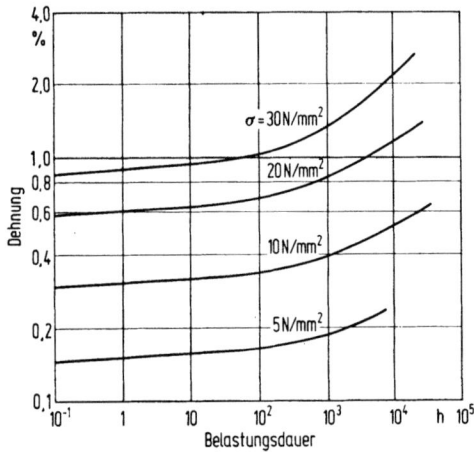

Abb. 9.52. Die Dehnung in Abhängigkeit von der Belastungsdauer eines Suspensions-PVC bei verschiedenen Belastungen.

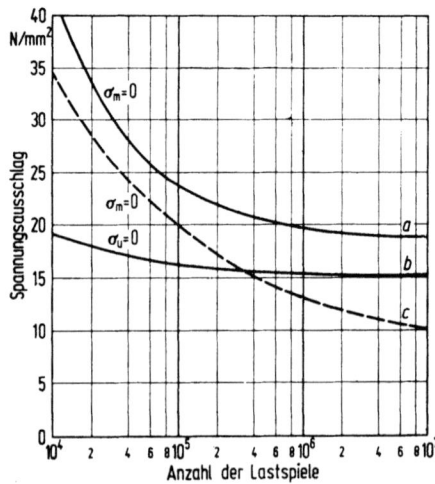

Abb. 9.53. Biegewechsel- und Biegeschwellfestigkeit von Polyvinylchlorid.
a Suspensionspolymerisat (Mittelspannung $\sigma_m = 0$); b Suspensionspolymerisat (Unterspannung $\sigma_u = 0$); c Suspensionspolymerisat mit 10% chloriertem Polyäthylen (Mittelspannung $\sigma_m = 0$).

9.11 Polyvinylchlorid

oberen Kurve ist die Beanspruchung im Biegewechselbereich ($\sigma_m = 0$) und aus der unteren die im Biegeschwellbereich ($\sigma_u = 0$) ersichtlich (2.1).

Massepolymerisat und Suspensionspolymerisat sind in ihren elektrischen Eigenschaften besser als Emulsionspolymerisat, so daß sie als Isolierstoff ausschließlich verwendet werden. Das Verhalten gegenüber energiereicher Strahlung ist bei Abwesenheit von Sauerstoff recht gut. Dosen von 1 MJ/kg werden fast ohne Schaden vertragen. In Gegenwart von Luft wirkt energiereiche Strahlung wesentlich nachteiliger. Schon bei Dosen von 10 kJ/kg beginnt PVC sich zu verfärben und Chlorwasserstoff abzuspalten, und bei 100 kJ/kg fällt die Zugfestigkeit auf 30% des Ausgangswertes.

Die Einfriertemperatur des weichmacherfreien Polyvinylchlorids liegt bei 75 bis 80 °C. Die Einfriertemperatur des weichgemachten Polyvinylchlorids liegt bei −10 °C. Über 65 bzw. 50 °C altert PVC und die Weichmacher beginnen zu entweichen. Die für die Verarbeitungstechnik wichtige Abhängigkeit des spezifischen Volumens von der Temperatur zeigt Abb. 9.54.

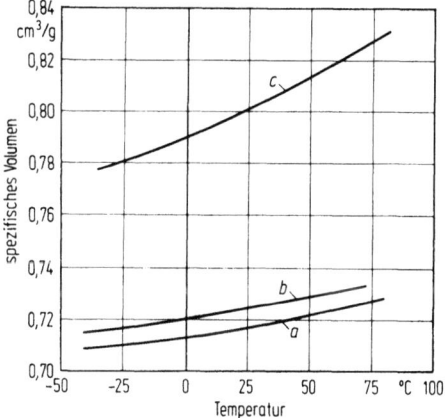

Abb. 9.54. Temperaturabhängigkeit des spezifischen Volumens von Polyvinylchlorid in Abhängigkeit von der Temperatur.
a Suspensions-PVC; *b* Masse-PVC; *c* wie *a* mit 30% DOP.

Bei 150 °C zersetzt sich Polyvinylchlorid und spaltet Salzsäure ab. Es ist schwer entflammbar, brennt jedoch in der Flamme sprühend mit grünem Saum, wobei es nach Salzsäure mit typischem Beigeruch riecht. Außerhalb der Flamme erlischt es. Die flammenhemmenden Eigenschaften werden sehr geschätzt. Wenn allerdings sehr hohe Temperaturen auftreten, wenn beispielsweise von anderen, leicht brennenden Stoffen ein Brand unterhalten wird, kann die Abspaltung von Chlorwasserstoff zur Korrosion vom Brand sonst nicht beeinträchtigter Anlagen führen. Es ist daher nicht verwunderlich, daß versucht wird [130], weichgemachtes PVC so abzuwandeln, daß der Chlorwasserstoff nicht an den Rauch abgegeben, sondern in der Asche gebunden wird.

Weichmacherfreies PVC ist gegen Säuren und Laugen, Alkohole und aliphatische Kohlenwasserstoffe, Mineralöl und Pflanzenöle beständig. Aromatische Kohlenwasserstoffe, Chlorkohlenwasserstoffe, Ester und Ketone lösen den Isolierstoff allerdings an. Sofern geeignete Stabilisatoren und Pigmente eingearbeitet sind, haben harte Einstellungen eine ziemlich gute Witterungsbeständigkeit. Auch werden sie von Bakterien nicht angegriffen. Weiche Einstellungen sind wegen der Flüchtigkeit und Wanderungsmöglichkeit der Weichmacher im allgemeinen weniger witterungsbeständig und gegen Bakterien möglicherweise anfällig. Physiologisch ist Polyvinylchlorid unbedenklich. Die nachteiligen Einflüsse der weichmacherhaltigen Einstellungen sind lediglich in Verbindung mit Lebensmitteln zu beachten.

Die Werkstoffeigenschaften des mit chloriertem Polyäthylen verarbeiteten Polymerengemisches unterscheiden sich wegen der chemisch ähnlichen Zusammensetzung kaum von denen des harten Polyvinylchlorids [131]. Es ist etwas weicher als dieses. Die wichtigste Verbesserung ist die erhöhte Zähigkeit; besonders im Temperaturbereich unter dem Gefrierpunkt. Die elektrischen Eigenschaften sind praktisch die gleichen. Da das Polymerengemisch keine flüchtigen Bestandteile enthält, entfallen natürlich die durch den Weichmacher gelegentlich verursachten Schwierigkeiten. Hervorzuheben ist noch die hohe Aufnahmefähigkeit für Füllstoffe wie Bariumsulfat und Titandioxid.

Einsatzgebiete. Polyvinylchlorid ist nicht zuletzt wegen seiner Preiswürdigkeit einer der bedeutendsten Kunststoffe. In harter Einstellung kommen Formteile für die verschiedensten Verwendungszwecke zum Einsatz. In großem Umfange werden Kabelkanäle, wie sie in Abb. 9.55 dargestellt sind, verwendet. Die gereckten Folien aus Hart-PVC sind infolge ihrer hohen Reißfestigkeit für die Herstellung von Magnettonbändern geeignet. Scheider für Akkumulatoren wurden schon erwähnt.

Weichgemacht ist Polyvinylchlorid der bekannteste Isolierstoff für elektrische Leitungen aller Art [132]. Man findet es bei der Installation von Gebäuden und Räumen; ferner in Schaltleitungen von Kraftfahrzeugen, Schiffen und Flugzeugen. Bei der Verdrahtung von Telephonzentralen und bei Fernmeldekabeln ist vorteilhaft, daß man die Drähte bequem einfärben kann. Man kann die Kennzeichnung sogar mehrfarbig wendelförmig um den Draht verlaufen lassen, wodurch sich eine vielfache und eindeutige Kennzeichnungsmöglichkeit ergibt. Auch für die Anschlußlitzenisolation von Elektromotoren wird Polyvinylchlorid verwendet. Die Hörerschnur des Telephons ist mit weichgemachtem PVC isoliert (Abb. 9.49). In Abb. 9.56 ist eine Steigeleitung gezeigt. Weiter sind Mittelspannungs-

9.11 Polyvinylchlorid

kabel zu nennen. Da sie wesentlich leichter als Bleimantelkabel sind, kann man sie bequem verlegen. Auch lassen sie enge Biegeradien zu. Bei Kabeln aller Art wird heute meistens auch der Mantel aus Polyvinylchlorid hergestellt (Abb. 9.25). Es hat das Blei auf diesem Anwendungsgebiete inzwischen weitgehend abgelöst. Wegen der nicht allzu guten dielektrischen Eigenschaften [133] ist Polyvinylchlorid als Vollisolation auf niedrige Frequenzen beschränkt, und auch Leistungskabel werden deshalb nur bis zu Nennspannungen von etwa 10 kV damit isoliert. Abbildung 9.57 zeigt PVC im Einsatz als Klebeband. Das hier verwendete Band ist einseitig mit einer Klebeschicht versehen, die unter Druck, ohne daß sie angefeuchtet

Abb. 9.55. Leitungskanal aus Polyvinylchlorid (Werkbild: Manfred Dahl).

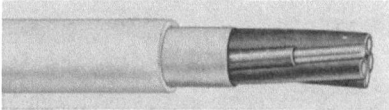

Abb. 9.56. Mit Polyvinylchlorid isolierte Steigeleitung (Werkbild: AEG-Telefunken Kabelwerke AG Reydt).

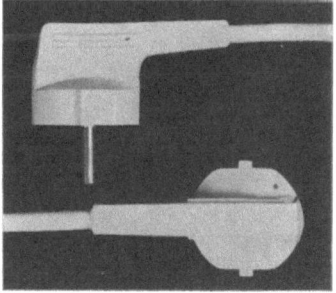

Abb. 9.58. Leitung mit zweipoligem Stecker aus PVC zum Anschluß ortsveränderlicher schutzisolierter Geräte.

Abb. 9.57. Kabelenden am Trennschalter in einer Transformatorenstation mit Klebeband aus PVC (Werkbild: Coroplast).

oder angewärmt wird, haftet. So wird beim Wickeln ein dichter Abschluß erreicht. Die bruchsicheren Stecker, wie sie in Abb. 9.58 dargestellt sind, bestehen ebenfalls aus PVC. Sie sind an die aus gleichem Isolierstoff bestehenden Schlauchleitungen angespritzt, so daß Wasser und Staub nicht eindringen können. Sie sind schlag- und stoßfest und bieten eine sichere Zugentlastung. Schläuche können, als Schrumpfschläuche hergestellt, zur Isolierung von Kondensatorgehäusen, Zangengriffen und dergleichen verwendet werden. Mit Bariumferrit gemischt werden aus Polyvinylchlorid magnetische Dichtungen, wie sie in Kühlschranktüren eingebaut werden, hergestellt. Geschäumtes PVC kommt für Schwimmkörper zur Anwendung. Zu den Anwendungsgebieten des Polyvinylchlorids nach dem Wirbelsinterverfahren gehört das Beschichten von metallischen Rohren. Ein Mischpolymerisat mit Vinylazetat wird zu Schallplatten verarbeitet.

9.12 Polyvinylidenchlorid

Das monomere Vinylidenchlorid ist eine bei 32 °C siedende Flüssigkeit. Es wird aus Trichloräthan hergestellt, das nach zwei verschiedenen Verfahren gewonnen wird. Man kann es durch Chlorieren aus Äthylen erhalten. Man kann auch Vinylchlorid durch weitere Chlorierung in Trichloräthan verwandeln. Unter Zusatz von Kalziumhydroxid wird Salzsäure abgespalten und es entsteht Vinylidenchlorid von der in Abb. 9.59 wiedergegebenen Formel.

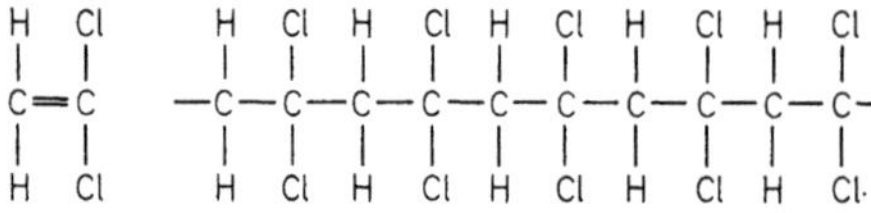

$$\begin{array}{c} H\ Cl \\ |\ \ | \\ C=C \\ |\ \ | \\ H\ Cl \end{array} \quad -\!\!\begin{array}{c} H\ Cl\ H\ Cl\ H\ Cl\ H\ Cl\ H\ Cl \\ |\ \ |\ \ |\ \ |\ \ |\ \ |\ \ |\ \ |\ \ |\ \ | \\ C-C-C-C-C-C-C-C-C-C \\ |\ \ |\ \ |\ \ |\ \ |\ \ |\ \ |\ \ |\ \ |\ \ | \\ H\ Cl\ H\ Cl\ H\ Cl\ H\ Cl\ H\ Cl \end{array}\!\!-$$

Abb. 9.59. Molekülstruktur des Vinylidenchlorids und des Polyvinylidenchlorids (PVDC).

Herstellung und Verarbeitung. Das Polymerisat, in der Regel ein Mischpolymerisat mit etwa 15% Vinylchlorid und manchmal auch noch 2% Akrylnitril, erhält man durch Emulsionspolymerisation. Das Ergebnis ist eine schwach gelbe, zähe und durchschimmernde Masse.

Kritisch für die Fertigungstechnik ist, daß der Erweichungspunkt des Polyvinylidenchlorids (Kurzzeichen: PVDC) in der Nähe des Zersetzungspunktes liegt. Es muß deshalb ein Stabilisator (z.B. Diphenyläthyläther) zugemischt werden. Das Polymerisat neigt zur Kristallisation, wenn es langsam abgekühlt wird. Dann ist es ziemlich hart und zäh. Die Verarbeitung als Spritzgießmasse ist wegen der Neigung zur Salzsäureabspaltung schwierig. Das Extrudieren von Fäden, Bändern und Folien geht besser. Es wird bei einer Temperatur von 160 bis 170 °C vorgenommen. Die plastische Masse wird meistens unmittelbar nach dem Austritt aus der Düse in kaltes Wasser geleitet und nach dem Erstarren zur Erhöhung der

Festigkeit um etwa den dreifachen Betrag gereckt. Für die Maschinenteile, die mit der heißen Schmelze in Berührung kommen, müssen wegen der möglichen Chlorwasserstoffabspaltung korrosionsfeste Nickellegierungen verwendet werden. Mit Vinylidenmischpolymerisaten in wässeriger Emulsion kann Papier mit einer wasserfesten isolierenden Schicht bezogen werden.

Werkstoffeigenschaften. Polyvinylidenchlorid hat eine Dichte von 1,65 bis 1,7 g/cm³. Der Elastizitätsmodul liegt bei 300 N/mm², die Zugfestigkeit bei 50 N/mm². Darüber hinaus besteht eine hohe Festigkeit gegen mechanischen Abrieb. Die Einfriertemperatur liegt bei $-10\,°C$. Der spezifische Widerstand ist $10^{15}\,\Omega \cdot cm$, die Dielektrizitätszahl bei 50 Hz ist 4,9 und bei 10^6 Hz etwa 3,2. Der Verlustfaktor liegt mit $5 \cdot 10^{-2}$ verhältnismäßig hoch.

Polyvinylidenchlorid ist nicht brennbar. Es hat eine weitgehende Beständigkeit gegen Chemikalien, besonders in kristallisiertem Zustande. Es ist korrosionsfest und verrottungsfest. Es hat eine gute Wasserbeständigkeit und ist wenig wasserdampfdurchlässig. In den üblichen Lösemitteln besteht keine Löslichkeit.

Einsatzgebiete. Polyvinylidenchlorid hat in der Elektrotechnik keine besonders große Bedeutung. Die Tatsache, daß gereckte Folien, wenn sie wieder auf Temperatur gebracht werden, auf die ursprünglichen Abmessungen zurückschrumpfen, kann man bei der elektrischen Isolation ausnutzen. Auch für dünne isolierende Überzüge ist dieser Kunststoff geeignet.

9.13 Polyvinyläther

Die monomeren Vinyläther sind bei Raumtemperatur gasförmig oder auch farblose, ätherisch riechende Flüssigkeiten. Sie sind in den meisten organischen Lösemitteln gut, in Wasser dagegen wenig löslich. Sie besitzen eine außergewöhnliche Reaktionsfähigkeit. Feuchtigkeit und Luftsauerstoff müssen daher bei der Lagerung ferngehalten werden.

Herstellung und Verarbeitung. Die Polymerisation der Vinyläther wird sowohl diskontinuierlich als auch kontinuierlich als Massepolymerisation oder Lösungspolymerisation durchgeführt. Die erstgenannte führt je nach Verfahrensweise zu öligen bis klebrigen Massen bzw. zu gummiartigen weichen Harzen. Die bei der Lösungspolymerisation erhaltenen Erzeugnisse haben in der Regel höhere Molekulargewichte, in der Größenordnung von 50000 bis 1000000, und sind elastische feste Stoffe. Die Kristallinität kann ganz verschieden sein. Neben der Polymerisation eines einzigen Vinyläthers wird auch die Mischpolymerisation mit verschiedenen Vinyläthern und schließlich auch die Mischpolymerisation mit anderen Monomeren durchgeführt.

Werkstoffeigenschaften und Einsatzgebiete. Die voneinander abweichenden Herstellungsverfahren haben selbstverständlich Erzeugnisse mit unterschiedlichen Eigenschaften als Ergebnis. Die thermoplastischen Polymeren sind oft farblos, haben aber auch eine schwach gelbliche bis braune Farbe. Elektrisch sind sie hochwertig. Auch haben sie eine gute chemische Beständigkeit, insbesondere gegen wässerige Säuren und Alkalien. Sie sind löslich in den gebräuchlichen organischen Lösemitteln, vor allen in aliphatischen, aromatischen und chlorierten Kohlenwasserstoffen, Äthern, Estern und Ketonen. Manche Polymere sind in Wasser löslich. Da sie durch Licht, Sauerstoff und Wärme leicht abgebaut werden, wird in der Regel die Einarbeitung von Antioxydantien erforderlich. Wegen ihrer Klebrigkeit werden sie mit Vorteil für Kabeltränkmassen und Kleber von Isolierbändern verarbeitet.

9.14 Polyvinylkarbazol

Karbazol ist ein Nebenerzeugnis der Steinkohlenaufbereitung. Durch Anlagerung von Azetylen entsteht Vinylkarbazol. Es besteht aus farblosen Kristallen, die bei 69 °C schmelzen.

Molekülstruktur. Die Molekülstruktur des Polymeren ist aus Abb. 9.60 ersichtlich. Man kann annehmen, daß Polyvinylkarbazol (Kurzzeichen: PVK) als lineares und unverzweigtes Makromolekül vorliegt. Es besteht so aus verhältnismäßig langen isotaktischen (also gleichförmig angeordneten) und syndiotaktischen (abwechselnd angeordneten) schraubenförmigen Ketteneinheiten [134]. Es ist normalerweise amorph. Wirken aber mechanische Kräfte ein, wie es beim Spritzgießen und beim Recken der Fall ist, so treten faserige kristalline Strukturen auf [135]. Molekulargewichte werden geschätzt bis zu 1 000 000 [134].

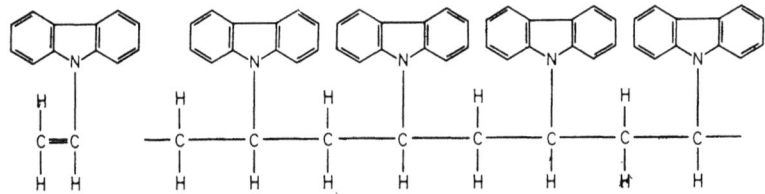

Abb. 9.60. Molekülstruktur des Vinylkarbazols und des Polyvinylkarbazols (PVK).

Herstellung. Die Polymerisation läßt sich nach fast allen bekannten Verfahren durchführen [134]. Man kann beispielsweise in Masse polymerisieren. Für die Herstellung von Granulat oder Pulver wird jedoch die Suspensionspolymerisation angewandt [136]. Das Polymere wird für den Spritzguß in der Regel in granulierter Form geliefert. Außerdem gibt es eine faserige Ausführung, die durch Strangpressen und anschließendes

9.14 Polyvinylkarbazol

Recken vororientiert wird und für die Herstellung von Preßteilen geeignet ist [137].

Verarbeitung. Fertigteile kann man unmittelbar aus dem Monomeren herstellen. Es wird zu diesem Zwecke geschmolzen und nach Zugabe von Katalysatoren vergossen. Die Tatsache, daß die Schmelze noch bei 70°C mehrere Stunden unter Vakuum gehalten werden kann, ohne daß Polymerisation eintritt, erleichtert diese Verarbeitungstechnik. Die Polymerisation wird bei 110 bis 130°C im Wärmeschrank durchgeführt, was einige Stunden in Anspruch nimmt. So erhält man klar durchsichtige Fertigteile oder Rohlinge, die spanend nachbearbeitet werden können. Man muß allerdings beachten, daß das Monomere toxische Wirkungen hat. Bei Berührung mit der Haut kann es schmerzhafte Ekzeme und allergische Reaktionen hervorrufen.

Üblich ist aber der Spritzguß, wofür Granulat verarbeitet wird. Die Verarbeitungstemperatur ist der hohen Wärmebeständigkeit entsprechend verhältnismäßig hoch. Sie liegt bei 350°C. Die Verarbeitung ist deshalb schwieriger als bei vielen anderen Thermoplasten. Die Werkzeugtemperatur soll etwa 150°C betragen. Die Teile, die bei dieser Temperatur entformt werden, muß man, um Spannungen infolge ungleichmäßiger Abkühlung zu vermeiden, langsam abkühlen. Dabei hat man mit einem Schwindmaß von 0,5% zu rechnen. Der Isolierstoff bildet in Spritzrichtung eine kristalline Faserstruktur aus, wodurch er in dieser eine höhere Festigkeit erhält als quer dazu. Dem muß man gegebenenfalls Rechnung tragen. Dieser Orientierungseffekt ist auch der Grund dafür, daß im Spritzguß hergestellte Formkörper ein milchigopakes Aussehen haben.

Große Teile lassen sich vorteilhaft im Preßsinterverfahren herstellen. Hierfür wird die vororientierte Preßmasse verarbeitet. Die Preßtemperatur beträgt 200 bis 270°C und der Preßdruck etwa 20 N/mm². Bei 120 bis 150°C, also nach einer gewissen Abkühlung, kann entformt werden. Gesinterte Isolierteile sehen weißgrau aus. Sie sind spanend gut zu bearbeiten, so daß man schwierige Teile auch aus solch einem Halbzeug bequem herstellen kann.

Aus dem Polymeren, in Lösemittel (z.B. Chloroform) gelöst, können in bekannter Weise auch Folien gegossen werden.

Werkstoffeigenschaften. Polyvinylkarbazol ist in der Regel ein durchscheinend opaker Isolierstoff. Völlig durchsichtige Teile erhält man nur aus Blöcken oder Platten, die durch Polymerisation in Substanz hergestellt sind. Die mechanischen Eigenschaften werden, weil sich die ausgeprägte Neigung zur Orientierung auf die Festigkeit des spritzgegossenen Teiles auswirkt, nicht nur von dem Verarbeitungsverfahren, sondern auch von der Formgebung beeinflußt. Sie sind mit ihrem Toleranzbereich in Tabelle 9.9 enthalten. Nachteilig ist die große Sprödigkeit [138].

Tabelle 9.9. Werkstoffeigenschaften von Polyvinylkarbazol

Eigenschaften	Einheit	
Dichte	g/cm^3	1,19
Elastizitätsmodul	kN/mm^2	3
Biegefestigkeit	N/mm^2	30 bis 60
Schlagzähigkeit	Nmm/mm^2	2 bis 10
Zugfestigkeit	N/mm^2	10 bis 30
Kriechstromfestigkeit		KA 1
Durchschlagfestigkeit	kV/mm	40
Spezifischer Durchgangswiderstand	Ω cm	10^{16}
Dielektrizitätszahl ($f = 1$ MHz)		3,0
Dielektr. Verlustf. ($f = 1$ MHz)		10^{-3}
Wärmeleitfähigkeit	W/Km	0,12
Lineare Wärmedehnzahl	10^{-6}/K	50
Formbest. in der Wärme nach Martens	°C	160
Vicat-Erweichungstemperatur	°C	190
Dauerwärmebeständigkeit	°C	140
Wasseraufnahme	mg	7

In bezug auf die elektrischen Eigenschaften mangelt es an Kriechstromfestigkeit. Die dielektrischen Verluste sind sehr von der Reinheit des Kunststoffes abhängig. Selbst wenn Polyvinylkarbazol geringste Anteile an monomeren Bestandteilen enthält, steigt der Verlustfaktor im Frequenzbereich zwischen 10^8 und 10^9 Hz zu einem ausgeprägten Höchstwert an [135]. Sonst aber sind Dielektrizitätszahl und Verlustfaktor wenig frequenz- und temperaturabhängig. In diesem Zusammenhange ist die Photoleitfähigkeit des Polyvinylkarbazols noch zu nennen [134].

Polyvinylkarbazol zeichnet sich durch eine besonders hohe Wärmebeständigkeit aus. Charakteristisch dafür ist die in Abb. 9.61 wiedergegebene Temperaturabhängigkeit des Schubmoduls [139]. Der Isolierstoff beginnt demnach erst bei 200°C weich zu werden. Er schmilzt bei 290°C. Die Dauerwärmebeständigkeit kann man mit etwa 140°C angeben.

Die Wasseraufnahme ist sehr gering, Polyvinylkarbazol ist unlöslich in Alkoholen, Estern, Äthern, Ketonen, Tetrachlorkohlenstoff und Mineralölen. Es ist beständig gegen die meisten Säuren und Laugen. Löslich ist es in Benzol, Toluol, Xylol, Chloroform, Chlorbenzol und Methylenchlorid. Außerdem wird es von konzentrierter Salpeter-, Chrom- und Schwefelsäure angegriffen. Ultraviolette Bestrahlung führt zum Vergilben. In physiologischer Hinsicht ist der Isolierstoff unbedenklich.

Einsatzgebiete. Die guten dielektrischen Eigenschaften bei hoher Wärmebeständigkeit machen Polyvinylkarbazol für die Hochfrequenztechnik besonders geeignet. Wenn hohe Forderungen an die Formbeständigkeit in der Wärme gestellt werden, ist es als Isolierstoff für Hochfrequenzenergiekabel, beispielsweise als Abstandhalter, und auch für Antennenbauteile zu empfehlen. Es bewährt sich in Verbindung mit Papier als

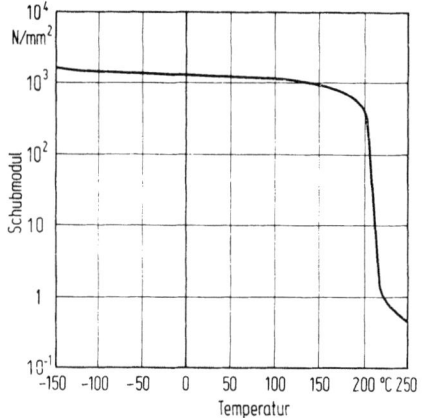

Abb. 9.61. Schubmodul des Polyvinylkarbazols in Abhängigkeit von der Temperatur.

Dielektrikum im Kondensator [135]. Hier wird das flüssige Monomere eingesetzt. Durch ein geeignetes Tränkverfahren ist dafür zu sorgen, daß Luft und Feuchtigkeit einwandfrei entfernt werden, bevor die Polymerisation einsetzt. Auch mit Folien gewickelte Kondensatoren werden hergestellt. Die Photoleitfähigkeit läßt diesen Kunststoff auch für weitere elektrotechnische Anwendungsmöglichkeiten, wie für elektrostatische Kopierverfahren, interessant erscheinen. Leider verbietet der hohe Preis einen größeren Einsatz.

9.15 Polytetrafluoräthylen

Bei dem Polytetrafluoräthylen (Kurzzeichen: PTFE) handelt es sich um einen fluorhaltigen Kunststoff, dessen industrielle Herstellung im Jahre 1950 begann. Das monomere Tetrafluoräthylen wird aus Chloroform und Fluorwasserstoff und durch Pyrolyse des daraus entstandenen Chlordifluormethan (7.1) gewonnen. Es ist bei Raumtemperatur ein Gas, das bei $-76{,}3\,°C$ flüssig wird.

Molekülstruktur. Die Molekülstruktur des Polymeren nach Abb. 9.62 läßt eine fadenförmige, symmetrisch angeordnete Molekülkette erkennen, die nur aus Kohlenstoff- und Fluoratomen aufgebaut ist. Solche polymeren Ketten können sich einander so weit nähern, daß sich geordnete Bereiche bilden und damit ein teilkristalliner Werkstoff entsteht. Die räumliche

Anordnung dieser Molekülketten ist von Temperatur und Druck abhängig. Bei bestimmten Umwandlungstemperaturen und Drücken geht die jeweils vorliegende Phase in eine andere über. Bei einer Temperatur von 19 °C beispielsweise entsteht aus der triklinen Kristallstruktur eine weniger geordnete hexagonale Packung. Dabei vergrößert sich das Volumen des kristallinen Anteils um etwa 1,2%. Oberhalb des bei 327 °C liegenden Kristallitschmelzpunktes geht die kristalline Struktur verloren und es bildet sich ein amorphes durchsichtiges Gel, was mit einer zusätzlichen Volumenvergrößerung von 5 bis 8% verbunden ist. Das bei der Polymerisation anfallende noch ungesinterte Pulver hat einen Kristallinitätsgrad von 93 bis 98%. Im Halbzeug bzw. in den Fertigteilen findet man je nach Fertigungsverfahren Kristallinitätsgrade von 50 bis 70%. Als Molekulargewicht werden Werte zwischen 500 000 und 5 000 000 erreicht.

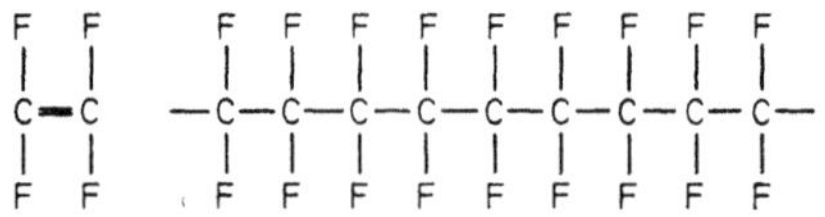

$$\begin{array}{c} F\ F \\ |\ | \\ C=C \\ |\ | \\ F\ F \end{array} \qquad \begin{array}{c} F\ F\ F\ F\ F\ F\ F\ F\ F \\ |\ |\ |\ |\ |\ |\ |\ |\ | \\ -C-C-C-C-C-C-C-C-C- \\ |\ |\ |\ |\ |\ |\ |\ |\ | \\ F\ F\ F\ F\ F\ F\ F\ F\ F \end{array}$$

Abb. 9.62. Molekülstruktur des Tetrafluoräthylens und des Polytetrafluoräthylens (PTFE).

Herstellung. Die Polymerisation des monomeren Gases findet unter Druck mit Peroxidbeschleunigern in Wasser statt, und zwar in Suspension oder in Emulsion. Sie verläuft stark exotherm. Das Polymerisat fällt im einen Falle als weißes Pulver, im zweiten Falle als wässerige Dispersion an, die wieder zu Pulver verarbeitet werden kann.

Verarbeitung. Da Polytetrafluoräthylen beim Kristallitschmelzpunkt nicht in bekannter Weise schmilzt, sondern eine extrem hohe Schmelzviskosität aufweist, die zum Beispiel bei 380 °C in der Größenordnung von 10^{10} Pa · s liegt, unterscheidet es sich in seinem Schmelzverhalten wesentlich von anderen Thermoplasten. Daher lassen sich die üblichen Verarbeitungsverfahren für Thermoplaste nicht übertragen. Die Verarbeitung des von der chemischen Industrie angelieferten Pulvers ist demnach ziemlich schwierig.

Die heute gebräuchlichen Verarbeitungsverfahren sind in mehrerer Beziehung dem der Keramik bzw. der Pulvermetallurgie ähnlich. Das pulverförmige Polymerisat wird zunächst bei Raumtemperatur zu einem Vorformling gepreßt, der zunächst noch keine hohe Festigkeit aufweist, sich jedoch mit einiger Vorsicht handhaben läßt. Der Formling wird auf etwa 370 °C gebracht und so lange bei dieser Temperatur belassen, bis der Gelzustand erreicht ist. Er bekommt dabei ein durchscheinend glasiges Aussehen. Anschließend wird das durchgesinterte Teil unter definierten Bedingungen abgekühlt. Falls erforderlich kann spanabhebend nachbearbeitet werden. Diese grundsätzliche Verarbeitungstechnik kann vielfältig abgewandelt und den Erfordernissen angepaßt werden.

9.15 Polytetrafluoräthylen

Bei der Preßverarbeitung bedient man sich eines verhältnismäßig einfachen Preßwerkzeugs, das mit einer genau abgewogenen Menge gefüllt wird. Darin muß das Pulver gleichmäßig verteilt werden. Für das Verdichten benötigt man Pressen, die einen Druck von 20 bis 40 N/mm^2 aufzubringen gestatten. Bei glasfasergefülltem Polytetrafluoräthylen muß er etwa das Doppelte betragen. Um Lufteinschlüsse zu vermeiden, darf die Presse nicht zu schnell zugefahren werden. Das Verdichtungsverhältnis, also das Verhältnis des Schüttvolumens zum Volumen des ungesinterten Formlings liegt zwischen 4 und 5.

Das Verdichten des Pulvers in dieser Art hat insofern einen gewissen Nachteil, als es nur in einer Richtung erfolgt. Will man das vermeiden, dann muß man den Preßling nach dem isostatischen Verfahren herstellen, bei dem der Druck mit Hilfe eines Gummisackes hydraulisch und damit allseitig aufgebracht wird [140]. Das erfordert aber andere Einrichtungen. Man benötigt druckfeste und damit kostspielige, an hydraulische Pumpeinheiten anzuschließende Werkzeuge oder aber, bei einfachen Werkzeugen, einen teuren Druckkessel. Um auch hier zu verhindern, daß im Preßling Luft eingeschlossen wird, ist die gefüllte Form vor dem Pressen noch durch eine geeignete Vorrichtung zu evakuieren. Auf diese Weise kann man jedenfalls erreichen, daß das Pulver praktisch allseitig zusammengedrückt wird. Das Verfahren liefert damit gleichmäßigere Preßteile, ist aber wegen des größeren Aufwandes teurer.

Für das Sintern hat sich die elektrische Beheizung bewährt. Die Sintertemperatur liegt zwischen 370 und 380°C. Das Aufheizen muß, vor allem bei dickwandigen Preßteilen, gleichmäßig geschehen, um bei der hohen Wärmeausdehnung Streifen und Risse zu vermeiden. Einfache Teile können frei gesintert und frei an der Luft abgekühlt werden. Sie schwinden quer zur Preßrichtung; in Preßrichtung werden sie sogar größer. Schwierige Isolierteile und solche, bei denen es auf genaue Abmessungen ankommt, werden entweder unter Druck gesintert, nachverdichtet oder in Prägeformen maßgerecht nachgepreßt. Das Sintern unter Druck ist ziemlich aufwendig. Dabei werden Werkzeug und vorgefertigtes Preßteil zunächst drucklos erhitzt und erst bei Erreichen der Sintertemperatur zusammengefahren. Der Preßling bleibt dann, solange er sich auf Sintertemperatur befindet, und auch während des Abkühlens im Werkzeug unter Druck. Bei dieser Fertigungstechnik muß das Werkzeug natürlich mit einer Heizung versehen sein. Arbeitet man mit Nachverdichtung, wird das Werkzeug mit dem vorgefertigten Preßteil in einem getrennten Ofen auf Sintertemperatur gebracht und dann heiß in einer kalten (oder mäßig warmen) Presse unter Druck gesetzt und abgekühlt. Man kann schließlich den frei gesinterten und im Gelzustand befindlichen Rohling aus dem Ofen heraus in ein Kühlwerkzeug geben, wo er, noch im Gelzustand befindlich, schnell Druck bekommen muß und so bei etwa 20 N/mm^2 abkühlt. Das Werkzeug ist in der Regel verchromt und wassergekühlt. Unter Druck gesinterte, nachverdichtete und auch die nachgepreßten Formkörper enthalten natürlich weniger Poren als formfrei gesinterte. Sie haben außerdem einen hohen Oberflächenglanz.

Da der Kunststoff nicht fließt, ist das Ausformen scharfer Ecken nach den genannten Verfahren praktisch unmöglich. Außerdem sind alle aus Polytetrafluoräthylen hergestellten Preßteile, insbesondere die nachgepreßten, wegen der Tendenz, in die Ursprungsform zurückzukehren, bei höheren Temperaturen nicht formbeständig. Man muß daher Teile, die in Formwerkzeugen ausgeformt oder nachgeformt worden sind, zum Schluß thermisch anlassen, und zwar bei einer Temperatur, die oberhalb der Betriebstemperatur liegt. Sorgt man anschließend für eine langsame Abkühlung, so kann man die inneren Spannungen einigermaßen beseitigen. Die Abkühlungsgeschwindigkeit muß noch insofern beobachtet werden, als die Kristallinität und damit die Eigenschaften des betreffenden Teiles wesentlich davon abhängig sind. Das ist bei hohen Anforderungen besonders wichtig. Schnelles Abkühlen der Formkörper führt zu niedriger Kristallinität. Sollen die Teile spanabhebend auf Maß gebracht werden, so hat dies erst nach der thermischen Nachbehandlung und nach einer ordnungsgemäßen Abkühlung zu erfolgen.

Wegen der ungewöhnlich hohen Viskosität der Schmelze kann Polytetrafluoräthylen auch nicht nach dem Strangpreßverfahren verarbeitet werden. Man kann Stäbe, Rohre und Profile aber nach dem Verfahren der sogenannten Ramextrusion herstellen, bei der man sich einer besonderen Bauart einer Kolbenstrangpresse bedient [141]. Das Pulver wird dabei über eine Dosiervorrichtung in den oberen Teil eines senkrecht angeordneten rohrförmigen Werkzeugs gefüllt. Es ist ziemlich lang und im unteren Teil beheizt. Ein in das Rohr von oben eintauchender Kolben verdichtet das Pulver und schiebt es nach unten der beheizten Zone des Rohres zu. Danach geht der Kolben in seine Ausgangsstellung zurück. Eine gleich große Menge wird nachgefüllt und der nächste Arbeitstakt beginnt. Bei jedem Takt wird nun der Werkstoff um die Höhe der verdichteten Menge weitergeschoben, wobei zunächst gepreßte, übereinandergeschichtete aber miteinander noch nicht verbundene Tabletten entstehen. Die Sinterung erfolgt weiter unten in der Sinterzone. Dort wirken schließlich Druck und Temperatur gleichzeitig auf den Werkstoff. Es bildet sich das Gel; die einzelnen Teilmengen verschweißen miteinander und bilden einen fast homogenen Strang.

Der zum Pressen notwendige Gegendruck entsteht dabei praktisch von selbst. Die Erwärmung des Werkstoffes auf Sintertemperatur ist insgesamt mit einer Volumenausdehnung von etwa 28% verbunden. Das bewirkt folgerichtig ein Verspannen der Formmasse im Werkzeug. Dazu kommt, daß auch der Reibungskoeffizient des Werkstoffes zunimmt. Er ist

9.15 Polytetrafluoräthylen

oberhalb des Kristallitschmelzpunktes höher als unterhalb, was eine höhere Wandreibung zur Folge hat. Schließlich kann man am Ende des Sinterrohres noch eine druckluftbetätigte Bremsvorrichtung anbringen.

Diese Ramextrusion ist von großer wirtschaftlicher Bedeutung. Sie bereitet jedoch erhebliche Schwierigkeiten, will man zu dünnwandigen Profilen, Schläuchen und Drahtisolierungen übergehen. Diese werden mit Hilfe der Pastenextrusion hergestellt. Das dafür verwendete Pulver ist in Emulsionspolymerisation hergestellt. Durch die Teilchenform bedingt ist dies nämlich leichter zu verarbeiten. Mit einem äußeren Gleitmittel, in der Regel Benzin, wird es angefeuchtet, also zu einer Paste angemacht, und ist so extrudierbar. Zweckmäßigerweise wird das angemachte Pulver (bei niedrigem Druck) zunächst zu einem Vorformling gepreßt. Erst dieser wird dem Spritzzylinder zugeführt. Ein Kolben preßt diese Masse dann ohne Wärmezufuhr aus der Düse. Nach der Formgebung muß das Gleitmittel wieder entfernt, also verdampft werden. Das stranggepreßte Erzeugnis wird schließlich gesintert.

Polytetrafluoräthylen kann auch mit Füllstoffen gemischt werden. Das Ziel ist dabei meistens, die Rohstoffkosten zu erniedrigen. Man kann damit aber auch einige Eigenschaften wie Formsteifigkeit, Härte, Abriebfestigkeit und Wärmeleitfähigkeit verbessern. Bekannte Zuschlagstoffe sind Titandioxid, Asbest, Glimmermehl und Glasfasern. Mit den letztgenannten wird hauptsächlich die Druckstandfestigkeit verbessert.

Platten und Bänder, die Asbest oder Glasfasern als Einlage erhalten, werden mit Hilfe von Dispersionen hergestellt, deren Feststoffanteil etwa 60% beträgt. Das Tränken erfolgt von der Rolle aus. Dabei wird die Trägerbahn durch ein mit der Dispersion gefülltes Bad gezogen. Bei Asbest ist dies ziemlich problemlos. Durch Dissoziationsvorgänge wird die Asbestoberfläche positiv geladen und die negativ geladenen Kunststoffteilchen schlagen sich infolge elektrostatischer Anziehung leicht darauf nieder. Bei dem Glasfasergewebe und auch bei der Matte muß zunächst einmal die Schlichte (5.2.2) entfernt werden. Außerdem sind die Glasfasern im Gegensatz zum Asbest sehr glatt, und auch Dissoziationsvorgänge kommen bei der Tränkung nicht zu Hilfe, was die Sache erschwert. Um den gewünschten Auftrag zu erzielen, muß die Tränkung daher mehrere Male wiederholt werden.

Nach dem Durchlauf durch die wässerige Dispersion wird die Bahn durch einen Tunnelofen geführt, wo sie mit einer Temperatur von 90°C beginnend bei etwa 250°C getrocknet wird. Sie ist zunächst weich und geschmeidig. Zwischen elastischen Rollen wird sie danach bei etwa 300°C kalandriert, um die Oberfläche zu glätten und einen möglichst innigen Kontakt zwischen dem Träger und dem Kunststoff zu erzielen. Zum Schluß wird wieder gesintert, bei 380 bis 400°C. Infolge der Zersetzungsrückstände der erwähnten Schlichte bekommt mit Polytetrafluoräthylen getränktes Glasfilamentgewebe das graubraune Aussehen.

Aus getränkten Glasfasergeweben können auch Schichtstoffe hergestellt werden. Man stapelt zu diesem Zwecke passend zurechtgeschnittene Formate in einer solchen Anzahl übereinander, wie es der gewünschten Dicke des Schichtstoffes entspricht und schiebt sie in ein Fach einer Etagenpresse. Damit die zwischen den einzelnen Lagen vorhandene Luft entweichen kann, wird der Preßdruck langsam aufgegeben, und zwar bis etwa 13 N/mm^2, ein Druck, der kurze Zeit aufrecht zu erhalten ist. Dann geht man mit dem Druck wieder etwas zurück, die Platten der Presse werden auf eine Temperatur von 380 °C gebracht und so gehalten, bis der gesamte Stapel durchgesintert ist. Dann wird wieder der volle Preßdruck angesetzt und endlich gekühlt, bis die fertigen Schichtstoffplatten bei der Temperatur von 100 °C entnommen werden können.

Folien können durch Gießen oder Schälen hergestellt werden. Im erstgenannten Falle gießt man eine Dispersion, wie sie beschrieben wurde, auf ein Metallblech, trocknet und sintert bei den üblichen Temperaturen. Fertigungstechnisch erfolgt das mit Hilfe eines endlos umlaufenden Metallbandes, das mit einer hochglanzpolierten vernickelten oder verchromten Oberfläche versehen ist. Der Ofen ist zweckmäßigerweise in drei Zonen verschieden abgestufter Temperatur unterteilt, in denen vorgetrocknet, fertiggetrocknet und zum Schluß gesintert wird. Der gebildete Film wird in Wasser oder in einem Kaltluftstrom abgekühlt. Falls dicke Schichten gewünscht werden, ist der Vorgang zu wiederholen. Die entstandene Folie kann am Ende leicht von der Unterlage abgezogen werden.

Polytetrafluoräthylen kann mit den üblichen Maschinen und Werkzeugen auch gut spanend bearbeitet werden. Dabei ist natürlich zu beachten, daß es sich um einen sehr weichen Werkstoff handelt. Für die Herstellung maßhaltiger Teile sind scharfgeschliffene Werkzeuge Voraussetzung. Trotzdem muß mit einer nicht unbedeutenden Werkzeugabnutzung gerechnet werden, die noch größer ist, wenn ein füllstoffhaltiger, insbesondere glasfaserverstärkter Isolierstoff zu bearbeiten ist. Hartmetallwerkzeuge sind in allen Fällen zu bevorzugen. Bei hohen Bearbeitungsgeschwindigkeiten hat man für eine ausreichende Kühlung zu sorgen. Wegen des bei 19 °C liegenden Umwandlungspunktes soll der Werkstoff möglichst oberhalb einer Temperatur von 23 °C bearbeitet werden. Bei Messungen in Zusammenhang mit der mechanischen Bearbeitung muß beachtet werden, daß das Meßinstrument möglicherweise eine elastische Verformung des Werkstückes hervorruft und damit eine Maßabweichung vortäuscht.

Für das Sägen eignet sich am besten eine Bandsäge mit geschränkten Zähnen bei etwa 5 mm Zahnabstand. Die Schnittgeschwindigkeiten beim Fräsen und Drehen liegen zwischen 300 und 500 m/min. Der Vorschub soll 0,05 bis 0,20 mm/Umdr. betragen. Sowohl Freiwinkel als auch Span-

9.15 Polytetrafluoräthylen

winkel des Schnittwerkzeuges kann 10 bis 15° betragen. Folien werden von fertiggesinterten Hohlzylindern abgeschält. Dafür sind Drehbänke im allgemeinen gut geeignet. Man benutzt Schälmesser mit einem Keilwinkel von 45°. Beim Bohren wählt man einen Vorschub von 0,2 bis 0,4 mm/Umdr. und nimmt Bohrer von etwa 120° Spitzenwinkel.

Preßteile und Halbzeug, Platten und Folien lassen sich miteinander verschweißen. Hier findet allerdings kein Aufschmelzen der Kontaktfläche im üblichen Sinne statt. Das Verbinden kompakter Teile geschieht am besten in geschlossenen Werkzeugen bei einem Druck von 5 bis 20 N/mm² und einer Temperatur von 370 bis 380 °C. Bei Platten und Profilen hat es sich als vorteilhaft erwiesen, eine ungesinterte Zwischenlage zu benutzen. Folien erwärmt man auf eine Temperatur von 380 bis 390 °C und drückt sie bei einem Druck von etwa 0,2 N/mm² zusammen.

Das Kleben von Polytetrafluoräthylen ist umständlich. Die Oberfläche ist dafür besonders vorzubereiten. Dazu dient z. B. eine Lösung von metallischem Natrium in flüssigem Ammoniak, in die der Isolierstoff getaucht wird. Die Wirkung beruht auf der Reaktion des Natriums mit dem Fluor zu Natriumfluorid. Dadurch entstehen aktive Stellen und die üblichen Bindemittel kommen zum Angriff. Das hat für Isolierbänder Bedeutung.

Werkstoffeigenschaften. Die Werkstoffeigenschaften, wie sie in Tabelle 9.10 wiedergegeben sind, hängen nicht nur von der Fertigungstechnik, sondern auch von dem kristallinen Anteil des Isolierstoffes, der natürlich zum Teil ebenfalls fertigungsbedingt ist, ab. Die Erzeugnisse enthalten meistens feinste Bläschen in den Abmessungen von 0,01 bis 0,1 µm. Sie sind im Verlauf der recht schwierigen Fertigung oft nicht zu vermeiden, was für die Anwendung in der Elektrotechnik natürlich von Nachteil ist. Die Dichte des porenfrei gesinterten einsatzfähigen Isolierteiles ist in Abhängigkeit von der Kristallinität in Abb. 9.63 dargestellt [142]. Der Elastizitätsmodul ist vom Kristallinitätsgrad fast linear abhängig [140]. Die mechanischen Eigenschaften des Polytetrafluoräthylens sind im großen und ganzen nicht besonders gut. Es ist ein ziemlich weicher Werkstoff, der mechanischen Belastungen leicht nachgibt. Beim Zugversuch tritt, wie Abb. 9.64 veranschaulicht, schon bei geringen Belastungen eine merkliche Dehnung auf, die dann bis zum Bruch beträchtlich zunimmt. Mit zunehmender Temperatur wird sie noch größer. Selbst bei konstanter mechanischer Beanspruchung verformt sich Polytetrafluoräthylen mit zunehmender Belastungsdauer. Diese zeitabhängige Verformung kann schon bei der bescheidenen Belastung von 2 N/mm² nach 100 Stunden mehr als ein Prozent betragen, und dies bei Raumtemperatur. Die sehr niedrigen zwischenmolekularen Kräfte führen im übrigen dazu, daß das Polymere einen sehr kleinen Reibungskoeffizienten besitzt.

Tabelle 9.10. Werkstoffeigenschaften der Fluorpolymerisate

Eigenschaften	Einheit	PTFE unverstärkt	PTFE mit 28% Glasf. verst.
Dichte	g/cm³	2,14 bis 2,19	2,30
Elastizitätsmodul	kN/mm²	0,4	3
Biegefestigkeit	N/mm²	15	
Schlagzähigkeit	Nmm/mm²	kein Bruch	
Zugfestigkeit	N/mm²	20 bis 25	
Bruchdehnung	%	200 bis 500	
Härte	Shore D	50 bis 60	63
Kriechstromfestigkeit		KA 3c	KA 3c
Durchschlagfestigkeit	kV/mm	25	20
Spezifischer Durchgangswiderstand	Ω cm	10^{17}	10^{14}
Dielektrizitätszahl (1 MHz)		2,05	2,8
Dielektr. Verlustf. (1 MHz)		10^{-4}	$5 \cdot 10^{-4}$
Wärmeleitfähigkeit	W/Km	0,25	0,36
Lineare Wärmedehnzahl	10^{-6}/K	120	90
Formbest. in der Wärme nach Martens	°C	70	
Vicat-Erweichungstemperatur	°C	110	
Dauerwärmebeständigkeit	°C	200	200
Dampfdruck (23 °C)	bar	10^{-10}	10^{-10}
Wasseraufnahme	mg	0,5	5
Oberflächenspannung	mN/m	18,8	

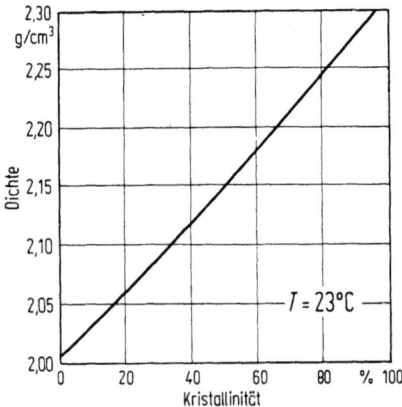

Abb. 9.63. Abhängigkeit der Dichte des Polytetrafluoräthylens vom Kristallinitätsgrad.

PFEP	PCTFE	PETFE	PFA
2,14 bis 2,17	2,1	1,7	2,14
0,35	1	0,8	0,6
kein Bruch	60	1000	
kein Bruch	kein Bruch		
20	35	40	28
250 bis 300	100 bis 200	100 bis 400	300
55	78		60
KA 3c	KA 3c		
25	20	30	20
10^{17}	10^{17}	10^{16}	10^{17}
2,1	2,5	2,6	2,1
$8 \cdot 10^{-4}$	$2 \cdot 10^{-2}$	$5 \cdot 10^{-3}$	$5 \cdot 10^{-4}$
0,20	0,15		
95	90	75	120
	60		
	75 bis 90		
160	140	140	200
10^{-10}			
1,0	0,5	10	4
	30		

Polytetrafluoräthylen ist kriechstrom- und lichtbogenfest. Selbst bei langandauernder Lichtbogeneinwirkung entsteht kein Kohlepfad; der Werkstoff verdampft. Er ist anderseits gegen elektrische Entladungen sehr empfindlich; er ist nicht glimmfest. Bei der Durchschlagfestigkeit wird eine starke Zeitabhängigkeit festgestellt; sie fällt beträchtlich mit der Belastungsdauer. Das ist auf Glimmentladungen in den erwähnten Vakuolen zurückzuführen, die den Isolierstoff zerstören. Er kann daher nicht mit hoher Feldstärke beansprucht werden. Die Betriebsspannung muß immer unterhalb der Glimmeinsatzspannung bleiben. Die Porosität des Isolierstoffes spielt also eine große Rolle. Der hohe spezifische Widerstand ist wenig temperaturabhängig und sinkt auch nach längerer Wasserlagerung kaum ab. Dielektrizitätszahl und Verlustfaktor müssen besonders hervorgehoben werden. Bei einer Dichte von 2,17 g/cm³ ist die Dielektrizitätszahl mit 2,05 die niedrigste aller festen und flüssigen Isolierstoffe.

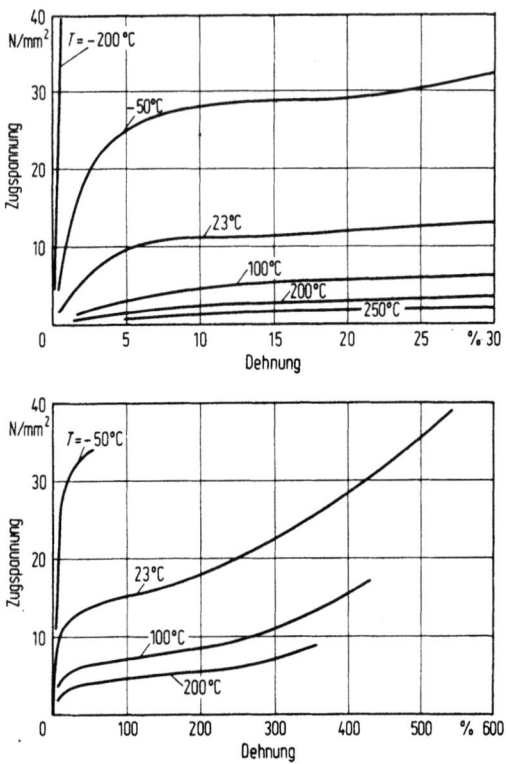

Abb. 9.64. Die Zugspannung des Polytetrafluoräthylens in Abhängigkeit von der Dehnung bei verschiedenen Temperaturen.

Sie ändert sich mit der Frequenz, wie aus Abb. 9.65 ersichtlich, praktisch überhaupt nicht und mit der Temperatur nur insoweit, als damit die Dichte beeinflußt wird. Der Verlustfaktor bewegt sich um 10^{-4} herum [46] und scheint bei 10^9 Hz einem Höchstwert von $5 \cdot 10^{-4}$ zuzustreben. Mit abnehmender Temperatur verschiebt sich dieser, gleichzeitig im Betrage abnehmend, zu tieferen Frequenzen und liegt bei $-70\,°C$ beispielsweise in der Nähe von 10^3 Hz [143]. Das sind über weite Frequenz- und Temperaturbereiche wertvolle Eigenschaften.

Die Strahlenbeständigkeit anderseits ist außerordentlich gering [144, 145]. Wahrscheinlich werden durch die energiereichen Strahlen Bindungen zwischen den Kohlenstoff- und den Fluoratomen gelöst. So ist vor allem in Gegenwart von Sauerstoff der Kettenabbau vorherrschend. Unter den Bedingungen genügt schon eine Strahlendosis von 1 kJ/kg, um die Werkstoffeigenschaften wesentlich zu beeinträchtigen [146].

Polytetrafluoräthylen besitzt eine außergewöhnliche Wärmebeständigkeit. Es kann ohne Schwierigkeiten bei $200\,°C$ im Dauerbetrieb ein-

9.15 Polytetrafluoräthylen

gesetzt werden. Auch in der Kälte wird es erfolgreich bei Temperaturen von $-200\,°C$ verwendet. Es bleibt über diesen weiten Temperaturbereich elastisch und zäh, was auch der in der Abb. 9.66 dargestellte Schubmodul deutlich macht. Es hat die weitere wertvolle Eigenschaft, daß es nicht brennt. Für den Einsatz im Vakuum ist wichtig, daß es bei Raumtemperatur nur einen Dampfdruck von 10^{-7} mbar besitzt und daß dieser bei $120\,°C$ noch bei 10^{-5} mbar liegt. Wenn bei Beginn des Vakuumbetriebes eine gewisse Gasabgabe stattfindet, so handelt es sich immer um absorbierte Gase (H_2O, N_2, O_2, CO_2), die nach einigen Stunden verschwunden sind [146].

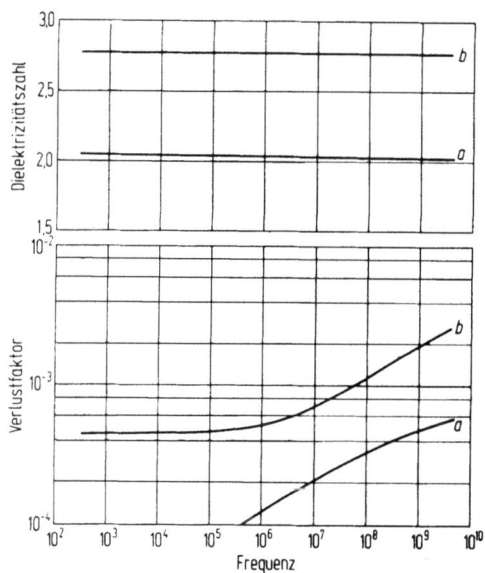

Abb. 9.65. Frequenzabhängigkeit der Dielektrizitätszahl und des dielektrischen Verlustfaktors von Polytetrafluoräthylen.
a ungefüllt; *b* mit 28 Gewichtsprozent Glasfaser.

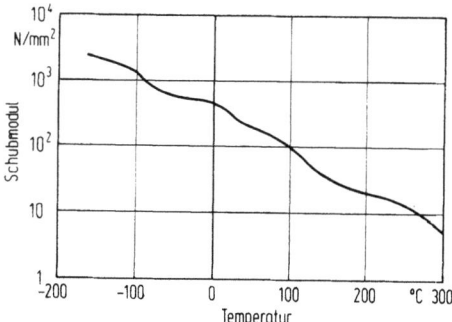

Abb. 9.66. Schubmodul des Polytetrafluoräthylens in Abhängigkeit von der Temperatur.

Das Verhältnis der Atomradien der beiden an dem Polymer beteiligten Elemente ermöglicht eine nahezu völlige Bedeckung der Kohlenstoffkette mit Fluor. Da das Kohlenstoffgerüst hierdurch äußeren Einflüssen entzogen ist, ergibt sich eine ausgezeichnete Lösemittel- und Chemikalienbeständigkeit. In allen üblichen anorganischen und organischen Lösemitteln ist Polytetrafluoräthylen auch bei hohen Temperaturen nicht löslich. Schwefelsäure, Salpetersäure, Flußsäure, ja sogar kochendes Königswasser und Alkalien jeder Konzentration bleiben ohne Wirkung. Bis heute gibt es keinen synthetischen Isolierstoff, der dem Polytetrafluoräthylen hierin gleichkommt. Lediglich geschmolzenes Natrium und Fluor sollte man mit dem Isolierstoff nicht in Verbindung bringen. Er hat überdies eine kleine Oberflächenspannung, ist somit nicht benetzbar und hat schmutzabweisende Eigenschaften. Aus dem Gesagten folgt eine für synthetische Isolierstoffe ungewohnte Wetter- und Lichtfestigkeit. Er kann daher ohne Vorbehalt für den Einsatz im Freien empfohlen werden.

Auch physiologisch ist der Isolierstoff nicht zu beanstanden; genauer gesagt, er ist grundsätzlich ungefährlich, solange nicht bei Temperaturen um 320°C gasförmige Zersetzungsprodukte auftreten. Es gibt bei der Handhabung von Polytetrafluoräthylen selbst in Pulverform keine Hautreizungen. Auch haben Tierfütterungsversuche keine Schädigung gezeigt. Treten jedoch bei der Herstellung und Verarbeitung gasförmige Zersetzungsprodukte auf, so muß man diese durch geeignete Absaugvorrichtungen entfernen. Erforderlich kann das bei dem Sinterungsvorgang werden und auch dann, wenn bei der mechanischen Bearbeitung örtliche Überhitzungen auftreten.

Die Verstärkung mit Asbest und noch mehr die mit Glasfasern ergibt, wie auch Tabell 9.10 zeigt, beträchtlich verbesserte mechanische Eigenschaften. Die elektrischen Werte verschlechtern sich ein wenig, sind aber noch immer sehr gut.

Einsatzgebiete. Die Anwendungsmöglichkeiten von Polytetrafluoräthylen sind infolge seiner ungewöhnlichen Eigenschaften in der Elektroindustrie äußerst vielfältig. Die große Zähigkeit hat schwierige konstruktive Probleme auch in Richtung auf raum- und gewichtsparende Kleinstausführungen zu lösen gestattet. Einzelteile der Hochfrequenztechnik wie Röhrensockel, Stecker und Durchführungsisolatoren sind in höchster Güte herstellbar. Abb. 9.67 zeigt Kabelstecker und Durchführungen, bei denen Polytetrafluoräthylen als Isolierstützen verwendet worden ist, wodurch die Verlustleistung und damit die Erwärmung besonders gering gehalten werden [147]. Zu erwähnen sind auch porendicht in den Isolierstoff eingepreßte Magnetstäbe, die zum Mischen von Flüssigkeiten mit Hilfe von Magnetrührern dienen.

Auf dieser Grundlage gibt es hitzebeständige und korrosionsfeste Drahtisolierungen, die überdies gegen flüssiges Lot beständig sind, also

9.15 Polytetrafluoräthylen

keinerlei Schwierigkeiten beim Löten machen. Der dafür verwendete Kupferdraht wird übrigens bei Betriebstemperaturen bis 200°C versilbert und darüber vernickelt. Ihrer Temperatur- und chemischen Beständigkeit wegen kommen ähnlich aufgebaute Isolierungen in der chemischen Industrie für Rohrbegleitheizungen in Betracht. Für Quetschanschlußverfahren hat eine Drahtisolierung Bedeutung erlangt, deren innere Lage aus Polytetrafluoräthylen und deren äußere Lage aus einem Polyimidlack besteht. Damit erreicht man bei ausgezeichneten Isoliereigenschaften außen eine bessere Abrieb- und Kerbfestigkeit. Koaxialkabel für die Radartechnik sind bei schweren thermischen Beanspruchungen und gleichzeitig hohen Anforderungen an die dielektrischen Eigenschaften nur in Vollisolation aus Polytetrafluoräthylen möglich.

Abb. 9.67. Kabelstecker und Durchführungen für Hochfrequenzübertragung aus Polytetrafluoräthylen (Werkbild: Spinner).

Manche Isolatoren für Streckentrenner im Oberleitungsbau von Straßenbahnen bestehen aus einem glasfaserverstärkten Stab aus Polyesterharz, über den ein Rohr aus Polytetrafluoräthylen gezogen ist. Solche Isolatoren haben dank des antiadhäsiven Verhaltens und der hohen Oberflächenglätte den Vorteil, daß sich weder Eis noch Schnee halten kann. Bei den bekannten Porzellanisolatoren macht es im Winter gelegentlich Schwierigkeiten, die Strecken völlig stromfrei zu schalten, da durch die anhaftende, meist schmutzige Eis- oder Schneeschicht unerwünschte Kriechströme fließen. Außerdem erreichen Isolatoren der genannten Art ganz beträchtliche Bruchlasten. Sie zeichnen sich schließlich durch geringes Gewicht aus. Nicht ganz problemlos ist bei derartigen Konstruktionen allerdings die Trennfläche zwischen Zugstab und Umhüllung. Wegen seiner Eigenschaften wird Polytetrafluoräthylen in nennenswertem Umfange auch als Isolierstoff in Satelliten eingesetzt. Da es auch bei sehr tiefen Temperaturen brauchbar ist, besteht die Möglichkeit, auch supraleitende Kabel, die wahrscheinlich bei Temperaturen zwischen 4,2 und 5 K betrieben werden, damit zu isolieren.

Folien werden für Kondensatoren verwendet, die beispielsweise in Hochfrequenzfiltern hinsichtlich der Unveränderlichkeit ihrer Kapazität über weite Frequenz- und Temperaturbereiche höchsten Ansprüchen genügen müssen. Dünnes Glasfasergewebe mit Polytetrafluoräthylen verarbeitet wird glatt oder auch einseitig verklebbar hergestellt und kann so in Bandform für Kabelisolierungen und ähnliche Umwicklungen verwendet werden. Glasfaserverstärkte Schichtstoffplatten dienen als Unterlage für hochbeanspruchte gedruckte Schaltungen und Streifenleiter, von denen Abb. 9.68 ein hochinteressantes Beispiel zeigt.

Einem größeren Einsatz von Polytetrafluoräthylen stehen immer noch der hohe Preis und die schwierige Verarbeitung entgegen. Doch wird der Verbrauch in der Elektrotechnik zunehmen.

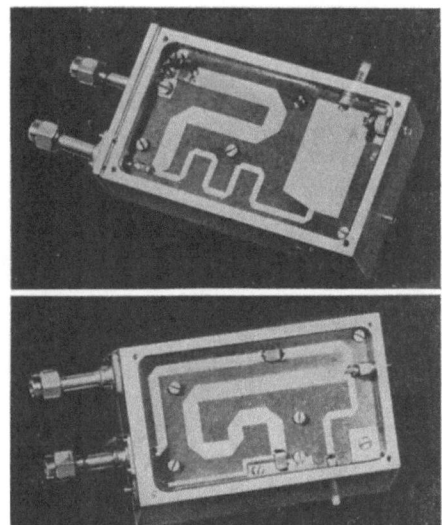

Abb. 9.68. Streifenleiter in einem Leistungsverstärker für Ultrahochfrequenz auf glasfaserverstärktem Polytetrafluoräthylen (Werkbild: AEG-Telefunken).

9.16 Tetrafluoräthylenhexafluorpropylen-Mischpolymerisat

Tetrafluoräthylenhexafluorpropylen-Mischpolymerisat (Kurzzeichen: PFEP) ist ein Mischpolymerisat aus Tetrafluoräthylen und Hexafluorpropylen. Dieses ist bei Atmosphärendruck und Raumtemperatur ebenso wie Tetrafluoräthylen gasförmig. Es wird flüssig bei $-29,4\,°C$. Gewonnen wird es durch Pyrolyse aus Tetrafluoräthylen. Das Polymere hat die in Abb. 9.69 skizzierte Molekülstruktur.

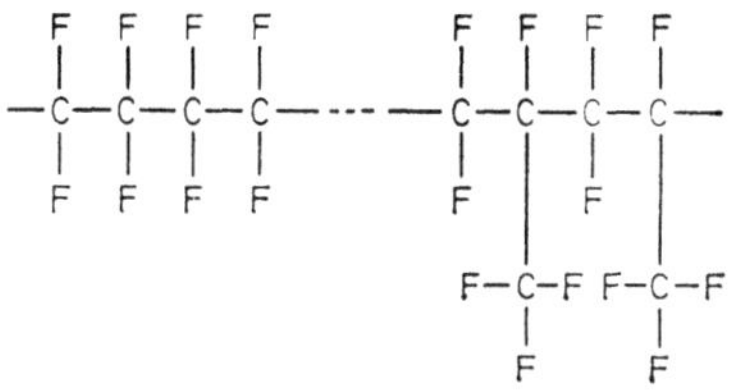

9.16 Tetrafluoräthylenhexafluorpropylen-Mischpolymerisat

```
  F F F F      F F F F
  | | | |      | | | |
—C—C—C—C— ··· —C—C—C—C—
  | | | |      |   |
  F F F F      F   F
               |   |
             F—C—F F—C—F
               |   |
               F   F
```

Abb. 9.69. Molekülstruktur des Tetrafluoräthylenhexafluorpropylen-Mischpolymerisats (PFEP).

Herstellung. Polymerisiert wird in wässeriger Phase bei einem Druck von 30 bis 50 bar und etwa 100°C. Die Anteile des Gemisches sind 10 bis 50% Tetrafluoräthylen und 90 bis 50% Hexafluorpropylen. Die entstehende Dispersion wird durch starkes Rühren koaguliert. Das Polymere wird in Granulatform geliefert.

Verarbeitung. Das Mischpolymerisat kann thermoplastisch gut verarbeitet werden. Dabei ist vorteilhaft, daß es gegen zufällige Änderungen der Betriebsbedingungen verhältnismäßig unempfindlich ist. Das hat eine hohe Gleichmäßigkeit des Erzeugnisses zur Folge. Beim Spritzguß muß auf die Anfälligkeit gegen übermäßige Scherbeanspruchung geachtet werden, sonst können die äußeren Schichten vom Spritzling abblättern. Ebenso wichtig wie der Spritzguß ist das Strangpressen. Man arbeitet mit Massetemperaturen bis zu 390°C. Drahtisolierung von 0,1 bis 0,5 mm Dicke bereiten keine Schwierigkeiten. Der frisch beschichtete Draht wird kurz hinter der Düse im Wasserbad abgeschreckt und kann aufgespult werden. In ähnlicher Weise erhält man die Folien. Auch hier muß natürlich dafür gesorgt werden, daß die mit der heißen Schmelze in Berührung kommenden Maschinenteile korrosionsfest sind. Mit den im Handel befindlichen Dispersionen werden Glasgewebe getränkt.

Werkstoffeigenschaften. Das Mischpolymerisat zeichnet sich mechanisch durch eine hohe Schlagzähigkeit aus. Ebenso wie bei Polytetrafluoräthylen muß mehr als bei anderen Thermoplasten der kalte Fluß in Betracht gezogen werden, wenn ein aus diesem Polymer hergestelltes Erzeugnis für eine Anwendung bestimmt ist, bei der mechanische Dauerspannungen auftreten.

Die Dielektrizitätszahl ändert sich mit Frequenz und Temperatur ebenso wenig wie die von Polytetrafluoräthylen. Der Verlustfaktor hat bei 10^6 Hz einen Höchstwert, fällt aber auf beiden Seiten auf etwa $3 \cdot 10^{-4}$ ab. Die Werte sind also sehr gut. Die Beständigkeit gegen energiereiche Strahlung scheint ein wenig günstiger als bei Polytetrafluoräthylen zu sein [146]. Immerhin leiden die mechanischen Eigenschaften bei Strahlendosen oberhalb 1 kJ/kg, wobei sich auch hier die Anwesenheit von Sauerstoff besonders nachteilig bemerkbar macht.

Bei 280°C beginnt dieses Fluorpolymer zu schmelzen. Bei 240°C hat es trotzdem noch eine recht gute Festigkeit. Im Dauerbetrieb ist es einsatzfähig bis zu einer Temperatur von 160°C. Bis -150°C ist es in der Kälte brauchbar. Auch dieses Fluorpolymer zeigt im Vakuum von 10^{-7} mbar keine Verdampfung. Es ist fast ebenso wie Polytetrafluoräthylen chemikalienfest. Es ist licht- und ozonbeständig und damit wetterfest.

Einsatzgebiete. Bei etwas geringeren Ansprüchen in bezug auf die Wärme und Berücksichtigung der in Tabelle 9.10 gemachten Zahlenangaben wird dieser Isolierstoff auf den gleichen Gebieten wie Polytetrafluoräthylen verwendet. Ein gutes Beispiel ist das in Abb. 9.70 dargestellte luftraumisolierte Hochfrequenzsenderkabel, das aus einem ringgewellten kupfernen

Abb. 9.70. Aufgeschnittenes Hochfrequenzsenderkabel von 230 mm Außendurchmesser mit Stützen aus Tetrafluoräthylenhexafluorpropylen-Mischpolymerisat (Werkbild: F&G-Kabelmetall).

Innenleiter und einem schraubengewellten Außenleiter aus Aluminium besteht. Hier hat das spritzbare Polymere eine fertigungstechnisch und mechanisch besonders günstige Stützenkonstruktion ermöglicht. Je Meter Kabellänge sind vier Stützelemente vorgesehen. Jedes wird aus drei einzelnen, um 120°C versetzten Isolierstoffteilen gebildet, die durch einen offenen verkupferten Stahlring miteinander verbunden sind. Auf diese Weise ist man im elektrischen Feld mit einem sehr kleinen Isolierstoffvolumen ausgekommen. Abb. 9.71 zeigt eine gedruckte Schaltung auf einer faltbaren glasfaserverstärkten Folie. Unverstärkte Folien kommen für hochwertige Kondensatoren in Betracht.

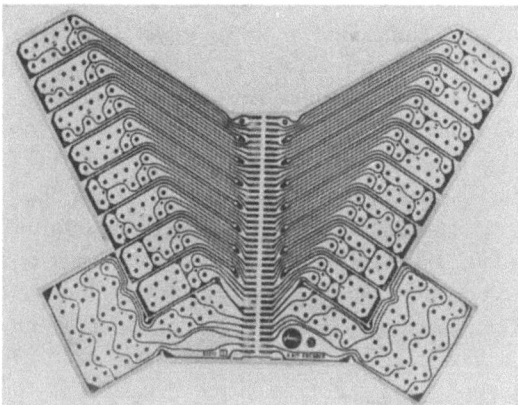

Abb. 9.71. Flexible gedruckte Schaltung auf einer Unterlage aus glasfaserverstärktem PFEP für die Kodiereinheit in einem Radargerät (Werkbild: Du Pont).

9.17 Polychlortrifluoräthylen

Zu den Fluorpolymerisation gehört auch das Polychlortrifluoräthylen (Kurzzeichen: PCTFE). Das monomere Chlortrifluoräthylen entsteht durch Chlorabspaltung aus Trichlortrifluoräthan. Es ist ein farbloses Gas von schwach ätherartigem Geruch. Der Siedepunkt liegt bei −27,9 °C.

Molekülstruktur. Das Polymere ist ebenfalls weitgehend linear aufgebaut und besitzt die in Abb. 9.72 gezeigte Struktur. Die Molekulargewichte dürften im Bereich zwischen 200 000 und 300 000 liegen.

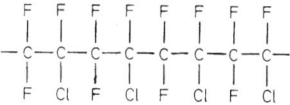

Abb. 9.72. Molekülstruktur des Polychlortrifluoräthylens (PCTFE).

Herstellung. In der Regel durch Emulsionspolymerisation erhält man aus dem Monomeren das Polychlortrifluoräthylen. Das Polymerisat ist teilkristallin. Auch dies ist ein weißes Pulver. So oder auch als Granulat kommt es in den Handel.

Verarbeitung. Hier handelt es sich wieder um einen echten Thermoplasten, der im Gegensatz zum Polytetrafluoräthylen, und zwar besser noch als das vorhin besprochene Tetrafluoräthylenhexafluorpropylen-Mischpolymerisat auf den üblichen Kunststoffverarbeitungsmaschinen verarbeitet werden kann: Durch Pressen, im Spritzguß und im Preßspritzverfahren zu Fertigteilen; im Strangpreßverfahren zu Stäben, Rohren, Schläuchen, Drahtisolierungen und Folien. Wegen der hohen Schmelzviskosität wird ein Spritzdruck von mindestens 150 N/mm² erforderlich. Die Verarbeitungstemperaturen sind nicht mehr ganz so hoch. Sie liegen zwischen 260 und 300°C, und es wird angeraten, das Granulat vor Übergabe in die Maschine auf 140°C vorzuwärmen. Bei der Drahtisolation empfiehlt es sich, vor dem Einlaufen in den Kabelkopf auch noch den Draht anzuwärmen, und zwar auf etwa 300°C. Als Werkzeugtemperatur wird 130°C empfohlen. Man muß eine Verarbeitungsschwindung von etwa 2% berücksichtigen.

Bei der Verarbeitungstemperatur liegt der Werkstoff in amorpher Form vor. Je nachdem, ob dann abgeschreckt oder langsam abgekühlt wird, bleibt dieser amorphe Zustand erhalten oder es findet eine partielle Kristallisation statt. Wird der amorphe Zustand weitgehend eingefroren, die Kristallisation also durch Abschrecken unterdrückt, so ergeben sich bei dünnen Wandstärken fast durchsichtige Körper, die außerdem sehr geschmeidig sind. Wird dagegen langsam abgekühlt, so wird der Werkstoff durch die Kristallisation ziemlich trübe und man erhält härtere Formteile mit höherer Festigkeit. Dazwischen treten Übergänge auf. Profile, also Rohre, Stäbe und Bänder, die man mit dem Extruder herstellt, werden unmittelbar hinter der heißen Düse in kaltem Wasser abgeschreckt. Man erhält dann eine vorwiegend amorphe Struktur mit guter Biegsamkeit des Erzeugnisses. Dispersionen werden durch Spritzen oder Tauchen aufgetragen. Nach dem Trocknen verbleibt zunächst eine weißliche Schicht, die mechanisch sehr empfindlich ist und bei etwa 290°C fertigbehandelt wird. Auf hochglanzpolierten Blechen kann man so, ähnlich wie bei Polytetrafluoräthylen, auch Gießfolien erzeugen.

Infolge der Korrosionsanfälligkeit bei den notwendigen hohen Verarbeitungstemperaturen müssen Maschinenteile und Werkzeuge, soweit sie mit dem zu verarbeitenden Werkstoff in Berührung kommen, auch hier hartverchromt bzw. aus hochlegierten Stählen hergestellt werden. Ferner ist zu beachten, daß Kupfer den thermischen Abbau des Kunststoffes fördert. Infolgedessen müssen die Kupferdrähte vernickelt oder versilbert werden.

Auch dieser Isolierstoff kann spanabhebend nachbearbeitet werden; er ist ferner schweißbar.

Werkstoffeigenschaften. Der Kristallisationsgrad bestimmt wie bei Polytetrafluoräthylen die mechanischen Eigenschaften des Polymeren, d.h. mit steigender Kristallinität nehmen Dichte, Elastizitätsmodul, Härte und Formbeständigkeit in der Wärme zu, während die Bruchdehnung geringer wird. Der Elastizitätsmodul ist bei PCTFE merklich höher als bei den anderen Fluorpolymeren.

Der spezifische Widerstand ist ebenfalls ausgezeichnet. Das durch den Einbau des Chlors in die Molekülkette entstandene Dipolmoment wirkt sich aber auf die dielektrischen Eigenschaften aus. Und so bewegt sich die

Dielektrizitätszahl, abhängig von der Frequenz, zwischen 2,3 und 2,8. Der Verlustfaktor liegt um zwei Größenordnungen über dem des Polytetrafluoräthylens. Gegen Strahlenbelastungen ist auch dieses Polymer ziemlich empfindlich. Mit mehr als 10 kJ/kg sollte man es nicht beanspruchen.

Polychlortrifluoräthylen ist auch nicht so temperaturbeständig wie Polytetrafluoräthylen. Es ist aber ebenfalls nicht brennbar. Die Widerstandsfähigkeit gegen chemische Einflüsse ist auch nicht ganz so gut. Von Säuren, Alkoholen und aliphatischen Kohlenwasserstoffen wird es, bei Raumtemperatur jedenfalls, nicht verändert; von aromatischen Kohlenwasserstoffen, Halogenkohlenwasserstoffen, Estern und Äthern wird es mehr oder weniger angequollen. Physiologisch ist es unbedenklich.

Einsatzgebiete. Wichtige Einsatzgebiete in der Elektrotechnik ergeben sich für wärmebeständige Spulenkörper, Röhrensockel und Isolierfolien. Auch bei der Drahtisolierung, die sich nicht nur durch ihre befriedigende Wärmebeständigkeit, sondern auch durch Geschmeidigkeit auszeichnet, ist PCTFE erfolgreich eingesetzt worden. Es scheint allerdings zugunsten der anderen Fluorpolymerisate an Bedeutung zu verlieren.

9.18 Äthylentetrafluoräthylen-Mischpolymerisat

Äthylentetrafluoräthylen-Mischpolymerisat (Kurzzeichen: PETFE) ist ein Mischpolymerisat aus Äthylen und Tetrafluoräthylen, dessen Moleküle 85% Tetrafluoräthylen enthalten. Es wird als durchscheinendes, gelblichweißes Granulat geliefert.

Verarbeitung. Das Mischpolymerisat kann sowohl im Spritzgießverfahren als auch im Strangpreßverfahren verarbeitet werden, und zwar leichter als jedes andere Fluorpolymere. Infolgedessen kann man sowohl sehr kleine als auch große Teile bequem daraus herstellen. Drahtisolierungen und Isolierschläuche sind in sehr dünnen Wandstärken (0,03 mm) lieferbar. In geschmolzenem Zustande ist die Masse sehr korrosiv, was auch hier bei den Fertigungseinrichtungen berücksichtigt werden muß. Ebenso sind die Kupferdrähte vor der Verarbeitung zu versilbern oder zu vernickeln.

Werkstoffeigenschaften. Der Isolierstoff hat, wie aus Tabelle 9.10 ersichtlich, bessere mechanische Eigenschaften als Polytetrafluoräthylen. Die Dielektrizitätszahl ändert sich wenig mit Frequenz und Temperatur. Die gegenüber Polytetrafluoräthylen etwas höheren dielektrischen Verluste sind zu beachten. Bei 10^3 Hz betragen sie 10^{-3}. Mit der Frequenz steigen sie etwas an. In Gegenwart energiereicher Strahlung, welche die mechanischen Eigenschaften bei höherer Temperatur etwas verbessert, findet eine Vernetzung statt, was auch bei der Herstellung von Wärmeschrumpferzeugnissen ausgenutzt wird. Außerdem besteht eine gute Strahlenbeständigkeit, welche die Werkstoffeigenschaften noch bei einer Dosis von 100 kJ/kg kaum verschlechtert.

Der Isolierstoff ist auch bei tiefen Temperaturen gut brauchbar, d.h. bis $-90\,°C$ kältebruchfest. Der Schmelzpunkt liegt bei 270 °C. Unterhalb 350 °C tritt aber noch kein meßbarer Zerfall ein. Der Isolierstoff erweist sich schließlich als selbstverlöschend. Er wird weder von Säuren noch von den meisten Basen augegriffen. Er ist außerdem in keinem Lösemittel löslich.

Einsatzgebiete. Äthylentetrafluoräthylen-Mischpolymerisat wird für spritzgegossene Kontaktleisten und ähnliche Kleinteile verwendet. Seine Zusammensetzung läßt es vor allem für die Draht- und Kabelisolierung geeignet erscheinen. Es wird als Isolierschlauch und insbesondere auch als Schrumpfschlauch eingesetzt.

9.19 Perfluoralkoxy

Perfluoralkoxy (Kurzzeichen: PFA) ist ein Fluorkunststoff, bei dem, wie Abb. 9.73 zeigt, mit der aus Kohlenstoff- und Fluoratomen bestehenden Hauptkette perfluorierte Seitenketten durch bewegliche Sauerstoffatome verbunden sind. Er läßt sich durch Spritzgießen, Preßspritzen und

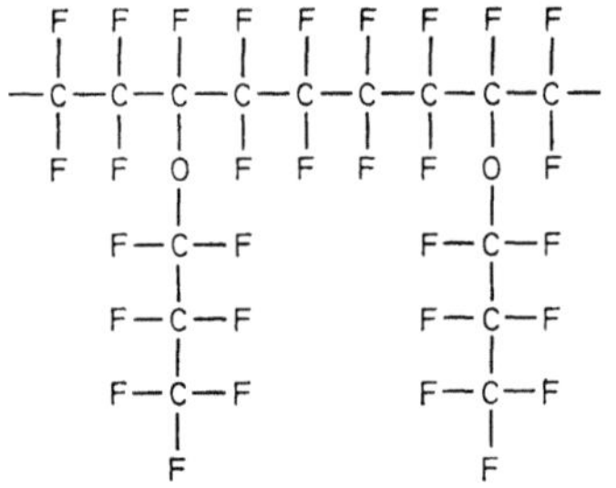

Abb. 9.73. Molekülstruktur des Perfluoralkoxys (PFA).

Strangpressen verarbeiten, wobei Temperaturen von 350 bis 400 °C angewendet werden. Die Viskosität ist trotzdem ziemlich hoch und die Beständigkeit bei diesen Temperaturen verständlicherweise begrenzt. Außerdem können bei der Verarbeitung schädliche Dämpfe auftreten, so daß für eine geeignete Absaugung zu sorgen ist. Der Spritzdruck soll bei 50 N/mm² und die Werkzeugtemperatur zwischen 100 und 200 °C liegen. Die mit der Schmelze in Berührung kommenden Maschinenteile müssen aus korrosionsbeständigen Werkstoffen hergestellt sein.

Perfluoralkoxy besitzt die typischen Eigenschaften der Fluorkunststoffe, insbesondere auch die guten elektrischen Eigenschaften bei hohen Temperaturen, was aus der letzten Spalte der Tabelle 9.10 hervorgeht.

Die Strahlenbeständigkeit ist mit 30 kJ/kg auch nicht besonders gut. Der Isolierstoff hat einen Schmelzbereich von 300 bis 310 °C. Er eignet sich für hochwertige Isolierteile und auch für Draht- und Kabelummantelungen.

9.20 Polyphenylensulfid

Molekülstruktur. Polyphenylensulfid (Kurzzeichen: PPS) ist ein aromatisches Polymer mit einer Hauptkette aus parasubstituierten Benzolringen, die jeweils durch ein einziges Schwefelatom nach Abb. 9.74 verbunden sind. Es hat mit etwa 80% einen hohen Kristallinitätsgrad.

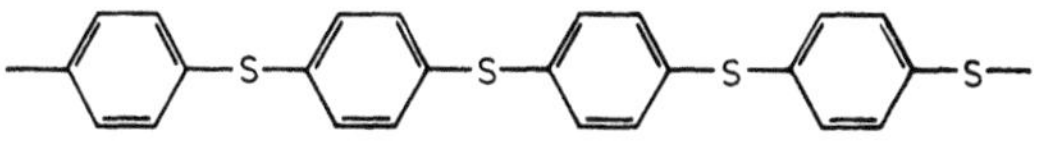

Abb. 9.74. Molekülstruktur des Polyphenylensulfids (PPS).

Herstellung. Polyphenylensulfid entsteht aus Paradichlorbenzol ($C_6H_4Cl_2$) und Natriumsulfid (Na_2S) in Polymerisationsreaktion. Sie wird in einem polaren Lösemittel vorgenommen und ist stark exotherm [148]. PPS wird als feines Pulver gewonnen, kann aber auch als Granulat geliefert werden.

Verarbeitung. Polyphenylensulfid läßt sich mit Schneckenspritzgießmaschinen einwandfrei zu Isolierteilen verarbeiten. Der Spritzdruck soll nicht unter 90 bis 100 N/mm² liegen. Als Temperatur der Schmelze wird 340 bis 370 °C und als Werkzeugtemperatur 100 bis 200 °C empfohlen. Es können verschiedene Füllstoffe (3.3), insbesondere Asbest (4.4) oder kurze Glasfasern (5.2.2) zugegeben werden. Solche gefüllten Spritzgußmassen besitzen eine Verarbeitungsschwindung von nur 0,3%, was sehr enge Toleranzen des Formteils ermöglicht. Man kann aber auch spanend gut nachbearbeiten.

Sehr gut eignet sich PPS außerdem für Beschichtungen, die man durch Aufspritzen einer Dispersion, durch Wirbelsintern oder Aufsprühen eines trockenen Pulvers erzielt. Die Dispersion kann sowohl mit Wasser als auch mit organischen Lösemitteln angesetzt werden, gegebenenfalls unter gleichzeitiger Zugabe von Pigmenten. In der Regel wird der zu beschichtende Gegenstand vorher auf 370 bis 400 °C angewärmt. In allen Fällen aber ist es unerläßlich, daß die aufgetragenen Lagen zum Schluß lange genug bei dieser Temperatur behandelt werden, damit der Auftrag porenfrei und glatt zusammenschmilzt.

Werkstoffeigenschaften. Tabelle 9.11 zeigt die Werkstoffeigenschaften von PPS, unter denen zunächst ein für Kunststoffe hoher Elastizitätsmodul zu erwähnen ist. Der Isolierstoff ist ziemlich hart und hat eine nur geringe Neigung zum Kriechen. Wegen der großen Sprödigkeit des unverstärkten Werkstoffes wird fast ausschließlich die Spritzgußmasse mit 40% (Gew.) Glasfasergehalt eingesetzt, deren mechanische Eigenschaften

Tabelle 9.11. Werkstoffeigenschaften von Polyphenylensulfid

Eigenschaften		Einheit	Unverstärkt	Glasfaser-verstärkt (40%)
Dichte		g/cm³	1,34	1,64
Elastizitätsmodul	Biegev.	kN/mm²	4,2	15
	Zugv.		3,4	8
Biegefestigkeit		N/mm²	140	250
Zugfestigkeit		N/mm²	75	150
Bruchdehnung		%	3	3
Härte		Shore D	85	90
Kriechstromfestigkeit			KA 2	KA 2
Durchschlagfestigkeit		kV/mm	20	17
Spezifischer Durchgangswiderstand		Ω cm	10^{16}	10^{16}
Dielektrizitätszahl (1 MHz)			3,2	3,9
Dielektr. Verlustf. (1 MHz)			10^{-3}	10^{-3}
Wärmeleitfähigkeit		W/Km		0,28
Lineare Wärmedehnzahl		10^{-6}/K	54	40
Vicat-Erweichungstemperatur		°C	260	
Dauerwärmebeständigkeit		°C	200	200
Wasseraufnahme		mg	3	5

wesentlich besser sind. Die elektrischen Eigenschaften sind als gut zu bezeichnen. Das Polymer hat eine sehr gute Wärmebeständigkeit, so daß auch noch bei erhöhten Temperaturen gute mechanische Eigenschaften vorliegen. Noch bei 150°C wird beispielsweise eine Zugfestigkeit von 50 N/mm² gemessen. Polyphenylensulfid schmilzt bei 288°C und ist selbstverlöschend innerhalb von 5 s nach Entfernung der Hitzequelle. Unterhalb 200°C ist es in keinem Lösemittel löslich und widersteht vielen anorganischen und organischen Säuren und Alkalien.

9.21 Polyazetal

Unter der Bezeichnung Polyazetal (Kurzzeichen: POM) werden Polymerisate des Formaldehyds oder höherer Aldehyde zusammengefaßt. Technische Bedeutung hat bisher nur Polyazetal auf Grundlage von Formaldehyd erlangt. Dieses dient entweder als Monomeres unmittelbar zur Polymerisation oder in Form seines zyklischen Trimeren, des Trioxans [32*]. Es ist ein stechend riechendes, farbloses Gas, das bei −19,2°C zu einer farblosen Flüssigkeit kondensiert. Trioxan ist eine farblose kristalline Masse, die bei 60°C schmilzt.

9.21 Polyazetal

Molekülstruktur. Polyazetal ist, wie Abb. 9.75 darstellt, ein Harz mit linearem Kettenaufbau. Der Polymerisationsgrad beträgt 1000 bis 3000, was einem Molekulargewicht von etwa 30000 bis 90000 entspricht. Das Gefüge ist weitgehend kristallin, so daß man bei den Fertigteilen mit einer Kristallinität von 70 bis 80% rechnen kann. Sie ist von der vorangegangenen Verarbeitung abhängig.

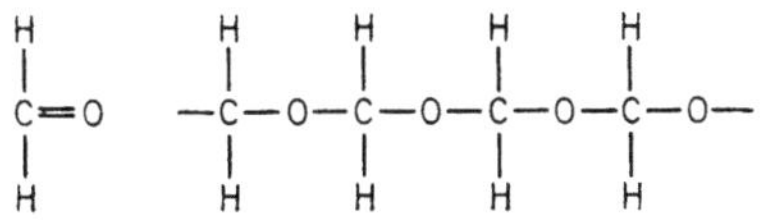

$$\begin{array}{c} H \\ | \\ C=O \\ | \\ H \end{array} \qquad \begin{array}{c} H \\ | \\ -C-O- \\ | \\ H \end{array} \begin{array}{c} H \\ | \\ C-O- \\ | \\ H \end{array} \begin{array}{c} H \\ | \\ C-O- \\ | \\ H \end{array} \begin{array}{c} H \\ | \\ C-O- \\ | \\ H \end{array}$$

Abb. 9.75. Molekülstruktur des Formaldehyds und des Polyazetals (POM) (Polyformaldehyds).

Herstellung. Die Polymerisation ist in der Gasphase oder in flüssiger Phase, die des Trioxans auch in festem Zustande durchführbar. So sind Block-, Lösungs- und Dispersionspolymerisationsverfahren bekannt. Mit geringen Mengen eines zyklischen Monomeren wird auch ein Mischpolymerisat hergestellt. Da das Homopolymerisat thermisch instabil ist, muß es durch einen chemischen Kunstgriff vor der Depolymerisation geschützt werden. Diese Endgruppenblockierung erübrigt sich beim Mischpolymerisat, weil die Depolymerisation hier immer nur bis zur ersten Einheit des zweiten Monomeren gehen kann, wo sie gestoppt wird [32*]. Für eine einwandfreie Verarbeitung ist immerhin eine ausreichende Beständigkeit gegenüber den bei den Verarbeitungstemperaturen auftretenden Einflüssen erforderlich; im praktischen Einsatz ist auch die gleichzeitige Einwirkung von Sauerstoff und ultraviolettem Licht zu beachten. Das führt zur Einarbeitung geeigneter Stabilisatoren. Das Polymerisat wird schließlich als milchigweißes Granulat von etwa 3 mm Korngröße geliefert. Es kann auch gefärbt werden.

Verarbeitung. Polyazetal wird überwiegend im Spritzguß verarbeitet. Dank der guten Fließfähigkeit der Schmelze ist das einwandfreie Füllen selbst schwieriger Formwerkzeuge möglich. Bei konstanten Verarbeitungsbedingungen können Isolierteile mit hoher Präzision und engen Toleranzen hergestellt werden. Der Einspritzdruck soll bei mindestens 75 N/mm² liegen. Er ist natürlich von der Gestaltung der Teile und der Ausführung des Angusses abhängig. Niedrige Drücke verursachen eine zu große Schwindung und Einfallstellen. Bei zu hohen Drücken kann man anderseits verwindungsempfindliche Teile leicht überladen. Die Nachdruckzeit soll nicht zu kurz gewählt werden. Die Verarbeitungstemperatur wird auf 195 bis 215°C eingestellt. Sie hängt davon ab, ob ein Homopolymerisat oder ein Mischpolymerisat vorliegt. Um eine gute Kristall- und Oberflächenstruktur zu erhalten, soll die Werkzeugtemperatur 120 bis 125°C betragen. Die Verarbeitungsschwindung ist dann 1 bis 3%. Für den glasfaserverstärkten Werkstoff beträgt sie etwa ein Fünftel davon. Sie nimmt mit zunehmender Werkzeugtemperatur ab. Zu berücksichtigen ist, daß Polyazetal auch nach dem Entformen, also bei der Lagerung, noch etwas nachschrumpft. Das kann 0,2 bis 0,3% betragen. Im Extrusionsverfahren wird Polyazetal zu Stäben, Rohren und Profilen verarbeitet. Im Blasverfahren wird es zu Hohlkörpern verformt.

Polyazetal läßt sich auch ohne Schwierigkeit spanabhebend verarbeiten. Man kann es schneiden, stanzen, hobeln, fräsen, drehen, bohren, räumen und polieren; man kann ferner Gewinde schneiden. Das ist auch dann von praktischem Wert, wenn man Ausführungsmuster herstellen möchte. Teile aus Polyazetal können leicht miteinander verbunden werden, was eine schnelle und wirtschaftliche Montage gestattet. Der Schnappsitz sei erwähnt, bei dem ein sorgfältig bemessener Vorsprung und eine Hinterschneidung ineinander einrasten. Beim Kaltstauchen wird ein zylindrischer Stift, der als Ansatz eines Spritzgußteiles ausgebildet ist, durch die Bohrung eines damit zu verbindenden Bauteiles geführt und wie ein Niet gestaucht. Auch selbstschneidende Schrauben lassen sich bei Polyazetal verwenden. Man kann sogar nageln. Eine feste Verbindung läßt sich ferner durch Spiegelschweißen, Heißgasschweißen, Drahtschweißen, Induktionsschweißen, Rotationsschweißen und Ultraschallschweißen herstellen. Zum Heißluftschweißen sei gesagt, daß man statt Heißluft besser noch Stickstoff nimmt. Bei Luft besteht die Gefahr der Oxydation. Mit Stickstoff geht das Schweißen schneller und die Naht wird fester.

Werkstoffeigenschaften. Der Isolierstoff ist leicht daran kenntlich, daß er sich typisch wachsartig anfühlt. Die Homopolymerisate und Mischpolymerisate haben, wie aus Tabelle 9.12 ersichtlich, etwas unterschiedliche Werkstoffeigenschaften. Der gute Elastizitätsmodul und die hohe Schlagzähigkeit sind besonders hervorzuheben. Der Einfrierbereich, der als Übergang von dem zähen in den glassproden Stoffzustand bereits mehrfach geschildert wurde, liegt bei $-60\,°C$. Eine ausreichende Zähigkeit bleibt daher bis etwa $-40\,°C$ erhalten. Im Gegensatz zum Homopolymerisat weist das Mischpolymerisat eine ausgeprägte Streckgrenze auf [149], was Abb. 9.76 deutlich macht. Da Polyazetal in seiner Anwendung als Isolierstoff oft auch mechanischen Wechselbeanspruchungen unterliegt, verdienen die in Abb. 9.77 gezeichneten Wechsel- und Schwellfestigkeiten Beachtung. Der Isolierstoff zeigt schließlich eine für Thermoplaste ungewöhnliche Härte, was mancherlei Vorteile hat. Auf Grund dessen und auch der glatten Oberfläche wegen weisen Formteile auch günstige Gleiteigenschaften auf, was wieder ein gutes Abriebverhalten bedingt.

Auch in elektrotechnischer Hinsicht ist Polyazetal recht gut. Dielektrizitätszahl und Verlustfaktor bleiben über einem breiten Frequenz- und Temperaturbereich weitgehend konstant. In bezug auf die Einwirkung

9.21 Polyazetal

Tabelle 9.12. Werkstoffeigenschaften von Polyazetal

Eigenschaften	Einheit	Homopolymerisat	Mischpolymerisat	Mischp. mit 30% Glasf. v.
Dichte	g/cm³	1,42	1,41 bis 1,43	1,63
Elastizitätsmodul	kN/mm²	3,3	3	7
Biegefestigkeit (Grenzbiegespannung)	N/mm²	120	110	140
Schlagzähigkeit	Nmm/mm²	80	k. Br.	30
Zugfestigkeit	N/mm²	70	60	120
Bruchdehnung	%	15	25 bis 35	5
Härte	Shore D	85	80	
Kriechstromfestigkeit		KA 3b	KA 3b	KA 3b
Durchschlagfestigkeit	kV/mm	35	40	30
Spezifischer Durchgangswiderstand	Ω cm	10^{15}	10^{15}	10^{14}
Dielektrizitätszahl (1 MHz)		3,7	3,9	4,5
Dielektr. Verlustf. (1 MHz)		$5 \cdot 10^{-3}$	$5 \cdot 10^{-3}$	$5 \cdot 10^{-3}$
Wärmeleitfähigkeit	W/Km	0,32	0,32	0,4
Lineare Wärmedehnzahl	10^{-6}/K	100	90	70
Formbest. in der Wärme nach Martens	°C		65	70
Vicat-Erweichungstemperatur	°C		155	170
Dauerwärmebeständigkeit	°C	60	70	75
Wasseraufnahme	mg	50	35	35

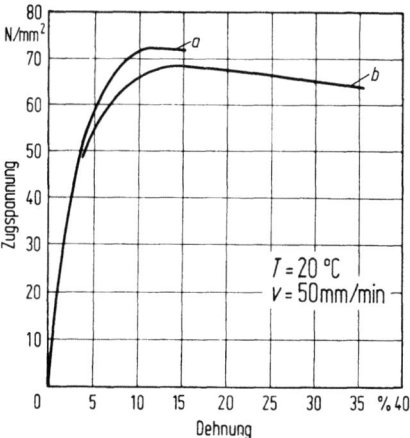

Abb. 9.76. Die Zugspannung des Polyazetals in Abhängigkeit von der Dehnung.
a Homopolymerisat;
b Mischpolymerisat.

energiereicher Strahlung kann es bis zu einer Dosis von 1 kJ/kg als beständig angesehen werden. Darüber tritt Depolymerisation ein [150].

Eine Vakuumbehandlung führt nicht nur zum Verdampfen absorbierter Gase und Dämpfe, sondern gegebenenfalls auch zu einer Ausscheidung von durch Zerfall des Polymeren entstehendem Formaldehydgas. Man muß schließlich festhalten, daß dieser Kunststoff nicht besonders wärmebeständig ist. Der Kristallitschmelzbereich liegt beim Homopolymerisat bei 175°C, beim Mischpolymerisat zwischen 164 und 167°C. Das thermische Verhalten wird gut durch den in Abb. 9.78 skizzierten dynamischen Schubmodul charakterisiert [151]. Oberhalb einer Temperatur von 60 bis 70°C ist der Isolierstoff im Dauerbetrieb nicht einsetzbar [152].

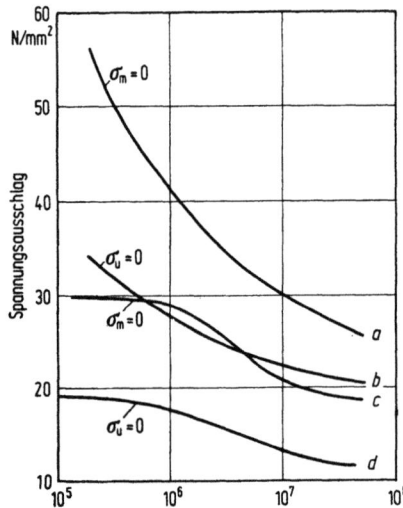

Abb. 9.77. Biegewechselfestigkeit (a) und Biegeschwellfestigkeit (b), Zugdruckfestigkeit (c) und Zugschwellfestigkeit (d) von Polyazetal.

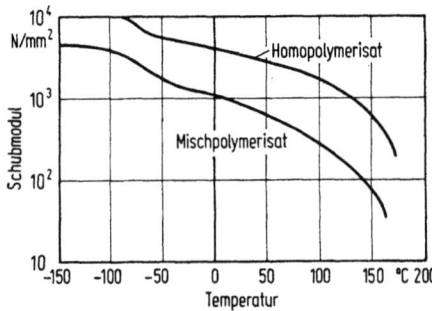

Abb. 9.78. Schubmodul des Polyazetals in Abhängigkeit von der Temperatur.

Er ist ähnlich wie die Polyolefine brennbar. Er brennt mit bläulicher Flamme und schmilzt dabei. Die Dämpfe riechen stechend nach Formaldehyd. Der Isolierstoff ist anderseits gegen fast alle Lösemittel beständig, widersteht auch den meisten Alkalien. Gegen Säuren ist er empfindlich. Er zeigt gutes Zeitstandverhalten und keine Spannungsrißkorrosion. Von Sonnenlicht wird er allerdings angegriffen, ebenfalls von Ozon. In geschlossenen Gehäusen, in denen Gasentladungen auftreten, führt auch die oxydative Wirkung des gebildeten Stickoxids (NO) zur Zerstörung des Isolierstoffs.

Der Unterschied des Homopolymerisats gegenüber dem Mischpolymerisat kann etwa in der Form zusammengefaßt werden, daß das erstgenannte eine um etwa 10% höhere Steifigkeit, Festigkeit und Härte besitzt, während die Strahlenbeständigkeit [150], die Wärmebeständigkeit und auch der Widerstand gegen Wasseraufnahme bei dem Mischpolymerisat deutlich verbessert ist. Glasfaserverstärktes Polyazetal wird gewählt, wenn es auf Steifigkeit, Zugfestigkeit und Formbeständigkeit in der Wärme besonders ankommt.

Einsatzgebiete. Löschkammern in Trennschaltern, Teile für elektrische Büromaschinen, Staubsauger und Haushaltgeräte sowie Teile der Fernmeldetechnik werden aus Polyazetal hergestellt. Weiter sind Drucktasten und Drucktastenschieber für Rundfunk- und Fernsehgeräte, Spulenkörper und isolierende Hebel zu erwähnen. Abb. 9.79 zeigt derartige Spritzgußteile hoher Präzision. Schneid- und Flachzangen, wie man sie für Arbeiten an Verteileranlagen benötigt, sind in gelungener Formgebung aus Polyazetal gefertigt. Ein günstiger Reibungskoeffizient und gute Abriebfestigkeit machen es auch für isolierende Zahnräder und gleitende Bauteile geeignet.

Abb. 9.79. Isolierteile aus Polyazetal (Werkbild: T & N).

9.22 Polymethakrylsäureester

Von den Methakrylsäureestern interessiert nur der Methakrylsäuremethylester bzw. dessen Polymerisat, von dem Abb. 9.80 die Molekülstruktur zeigt.

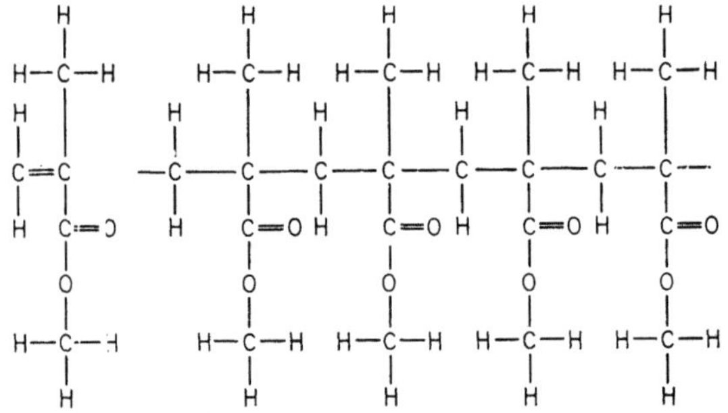

Abb. 9.80. Molekülstruktur des Methakrylsäuremethylesters und des Polymethakrylsäuremethylesters (PMMA).

Herstellung. Polymethakrylsäuremethylester (Kurzzeichen: PMMA) wird in Blockpolymerisation oder in Suspensionspolymerisation hergestellt. Es ist die Grundlage für das Granulat. Man kann aber auch Halbzeug in Form von Blöcken, Tafeln und Rohren oder gewisse Fertigteile unmittelbar aus dem Monomeren durch Blockpolymerisation herstellen. Ein passender Katalysator wird vorher eingerührt.

Verarbeitung. Das Granulat wird in üblicher Weise verarbeitet, wobei Spritztemperaturen von 200 bis 250°C angewendet werden. Das Werkzeug ist auf 50 bis 100°C einzustellen. Dann muß man mit einer Verarbeitungsschwindung von 0,4 bis 0,6% rechnen. Tafeln und Rohre können mit dem Extruder hergestellt werden. Wichtiger aber ist die Fertigung von Blöcken, Tafeln und Rohren durch Polymerisation und Gießen zwischen Spiegelglasplatten bzw. im Schleudergießverfahren. Alle diese Erzeugnisse lassen sich spanabhebend ausgezeichnet nachbearbeiten. Polymethakrylsäuremethylester ist in der Wärme bei 150°C leicht verformbar und läßt sich biegen und tiefziehen. Bei der Verbindung von Halbzeug oder Fertigteilen wird das Verkleben dem Schweißen im allgemeinen vorgezogen. Man benutzt dazu monomeres Methylmethakrylat, mit dem man die zu verbindenden Gegenstände anquillt. Die Teile werden zusammengedrückt und in der Wärme oder auch unter Zusatz von Beschleunigern wird auspolymerisiert.

Werkstoffeigenschaften. Zu den in Tabelle 9.13 aufgeführten Werkstoffeigenschaften ist noch zu bemerken, daß Polymethakrylsäuremethylester in elektrischer Hinsicht nur von mittlerer Güte ist [153]. Es besteht aber eine hohe Durchlässigkeit für Licht. Sie erstreckt sich auf den Wellenlängenbereich zwischen 300 und 2000 nm und übersteigt noch ein wenig die des Silikatglases. Im sichtbaren Bereich mißt man bei 3 mm Schichtdicke einen Wert von 92%.

PMMA brennt nach der Entzündung mit leuchtender, nicht rußender Flamme. Dabei verbreitet sich ein scharfer, fruchtartiger Geruch. Anderseits zeigt er eine geringe Wasseraufnahme, ist gegen verdünnte Säuren und Alkalien beständig sowie gegen Benzol und Benzin. Er wird angegriffen von polaren Lösemitteln. Er zeichnet sich durch eine hohe Alterungs- und Witterungsbeständigkeit aus.

Tabelle 9.13. Werkstoffeigenschaften von Polymethakrylsäuremethylester

Eigenschaften	Einheit	PMMA
Dichte	g/cm^3	1,18
Elastizitätsmodul	kN/mm^2	3
Biegefestigkeit	N/mm^2	100 bis 130
Schlagzähigkeit	Nmm/mm^2	10 bis 20
Zugfestigkeit	N/mm^2	80
Bruchdehnung	%	5
Kriechstromfestigkeit		KA 3c
Durchschlagfestigkeit	kV/mm	30
Spezifischer Durchgangswiderstand	Ω cm	10^{16}
Dielektrizitätszahl ($f = 50$ Hz-1 MHz)		3,8$-$2,8
Dielektr. Verlustf. ($f = 50$ Hz-1 MHz)		$6 \cdot 10^{-2} - 2 \cdot 10^{-2}$
Wärmeleitfähigkeit	W/Km	0,19
Lineare Wärmedehnzahl	10^{-6}/K	70
Formbest. in der Wärme nach Martens	°C	80
Vicat-Erweichungstemperatur	°C	100
Dauerwärmebeständigkeit	°C	70
Wasseraufnahme	mg	45

Einsatzgebiete. Der Einsatz des Polymethakrylsäuremethylesters in der Elektrotechnik ist, wenn auch nicht sehr umfangreich, so doch vielseitig. Radarkuppeln seien erwähnt. Wegen der klaren Durchsichtigkeit werden aus PMMA Leuchtenabdeckungen gefertigt, die Abmessungen bis zu 2 m haben können. Der elektrophysikalische Apparatebau darf ebenfalls nicht vergessen werden. Ebenso sind im elektrischen Feld liegende Schaugläser zu nennen. Da in vielen Farben erhältlich bewährt sich dieser Werkstoff auch in Leuchtschaltbildern, wo er jedoch nicht unbedingt als Isolierstoff eingesetzt ist. Aus einem Mischpolymerisat mit Akrylnitril werden Schaltstangen für Hochspannungsschalter hergestellt, die sich durch gutes Aussehen, hohe Zähigkeit und Zugfestigkeit auszeichnen. Interessant ist Polymethakrylsäuremethylester auch als Lichtleitfaser, obgleich es dem dafür ebenfalls verwendeten Glas in bezug auf die Lichtdurchlässigkeit unterlegen ist.

9.23 Polyamid

Unter Polyamiden (Kurzzeichen: PA) versteht man polymere Verbindungen, deren monomere Grundbausteine durch eine Säureamidgruppe (Carbonamidgruppe) miteinander verknüpft sind [33*]. Die wichtigsten Vertreter dieser Polymeren sind die aliphatischen Homopolyamide, die aus Ketten aufeinanderfolgender Kohlenwasserstoffgruppen bestehen, in denen diese Säureamidgruppen eingebaut sind. Eine Type ähnlicher Art ist das Polyamid, das aus Terephthalsäure und einem verzweigten Diamin hergestellt ist. Außerdem ist das nur aus aromatischen Komponenten bestehende Polyarylamid zu erwähnen.

Molekülstruktur. Zunächst hat man zwei Arten zu unterscheiden. Bei der ersten hat der Grundstoff die Aminogruppe und die Säuregruppe am gleichen Molekül. Man benötigt lediglich eine Grundkomponente. Bei der zweiten Art sitzen die beiden funktionellen Gruppen an verschiedenen Molekülen. Man braucht zwei Monomere, nämlich ein Diamin und eine Dikarbonsäure. Im ersten Falle sind die polymeren Ketten so aufgebaut, daß stets eine gleiche Anzahl Kohlenwasserstoffgruppen von einer gleichgerichteten Säureamidgruppe unterbrochen ist. Um sie zu kennzeichnen, schreibt man die Anzahl der Kohlenstoffatome des Monomeren vor die Bezeichnung Polyamid. Bei den Polymeren der zweiten Art sind gleich lange oder auch verschieden lange Kohlenstoffketten durch eine Carbonamidgruppe miteinander verbunden; diese ist außerdem in Kettenrichtung gegenüber der vorhergehenden immer um 180° verdreht. Solche Polyamide werden durch zwei Zahlen gekennzeichnet, von denen die erste die Anzahl der Kohlenstoffatome der Diaminkomponente und die zweite die der Säurekomponente wiedergibt. Das ist in Abb. 9.81 dargestellt, in der die obere Kettenstruktur beispielsweise das 6-Polyamid (PA 6) kennzeichnet. Das strukturbestimmende Element dieser Polyamidfadenmoleküle ist also die Amidgruppe. Je nach der Symmetrie der molekularen Anordnung dieser Amidgruppen sind die Polyamide in verschieden hohem Maße zur Kristallisation fähig. Sie sind teilkristalline Polymere mit mittleren Kristallisationsgraden bis zu Höchstwerten von 60% [154]. Sie haben daher ein trübes weißliches Aussehen. Eine Ausnahme bildet hier das aus Terephthalsäure und Trimethylhexamethylendiamin hergestellte Polyamid. Es ist amorph und dauerhaft durchsichtig. Angaben über die Molekülstruktur sind nicht erhältlich. Davon wiederum zu unterscheiden ist das Polyarylamid, dessen Molekülstruktur in Abb. 9.81 unten dargestellt ist.

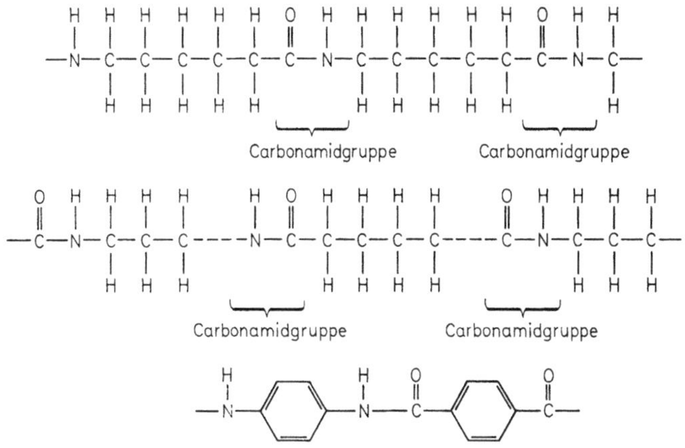

9.23 Polyamid 281

Abb. 9.81. Molekülstruktur der Polyamide.

Herstellung. Die Polyamide entstehen entweder durch Polykondensation von Aminokarbonsäuren in Gegenwart von Wasser oder durch Polykondensation von Diaminen und Dikarbonsäuren. Der frisch gewonnene Kunststoff wird nach Verlassen des Autoklaven einer Strangpresse zugeführt, als Draht von 2 bis 3 mm Durchmesser ausgefahren und in üblicher Weise granuliert. In Form farbloser oder gelblicher zylindrischer Körner wird das Polymere wie die meisten Thermoplaste der Weiterverarbeitung zugeführt. Gelegentlich werden noch Mittel hinzugegeben, um diesen Kunststoff gegen den Einfluß der Wärme zu stabilisieren. Dem 11-Polyamid (PA 11) und dem 12-Polyamid (PA 12) werden zum Teil Weichmacher eingearbeitet. Über das Herstellungsverfahren des transparenten Polyamids ist wenig bekannt. Zur Verbesserung der mechanischen Eigenschaften werden einigen Typen in Gewichtsteilen von 25 bis 35% auch Kurzglasfasern beigemischt.

Polyarylamide werden aus aromatischen Diaminen und Dicarbonsäurechloriden nach einem für diese Erzeugnisse eigenen Kondensationsverfahren, dem Grenzflächenverfahren, hergestellt. Das Amin wird in wässerigem Alkali, das Säurechlorid in einem mit Wasser nicht mischbaren organischen Lösemittel gelöst. Beide Phasen werden bei Raumtemperatur durch starkes Rühren dispergiert. An der Grenzfläche zwischen dem Wasser und dem organischen Lösemittel bildet sich dann das Polymere und fällt aus.

Verarbeitung. Die Polyamide werden im allgemeinen nach den für Thermoplaste üblichen Verarbeitungsverfahren verarbeitet. Die weitaus größten Mengen werden im Spritzguß verbraucht. Dabei ist darauf zu achten, daß die teilkristallinen Polyamide keinen Erweichungsbereich, sondern einen verhältnismäßig scharfen Schmelzpunkt besitzen, der bei den verschiedenen Typen zwischen 178 und 255°C liegt. Schließlich ist der Temperaturbereich, in dem der Werkstoff oberhalb seines Schmelzpunktes auf Spritzgießmaschinen verarbeitet werden kann, ohne einen merklichen thermischen Abbau zu erfahren, klein. Das Granulat bleibt also bis unmittelbar vor der Verarbeitungstemperatur hart. Das kann beim Spritzen zu Schwierigkeiten führen, wenn ein durch Unachtsamkeit oder sonstige äußere Einflüsse verursachter geringer Temperaturabfall die Schmelze einfrieren läßt.

Da die Schmelze bei der Verarbeitungstemperatur dünnflüssig ist, arbeitet man mit Verschlußdüsen, die das Austreten der flüssigen Masse nach dem Spritzvorgang verhindern. Um Blasenbildung im Fertigteil zu vermeiden, muß das zu verarbeitende Granulat trocken sein. Es muß getrocknet werden, falls es mehr als 0,1% Feuchtigkeit enthalten sollte. Die Teile selbst sind bei hoher Werkzeugtemperatur ausreichend steif und fest, so daß sie mühelos entfernt werden können. Als Verarbeitungsschwindung ist 0,5 bis 1,5% anzusetzen.

Das transparente Polyamid hat im Gegensatz zu den teilkristallinen Polyamiden einen breiteren Verarbeitungsbereich. Es kann bei Temperaturen zwischen 250 und 320°C verarbeitet werden. Wegen der höheren Schmelzviskosität ist es vorteilhaft, hier mit offener Düse und ohne Rückstromsperre zu arbeiten. Der Einspritzdruck kann bis etwa 130 N/mm² betragen. Die Werkzeugtemperatur sollte zwischen 70 und 90°C liegen. Das transparente Polyamid hat eine konstante Verarbeitungsschwindung von 0,5%. Da der amorphe Charakter erhalten bleibt und keine Nachkristallisation eintritt, ist die Nachschwindng vernachlässigbar gering (0,02 bis 0,03% bei Temperaturen von 100 bis 130°C). Dieser Werkstoff eignet sich daher gut für die Herstellung von Präzisionserzeugnissen ebenso wie für das Einbetten von Metallteilen.

Zur Verarbeitung der glasfaserverstärkten Thermoplaste muß noch gesagt werden, daß die Glasfaser bei der leichtflüssigen Schmelze zuweilen die Neigung hat, vor dem Harz wegzufließen. Dadurch können Unterschiede im Glasfasergehalt auftreten, dem man dadurch entgegenwirkt, daß man Angüsse und Spritzkanäle etwas vergrößert. Die Viskosität der Schmelze hat mit der Glasfaserfüllung natürlich zugenommen. Deshalb sollten auch Einspritzdruck und -geschwindigkeit sowie die Verarbeitungstemperatur erhöht werden. Auch die Werkzeugtemperatur kann man wegen der bei dem Füllstoff fehlenden Schmelzwärme und der größeren Steifigkeit des frisch geformten Spritzteils etwas erhöhen, wodurch man eine saubere Oberfläche erhält. Mit glasfasergefüllten Thermoplasten sind auch kleine Teile einwandfrei herzustellen. Die verschleißende Wirkung der Glasfasern in der Düse und in den Werkzeugkanälen ist unbedeutend, da sie stets von einer dünnen Haut flüssiger Schmelze umgeben sind.

9.23 Polyamid

Fäden werden in üblicher Weise mit dem Extruder hergestellt und verstreckt. Aus amorphem Polyamid können keine Fasern hergestellt werden. Bei aromatischem Polyamid erfolgt dies in anderer Weise. In senkrechter Anordnung mit einer nach unten aus einer passenden Düse austretenden Schmelze bestimmter Einstellung kann man auch elektrische Kabel und Leitungen umhüllen.

Folien werden mit einer abwärtsgerichteten Breitschlitzdüse, aus der die Schmelze über einen kurzen Abstand auf eine Kühlwalzenanordnung gelangt, gefertigt. Sie können verstreckt werden. Auch das Schlauchblasverfahren ist üblich.

Bis auf den transparenten Typ und das aromatische Polyamid eignen sich die Polyamide infolge des ausgeprägten Schmelzpunktes und der niedrigen Schmelzviskosität in Pulverform auch gut für das Wirbelsinterverfahren. Wegen der tieferen Schmelztemperatur und der günstigen Fließeigenschaften sind das 11-Polyamid und das 12-Polyamid dafür besonders gut geeignet. Es wird in Korngrößen geliefert, die unterhalb 0,2 mm liegen. Auch das Flammspritzverfahren und als drittes der Pulververarbeitung das elektrostatische Verfahren sind zu nennen.

Auch das Gießen von Folien, für das im allgemeinen ein Mischpolymerisat verwendet wird, darf nicht unerwähnt bleiben. Das Bandgießverfahren, das mit etwa dreißigprozentigen Lösungen arbeitet, ist das bekannteste. Schließlich sei auf den Polyamidschaumstoff hingewiesen.

Die Fortschritte bei der Halbzeugherstellung haben auch die spanabhebende Bearbeitung begünstigt. Polyamid läßt sich sägen, hobeln, fräsen, drehen und bohren, ja sogar schleifen. Um es gut stanzen zu können, wird es zweckmäßigerweise angefeuchtet. Diese spanabhebende Bearbeitung gestattet, Versuchsstücke und Muster herzustellen. Aber auch die Herstellung kleiner Stückzahlen, für welche die Anfertigung eines Spritzwerkzeugs zu kostspielig ist, wird so wirtschaftlich. Polyamid läßt sich schließlich einwandfrei schweißen, auch mit Hochfrequenz. Beachten muß man allerdings den schmalen plastischen Bereich des Polyamids und die Tatsache, daß es sauerstoffempfindlich ist. Das amorphe Polyamid eignet sich besonders gut für das Ultraschallverfahren.

Die aromatischen Polyamide lassen sich thermoplastisch nicht verformen. Sie können aber in bestimmten Lösemitteln gelöst und aus der Lösung zu Fasern verarbeitet werden. Man macht daraus ferner hervorragende technische Gewebe und ein papierartiges Vlies, das unter Druck und Wärme auch zu einem Schichtstoff verbunden werden kann. Die Herstellung von Folien ist nicht möglich.

An dieser Stelle muß noch die Technik des anionisch erzeugten Blockpolymerisates erwähnt werden [155], bei der im Gegensatz zu den übrigen Polyamiden ein Polymerisationsvorgang vorliegt. Als Rohstoff dienen monomere Lactame, insbesondere Caprolactam. Dieses so hergestellte

Polyamid entspricht in seinem chemischen Aufbau einem 6-Polyamid. Das Verfahren wird dann angewandt, wenn die Abmessungen des Werkstückes die Möglichkeiten des Spritzgießens überschreiten. Mit ihm können sowohl Teile von wenigen hundert Gramm als auch solche von einigen hundert Kilogramm gegossen werden. Dabei gestattet es selbst in kleinen Stückzahlen eine wirtschaftliche Fertigung. Praktisch wird so verfahren, daß man wasserfreie Schmelzen von Lactamen, vorzugsweise Caprolactam, mit geeigneten Katalysatoren sowie Aktivatoren versetzt und die dünnflüssige, nunmehr reaktionsfähige Schmelze bei 100 bis 150°C blasenfrei in das vorgewärmte Werkzeug füllt. Die Reaktion beginnt schon nach etwa 30 s und ist in kurzer Zeit beendet. Während die Schmelze anfangs vollkommen klar ist, trübt sie sich mit dem Anstieg der Viskosität ein, was durch die Kristallisation bedingt ist. Die Temperatur steigt dabei um etwa 50 K. Man kühlt nun ab und kann nach dem Erkalten den Gießling leicht entformen. Beim Übergang vom flüssigen in den festen Zustand tritt ein Volumenschwund von 15% auf. Davon entfallen 9% auf die Polymerisationsschwindung, der Rest je etwa zur Hälfte auf die Kristallisations- und die Temperaturschwindung [156]. Mit diesem drucklosen Gießen kann man rotationssymmetrische Teile auch im Schleuderguß erhalten, indem man die Schmelze statt in ein ruhendes in ein mit hoher Drehzahl um eine Achse sich drehendes Werkzeug füllt. Hohlkörper lassen sich im zweiachsigen Rotationsguß fertigen. Schließlich ist es möglich, die Polymerisation von Lactamen so zu lenken, daß ohne zusätzliche Verwendung von Treibmitteln Polyamidschaumstoffe gebildet werden.

Eigenschaften. Die Polyamide gehören, wie gesagt, größtenteils zu den kristallinen Kunststoffen. Das Verhältnis von kristallinem zu amorphem Gefüge und die Größe der Kristallite werden durch die Spritzgießbedingungen, insbesondere durch Werkzeugtemperatur und Abkühlungsgeschwindigkeit, die wiederum zum Teil von der Wanddicke des Spritzteils abhängt, beeinflußt. Der kristalline Anteil wiederum bedingt die Dichte des Fertigteils, und so erklären sich die Schwankungen der in Tabelle 9.14 für die Dichte der teilkristallinen Polyamide angegebenen Werte. Die Grenzen liegen bei 1,01 und 1,16 g/cm^3. Besonders stark werden die mechanischen Eigenschaften beeinflußt. Je größer der Kristallinitätsgrad ist, desto größer sind Elastizitätsmodul, Zugfestigkeit und Härte, desto kleiner anderseits Schlagzähigkeit und Bruchdehnung. Auch die Wasseraufnahme ist geringer als bei Teilen von niedrigem Kristallinitätsgrad. Dabei sei noch bemerkt, daß alle in der Tafel angegebenen Werte sich auf den luftfeuchten Zustand beziehen, der allein für die Anwendungstechnik von Interesse ist. Der Elastizitätsmodul beträgt für unverstärkte Spritzteile 1,1 bis 2,8 kN/mm^2. Sie alle zeichnen sich durch große Zähigkeit aus; sie sind praktisch unzerbrechlich. Steifigkeit, Härte und Abriebfestigkeit sind bei den 6- und 6,6-Polyamiden größer als bei den 6,10-, 11- und 12-Polyami-

9.23 Polyamid

den. Diese sind biegsamer. Das hängt mit der Molekülstruktur zusammen [154].

Bei den glasfaserverstärkten Polyamiden ist in erster Linie eine wesentliche Verbesserung der mechanischen Eigenschaften gegenüber den ungefüllten festzustellen. Das daraus hergestellte Isolierteil ist formsteifer, biege- und zerreißfester. Schließlich ist der kalte Fluß nicht mehr so stark. In bezug auf die Verarbeitungstechnik ist die geringere Schrumpfung zu erwähnen.

Die mechanischen Eigenschaften des transparenten (amorphen) Polyamids sind, wie aus Tabelle 9.14 hervorgeht, im allgemeinen noch etwas besser als die der übrigen Polyamide. Es handelt sich um einen zähharten Thermoplasten mit einem verhältnismäßig hohen Elastizitätsmodul, recht guter Biege- und Zugfestigkeit. Beachtenswert ist, daß diese Werte durch Umgebungseinwirkungen nicht wesentlich beeinflußt werden [157].

Das aromatische Polyamid hat eine Dichte von etwa 1,35 g/cm³, das daraus gefertigte papierartige Vlies eine solche von 0,9 g/cm³. Es ist, bedingt durch die Fertigungstechnik, anisotrop und hat in Maschinenrichtung und in Querrichtung unterschiedliche Eigenschaften. Die hohe Zähigkeit, der Widerstand gegen Schlag- und Druckbeanspruchungen, die Abriebfestigkeit, Eigenschaften, die infolge der hohen Glaserweichungstemperatur auch bei 200 °C noch gut sind, werden besonders geschätzt.

Die dielektrische Güte der Polyamide ist nicht besonders gut, für viele Anwendungsfälle aber ausreichend [158]. Das 12-Polyamid [159, 160] und das transparente Polyamid schneiden dabei, wie aus Tabelle 9.14 ersichtlich, noch am günstigsten ab. Alterungsschutzmittel und Weichmacher sind in bezug auf die elektrischen Eigenschaften immer von Nachteil. Wird Polyamid energiereicher Strahlung ausgesetzt, so tritt eine Vernetzung ein. Elastizitätsmodul und Zugfestigkeit nehmen zunächst zu, während Dehnung und Schlagzähigkeit abnehmen. Bei Dosen über 20 kJ/kg hat der Isolierstoff dann allerdings seine Brauchbarkeit eingebüßt.

Das aus Polyarylamid hergestellte Vlies ist in elektrischer Hinsicht etwas günstiger. Gegen energiereiche Strahlung ist es mit einer Dosis von 100 kJ/kg verhältnismäßig beständig.

Während die Thermoplaste im allgemeinen einen ziemlich breiten Erweichungsbereich zeigen, ist eine scharf ausgeprägte Schmelztemperatur ein kennzeichnendes Merkmal der teilkristallinen Polyamide. Sie zeigen auch bis kurz unterhalb der Schmelztemperatur keine nennenswerte Erweichung; sie gehen schnell in den leichtflüssigen Zustand über. Die Schmelzpunkte liegen, abgesehen noch von anderen Zusammenhängen, auf die hier nicht eingegangen zu werden braucht, um so höher, je größer das Verhältnis der Carbonamidgruppen zu den Kohlenwasserstoffgruppen ist. Das amorphe Polyamid schmilzt zwischen 190 uud 220 °C. Über die mit

Tabelle 9.14. Werkstoffeigenschaften von Polyamid

Eigenschaften	Einheit	PA 6	PA 6 mit 30% Glasf. v.	PA 6,6
Dichte	g/cm³	1,12 bis 1,15	1,35	1,13 bis 1,16
Elastizitätsmodul	kN/mm²	1,5	7	1,8
Biegefestigkeit (Grenzbiegespannung)	N/mm²	40	140	50
Schlagzähigkeit	Nmm/mm²	kein Br.	30	kein Br.
Zugfestigkeit	N/mm²	45	120	55
Bruchdehnung	%	200	7	150
Härte	Shore D			
Kriechstromfestigkeit		KA 3b	KA 3a	KA 3b
Durchschlagfestigkeit	kV/mm	20	25	30
Spezif. Durchgangswiderstand	Ω cm	10^{12}	10^{12}	10^{12}
Dielektrizitätszahl ($f = 1$ MHz)		7,0	6,5	5,0
Dielektr. Verlustf. ($f = 1$ MHz)		$3 \cdot 10^{-1}$	$2 \cdot 10^{-1}$	$2 \cdot 10^{-1}$
Wärmeleitfähigkeit	W/Km	0,28	0,30	0,27
Lineare Wärmedehnzahl	10^{-6}/K	70 bis 100	25	70 bis 90
Formbest. in der Wärme nach Martens	°C	50	110	50
Vicat-Erweichungstemperatur	°C	200	210	210
Schmelztemperatur	°C	220		255
Dauerwärmebeständigkeit	°C	75	75	80
Wasseraufnahme	mg	300	250	150

steigender Temperatur einsetzende Erweichung gibt der in Abb. 9.82 dargestellte Verlauf des Schubmoduls Aufschluß.

Beachtet werden muß die Empfindlichkeit der Polyamide gegen Luftsauerstoff, die schon unterhalb 100 °C einsetzt. Jedoch macht Polyarylamid davon eine Ausnahme. So liegt auch die Dauerwärmebeständigkeit ziemlich tief. Polyamid gilt als schwer entflammbar. Kommt es mit einer Flamme in Berührung, so brennt es allerdings mit bläulicher, schwach leuchtender Flamme. Es riecht nach verbranntem Horn oder verbrannter Wolle. Es wird auch wärmestabilisiert mit Flammschutzausrüstung angeboten. Die Dauerwärmebeständigkeit des aromatischen Polyamids dürfte bei 150 °C liegen.

Nachteilig ist die Wasseraufnahme der Polyamide. Sie ist charakteristisch für diese Isolierstoffe. Frisch hergestellte Polyamidteile nehmen allein aus der Luft bei normaler Lagerung Wasser auf, und zwar so lange, bis der

9.23 Polyamid

PA 6,6 mit 30% Glasf. v.	PA 6,10	PA 11	PA 12	PA 12 mit 30% Glasf. v.	Amorph. PA	Polyarylamid
1,35	1,07 bis 1,09	1,04 bis 1,05	1,01 bis 1,03	1,21 bis 1,26	1,12	1,33 bis 1,36
7	1,4	1,1	1,1	3	2,8	5
170	35	50	60	90	125	
35	kein Br.	kein Br.	kein Br.	25	kein Br.	30
90	45	42	40	55	80	100
5	150	300	200	5	70	10 bis 20
			75	75	70	
KA 3a	KA 3b	KA 3b	KA 3b	KA 3b	KA 3b	
25	20	20	25	25	25	20 bis 25
10^{12}	10^{12}	10^{13}	10^{13}	10^{13}	10^{14}	10^{16}
4,0	3,8	3,4	4,5	5,0	3,3	2,5 bis 3,3
$2 \cdot 10^{-1}$	10^{-1}	$5 \cdot 10^{-2}$	$5 \cdot 10^{-2}$	$5 \cdot 10^{-2}$	$3 \cdot 10^{-2}$	10^{-2}
0,29	0,23	0,34	0,25	0,32	0,22	0,19
25	80 bis 100	110	120	130	60	
110	50		44		100	
220	170	150	140	145	145	270
	215	186	178		190 bis 220	
80	75	60	65	65	80	150
140	150	50	30	25	40	

Wassergehalt im Gleichgewicht mit der rel. Feuchtigkeit der umgebenden Luft steht. Diese Wasseraufnahme und die Aufnahmegeschwindigkeit sind um so größer, je höher die Amidgruppenkonzentration ist. So beträgt der Sättigungsgrad etwa 4% bei 6-Polyamid, 3,5% bei 6,6-Polyamid, 3% bei dem transparenten Polyamid und 1 bis 2% bei den übrigen Polyamiden. Hiervon werden also in erster Linie die technisch wichtigen 6- und 6,6-Polyamide betroffen. Während frisch gespritzte Teile hart und spröde sind und in trockener Umgebung auch so bleiben, erhalten sie mit dem normalen luftfeuchten Zustand erst ihren eigentlichen Gebrauchswert. Bei trockener Lagerung geben Polyamidkörper einen Teil des Wassers wieder ab. Das hat bei Änderung der Feuchtigkeit zur Folge, daß sie auch ihre Abmessungen ändern. Wenn diese Maßschwankungen im allgemeinen auch kleiner sind als die durch die Wärmeschwankungen bedingten, so müssen sie bei hohen Ansprüchen doch beachtet werden. Verständlicherweise werden auch die elektrischen Werte von der Feuchtigkeitsaufnahme beeinflußt [161]. Wegen der geringeren Aufnahmefähigkeit ist dies bei der Verarbeitung von 11-Polyamid, 12-Polyamid und dem amorphen Polyamid natürlich weniger von Bedeutung. Auch Polyarylamid ist wesentlich hydrolysefester.

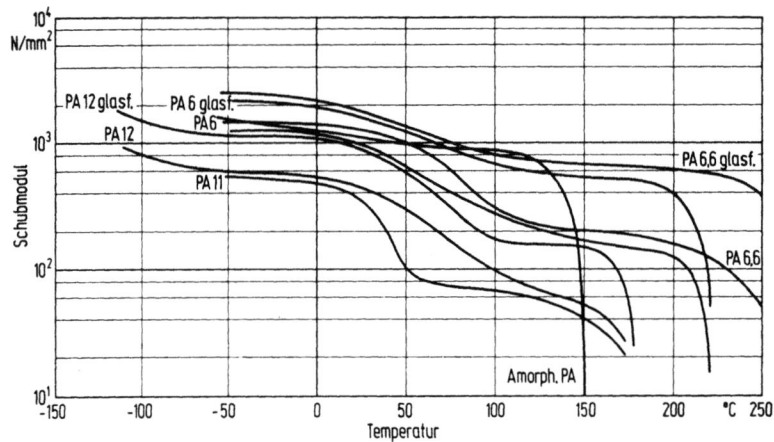

Abb. 9.82. Schubmodul der verschiedenen Polyamide in Abhängigkeit von der Temperatur.

In den meisten Lösemitteln sind die Polyamide praktisch unlöslich. Sie sind als lösemittelbeständig anzusehen. Auch sind sie gegen Alkalien weitgehend beständig. Empfindlicher sind sie aber mit Ausnahme des Polyarylamids gegen die Einwirkung von Säuren. Das gleiche trifft für oxydierende Mittel zu. Außerdem werden sie durch Phenole gelöst. 6- und 6,6-Polyamid und auch das amorphe Polyamid werden manchmal restlos gelöst, während die 11- und 12-Polyamide unlöslich sind. Intensive Sonnenbestrahlung führt zu einem photochemischen Abbau, während höhere Temperaturen unter dem Einfluß des Luftsauerstoffs einen oxydativen Abbau des Isolierstoffs herbeiführen, was äußerlich an einer zunehmenden Vergilbung zu erkennen ist. Werden Formteile aus Polyamid dem Licht, Sauerstoff, der Witterung sowie Wärme ausgesetzt, so empfiehlt es sich, möglichst hochmolekulare Einstellungen zu verwenden, die noch durch geeignete Stabilisatoren verbessert sind. Physiologisch sind die Polyamide einwandfrei.

Einsatzgebiete. Natürlich schränkt die Wasseraufnahmefähigkeit der Polyamide ihre Anwendbarkeit für elektrotechnische Zwecke ein. Spritzgußteile dieser Art werden hauptsächlich dort eingesetzt, wo es auf hohe Zähigkeit, Abriebfestigkeit und Härte ankommt. 6-Polyamid kommt vorzugsweise für Gehäuse zur Verwendung. Kästen für Stahlakkumulatoren, die mit Kalilauge betrieben werden, sind seit vielen Jahren im Bergbau eingesetzt. Abb. 9.83 zeigt eine Industriesteckvorrichtung aus 6-Polyamid. Laschen aus PA 6, im Strangpreßverfahren hergestellt, für die isolierende Verbindung von Schienenstößen bei Signalanlagen der Eisenbahn sind ebenfalls zu erwähnen. Auch umspritzen kann man elektrische Teile mit Polyamid. Ein Beispiel dafür ist der Zündtransformator für Ölfeuerungsanlagen. Gehäuse für Handbohrmaschinen werden aus glasfaserverstärktem 6-Polyamid gespritzt, und zwar in einem Arbeitsgang mit sämtlichen in Abb. 9.84 ersichtlichen, zum Teil recht ausgeprägten In-

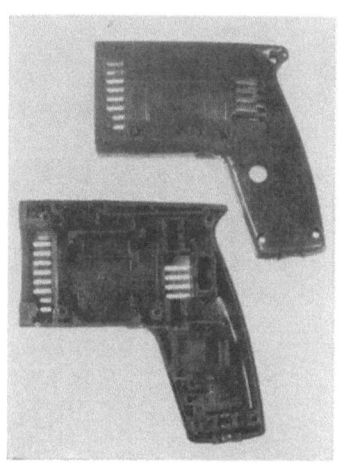

Abb. 9.83. Industriesteckvorrichtung (nach VDE 0623) aus 6-Polyamid (Werkbild: BASF).

Abb. 9.84. Gehäusehälften eines Zweigangschlagbohrers aus 6-Polyamid mit 30% Glasfasergehalt (Werkbild: AEG-Telefunken).

nenkonturen. Stützisolatoren für Innenraum aus einem solchen Polyamid bieten dank ihrer Zähigkeit eine hohe Bruchsicherheit. 6,6-Polyamid wird für ausgesprochene Isolierteile wie für Nockenwalzensegmente und Rasthebel verwendet. Die Ummantelung von Kabeln und Leitungen mit Polyamid ist vor allem dann angezeigt, wenn sie bereits mit einem hochwertigen Isolierstoff versehen sind und zusätzlich einen widerstandsfähigen mechanischen Schutzüberzug erhalten sollen. Für mechanisch hochbeanspruchte Formteile, so für Spulenkörper, wird glasfaserverstärktes 6,6-Polyamid in zunehmendem Maße verwendet. Aus 11-Polyamid hergestellt sind wasserdichte Mikroschalter bekanntgeworden, deren Schalenhälften miteinander verschweißt und damit hermetisch verschlossen sind. Ferner wird es für Schaltgeräte und Relais verarbeitet. Praktisch sind auch die Schellen zum Befestigen von elektrischen Drähten und Telephonkabeln. Das transparente Polyamid wird eingesetzt, wo neben hoher Schlagzähigkeit auch Transparenz und Maßgenauigkeit gewünscht werden, beispielsweise für Gehäuse von Schaltgeräten nach Abb. 9.85. Polyamidfäden werden zum Abbinden von Leitungsführungen und Wicklungen benutzt. Mit Folien werden Spulen und Kabelenden abgebunden. Sie eignen sich für Membrane in Telephonkapseln und ähnlichen Geräten.

Das Wirbelsintern mit Polyamid ist für die Nutenisolation von Kleinstmotoren interessant. Die aktivierte anionische Blockpolymerisation ermöglicht im Gießverfahren große Isolierstücke wie Löschkammerrohre herzustellen. Die papierartigen Vliese aus Fasern wärmebeständiger aromatischer Polyamide haben sich für hochbeanspruchte Isolierungen bei Großmaschinen, als isolierende Zwischenlage und als Nutauskleidung bewährt. In Honigwabenausführung kann es zum Verstärken von Radarhauben dienen.

Abb. 9.85. Abdeckung eines Leistungsselbstschalters (Werkbild: Klöckner-Moeller).

Der Einsatz der Polyamide in der Elektrotechnik, insbesondere der glasfaserverstärkten, hat sich gegenüber früher ausgeweitet. Mengenmäßig steht das 6-Polyamid in Europa an erster Stelle. Es läßt sich etwas leichter als die anderen verarbeiten und ist auch billiger. In den Vereinigten Staaten ist das 6,6-Polyamid führend. Der Verbrauch an 6,10-, 11- und 12-Polyamid beträgt weniger als 10% davon. Auch die Mengen, die an transparentem Polyamid hergestellt werden, sind nicht groß. Das Polyamid mit aromatischen Komponenten gewinnt wie das transparente Polyamid zunehmend an Bedeutung.

9.24 Polyäthylenterephthalat

Bei dem Polyäthylenterephthalat (Kurzzeichen: PETP) handelt es sich um einen sogenannten gesättigten Polyester. Darunter versteht man makromolekulare Verbindungen, bei denen die Brückenglieder im makromolekularen Aufbau durch Estergruppen dargestellt werden.

9.24 Polyäthylenterephthalat

Molekülstruktur. Das Molekül ist fadenförmig und hat die in Abb. 9.86 dargestellte Struktur. Es kann sich sowohl mit amorpher als auch mit teilkristalliner Struktur anordnen. Für Spritzgußteile wird vorzugsweise die teilkristalline Einstellung mit einem Kristallinitätsgrad von 30 bis 40% eingesetzt. Bei der einsatzfähigen Folie liegt der kristalline Anteil bei 60%.

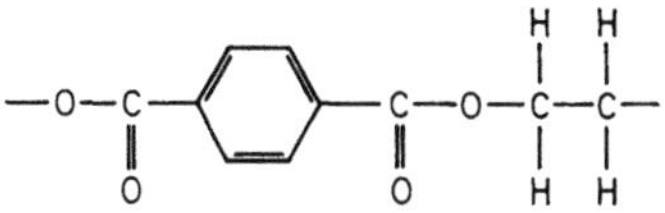

Abb. 9.86. Molekülstruktur des Polyäthylenterephthalats (PETP).

Herstellung. Als Ausgangsrohstoffe dienen vorwiegend Terephthalsäuredimethylester sowie Äthylenglykol. Im Vakuum wird bei 280°C polykondensiert. Das frisch gewonnene Polymere wird oberhalb seines Schmelzpunktes aus dem Reaktionsgefäß abgedrückt, in Wasser gekühlt und zerkleinert. Als Spritzgießmasse wird es auch mit Glasfaserverstärkung geliefert.

Verarbeitung. Polyäthylenterephthalat war lange Zeit nur in Form von verstreckten Fasern und Folien bekannt. Schon früh wurde versucht, auch Formteile im Spritzgießverfahren zu erhalten. Bei der im Werkzeug stattfindenden, normalerweise schroffen Abkühlung ergaben sich jedoch amorphe Teile, die später kristallisierten, dabei beträchtlich schrumpften und sich verzogen. Heute werden Einstellungen angeboten, deren Schmelze man ohne Schwierigkeiten abkühlen kann. Man verwendet heiße Werkzeuge und erhält dann weitgehend auskristallisierte Teile. In entsprechender Weise wird extrudiert. Es darf aber nur trockenes Granulat verarbeitet werden. Die günstigste Verarbeitungstemperatur liegt unmittelbar über dem Kristallitschmelzpunkt zwischen 260 und 280°C. Zur vollen Kristallitbildung ist eine Werkzeugtemperatur von 140°C erforderlich [162]. Die Schwindung ist wanddickenabhängig und bewegt sich zwischen 1,2 und 2,0%.

Mit Hilfe geeigneter Düsen werden Fasern gesponnen, die, meistens gereckt, auch zu Schnüren verarbeitet werden können. Vliese werden daraus hergestellt. Folien werden in Dicken zwischen 0,003 und 0,3 mm geliefert. Schließlich wird Polyäthylenterephthalat auch zu Drahtlack verarbeitet.

Der Werkstoff läßt sich wie Polyamid spanabhebend leicht bearbeiten und auch schweißen. Dafür wird vorzugsweise das Heizelementschweißverfahren angewendet.

Eigenschaften. Die wichtigsten Werkstoffeigenschaften für den teilkristallinen Isolierstoff sind in Tabelle 9.15 zusammengestellt. Die Dichte ist nach Abb. 9.87 annähernd proportional der Kristallinität [163]. Der

Tabelle 9.15. Werkstoffeigenschaften von Polyäthylenterephthalat

Eigenschaften	Einheit	PETP Spritzgußteil unverstärkt
Dichte	g/cm³	1,375
Elastizitätsmodul	kN/mm²	3,0
Biegefestigkeit (Grenzbiegespannung)	N/mm²	120
Schlagzähigkeit	Nmm/mm²	kein Br.
Zugfestigkeit	N/mm²	70
Bruchdehnung	%	50 bis 100
Kriechstromfestigkeit		KA 1
Durchschlagfestigkeit (Folie: $s = 0,1$ mm)	kV/mm	30
Spezifischer Durchgangswiderstand	Ω cm	10^{15}
Dielektrizitätszahl ($f = 50$ Hz-1 MHz)		4$-$3,3
Dielektr. Verlustf. ($f = 50$ Hz-1 MHz)		$2 \cdot 10^{-3} - 2 \cdot 10^{-2}$
Wärmeleitfähigkeit	W/Km	0,26
Lineare Wärmedehnzahl	10^{-6}/K	70
Vicat-Erweichungstemperatur	°C	160
Dauerwärmebeständigkeit	°C	100
Brennbarkeit nach ASTM	cm/min	
Wasseraufnahme	mg	30

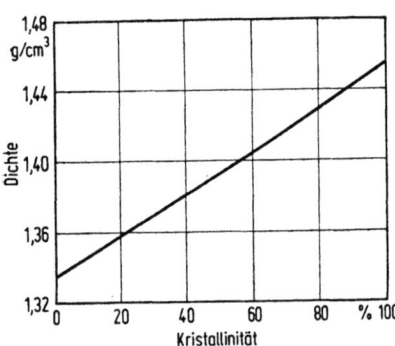

Abb. 9.87. Abhängigkeit der Dichte des Polyäthylenterephthalats vom Kristallinitätsgrad.

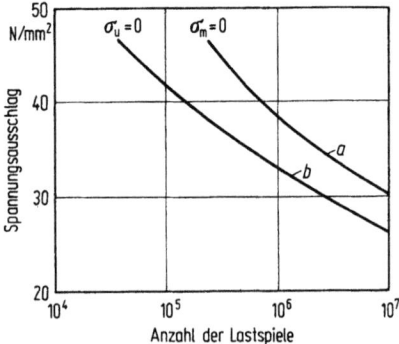

Abb. 9.89. Biegewechselfestigkeit (a) und Biegeschwellfestigkeit (b) von Polyäthylenterephthalat.

9.24 Polyäthylenterephthalat und Polybutylenterephthalat

PETP Spritzgußteil mit 20% Glasfaser verstärkt	PETP Folie	PBTP Spritzgußteil unverstärkt	PBTP Spritzgußteil mit 30% Glasfaser verstärkt
1,55	1,4	1,29 bis 1,31	1,53
7,0	4,5	2,6	9
190		85	150
20		kein Br.	35
140	150 bis 200	50	125
3	100	200 bis 250	3
KA 1	KA 1	KA 3a	KA 1
30	150	30	25
10^{15}	10^{16}	10^{16}	10^{16}
	3,4—3,3	3,8—3,3	3,8—4,2
	$2 \cdot 10^{-3} - 2 \cdot 10^{-2}$	$2 \cdot 10^{-3} - 2 \cdot 10^{-2}$	$2 \cdot 10^{-3} - 10^{-2}$
0,32	0,15	0,27	0,27
40	20	60 bis 90	40
230			
100	100	100	100
		3,0	1,2
30		30	35

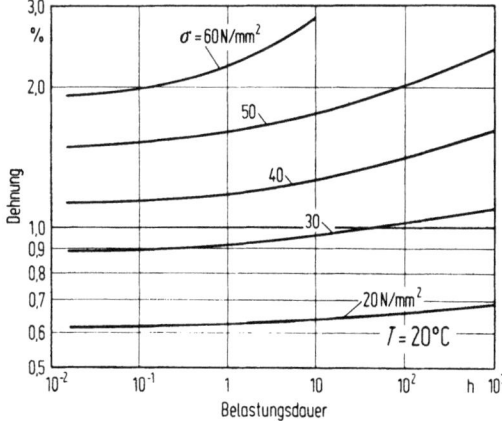

Abb. 9.88. Die Dehnung des Polyäthylenterephthalats in Abhängigkeit von der Belastungsdauer bei verschiedenen Belastungen.

für Thermoplaste hohe Elastizitätsmodul ist bemerkenswert. Die Spritzgußteile haben also eine große Steifigkeit. Sie sind recht gut formbeständig, haben gute Gleiteigenschaften und gute Abriebfestigkeit. In Abb. 9.88 ist die zeitabhängige Dehnung aufgetragen [162]. Der Kurvenverlauf veranschaulicht ein günstiges Zeitstandverhalten. Abb. 9.89 zeigt die für einen thermoplastischen Kunststoff gute Zeitschwingfestigkeit [162], also recht gutes Verhalten auch bei wechselnder Beanspruchung.

Die elektrischen Eigenschaften sind befriedigend. Was die Strahlenbeständigkeit anbelangt, so dürfte eine Dosis von 100 kJ/kg noch vertragen werden.

Steifigkeit und Härte ändern sich bis zur Einfriertemperatur bei etwa 76 °C nur geringfügig. Der Schubmodul, der mit dem Elastizitätsmodul annähernd gleichartig verläuft, fällt von da ab, wie in Abb. 9.90 aufgetragen ist, zunächst stark, dann bei 120 °C aber wieder schwächer ab [164]. Kurz unterhalb der Schmelztemperatur bei 220 °C etwa beginnt der Isolierstoff zu erweichen. Er hat einen Kristallitschmelzbereich bei 255 bis 260 °C.

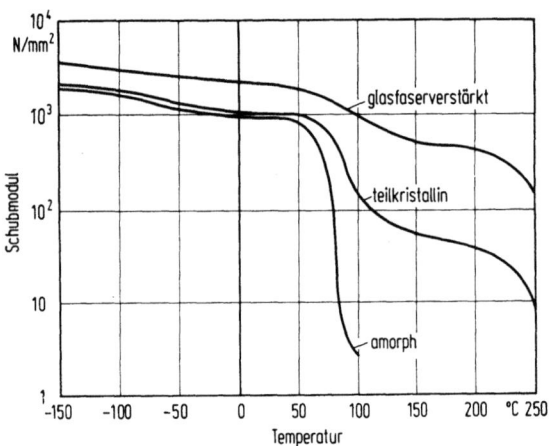

Abb. 9.90. Schubmodul des Polyäthylenterephthalats in Abhängigkeit von der Temperatur.

Durch Glasfaserzusatz werden verschiedene Eigenschaften merklich verbessert. Außer Steifigkeit und Härte wird vor allem die Formbeständigkeit in der Wärme erhöht. Infolge der niedrigeren Wärmedehnzahl und der geringeren Schwindung können höhere Forderungen an die Maßhaltigkeit gestellt werden. Auch flammwidrig ausgerüstet sind solche Spritzgießmassen lieferbar.

Für die Folie sind wesentlich die erhöhte Zugfestigkeit und die höhere Bruchdehnung [165]. Sie läßt sich, was für den Kondensator wichtig ist, gut bedampfen. Sie ist außerdem gegen fluorierte und chlorierte Kohlenstoffverbindungen (7) beständig.

9.24 Polyäthylenterephthalat

Der Isolierstoff zeichnet sich schließlich durch Beständigkeit gegen verdünnte Säuren, aromatische und aliphatische Kohlenwasserstoffe, Ketone, Ester und Alkohole aus. Empfindlich ist er allerdings gegen starke Säuren, Alkalien, Chlorkohlenwasserstoffe, heißes Wasser und Dampf.

Einsatzgebiete. In der Anwendung kommen Spritzgußteile aus Polyäthylenterephthalat dem Polyazetal sehr nahe und stehen gelegentlich damit in Wettbewerb. Isolierende Zahnräder, Nockenscheiben, Tasten und kleine Hebel der Feinwerktechnik sind zu erwähnen. Mit Zwirnen und Schnüren werden Wicklungen abgebunden. Dennoch wird dieser Kunststoff in der Elektrotechnik hauptsächlich als Folie verwendet.

Für die Draht- und Kabelindustrie wurden schrumpffähige und gewellte Folien entwickelt, unter Mitverwendung von Polyäthylen außerdem schweißbare Verbundfolien. Als Wicklungs- und Nutisolierung kommen Dicken von 0,02 und 0,35 mm zum Einsatz, oft auch in Mehrschichtausführung in Verbund mit Asbest (4.4), Preßspan (6.8), Polyamidvlies (9.23) oder auch Polyestervlies. Da sie kältemittelbeständig ist, spielt die Folie in Kühlaggregaten eine besondere Rolle. Wie sie in den Ständer des Motors eingebaut wird, ist aus Abb. 9.91 ersichtlich. Fertigungstechnisch hat sie noch den Vorteil, daß sie sich gut auf Nutenisoliermaschinen verarbeiten

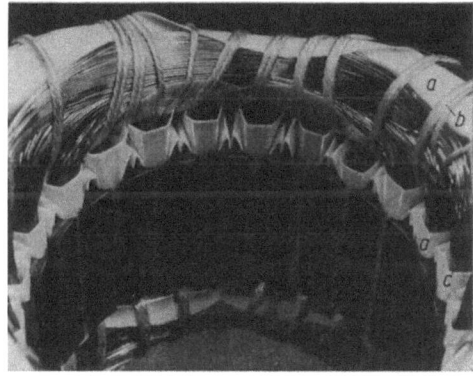

Abb. 9.91. Die Isolierstoffe im Ständer eines Kühlschrankmotors (Werkbild: Kalle).
a Folie aus Polyäthylenterephthalat; *b* Flechtlitze aus Polyäthylenterephthalat; *c* Drahtlack aus Polyesterimid.

läßt. Wegen ihrer guten Maßhaltigkeit und der Möglichkeit, sie in geringen Dicken herzustellen, wird sie auch für Magnetbänder verwendet. Die üblichen Dicken liegen zwischen 6 und 36 μm. Ferner ist sie zum wichtigsten Dielektrikum für kleine Gleichspannungskondensatoren geworden. Sie läßt sich leicht bedampfen und macht verarbeitungstechnisch wenig Schwierigkeiten. Eine Folie mit hohem Längsschrumpf gestattet, Kondensatoren mit Aluminiumeinlage ohne zusätzliche Umhüllungen herzustellen. Bei einer Temperatur von 150 °C verschließt sie infolge der Schrumpfung die Stirnseiten des Kondensators, wodurch ein harter Wickel gebildet wird. Auch Bandwickeltransformatoren sind hier zu nennen. Mit Kupfer kaschierte Folien haben sich bei flexiblen Schaltungen und Flachbandleitungen bewährt. Metallisierte Polyesterfolien dienen auch als reflektierende Ballonhüllen künstlicher Erdsatelliten zur Übermittlung von Hochfrequenzsignalen. Schließlich wird Polyäthylenterephthalat für hochwertige Drahtlacke benötigt. Zusammen mit den Polyesterimiden (9.31) bestreitet es fast die Hälfte der bei der Drahtherstellung benötigten Kunststoffmenge.

9.25 Polybutylenterephthalat

Zur Gruppe der teilkristallinen thermoplastischen Polyesterharze gehört auch das Polybutylenterephthalat (Kurzzeichen: PBTP).

Molekülstruktur. Wie aus Abb. 9.92 ersichtlich unterscheidet sich die Molekülstruktur des Polybutylenterephthalats von der des Polyäthylenterephthalats dadurch, daß die Alkoholkomponente um zwei Methylengruppen größer ist.

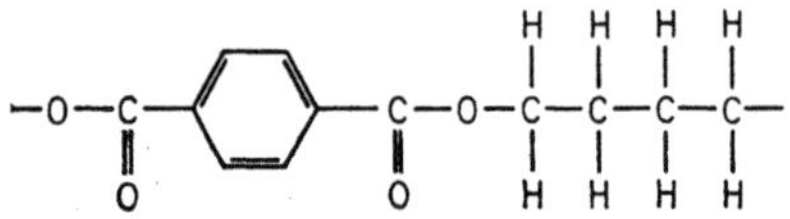

Abb. 9.92. Molekülstruktur des Polybutylenterephthalats (PBTP).

Herstellung. Polybutylenterephthalat wird aus Dimethylterephthalat und Butandiol durch Umesterung mittels bestimmter Katalysatoren und anschließender Polykondensation gewonnen. Als Katalysatoren werden in der Hauptsache Organotitanverbindungen verwendet. Das Herstellungsverfahren ist diskontinuierlich und dem des Polyäthylenterephthalats ähnlich. Das Granulat wird unverstärkt, aber auch mit geschnittenen Glasspinnfäden oder Glaskugeln gefüllt geliefert.

Verarbeitung. Durch Spritzgießen werden aus Polybutylenterephthalat Formteile und durch Strangpressen Halbzeug wie Stangen, Rohre, Platten und Folien hergestellt. Als Verarbeitungstemperatur wird 230 bis 270 °C empfohlen. Als Werkzeugtemperatur ist etwa 70 °C zu wählen. Fertigungstechnisch besteht insofern ein gewisser Nachteil, als die Verarbeitungsschwindung bis zu mehreren Prozent betragen kann; bei verstärkten Spritzgießmassen entsprechend weniger. Die Nachschwindung ist dagegen mit 0,1 bis 0,2% besonders gering. Soll Halbzeug spanend bearbeitet werden, so wärmt man es zweckmäßigerweise auf 80 °C an. Auch Kleben ist möglich.

9.26 Polykarbonat 297

Werkstoffeigenschaften. Ungefärbt ist PBTP elfenbeinfarben bis weiß. Die Werkstoffeigenschaften sind in Tabelle 9.15 denen von Polyäthylenterephthalat gegenübergestellt. Bei etwa gleicher elektrischer Güte hat es weniger gute mechanische Werte als dieses, insbesondere bei höheren Temperaturen [164]. Es brennt rußend. Es widersteht organischen Lösemitteln wie Alkoholen, Äthern und aliphatischen Kohlenwasserstoffen. Von Azeton wird der Isolierstoff angequollen. Er ist gegen Säuren bedingt beständig, gegen Alkalien aber unbeständig.

Einsatzgebiete. Rein oder mit anorganischen Stoffen gefüllt ist PBTP ein Isolierstoff, der in der Elektrotechnik Einsatz finden kann. Mit Talkum verarbeitet ist es auch preiswert. Es eignet sich für Gehäuse von Schaltgeräten, Steckverbindungen, Klemmen, Trägerplatten, Spulenkörper und ähnliche Isolierteile.

9.26 Polykarbonat

Polykarbonat ist ein Polyester der Kohlensäure. Das aus Bisphenol A und Phosgen hergestellte aromatische Polykarbonat ist ein vielseitig verwendbarer Thermoplast.

Molekülstruktur. Die Molekülstruktur ist aus Abb. 9.93 ersichtlich. Der Aufbau ist weitgehend linear. Die Neigung zur Kristallisation ist gering; sie findet allenfalls nur im submikroskopischen Bereich statt. Die Molekulargewichte liegen bei 150 000.

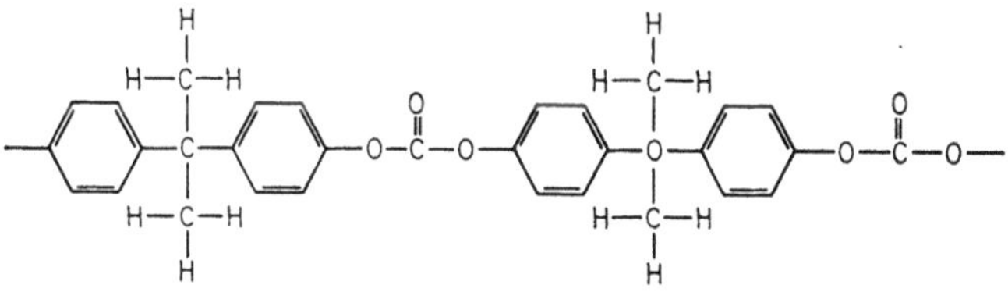

Abb. 9.93. Molekülstruktur des Polykarbonats (PC).

Herstellung. Polykarbonat (Kurzzeichen: PC) kann nach zwei verschiedenen Verfahren hergestellt werden, nach dem Phosgenierungs- und nach dem Umesterungsverfahren. Das erstgenannte ist heute das weitaus wichtigste geworden. Nach diesem wird Dihydroxydiphenylpropan (Bisphenol A) in wässeriger Natronlauge mit Phosgen behandelt. In einer Kondensationsreaktion, bei der Chlorwasserstoff abgespalten wird, entsteht das Polykarbonat zunächst in Lösung. Es wird elektrolytfrei gewaschen und schließlich feinkörnig isoliert. So kann es weiter zur Herstellung von Lösungen verwendet oder auf einer Schneckenpresse zu Granulat verarbeitet werden [166, 167]. Diesem werden zur mechanischen Verstärkung auch Glasfasern zugesetzt.

Verarbeitung. Polykarbonat wird als Thermoplast nach den in der Kunststoffindustrie bekannten Verfahren verarbeitet. Dabei macht der hohe Schmelzpunkt, der im Fertigteil so erwünscht ist, einige Schwierigkeiten. Die optimale Verarbeitungstemperatur liegt mit 290 °C verhältnismäßig hoch. Um gute Fließfähigkeit zu erreichen, werden auch ziemlich hohe Werkzeugtemperaturen empfohlen. Man kann, ohne Entformungsschwierigkeiten befürchten zu müssen, bis 120 °C gehen. Die hohe Viskosität macht schließlich Spritzdrücke bis zu 200 N/mm^2 erforderlich. Als Verarbeitungsschwindung hat man 0,7 bis 0,8% anzusetzen.

Das Granulat ist unbedingt trocken zu verarbeiten, denn die geringste Feuchtigkeit macht sich im Fertigteil als Bläschen bemerkbar. Um dies auszuschließen, wird das Granulat in der Regel in versiegelten Blechbehältern angeliefert. Bevor diese geöffnet werden, sind sie auf 100 °C anzuwärmen, und der Inhalt ist dann bald zu verarbeiten. Isolierteile bis zu Gewichten weit über 1 kg werden in großen Mengen nach dem Spritzgießverfahren hergestellt. Mit dem Extruder werden Profilleisten und Platten gefertigt. Bei Folien sind die Breitschlitzdüse und die Blasmaschine üblich. Da sie tiefziehfähig sind, können sie auch zu behälterähnlichen Gebilden weiterverarbeitet werden. Man kann Folien auch aus der Lösung gießen. Das ist zwar entsprechend teuer; man erhält aber hochwertige und sehr dünne Isolierfolien. Sie werden nach dem Gießen einseitig gereckt, wodurch man verbesserte mechanische Eigenschaften erzielt.

Nicht unerwähnt sei die ausgezeichnete mechanische Verarbeitung aus Polykarbonat gefertigter Teile. Sie lassen sich schneiden und stanzen, leicht sägen, fräsen, drehen und bohren. Dafür werden allgemein hohe Schnittgeschwindigkeiten, geringer Vorschub und große Spantiefen empfohlen. Gekühlt wird mit Preßluft oder Wasser (VDI 2003). Man kann ferner schleifen und polieren. In trockenem Zustande, also kurz nach dem Spritzen, können die Formteile auch verschweißt werden. Auch die Folie ist heißsiegelbar. Sie hat den weiteren Vorteil, daß sie durch kurzzeitiges Erhitzen auf 150 °C geschrumpft werden kann [168]. Ferner läßt sich die Folie im Hochvakuum mit den üblichen Metallen bedampfen.

Werkstoffeigenschaften. Infolge der geringen Neigung zur Kristallisation sind aus Polykarbonat hergestellte Isolierteile bei normaler Temperatur mit leicht gelblichem Ton fast farblos und durchsichtig. Sie haben einen hohen Glanz und fühlen sich angenehm an. Die wesentlichen Eigenschaften des Polykarbonats sind in Tabelle 9.16 eingetragen. Biegefestigkeit, Schlagzähigkeit und Zugfestigkeit sind gut. Abbildung 9.94 zeigt das Dehnungsverhalten von Polykarbonat bei Zugspannung. Aus Abb. 9.95 ist zu ersehen, daß die Dehnung mit der Zeit verhältnismäßig wenig zunimmt (VDI/VDE 2475). Allerdings sollen Dauerbelastungen von 20 N/mm^2 schon bei Raumtemperatur nicht überschritten werden, da sonst Oberflächen-

9.26 Polykarbonat

Tabelle 9.16. Werkstoffeigenschaften von Polykarbonat

Eigenschaften	Einheit	Unverstärkt	Mit 30% Glasfaser-verstärkt
Dichte	g/cm³	1,20	1,45
Elastizitätsmodul	kN/mm²	2,1	6
Biegefestigkeit bzw. Grenzbiegespannung	N/mm²	90	140
Schlagzähigkeit	Nmm/mm²	kein Br.	35
Zugfestigkeit	N/mm²	60	90
Bruchdehnung	%	80	3,5
Kriechstromfestigkeit		KA 1	KA 1
Durchschlagfestigkeit	kV/mm	30	40
Spezifischer Durchgangswiderstand	Ω cm	10^{16}	10^{16}
Dielektrizitätszahl (1 MHz)		2,9	3,3
Dielektr. Verlustf. (50 Hz)		10^{-3}	10^{-3}
(1 MHz)		10^{-2}	10^{-2}
Wärmeleitfähigkeit	W/Km	0,23	0,29
Lineare Wärmedehnzahl	10^{-6}/K	60	30
Formbest. in der Wärme nach Martens	°C	120	140
Vicat-Erweichungstemperatur	°C	145	150
Dauerwärmebeständigkeit	°C	120	140
Wasseraufnahme	mg	15	15

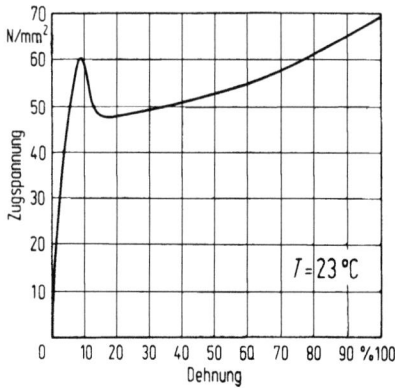

Abb. 9.94. Die Zugspannung des Polykarbonats in Abhängigkeit von der Dehnung.

300   9. Thermoplastische Isolierstoffe

risse auftreten. Polykarbonat hat nämlich eine ausgeprägte Empfindlichkeit gegen mechanische Dauerspannungen. Dabei kann es sich auch um innere Spannungen handeln, die durch ungünstige Abkühlung des frisch gespritzten Formteiles hervorgerufen werden. So ist es unzweckmäßig,

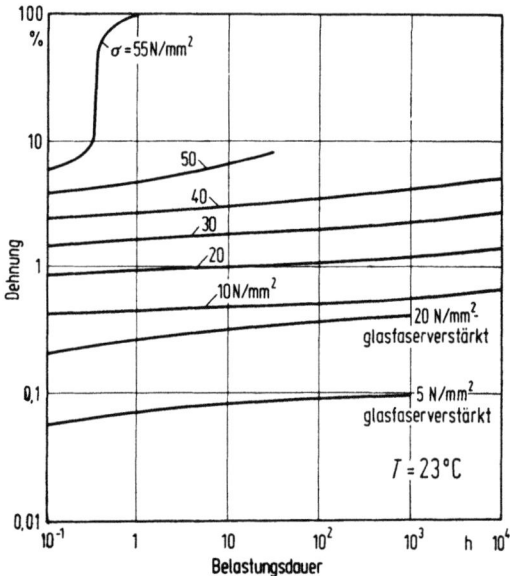

Abb. 9.95. Die Dehnung des Polykarbonats in Abhängigkeit von der Belastungsdauer bei verschiedenen Belastungen.

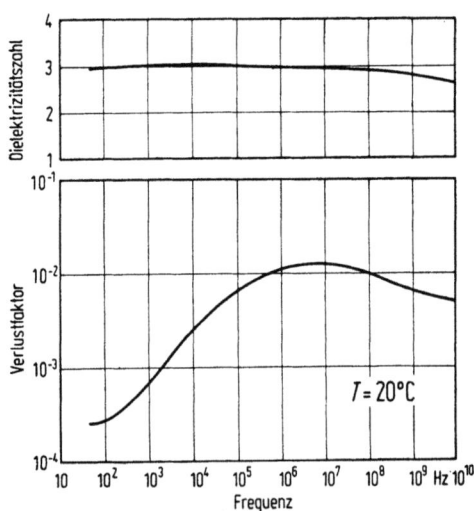

Abb. 9.96. Frequenzabhängigkeit der Dielektrizitätszahl und des dielektrischen Verlustfaktors von Polykarbonat.

9.26 Polykarbonat

Metallteile in das Spritzwerkzeug einzulegen, um sie in den Isolierstoff einzubetten, wie es oft üblich ist. Die beim Aufschrumpfen auf das Metallteil in dem Grenzbezirk entstehenden Spannungen bringen das Isolierteil im Laufe der Zeit zum Reißen.

Die elektrischen Eigenschaften sind allgemein recht gut. Leider besteht aber keine Kriechstrom- und Glimmfestigkeit. Dafür aber sind die Durchschlagfestigkeit und der spezifische Widerstand hoch. Die Frequenzabhängigkeit von Dielektrizitätszahl und Verlustfaktor bei Raumtemperatur veranschaulicht Abb. 9.96. Wie weit Polykarbonat für Isolierteile brauchbar ist, die lichtdurchlässig sein sollen, ergibt sich aus Abb. 9.97. Man erkennt eine hohe Lichtdurchlässigkeit im sichtbaren Bereich.

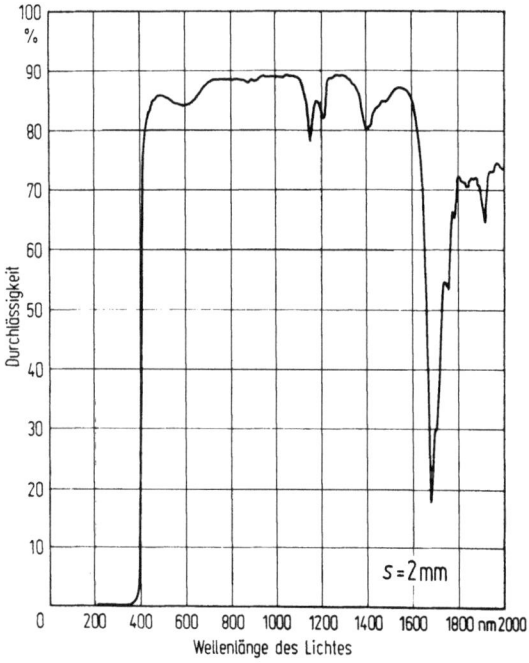

Abb. 9.97. Lichtdurchlässigkeit von Polykarbonat in Abhängigkeit von der Wellenlänge.

Durch Bestrahlen mit Elektronen oder Röntgenstrahlen werden die Eigenschaften zum Teil etwas verbessert. Bei größerer Strahlendosis jedoch werden die Molekulargewichte abgebaut. Äußerlich ist diese Schädigung an einer zunehmenden Verfärbung erkenntlich. Immerhin ist die Strahlenbeständigkeit mit 200 kJ/kg verhältnismäßig hoch.

Abbildung 9.98 gibt den aus freien Torsionsschwingungen ermittelten Schubmodul in Abhängigkeit von der Temperatur wieder, wodurch das mechanische Verhalten bei höheren Temperaturen gekennzeichnet ist.

Der Einfrierbereich liegt zwischen 140 und 150 °C. Der Schmelzpunkt liegt über 200 °C. Die Dauerwärmebeständigkeit ist im Vergleich zu anderen Thermoplasten ebenfalls als gut zu bezeichnen. Polykarbonat verbrennt in der Flamme unter Entwicklung von Rußflöckchen. Dabei riecht es nach Phenol. Nach Entfernen aus der Flamme verlöschen die Prüfkörper.

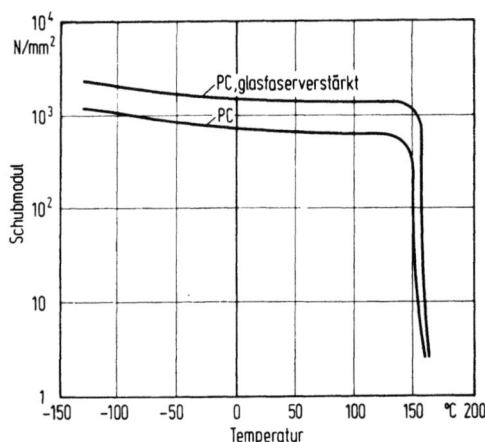

Abb. 9.98. Schubmodul des Polykarbonats in Abhängigkeit von der Temperatur.

Der Isolierstoff ist gegen Feuchtigkeit wenig empfindlich. Er ist beständig gegen aliphatische und zykloaliphatische Kohlenwasserstoffe und höhere Alkohole, zum Teil auch gegen Säuren. Nachteilig ist die mangelnde Lösemittelbeständigkeit. Unbeständig ist der Isolierstoff auch gegen Alkalien wie Natronlauge und Kalilauge, gegenüber Ammoniak und Aminen (organischen Abkömmlingen des Ammoniaks). Er ist geruch- und geschmackfrei.

Bei glasfaserverstärktem Polykarbonat ist der Elastizitätsmodul wesentlich erhöht. Auch die Zugfestigkeit ist angestiegen, und zwar bei verringerter Dehnung [169]. Die Glasfaserverstärkung hat außerdem den Vorteil, daß damit die Spannungsrißempfindlichkeit beträchtlich verringert wird. Selbst Spritzgußteile mit Metalleinsätzen bleiben, nicht zuletzt infolge des verringerten Wärmeausdehnungskoeffizienten weitgehend spannungsfrei [170]. Schließlich sind Schrumpfung und Nachschrumpfung sowie der Einfluß der Luftfeuchtigkeit geringer. Die Formteile sind bei einer matten Oberfläche ziemlich maßgetreu. Auch hinsichtlich der Brandsicherheit verhält sich glasfaserverstärktes Polykarbonat günstiger als der unverstärkte Thermoplast.

Besonders gut sind die mechanischen Eigenschaften der gereckten Folie. Sie besitzt in Längsrichtung eine Reißfestigkeit von 200 bis 300 N/mm² bei einer Reißdehnung von 30 bis 40%. Die Folie hat nicht nur eine

9.26 Polykarbonat

gute Verträglichkeit mit Gießharzen (Polyesterharz, Epoxidharz), sondern zeigt auch eine gute Haftung am Harz. Das ist bei Wicklungen wichtig, die zur Vermeidung von Glimmentladungen vergossen werden müssen.

Einsatzgebiete. Polykarbonat wird in der Elektroindustrie in steigendem Maße dort verwendet, wo besondere Ansprüche hinsichtlich der Schlagzähigkeit und der Wärmebeständigkeit, gelegentlich auch der klaren Durchsichtigkeit, gestellt werden. Deckel von Verteilerkästen, Zählerkappen, Leuchtenwannen, Spulenkörper aller Art, von denen Abb. 9.99 einige Beispiele bringt, und sonstige Isolierteile werden mit Erfolg aus Polykarbonat hergestellt. Ein Muster für die Verwendung glasfaserverstärkten Polykarbonats ist die Steckverbindung für Leiterplatten nach Abb. 9.100. Abbildung 9.101 zeigt die aus einer Folie warmgeformte Ab-

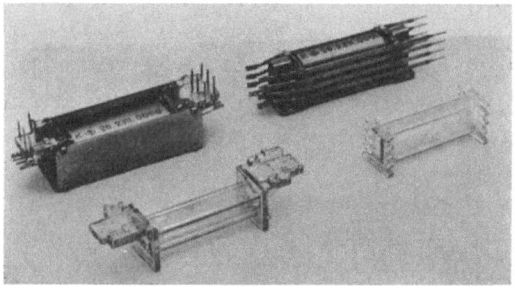

Abb. 9.99. Spulenkörper aus Polykarbonat und die zugehörigen Relais (Werkbild: T & N).

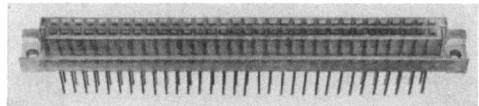

Abb. 9.100. Federleiste für bestückte Leiterplatten aus glasfaserverstärktem Polykarbonat (Werkbild: Erni).

Abb. 9.101. Erreger einer Richtfunkantenne mit Abdeckhaube aus Polykarbonat (Werkbild: AEG-Telefunken).

deckhaube für den Erreger einer Richtfunkantenne. Folien dienen weiterhin zur Kern-, Lagen- und Deckisolation der verschiedensten Spulenkonstruktionen, u. a. beim Zeilentransformator des Fernsehgerätes, wo das Schrumpfvermögen von großem Vorteil ist. Im Kondensatorenbau wird die selbst bei geringen Dicken hohe Gleichmäßigkeit der gegossenen Folie geschätzt. So wird sie in Dicken bis hinunter zu 2 µm verarbeitet; sie wird mit Aluminium bedampft und ermöglicht damit eine hohe spezifische Nutzkapazität. Für Wechselspannungskondensatoren ist sie allerdings nicht mehr üblich; die Polypropylenfolie (9.7) hat hier die besseren Aussichten.

9.27 Polybenzoxazindion

Polybenzoxazindion gehört zu der Gruppe der polyzyklischen Polymersysteme, die sich durch hohe Wärmestandfestigkeit und Dauerwärmebeständigkeit auszeichnen. Es ist ein hochwertiger Isolierstoff, der sich gut zu Folien verarbeiten läßt.

Molekülstruktur. Von dieser Werkstoffgruppe gibt es eine große Anzahl verschiedener Zusammensetzung, der die in Abb. 9.102 dargestellte Molekülstruktur als Einheit zugrunde liegt. Sie unterscheiden sich untereinander durch das aromatische System und die mit „R" gekennzeichnete Gruppe. Die technisch interessanten Molekulargewichte liegen bei 100 000.

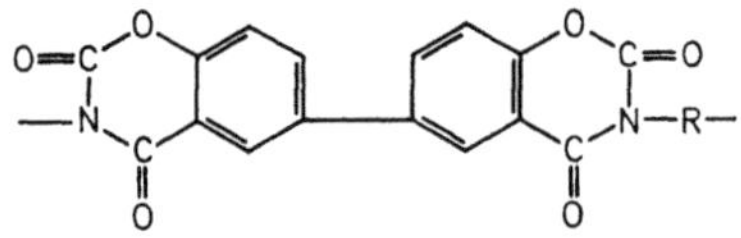

Abb. 9.102. Molekülstruktur des Polybenzoxazindions.

Herstellung. Hergestellt wird dieser Isolierstoff aus Diisozyanaten und Dihydroxyaryl-Dicarbonsäureestern. Dies geschieht in einer Polyadditions- und Polykondensationsreaktion in einem Verfahrensschritt, wobei gleiche molare Mengen der beiden Reaktionsteilnehmer zum Einsatz kommen. Die Wahl einer geeigneten Reaktionstemperatur ist entscheidend für das Erreichen hoher Molekulargewichte [171]. Das Erzeugnis fällt in granulierter Form an.

Verarbeitung. Grundsätzlich können daraus auch im Sinterverfahren Formteile gefertigt werden. Das ist jedoch noch mit einigen verfahrenstechnischen Schwierigkeiten verbunden. Die gute Löslichkeit in stark polaren Lösemitteln erlaubt jedenfalls die Verarbeitung zu Folien, die auch verstreckt werden können.

Werkstoffeigenschaften. Aussagen über Werkstoffeigenschaften kann man genau genommen nur für ganz bestimmte Typen machen. Eine für die

9.27 Polybenzoxazindion

Elektrotechnik geeignete Einstellung (Copolybenzoxazindion aus 4,4'-Dihydroxydiphenyldicarbonsäure mit Diphenyläther-4,4'- und Naphthylen-1,5-diisozyanat (80/20)) sei hier herausgegriffen [171]. Deren Dichte ist 1,38 g/cm³. Die Folie hat bei einer Dehnung von 100% eine Zugfestigkeit von 150 N/mm². Sie besitzt auch eine gute Kriechstromfestigkeit. Die Durchschlagfestigkeit wird in einer Dicke von 0,02 mm bei 50 Hz mit 200 kV/mm angegeben. Der spezifische Widerstand ist 10^{16} Ω · cm. Abbildung 9.103 zeigt Dielektrizitätszahl und Verlustfaktor und die außerordentlich geringe Abhängigkeit von der Temperatur. In dem Temperaturbereich von −160 bis 360 °C ist schließlich in Abb. 9.104 der Schubmodul dargestellt. Alle diese Meßergebnisse beweisen über einen großen Temperaturbereich von −150 bis 300 °C gute mechanische und elektrische Eigenschaften. Die bisher hergestellten Einstellungen sind außerdem nicht schmelzbar. Bei einer Temperatur von etwa 390 °C ist ein ausgeprägter Umwandlungspunkt vorhanden, oberhalb dessen Zersetzung eintritt. Die Dauerwärmebeständigkeit dürfte mit 180 °C anzusetzen sein.

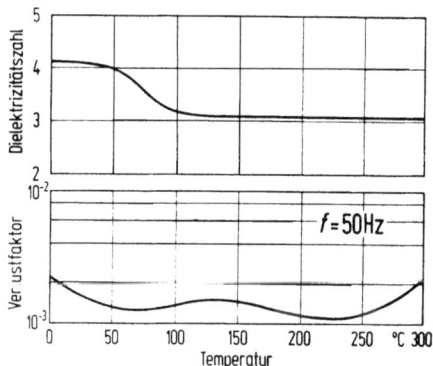

Abb. 9.103. Temperaturabhängigkeit der Dielektrizitätszahl und des dielektrischen Verlustfaktors von Polybenzoxazindion.

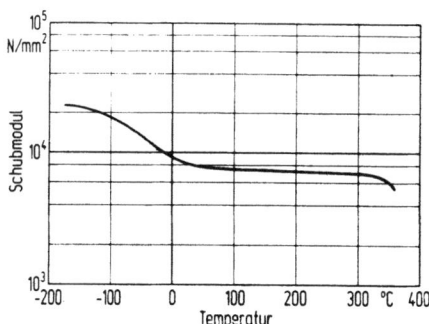

Abb. 9.104. Schubmodul des Polybenzoxazindions in Abhängigkeit von der Temperatur.

In chemischer Hinsicht ist die Folie gegen heißes Wasser beständig, ebenso gegen verdünnte Säuren und selbst konzentrierte Salzsäure. Von konzentrierter Schwefelsäure wird sie gelöst. Wässerige Lösungen von Alkalien und Ammoniak führen zu einem deutlichen Abbau. Gegen organische Lösemittel ist die Folie weitgehend beständig, so gegen aliphatische Kohlenwasserstoffe und Chlorkohlenwasserstoffe. Aromatische Kohlenwasserstoffe quellen schwach. Nur von wenigen stark polaren Lösemitteln wie Dimethylformid und Kresol wird sie gelöst.

Einsatzgebiete. Wegen der recht guten Wärmebeständigkeit erscheint die Verwendung der Folie aus Polybenzoxazindion in flexiblen gedruckten Verdrahtungen und bei hohen Ansprüchen auch für die Nut- und Wicklungsisolation möglich. Trotz der mehr als befriedigenden Eigenschaften sind bisher allerdings nur Versuchsmengen auf dem Markt erschienen; eine technische Fertigung wurde noch nicht aufgenommen. Das scheint ein wirtschaftliches Problem zu sein. Der Preis ist, da die Kosten derartiger Kunststoffe stark mengenabhängig sind, noch zu hoch.

9.28 Polyphenylenoxid

Die Molekülstruktur des Polyphenylenoxids ist aus Abb. 9.105 ersichtlich. Es handelt sich um einen fadenförmig ausgerichteten teilkristallinen Thermoplasten.

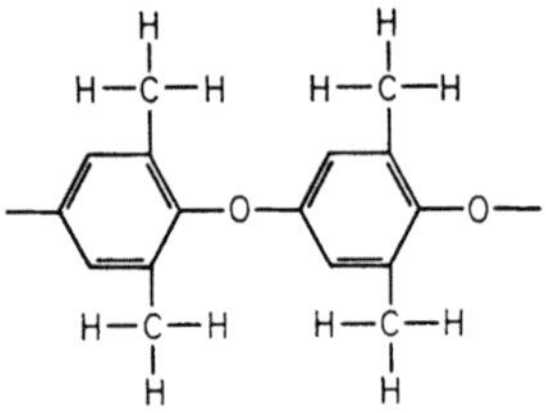

Abb. 9.105. Molekülstruktur des Polyphenylenoxids (PPO).

Herstellung. Polyphenylenoxid (Kurzzeichen: PPO) entsteht durch Oxydation von Dimethylphenol. Dabei findet eine oxydative Kuppelung derart statt, daß sich der Sauerstoff mit Wasserstoffatomen der Ausgangsprodukte zu Wasser verbindet und die Makromolekülbildung an den Oxydationsstellen eintritt. Das Verfahren stellt also eine Polykondensation unter Abspaltung von Wasser dar. Seit einiger Zeit wird Polyphenylenoxid auch mit Styrol (9.10) modifiziert. Beide Typen werden zudem mit Glasfaserverstärkung und in flammenhemmender Einstellung angeboten.

Verarbeitung. Polyphenylenoxid und ebenso die modifizierte Einstellung werden hauptsächlich im Spritzguß verarbeitet. Die zweite Formmasse hat übrigens dabei den Vorteil, daß sie bei gegebener Temperatur besser fließt als das reine PPO. Die Spritztemperatur soll im ersten Fall bei min-

9.28 Polyphenylenoxid

destens 300 °C und im zweiten über 250 °C liegen. Die Werkzeugtemperatur wird bei 150 °C bzw. 110 °C eingestellt. Der Spritzdruck soll mindestens 100 N/mm² betragen. Als Verarbeitungsschwindung muß man mit 0,5 bis 0,7% rechnen. Formteile können mit den üblichen Werkzeugen leicht spanabhebend nachbearbeitet werden. Auch die Verwendung selbstschneidender Schrauben ist üblich. Geschweißt werden kann nach allen gebräuchlichen Verfahren mit Ausnahme des Hochfrequenzverfahrens.

Werkstoffeigenschaften. Polyphenylenoxid hat ein beigefarbig opakes Aussehen. Die wichtigsten Eigenschaften sind in Tabelle 9.17 aufgeführt. Es mangelt an Kriechstrom- uud Lichtbogenfestigkeit. Sonst aber sind die elektrischen Eigenschaften recht gut und im übrigen wenig frequenz- und temperaturabhängig. Die Dielektrizitätszahl liegt zwischen 50 und 10^6 Hz ziemlich konstant bei 2,55 und steigt dann bis zu einem Höchstwert von 2,75 bei 10^9 Hz. Der Verlustfaktor liegt im Frequenzbereich von 50 bis 10^5 Hz unterhalb $5 \cdot 10^{-4}$ und erreicht erst bei 10^9 Hz einen Wert von 10^{-3}. Bei der Frequenz von 50 Hz steigt er erst bei 150 °C auf einen Wert von 10^{-3}. Dabei darf aber nicht vergessen werden, daß die elektrischen

Tabelle 9.17. Werkstoffeigenschaften von Polyphenylenoxid

Eigenschaften	Einheit	PPO	Modif. PPO	Mod. PPO mit 30% Glasf. v.
Dichte	g/cm³	1,06	1,06	1,27
Elastizitätsmodul	kN/mm²	2,4	2,3	8
Biegefestigkeit	N/mm²	100	95	150
Schlagzähigkeit	Nmm/mm²	40	kein Br.	30
Zugfestigkeit	N/mm²	70	50	100
Bruchdehnung	%	75	20	5
Kriechstromfestigkeit		KA 1	KA 1	KA 1
Durchschlagfestigkeit	kV/mm	30	30	25
Spezifischer Durchgangswiderstand	Ω cm	10^{16}	10^{16}	10^{16}
Dielektrizitätszahl (1 MHz)		2,55	2,6	3,1
Dielektr. Verlustf. (1 MHz)		$7 \cdot 10^{-4}$	10^{-3}	$2 \cdot 10^{-3}$
Wärmeleitfähigkeit	W/Km	0,18	0,23	0,29
Lineare Wärmedehnzahl	10^{-6}/K	50	60	25
Formbest. in der Wärme nach Martens	°C	180	100	110
Vicat-Erweichungstemperatur	°C	140	130	140
Dauerwärmebeständigkeit	°C	100	80	80
Wasseraufnahme	mg	6	7	8

Eigenschaften durch besondere Zusätze, wie beispielsweise Flammschutzmittel, herabgemindert werden.

Der Werkstoff zeichnet sich durch hohe Formbeständigkeit in der Wärme aus. Die Alterungsbeständigkeit ist jedoch höchstens 100°C. Die Schmelztemperatur ist 215°C. Er ist außerdem schwer entflammbar bzw. selbstverlöschend. Die Wasseraufnahme ist sehr gering. Nachteilig ist die hohe Oxydationsempfindlichkeit. In aromatischen und chlorierten Kohlenwasserstoffen ist dieser Kunststoff löslich. Gegen Alkohol, die meisten Säuren und Basen ist er dagegen beständig.

Der erwähnte modifizierte Kunststoff ist in den elektrischen Eigenschaften fast gleichwertig. Auch hat er über einen breiten Temperaturbereich eine hohe Steifigkeit. Diese verliert er jedoch oberhalb 100°C schnell, um bei 165°C zu schmelzen. Er ist indessen beständiger gegen den oxydativen Abbau als die nichtmodifizierte Type. Der Feuchtigkeitseinfluß ist ebenfalls gering, was eine gute Maßhaltigkeit zur Folge hat. Ein hoher Widerstand gegen Spannungsrißbildung wird besonders hervorgehoben. Auch der Preis ist vorteilhafter als bei dem reinen Polyphenylenoxid. Die glasfaserverstärkten Ausführungen zeigen natürlich verbesserte mechanische Eigenschaften.

Einsatzgebiete. Polyphenylenoxid wird für Federleisten und ähnliche Kleinteile verwendet. Größere Bedeutung hat die modifizierte Einstellung gewonnen. Lautsprechergehäuse, Schalterteile für Haushaltgeräte, Programmwählschalter, Steckerleisten und dergleichen sind zu erwähnen. Besonders interessantes und typisches Beispiel ist die in Abb. 9.106 dargestellte Ablenkeinheit von Fernsehgeräten.

Abb. 9.106. Ablenkeinheit für ein Farbfernsehgerät mit Isolierteilen aus modifiziertem Polyphenylenoxid in flammhemmender Einstellung (Werkbild: General Electric).

9.29 Polysulfon

Ein thermoplastischer Isolierstoff mit bemerkenswerten Eigenschaften ist das Polysulfon.

Molekülstruktur. Das Molekül besitzt, wie Abb. 9.107 veranschaulicht, zwischen Benzolkernen abwechselnd eine Isopropyliden-, eine Äther-, eine Sulfon- und wieder eine Ätherbrücke eingeschaltet. Sowohl aus der Schmelze hergestellte Teile als auch aus Lösemittelgemischen gegossene Folien sind amorph.

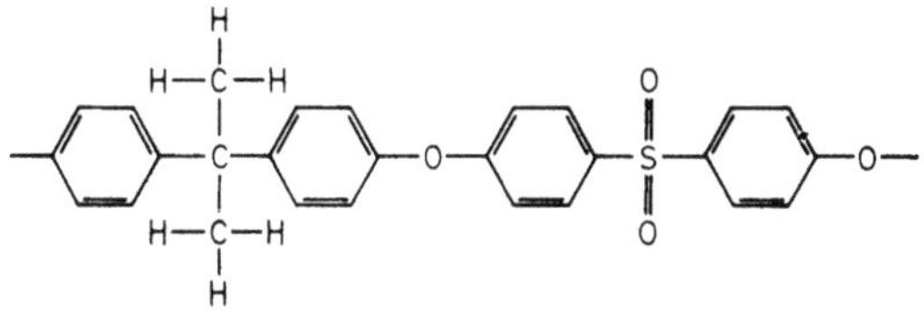

Abb. 9.107. Molekülstruktur des Polysulfons.

Herstellung. Die Herstellung erfolgt in einer Mehrstufenreaktion aus Bisphenol A und Dihydroxydiphenylsulfon. Dieser Thermoplast läßt sich auch durch Glasfasern verstärken. Das Erzeugnis wird als Granulat geliefert.

Verarbeitung. Polysulfon ist nach allen für Thermoplaste üblichen Verfahren verarbeitbar, jedoch ist zu beachten, daß die Verarbeitungstemperaturen hoch liegen. Da das Granulat hygroskopisch ist, muß es vor der Verarbeitung sorgfältig getrocknet, d.h. auf einen Feuchtigkeitsgehalt von höchstens 0,05% gesenkt werden. Dafür wird eine Temperatur um 120°C vorgeschlagen. Die Massetemperatur in der Spritzgießmaschine liegt bei 350°C. Die hohe Viskosität der Schmelze erfordert reichlich bemessene Fließkanäle und darüber hinaus einen ausreichend starken Antrieb. Das gilt auch für die Extrusion. Beachtenswert ist noch, daß die Viskosität eine starke Temperaturabhängigkeit besitzt. Die thermische Stabilität der Schmelze ist so gut, daß der bei der Fertigung anfallende Abfall mehrere Male wieder verarbeitet werden kann. Erst bei Temperaturen über 400°C zersetzt sie sich, was an schwarzen Streifen und Flecken erkennbar wird. Die Werkzeugtemperatur soll auf 120 bis 150°C eingestellt werden, was eine Wärmeisolation gegenüber der Maschine erforderlich macht. Bei der Auslegung der Spritzgießwerkzeuge ist ein Schwindmaß von 0,7% zu berücksichtigen, wozu noch eine Nachschwindung von etwa 0,2% kommt. Um möglicherweise vorhandene Eigenspannungen im Formteil abzubauen, empfiehlt sich eine Nachbehandlung bei etwa 160°C. Das verbessert die Widerstandsfähigkeit gegen Spannungskorrosion.

Folien werden in der Regel mit der Breitschlitzdüse hergestellt. Das Gießverfahren ist nicht wirtschaftlich. Ein Recken der Folie bringt wegen der amorphen Struktur keine Vorteile. Im thermoplastischen Bereich zwischen 200 und 230 °C läßt sich die Folie nachträglich auch warm verformen.

Teile aus Polysulfon lassen sich spanend gut nachbearbeiten. Sie können ebenso wie Folien durch Schweißen miteinander verbunden werden. Dank der guten Hitzebeständigkeit können Lötungen ohne besondere Schwierigkeiten am Teil selbst ausgeführt werden. Wie ABS-Mischpolymerisate (9.10) läßt sich Polysulfon gut mit einem metallischen Überzug versehen.

Werkstoffeigenschaften. Die Eigenschaften sind der Tabelle 9.18 zu entnehmen [172]. Die Spannungsdehnungskurve sieht etwas anders aus als bei den meisten anderen Thermoplasten. Sie hat bis zum Höchstwert einen ziemlich steilen Anstieg bei einer Dehnung von 5 bis 6%. Danach tritt ein zunächst scharfes und dann schwaches Absinken ein [172]. Das Kaltfließen ist verhältnismäßig gering, d. h. die bei bestimmter Belastung auftretende Verformung nimmt im Laufe der Zeit nur unmerklich zu. Das ist, wie Abb. 9.108 zeigt, am auffälligsten bei erhöhter Temperatur.

Polysulfon hat auch sehr gute elektrische Eigenschaften [173]. Die Dielektrizitätszahl ist, wie in Abb. 9.109 dargestellt, bei Raumtemperatur ziemlich frequenzunabhängig. Erst bei Temperaturen über 100 °C fällt sie ab; sie liegt beispielsweise bei 175 °C zwischen 2,83 (50 Hz) und 2,73

Tabelle 9.18. Werkstoffeigenschaften von Polysulfon

Eigenschaften	Einheit	
Dichte	g/cm^3	1,24
Elastizitätsmodul	kN/mm^2	2,5
Biegefestigkeit	N/mm^2	100
Schlagzähigkeit	Nmm/mm^2	kein Br.
Zugfestigkeit	N/mm^2	70
Bruchdehnung	%	50 bis 100
Kriechstromfestigkeit		KA 1
Durchschlagfestigkeit	kV/mm	20
Spezifischer Durchgangswiderstand	Ω cm	10^{16}
Dielektrizitätszahl ($f = 1$ MHz)		3,1
Dielektr. Verlustf. ($f = 1$ MHz)		$3 \cdot 10^{-3}$
Wärmeleitfähigkeit	W/Km	0,26
Lineare Wärmedehnzahl	10^{-6}/K	55
Formbest. in der Wärme nach Martens	°C	175
Vicat-Erweichungstemperatur	°C	196
Dauerwärmebeständigkeit	°C	150
Wasseraufnahme	mg	30

9.29 Polysulfon

(1 MHz) [173]. Interessant ist die ebenfalls dargestellte Frequenzabhängigkeit des Verlustfaktors. Bei Netzfrequenz bleibt dieser bis 120 °C fast konstant und steigt erst dann an. Das ist theoretisch wie praktisch bemerkenswert. Verglichen mit anderen Kunststoffen ist Polysulfon gut beständig gegen energiereiche Strahlen. Eine Dosis von 800 kJ/kg scheint jedenfalls ohne Schädigung vertragen zu werden [174]. Durch übermäßige

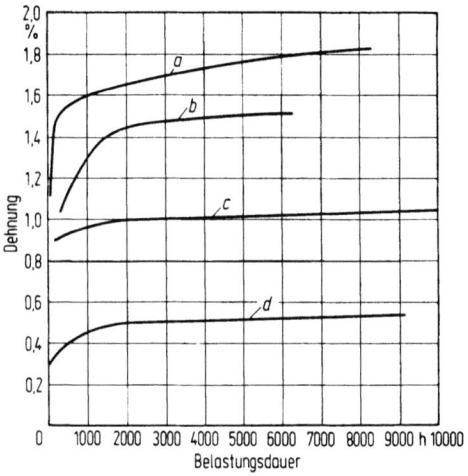

Abb. 9.108. Die Dehnung des Polysulfons in Abhängigkeit von der Belastungsdauer bei verschiedenen Belastungen.
a Unverstärktes Polysulfon $\sigma = 21$ N/mm² $t = 100$ °C; b Unverstärktes Polysulfon $\sigma = 7$ N/mm² $t = 150$ °C; c Unverstärktes Polysulfon $\sigma = 21$ N/mm² $t = 23$ °C; d Polysulfon mit 30% Glasf. verst. $\sigma = 21$ N/mm² $t = 100$ °C.

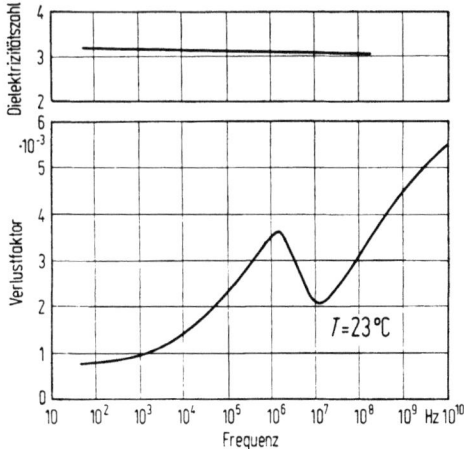

Abb. 9.109. Frequenzabhängigkeit der Dielektrizitätszahl und des dielektrischen Verlustfaktors von Polysulfon.

Strahlung werden offensichtlich die genannten Brückenbindungen zwischen den Phenyleinheiten angegriffen, wobei sowohl Spaltungs- als auch Vernetzungsvorgänge auftreten.

Die Diphenylsulfongruppe bringt (ohne Zusatz von Stabilisatoren) eine hohe Formbeständigkeit in der Wärme. Da sich außerdem das Schwefelatom in der höchsten Oxydationsstufe befindet, ist es gegen weitere Oxydation unempfindlich [172]. Polysulfon hat so einen verhältnismäßig hohen Erweichungspunkt; die Glastemperatur liegt bei 190 °C. Bis zu einer Temperatur von 150 °C ist Polysulfon in seinen physikalischen und elektrischen Eigenschaften voll brauchbar. Auch zu tiefen Temperaturen hin bis zu $-100\,°C$ verändern sich die Eigenschaften wenig. So sind noch etwa 75% der bei Raumtemperatur gemessenen Festigkeitswerte vorhanden. Polysulfon ist schwer entflammbar und bei Entzündung selbstverlöschend.

Polysulfon ist normalerweise durchsichtig und von hellbernsteingelber Farbe. Mit einem Zuschlag von 1% Titandioxid wird es auch opak geliefert. Ferner kann es leicht eingefärbt werden. Es ist beständig gegen anorganische Säuren, Laugen, Salzlösungen und aliphatische Kohlenwasserstoffe. Polare organische Lösemittel wie Ketone, aromatische Kohlenwasserstoffe und chlorierte Kohlenwasserstoffe greifen es an. Für die Verwendung im Freien ist es nicht geeignet. Schon nach kurzer Bewitterung tritt ein starker Abbau ein, der mit einer Versprödung verbunden ist.

Einsatzgebiete. Da Polysulfon bei Wärmebeanspruchungen seine guten mechanischen und elektrischen Eigenschaften weitgehend beibehält, eignet es sich für alle Anwendungsfälle, bei denen Temperaturen von 150 °C und darüber erreicht werden. So können Teile für schutzisolierte Elektrowerkzeuge, Tongeräte und Schalter sowie Stecker und Spulenkörper, gedruckte Schaltungen und dergleichen vorteilhaft daraus hergestellt werden. In Dicken von 6 µm werden die Folien für Kondensatorwicklungen verwendet. Sie werden zu diesem Zwecke im Hochvakuum metallisiert.

9.30 Polyimid

Einen beträchtlichen Fortschritt auf dem Gebiete der hochwärmebeständigen Kunststoffe brachten die Polyimide.

Molekülstruktur. Für die Elektrotechnik am geeignetsten erwies sich das in Abb. 9.110 dargestellte Polyimid aus Pyromellithsäuredianhydrid und Diaminodiphenyläther. Die hier vorliegende Imidbindung weist eine ungewöhnlich stabile zyklische Struktur auf.

Herstellung. Dieses Polyimid wird durch Umsetzen von aromatischen Tetrakarbonsäuredianhydriden mit aromatischen Diaminen in stark polaren Lösemitteln erhalten, wobei als lösliche Zwischenstufe zunächst Poly-

9.30 Polyimid

amidkarbonsäuren entstehen, die durch Wärmebehandlung oder auch durch wasserabspaltende Reagenzien zu den Polyimiden umgewandelt werden können [175].

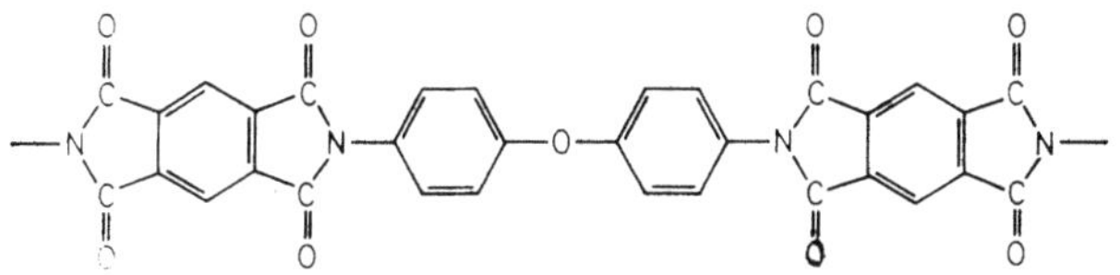

Abb. 9.110. Molekülstruktur des Polyimids.

Verarbeitung. Die Verarbeitung der Formmasse zu Fertigteilen ist außerordentlich schwierig. Sie müssen bei 500 °C bei einem Druck von 75 N/mm² gepreßt werden. Dies wird daher ebenso wie die Folienherstellung zur Zeit ausschließlich von dem Hersteller vorgenommen. Ähnlich aufwendig ist die Isolierung von Drähten. Die dafür geeignete lösliche Zwischenstufe des Harzes liegt in Form von Polyimidkarbonsäuren vor [176]. Bei der Drahtlackierung sollen, um das Lösemittel und das Reaktionswasser sicher zu entfernen, in einem Durchgang nur Schichten von höchstens 5 µm Dicke aufgebracht werden. Dickere Lagen müssen in mehreren Durchgängen aufgetragen werden. Dabei ist die Lackschicht jedesmal etwa 1 min lang bei 400 °C zu behandeln. Schon die Lagerung des Lackes bringt gewisse Unsicherheiten in die Fertigung. Die unter Wasserabspaltung verlaufende Zyklisierung zum unlöslichen Polyimid erfolgt nämlich in gewissem Maße schon bei Raumtemperatur. Dadurch nimmt die Löslichkeit ab und die Viskosität steigt an. Weitere Schwierigkeiten ergeben sich durch das dabei abgespaltene Wasser.

Formteile aus Polyimid können mit den üblichen Metallbearbeitungswerkzeugen spanend zu Teilen mit engen Toleranzen bearbeitet werden. Hartmetallbestückte Werkzeuge sind zu bevorzugen. Sie sollen stets scharf geschliffen sein. Der Werkstoff kann nicht nur gesägt, gefräst, gedreht, gebohrt, sondern auch geschliffen und zu hohem Glanz poliert werden. Die in Dicken von 25 bis 125 µm hergestellte Folie läßt sich im Gegensatz zu vielen anderen Kunststoffolien nicht verstrecken. Interessant ist noch die Verbundfolie, die eine ein- oder beidseitige Deckschicht aus dem Fluormischpolymerisat PFEP (9.16) besitzt. Diese Schicht ist heißsiegelbar.

Werkstoffeigenschaften. Formteile aus Polyimid sind von dunkler Farbe und opak. Tabelle 9.19 zeigt die Eigenschaften. Hervorzuheben ist die in Abb. 9.111 dargestellte geringe Dehnung. Die Folien sind transparent und haben bei wesentlich höherer Dehnung mehr als die doppelte Zugfestigkeit. Ein Nachteil polyimidisolierter Drähte ist ihre verhältnismäßig geringe Abriebfestigkeit, was beim Wickeln berücksichtigt werden muß.

Tabelle 9.19. Werkstoffeigenschaften von Polyimid

Eigenschaften		Einheit	Formteil	Folie
Dichte		g/cm³	1,42	1,42
Elastizitätsm.	($T = 23\,°C$)	kN/mm²	3	3
	($T = 250\,°C$)		1,5	
Biegefestigkeit		N/mm²	100	
Zugfestigkeit	($T = 23\,°C$)	N/mm²	75	180
	($T = 250\,°C$)		45	
Bruchdehnung		%	5 bis 6	70
Durchschlagfestigkeit		kV/mm	25	
Spezifischer Durchgangswiderstand		Ω cm	10^{17}	
Dielektrizitätszahl ($f = 1$ MHz)			3,4	3,4
Dielektr. Verlustf. ($f = 1$ MHz)			$6 \cdot 10^{-3}$	$5 \cdot 10^{-3}$
Wärmeleitfähigkeit		W/Km	0,4	
Lineare Wärmedehnzahl		10^{-6}/K	50	27
Dauerwärmebeständigkeit		°C	230	
Wasseraufnahme		mg	35	

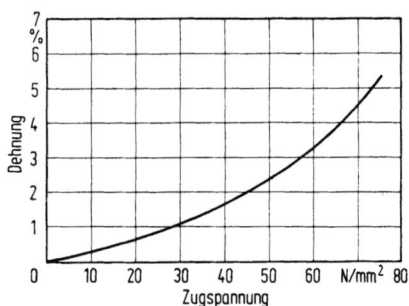

Abb. 9.111. Die Zugspannung des Polyimids in Abhängigkeit von der Dehnung.

Der spezifische Widerstand beträgt bei 250°C noch $10^{12}\,\Omega \cdot$ cm. Auf diesen Wert fällt er mit zunehmender Temperatur fast linear ab. Die Dielektrizitätszahl hat eine nur geringe Frequenzabhängigkeit. Das gleiche trifft in dem Temperaturbereich von 100 bis 200°C für den Verlustfaktor zu. Dies und die Temperaturabhängigkeit veranschaulicht Abb. 9.112. Formteile aus Polyimid haben eine hohe Glimm- und Lichtbogenfestigkeit. Sie sind außerdem ebenso wie solche aus Polysulfon ziemlich strahlenbeständig. Eine Dosis von 1 MJ/kg schädigt den Isolierstoff offensichtlich noch nicht.

9.30 Polyimid

Polyimid ist nicht entflammbar, schmilzt nicht und beginnt erst bei 800 °C zu verkohlen. Wenn man Betriebsunterbrechungen berücksichtigt, kann man mit einem praktischen Anwendungsbereich zwischen -180 und 300 °C. rechnen Die Erweichungstemperatur der auf Polyimid aufgebauten

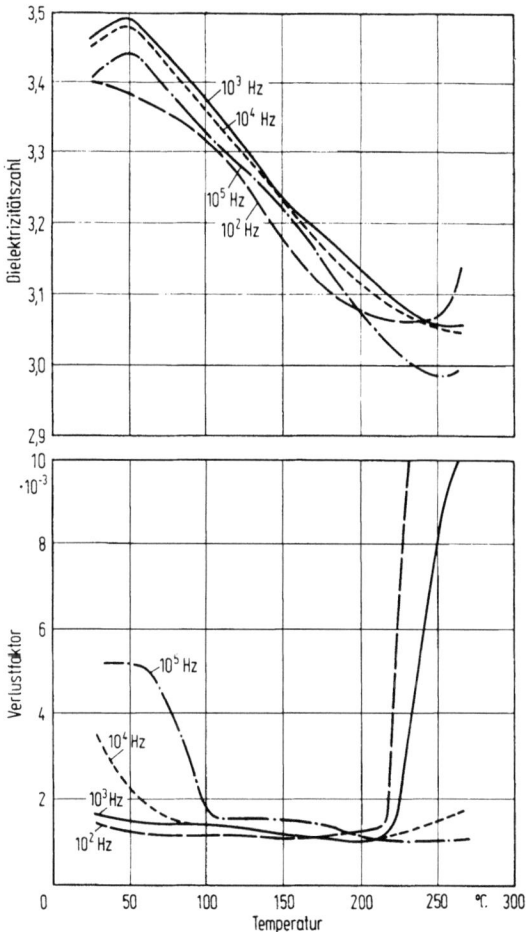

Abb. 9.112. Temperaturabhängigkeit der Dielektrizitätszahl und des dielektrischen Verlustfaktors von Polyimid bei verschiedenen Frequenzen.

Lackisolierung liegt über 500 °C. Auf diesem Gebiete ist Polyimid gegenwärtig der thermisch beständigste Kunststoff. Die hohe Temperaturbeständigkeit dieses Polyimids erklärt sich chemisch durch die Oxydationsstabilität der Pyromellithimid- und der Diphenylätherstruktureinheiten sowie durch das Fehlen temperaturlabiler Bindungen, physikalisch durch die sehr große Kettensteifigkeit als Folge der teilweise sogar in

Kern-an-Kern-Verknüpfung vorliegenden Ringe, sowie die zwischenmolekularen Kräfte, die wegen der regelmäßigen Anordnung der polaren Gruppen in der Kette zu voller Wirksamkeit gelangen können [175].

Polyimid ist in allen Lösemitteln unlöslich. Starke Laugen und wässerige Ammoniaklösungen greifen es jedoch an. Nachteilig ist auch die längere Einwirkung von Dampf oder heißem Wasser. Für den Betrieb im Hochvakuum ist wichtig, daß Polyimid nur eine geringe Gasabgabe hat.

Einsatzgebiete. Die wichtigsten Anwendungsgebiete sind elektrotechnische Einrichtungen der Raumfahrt und der Kernenergieanlagen. Bei hoher thermischer Beanspruchung ist die Folie aber auch als Isolierung in elektrischen Motoren und Transformatoren zu empfehlen. Sie eignet sich in gleicher Weise als Dielektrikum für Kondensatoren. Weiter wird sie, da sie auch kupferkaschiert erhältlich ist, nach Abb. 9.113 als Isolierstoffunterlage für die gedruckte Schaltung eingesetzt. Mit Polyimid isolierte Drähte zählen heute zum Besten, was auf diesem Gebiet erhältlich ist. Polyimid ist aber noch sehr teuer.

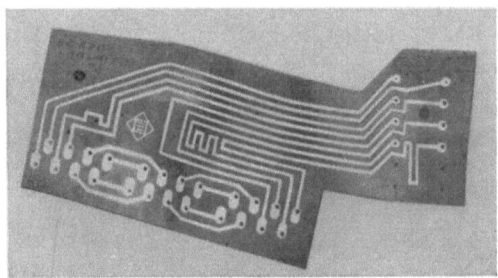

Abb. 9.113. Flexible gedruckte Verdrahtung in einem Pupinspulenbecher auf Polyimidfolie von 0,05 mm Dicke (Werkbild: AEG-Telefunken).

9.31 Polyesterimid und Polyamidimid

Die begrenzte Lagerfähigkeit der Polyimidlacklösung, die Forderung nach rostfreiem Stahl in den Verarbeitungsanlagen und der hohe Preis ließen es sinnvoll erscheinen, die thermisch wertvolle Imidgruppe in andere Polymere einzubauen. Es lag nahe, die auf Polyäthylenterephthalat (Polyterephthalsäureester) (9.24) aufgebauten Lacke in ihrer Wärmebeständigkeit auf diese Weise zu verbessern. So sind zunächst Polyesterimide entstanden, die in ihrer Wärmebeständigkeit zwischen dem genannten Polyester und dem Polyimid liegen. Kurz darauf sind die Polyamidimide entwickelt worden.

Molekülstruktur. Der Einbau der Imidgruppe ist in Abb. 9.114 veranschaulicht. Dort ist die Molekülstruktur eines Polyesterimids ebenso wie die eines Polyimidamids wiedergegeben [175].

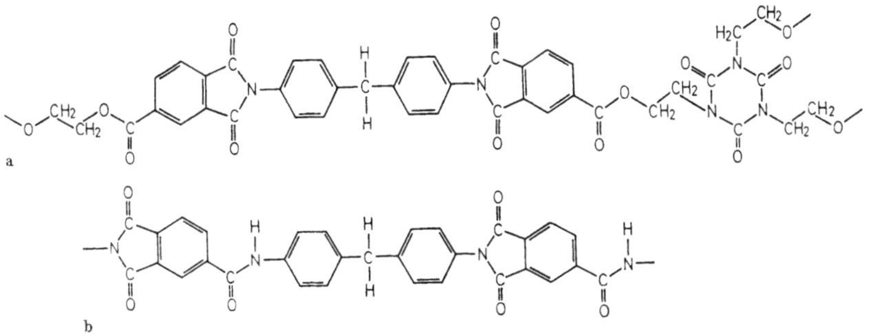

9.31 Polyesterimid und Polyamidimid

Abb. 9.114. Molekülstruktur eines Polyesterimids a) und eines Polyamidimids b).

Herstellung. Das Herstellungsverfahren für Polyesterimid entspricht demjenigen für Polyester [175]. Es ist nicht erforderlich, die imidgruppenhaltigen Ausgangsverbindungen in einem gesonderten Verfahrensschritt zu synthetisieren. Man kann die Imidbildner mit den Polyesterkomponenten zur Reaktion bringen. Die Polyamidimide werden durch Umsetzen von aromatischen Polykarbonsäureanhydridchloriden mit aromatischen Diaminen erhalten, wobei zunächst wie bei den Polyimiden Polyamidkarbonsäuren gebildet werden, die weiter unter Wärmeeinwirkung zu Polyamidimiden zyklisieren [175]. Auf dieser Grundlage gibt es heute Träufelharze, Tränkharze und Tränklacke sowie hochwertige Drahtlacke.

Verarbeitung. Tränkharze auf Grundlage von Polyesterimid und Polyamidimid lassen sich mit Glasfasern zu Schichtstoffen verarbeiten [177]. Das Pressen der getränkten Zuschnitte soll bei einer Temperatur von 250°C erfolgen, wobei darauf zu achten ist, daß das Lösemittel vorher so weitgehend wie möglich verdampft ist. Auch das Faserwickelverfahren ist möglich. Die Drahtlacke sind gut zu verarbeiten. Die Polyesterimidlacke kommen in billigen und dem Verarbeiter geläufigen Lösemitteln in den Handel [177]. Zur Verarbeitung der Polyamidimide in Drahtlacken muß jedoch festgestellt werden, daß sie nur in N-Methylpyrrolidon löslich sind. Das ist ein in der Drahtlackierung artfremdes Lösemittel, das außerdem ebenso teuer wie das Harz selbst ist. Wegen des katalytischen Effektes ist es auch schwierig, den Lack unmittelbar auf den Kupferleiter aufzubringen. Schließlich muß man Vorsorge treffen, daß die Lösemitteldämpfe nicht den in der Drahtlackiereinrichtung üblichen Verbrennungskatalysator schädigen. Polyamidimid wird bevorzugt bei der Mehrschichtlackierung als Außenhaut benutzt. Dabei hat es besonders gute mechanische Eigenschaften.

Werkstoffeigenschaften. Die mit Polyesterimid und Polyamidimid lackierten Drähte vertragen gut die bei der Weiterverarbeitung auftretenden mechanischen Spannungen; sie sind außerdem abriebfest. Sowohl Polyesterimid als auch Polyamidimid weisen verständlicherweise eine deutlich geringere Dauerwärmebeständigkeit auf als Polyimid. Sie liegt beim Polyesterimid um 50 K und beim Polyamidimid um 40 K tiefer als bei Polyimid. Dem Polyäthylenterephthalat sind sie jedenfalls in dieser Beziehung weit überlegen. Die Beständigkeit gegen thermische Überlastung verschiedener Lackdrähte, insbesondere auch die diesbezügliche Bewertung des Polyimidimids geht deutlich aus Abb. 9.115 hervor [175]. Hier ist die Anzahl der Schaltungen bis zum Kurzschluß der verdrillten Drähte in Abhängigkeit von der durch den Strom verursachten Höchsttemperatur aufgetragen, einer Temperatur, die durch den Prüfstrom bei 20 s Einschaltdauer und 10 s Ausschaltdauer hervorgerufen wird [178]. Gegen Kühlmittel, beispielsweise gegen Difluordichlormethan (7.1), sind Polyimid und Polyesterimid als beständig, Polyamidimid dagegen als weniger beständig anzusehen.

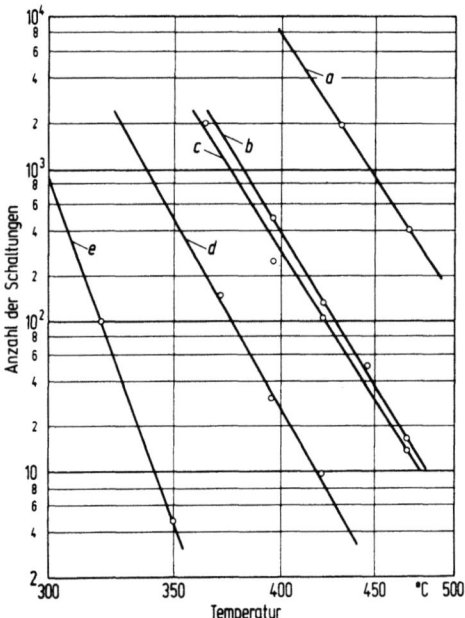

Abb. 9.115. Beständigkeit gegen thermische Überlastung verschiedener Lackdrähte. *a* Polyimid; *b* Polyhydantoin; *c* Polyamidimid; *d* Polyesterimid; *e* Polyäthylenterephthalat.

Einsatzgebiete. Sowohl Polyesterimid als auch Polyamidimid sind mit Glasfasern zu Schichtpreßstoffen verarbeitet recht wertvoll. Folien sind in größerem Umfang bisher nicht eingesetzt worden. Die weitaus größte Bedeutung haben Polyesterimid und Polyamidimid in den Isolierlacken und da besonders in den Drahtlacken.

9.32 Polyhydantoin

Polyhydantoin ist ein neuer Kunststoff, der sich bei guter Wärmebeständigkeit für Isolierfolien und Drahtlacke eignet.

Molekülstruktur. Abbildung 9.116 zeigt die Hydantoingruppe und zwei für die Folienherstellung bzw. Drahtlackierung besonders geeignete Struktureinheiten. Der Polymerisationsgrad ist je nach den Anforderungen sehr unterschiedlich, da für verschiedene Anwendungszwecke ein mehr oder weniger verzweigtes Polymer angestrebt wird. Vor der Verarbeitung werden verhältnismäßig niedrige Molekulargewichte zwischen 10000 bis 50000 eingesetzt. Die Struktur dieser Polymeren ist amorph.

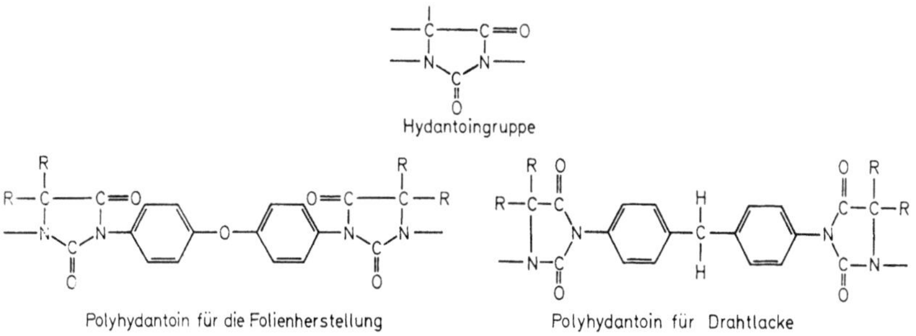

Abb. 9.116. Molekülstruktur des Polyhydantoins.

Herstellung. Zum Aufbau derartiger Strukturen sind mehrere Möglichkeiten bekannt geworden. Die wesentlichste besteht in der Umsetzung von polyfunktionellen Glycinestern mit Polyisocyanaten über die unter besonderen Bedingungen isolierbare Zwischenstufe eines Harnstoffes, der unter Ausbildung der Hydantoinstruktur Alkohol freisetzt [179].

Verarbeitung. Zu Formteilen lassen sich Polyhydantoine auf Grund der hohen Erweichungspunkte nur unter großem Aufwand verarbeiten. In Halogenkohlenwasserstoff gelöst werden daraus jedoch hochwertige Isolierfolien gegossen. Auch für die Herstellung wärmebeständiger Drahtlacke ist Polyhydantoin geeignet. Hierfür ist Kresol als Lösemittel gebräuchlich, in dem gelöst die für die Drahtlackierung passende Verbindung sowieso anfällt. Die für die Fertigungstechnik erforderliche Viskosität wird durch eine Verdünnung mit aromatischen Kohlenwasserstoffen erreicht. Durch Verwendung von schwach verzweigten Ausgangsstoffen kann beim Einbrennen ein weitgehend unlösliches Polyhydantoin erhalten werden.

Werkstoffeigenschaften. Die Folie aus Polyhydantoin zeigt, wie in Tabelle 9.20 zusammengestellt, gute mechanische und elektrische Eigenschaften. Die an sich schon hohe Zugfestigkeit kann durch Recken noch verbessert werden. Der Isolierstoff ist kriechstromfest. Dielektrizitätszahl und dielektrischer Verlustfaktor sind in Abb. 9.117 in Abhängigkeit von der

Frequenz dargestellt [180]. Was die Temperaturabhängigkeit anbelangt, so ist sie bei niedrigen Frequenzen außerordentlich gering. Die Dielektrizitätszahl fällt ein wenig. Der Verlustfaktor beginnt erst oberhalb 200°C, durch zunehmende Molekularbeweglichkeit bedingt, anzusteigen.

Tabelle 9.20. Werkstoffeigenschaften von Polyhydantoin

Eigenschaften	Einheit	Folie
Dichte	g/cm³	1,27
Elastizitätsmodul	kN/mm²	2,6
Zugfestigkeit	N/mm²	100
Bruchdehnung	%	100
Kriechstromfestigkeit		KA 3c
Durchschlagfestigkeit ($s = 0{,}1$ mm)		
($T =$ 23°C)	kV/mm	120
($T = 200$°C)		90
Spezifischer Durchgangswiderstand	Ω cm	10^{16}
Dielektrizitätszahl ($f = 1$ MHz)		3,0
Dielektr. Verlustf. ($f = 1$ MHz)		10^{-2}
Wärmeleitfähigkeit	W/Km	0,16
Lineare Wärmedehnzahl	10^{-6}/K	61
Formbest. unter Zug bei kurzz. therm. B.	°C	250
Dauerwärmebeständigkeit	°C	150
Wasseraufnahme	mg	30

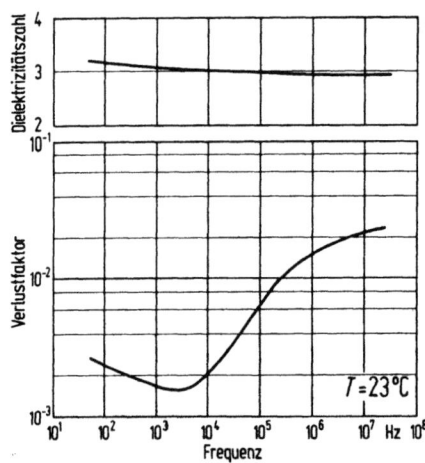

Abb. 9.117. Frequenzabhängigkeit der Dielektrizitätszahl und des dielektrischen Verlustfaktors der Polyhydantoinfolie.

9.32 Polyhydantoin

Die wohl wichtigste Eigenschaft der Folie ist die gute Wärmebeständigkeit. Dazu kommt bei kurzzeitiger thermischer Beanspruchung eine gute Formbeständigkeit unter Zug. Das gute Temperaturverhalten wird im übrigen auch durch den in Abb. 9.118 dargestellten Schubmodul gekennzeichnet. Die Glastemperatur wurde durch Differentialthermoanalyse zu 273 °C bestimmt [180].

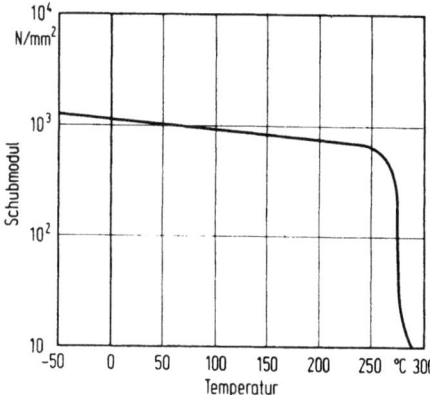

Abb. 9.118. Schubmodul des Polyhydantoins in Abhängigkeit von der Temperatur.

Die Folie zeichnet sich ebenfalls durch hervorragende Hydrolysebeständigkeit aus; sie ist beständig gegen wässerige Lösungen von Säuren und Laugen selbst bei Siedetemperatur. Sie widersteht auch den meisten organischen Lösemitteln; ist jedoch in Methylenchlorid sowie einigen stark polaren Lösemitteln, z. B. Dimethylformamid, Dimethylacetamid, Phenol usw. löslich. Von besonderer Wichtigkeit ist die Verträglichkeit mit zahlreichen Tränk- und Träufelharzen. Beim Aushärten wird eine gute Haftung zwischen Harz und Folie erreicht.

Beim Drahtlack zeigt sich die heterozyklische Verknüpfung sowohl in der Beständigkeit gegen thermische Zersetzung als auch in der Formbeständigkeit bei hohen Temperaturen. Die Zersetzungstemperatur liegt um 30 bis 40 K höher als bei Polyesterimid. Die für die Lackisolierung wichtige Erweichungstemperatur (nach DIN 46 453) liegt bei 380 °C. Man beachte auch die in Abb. 9.115 dargestellte Beständigkeit gegen thermische Überbelastung. Das Verhalten gegen Lösemittel ist infolge des bei hohen Temperaturen erfolgenden Einbrennens und der dadurch bewirkten Vernetzungsreaktionen geändert im Sinne einer wesentlichen Verbesserung der Beständigkeit. So wird ein solcher Lackdraht von halogenierten Kohlenwasserstoffen nicht mehr angegriffen.

Einsatzgebiete. Die Folie aus Polyhydantoin eignet sich zur Isolation (Phasenisolation, Nutisolation, Nutverschluß) für Elektromotoren höherer Wärmeklassen sowie als Kondensatordielektrikum. Selbst beim Aufdampfen verhältnismäßig dicker Metallschichten ist keine thermische Schädigung zu befürchten. Da sie lötbadbeständig ist, ist die Folie auch für flexible gedruckte Schaltungen verwendbar. Sie kann ferner zu Isolierbändern, insbesondere Selbstklebebändern verarbeitet werden. Als Drahtlack bewährt sich Polyhydantoin in Motorwicklungen durch sein gutes Verhalten gegen thermische Überbelastung. Es ist in dieser Beziehung billiger als Polyimid (9.30).

9.33 Phenoxyharz

Das Phenoxyharz ist ein thermoplastischer Kunststoff, der in einer Polyadditionsreaktion erhalten wird, ein Polyaddukt.

Molekülstruktur. Die Molekülstruktur ist in Abb. 9.119 dargestellt. Das Molekulargewicht geht bis zu 30000, teilweise bis 40000.

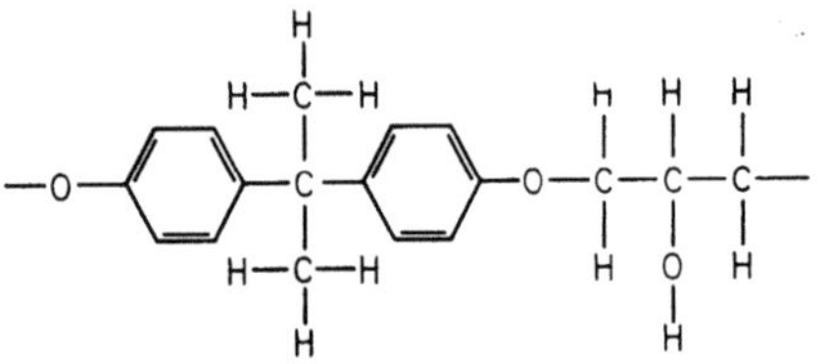

Abb. 9.119. Molekülstruktur des Phenoxyharzes.

Herstellung und Verarbeitung. Rohstoffe für die Herstellung von Phenoxyharz sind Bisphenol A und Epichlorhydrin. Das Erzeugnis wird als Granulat geliefert. Es ist frei von Weichmachern und Modifizierungsmitteln. Als Thermoplast kann es auf Spritzgießmaschinen und Schneckenpressen verarbeitet werden. Da es bis zu 1% Wasser enthält, ist es vor der Verarbeitung zu trocknen. Die Spritztemperatur soll zwischen 180 und 200°C liegen. Fertigteile bzw. Halbfertigteile können gut miteinander verschweißt werden.

Da die Phenoxyharze etwa 6% Hydroxylgruppen enthalten, können sie mit Isozyanaten, Karbonsäureanhydriden u.a. in Reaktion treten. Führt man auf diese Weise eine Vernetzung herbei, so werden einige Eigenschaften wie die Formbeständigkeit in der Wärme in bekannter Weise verbessert [181].

Werkstoffeigenschaften. Phenoxyharz ist ein klar durchsichtiger und zäher Thermoplast mit ziemlich hoher Dehnbarkeit. Die Kriechneigung unter mechanischer Last ist verhältnismäßig gering. Die wichtigsten Eigenschaften gehen aus Tabelle 9.21 hervor. Es besteht keine Kriechstromfestigkeit. Dielektrizitätszahl und Verlustfaktor haben bis 100°C eine geringe Temperaturabhängigkeit. Das Harz hat schließlich eine außergewöhnlich gute

9.33 Phenoxyharz

Haftfestigkeit auf Metallen, mineralischen Oberflächen und vielen anderen Isolierstoffen. Wegen des hohen Molekulargewichtes löst es sich nur in stark polaren Lösemitteln wie beispielsweise Methyläthylketon.

Tabelle 9.21. Werkstoffeigenschaften von Phenoxyharz

Eigenschaften	Einheit	
Dichte	g/cm^3	1,18
Elastizitätsmodul	kN/mm^2	3
Biegefestigkeit	N/mm^2	100
Zugfestigkeit	N/mm^2	65
Bruchdehnung	%	50 bis 100
Kriechstromfestigkeit		KA 1
Durchschlagfestigkeit	kV/mm	15
Spezifischer Durchgangswiderstand	Ω cm	10^{16}
Dielektrizitätszahl ($f = 50$ Hz)		4,4
($f = 1$ MHz)		4,0
Dielektr. Verlustf. ($f = 50$ Hz)		$3 \cdot 10^{-3}$
($f = 1$ MHz)		$2 \cdot 10^{-2}$
Wärmeleitfähigkeit	W/Km	0,22
Lineare Wärmedehnzahl	10^{-6}/K	70
Formbest. in der Wärme nach Martens	°C	85
Dauerwärmebeständigkeit	°C	120
Wasseraufnahme	mg	25

Einsatzgebiete. Phenoxyharz ist, insbesondere zu Folien verarbeitet, für die Elektrotechnik durchaus brauchbar. Auch bei Isolierlacken ergeben sich Einsatzmöglichkeiten. Größere Mengen sind allerdings bisher nicht verarbeitet worden.

10. Gehärtete Kunststoffe (Duromere)

Die gehärteten Kunststoffe, die Duromere, sind engmaschig vernetzte hochpolymere Werkstoffe, die bei niederen Temperaturen stahlelastisch sind, bei hohen Temperaturen aber nicht viskos fließen, sondern sich bei begrenzter Verformbarkeit elastisch verhalten. Sie entstehen, wenn Stoffe mit mehr als zwei reaktionsfähigen Gruppen der Moleküle miteinander verbunden werden. Um die Form des Isolierteils zu gestalten, geht man von fließfähigen Vorerzeugnissen aus, die überwiegend nicht makromolekular sind. Bei der chemischen Reaktion bilden sich dann die räumlich eng vernetzten Makromoleküle des Enderzeugnisses. Ein derartiger Kunststoff kann, einmal ausgehärtet, auch oberhalb des Erweichungsbereiches selbst unter Anwendung hohen Druckes nur noch geringfügig verformt werden.

10.1 Polyesterharz

Unter dem Begriff Polyesterharz faßt man eine Vielzahl solcher Stoffe zusammen. Hier interessiert hauptsächlich das ungesättigte Polyesterharz (Kurzzeichen: UP), das sich in einem ungesättigten, also polymerisationsfähigen Monomeren gelöst im Handel befindet. Die beiden Lösungspartner mischpolymerisieren bei der Härtung, wobei durch die erwähnte dreidimensionale Vernetzung feste und unlösliche Gebilde entstehen. Das Polyesterharz ist also im Gegensatz zu den im vorigen besprochenen Isolierstoffen ein Duromer.

Molekülstruktur. Abbildung 10.1 zeigt schematisch die Molekülstruktur eines derartigen Polyesterharzes, eines Mischpolymerisates des ungesättigten Polyesters mit Styrol. Man erkennt den ungesättigten Polyesteranteil und die Verknüpfung mit den Styroleinheiten.

Herstellung. Der Fertigungsgang erfolgt in zwei Stufen, von denen die erste eine Kondensation, die zweite eine Polymerisation darstellt. Der ungesättigte Polyester entsteht durch Polykondensation von zwei- oder mehrwertigen Alkoholen und Dikarbonsäuren. Der großen Auswahl an Alkoholen und Dikarbonsäuren entsprechen die vielen Möglichkeiten der Zusammensetzung. Die Polyesterbildung erfolgt unter Schutzgas bei einer Temperatur von 200 bis 250°C. Das so erhaltene ungesättigte Polykonden-

10.1 Polyesterharz

sat, ein hochmolekularer Ester, wird meistens in Styrol gelöst, das seinerseits ungesättigt ist und deshalb mit den entsprechenden Stellen des Polyesters zu reagieren vermag. Es stellt eine sirupartige Flüssigkeit von heller bis gelblicher Farbe dar. Die Verwendung von Diallylphthalat als reaktionsfähiges Monomeres ist weit weniger üblich. Selbstverlöschende bzw. schwer entflammbare Harze erhält man durch Zugabe von Chlorparaffin und Antimontrioxid oder unter Verwendung halogenhaltiger Zusätze.

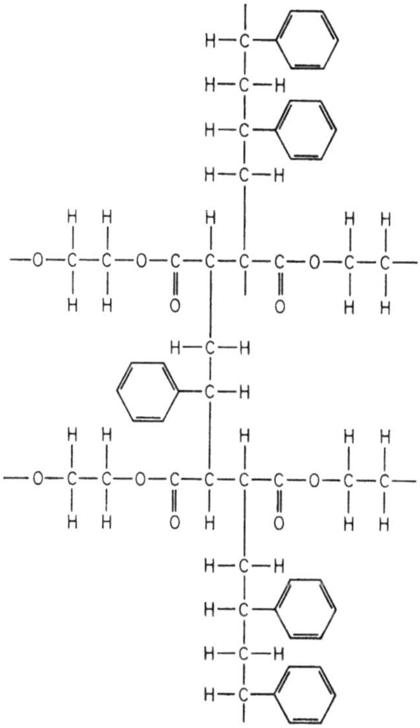

Abb. 10.1. Molekülstruktur eines vernetzten Polyesterharzes (UP).

Verarbeitung. Wird diesem Vorerzeugnis ein Peroxidkatalysator, der sogenannte Härter (beispielsweise Benzoylperoxid) beigegeben, so erfolgt die Vernetzung mit dem Styrol in Form einer Polymerisation. Sie wird um so engmaschiger, je höher das Reaktionsvermögen des Vorerzeugnisses, je größer also der Anteil an polymerisierbaren Doppelbindungen in den Ausgangskomponenten ist. Wichtig ist die Tatsache, daß bei richtiger Aushärtung keine blasenbildenden Gase oder Dämpfe abgespalten werden. Man kann deshalb gießen bzw. mit niedrigen Drücken arbeiten. Die Reaktion verläuft exotherm, die Temperatur steigt an. Die Mischung geliert und härtet schließlich aus. Die einzustellende Härtungstemperatur soll sich zwischen 80 und 100 °C bewegen. Jedoch kann man durch Zugabe eines

Beschleunigers (beispielsweise Kobaltnaphthenat), dem die Aufgabe zufällt, die Zerfallsgeschwindigkeit des Härters in seine Radikale zu erhöhen, auch bei Raumtemperatur arbeiten. Die Zeit bis zur Aushärtung beträgt je nach Einstellung 3 bis 15 Minuten bei der Warmhärtung. Bei der Kalthärtung dauert es länger. Durch Änderung der Zusätze kann man die Härtezeit den praktischen Bedürfnissen weitgehend anpassen. Sie ist verständlicherweise um so kürzer, je mehr Härter man zugibt und je höher man mit der Temperatur geht. Dabei muß man aber aufpassen, daß die Reaktion nicht zu plötzlich einsetzt. Sonst wird das Erzeugnis blasig und spröde und kann reißen. Um optimale Eigenschaften zu bekommen, hat man also darauf zu achten, daß die Reaktion nicht zu stürmisch erfolgt; das Harz muß aber anderseits vollständig aushärten. Es muß eine möglichst vollkommene Vernetzung der vorgegebenen Reaktionskomponenten stattfinden. Das kann mit einer Kalthärtung im allgemeinen nicht ganz erreicht werden [182]. Deshalb ist die Heißhärtung vorzuziehen. Durch Wahl der Komponenten können mehr oder weniger harte oder weich-elastische Polyesterharze hergestellt werden. Es ist mit einer linearen Schrumpfung von 6 bis 8% zu rechnen.

Aus dem Gesagten ergibt sich, daß die einmal vorbereitete Mischung nur eine begrenzte Zeit verarbeitbar ist. Die Polymerisation des ungesättigten Polyesters mit dem monomeren Styrol setzt ja ein, sobald die Bestandteile mit dem peroxidischen Härter gemischt sind. Damit steigt die Viskosität langsam an, bis sie so groß wird, daß der Ansatz nicht mehr brauchbar ist. Im Betrieb wird die Zeit, während der die Mischung nach Zugabe des Härters verwendbar ist, allgemein als Topfzeit bezeichnet. Der Ansatz darf daher nie in größeren Mengen vorbereitet werden, als während dieser Zeit verbraucht wird. Das ist bei kalt arbeitenden Verfahren natürlich besonders kritisch. Bestimmte Fertigungsverfahren arbeiten mit Spritzpistole oder Zweikomponentengießmaschine. Bei diesen tritt diese Schwierigkeit insofern nicht auf, als das Harz und der Härter erst kurz vor dem Auftrag in der Vorrichtung selbst gemischt werden.

Werden dem Polyesterharz Farbstoffe und Pigmente zugegeben, was in der Elektrotechnik selten vorkommt, so muß beachtet werden, daß viele von ihnen die Reaktionsgeschwindigkeit beeinflussen, sei es, daß sie beschleunigend oder verzögernd wirken.

In den seltensten Fällen werden die Polyesterharze in reiner Form verwendet. Meistens werden, um den Preis zu beeinflussen oder die Schrumpfung zu verringern, Füllstoffe zugegeben. Das kann Kreide, Kalk, Kaolin oder Quarzmehl sein. Zur mechanischen Verstärkung hat sich die Glasfaser (5.2.2) bewährt.

Hier sind nun verschiedene Verfahren üblich. Die einfachste Art der Verarbeitung ist das sogenannte Handauflegeverfahren. Bei diesem wird das zu imprägnierende Glasgewebe oder die Matte von Hand ausgebreitet,

10.1 Polyesterharz

d. h. in die Negativform bzw. auf die Positivform gelegt. Das Formwerkzeug kann aus Metallguß, aber auch aus Holz oder Kunststoff gefertigt sein. Dessen Oberfläche ist entsprechend zu behandeln und am besten mit einem Trennmittel einzustreichen. Der Harzansatz wird über die Glasfaser gegossen und mit einer Bürste oder Walze eingearbeitet. Dabei wird gleichzeitig die eingeschlossene Luft entfernt. Manchmal wird auch das Formwerkzeug schon mit einer Harzschicht versehen. Das hängt von der Formgebung und von den Fertigungseinrichtungen ab. Dieses Verfahren ist möglich, da, wie schon gesagt, keine flüchtigen Bestandteile abgespalten werden. So lassen sich sehr große Teile bei niedrigen Formkosten herstellen. Nachteilig ist die viele Handarbeit.

Eine gewisse Weiterentwicklung des Handverfahrens stellt das Faserspritzverfahren dar. Die Glasfaserstränge werden hier einer Schneidevorrichtung zugeführt, so geschnitten von einem Luftstrom zu einer Spritzpistole gefördert und nach Verlassen der Pistole über eine weitere Düse mit dem zerstäubten Harzansatz vermischt. Das Gemisch aus Glasfasern und Harz wird auf die Form gelenkt und anschließend wie beim Handverfahren mit Bürste oder Walze verdichtet. Die meisten Geräte dieser Art stellen die Harzmischung mit Hilfe einer Mischdüse selbst her, indem sie zwei Harzansätze aus zwei getrennten Behältern beziehen, von denen der eine den Ansatz mit dem Härter, der andere den mit dem Beschleuniger enthält. Auch auf diese Weise können sehr große Teile hergestellt werden.

Beim sogenannten Vakuumverfahren wird wie beim Handverfahren der Glasfaserauftrag mit dem Harz im Formwerkzeug vorbereitet. Auch dieses kann leicht gebaut sein. Es muß dann aber mit einigen zusätzlichen Einrichtungen versehen sein. Man benötigt einen Saugstutzen und eine elastische Folie, die sich bei Evakuierung auf den vorbereiteten Formling auflegt und den Atmosphärendruck auf ihn zur Wirkung bringt. Erforderlich ist natürlich auch eine Vakuumanlage. Im Gegensatz zum vorigen Verfahren ist hier also ein geringer Druck möglich, was die Güte des Werkstückes verbessert. Beim Drucksackverfahren wird das Formwerkzeug insofern verbessert, als man Druckluft anwendet. Man muß dann die Anordnung so treffen, daß man auf die das Werkstück abschließende Folie einen aufblasbaren elastischen Gummisack einbringen kann, der auf der Gegenseite entsprechend abgestützt wird. Man evakuiert wieder zuerst, führt dann Druckluft zu und kann somit den spezifischen Druck auf einige bar erhöhen. Auf diese Weise kann man noch höhere Festigkeiten des Isolierteils erreichen.

Will man besonders glatte Oberflächen und genauere Wandstärken erzielen, so arbeitet man schließlich mit Hohlform und Stempel in einer hydraulisch betriebenen Presse. Aber auch hier braucht man mit dem Preßdruck selten höher als 10 bar zu gehen. Der Pressentisch kann daher trotz leichter Bauart der Presse sehr groß sein. Nach diesem Verfahren gießt man das vorbereitete Harz auf die in das heiße Werkzeug eingebrachte Glasfasereinlage. Für ein gutes Entweichen der Luft ist in allen Fällen zu sorgen. Bei großen Serien arbeitet man mit Werkzeugen aus Stahl oder Leichtmetall, wobei auf die Oberfläche besonderer Wert zu legen ist. Die Werkzeuge werden zweckmäßig beheizt. Arbeitet man mit solchen zweiteiligen Preßwerkzeugen, so verwendet man gerne aus Glasfasern hergestellte Vorformlinge, die, im Beflockungsverfahren mit einer Vorformmaschine hergestellt, in das Werkzeug eingelegt werden. Da die Form des Fertigteils so bereits im Rohling vorgegeben ist, wird eine gleichmäßigere Verteilung der Glasfaser gewährleistet, so daß es sich bei großen Stückzahlen lohnt.

Die Herstellung plattenförmiger Schichtpreßstoffe ist besondes einfach. Man verwendet Glasfasermatten und bei höheren Ansprüchen Glasfilamentgewebe. Sie werden mit dem Harz begossen und zwischen die Platten einer Etagenpresse gebracht, wo das Harz bei leichtem Druck und mäßiger Wärme aushärtet. Um ein Ausfließen des Harzes zu verhindern, arbeitet man im allgemeinen mit Preßrahmen.

Glasfasermatten und Gewebe werden oft in Tränkanlagen mit dem Polyesterharz vorgetränkt. Nach dem Tränken wird dies angeliert, und so werden die Bahnen zwischen Folien aufgewickelt [183] dem Verarbeiter angeliefert. Sie können in dieser Form (oft Prepreg genannt) als nichtfließfähige Gewebe bzw. fließfähige Matten [184] leicht gehandhabt, zugeschnitten und in die Preßwerkzeuge eingelegt werden. Daraus hergestellte Erzeugnisse sind wegen der einwandfreien Vortränkung besonders gut. Die getränkten Bahnen haben allerdings nur eine zeitlich begrenzte Verarbeitbarkeit von wenigen Wochen.

Isolierteile können auch kontinuierlich hergestellt werden. Das gilt insbesondere für Halbzeuge wie beispielsweise Stäbe. Bei dieser Fertigungstechnik werden die Glasfaserstränge durch eine mit dem Harz gefüllte Tränkwanne geführt und dann durch ein profiliertes Rohr gezogen. Bei einer Temperatur von 80 bis 100°C wird das Harz so weit geliert, daß es zwar noch gut im Formrohr gleitet, aber dem Stab bereits eine solche Formbeständigkeit gibt, daß er nach dem Austritt nicht mehr aufspaltet. Die Aushärtung erfolgt anschließend in passend abgestimmten Ausheizzonen. Am Ende werden die Stäbe durch eine Abzugmaschine ununterbrochen abgezogen.

Rohre können im Schleudergießverfahren hergestellt werden. Dabei werden die Matten bzw. Gewebe trocken in das Schleuderrohr eingebracht, genauer gesagt, zugeschnitten an die innere Wandung angelegt. Das Rohr, das im allgemeinen auch beheizt werden kann, wird dann in Drehung versetzt, und das Harz wird eingegossen. Das so gefertigte Rohr ist, durch die Fertigungstechnik bedingt, außen immer etwas harzärmer als innen; es sei denn, daß man besondere Kunstgriffe anwendet. Schließlich können

10.1 Polyesterharz

Rohre und behälterartige Gebilde mit Matten und Geweben, insbesondere auch Gewebebändern, gewickelt werden. Eine besonders hohe Güte des Erzeugnisses erreicht man, wenn man die Rohre bzw. Behälter unter laufender Zugabe der Harzmischung aus einzelnen Fäden oder Strängen auf entsprechende Dorne bzw. Kerne aufwickelt. Diese bestehen aus Stahl oder Leichtmetall mit polierter Oberfläche. Sie sind schwach konisch oder auch geteilt und werden nach dem Härten abgezogen. Bei geschlossenen Hohlkörpern wird mit verlorenen Kernen gearbeitet, die aus niedrigschmelzenden Legierungen, aus löslichen oder mechanisch zerstörbaren Stoffen bestehen. Die Wickelart mit dem geometrischen Muster der Wicklung, mit Wickelwinkel und Wendezone ist dabei von ausschlaggebender Bedeutung. Auf diese Weise sind sehr große Abmessungen möglich.

Auf Grundlage von Polyesterharz sind auch Preßmassen auf dem Markt (vgl. auch DIN 16911). Man verwendet dafür geschnittene Glasspinnfäden, die in geeigneter Weise mit Harz getränkt werden, kurzgeschnittene Fasern von 2 bis 20 mm Länge oder auch solche von etwa 0,3 mm Länge. Sie können noch andere, beispielsweise mineralische Füllstoffe und flammwidrige Zusätze enthalten. Sie können auch in den verschiedensten Farben geliefert werden. Man muß aber grundsätzlich solche Farbstoffe ausschließen, die den Reaktionsablauf unerwünscht beeinflussen.

Man unterscheidet teigige bzw. faserige Massen und trockenes rieselfähiges Granulat [185]. Den ersten liegen meistens styrolvernetztes Polyesterharz zugrunde, dem zweiten mit Diallylphthalat vernetztes. Alle sind im allgemeinen gut zu verarbeiten. Die letztgenannten haben auch eine gute Lagerbeständigkeit. Außerdem ist ihre Reaktionsschwindung und damit die Rißanfälligkeit geringer als bei den styrolvernetzten Typen. Im englischen Sprachgebrauch werden sie oft als Alkydharzformmassen bezeichnet.

Die oft störende Verarbeitungsschwindung wird bei anderen Einstellungen durch Modifizieren des ungesättigten Polyesterharzes behoben. Man erreicht dies dadurch, daß man dem flüssigen Harz die Lösung eines Thermoplasten, beispielsweise in Styrol gelöstes Polystyrol, zusetzt. Während des Preßvorganges verdampft dann etwas von dem im angequollenen Thermoplasten festgehaltenen Styrol. Die dabei auftretenden äußerst feinen Bläschen wirken der Schwindung entgegen; und man erhält die Preßteile ohne Einfallstellen auf der Rückseite von Rippen und dergleichen und eine stark verminderte Verzugsneigung; damit also eine wesentlich verbesserte Formteiloberfläche.

Die Verarbeitung der Preßmasse geschieht ebenfalls unter Anwendung von Druck und Wärme, und zwar in hochglanzpolierten Formwerkzeugen aus Stahl. Das Pressen, Spritzpressen und auch das Spritzen sind als Verfahren üblich. Im Verfahrensablauf wird die Masse dabei zunächst weich.

Steigt die Temperatur weiter an, so beginnt die chemische Umwandlung des Harzes. Es wird wieder zäher und härtet aus. Der anzuwendende Druck ist nicht sehr groß. Er richtet sich natürlich nach der Preßmasse, dann aber auch nach Größe und Gestalt der Preßteile. Falls nicht zu hohe Ansprüche an das Fließverhalten gestellt werden, eignen sich derartige Preßmassen auch als Niederdruckpreßmassen für das Ummanteln von elektrischen Bauteilen, wobei aber die verhältnismäßig große Verarbeitungsschwindung dieser Massen berücksichtigt werden muß.

Schließlich werden die ungesättigten Polyesterharze auch als Tränkharze, Träufelharze, Gießharze und Überzugsharze verwendet. Das alles sind lösemittelfreie Reaktionsharze. Das Träufelharz ist eine besondere Einstellung des Tränkharzes, so auch das Träufeln eine besondere Art des Tränkens. Dafür eignen sich rotationssymmetrische Wickelkörper mit achsparallelen Spulen, vor allem, wie in Abb. 10.2 dargestellt, Läufer elektrischer Kleinmaschinen. Bei den Ständern ist eine verteilte Wicklung Voraussetzung, was bei Drehstrom- und Einphaseninduktionsmaschinen

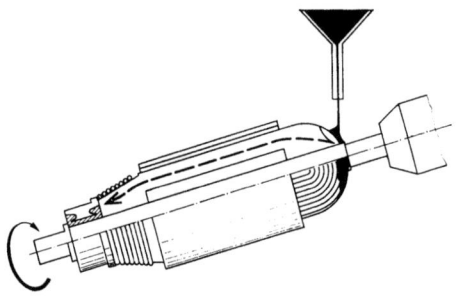

Abb. 10.2. Schematische Darstellung des Träufelvorganges.

der Fall ist [186]. Dafür werden sowohl kalthärtende als auch heißhärtende Harze eingesetzt. Die Wicklungen werden zu diesem Zweck zunächst bei etwa 120°C vorgetrocknet. Sie werden, ein wenig gegen die waagerechte Lage geneigt, in einer passenden Vorrichtung in Drehung versetzt. Die sorgfältig gemischte Tränkharzmasse wird daraufhin kalt auf das höher liegende Ende der heißen Wicklung in dünnem Strahl aufgegossen. Sobald das Harz an die heiße Wicklung kommt, wird es dünnflüssig und fließt infolge der Schwerkraft, hauptsächlich aber infolge von Kapillarkräften zwischen den Drähten zum unteren Wickelkopf, und zwar durch den in den Nuten liegenden Wicklungsteil. Das macht man so lange, bis die vorher festgelegte Harzmenge verbraucht und die Leiterbündel einschließlich der Schnurbandage am unteren Wickelkopf durchtränkt sind. Man dreht noch etwas weiter, bis die Gelierung beginnt. Dann läßt man je nach Einstellung des Systems kalt oder warm aushärten, was in der Regel ein bis zwei Stunden dauert.

10.1 Polyesterharz

Als Gießharz werden ungesättigte Polyesterharze gefüllt oder ungefüllt verwendet. Man kann dafür sogenannte verlorene Formen verwenden, die dann mit dem Bauteil oder der Funktionseinheit verbunden bleiben, oder auch in Formwerkzeuge eingießen. Diese werden dann wieder entfernt. Die Härtung kann warm oder kalt erfolgen. Das ist eine Frage der Fertigungstechnik und schließlich von der Art des Peroxids abhängig. Da der spontane Verlauf der Härtungsreaktion beim Polyesterharz zu einer großen Volumenschwindung führt, kann das Problem der dadurch verursachten inneren Spannungen in den Gießteilen nicht immer gelöst werden, worauf hingewiesen werden muß.

Glasfaserverstärkte Polyesterharze können spanend bearbeitet werden. Sie werden mit Trennscheiben gesägt. Sie können mit Hartmetall gefräst, gedreht und gebohrt werden. Die Schnittbedingungen sind so zu wählen, daß die Schnittkräfte niedrig bleiben, um ein Ausweichen des Werkstückes und Ausbrüche aus Flächen und Kanten zu verhindern. Im allgemeinen sollen hohe Schnittgeschwindigkeiten und kleine Vorschübe angewendet werden (VDI 2003). Flüssigkeitskühlung ist nicht zweckmäßig; meistens genügt Druckluftkühlung. Der Werkzeugverschleiß ist wegen des Glasfasergehaltes ziemlich groß.

Werkstoffeigenschaften. Die Erzeugnisse aus Reinharz sind klar durchsichtig. Sie sind in der Regel ziemlich spröde; flexibler erweisen sich die weitmaschig vernetzten Harze. Wertvolle Eigenschaften erhält man erst, wenn Füllstoffe, vornehmlich Glasfasern, eingearbeitet werden. Solche Teile zeichnen sich, wie Tabelle 10.1 veranschaulicht, gegenüber dem unverstärkten Harz durch hohen Elastizitätsmodul, hohe Biegefestigkeit, Schlagzähigkeit und Zugfestigkeit aus. Die mit Glasfilamentgewebe verarbeiteten Schichtpreßstoffe sind die wertvollsten. Die Werkstoffeigenschaften der aus Preßmassen hergestellten Teile weichen, bedingt durch die große Mannigfaltigkeit der möglichen Füllstoffe, oft stark voneinander ab. Eine typische glasfaserverstärkte Ausführung ist ebenfalls in Tabelle 10.1 aufgenommen.

Polyesterharz ist kriechstromfest. Dielektrizitätszahl und Verlustfaktor sind, wie aus Abb. 10.3 hervorgeht, sehr unterschiedlich [46]. Das hängt mit der Wahl der Komponenten und den Herstellungsbedingungen zusammen. Interessant ist, daß die Verluste des glasfaserverstärkten Harzes bei niederen Frequenzen größer als die des reinen Polyesterharzes sind, obwohl die Werte der Glasfaser eindeutig darunter liegen (5.2.2). Dies ist Effekten an den Grenzflächen zwischen Glas und Harz zuzuschreiben. Die Beständigkeit gegenüber energiereicher Strahlung scheint bis zu 1 MJ/kg gegeben zu sein.

Polyesterharz hat eine Dauerwärmebeständigkeit von 110 °C. Darüber wird es durch thermischen Abbau geschädigt. Es brennt leuchtend mit

Tabelle 10.1. Werkstoffeigenschaften von Polyesterharz

Eigenschaften	Einheit	Unverst. Harz	Schichtpr. mit 50% Glasfasergewebe	Glasfaserverstärkte Preßmasse
Dichte	g/cm³	1,15 bis 1,25	1,58 bis 1,68	1,9
Elastizitätsmodul	kN/mm²	3 bis 4	18	14
Biegefestigkeit	N/mm²	50 bis 150	250	60
Schlagzähigkeit	Nmm/mm²	5 bis 10	80	22
Zugfestigkeit	N/mm²	40 bis 60	180	60
Bruchdehnung	%	2 bis 4	2 bis 3	2 bis 4
Kriechstromfestigkeit		KA 3c	KA 3c	KA 3c
Durchschlagfestigkeit	kV/mm	20	10 bis 20	10
Spezifischer Durchgangswiderstand	Ω cm	10^{14}	10^{14}	10^{12}
Dielektrizitätszahl ($f = 1$ MHz)		3,0 bis 3,5	3,5 bis 4,5	4,5 bis 5,5
Dielektr. Verlustf. ($f = 1$ MHz)		10^{-2} bis $4 \cdot 10^{-2}$	10^{-2} bis $3 \cdot 10^{-2}$	10^{-1}
Wärmeleitfähigkeit	W/Km	0,15 bis 0,20	0,35	
Lineare Wärmedehnzahl	10^{-6}/K	80 bis 150	15	
Formbest. in der Wärme nach Martens	°C	50 bis 80	200	125
Vicat-Erweichungstemp.	°C	70 bis 150		
Dauerwärmebeständigkeit	°C	110	110	110
Wasseraufnahme	mg	30 bis 60	100	100

rußender Flamme, selbst nach Entfernung der Zündquelle. Dabei riecht es süßlich nach Styrol. Selbstlöschende Polyesterharze erhält man durch Verwendung besonderer Zusätze, die aber oft andere Nachteile mit sich bringen.

Die Wasseraufnahme ist verhältnismäßig gering. Die chemische Beständigkeit gegen verdünnte Säuren ist gut; bei konzentrierten und oxydierenden Säuren, bei Laugen und Lösemitteln läßt sie jedoch manchmal zu wünschen übrig. Auch ist Polyesterharz in chlorierten Diphenylen nicht beständig. Die Witterungsbeständigkeit ist im allgemeinen nicht zu

10.1 Polyesterharz

beanstanden, was allerdings nicht von den selbstverlöschend eingestellten Typen gesagt werden kann. Anderseits gibt es Einstellungen mit besonderer Chemikalienfestigkeit, insbesondere die auf Grundlage von Diallylphthalat.

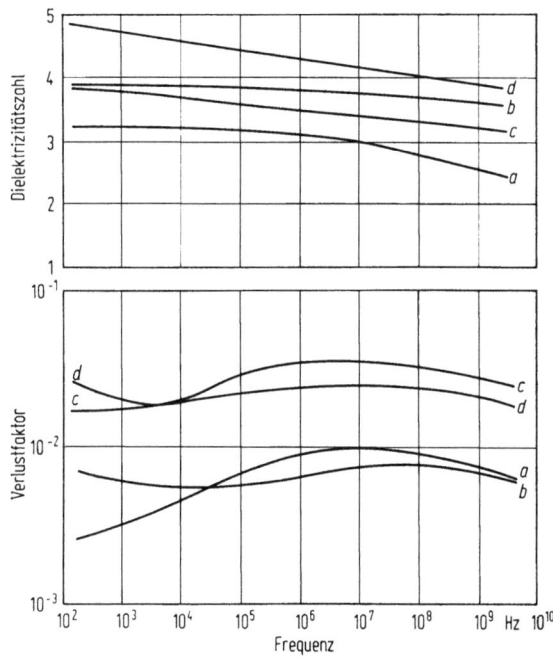

Abb. 10.3. Frequenzabhängigkeit der Dielektrizitätszahl und des dielektrischen Verlustfaktors zweier Polyesterharze mit und ohne Glasfilamentverstärkung.
a Polyesterharz (hochkondensiertes Isophthalsäureharz); b Wie a mit 55% Gew. (39% Vol.) Glasfilamentgewebe verstärkt; c Polyesterharz (auf Grundlage von Orthophthalsäure, Maleinsäure und Glykol); d Wie c mit 46% Gew. (30% Vol.) Glasfilamentgewebe verstärkt.

Einsatzgebiete. Bezeichnend für die Polyesterharze ist, daß man mit ihrer Hilfe Isolierteile großer Abmessungen herstellen kann. Dazu gehören leichte Antennenmaste. Die gute Durchlässigkeit für hochfrequente elektrische Wellen macht glasfaserverstärktes Polyesterharz zum bevorzugten Werkstoff für Radarverkleidungen und Schutztürme von Sendestellen. Abbildung 10.4 bringt als Beispiel eine Dipolverkleidung. Solche Anordnungen schützen vor Vereisung und Sturmschäden und erhöhen damit die Betriebssicherheit. Auch die Köpfe von Fernraketen müssen für elektromagnetische Strahlen verzerrungsfrei durchlässig sein, da sie von diesen gesteuert werden. Bei den hohen Geschwindigkeiten sind sie außerdem großen mechanischen und thermischen Beanspruchungen ausgesetzt.

334 10. Gehärtete Kunststoffe (Duromere)

Solche Raketenteile werden ebenfalls aus glasfaserverstärkten Isolierstoffen mit Polyesterharz hergestellt. Die äußeren Lagen des Schichtstoffes können durch die Hitze zwar zersetzt werden, doch ist die Wärmeleitung so gering, daß die inneren Lagen bei genügender Wanddicke ausreichende Gebrauchsdauer besitzen.

Abb. 10.4. Hornparabolantenne für Richtfunk im GHz-Bereich mit Abdeckplatte aus glasfaserverstärktem Polyesterharz (Werkbild: AEG-Telefunken).

Glasfaserverstärktes Polyesterharz wird auch für Schaltschränke, Kabelverteilerschränke und Umspannanlagen verwendet. Die Gehäuse können aus Matten oder im Beflockungsverfahren hergestellt sein. Solche Ausführungen sind leicht zu montieren, von hoher mechanischer Festigkeit, isolierend, korrosions- und witterungsbeständig. Durch die Isolierstoffausführung ist jede Gefahr einer Berührungsspannung oder eines Erdschlusses über das Gehäuse hinweg ausgeschlossen. Ein Beispiel zeigt Abb. 10.5. Das Gerüst dieser Anlage ist aus feuerverzinktem Profilstahl hergestellt. Es ist verschweißt oder über Knotenbleche verschraubt. Die Verkleidung besteht aus einer 20 mm dicken Wand, die, in Schichtbauweise ausgeführt, außen und innen aus je einer 3 mm dicken glasfaserverstärkten Polyesterharzplatte hergestellt ist. Diese Doppelwand ist von innen mit dem Traggerüst verschraubt und der Zwischenraum ist mit Polyurethanharz (10.10) ausgeschäumt. Das Dach ist, ebenfalls aus glasfaserverstärktem Polyesterharz, einteilig als Doppelschale ausgebildet in einer Art, daß die Warmluft aus dem Inneren durch den Hohlraum nach

10.1 Polyesterharz

außen treten kann, und zwar aus den nach unten geöffneten überstehenden Dachkanten.

Aus den Preßmassen werden schließlich die verschiedensten Kleinteile wie Spulenkörper, Röhrensockel, Klemmleisten, Kabelstecker und Schalterteile hergestellt. Abbildung 10.6 zeigt derartige Konstruktionsteile in einem Stufenschalter. Weichfließend eingestellt sind die Preßmassen für die Umhüllung von elektronischen Bauteilen geeignet.

Abb. 10.5. Aus Glasfasern und Polyesterharz hergestellte Umspann- und Verteileranlage (Werkbild: Fritz Driescher).
Nennspannung: 20 kV/380 V;
Nennleistung: 600 kVA.

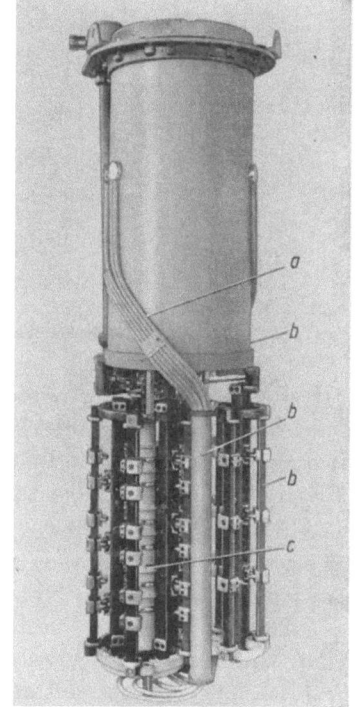

Abb. 10.6. Die Isolierstoffe in einem Stufenschalter eines Leistungstransformators (Werkbild: Transformatoren Union).
a Zellulosepapier; b Phenolharzhartpapier; c Glasfaserverstärktes Polyesterharz.

Durch das geschilderte Träufelverfahren [187] erzielt man einen lunkerfrei durchgehärteten Verbund von Isolierkörper und Wicklung elektrischer Kleinmaschinen und damit Stoß- und Schleuderfestigkeit, Kriechstrom- und Spannungsfestigkeit, gute Wärmeableitung und Widerstandsfähigkeit gegen äußere Einflüsse. Rein oder mit feinteiligen Füllstoffen wird Polyesterharz zum Vergießen von Bauteilen und kleinen Schaltungen verwendet. Wenn es auch preisliche Vorteile bietet, ist der Einsatzbereich hier dennoch eingeschränkt, denn die möglicherweise im Gießling auftretenden Spannungen sind nicht immer problemlos. Als Überzugsharz dient es für Berührungs- und Feuchtigkeitsschutz.

10.2 Diallylphthalatharz

Ebenfalls zu den ungesättigten Polyesterharzen gehört das Diallylphthalatharz (Kurzzeichen: PDAP). Es kommt wie diese als gehärteter Kunststoff zur Verwendung.

Molekülstruktur. Die beiden charakteristischen Molekülstrukturen, die Ortho- und die Metaform, sind in Abb. 10.7 dargestellt. Man erkennt die reaktionsfähigen Stellen, die für die Vernetzung verantwortlich sind.

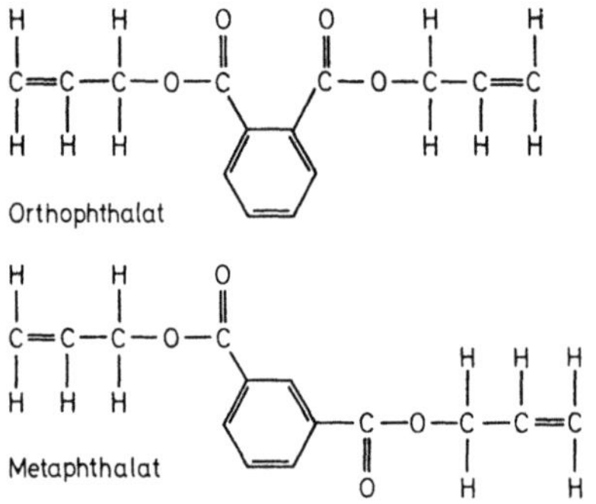

Abb. 10.7. Molekülstruktur des Diallylphthalatharzes (PDAP).

Herstellung. Die verwendeten Rohstoffe sind u.a. Phthalsäure oder Isophthalsäure. Das Monomere reagiert träge und so ist es möglich, es so weit vorzupolymerisieren, bis ein viskoses oder festes Erzeugnis entsteht, das noch löslich und formbar ist.

Verarbeitung. Das Vernetzen erfolgt auch hier mit Hilfe eines organischen Peroxids ohne Abspaltung flüchtiger Bestandteile, d.h. durch Polymerisation. Aus dem vorpolymerisierten Stoff werden unter Zusatz von Füllstoffen und Pigmenten hauptsächlich Preßmassen hergestellt, die in Form von Granulat geliefert werden. Als Füllstoffe kommen im allgemeinen Asbest und kurzgeschnittene Glasfasern in Betracht. Falls erforderlich werden diese Preßmassen noch mit Zusätzen versehen, die ihnen flammenhemmende Eigenschaften verleihen. Sie haben allgemein eine gute Lagerfähigkeit. Die Weiterverarbeitung zu Fertigteilen erfolgt bei Drücken von 10 bis 30 N/mm² und Temperaturen von 150 bis 170°C. Unter diesen Bedingungen erhält man ein gutes Fließen im Werkzeug. Die Verarbeitungsschwindung beträgt bei Asbestfüllung 0,7% und bei Glasfaserverstärkung in der Regel 0,3%. Daß sie so niedrig liegt, erleichtert die Einarbeitung metallischer Kontakte.

Werkstoffeigenschaften. Die Eigenschaften der mit Asbest oder Glasfaser verstärkten Diallylphthalatharze sind in Tabelle 10.2 zusammengestellt. Abbildung 10.8 zeigt am Beispiel der glasfaserverstärkten Metaform die Temperaturabhängigkeit von Dielektrizitätszahl und dielektrischem Ver-

10.2 Diallylphthalatharz

Tabelle 10.2. Werkstoffeigenschaften von Diallylphthalatharz

Eigenschaften	Einheit	Orthoform mit Asbest	Orthoform mit Glas	Metaform mit Asbest	Metaform mit Glas
Dichte	g/cm³	1,68	1,72	1,68	1,7 bis 1,8
Elastizitätsmodul	kN/mm²	8	9	8	9
Biegefestigkeit	N/mm²	60	80	55	80
Schlagzähigkeit	Nmm/mm²		6		4
Zugfestigkeit	N/mm²	40	50	60	50
Kriechstromfestigkeit		KA 3c	KA 3c	KA 3c	KA 3c
Durchschlagfestigkeit	kV/mm	12	15	12	15
Spezifischer Durchgangswiderstand	Ω cm	10^{14}	10^{14}	10^{14}	10^{14}
Dielektrizitätszahl ($f = 1$ MHz)		4,5	3,5	4,0	3,4 bis 3,8
Dielektr. Verlustf. ($f = 1$ MHz)		$4 \cdot 10^{-2}$	10^{-2}	$3 \cdot 10^{-2}$	10^{-2}
Wärmeleitfähigkeit	W/Km	0,58	0,28	0,60	0,40
Lineare Wärmedehnzahl	10^{-6}/K	35	12	25	25
Formbest. in der Wärme nach Martens	°C		140		210
Dauerwärmebeständigkeit	°C	130	130	160	160
Wasseraufnahme	mg	30	20	30	25

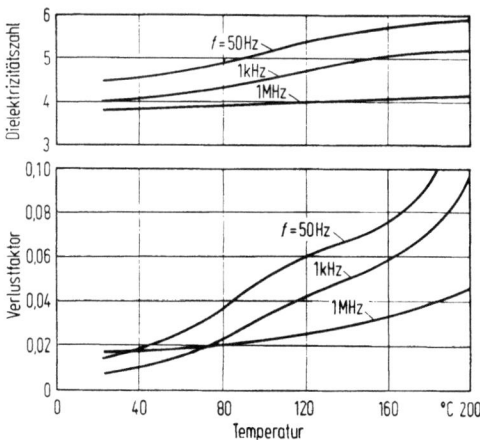

Abb. 10.8. Dielektrizitätszahl und dielektrischer Verlustfaktor eines Preßstoffes aus glasfaserverstärktem Diallylphthalatharz in Abhängigkeit von der Temperatur.

lustfaktor bei verschiedenen Frequenzen. Die Isolierteile haben auch eine gute Formbeständigkeit in der Wärme, vor allem die Metaform dieser Kunststofftype. Sie besitzen ferner eine gute Beständigkeit gegen viele Säuren, Laugen und Lösemittel. Auch das Verhalten im Vakuum ist gut.

Einsatzgebiete. Die Anwendung in der Elektrotechnik ist dann gegeben, wenn das Formteil mechanischen Belastungen bei starken Klimaschwankungen ausgesetzt ist und trotzdem annehmbare elektrische Eigenschaften verlangt werden. Diallylphthalatharz ist der typische Isolierstoff für Kontaktausführungen aller Art, wobei besonders vorteilhaft ist, daß beim Härtungsvorgang keine korrosiven Dämpfe gebildet werden. Unter Betriebsbedingungen tritt keine Zersetzung auf, so daß die gelegentlich beobachteten Kontaktschwierigkeiten, die durch Polymerisation bzw. Kondensation solcher Zersetzungsprodukte auf den Kontaktflächen entstehen, hier ausgeschlossen sind. Derartige Isolierteile werden daher in großem Umfange in Flugzeuge und Raumfahrzeuge eingebaut.

10.3 Cyanatharz

Das Cyanatharz ist auf der Grundlage eines zweiwertigen aromatischen Cyansäureesters aufgebaut. Die Härtung erfolgt unter Zugabe eines Katalysators in der Wärme.

Molekülstruktur. Es ist, wie es heute vorliegt, ein hochmolekularer Stoff, der beispielsweise aus dem zweiwertigen Cyansäureester des in Abb. 10.9 gezeigten Formelbildes durch Polymerisation entstanden ist [188].

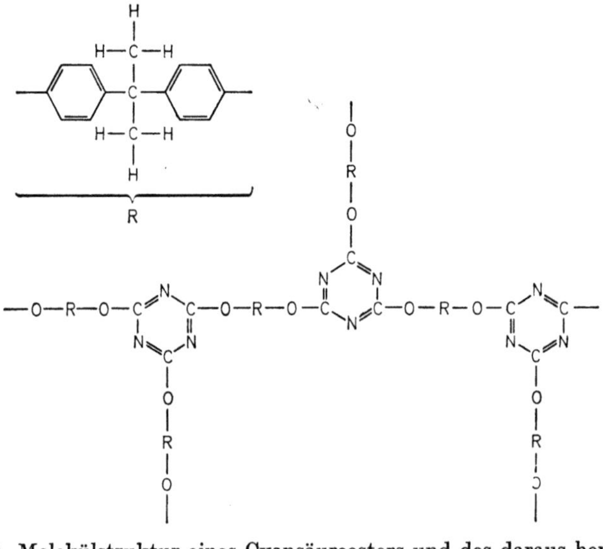

Abb. 10.9. Molekülstruktur eines Cyansäureesters und des daraus hergestellten Cyanatharzes.

10.3 Cyanatharz

Verarbeitung. Beim Übergang in den hochmolekularen Endzustand durchläuft das Polymere Zwischenstufen ansteigenden Molekulargewichtes, bei denen der Polymerisationsvorgang abgebrochen werden kann. In solch einem Zwischenzustand wurde früher das Cyanatharz als gelbbraune, harte Masse, die bei 60 bis 100 °C schmilzt, geliefert. Herstellungsbedingt fällt es heute in Methyläthylketon gelöst an und wird mit einem Feststoffgehalt von 70% als bernsteinfarbene Lösung dem Verarbeiter zur Verfügung gestellt. In nicht katalysiertem Zustand ist sie über mehrere Monate lagerfähig. Für die Weiterverarbeitung wird sie am besten auf einen Feststoffgehalt von 50 bis 60% eingestellt. Dann ist sie leicht zu verarbeiten und wird vorteilhaft für die Herstellung von Schichtstoffen, Wickelkörpern und Preßteilen verwendet. Als Trägerstoff können Asbestpapier, Glasfasererzeugnisse und Zellulosepapier genommen werden. Auch die Herstellung von Mikanit (4.5) ist damit möglich. Die Trägerbahnen werden in üblicher Weise getränkt. Nach dem Abdunsten des Lösemittels im Wärmekanal wird durch eine zusätzliche Temperaturbehandlung eine weitere Polymerisation des Harzes herbeigeführt. Hierdurch wird die passende Viskosität und damit ein Harzfluß erreicht, der notwendig ist, um später beim Verpressen der geschichteten Bahnen den Harzaustritt in den richtigen Grenzen zu halten. Die Polymerisation des Harzes darf dabei natürlich nicht zu weit getrieben werden, da es ja in der Presse nochmals dünnflüssig aufschmelzen muß. Für die endgültige Aushärtung hat sich bei einem Druck von 4 bis 7 N/mm² eine Temperatur von 180 °C bewährt. Da das Cyanatharz auf Metallen leicht klebt, müssen die Preßbleche mit geeigneten Trennmitteln besprüht werden.

Werkstoffeigenschaften. Das ausgehärtete Cyanatharz hat, wie Tabelle 10.3 zeigt, gute mechanische und elektrische Eigenschaften [188]. Günstig ist auch die verhältnismäßig geringe Temperaturabhängigkeit. Die Biegefestigkeit beispielsweise zeigt bei 200 °C noch etwas über die Hälfte des Ausgangswertes bei Raumtemperatur. Der spezifische Durchgangswiderstand ist bis dahin lediglich um zwei Größenordnungen gefallen. Dielektrizitätszahl und dielektrischer Verlustfaktor ändern sich in diesem Temperaturbereich nur unwesentlich. Abbildung 10.10 veranschaulicht die außergewöhnlich geringe Frequenzabhängigkeit eines mit einem Glasgewebeteil von 60% hergestellten Schichtpreßstoffes aus Cyanatharz. Ein Nachteil ist, daß Cyanatharz keine Kriechstromfestigkeit besitzt. Es besteht aber eine einigermaßen gute Widerstandsfähigkeit gegen chemische Angriffe. Nicht beständig ist das Harz gegen Natronlauge, Salzsäure und Salpetersäure.

Einsatzgebiete. Die glasfaserverstärkten Isolierstoffe auf Grundlage von Cyanatharz können auf Teilgebieten die Anwendungsmöglichkeiten der ungesättigten Polyesterharze ergänzen, besonders im Bereich etwas höherer Gebrauchstemperaturen. So sind sie auch für die gedruckte Schaltung brauchbar. Das Haftvermögen der Kupferfolie liegt über dem allgemein geforderten Mindestwert. Das Verhalten im Lötbad ist außergewöhnlich gut. Die Preislage ist noch unbestimmt.

Tabelle 10.3. Werkstoffeigenschaften von Cyanatharz

Eigenschaften	Einheit	Reinharz	Schichtpreß-stoff mit 60% Glasfilament-gewebe
Elastizitätsmodul	kN/mm²	3	20
Biegefestigkeit	N/mm²	130	500
Schlagzähigkeit	Nmm/mm²	12	150
Zugfestigkeit	N/mm²	70	400
Bruchdehnung	%	1,5	
Kriechstromfestigkeit		KA 1	KA 1
Durchschlagfestigkeit	kV/mm	25	25
Spezifischer Durchgangswiderstand	Ω cm	10^{16}	10^{15}
Dielektrizitätszahl ($f = 1$ MHz)		3,3	4,3
Dielektr. Verlustf. ($f = 1$ MHz)		10^{-2}	10^{-2}
Formbest. in der Wärme nach Martens	°C	240	300
Dauerwärmebeständigkeit	°C	140	
Wasseraufnahme	mg		6

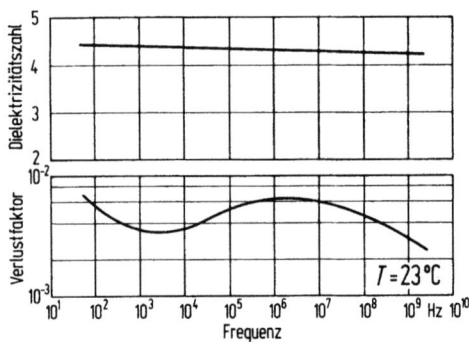

Abb. 10.10. Frequenzabhängigkeit der Dielektrizitätszahl und des dielektrischen Verlustfaktors eines Schichtpreßstoffes aus glasfaserverstärktem Cyanatharz.

10.4 Alkydharz

Unter der Bezeichnung Polyesterharze faßt man alle harzartigen Erzeugnisse zusammen, die durch eine Veresterung mehrbasischer organischer Säuren mit mehrwertigen Alkoholen entstanden sind (10.1). Gelegentlich werden sie auch als Alkydharze bezeichnet. Im engeren Sinne und etwas genauer werden unter Alkydharzen nur die mit Fettsäuren oder fetten Ölen modifizierten gesättigten Polyesterharze verstanden, was auch hier geschehen soll. Die unter Verwendung von Phthalsäureanhydrid hergestellten Harze werden häufig auch als Phthalatharze bezeichnet.

Herstellung und Verarbeitung. Die hier zu behandelnden Alkydharze entstehen in einem Kondensationsvorgang aus Phthalsäureanhydrid und als Alkoholkomponente Glykol oder Glyzerin. Die Herstellung erfolgt im allgemeinen in Chargen, also diskontinuierlich, wobei die laufende Entfernung des Reaktionswassers wichtig ist. An dem Viskositätsanstieg des Inhaltes läßt sich der Reaktionsverlauf gut beurteilen. Solche gesättigten Polyesterharze, oft als ölfreie Alkydharze (Glyptalharze) bezeichnet, werden in der Regel mit Fettsäuren modifiziert, die vorwiegend natürlichen Ölen wie Leinöl, Holzöl, Sojaöl und Rizinusöl (6.3) entstammen. Diese ölmodifizierten Harze werden in üblicher Weise sikkativiert. Gelegentlich wird auch mit Phenolharz modifiziert, das unter den gleichen chemischen Voraussetzungen über die Hydroxylgruppen reagiert und aushärtet. Als Lösemittel für derartige Harze werden für die Zwecke der Elektrotechnik hauptsächlich aromatische Kohlenwasserstoffe eingesetzt. Die Filmbildung nach der Tränkung mit einem modifizierten Alkydharz beruht auf einer physikalischen und chemischen Trocknung. Bei dieser kann es sich um eine Oxydation durch Luftsauerstoff oder um eine Reaktion eines Zweikomponentensystems handeln. Nach dem Verdunsten des Lösemittels liegt zunächst ein Gel vor, das dann entweder durch die Reaktion mit dem Luftsauerstoff oder durch eine temperaturbedingte chemische Vernetzung (Ofentrocknung) in den unlöslichen Zustand übergeführt wird [34*].

Werkstoffeigenschaften und Einsatzgebiete. Mit Leinöl hergestellte Alkydharze neigen etwas zum Vergilben, was in der Elektrotechnik jedoch selten stört. Holzöl wird meistens nur in Anteilen mitverwendet; es fördert die Trocknung [34*]. Die Verarbeitung mit Sojaöl bringt eine hervorragende Beständigkeit gegen Vergilbung. Die Rizinenalkyde verbinden rasche Trocknung mit Elastizität, Härte, Glanz, besonders guter Haftung und guter Beständigkeit. Allgemein zeichnen sich die Isolierlacke auf Alkydharzgrundlage durch Elastizität und gutes Haftvermögen aus. Zum Tränken von Spulen und Wicklungen sind sie bestens geeignet. Aus der Sicht des Herstellers von Alkydharzen ist der Anteil der Isolierlacke im Vergleich zu den hergestellten Mengen verhältnismäßig klein.

10.5 Phenolharz

Die Phenolharze (Kurzzeichen: PF) gehören zu den ältesten synthetischen Isolierstoffen. Daß aus Phenol und Aldehyden unter Zusatz geringer Mengen einer Säure harzähnliche Körper entstehen, ist seit langer Zeit bekannt. Die damaligen Erzeugnisse waren zwar unschmelzbar und unlöslich, aber auch spröde, blasig und porös. Da sie in dieser Form technisch nicht einsatzfähig waren, bestand für sie lange Zeit kein Interesse. Auf der bemerkenswerten Eigenschaft vorkondensierter Phenolharze jedoch beim Erwärmen zunächst zu schmelzen und nach diesem vorübergehenden Weichwerden bei weiterer Wärmezufuhr endgültig zu erstarren, konnte man schließlich die technische Verarbeitung unter Druck und Hitze aufbauen. Dem Druck sollte dabei die Aufgabe zufallen, die Aufblähung zu verhindern, den Werkstoff im Gefüge einheitlich und fest zu machen und ihm die gewünschte Form zu geben. Da man es heute versteht, die Harzbildung so zu leiten, daß der Vorgang an verschiedenen Entwicklungsstufen unterbrochen werden kann, macht die technische Fertigung keine Schwierigkeit mehr.

Molekülstruktur. Als Phenole werden Abkömmlinge des Benzols bezeichnet, in denen wie in Abb. 10.11 dargestellt, eine Hydroxylgruppe (OH) unmittelbar an den Benzolkern gebunden ist. Das Benzolmolekül ist, wie schon früher dargestellt, eine ringförmige Verbindung von sechs Kohlenstoffatomen, an die je ein Wasserstoffatom angelagert ist. Bei den Kresolen ist nicht nur ein Wasserstoffatom wie beim Phenol durch eine Hydroxylgruppe ersetzt, sondern noch ein weiteres durch eine Methylgruppe (CH_3). Da die Hydroxylgruppe den einzelnen Gliedern des Benzolkerns die ursprüngliche Gleichwertigkeit genommen hat, ist es nun nicht gleichgültig, welches Wasserstoffatom durch die Methylgruppe ersetzt wird. Es ergeben sich daher die im Bilde dargestellten Möglichkeiten: Die Orthostellung, die Metastellung und die Parastellung. Auch diese drei Kresole werden zu den Phenolen gerechnet. Das für die Umsetzung erforderliche Formaldehyd ist bereits beschrieben (9.21). Die Molekülstruktur des Phenolharzes ist schließlich ziemlich unübersichtlich. Sie ist etwa von der in Abb. 10.11 unten skizzierten Form.

Herstellung. Als Phenolharze werden sowohl die aus Phenol als auch die aus Kresol hergestellten Harze bezeichnet. Sie entstehen durch chemische Reaktion von Phenolen mit Aldehyden, im besonderen mit Formaldehyd, und zwar unter Abspaltung von Wasser. Es handelt sich um einen Kondensationsvorgang.

Phenol bildet bei gewöhnlicher Temperatur große, farblose Kristalle oder, besser gesagt, eine weiße kristallisierte Masse, welche sich mit der Zeit rötlichbraun färbt. Bei 41 °C schmilzt Phenol zu einer klaren Flüssigkeit. Es ist in Wasser löslich. In kristallisierter Form ist es chemisch ziem-

10.5 Phenolharz 343

lich rein und ein einheitlicher Stoff. Im Gegensatz zum Phenol ist das handelsübliche Kresol kein einheitlicher Stoff, sondern ein Gemisch der drei isomeren Bestandteile, die sich in bezug auf ihre chemische Reaktionsfähigkeit sehr stark voneinander unterscheiden. Orthokresol hat einen Schmelzpunkt von 31 °C, Metakresol einen solchen von 12 °C und Parakresol einen solchen von 36 °C. Metakresol liefert die am schnellsten härtenden Massen, ist daher für die Kunstharzherstellung außer dem Phenol der wichtigste Rohstoff. Formaldehyd, bei gewöhnlicher Temperatur ein Gas,

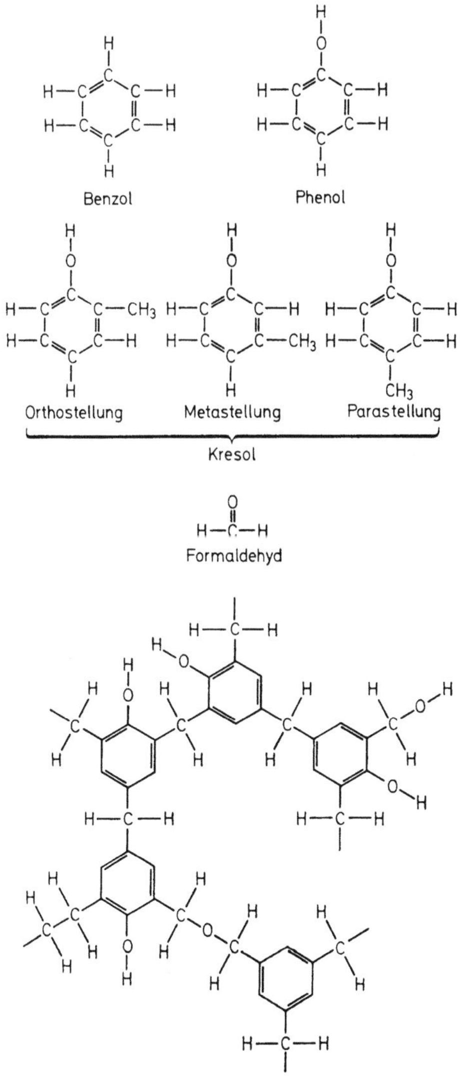

Abb. 10.11. Molekülstruktur des Phenolharzes und seiner Komponenten

ist ebenfalls in Wasser leicht löslich. Im Handel ist es sowohl in wässeriger Lösung als auch in einer festen pulverförmigen Verbindung. Die wässerige Lösung ist unter dem Namen Formalin bekannt. Es ist eine stechend riechende Flüssigkeit mit 30 bis 40% Formaldehydgehalt, die auf die Haut wirkt und auch die Schleimhäute reizt. Die feste Form ist Paraformaldehyd, das bei Erhitzung in Formaldehyd zerfällt.

Die Gewichtsverhältnisse zwischen Formaldehyd und Phenol bzw. Kresol müssen dem jeweiligen Fertigungsverfahren entsprechend ziemlich genau aufeinander abgestimmt werden. Es ist charakteristisch, daß man bei Molverhältnissen Formaldehyd zu Phenol, die größer als eins sind, härtbare Harze (Resole) erhält, während sich bei Molverhältnissen kleiner als eins nicht ohne weiteres härtbare Erzeugnisse (Novolake) ergeben. Die Reaktion kann nun in alkalischer oder saurer Lösung stattfinden. In alkalischer Lösung arbeitet man mit Molverhältnissen Formaldehyd zu Phenol zwischen 1,1 und 2. In saurer Lösung macht man das Molverhältnis zwischen Formaldehyd und Phenol kleiner als eins; man arbeitet zwischen 0,8 und 0,9. Auf den verwickelten chemischen Vorgang, der sich dabei abspielt, soll hier nicht eingegangen werden.

Die Vereinigung von Phenol und Formaldehyd mit dem basischen bzw. sauren Kondensationsmittel wird in großen, mit Rührwerk versehenen Autoklaven vorgenommen. Die Kondensation erfolgt, durch die handelsübliche wässerige Formaldehydlösung bedingt, in wässeriger Phase. Um die Reaktion beschleunigt einleiten zu können, wird die Füllung zunächst auf eine Temperatur von 100 bis 110°C gebracht. Die Reaktion ist exotherm und muß deshalb gut überwacht werden. Gegebenenfalls muß in geeigneter Weise gekühlt werden. Das entstehende Wasser wird unter Vakuum abdestilliert. Nach beendeter Destillation wird das Harz am Boden des Kessels abgelassen, solange es noch heiß und flüssig ist. Es ist wichtig, hierfür den richtigen Zeitpunkt zu treffen.

Bei der alkalischen Darstellung werden insgesamt drei Fertigungsstufen unterschieden. Die erste Stufe kennzeichnet den Zustand, bei dem sich das Harz gebildet hat, in dem es also aus dem Autoklaven abgelassen wird. Es ist anfänglich zähflüssig oder, falls erstarrt, schmilzt es in der Wärme. Außerdem ist es in verschiedenen Lösemitteln löslich. Wird ein solches Harz weiter erwärmt, so geht es in einen fortgeschrittenen Zustand über. Es ist dann in der Wärme noch gummiartig hochelastisch, schmilzt aber nicht mehr; ist auch nicht mehr löslich, quillt höchstens noch etwas in Lösemitteln. Unter weiterer Wärmeeinwirkung geht es schließlich in den völlig unschmelzbaren, unlöslichen und auch nicht mehr quellfähigen Endzustand über. Wie bereits angegeben, hat man die praktisch bedeutsame Möglichkeit, diese Entwicklung zwischendurch abzubrechen, wodurch man den weiteren Vorgang den fertigungstechnischen Anforderungen anpassen kann.

10.5 Phenolharz

Auch bei dem sauren Prozeß wird das Harz vom Autoklaven in zähflüssigem Zustande abgelassen, worauf es bald erstarrt und in grobstückiger Form zum Versand gebracht oder im eigenen Betrieb weiterverarbeitet wird. Gegebenenfalls wird es pulverförmig fein vermahlen. Es ist in diesem Zustande schmelzbar und löslich, aber nicht härtbar.

Verarbeitung. Phenolharze werden in der Elektrotechnik nie als Reinharze verwendet. Entweder werden Faserstoffe damit getränkt oder in anderer Weise verstärkende Füllstoffe eingebaut. Die in alkalischer Lösung hergestellten Harze werden fast immer als Harzlösungen weiterverarbeitet. Als Lösemittel kommen Äthylalkohol (Spiritus) und Methanol, aber auch Azeton in Betracht. Man kann zum Tränken von Faserstoffen und Gewebebahnen das Harz jedoch auch so verwenden, wie es in dem Autoklaven entstanden ist, mit dem kondensierten Wasser also, das dann nicht oder nur wenig abdestilliert zu werden braucht. Auf diese Weise spart man die Destillation und die teueren Lösemittel. Die höheren Transportkosten sind dagegen hinzuzuschlagen. Solche wässerigen Harze bewähren sich für die Tränkung von Asbest, Textilgewebe und Papier, aber auch von Holz.

Bekannt sind die so hergestellten Schichtpreßstoffe. Die Fertigung geht von Gewebe bzw. Papier aus, das als endloses Band in besonders dafür gebauten Lackiermaschinen mit der Phenol- oder Kresolharzlösung bestrichen oder getränkt wird. Die alkoholische Lösung ist die übliche. Man kann aber, wie gesagt, auch mit den wässerigen Harzen arbeiten. Die erstgenannte ermöglicht eine besonders schnelle und gute Trocknung. Daß der dabei verwendete Alkohol zu etwa 60% wiedergewonnen werden kann, ist für die Wirtschaftlichkeit des Verfahrens nicht ohne Belang. Die Konzentration der Lösung ist den Betriebsbedingungen anzupassen. Der Feststoffgehalt liegt allgemein zwischen 40 und 60%. Die Menge des aufzutragenden Harzes wird durch Walzenpaare, deren Spalt genau eingestellt werden kann, gesteuert. Im Fertigerzeugnis beträgt der Harzanteil 30 bis 55%. Ist die Trägerbahn so bestrichen oder getränkt, durchläuft sie eine Trockenstrecke; dabei wird das Lösemittel entfernt. Gleichzeitig wird das Harz vorkondensiert. So werden die getränkten Bahnen am Ende der Tränkanlage auf die gewünschte Breite geschnitten und aufgewickelt.

Wird ein besonders hoher Harzauftrag gewünscht oder soll gar mit verschiedenen Harzeinstellungen gearbeitet werden, kann es erforderlich sein, die Imprägnierung ein- oder zweimal zu wiederholen. Nach dem Verlassen des Trockenkanals muß jedenfalls Trocknung, Harzgehalt und Kondensationsgrad stimmen. Für die Plattenherstellung ist dann ein Querschneider vorzusehen, der die Bahnen in Bogen zerlegt. Diese werden später aufeinandergeschichtet und paketweise zwischen Preßblechen in beheizte Etagenpressen geschoben. Dort werden sie mit einem Druck von etwa 10 N/mm² und bei einer Temperatur von etwa 150°C zu Platten zusammengepreßt. Das Harz in den imprägnierten Bögen erweicht und härtet aus, wenn die Wärme einige Zeit aufrechterhalten wird. Um eine saubere Schichtstoffoberfläche zu gewährleisten und ein Aufblähen zu verhindern, müssen die fertigen Platten noch unter Druck gekühlt werden. Der überstehende Preßrand wird auf Kreissägen entfernt.

Bei der Verarbeitung von Glasfasern besteht die Gefahr, daß die Fäden zerbrechen, wenn zu hohe Preßdrücke angewendet werden. In diesen Fällen kommen meistens sogenannte Niederdruckphenolharze zum Einsatz. Das sind Mischkondensate mit Resorcin, in denen Resorcin und Phenol mit Formaldehyd verarbeitet worden sind. Sie spalten weniger Wasser ab als normale Phenolharze und haften besser an der Glasfaser. Infolgedessen reichen bei diesen geringere Drücke aus, um einen einwandfreien Preßstoff zu erhalten.

Sollen Rohre gefertigt werden, wird der Ballen mit dem getränkten Papier oder Gewebe in eine dafür eingerichtete Wickelmaschine eingehängt. Die Bahn wird abgezogen, kurz angewärmt, um das Harz weich und klebrig zu machen, und auf einen sich drehenden Stahldorn gewickelt, der den Innendurchmesser des Rohres bestimmt. Wird Papier verarbeitet, so ist dieses meistens nur einseitig beschichtet. Zur Aushärtung wird der Dorn mit dem aufgewickelten Rohr in einen Ofen gebracht. Am Ende wird wieder gekühlt und das Rohr, das dann nur noch zu besäumen ist, vom Dorn abgezogen.

Auch in Verbindung mit Holz hat sich das Phenolharz bewährt. Man kennt das Erzeugnis als Kunstharzpreßholz. Verwendet werden dafür möglichst ast- und rißfreie Schäl- und Messerfurniere der Rotbuche (6.6). Sie müssen gut getrocknet werden, bevor man sie mit der Harzlösung tränkt. Nach Entfernung des für die Tränkung verwendeten Lösemittels werden sie ebenfalls übereinandergeschichtet und verpreßt. Dabei werden die Furniere zweckmäßigerweise so verlegt, daß die Faserrichtungen der aufeinanderfolgenden Blätter senkrecht zueinander verlaufen. Dadurch beseitigt man den Nachteil des Naturholzes, daß es in der Faserrichtung andere mechanische Eigenschaften besitzt als senkrecht dazu. Mit der chemischen Umwandlung des Harzes findet eine beträchtliche Verdichtung des Holzes statt; es kann auf etwa die Hälfte seines ursprünglichen Volumens zusammengedrängt werden. Der Harzanteil ist mit 8 bis 20% im Vergleich zu den übrigen Schichtpreßstoffen gering.

Wirtschaftliche und technische Bedeutung haben die Phenolharze seit Jahrzehnten auch in den Phenolharzpreßmassen (DIN 7708). In diesen sind in saurer Lösung hergestellte Harze mit Füllstoffen verarbeitet. Die Aufbereitung geschieht auf trockenem oder auf feuchtem Wege, das heißt auf Walzenstühlen oder in starken Knetmaschinen.

Sind die Zuschläge mehlig oder feinfaserig, dann verwendet man vorteilhaft das Walzverfahren. Das gepulverte Harz wird mit dem Füllstoff

10.5 Phenolharz

zunächst in einem Vormischer verrührt. Dann wird es auf geheizte Walzen gegeben, die auf Friktion laufen und das Harz zum Schmelzen bringen. In dieser Form wird es mit dem Füllstoff durchgeknetet, wobei die Temperatur der Masse infolge der Reibung weiter ansteigt. Der sich am Walzenspalt bildende Wulst wird von der schneller laufenden und etwas niedriger beheizten Walze mitgenommen, während die langsamer laufende und heißere Walze frei bleibt. Auf diese Weise bildet sich ein fellartiger Belag. Da es sich um Harze handelt, die in saurer Lösung gewonnen sind, die also ohne bestimmte Zusätze nicht härten, kann der geschmolzene Zustand und damit der Mischvorgang auf der Walze beliebig ausgedehnt werden. Erst nach beendeter einwandfreier Durchtränkung wird im zweiten Arbeitsgang Hexamethylentetramin ($N_2(CH_2)_6N_2$) als Härtungskatalysator zugefügt. Jetzt geht der Kondensationsvorgang unter Abgabe von Wasser weiter. Er muß in bezug auf Temperatur und Zeit wieder sorgfältig beobachtet werden. Deshalb sind die Knetwerke auch zum Kühlen eingerichtet. Praktisch arbeitet man auch hier auf einen vorgehärteten Zustand hin. Sobald dieser erreicht ist, wird das erwähnte Fell mit einem Messer abgestochen. Nach dem Abkühlen wird es fest; es wird gebrochen und zu feinkörniger Preßmasse vermahlen. Der Harzanteil beträgt 40 bis 60%.

Das feuchte Verfahren findet bei denjenigen Preßmassen Anwendung, die langfaserige Stoffe als Füllmittel enthalten. Diese, Fäden und Schnitzel, werden in geeigneten Knetern mit wässerigen oder in Spiritus gelösten Phenolharzen getränkt. Danach wird das Wasser bzw. das Lösemittel unter Vakuum entfernt und die Preßmasse nach Zugabe von Hexamethylentetramin so lange mäßig warm gehalten, bis das Harz so weit vorgehärtet ist, daß es beim Pressen nicht mehr aus dem Füllstoff herausgequetscht wird. Hier verwendet man auch in alkalischer Lösung hergestellte Harze.

Bei der Preßmasseherstellung muß man sich auch über die Bedeutung der Füllstoffe im klaren sein, von denen eine Vielzahl zur Verfügung steht (3.3). Als Füllstoff hat man praktisch alles versucht, was irgendwie brauchbar schien, mehlartige und faserförmige, anorganische und organische. Verwendet man Fasern oder gar Schnitzel und Gespinste anstatt gemahlener Stoffe, so erhält man Preßmassen, die sich vornehmlich für solche Preßteile eignen, von denen besondere mechanische Festigkeit verlangt wird.

Anorganische Füllstoffe verarbeitet man, wenn die Fertigteile gute Wärmebeständigkeit und Glutsicherheit aufweisen sollen. Asbest wird in Form von Fasern verhältnismäßig wenig gebraucht, mehr in Form von Abfall, wie er bei der Luftflotation in mikroskopisch feinem Staub mit Fadenlängen bis zu 2 mm anfällt. Um gute elektrische Werte zu erhalten, muß man darauf achten, daß er keine wasserlöslichen oder leitenden Bestandteile enthält (4.4). Glimmermehl liefert besonders gute elektrische Eigenschaften (4.5). Es ist aber nicht saugfähig und wird daher vom Harz schwer benetzt. Kieselgur und Kaolin ergeben eine gute Oberflächenbeschaffenheit, günstige Fließeigenschaften und Wasserbeständigkeit. Von den organischen Füllstoffen ist Holzmehl der weitaus gebräuchlichste (6.6). Es wird durch Feinmahlen reinsten Sägemehls gewonnen und bildet trotz seiner Feinheit im fertigen Preßstück ein überraschend festes, zusammenhängendes Gefüge. Kiefer, Fichte und Tanne sind die bevorzugten Hölzer. Deren Wert ist für den vorliegenden Zweck um so größer, je weniger natürliches Harz sie enthalten. Holzmehl von Ahorn, Birke, Buche und Eiche werden ebenfalls verwendet. Unter den faserigen Füllstoffen der organischen Reihe sind Baumwolle und Zellwolle zu nennen. Baumwollinters sind besonders geeignet.

Die Verarbeitung der Phenolharzpreßmassen zu Fertigteilen geschieht ähnlich wie bei den Polyesterharzpreßmassen, jedoch unter wesentlich höherem Druck, und zwar in hochglanzpolierten Formwerkzeugen aus Stahl. Sowohl das Preßverfahren als auch das Spritzpressen und das von den Thermoplasten her bekannte Spritzgießen kommen zur Anwendung.

Preßtechnisch von großer Wichtigkeit ist das Fließvermögen der Preßmasse, das ein Maß für die Verarbeitbarkeit ist. Es muß ausreichend sein, um das Werkzeug schnell und einwandfrei zu füllen. Die Fließfähigkeit ist abhängig vom Füllstoff. Natürlich ist sie bei langfaserigen Füllstoffen schlechter als bei mehligen Zuschlägen. Sie ist weiter abhängig vom Harzgehalt. Hoher Harzgehalt hat ein gutes Fließvermögen zur Folge. Nun darf das Harz aber auch nicht zu leichtflüssig sein; es muß so weit vorgehärtet sein, daß während des Pressens ein Herausquetschen aus dem Füllstoff vermieden wird. Durch Zugabe von Gleitstoffen endlich (z.B. Magnesiumoxid und Zinkstearat) kann das Fließvermögen verbessert werden. Gutes Fließvermögen ermöglicht, verwickelte Preßteile herzustellen; es schont die Werkzeuge und erhöht die Leistung.

Der beim Pressen anzuwendende Druck richtet sich nach der Gestalt der Preßteile und nach der Preßmasse bzw. deren Fließvermögen. Der Preßdruck wird auf die Werkzeugstempelfläche bezogen und liegt im allgemeinen zwischen 20 und 40 N/mm^2. Bei zu geringem Preßdruck wird das Fertigteil zu locker und damit unbrauchbar.

Die frisch eingefüllte Preßmasse wird also zunächst erwärmt, sei es im Formnest selbst, sei es in der Massekammer des Werkzeugs oder auch in der Schneckenplastifiziereinheit. Beim Pressen und Spritzpressen kann eine Vorwärmung der Preßmasse zweckmäßig sein. So kommt sie leichter auf Temperatur und fließt auch besser. Damit werden die Härtezeit kürzer und der erforderliche Preßdruck geringer. Pulverförmige und gekörnte Preßmassen lassen sich zu diesem Zwecke bequem tablettieren und dielektrisch vorwärmen. Als Preßtemperatur empfiehlt sich 150 bis 170 °C. Bis die Masse diese Temperatur erreicht, hat sie Druck bekommen. Das anfangs

10.5 Phenolharz

weich gewordene Harz wird wieder zäher und härtet aus. Dabei ist zu berücksichtigen, daß die Verarbeitungsschwindung (DIN 53 464) zwischen 0,4 und 0,8% liegt.

Auch in Tränklacke und Drahtlacke werden Phenolharze eingearbeitet. Dabei handelt es sich meistens um sogenannte Alkylphenolharze, für die man alkylsubstituierte Phenole verwendet hat. Sie werden mit ungesättigten fetten Ölen wie z.B. Rizinusöl, Holzöl und Terpentinöl (6.3), ferner mit Kolophonium und anderen Harzen (6.5) verkocht, d.h. bei Temperaturen von 200 bis 250 °C zur Reaktion gebracht. Auch dieser Vorgang vollzieht sich unter Abspaltung von Wasser. Die Lacke sind in aromatischen Lösemitteln löslich.

Zu der mechanischen Bearbeitung von Phenolharzerzeugnissen ist zu sagen, daß sie sich im allgemeinen gut spanend bearbeiten bzw. nachbearbeiten lassen. Das trifft in erster Linie für Baumwollhartgewebe und Hartpapier, zum Teil auch für Schichtpreßholz zu. Dünne Platten kann man mit Schlagschere und Rollmesser schneiden. Das Stanzen als Verfahren der Massenfertigung hat den Einsatz von Hartpapier stark begünstigt. Sind Platten über 1 mm zu schneiden bzw. zu stanzen, so sollen sie nach Möglichkeit auf etwa 80 °C vorgewärmt werden. Gesägt werden Platten bis 25 mm Dicke mit der Kreissäge. Tafeln über 25 mm Dicke werden mit der Bandsäge getrennt. In der Regel, so auch beim Fräsen, Drehen und Bohren ist die Verwendung von Werkzeugen mit Hartmetallbestückung am wirtschaftlichsten. Bohrer werden mit steilem Drall und weiten Nuten versehen. Beim Arbeiten wird der Bohrer zweckmäßigerweise häufig gelüftet, um die Späne zu entfernen. Größere Bohrungen macht man mit dem Kreisschneider. Allgemein werden bei der spanenden Bearbeitung hohe Geschwindigkeiten angewendet. Bei Glasfaserverstärkung ist die mechanische Bearbeitung wesentlich schwieriger (VDI 2003). Preßteile werden meistens einsatzfertig hergestellt, so daß eine Nachbearbeitung entfällt. Sie müssen allerdings, im Gegensatz zu den Thermoplasten, entgratet werden. Im einfachsten Falle kann dies von Hand geschehen. Wirtschaftlicher ist die maschinelle Entgratung, für die es verschiedene Einrichtungen gibt, in denen wie mit einem Sandstrahlgebläse mit Polyamidgranulat gestrahlt wird.

Werkstoffeigenschaften. Die Eigenschaften der Phenolharzerzeugnisse hängen natürlich stark von denen des Harzes und der Zuschlagstoffe ab. Außerdem muß beachtet werden, bei Preßteilen mehr noch als bei Schichtpreßstoffen, daß das Gefüge infolge der Verarbeitungstechnik nicht immer isotrop ist.

Tabelle 10.4 enthält die Werte der wichtigsten für die Elektrotechnik in Betracht kommenden Phenolharzerzeugnisse. Hervorzuheben ist der verhältnismäßig hohe Elastizitätsmodul von 7 bis 14 kN/mm^2. Auch die Biege- und Zugfestigkeit sind gut. Glasfasergewebe und Schichtpreßholz

Tabelle 10.4. Werkstoffeigenschaften von Phenolharz und Phenolharzpreßstoffen

Eigenschaften	Einheit	Reinharz	Asbesthartgewebe (Typ Hgw 2031 nach DIN 7735)	Glasfilamenthartgewebe (Typ Hgw 2072 nach DIN 7735)
Dichte	g/cm³	1,26	1,7 bis 1,9	1,6 bis 1,8
Elastizitätsmodul	kN/mm²	3	10	14
Biegefestigkeit	N/mm²	75	80	200
Schlagzähigkeit	Nmm/mm²	5 bis 10	10	50
Zugfestigkeit	N/mm²	50	80	100
Kriechstromfestigkeit		KA 1	KA 1	KA 1
Durchschlagfestigkeit	kV/mm	10	5	15
Spezif. Durchgangswiderstand	Ω cm	10^{11}	10^{10}	
Dielektrizitätszahl ($f = 50$ Hz)		5	4,5	5
Dielektr. Verlustf. ($f = 50$ Hz)		$5 \cdot 10^{-2}$	$4 \cdot 10^{-2}$	10^{-1}
Wärmeleitfähigkeit	W/Km	0,2	0,3	0,3
Lineare Wärmedehnzahl	10^{-6}/K	80	10 bis 20	10 bis 20
Formbest. in der Wärme nach Martens	°C	155		
Dauerwärmebeständigkeit	°C	110	120	120
Wasseraufnahme	mg	30	250	200

weisen eine hohe Schlagzähigkeit auf. Die Schlagzähigkeit der Preßteile ist naturgemäß weniger hervorragend. Phenolharz und damit alle Phenolharzerzeugnisse sind nicht kriechstromfest. Sonst genügen die elektrischen Werte aber den üblichen Anforderungen. Hartpapier und Schichtpreßholz besitzen sogar eine ziemlich gute Durchschlagfestigkeit. Bis zu einer Energiedosis von 5 MJ/kg sind die Phenolharze einigermaßen strahlenbeständig [116].

Phenolharzerzeugnisse sind verhältnismäßig stark hygroskopisch, wodurch die elektrischen Werte leiden. Chemisch sind sie gegen Spiritus, Azeton, Äther, Benzin, Benzol und Mineralöl beständig; gegen Säuren und Laugen mit gewissen Einschränkungen. Das hat bei bestimmten Verarbeitungsverfahren, beispielsweise bei der Herstellung gedruckter Schaltungen, bei der das Hartpapier mit Lösemitteln, Säuren und Laugen in Berührung kommt, besondere Bedeutung. Die Phenolharze sind schließlich nicht lichtbeständig. Ein großer Vorteil ist aber, daß sie preiswert sind.

10.5 Phenolharz

Baumwollhartgewebe (Typ Hgw 2082.5 nach DIN 7735)	Hartpapier (Typ Hp 2061.5 nach DIN 7735)	Schichtpreßholz (nach DIN 7707)	Preßstoff mit Asbestfaser (Typ 12 nach DIN 7708)	Preßstoff mit Holzmehl (Typ 31.5 nach DIN 7708)
1,37	1,37	1,1 bis 1,3	1,8	1,4
7	7	15	10	7
100 bis 120	100 bis 130	100	50	70
20	20	30	3,5	6
60	100	50 bis 60	20 bis 40	25
KA 1	KA 1	KA 1	KA 2	KA 1
4	23	15	5	8 bis 15
10^{10}	10^{11}	10^{9}	10^{9}	10^{11}
5	5		5 bis 8	6
$3 \cdot 10^{-1}$	10^{-1}	10^{-1}	$5 \cdot 10^{-1}$	$4 \cdot 10^{-1}$
0,25	0,25	0,18	0,78	0,32
20 bis 40	20 bis 40		15 bis 30	30 bis 50
			150	125
110	110	100	120	100
100	200	600	60	150

Einsatzgebiete. Die geschichteten Isolierstoffe finden vielseitige Verwendung. Hartpapier in Platten und Rohren wird in der Elektrotechnik in großen Mengen verarbeitet. Isolierende Zwischenlagen für Relais und geschachtelte Spulenkörper [118] sind zu nennen. Kupferkaschiertes Hartpapier wird zu gedruckten Schaltungen verarbeitet. Erwähnenswert ist ebenfalls der in der Hochspannungsmeßtechnik verwendete Preßgaskondensator. An seinen Hartpapiermantel werden hohe Ansprüche hinsichtlich der Spannungsfestigkeit, der Zugbeanspruchung und der Gasundurchlässigkeit gestellt. Auch ein Teil der Hochspannungsdurchführungen besteht aus Hartpapier. Bei ihnen wird das rotationssymmetrische Feld zwischen Leiter und Flansch kapazitiv durch Metalleinlagen, die während des Wickelns zwischen die getränkte, aber zunächst noch ungehärtete Papierbahn eingeschoben werden, gesteuert. Oft wird in der Hochspannungstechnik Hartpapier unter Öl eingesetzt, beispielsweise als Wicklungsträger in Leistungstransformatoren. Platten werden als Trennwände eingebaut. Gepreßte Hartgewebe- und Hartpapierrohre und Umpressungen dienen für die Bürstenbolzenisolation, Schalterachsenisolation und dergleichen, Vollstäbe und Flachleisten als Schalthebel. Mit Asbest verarbeitet eignet sich Phenolharz für hochbeanspruchte Nutverschlußkeile; es dient bei Protonenbeschleunigern zum Bau von Spulenhaltern und Befestigungsblöcken für die Polschuhe. Schichtpreßholz findet hauptsächlich im Transformatorenbau Verwendung, z. B. als Abstützung von Wicklungsköpfen.

Der Einsatz der Phenolharzpreßstoffe ist trotz vieler Entwicklungen auf anderen Gebieten ebenfalls noch immer sehr umfangreich. Da sie preisgünstig sind, finden sie in der Elektrotechnik überall da Verwendung, wo die Ansprüche in elekrischer Hinsicht nicht zu hoch sind. Grundplatten und Gehäuse für Zähler, Teile für Schaltgeräte aller Art, Steckdosen, Klemmleisten, Bügeleisengriffe, Spulenkörper und dergleichen mehr werden aus Phenolharzpreßmassen in großer Stückzahl hergestellt. Abbildung 10.12 bringt einige Beispiele.

Für Hochfrequenz sind Phenolharzerzeugnisse nicht geeignet. Von der Verwendung des Phenolharzes in Isolierlacken wurde bereits gesprochen.

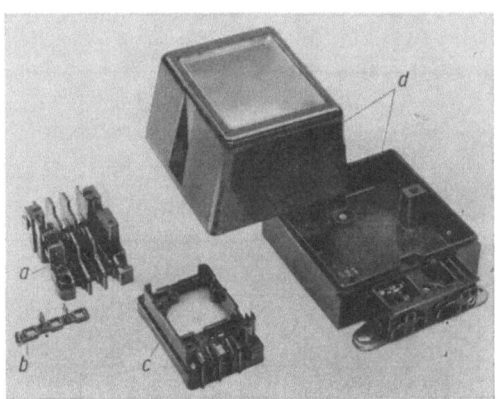

Abb. 10.12. Aus Phenolharzpreßmasse hergestellte Formteile
(Werkbild: AEG-Telefunken).
a Grundplatte für einen Motorschutzschalter (Typ 12 nach DIN 7708); b Auslöseteil für einen Motorschutzschalter (Typ 12 nach DIN 7708); c Grundplatte eines Zeitschalters (Type 31.5. nach DIN 7708); d Grundplatte und Kappe eines Wechselstromzählers (Typ 31.5 nach DIN 7708).

10.6 Melaminharz

Aldehyde können außer mit Phenolen auch mit Melamin reagieren. Formaldehyd als Aldehydkomponente liefert wieder die besten Erzeugnisse.

Molekülstruktur. Ein Melaminmolekül kann nach Abb. 10.13 mit höchstens 6 Molekülen Formaldehyd reagieren. In dem Falle ergibt sich die abgebildete Molekülstruktur. Dann würden allerdings bei der Härtungs-

10.6 Melaminharz

reaktion zu große Wassermengen abgespalten, was blasige und ungenügend feste Preßteile zur Folge hätte. Man strebt deshalb bei dem Harz 1,5 bis 3 Mol Formaldehyd je Mol Melamin an.

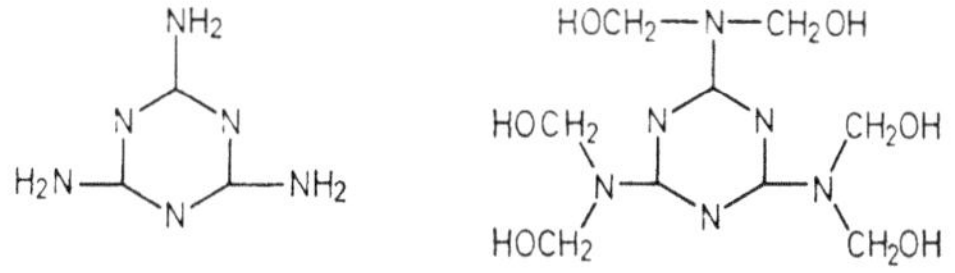

Abb. 10.13. Molekülstruktur des Melamins und des mit 6 Molekülen Formaldehyd gebildeten Monomeren.

Herstellung und Verarbeitung. So wird Melaminharz (Kurzzeichen: MF) in alkalisch-wässerigem Medium bei mäßiger Wärme hergestellt und liegt zunächst in niedrigen Kondensationsgraden vor; in wässeriger Lösung mit einem Feststoffgehalt von etwa 60%. Zur Verbesserung der Lagerfähigkeit wird etwas Methanol zugegeben. Dann ist die wässerige Lösung bei kühler Aufbewahrung etwa einen Monat haltbar. Zur Erniedrigung der Viskosität verdünnt man vor der Verarbeitung meistens noch mit einem Azetonwassergemisch. Die geringe Lagerfähigkeit und die Tatsache, daß das Harz nur in wässeriger Lösung brauchbar ist und daher bei der Fertigung viel Wasser verdampft werden muß, ist ein gewisser Nachteil. Melaminharz wird sowohl für Schichtpreßstoffe als auch für Preßmassen verwendet. Die Schichtstoffherstellung entspricht der Verarbeitung der Phenolharze. Im allgemeinen allerdings ist sie etwas schwieriger. Bei der Verarbeitung von Papier stört beispielsweise die mangelnde Reißfestigkeit des frisch getränkten noch nassen und die Sprödigkeit des getrockneten Papiers. Das Harz härtet bei einer Temperatur von 140 °C aus. Der Preßdruck soll zwischen 3 und 7 N/mm^2 liegen. Bei der Preßmasseherstellung geht man ebenfalls von der wässerigen Lösung des Vorkondensates aus, mit der die Füllstoffe nach Zugabe von Härter und Farbstoff in einer Mischmaschine getränkt werden. Anschließend wird vorsichtig getrocknet. Danach wird die Mischung gemahlen. Der Harzgehalt der Preßmassen schwankt je nach Füllstoff zwischen 40 und 55%. Als Füllstoffe sind Gesteinsmehl, Asbestfasern, Baumwollfasern, Baumwollgewebeschnitzel, Holzmehl und Zellstoff üblich (DIN 7708). Die mit Zellstoff gefüllten Melaminharzpreßmassen haben den größten Marktanteil. Nachteilig bei den Melaminharzpreßmassen ist die große Verarbeitungsschwindung, die teilweise über 2% hinausgeht. Es gibt außerdem mit Phenol modifizierte Melaminharzpreßmassen. Diese zeigen gegenüber den Preßmassen aus reinem Melaminharz verringerte Schwindung und Nachschwindung.

Werkstoffeigenschaften. Das Reinharz ist spröde und neigt zu Spannungsrissen. Es wird deshalb ohne Zuschläge nicht verwendet. Die besten mechanischen Eigenschaften haben, wie aus Tabelle 10.5 hervorgeht, die mit

Tabelle 10.5. Werkstoffeigenschaften von Melaminharz- und Harnstoffharzpreßstoffen

Eigenschaften	Einheit	Glasfilamenthartgewebe (Typ Hgw 2272 nach DIN 7735)	Preßstoff aus Melaminh. u. Asb. (Typ 156 nach DIN 7708)	Preßstoff aus Melaminh. u. Zellst. (Typ 152 nach DIN 7708)	Preßstoff aus Harnstoffh. u. Zellst. (Typ 131.5 nach DIN 7708)
Dichte	g/cm³	1,9	1,8	1,5	1,5
Elastizitätsmodul	kN/mm²	14	12	9	7
Biegefestigkeit	N/mm²	270	50	80	80
Schlagzähigkeit	Nmm/mm²	50	3,5	7	6,5
Zugfestigkeit	N/mm²	120	20	30	30
Kriechstromfestigkeit		KA 3c	KA 3c	KA 3b	KA 3a
Durchschlagfestigkeit	kV/mm	12	5	10	10
Spezifischer Durchgangswiderstand	Ω cm	10^{12}	10^{8}	10^{11}	10^{11}
Dielektrizitätszahl ($f = 50$ Hz)		7	10	8 bis 12	7 bis 8
Dielektr. Verlustf. ($f = 50$ Hz)		10^{-1}	$7 \cdot 10^{-1}$	$4 \cdot 10^{-1}$	10^{-1}
Wärmeleitfähigkeit	W/Km	0,3	0,65	0,4	0,37
Lineare Wärmedehnzahl	10^{-6}/K	15		60	40 bis 50
Formbest. in der Wärme nach Martens	°C		140	120	100
Wasseraufnahme	mg	250	200	200	300

Glasfaser verstärkten geschichteten Isolierstoffe. Melaminharzerzeugnisse sind kriechstromfest. Sonst sind die elektrischen Eigenschaften aber nicht besonders gut. Die Formbeständigkeit in der Wärme entspricht etwa der von Phenolharzpreßstoffen. Die Melaminharze sind ebenfalls kaum entzündbar. Die Empfindlichkeit gegen Feuchtigkeit ist etwas größer als bei den Phenolharzen. Beständig sind Melaminharze gegen organische Lösemittel; nicht aber gegen Säuren und Basen. Im Unterschied zu den Phenolharzen sind sie farblos und durchsichtig und verfärben sich auch nicht unter dem Einfluß des Sonnenlichtes. Melaminharzerzeugnisse sind also in hellen Farben herstellbar, was manchmal erwünscht ist. Ein Nachteil ist der höhere Preis.

Die Melaminphenolharzpreßstoffe haben eine geringere Anfälligkeit zur Rißbildung bei Wärme- und Feuchtigkeitsbeanspruchung. Gegenüber den Phenolharzpreßstoffen ist die Kriechstromfestigkeit hervorzuheben und natürlich die Möglichkeit der hellen Farbeinstellung. Besonders zu erwähnen ist eine kriechstromfeste, kupferadhäsive Preßmasse mit Asbestfüllung, bei der aktive Gruppen des verwendeten Harzes spezifisch mit Kupfer reagieren und so eine außergewöhnliche Haftung bewirken.

Einsatzgebiete. Glasfaserverstärkte Schichtstoffe aus Melaminharz werden in der Elektroindustrie als Schaltstangen und dergleichen eingesetzt. Hartpapier wird gelegentlich mit Melaminharzauflage hergestellt, wodurch bestimmten Anforderungen an die Kriechstromfestigkeit genügt werden kann. Preßmassen werden in bedeutenden Mengen zu Rundfunk- und Fernsehteilen, ferner in Schaltautomaten verarbeitet. Bei den letztgenannten spielt oft die Kriechstromfestigkeit, insbesondere bei Schiffsausrüstungen, eine ausschlaggebende Rolle. Die große Nachschwindung der Preßteile beeinträchtigt oft die breitere Anwendung in der Elektrotechnik. Die erwähnte kupferadhäsive Melaminphenolharzpreßmasse hat für Kleinkommutatoren Bedeutung erlangt. In Verbindung mit Alkydharz wird Melaminharz heute auch zu hochwertigen Elektroisolierlacken verarbeitet, insbesondere zu Tränklacken für Wicklungen. Mit diesen erzielt man eine schnelle Trocknung und gute Kriechstromfestigkeit.

10.7 Harnstoffharz

Harnstoffharz (Kurzzeichen: UF) ist dem Melaminharz sowohl im Herstellungsverfahren als auch in den Eigenschaften und der Anwendung vergleichbar.

Molekülstruktur. Harnstoff kann, wie Abb. 10.14 veranschaulicht, mit höchstens 2 Molekülen Formaldehyd reagieren. Die für die Fertigungstechnik optimale Einstellung liegt bei einem durchschnittlichen Wert von 1,5.

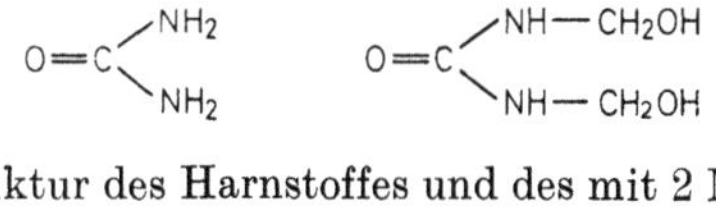

$$O=C\begin{array}{c}NH_2\\NH_2\end{array} \qquad O=C\begin{array}{c}NH-CH_2OH\\NH-CH_2OH\end{array}$$

Abb. 10.14. Molekülstruktur des Harnstoffes und des mit 2 Molekülen Formaldehyd gebildeten Monomeren.

Herstellung und Verarbeitung. Die Herstellung von Harnstoffharz ist der des Melaminharzes gleich und wird deshalb in gleichen Anlagen vorgenommen. Auch das Harnstoffharz kommt in reiner Form wegen seiner Sprödigkeit nicht zur Anwendung. Bedeutung haben allein die härtbaren Formmassen, die mit denen aus Melaminharz unter der Sammelbezeichnung Aminoplaste bekannt sind (DIN 7708). Die wichtigste ist die mit kurzfaserigem Zellstoff. Die Saugfähigkeit der Faser ermöglicht eine gute Tränkung mit dem Harz. Außerdem geht sie mit dem Harz selbst eine Verbindung ein. Man gibt Gleitmittel (z. B. Zinkstearat) hinzu, gegebenenfalls Weichmacher und Farbstoff sowie schließlich den Härtungskatalysator. Die Preßmasseherstellung ist so die gleiche wie beim Melaminharz. Der Harzgehalt liegt bei 60%. Dieser Anteil ist notwendig, um ein ausreichendes Fließvermögen im Preßwerkzeug zu erhalten. Das Harz härtet bei 140 bis 150°C aus. Charakteristisch für alle Harnstoffharzpreßstoffe ist die gegenüber Preßstoffen aus Phenolharz höhere Nachschrumpfung. Schwierig geformte Isolierteile, die nicht gleichmäßig schwinden können, neigen daher zu Spannungsrissen.

Werkstoffeigenschaften. Tabelle 10.5 zeigt, daß die Harnstoffharzpreßstoffe wie die auf Grundlage von Melaminharz elektrisch nicht besonders hochwertig sind. In der Kriechstromfestigkeit sind sie diesen etwas unterlegen. Sie sind auch nicht sehr wärmebeständig. Die Harnstoffharze sind nicht entzündbar. Gegen Feuchtigkeit sind sie wesentlich empfindlicher als Phenolharzerzeugnisse. Ausgehärtet sind Harnstoffharze gegen die üblichen organischen Lösemittel beständig; nicht beständig jedoch gegen starke Säuren uud Basen. Vorteile der Harnstoffharzpreßstoffe sind auch die helle Farbe und die Lichtbeständigkeit. Daher ist es möglich, helle, pastellfarbene und lichtechte Teile herzustellen. Solche Teile sind billiger als aus Melaminharz gefertigte, allerdings teurer als Preßteile aus Phenolharz.

Einsatzgebiete. Zellstoffgefüllte Harnstoffharzpreßmassen werden benutzt für Schalter, Stecker, Steckdosen und Abzweigdosen in Wohnungen und Arbeitsräumen. Abbildung 10.15 zeigt einen Sicherungsautomaten. Soweit keine thermoplastischen Kunststoffe in Betracht kommen, werden sie auch für Gehäuse von Küchenmaschinen eingesetzt.

Abb. 10.15. Schmalautomat zur Absicherung von Stromkreisen bis 25 A Nennstrom mit Gehäuse aus zellstoffverstärktem Harnstoffharz (Werkbild: AEG-Telefunken).

10.8 Silikonharz

Bei den Silikonen (Kurzzeichen: SI) handelt es sich, wie schon (8.2) gesagt, um polymere Verbindungen, in denen Siliziumatome über Sauerstoffatome verknüpft und die nicht durch Sauerstoff gebundenen Valenzen des Siliziums durch mindestens eine organische Gruppe abgesättigt sind. Als Duromere härten sie bei Wärmezufuhr über einen Kondensationsvorgang unter Wasserabspaltung.

Molekülstruktur. Die Moleküle solcher Silikonharze sind räumlich regellos vernetzt, wie es Abb. 10.16 in vereinfachter ebener Darstellung wiedergibt. Die organischen Gruppen, hier durch ein R gekennzeichnet, sind vorzugsweise Methyl- und Phenylreste.

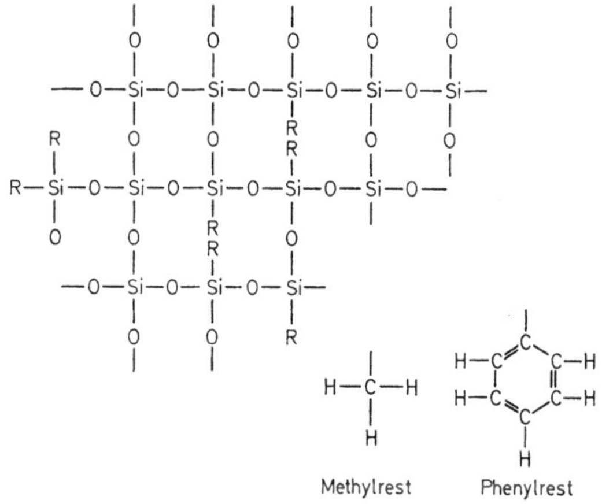

Abb. 10.16. Schematische Darstellung der Molekülstruktur eines Silikonharzes.

Verarbeitung. Methylsilikonharze sind im allgemeinen für den praktischen Einsatz zu spröde. Der Einbau von Phenylgruppen verbessert nicht nur das elastische Verhalten, sondern auch die Wärmebeständigkeit [27*]. So sind in den hier zu betrachtenden Harzen fast immer Methylsiloxane mit Phenylsiloxanen verbunden. Verarbeitet werden Vorkondensate in organischen Lösemitteln. Damit können beispielsweise Glasfilamentgewebe getränkt werden. Das ist in den üblichen Tauchbädern (vgl. 10.1 und 10.5) im kontinuierlichen Verfahren möglich. Nach dem Verdampfen des Lösemittels liegt eine klebrige Masse vor. Fast immer werden die frischgetränkten Gewebe zunächst nur vorkondensiert. Das geschieht in dem angeschlossenen Tunnelofen einige Minuten lang bei etwa 140 °C. Die getränkte Bahn darf, wenn sie den Ofen verlassen hat und abgekühlt ist, nicht mehr kleben. Sie soll trocken und biegsam sein. So wird sie aufgerollt. Bei kühler Lagerung ist das so getränkte Gewebe für die Weiterverarbeitung einige Monate haltbar. Daraus werden dann u.a. Schichtpreßstoffe hergestellt. Zu Bändern geschnitten werden mit den vorgehärteten Erzeugnissen Wicklungen und sonstige spannungführende Teile eingebunden. Als Ganzes ausgehärtet entsteht so eine ausgezeichnete Isolierung. Ähnlich wird bei der Herstellung von Asbest- und Glimmererzeugnissen verfahren.

Zur Aushärtung waren früher lange Zeiten und hohe Temperaturen erforderlich. Durch Zugabe geeigneter Katalysatoren hat man die Zeit jedoch verkürzen und die Temperatur wesentlich senken können. Die heute verarbeiteten Methylphenylsilikonharze haben den Vorteil, daß das Harz bei der Erwärmung ziemlich rasch geliert und somit auch beim Pressen nicht zu stark ausfließt. Preßdrücke von 8 N/mm^2, Temperaturen von 175°C und Preßzeiten von etwa 1 Stunde sind für die Plattenherstellung üblich. Die fertigen Tafeln werden in der Regel gekühlt der Presse entnommen.

Unter Verwendung anorganischer Füllstoffe wie mikrofeiner Quarzkügelchen, Asbest- und kurzer Glasfasern und natürlich passender Katalysatoren werden auch Preßmassen hergestellt. Das Mischen erfolgt mit Hilfe einer Silikonharzlösung. Das Lösemittel wird später, meistens im Vakuum, wieder entfernt. Anschließend wird das Gemisch bei etwa 100°C vorgehärtet, so daß es nach dem Abkühlen gemahlen werden kann. Der Füllstoffanteil der so vorkondensierten Preßmasse beträgt 50 bis 70%. Die Preßmasse muß vor der Verarbeitung vor Feuchtigkeit geschützt werden und wird daher in Polyäthylenbeuteln versiegelt geliefert. Nachteilig ist, daß das Fließvermögen der Silikonharzpreßmassen mit der Lagerzeit abnimmt. Sie sind daher innerhalb weniger Wochen zu verarbeiten oder kühl zu lagern.

In den üblichen Preßwerkzeugen sind Formteile selbst mit schwierigen Abmessungen herstellbar. Die Entformung erfolgt mühelos. Um optimale mechanische und elektrische Eigenschaften zu erhalten, muß bei etwa 200°C noch einige Stunden lang nachgehärtet werden. Mit besonders leichtfließend eingestellten Silikonharzpreßmassen werden nach dem Spritzpreßverfahren Bauteile eingekapselt. Das macht man in großen Stückzahlen in beheizten mehrteiligen Werkzeugen. Als Preßdruck genügt hier 3 N/mm^2. Als Preßtemperatur wird 150 bis 180°C vorgeschlagen. Dann können die Teile nach etwa 3 min entformt werden. Die Schwindung kann man mit 0,4% berücksichtigen. Nachteilig gegenüber anderen Formmassen sind die begrenzte Lagerfähigkeit und die merklich längere Aushärtezeit.

Eine Neuentwicklung stellen die Silikonklebeharze dar [189], die in gut lagerfähigen Lösungen angeboten werden. Es handelt sich um druckempfindliche Kleber, die auf Isolierstoffen gut haften und es ermöglichen, selbstklebende Isolierbänder mit hoher Wärmebeständigkeit herzustellen. Silikonharze sind schließlich wertvoller Grundstoff für Lacke.

10.8 Silikonharz

Werkstoffeigenschaften. Die Eigenschaften der Silikonharze und Silikonharzerzeugnisse sind in Tabelle 10.6 zusammengestellt. Für mechanische Belastungen sind die Harze unverstärkt kaum brauchbar. Sie sind nicht immer ganz kriechstromfest. Sonst aber sind die elektrischen Werte gut. Dazu kommt, daß sie wie die flüssigen Silikone (8.2) von Frequenz und Temperatur wenig beeinflußt werden. Sie sind unempfindlich gegen Korona und Lichtbogen. Als Strahlenbeständigkeit wird 2 MJ/kg angegeben. Zu dem in der Regel mit Quarzkügelchen und Glasfasern verarbeiteten Formstoff ist ferner zu sagen, daß er sich durch Ionenfreiheit auszeichnet.

Die gute Dauerwärmebeständigkeit ist ein besonderer Vorteil. Man muß aber berücksichtigen, daß die mechanische Festigkeit bei hohen Temperaturen gering ist. Isolierstoffe mit Silikonharz sind unbrennbar; im Feuer entsteht Siliziumdioxid, also Quarz. Sie sind weitgehend fest

Tabelle 10.6. Werkstoffeigenschaften von Silikonharz und Silikonharzpreßstoffen

Eigenschaften	Einheit	Reinharz	Glasfilament-hartgewebe (Typ Hgw 2572 nach DIN 7735)	Formstoff mit Quarzkügelchen u. Glasfasern verarb.
Dichte	g/cm³	1,05	1,65	1,87
Elastizitätsmodul	kN/mm²		13	12
Biegefestigkeit	N/mm²	120		50 bis 60
Schlagzähigkeit	Nmm/mm²		40	2
Zugfestigkeit	N/mm²		90	35 bis 40
Kriechstromfestigkeit		KA 3a	KA 3a	KA 3a
Durchschlagfestigkeit	kV/mm	15	10	10
Spezifischer Durchgangswiderstand	Ω cm	10^{14}	10^{14}	10^{14}
Dielektrizitätszahl ($f = 1$ MHz)		3,2	5	3,4 bis 3,8
Dielektr. Verlustf. ($f = 1$ MHz)		10^{-3}	$5 \cdot 10^{-3}$	$5 \cdot 10^{-3}$
Wärmeleitfähigkeit	W/Km		0,3	0,48
Lineare Wärmedehnzahl	10^{-6}/K		15	22
Formbest. in der Wärme nach Martens	°C		160	
Dauerwärmebeständigkeit	°C	170	170	170
Wasseraufnahme	mg		100	50

gegen Sauerstoff und Ozon und damit alterungsbeständig. Die Witterungsbeständigkeit, die auch für Lacküberzüge Bedeutung hat, wird durch die hohe Grenzflächenspannung gegen Wasser begünstigt. Wasser benetzt also das Silikonharz kaum. Für Wasserdampf sind Silikonharze dagegen bis zu einem gewissen Grade aufnahmefähig. Die Haftung von Silikonharzfilmen auf Kupfer, insbesondere bei Alterung und erhöhter Temperatur, ist unbefriedigend. Hervorzuheben ist aber noch, daß die Silikone physiologisch vollkommen einwandfrei sind.

Einsatzgebiete. Das Verwendungsgebiet der Silikonisolierstoffe ist wegen der hohen Dauerwärmebeständigkeit vorwiegend dort, wo hohe Temperaturen auftreten: Wo Maschinen bei hoher Umgebungstemperatur betrieben werden, wo die Erwärmung durch erhöhte Schalthäufigkeit bedingt ist, und schließlich dort, wo der Entwurf aus Gründen der Gewichtseinsparung eine höhere Erwärmung vorsieht. Rollgangmotoren, Beschickungsmaschinen und Lüfterantriebe sind zu nennen. Motoren mit hoher Schalthäufigkeit kommen außer bei Zentrifugenantrieb bei Werkzeugmaschinen zum Einsatz. Bei Motoren für den Bergbau kommt es auf kleines Gewicht, kleine Abmessungen, Sicherheit gegen kurzzeitige Überlastungen und eine einfache äußere Linienführung an.

In solchen Fällen werden Leiter verwendet, die mit Glasfilamenten umsponnen und mit Silikonharz überzogen sind. Die Nutauskleidung wird aus silikonharzgebundenen Mikaniten hergestellt. Die Nutverschlußkeile bestehen aus Schichtstoffen mit Glasfasergewebe und Silikonharz. Ebenso werden Spulen und Stäbe großer Maschinen mit Glasfaserbändern und Glasfaserglimmerbändern unter Verwendung von Silikonharz isoliert. Da das Bindeharz in diesen Bändern nur angehärtet ist, wird die Isolierung erst nach dem Bewickeln bzw. Umbügeln ausgehärtet. Das geschieht in einem geeigneten Warmpreßverfahren, wodurch eine feste, die Wicklung eng umschließende Isolierung geschaffen wird.

Ferner sind die Heizmikanite zu erwähnen, die als Heizkörperträger in vielen Geräten, in einer Ausführung nach Abb. 10.17 beispielsweise in fast jedem Brotröster, zu finden sind. Dafür werden bevorzugt reine Methylsilikonharze eingesetzt. Bei solchen Anordnungen werden bei erstmaliger Inbetriebnahme die organischen Gruppen des Moleküls thermisch abgebaut. Das zurückbleibende Gerüst aus Siliziumdioxid verbindet dann die Glimmerteilchen zu einem Isolierstoff hoher Festigkeit [189]. Zu beachten ist nur, daß die während des thermischen Abbaues entweichenden Gase die Heizdrähte nicht beeinträchtigen und daß keine leitfähigen Reste zurückbleiben.

Silikonharzpreßmassen haben sich hauptsächlich zum Schutz der pn-Übergänge auf Siliziumhalbleitern bewährt. Wenn man an die noch nicht ganz geklärten Reaktionsmöglichkeiten zwischen der Schutzhülle und der

10.9 Polyimid

Halbleiteroberfläche denkt, ist die Tatsache, daß sie keine ionischen Verunreinigungen enthalten, besonders wichtig. Abbildung 10.18 zeigt Teile, die auf diese Weise gegen mechanische Beschädigung sowie gegen Feuchtigkeit und Schmutz geschützt sind. Leider zählen diese Preßmassen zu den teuersten Werkstoffen zur Umhüllung elektronischer Bauteile. Ebenfalls noch erwähnt sei der Einsatz der Silikonharze für Lacke zum Tränken von Wicklungen hochbelasteter Maschinen oder in Form lösemittelfreier Gießharze.

Abb. 10.17. Mit Feinglimmer und Silikonharz isolierte Heizkörper für Brotröster.

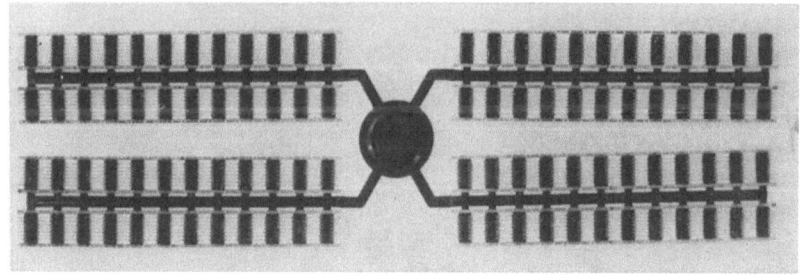

Abb. 10.18. Mit glasfaserverstärkter Silikonharzpreßmasse umspritzte integrierte Schaltungen — Spritzpreßteil aus einem Werkzeug mit 96 Formnestern.

10.9 Polyimid

Von den gehärteten Kunststoffen, die durch Polyaddition hergestellt werden, sind drei für die Elektrotechnik zum Teil wichtige Isolierstoffe zu nennen: Das auf den Markt gebrachte härtbare Polyimid, das Polyurethan und das Epoxidharz.

Während das bereits erwähnte Polyimid (9.30) im üblichen Spritzgieß- oder Preßverfahren nicht verarbeitbar ist, sondern eine schwierige Fertigungstechnik notwendig macht, gibt es ein wärmehärtendes Polyimid, das wesentlich leichter zu verarbeiten ist. Dabei handelt es sich um ein Erzeugnis, dessen Schlußreaktion aus der Polymerisation der Doppelbindungen und der Polyaddition mit den Diaminen besteht. Es ist als feines gelbes Pulver lieferbar.

Molekülstruktur. Dieses Polyimid ist genau ein Polybismaleinimid, dessen Molekülstruktur in Abb. 10.19 wiedergegeben ist. R ist dabei ein zweiwertiges aromatisches Radikal [190].

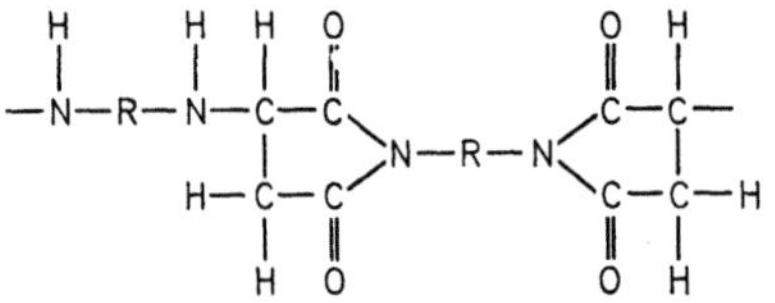

Abb. 10.19. Struktur des durch Polyaddition entstandenen Grundmoleküls des Polybismaleinimids.

Verarbeitung. Für die Herstellung von geschichteten, glasfaserverstärkten Isolierstoffen wird das pulverförmige Harz in Lösemitteln (z.B. N-Methylpyrrolidon) gelöst. Mit einem Festkörpergehalt von 40 bis 50% erhält man eine verarbeitungsgerechte Viskosität. Eine gewisse Schwierigkeit macht die geringe Lagerungsbeständigkeit des Harzes bzw. der Lösung, was die Folge einer langsam einsetzenden Polymerisation ist. Mit Glasgewebe oder Keramikvlies als Trägerstoff können auch vorgetränkte Erzeugnisse hergestellt werden. Sie sind bei Raumtemperatur ein bis zwei Monate haltbar und werden mit $2\,N/mm^2$ bei einer Temperatur von $250\,°C$ verpreßt. Verwendet man eine niedrigere Preßtemperatur, so muß thermisch nachbehandelt werden.

Mit verschiedenen, insbesondere anorganischen Füllstoffen, kann das Harz zu Preßmassen verarbeitet werden. So ist eine glasfaserverstärkte Preßmasse erhältlich, die trotz der höheren Wärmebeständigkeit ähnlich wie Formmassen aus Phenolharz verpreßt werden kann. Üblich ist das Pressen und das Spritzpressen. Der Preßdruck beträgt $20\,N/mm^2$, die Werkzeugtemperatur 220 bis $250\,°C$. Dabei muß mit einer Verarbeitungsschwindung von 1% und einer Nachschwindung von 0,1% gerechnet werden. Es ist auch ein Gießharz dieser Art bekanntgeworden. Wichtig ist, daß keine störenden Nebenreaktionen auftreten, die zu Blasenbildung Anlaß geben könnten. Das Lackharz ist in gelöster Form im Handel.

Werkstoffeigenschaften. Das Polybismaleinimid ist von brauner bis schwarzer Eigenfarbe. Harz, Schichtstoffe und Preßteile haben, wie Tabelle 10.7 zu entnehmen ist, recht gute mechanische und elektrische Werte [191].

10.9 Polyimid

Tabelle 10.7. Werkstoffeigenschaften von Polybismaleinimid

Eigenschaften	Einheit	Reinharz	Glasfilamenthartgewebe mit 65% Glasfaser	Preßstoff mit 50% kurzer Glasfaser
Dichte	g/cm^3	1,3	1,9	1,7
Elastizitätsmodul	kN/mm^2	3,8	25	13
Biegefestigkeit	N/mm^2	130	500	150
Zugfestigkeit	N/mm^2	50	350	40
Kriechstromfestigkeit		KA 1	KA 1	KA 1
Durchschlagfestigkeit	kV/mm	20	20	15
Spezifischer Durchgangswiderstand	Ω cm	10^{14}	$5 \cdot 10^{14}$	$5 \cdot 10^{14}$
Dielektrizitätszahl ($f = 1$ MHz)		3,6	4,5	4,5
Dielektr. Verlustf. ($f = 1$ MHz)		$2 \cdot 10^{-2}$	10^{-2}	$2 \cdot 10^{-2}$
Wärmeleitfähigkeit	W/Km			0,36
Lineare Wärmedehnzahl	10^{-6}/K	55		13
Dauerwärmebeständigkeit	°C	180	180	180
Wasseraufnahme	mg		100	80

Das Gießharz ist verhältnismäßig spröde und zeigt im allgemeinen eine schlechte Haftung. Polybismaleinimid hat auch keine Kriechstromfestigkeit. Die Strahlenbeständigkeit ist dagegen besonders gut. Selbst nach einer Strahlendosis von 10 MJ/kg scheinen die Isolierstoffe noch einwandfrei zu sein. Verständlicherweise sind die Werkstoffeigenschaften bei hoher Temperatur nicht ganz so hervorragend wie bei dem früher genannten Polyimid (9.30). Die Dauerwärmebeständigkeit liegt bei 180 °C. Der Isolierstoff ist flammwidrig. Die Chemikalienbeständigkeit erstreckt sich auf aromatische, aliphatische und halogenierte Kohlenwasserstoffe. Säuren und vor allem starke Laugen zerstören den Isolierstoff. Über das physiologische Verhalten des Harzes ist noch wenig bekannt. Eine gewisse Vorsicht bei der Verarbeitung erscheint angebracht.

Einsatzgebiete. Als guter Isolierstoff wird dieses Polyimid bei Schichtstoffen und Preßteilen, z.B. für Halterungen von Thermoelementen, Durchführungen, Drehschalter und thermisch hochbeanspruchte Isolierteile in der Raketentechnik empfohlen. Auch für wärmebeständige Drahtlacke wird es verwendet.

10.10 Polyurethan

Das Polyurethan (Kurzzeichen: PUR) gehört wie gesagt zu den Polyaddukten.

Molekülstruktur. Die in den Molekülketten wiederkehrende Urethangruppe hat die in Abb. 10.20 dargestellte Struktur. Da die Reaktionspartner (oder einer davon) mehr als zwei reaktionsfähige Gruppen haben, entstehen auch hier vernetzte Makromoleküle, die mehr oder weniger starr sind.

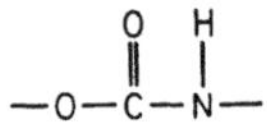

$$-O-\underset{\underset{\|}{O}}{C}-\underset{\underset{|}{H}}{N}-$$

Abb. 10.20. Molekülstruktur der Urethangruppe.

Herstellung. Polyurethan wird nach dem Isozyanatadditionsverfahren aufgebaut; es entsteht durch Verknüpfung von Diisozyanaten mit höhermolekularen hydroxylgruppenhaltigen Verbindungen, die man mit Dialkoholen oder Diaminen zur Reaktion bringt [35*]. Bei der Verfahrenstechnik ist zu beachten, daß die Dämpfe aller Isozyanate die Augen und die Schleimhäute der Nase und der Atmungsorgane reizen. Infolgedessen sind die Schutzvorschriften einzuhalten.

Verarbeitung. Diese Polyurethane werden aus Polyäthern bzw. Polyestern und niedermolekularen Polyolen für die eine Komponente und Isozyanat für die andere Komponente gebildet. Die Rohstoffe sind flüssig. Sie können als Gießharz eingesetzt, sie können zu Schaumstoff und auch zu Zweikomponentenlacken verarbeitet werden.

Im erstgenannten Falle härten sie zu einem zähelastischen Formstoff aus. Das Verfahren ist unter Zuhilfenahme üblicher Mischeinrichtungen einfach durchzuführen. Mit flüssigen Polyurethansystemen werden Papierbahnen und Glasgewebe getränkt. An Füllstoffen für die Gießtechnik kommen Quarzmehl, Kreide, Bariumsulfat, Kaolin und Dolomit in Betracht, von denen ohne Schwierigkeit 50 bis 100 Gewichtsprozent zugemischt werden können. Dabei ist aber zu beachten, daß Quarzmehl einen verhältnismäßig großen Abrieb in den Misch- und Vergießeinrichtungen verursacht, was ein deutliches Nachlassen der Dosiergenauigkeit zur Folge hat. Auch ist seine Absetzgeschwindigkeit im Gemisch ziemlich groß. Kreide und Bariumsulfat sind in der Beziehung günstiger. Bei diesem aber ist die Wärmeleitfähigkeit etwas schlecht. Kaolin besitzt zwar auch eine geringe Absetzgeschwindigkeit, hat aber anderseits einen schlecht zu übersehenden Wassergehalt. Die Füllstoffe müssen trocken sein, da sonst blasige und inhomogene Erzeugnisse entstehen. Durch Zugabe eines besonderen neutralen Trockenmittels wie Natriumaluminiumsilikat kann jedoch das in dem Füllstoff vorhandene Wasser adsorbiert werden. Die Gießharzmischung härtet verhältnismäßig schnell aus, was bei der Verar-

10.10 Polyurethan

beitung berücksichtigt werden muß. Eine Wärmezufuhr von außen findet nicht statt. Polyurethanharz ist also kalthärtend.

Der Polyurethanschaumstoff wird mit Hilfe eines Treibmittels gebildet. Dieses kann eine niedrig siedende Flüssigkeit (z.B. Fluortrichlormethan) sein. Da die Polyaddition eine beträchtliche Reaktionswärme freimacht, verdampft dieses und treibt das Reaktionsgemisch auf. Im allgemeinen wird aber eine Gasbildung auf Grund einer chemischen Reaktion bevorzugt. Das Isozyanat reagiert beispielsweise mit Wasser unter Bildung von Kohlendioxid und Polyharnstoff, wobei das freiwerdende Kohlendioxid die Polyurethanmasse auftreibt. Man gibt also Wasser hinzu und bestimmt durch dessen Menge die Dichte des Schaumstoffes. Er wird um so leichter, je mehr Wasser zugefügt worden ist. Dann laufen zwei Reaktionen nebeneinander ab, die beide stark exotherm sind. Sie müssen so gesteuert werden, daß das entstehende Kohlendioxid aus der immer zäher werdenden Masse nicht entweicht. Eine zu früh einsetzende Entwicklung des Treibgases würde zum Zusammenfallen führen, eine zu spät einsetzende den Schaumstoff aufreißen. Polyaddition und Treibreaktion müssen also synchron ablaufen.

Die weichen Schaumstoffe, bei denen man hochmolekulare Polyäther als elastifizierende Komponente verwendet, haben in der Elektrotechnik keine Bedeutung. Hartschaumstoffe erhält man, wenn nieder- und hochmolekulare Polyole mit Isozyanat kombiniert werden. Die Rohstoffe sind 3 bis 6 Monate lagerfähig. Die Aktivatoren, die Treib- und Zusatzmittel werden je nach gewünschter Eigenschaft dem Polyol vom Verarbeiter zugegeben. Die beiden flüssigen Komponenten, nämlich das so vorbereitete Polyol und das Isocyanat werden, da sie sofort reagieren, immer erst an der Verarbeitungsstelle gemischt. Die schaumfähige Polyurethanmischung kann sowohl gespritzt bzw. gesprüht als auch gegossen werden. Die günstigste Arbeitstemperatur liegt in der Nähe der Raumtemperatur. Im einen Falle wird das Gemisch in Form feinster Tröpfchen aufgesprüht, was sich bei der Herstellung von Radarhauben bewährt hat. Im anderen Falle tritt das Reaktionsgemisch als Flüssigkeitsstrahl aus der Mischkammer aus und beginnt nach einigen Sekunden zu schäumen. Beim Ausschäumen geschlossener Hohlräume muß der entstehende Schaumdruck durch entsprechende Anordnungen aufgenommen werden. Die Innentemperatur eines aufschäumenden Körpers kann je nach Schaumdicke bis auf 150°C ansteigen. Nach etwa 10 min ist der Schaumstoff fest.

Auch bei den Lacken handelt es sich um Zweikomponentensysteme. Sie haben bei der Isolierung von Drähten große Bedeutung erlangt. Man arbeitet mit Lacklösungen, die eine ausreichende Lagerstabilität besitzen. Die Drähte werden mit Hilfe von Sondermaschinen mit diesem Lack bestrichen und nach anschließender Trocknung bei 150 bis 180°C durch einen beheizten Kanal geführt. Dort spielt sich die Polyadditionsreaktion ab.

Auf der Oberfläche bildet sich ein hochvernetzter, unlöslicher Film. Das sind die sogenannten Einbrennlacke. Infolge der zahlreichen Kombinationsmöglichkeiten lassen sich solche Lacküberzüge in fast jeder gewünschten Härte bzw. Elastizität herstellen, ohne daß Weichmacher verwendet werden.

Werkstoffeigenschaften. Das ausreagierte Polyurethansystem hat die in der ersten Spalte der Tabelle 10.8 aufgeführten Eigenschaften. Es ist zähelastisch und hat bei sonst nicht hervorragenden mechanischen Eigenschaften eine gute Verschleißfestigkeit. Auch elektrisch ist Polyurethan nur von mittlerer Güte. Es kann aber als kriechstromfest bezeichnet werden. Der Werkstoff ist infolge Zugabe geeigneter Flammschutzmittel selbstverlöschend. Bei Verarbeitung mit Füllstoffen, die teilweise in hohen Anteilen zugegeben werden, ändern sich die Werkstoffeigenschaften in Richtung auf die Füllstoffe. Der spezifische Durchgangswiderstand wird im allgemeinen besser, aber auch die Dielektrizitätszahl steigt an. Schließlich wird die Wärmeleitfähigkeit größer, was nicht selten wichtig ist.

Tabelle 10.8. Werkstoffeigenschaften von Polyurethan

Eigenschaften	Einheit	Duromer	Elastomer
Dichte	g/cm^3		1,15 bis 1,30
Elastizitätsmodul	N/mm^2	50 bis 500	20 bis 600
Schlagzähigkeit	Nmm/mm^2	kein Bruch	kein Bruch
Zugfestigkeit	N/mm^2	3	30 bis 50
Bruchdehnung	%	60	300 bis 600
Härte	Shore D	60	30 bis 60
Stoßelastizität	%		30 bis 60
Kriechstromfestigkeit		KA 3c	KA 2 bis KA 3c
Durchschlagfestigkeit	kV/mm		20
Spezifischer Durchgangswiderstand	Ω cm	10^{13}	10^{12} bis 10^{14}
Dielektrizitätszahl ($f = 1$ MHz)		4	5 bis 7
Dielektr. Verlustf. ($f = 1$ MHz)		$2 \cdot 10^{-2}$	$5 \cdot 10^{-2}$ bis 10^{-1}
Wärmeleitfähigkeit	W/Km	0,24	0,23
Lineare Wärmedehnzahl	10^{-6}/K		180 bis 220
Formbest. in der Wärme nach Martens	°C	50	
Dauerwärmebeständigkeit	°C	75	75
Wasseraufnahme	mg	20	50

10.10 Polyurethan

Die Eigenschaften der Schaumstoffe unterscheiden sich untereinander schon durch die Wahl des Treibmittels. So ist schon der Anteil an geschlossenen Zellen unterschiedlich. Bei Verwendung von Kohlendioxid ist er nur 50 bis 60%, während er in anderen Fällen 90 bis 95% betragen kann. Daß die Eigenschaften wesentlich von der Dichte abhängen, versteht sich von selbst. Diese wiederum ist von der Rohstoffzusammensetzung, dem Fertigungsverfahren und gegebenenfalls von der Form des Werkzeuges abhängig. Grundsätzlich muß zwischen einem frei geschäumten Körper und einem, der in einem Hohlraum erzeugt wird, unterschieden werden. Wird das Reaktionsgemisch durch Formwände in seiner Ausdehnung eingeschränkt, so muß ein dichteres Erzeugnis entstehen. Im allgemeinen rechnet man mit Dichten von 30 bis 500 g/l; sie können aber auch darunter oder darüber liegen. Der Elastizitätsmodul beträgt bei 50 g/l etwa 3 N/mm^2. Die Biegefestigkeit ist 0,4 N/mm^2, die Schlagzähigkeit 0,5 $N\ mm/mm^2$ und die Zugfestigkeit 0,3 N/mm^2. Bei einer Dichte von 250 g/cm^3 ist der Elastizitätsmodul 160 N/mm^2, die Biegefestigkeit 4,5 N/mm^2, die Schlagzähigkeit 5 Nmm/mm^2 und die Zugfestigkeit 3,2 N/mm^2.

In der Elektrotechnik wird wegen der besseren Feuchtigkeitsbeständigkeit ein hoher Anteil an geschlossenen Zellen gewünscht. Ein Schaumstoff hat wegen des hohen Luftanteils, solange die elektrische Beanspruchung niedrig bleibt, natürlich auch eine niedrige Dielektrizitätszahl und geringe dielektrische Verluste. Bei Antennenverkleidungen spielen auch die Reflexionsverluste eine Rolle. Wie Dielektrizitätszahl, Verlustfaktor, Amplitudenreflexionskoeffizient und Dämpfung mit der Dichte des Polyurethanschaums zunehmen, ist in Abb. 10.21 dargestellt. Im Bereich kleiner Verluste ergeben sich lineare Abhängigkeiten.

Bei einer scheinbaren Dichte von 50 g/l erhält man bei Verwendung von Kohlendioxid als Treibmittel eine Wärmeleitfähigkeit von 0,035 und bei Fluortrichlormethan eine solche von 0,024 W/Km. Unmittelbar nach der Herstellung ist sie geringer. Dadurch, daß Luft in die Zellen eindiffundiert, geht sie nach etwa 100 Tagen den genannten Grenzwerten zu. Solche Hartschäume sollen nicht dauernd bei Temperaturen über 70°C eingesetzt werden. Tiefe Temperaturen werden gut vertragen.

Die aus den erwähnten Lacken hergestellten Drahtüberzüge haben einen angenehmen Glanz. Sie besitzen ein ausgezeichnetes Haftvermögen und gute Gleiteigenschaften. Sie sind elastisch, ausreichend alterungsbeständig und zeigen schließlich ein hervorragendes elektrisches Verhalten.

Als gehärteter Kunststoff kann dieses Polyurethan durch kein Lösemittel gelöst werden. Es ist beständig gegen Wasser, aliphatische Kohlenwasserstoffe, Mineralöle, verdünnte Säuren und Laugen. Ester, Ketone, Alkohol und chlorierte Kohlenwasserstoffe quellen es an.

Einsatzgebiete. Mit Polyurethan getränkte Papier- und Glasgewebebänder dienen zum Isolieren von Wicklungen und ähnlichem. Für Nieder- und

Mittelspannungskabel stehen Kabelendverschlüsse nach Abb. 10.22 und Muffen aus Polyurethanharz zur Verfügung, die auf Grund ihrer kleineren Abmessungen und ihres geringeren Gewichtes die seither üblichen guß-

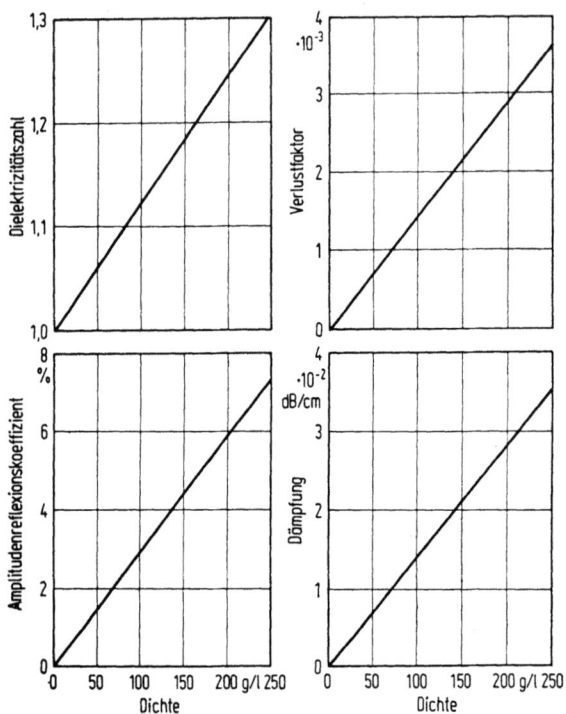

Abb. 10.21. Dielektrizitätszahl, Verlustfaktor, Amplitudenreflexionskoeffizient und Dämpfung von Polyurethanhartschaum in Abhängigkeit von der Dichte bei einer Frequenz von 10^{10} Hz.

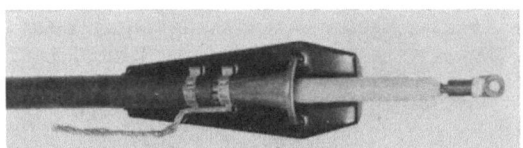

Abb. 10.22. Kabelendverschluß der Reihe 20 aus Polyurethanharz (halbvergossen als Anschauungsmuster) (Werkbild: AEG-Telefunken Kabelwerke AG Rheydt).

eisernen Garnituren ablösen. Die gießbaren Typen werden als Zweikomponentensysteme im Schiffbau zum Abdichten von Kabeldurchführungen verwendet. Sie können ferner zum Vergießen von Spulen, Vibratoren, Kleintransformatoren und Transduktoren, ebenso wie zum Einbetten ganzer Schaltungen dienen. Die Elastizität ist, insbesondere bei empfind-

10.10 Polyurethan

lichen Einbauteilen, dabei von Bedeutung. Sie sind schließlich preiswerter als vergleichbare Gießharze auf Grundlage von Epoxidharzen.

Als Schaumstoff eignet sich Polyurethan für Antennenverkleidungen, insbesondere auch für große Radome. Je nach Größe der freitragenden Radarhauben rechnet man hier mit Dichten bis zu 250 g/l. Gute elektromagnetische Durchlässigkeit, gute Wärmeisolation und zugleich eine befriedigende Witterungsbeständigkeit sind dabei ausschlaggebend. Der große Vorteil ist außerdem, daß die ganze Verkleidung selbsttragend ausgeführt werden kann, denn die Flächen dürfen ja im Bereich der Strahlung nicht von Stützelementen durchschnitten werden. Auch zum Einbetten von Bauteilen und kleinen Schaltungen wird Polyurethanschaum schließlich verwendet. Der sogenannte Integralschaumstoff aus Polyurethan, bei dem die Dichte des Schaumkörpers von innen nach außen zunimmt, ist u.a. für Gehäuse von Rundfunk- und Fernsehgeräten geeignet.

Bekannt sind die Schwierigkeiten, die bei Fernsprechkabeln durch Mantelbeschädigung entstehen. Dadurch, daß dann die Umgebungsfeuchtigkeit auf großen Strecken in die Kabel eindringt, werden die Übertragungseigenschaften gemindert, bis die Anlage völlig ausfällt. Bei papierisolierten Kabeln tritt insofern eine selbststopfende Wirkung ein, als das Papier zu quellen beginnt. Bei kunststoffisolierten Adern ist dies nicht der Fall. Hier hat das mit Polyurethanschaum kontinuierlich gestopfte Kabel einen durchschlagenden Erfolg gebracht. So erhalten heute Fernmeldekabel mit Polyäthylenisolierung durch Polyurethanschaum einen wirksamen Schutz gegen dieses gefürchtete längsseitige Eindringen von Wasser [192]. Das ist bei Verlegungen mit großen Höhenunterschieden von besonderer Bedeutung. Wichtig ist, daß der verwendete Schaum geschlossene Poren und eine hohe Biegsamkeit besitzt. Durch das Verschäumen erhält der Kabelkern auch eine gute Sicherheit gegen Lageänderungen. Die mit dem Aus-

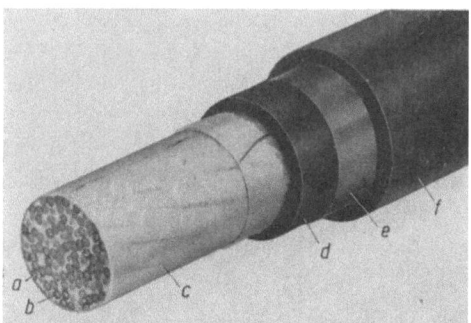

Abb. 10.23. Sperrschaumkabel (Werkbild: AEG-Telefunken Kabelwerke AG Rheydt). *a* Kupferleiter; *b* Isolierung aus geschäumtem Polyäthylen; *c* Sperrschaum aus Polyurethan; *d* Innenmantel aus Polyäthylen; *e* Kupferfolie; *f* Außenmantel aus Polyäthylen.

füllen der Kabelhohlräume verbundene Erhöhung der Betriebskapazität beträgt wegen des hohen Luftraumanteils nur wenige Prozent. Den Aufbau eines solchen Sperrschaumkabels zeigt Abb. 10.23.

Bei den Lackharzen deckt das Polyurethan etwa ein Viertel des Gesamtbedarfs an Drahtlacken. Die Drahtisolation der Hochfrequenztechnik ist fast ausschließlich auf Polyurethan aufgebaut. Der große Vorteil derartig lackierter Drähte ist, daß ihre Anschlußenden unmittelbar, also ohne daß sie zuvor abisoliert zu werden brauchen, in das Zinnbad gesteckt und verzinnt werden können. Das ist darauf zurückzuführen, daß sich die Polyurethanverbindung bei der Lötbadtemperatur zum Teil aufspaltet; die dabei entstehenden Zersetzungsprodukte verdampfen. In Verbindung mit Polyvinylformal ist Polyisozyanat auch Bestandteil der kältemittelbeständigen Drahtlacke. Werden an solche Drahtlacke darüber hinaus hohe Anforderungen an die Wärmefestigkeit gestellt, so kommen u. a. Polyester auf Grundlage von Terephthalsäure mit einem wärmebeständigen Isozyanat (Polyisozyanurat) in Betracht.

10.11 Epoxidharz

Bei den Epoxidharzen (Kurzzeichen: EP-Harze) handelt es sich um Verbindungen, die sogenannte Epoxidgruppen enthalten. Sie lassen sich bei Raumtemperatur oder auch bei höherer Temperatur härten und damit in duromere Isolierstoffe verwandeln. Solches Epoxidharz nimmt heute in der Elektrotechnik eine wichtige Stellung ein.

Molekülstruktur. Charakteristisch für alle Epoxidharze ist die an den beiden Molekülenden des ungehärteten Harzes vorhandene Epoxidgruppe, wie sie in Abb. 10.24 dargestellt ist. Die Anzahl dieser Epoxidgruppen je Gewichtseinheit ist ein Maß für die Reaktionsmöglichkeit und damit für die erreichbare Vernetzungsdichte des noch nicht gehärteten Harzes. Man spricht vom Epoxidwert. Er gibt an, wieviel Mol Epoxidgruppen in 1 000 g Harz enthalten sind. Die Struktur des Harzmoleküls ist weitgehend von den Komponenten und ihrem Mengenverhältnis abhängig. Sie ist darüber hinaus sehr komplex und für den Elektrotechniker ziemlich unübersichtlich, so daß hier verzichtet wird, näher darauf einzugehen. Das Molekulargewicht des ungehärteten Harzes liegt im Bereich von 400 bis 4 000.

Herstellung. Die ersten im technischen Maßstab hergestellten und auch heute noch wichtigsten Epoxidharze sind Erzeugnisse aus Epichlorhydrin und Bisphenol A. Dabei hat man wesentlich zwischen zwei Gruppen zu unterscheiden, nämlich den flüssigen und den festen Harzen, genauer gesagt zwischen den flüssigen und festen Voraddukten. So arbeitet man praktisch mit zwei verschiedenen Einstellungen. Man erhält flüssiges Harz bei einem Epoxidwert von mehr als 4. Er kann zwischen 4 und 5,5 liegen.

10.11 Epoxidharz

Dann müssen mehr als zwei Moleküle Epichlorhydrin je Molekül Bisphenol A verwendet werden. Beträgt der Epoxidwert 2,8 und weniger, so erhält man Festharze. Dann kommt auf ein Molekül Bisphenol A weniger als 1,6 Moleküle Epichlorhydrin [32*].

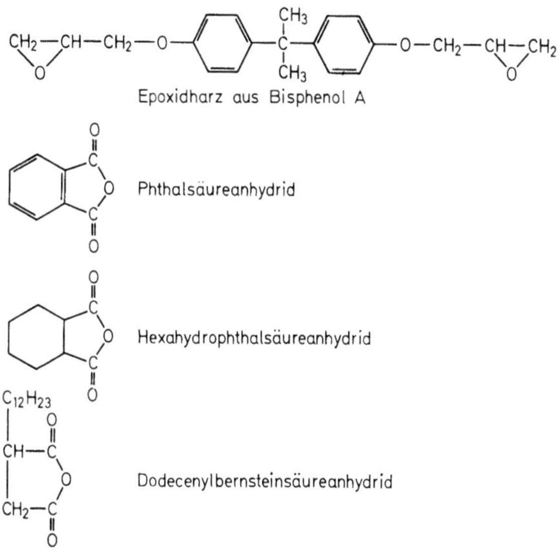

Abb. 10.24. Die Komponenten (Harz und Härter) für die Herstellung eines gehärteten Epoxidharzes.

Außer den Epoxidharzen dieser Art gibt es noch eine große Anzahl anderer Erzeugnisse, die in ihrem molekularen Aufbau ebenfalls durch reaktionsfähige Epoxidgruppen charakterisiert sind. Dazu gehören die zykloaliphatischen Epoxidharze. Davon gibt es nun wieder zwei Arten grundsätzlich verschiedenen Aufbaus, die besondere Beachtung gefunden haben, nämlich die epoxidierten Zykloolefine und die zykloaliphatischen Glyzidylverbindungen (Diglycidylester). Sie besitzen Epoxidwerte zwischen 3,3 und 14, sind demnach reich an Epoxidgruppen und im allgemeinen niedrigviskos. Bei der Vielzahl der Synthesemöglichkeiten sind sie in ihrem Reaktionsverhalten recht unterschiedlich, was natürlich auf die Verarbeitungstechnik von Einfluß ist.

Verarbeitung. Bei Raumtemperatur sind die Epoxidharze, d.h. die Vorerzeugnisse, im allgemeinen bis zu einem Jahr lagerfähig. Um sie in den duromeren Zustand überzuführen, müssen sie mit reaktiven Substanzen umgesetzt werden. Diese können flüssig oder fest sein. Das Harz und der ausgewählte Härter sind für das Verarbeitungsverfahren maßgebend. In bezug auf den Härter arbeitet man annähernd im stöchiometrischen Mischungsverhältnis, mit der Menge an Härter also, die notwendig ist, um sämtliche reaktionsfähigen Gruppen des Harzmoleküls in Reaktion treten zu lassen [32*]. Meistens bleibt man etwas darunter. Damit wird auch die Viskosität des angesetzten Gemisches festgelegt, die aber nicht nur von den Komponenten, sondern auch von der Temperatur abhängig ist. Anderseits steigt sie infolge der einsetzenden Vernetzungsreaktion mit der Zeit an. Das Gemisch läßt sich so lange verarbeiten, bis eine bestimmte Viskositätsgrenze erreicht ist. Diese Gebrauchsdauer kann Minuten oder je nach Einstellung Stunden betragen. Ist die Viskosität für bestimmte Verarbeitungsverfahren zu hoch, so muß sie mit Lösemitteln oder besser mit reaktiven Verdünnern herabgesetzt werden. Lösemittel können nur dann verwendet werden, wenn es möglich ist, sie vor dem Härten wieder zu entfernen. Reaktive Verdünner sind niedrigviskose Flüssigkeiten, die reaktionsfähige Gruppen, meistens Epoxidgruppen, enthalten, die in die Härtungsreaktion eingehen.

Darüber hinaus werden die Harze gelegentlich durch Weichmacher, Flexibilisatoren, Füllstoffe und Pigmente modifiziert. Weichmacher und Flexibilisatoren werden zugegeben, um etwas Elastizität zu verleihen. Das ist in den Fällen besonders wichtig, in denen Metallteile eingegossen werden sollen. Da der Gießharzformstoff eine wesentliche größere Wärmedehnzahl als die Metalle hat, treten an der Grenzfläche zwischen Formstoff und Metall durch den Reaktionsschwund und auch später bei wechselnder Temperatur mechanische Spannungen auf, die zu Rissen führen können. Diese sollen durch die Flexibilisatoren vermieden werden. Sie sind aber nur einsetzbar, wenn eine geringere Formbeständigkeit in der Wärme zulässig ist und auch an die elektrischen Werte des gehärteten Epoxidharzes nicht zu hohe Anforderungen gestellt werden. Oft wird eine erhöhte Flammwidrigkeit gefordert. Das wird zum Teil durch einen hohen Anteil an anorganischen Füllstoffen, beipielsweise Quarz, teils durch halogenhaltige Zusätze erreicht. Bromierte Harze, bei denen man von bromhaltigen Bisphenolen ausgeht, haben sich bei Schichtpreßstoffen bewährt. Schließlich wird Antimontrioxid eingesetzt. Vom Quarzmehlanteil abgesehen wirken sich derartige Zuschläge immer nachteilig auf andere Eigenschaften aus.

Die Epoxidharze können sowohl bei Raumtemperatur als auch bei erhöhter Temperatur ausgehärtet werden. Bei Raumtemperatur können natürlich nur die flüssigen Harze verarbeitet werden. Die heiß zu verarbeitenden Harze sind bei Raumtemperatur fest oder flüssig. Sie werden bei Temperaturen über 100°C ausgehärtet. Die große Zahl der zur Verfügung stehenden Härtungsmittel erlaubt es, den Härtungsverlauf verschiedenen Temperaturen und damit der Verarbeitungstechnik anzupassen. So hat man Härter für Kalthärtung und Warmhärtung zu uuterscheiden. Die Kalthärter sind aliphatische Polyamine und ermöglichen

10.11 Epoxidharz

Härtungszeiten von einigen Minuten bis zu Tagen. Sie sind naturgemäß flüssig. Als Warmhärter werden Säureanhydride und insbesondere Phthalsäureanhydrid vorzugsweise für die Gießharzfertigung verwendet. In bezug auf die Schichtstoffherstellung sei auf die wichtigen aromatischen Diamine und den besonders verbreiteten Härter Dizyandiamid hingewiesen. Ihre Aushärtezeit ist bei gegebener Einstellung von der Wahl der Temperatur abhängig, in dem Sinne, daß bei steigender Temperatur die Reaktionsgeschwindigkeit zunimmt, also die Härtungszeit kürzer wird. Dieser Vorgang ist ein Additionsvorgang, dessen Vorteil es ist, daß keine flüchtigen Anteile abgespalten werden und deshalb kein Druck benötigt wird. Die Härtungsreaktion verläuft exotherm. Wenn es auch aus wirtschaftlichen Gründen wünschenswert ist, schnell zu arbeiten, so kann dies, wenn die Reaktionswärme nicht richtig abgeführt wird, durch ein gegenseitiges Aufschaukeln von Reaktionsgeschwindigkeit und Temperatur zu beträchtlichen Schwierigkeiten und zu einer Zerstörung des Gießlings führen. Die richtige Wahl der Temperatur ist also von großer Bedeutung. Die Reaktion hat schließlich einen gewissen Schwund zur Folge, der sich aus dem Härtungsschwund zwischen dem Beginn des Gelierens und der vollständigen Härtung, also aus der Dichteänderung, und aus dem Abkühlungsschwund zusammensetzt. Er ist anderen Kunstharzen gegenüber gering. So wird u.a. das rißfreie Tränken von Spulen und das Eingießen von Metallteilen möglich.

Die Komponenten für die Mischung werden erst vor der Verarbeitung gemischt. Ist das Vorerzeugnis fest, so muß es geschmolzen oder in Lösemitteln gelöst werden. Lösungen lasen sich besonders gut zum Tränken von Glasgewebe verwenden.

Mit Epoxidharz werden so hochwertige geschichtete Isolierstoffe insbesondere in Verbindung mit Textilglas hergestellt. Die dafür eingesetzten Harze können bei Raumtemperatur flüssig oder fest, sie können lösemittelhaltig oder lösemittelfrei sein. Auch die Härter sind bei Raumtemperatur flüssig oder fest. Die Tränkung der Trägerbahn (Gewebe, Matte, Papier) erfolgt ähnlich wie bei den Phenolharzen (10.5), indem man zunächst eine Zwischenstufe des Harzes anstrebt, die noch schmelzbar und etwas löslich ist. Die so behandelten Trägerbahnen werden in Etagenpressen in offener Form unter Druck und Hitze zu Platten verpreßt. Mit dem getränkten und vorgehärteten Glasfilamentgewebe werden auch kupferkaschierte Isolierstoffplatten für gedruckte Schaltungen hergestellt. Wieder werden mehrere Lagen des getränkten Glasgewebes übereinandergeschichtet; einseitig oder beidseitig wird der Stapel mit Kupferfolie abgedeckt und zu einem Schichtpreßstoff verpreßt. Zwecks besserer Haftung ist die elektrolytisch gewonnene Kupferfolie auf der Seite, die auf den Isolierstoff zu liegen kommt, durch ein Gemisch aus Kupferpulver und Kupferoxid vorbehandelt.

Sollen behälterförmige Gebilde wie Radome gefertigt werden, ist das Fadenwickelverfahren zu empfehlen. Dabei werden Glasspinnfäden oder Stränge mit dem härtbaren Epoxidharz getränkt und dann naß auf einen der Innenform des Isolierteils angepaßten Kern gewickelt. Das geschieht mit Hilfe dafür besonders entwickelter Vorrichtungen in Form einer Schneckenlinie. Beim Rückgang der Fadenführung kreuzen sich die Fäden. So ist es möglich, Hohlkörper mit beträchtlichen mechanischen und elektrischen Festigkeiten herzustellen. An Stelle des geschilderten Naßwickelverfahrens gewinnt auch das Wickeln mit vorgetränkten Fäden Bedeutung. Wegen der leichteren Kontrolle bei der Vortränkung ermöglicht es eine höhere Gleichmäßigkeit des Harzgehaltes.

Verfahren besonderer Art macht die Isolation von Ständerwicklungen in Großmaschinen erforderlich. Zwei grundsätzlich verschiedene Arbeitsweisen sind üblich. Bei kleineren und mittleren Maschinen führt man hauptsächlich die diskontinuierliche Isolation aus. Hierbei werden die Nutseiten, also die geraden Teile, mit einem vorgetränkten Breitband aus Glasfilamentgewebe und Feinglimmer umwickelt bzw. umbügelt. So vorbereitet werden sie anschließend in eine beheizbare Presse gelegt und bei leichtem Druck zunächst auf etwa 90 °C erwärmt. Dann geht man auf den erforderlichen Preßdruck von 2,5 N/mm^2. Auf diese Weise beseitigt man beim Wickeln möglicherweise eingebrachte Lufteinschlüsse, was wichtigste Voraussetzung für eine einwandfreie Isolation ist. Darauf wird bei 160 bis 190 °C ausgehärtet. Dann werden die Wickelköpfe isoliert; sie werden mit getränktem Feinglimmerband umwickelt. Das wiederum besteht aus einem dünnen Glasfilamentträger, aus Feinglimmer, Epoxidharz und einer beidseitigen Abdeckung mit dünner Polyesterfolie (9.24). Damit das Band gut verarbeitet werden kann, ist das darin enthaltene Harz nicht voll ausgehärtet. Die endgültige Aushärtung wird nach Beendigung der Isolierarbeit vorgenommen.

Davon zu unterscheiden ist die sogenannte durchgehende Wicklung. Hier wird die Isolierung bis an die Stirnseitenverbindung durchgehend und ohne Übergangsstellen zwischen Nutseite und Stirnseitenteil aufgetragen. Das geschieht mit feinen Bändern aus Textilglas, Glimmer und geringem Anteil an Epoxidharz, das hier nicht nur nicht ausgehärtet ist, sondern auch noch den Beschleuniger enthält, der später mit dem Tränkharz reagieren soll. Bei Maschinen kleinerer und mittlerer Leistung wird dann die gesamte Ständerwicklung eingebaut, verschaltet und in einem Kessel unter Vakuum und anschließendem Druck mit lösemittelfreiem Epoxidharz getränkt. Ist dies geschehen, wird mit Hilfe von Wärme in passenden Öfen ausgehärtet. Dabei reagiert das durch die Tränkung eingebrachte Harz mit dem im Wickelband enthaltenen Beschleuniger. Es entsteht eine dichte einwandfreie Isolierung. Bei sehr großen Maschinen, vor allem bei Turbogeneratoren, werden die wie geschildert bewickelten

10.11 Epoxidharz

Stäbe auf Gestellen angeordnet und in diesen unter Vakuum und anschließendem Druck getränkt. Ausgehärtet werden sie darauf in genau passenden Preßformen [193], natürlich wieder bei der erforderlichen Temperatur. Erst dann werden sie in den Ständer eingebaut. So werden auch Wicklungen für Spannungen über 30 kV betriebssicher isoliert.

Aus Epoxidharz werden auch warmhärtbare Preßmassen hergestellt, von denen einige Typen bereits genormt sind (DIN 16912). Diese Preßmassen enthalten Harz, Härter und Füllstoffe im richtigen Verhältnis und können unmittelbar verarbeitet werden. Das Harz befindet sich in der vorgehärteten Zwischenstufe, wozu als Härter im allgemeinen aromatische Amine verwendet worden sind [194]. Als Füllstoffe kommen Schiefermehl, Quarzmehl, Glimmer und kurzgeschnittene Glasfasern in Betracht. Diese Formmassen haben ein gutes Fließvermögen im Preßwerkzeug. Als Verarbeitungsschwindung hat man 0,4 bis 1% zu berücksichtigen. Nachteilig ist bei manchen Preßmassen die begrenzte Lagerfähigkeit.

Niederdruckpreßmassen gestatten es, selbst empfindliche Dioden, Transistoren und integrierte Schaltungen einwandfrei einzubetten. Das wird vorwiegend im Spritzpreßverfahren bei Drücken von 1 bis 4 N/mm^2 und Verarbeitungstemperaturen von 140 bis 160°C vorgenommen. Grundsätzlich unterscheidet sich dieses Umhüllen von Bauteilen nicht vom Spritzpressen üblicher Preßmassen. Die zu umhüllenden Teile werden in die Formnester eines Mehrfachwerkzeuges eingelegt und die Niederdruckpreßmasse als Granulat oder in Tablettenform in den Spritzzylinder getan, dort unter Hitze und dem Druck des Spritzkolbens plastiziert und durch die dünnen Einspritzkanäle in die Formnester gespritzt. Der einzige Unterschied gegenüber dem bekannten Spritzpressen besteht, da die Preßmassen leichtfließend sind, in dem geringen Druck. Die zahlreichen Formnester der meist verwendeten Vielfachwerkzeuge werden voll gefüllt, härten trotzdem rasch aus und gewährleisten damit eine wirtschaftliche Fertigung [195]. Dabei ist zu beachten, daß keine störenden Stoffe, insbesondere keine Ionen während der Verarbeitung oder gar im späteren Betrieb frei werden. Eine niedrige Wasserdampfdurchlässigkeit und hohe Reinheit der verwendeten Rohstoffe sind dafür Bedingung. Auf Grund eines besonderen Herstellungsverfahrens bleiben diese Formmassen selbst unter ungünstigen Bedingungen ein Jahr voll gebrauchsfähig. Die Werkzeuge für diese Verarbeitungstechnik sollen nach Möglichkeit hartverchromt und hochglanzpoliert sein.

Thermisch unempfindliche Teile können durch Aufsintern von Pulver schlagzähe, korrosionsfeste und elektrisch isolierende Überzüge erhalten. Dabei handelt es sich um lösemittelfreie Pulver, die als Einkomponentensysteme in Korngrößen von weniger als 0,2 mm geliefert werden. Das zu überziehende Werkstück wird auf eine Temperatur gebracht, die über der Schmelztemperatur des Epoxidharzes liegt, also auf 150 bis 200°C.

Für das Aushärten der aufgesprühten Pulverschichten eignen sich marktübliche Trockner, falls sie bis zu einer Temperatur von 200 °C beheizbar sind.

Elektrisch isolierende und gegen Umwelteinflüsse schützende Überzüge werden auch im Tauchverfahren hergestellt. Das gilt insbesondere für empfindliche Teile. Dabei kann man mit Lösemitteln arbeiten. Bevorzugt werden allerdings lösemittelfreie Einstellungen, mit denen man Schichtdicken von 0,2 mm erreichen kann. Das Werkstück wird einfach in die Mischung eingetaucht und nach einigen Sekunden langsam und gleichmäßig wieder herausgezogen. Man trocknet und härtet in der Regel etwas über Raumtemperatur.

Schließlich ist das Träufeln, das bereits (10.1) beschrieben wurde, ein besonderes Tränkverfahren. Während die üblichen Tränklacke Lösemittel enthalten, die beim Trocknen in den getränkten Wicklungen zu Hohlräumen führen, werden hier lösemittelfreie Harzeinstellungen verwendet. Gegebenenfalls werden reaktive Verdünner beigemischt. Gehärtet wird im allgemeinen mit aromatischen Aminen [196, 197]. Das erfolgt im Ofen in etwa zwei Stunden [198]. Man erhält auf diese Weise eine vollkommen dichte Isolierung. Das Verfahren zeichnet sich dem Tränken bzw. Tauchen gegenüber auch durch große Wirtschaftlichkeit aus. Daß, um hohen Ansprüchen zu genügen, das Träufelharz und der für die Wicklungen verwendete Drahtlack aufeinander abgestimmt sein müssen, braucht nicht besonders betont zu werden.

Da keine flüchtigen Bestandteile abgespalten werden, eignet sich Epoxidharz bevorzugt für die drucklose Verarbeitung. So hat es als Gießharz die größte Bedeutung. Auf Grundlage sowohl des Festharzes als auch des Flüssigharzes sind eine Reihe von Gießharzformstoffen typisiert worden (DIN 16 946). Bei den Grundharzen handelt es sich um ein bei einer Temperatur von etwa 50 °C erweichendes Harz mit einem Epoxidwert von 2,6 und um ein bei Raumtemperatur zähflüssiges Harz mit einem Epoxidwert von etwa 5,3 [199]. In den Fällen wird fast immer mit Füllstoff gearbeitet. Das kann Aluminiumoxid, Quarzmehl, Dolomit und Bariumsulfat sein, Stoffe, die in Anteilen von 200 bis 300 Gewichtsprozenten zugemischt werden. Diese Füllstoffe müssen immer gut getrocknet werden. Quarzmehl wird, um einheitlich gute elektrische Eigenschaften zu erhalten, am besten vorher geglüht [200]. Gelegentlich wird es auch mit Haftvermittlern versehen, was bessere Eigenschaften nach Einwirkung von Feuchtigkeit bringt [197].

Bei geringen Ansprüchen kann man unter normalen Raumbedingungen gießen. Dann werden meistens kalthärtende Gießharze verarbeitet. Hochwertige Gießharzisolierungen werden nur im Vakuum erzielt. Dabei werden auch Harz und Härter bzw. das Gemisch vor dem Gießen entgast und entfeuchtet, was am besten ebenfalls durch eine Vakuumbehandlung ge-

10.11 Epoxidharz

schieht [201]. Die zu vergießenden Teile werden mit dem Formwerkzeug in einen Kessel eingebracht. Dort werden sie unter Vakuum gesetzt, wodurch zunächst Luft und Feuchtigkeit entfernt werden. Die Anordnung ist so getroffen, daß das ebenfalls unter Vakuum fertig gemischte Harz von oben zulaufen kann, und zwar durch eine mit einem Ventil verschließbare Gießleitung. Beim Gießen kann man den Vorratsbehälter des Harzes wieder unter Atmosphärendruck setzen, was zwar den Auslauf beschleunigt, aber doch nicht immer zweckmäßig ist. Hat man das Gießen beendet, läßt man das flüssige Harz, damit es sich beruhigen kann, noch eine Zeitlang stehen und schafft erst dann den Druckausgleich mit der Atmosphäre. In allen Fällen muß man darauf achten, daß im Eingußtrichter genug Gießharz steht, so daß sowohl die bei Wegnahme des Vakuums entstehende Volumenverkleinerung als auch der erwähnte Härteschwund ausgeglichen werden kann.

Oft wird eine besonders hochwertige Tränkung bestimmter Wicklungen erforderlich. Auch das macht man unter Vakuum in solchen Gießkammern, wozu eine lösemittelfreie dünnflüssige Harzmischung ohne Füllstoff verwendet wird. Erst in einem zweiten Arbeitsgang wird das Ganze mit dem Quarzmehl und Farbstoff enthaltenden Umguß versehen. So erhält man starre und luftblasenfreie Wicklungen, die hochspannungsfest und gegen Erschütterungen und Kurzschlußkräfte weitgehend unempfindlich sind.

Bei großen Serien ist die fertigungsbedingte Taktzeit von wirtschaftlicher Bedeutung; schon deshalb, weil davon auch die Anzahl der benötigten Formwerkzeuge abhängt. Diese Überlegungen führten u.a. zu einer verbesserten Fertigungstechnik, die als Druckgelierverfahren bekannt geworden ist [197]. Durch eine erhöhte Temperatur des Formwerkzeugs, die um 50 bis 70 K über der Massetemperatur liegt, bewirkt dies Verfahren zunächst eine von der Werkzeugwandung her beginnende schnellere Härtung des Gießharzes. Durch den nach dem Gießen auf den noch flüssigen Anteil der Gießharzmasse aufgebrachten Druck von etwa 6 bar wird darüber hinaus eine sichere Formfüllung gewährleistet. Das bringt glattere Oberflächen und enger tolerierte Abmessungen. Der Fertigungsablauf ist beschleunigt. Natürlich muß das Werkzeug entsprechend eingerichtet und druckdicht ausgeführt sein. Unter ähnlichen Betriebsbedingungen ist auch die Spritzgießverarbeitung möglich [202].

Um ein spannungsfreies Gießteil zu erhalten, ist der Schwund von besonderer Wichtigkeit. So lange er in der flüssigen Phase erfolgt, kann er keine Spannungen im Fertigteil hervorrufen, da ja die flüssige Mischung nachfließen kann. Im gelierten und im festen Zustand ist dies nicht mehr möglich. Man wird deshalb durch Einstellung des Systems und des Fertigungsverfahrens versuchen, die Dichteänderungen möglichst in die flüssige Phase zu legen. Das ist in Fällen, in denen elektrische Teile eingebettet werden, die nicht die gleiche Dichteänderung aufweisen, besonders wichtig. Um einen geringen Schwund zu erzielen, muß die angesetzte Harzmischung bei möglichst tiefer Temperatur geliert werden. Nach dem Gelieren soll die Reaktion dann so langsam ablaufen, daß der Reaktionsschwund stets größer als die durch den Temperaturanstieg verursachte Wärmeausdehnung ist [32*]. Der Schwund ist sowohl vom Harz als auch vom Härter abhängig und liegt beim Reinharz zwischen 2 und 3%, beim gefüllten Gießharz bei 0,6%.

Bei der Handhabung von nicht ausgehärteten Epoxidharzen muß darauf geachtet werden, daß sie gelegentlich Hautreizungen hervorrufen. Die heute üblicherweise verwendeten Härter haben allerdings in den meisten Fällen nur noch eine geringe Reizwirkung. Die Arbeitsräume sind trotzdem gut zu belüften; der Arbeitsplatz ist sauber zu halten. Eine Berührung der Harzkomponenten soll vermieden werden.

Schichtpreßstoffe aus Epoxidharz müssen oft gestanzt, gesägt und gebohrt werden. Das macht bei Hartpapier keine besonderen Schwierigkeiten. Bei Glashartgewebe allerdings soll man vom Stanzen Abstand nehmen. Sonst werden diamantbestückte Trennscheiben und Bohrer aus Hartmetall verwendet (VDI 2003). Auch das Fräsen und Drehen ist möglich, wird aber bei glasfaserverstärkten Isolierstoffen selten ausgeführt. Die Reibungswärme wird am besten durch Luft, gelegentlich auch durch Wasser, abgeführt. Im übrigen wird man Isolierteile aus Epoxidharz so ausführen, daß möglichst keine mechanische Nacharbeit erforderlich wird.

Werkstoffeigenschaften. Die Werkstoffeigenschaften der Epoxidharze schwanken in einem sehr weiten Bereich, was mit der großen Zahl der möglichen Reaktionspartner und mit der Fertigungstechnik zusammenhängt. Eine Zusammenstellung aller auf Epoxidharz aufgebauten duromeren Isolierstoffe würde eine unübersichtliche Aufzählung bringen. In Tabelle 10.9 sind daher neben Reinharzen nur die Werte der wichtigsten Epoxidharzformstoffe aufgeführt. Die heißhärtenden Harze liefern immer bessere elektrische Werte und eine bessere Formbeständigkeit in der Wärme als die kalthärtenden. Sie kommen daher für die Elektrotechnik fast ausschließlich in Betracht.

Die Dichte des Reinharzes schwankt je nach Rohstoffzusammensetzung. Die Füllstoffe sind natürlich auf die Eigenschaften von großem Einfluß (3.3). Die Glasfaser beispielsweise verbessert Elastizitätsmodul, Biegefestigkeit, Schlagzähigkeit und auch Zugfestigkeit beträchtlich. Verschiedene Epoxidharzeinstellungen sind kriechstromfest, andere nicht. Bei Flüssigharzen ist im allgemeinen eine gute Kriechstromfestigkeit vorhanden. Allerdings leidet diese, wie man aus der Tabelle 10.9 ersieht, meistens durch die Füllstoffzugabe. Das ist damit zu erklären, daß die im Strompfad sich bildenden Zersetzungsprodukte beim Reinharz frei ab-

10.11 Epoxidharz

dampfen, vom Füllstoff aber teilweise zurückgehalten werden. Bei geglühtem Quarzmehl ist dieser nachteilige Effekt nicht feststellbar. Die Dielektrizitätszahl und der dielektrische Verlustfaktor werden an zwei Beispielen, und zwar über einen weiten Frequenzbereich, durch Abb. 10.25 wiedergegeben [46]. Die Wärmedehnung wird um so kleiner, je größer der Anteil der mineralischen Füllstoffe ist. Gut ist die Wärmeformbeständigkeit der heißgehärteten Epoxidharze, soweit keine Flexibilisatoren verwendet worden sind. Die kaltgehärteten Typen liegen weit zurück. Wertvoll ist die weitgehende Unempfindlichkeit gegenüber Alkohol, Äther, Benzol, Öle, schwache Säuren, schwache Laugen und Wasser. Unbeständig ist Epoxidharz gegen Azeton, Chlorkohlenwasserstoffe, starke Säuren und starke Laugen. Nachteilig sind die Vergilbung bei ultravioletter Bestrahlung und die geringe Witterungsbeständigkeit.

Bei den zykloaliphatischen Epoxidharzen sind gerade die Beständigkeit gegen ultraviolette Bestrahlung und damit die Wetterbeständigkeit besser als bei den anderen. Auch ihre besondere Kriechstrom- und Lichtbogenfestigkeit wird geschätzt [203].

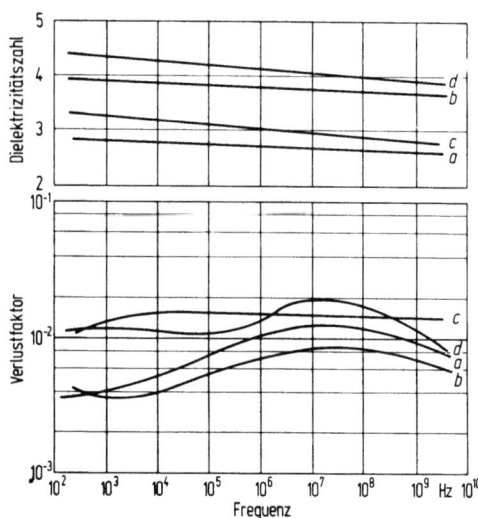

Abb. 10.25. Frequenzabhängigkeit der Dielektrizitätszahl und des dielektrischen Verlustfaktors zweier Epoxidharze mit und ohne Glasfaserverstärkung.
a Epoxidharz auf Grundlage von Bisphenol A und Epichlorhydrin mit 130 Gewichtsteilen Dodecenylbernsteinsäureanhydrid als Härter und 2 Gewichtsteilen Dimethylaminmethylphenol als Beschleuniger (6 h bei 130°C geh.); b Wie a mit 65% Gew. (44% Vol.) Glasfilamentgewebe verstärkt; c Epoxidharz wie a mit 80 Gewichtsteilen Hexahydrophthalsäureanhydrid als Härter und 1 Gewichtsteil Aminaddukt als Beschleuniger (6 h bei 130°C gehärtet); d Wie c mit 62% Gew. (44% Vol.) Glasfilamentgewebe verstärkt.

Tabelle 10.9. Werkstoffeigenschaften von Epoxidharz

Eigenschaften	Einheit	Reinharz (Epoxidwert: 2,5 Typ 1000-0 nach DIN 16946)	Gießharzformst. mit 60% Quarzm. (Typ 1000-6 nach DIN 16946)
Dichte	g/cm³	1,2	1,8
Elastizitätsmodul	kN/mm²	4	13
Biegefestigkeit	N/mm²	130 bis 140	110 bis 130
Schlagzähigkeit	Nmm/mm²	15 bis 20	8 bis 12
Zugfestigkeit	N/mm²	60 bis 80	80
Bruchdehnung	%	1,5 bis 3	1,2
Kriechstromfestigkeit		KA 2	KA 1
Durchschlagfestigkeit	kV/mm	15	15
Spezifischer Durchgangswiderstand	Ω cm	10^{14}	10^{14}
Dielektrizitätszahl ($f = 1$ MHz)		2,7 bis 3,8	4
Dielektr. Verlustf. ($f = 1$ MHz)		10^{-2}	10^{-2}
Wärmeleitfähigkeit	W/Km	0,12	0,5
Lineare Wärmedehnzahl	10^{-6}/K	75	40
Formbest. in der Wärme nach Martens	°C	90 bis 105	115
Dauerwärmebeständigkeit	°C	125	130
Wasseraufnahme	mg	20	20

Einsatzgebiete. Mit Textilglas und Epoxidharz hergestellte geschichtete Isolierstoffe werden für hochwertige Antennenverkleidungen verwendet. Aus glasfaserverstärktem Epoxidharz bestehen auch die Radarhauben von Flugzeugen, die teilweise in Honigwabenkonstruktion ausgeführt werden. Ferner wird Glasfilamentgewebe für gedruckte Schaltungen eingesetzt. Selbst verwickelte Mehrlagenschaltungen [204] lassen sich, wie aus Abb. 10.26 zu ersehen ist, aus glasfaserverstärktem Epoxidharz fertigen. Aus dem gleichen Isolierstoff bestehen die Nutkästen bei den Induktoren der Großmaschinen, die bis zu 8 m Länge hergestellt werden. Die Verschlußkeile in den Ständernuten werden in der Regel aus Glashartmatten gefertigt. Selbst in Kernenergieanlagen spielen mit Glasfasern verarbeitete Epoxidharze eine Rolle. So sind Vakuumkammern von Synchrotronen daraus hergestellt. Sie müssen bei guten mechanischen Eigenschaften einwandfrei isolieren, sie müssen unmagnetisch und gasdicht sein.

10.11 Epoxidharz und Epoxidharzformstoffen

Reinharz (Epoxidwert: 5,2 Typ 1021-0 nach DIN 16946)	Gießharzformst. mit 60% Quarzm. (Typ 1021-6 nach DIN 16946)	Glasfilamenthartgewebe (Typ Hgw 2372 nach DIN 7735)	Preßstoff mit kurzen Glasf. (Typ 871 nach DIN 16912)	Preßstoff aus Niederdruckpr. (mit Mineralmehl u. kurzer Glasf.)	Formstoff aus zykloaliphat. Gießharz mit 67% Quarzmehl
1,2	1,8	1,7 bis 1,9	1,8 bis 1,9	1,85	1,9 bis 2,1
2,5	12	20	17	11	15 bis 20
120	100 bis 110	400	80	100	110
15	6 bis 10	100	8	10	6 bis 8
60	70	300	40	50	60
1,5	0,8				3
KA 3c	KA 2 bis KA 3c	KA 2	KA 3c	KA 3c	KA 3c
15	15	15	20	13	15 bis 20
10^{14}	10^{14}	10^{14}	10^{14}	10^{15}	10^{15}
4	4	3 bis 4,5	5	4,5 bis 5	
10^{-2}	$2 \cdot 10^{-2}$	10^{-2}	$3 \cdot 10^{-2}$	10^{-2}	10^{-2}
		0,5	0,6	0,6	0,8
75	40	15	20	20	30
100	110	180	120	110	110 bis 160
130	130	130	130	130	135
20	20	10	30	30	30

Zum größten Teil mit Epoxidharz isoliert sind, wie in Abb. 10.27 gezeigt ist, auch die Leiterstäbe in den Ständern der Großmaschinen. Mit dem Harz sind noch Glimmer und Glasfilamentgewebe eingebaut. Damit können Hochspannungsmaschinen selbst größter Leistung betriebssicher ausgeführt werden.

Preßteile aus Epoxidharz haben ebenfalls ein breites Anwendungsgebiet gefunden. Wicklungsträger und Schalterteile sind zu nennen. Bekannt ist ferner das Isolieren von Ständer- und Läuferblechpaketen von Elektrowerkzeugen im Spritzpreßverfahren. Eine Schutzumhüllung aus Preßstoff erhalten Magnetspulen, Widerstände, Kondensatoren und auch sehr empfindliche Bauteile wie integrierte Schaltungen.

Bei Kleinmotoren spart man oft die Folienauskleidung der Nut, indem man die Blechpakete im Sinterverfahren mit Epoxidharzpulver isoliert [205]. Hier ist eine gleichmäßige Bedeckung der Kanten besonders wichtig.

Grundsätzlich bringt dieses Verfahren einen besseren Nutenfüllfaktor und außerdem ist das gefürchtete Verklemmen des Wickeldrahtes zwischen Nutisolierung und Blechpaket nicht möglich. Das Tauchverfahren eignet sich zum Überziehen beliebiger Körper wie Keramikkondensatoren, Papierwickelkondensatoren, Transistoren, Widerständen und gedruckter Schaltungen.

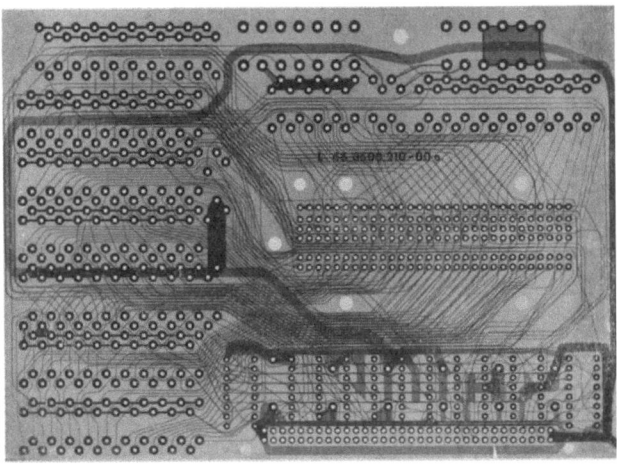

Abb. 10.26. Röntgenaufnahme einer Mehrlagenschaltung in glasfaserverstärktem Epoxidharz (Werkbild: AEG-Telefunken).

Werden hochbeanspruchte Wicklungen von Kleinmotoren im Träufelverfahren gefüllt, kann auf die Nutverschlußkeile verzichtet werden. Es entsteht ein fester einheitlicher Körper mit guten mechanischen und elektrischen Eigenschaften und guter Wärmeübertragung. Insbesondere bei Elektrowerkzeugen wird der Läufer auf diese Weise zu einem Gebilde gemacht, bei dem Verschiebungen und Leiterbrüche durch Unwucht und Kurzschluß nicht mehr möglich sind.

Stützer für Hochspannungsanlagen werden seit längerer Zeit in großer Zahl aus Gießharz hergestellt. Bei dem in Abb. 10.28 dargestellten Hochspannungsschalter ist sogar die Schaltstrecke mit ihren spannungsführenden Teilen in einem aus Epoxidharz gegossenen Isolator untergebracht. Er enthält auch den Kanal für die Blasluft. Auf diese Weise ist eine raumsparende Konstruktion entstanden. Auch im Meßwandlerbau haben die Epoxidharze zu umwälzenden Neuerungen geführt. Bei den Strom- und Spannungswandlern hat das Gießharz durch die Möglichkeit des Einbettens von Elektroden zu einer optimalen Feldsteuerung geführt. Ferner werden heute die Wicklungen stoßspannungsfester Trockentransformatoren in Epoxidharz vergossen. Eine solche Ausführung ist wartungsfrei und prak-

10.11 Epoxidharz

tisch brandsicher. Abmessungen und Gewicht konnten erheblich verkleinert werden. Kalt- und heißhärtende Harze kommen für das tropenfeste Abdichten von Becherkondensatoren in Betracht.

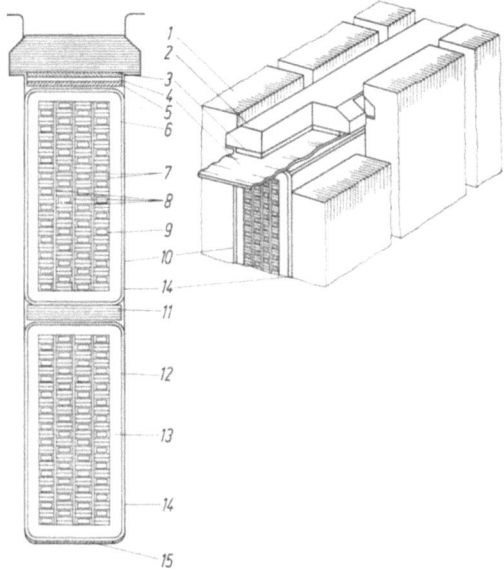

Abb. 10.27. Die Isolierstoffe in der Ständernut eines Turbogenerators
(Werkbild: Kraftwerk Union).

1 Blechpaket; 2 Nutverschlußkeil und 3 Druckstück aus Baumwollhartgewebe oder Hartpapier auf Grundlage von Phenol- oder Epoxidharz; 4 Nutverschlußfeder aus Glasfilamentgewebe mit verstärkter Kette und Cyanat- bw. Epoxidharz; 5 Druckstreifen wie 3; 6 Halbleitender Außenglimmschutz mit Graphit; 7 Massivleiter; 8 Teilleiterisolierung aus Glasfilament und Epoxidharz; 9 Hohlleiter; 10 Oberstab; 11 Nutzwischenlage aus Baumwollhartgewebe mit Phenolharz oder Epoxidharz; 12 Unterstab; 13 Isolierung aus Spaltglimmer, Feinglimmer, Polyestervlies und Epoxidharz; 14 Halbleitender Seitenfüllstreifen; 15 Nutgrund-Anpaßstreifen aus Polyestervlies und Epoxidharz.

Trägerfrequenzübertragungsanlagen, die der trägerfrequenten Übermittlung von Nachrichten über Hochspannungsleitungen dienen, benötigen im Zuge ihrer Freileitungen Sperren in eisenloser Bauweise. Hier hat sich eine Ausführung bewährt, bei der zykloaliphatisches Epoxidharz verwendet wird. Die in Abb. 10.29 dargestellte Sperre besteht aus mehreren ineinandergesteckten achsparallelen Spulen aus Aluminiumleitern, die mit Textilglas isoliert und umwickelt und mit zykloaliphatischem Epoxidharz getränkt sind. Durch die offene Bauweise wird nicht nur ein niedriges Gewicht, sondern auch eine gute Kühlung erreicht.

Für die Isolierung von Großmaschinen werden mit zykloaliphatischem Epoxidharz Mikafolium (4.5) und naß zu verarbeitende Wickelbänder hergestellt. Während gegossene Isolatoren im Innenraumbetrieb seit vielen Jahren zur Zufriedenheit arbeiten, machten die Witterungseinflüsse infolge Fremdschichtbildung einige Schwierigkeiten. Bei eingehender Prü-

Abb. 10.28. Einpoliger Druckluftschalter der Reihe 30 mit Isolierkörper aus quarzmehlgefülltem Epoxidharz und Schaltschwinge aus glasfaserverstärktem Melaminharz (Werkbild: AEG-Telefunken).

Abb. 10.29. Trägerfrequenzsperre mit Isolierung aus Textilglas und zykloaliphatischem Epoxidharz (Werkbild: Trench Electric). Induktivität: 0,7 mH; Nennspannung: 735 kV; Nennstrom: 2500 A.

fung des Verhaltens bei Überschlägen und Kurzschlußlichtbögen in freier Atmosphäre hat sich auch hier das zykloaliphatische Harz als geeignet erwiesen. Beschleunigt wurde die Entwicklung durch die gute Formgebungsmöglichkeit, welche günstige Schirmformen zu wählen gestattete [206]. In ähnlicher Weise sind an Kabelendverschlüssen über mehrere Jahre hinweg Freiluftuntersuchungen durchgeführt worden [207], die

10.11 Epoxidharz

erwarten lassen, daß auch hier die Ausführung in zykloaliphatischem Epoxidharz den betrieblichen Anforderungen, jedenfalls im Mittelspannungsbereich, genügt. Die bisherigen Befunde waren lediglich ein teilweise fehlender Glanz, geringe Farbänderungen und Oberflächenaufrauhungen als Folge von Erosionsvorgängen. In keinem Fall konnten Kriechstromspuren festgestellt werden [206]. Dabei kam man auch zu der Erkenntnis, daß die von den mehrteiligen Gießwerkzeugen herrührenden Trennfugen nicht als kriechstromanfällig anzusehen sind, wenn sie nur sauber geputzt worden sind. Die in Abb. 10.30 dargestellten Freiluftstromwandler haben

Abb. 10.30. Freiluftstromwandler einer Schaltanlage in Epoxidharzausführung mit Kappe aus glasfaserverstärktem Polyesterharz (Werkbild: AEG-Telefunken).
Nennspannung: 150 kV; Nennkurzzeitstrom: 95/190 kA.

eine zweifache Gießharzhülle. Die innere übernimmt die elektrische Isolation, die daraufgegossene äußere Hülle aus zykloaliphatischem Epoxidharz bringt die gewünschte mechanische Festigkeit und den Schutz gegen Witterungseinflüsse. Zum zykloaliphatischen Epoxidharz ist abschießend zu sagen, daß der Verbrauch trotz der Erfolge im Freiluftbereich vergleichsweise gering ist. Es hat das mit Biphenol A hergestellte Harz noch nicht verdrängen können.

11. Elastomere

Elastomere sind weitmaschig vernetzte hochpolymere Werkstoffe, die sich bei niederen Temperaturen stahlelastisch verhalten und auch bei hohen Temperaturen nicht viskos fließen, sondern bis zur Zersetzungstemperatur gummielastisch sind [208]. Es handelt sich um Werkstoffe, die sich bei Zugbelastung schnell und stark dehnen und dabei doch eine hohe Festigkeit aufweisen. Nach der Entlastung ziehen sie sich rasch wieder zusammen und sollen möglichst in die ursprünglichen Abmessungen zurückgehen.

11.1 Naturkautschuk und Naturgummi

Kautschuk ist ein solcher hochmolekularer Kohlenwasserstoff, der als Naturerzeugnis seit Hunderten von Jahren bekannt ist.

Molekülstruktur des Naturkautschuks. Chemisch ist der natürliche Kautschuk ein durchaus einheitlicher Stoff, ein Polyisopren von der in Abb. 11.1 angegebenen Struktur. Er hat Kettenmoleküle mit einer Länge von etwa 2 µm und einem Molekulargewicht von 100 000 bis 500 000 ohne polare Stellen oder polarisierbare Gruppen. Zwischen die Molekülketten des Kautschuks werden durch Vulkanisation Schwefelbrücken eingebaut, indem die in Abb. 11.1 sichtbaren Doppelbindungen aufbrechen. Damit werden die Moleküle in ihrer Beweglichkeit behindert, insbesondere dadurch, daß das Abgleiten aneinander verhindert wird. Das ist für die Werkstoffeigenschaften von wesentlicher Bedeutung.

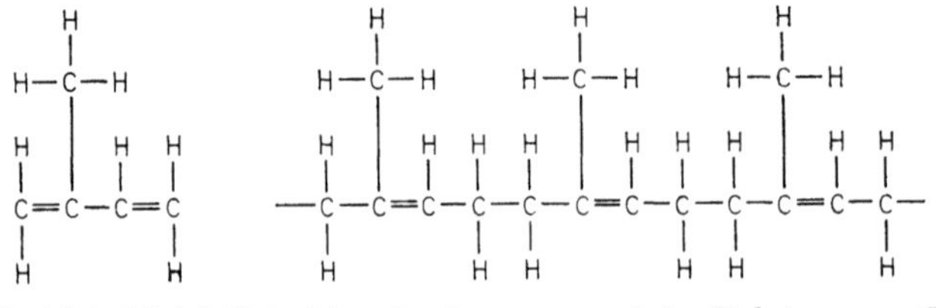

Abb. 11.1. Molekülstruktur des Isoprens und des Polyisoprens (IR).

Rohstoffgrundlage für den Naturkautschuk. Naturkautschuk wird aus dem Milchsaft bestimmter Pflanzen gewonnen. Meistens befindet sich dieser in den Milchsaftbehältern der Rinde; aber auch in Zweigen, Stengeln,

Blättern, Wurzeln und Früchten. Der für die Elektrotechnik brauchbare Kautschuk stammt ausnahmslos von dem Brasilianischen Gummibaum (*Hevea brasiliensis*). Dies ist die wichtigste Kautschukpflanze überhaupt. Schon die Indianerstämme Brasiliens haben sie gekannt und ihren Milchsaft vor langer Zeit verarbeitet. Später fand eine so rücksichtslose Ausbeutung der wildwachsenden Gummibäume statt, daß die vorhandenen Bestände schweren Schaden litten. Schließlich führte auch das Verhalten der Kautschukmonopolisten zu Anbauversuchen auf Malakka, Sumatra, Java und Borneo sowie auf Ceylon, die zwar anfangs schwierig waren, dann aber zu Erfolg führten. Die Hevea brasiliensis wurde durch planmäßige Züchtung in Ertrag und Güte wesentlich verbessert und bald in großen Plantagen angebaut. Nach Jahren wurde dieser verbesserte Gummibaum nach Brasilien zurückverpflanzt, wo er ebenfalls sehr ertragreich ist. Von einer Weltjahreserzeugung von fast 3 Mio. Tonnen liefern Malaysia und Indonesien aber heute allein 70%, Brasilien dagegen kaum noch mehr als 1%.

Die Hevea brasiliensis gedeiht nur unter idealen tropischen Bedingungen, die in einem schmalen Streifen von 15 Breitengraden nördlich und südlich des Äquators vorhanden sind. Der Regen soll gleichmäßig über das Jahr verteilt sein und etwa 2 m betragen. Die Temperatur soll zwischen 20 und 35 °C liegen. Die Samen der Bäume werden an Ort und Stelle oder auch in Baumschulen gesät und dann verpflanzt. Wenn der Sämling ein Jahr alt ist, wird er mit den Augen besonders ertragreicher Bäume gepfropft. Sechs Jahre lang dauert es, bis der Setzling zum Baum herangewachsen ist und zum ersten Mal angezapft werden kann. Dann ist er etwa zwanzig Jahre lang lieferfähig. Man rechnet heute mit Jahreserträgen der Plantagen von 3000 bis 4000 kg/ha. Für Wirtschaftlichkeitsvergleiche mit synthetisch hergestellten Kautschuken ist dies von großer Bedeutung. Möglich wurden diese Erträge durch Zuchtauswahl. Durch Einspritzung von bestimmten Chemikalien wird gelegentlich etwas nachgeholfen.

Kautschukgewinnung. Die Baumrinde wird alle zwei bis drei Tage mit Einschnitten versehen und der ausfließende Saft in kleinen Bechern, wie es Abb. 11.2 in einer Plantage in Indonesien zeigt, aufgefangen. Jeder Einschnitt liefert in ein bis drei Stunden etwa 30 cm³ Milch mit einer Dichte von 0,98 g/cm³. Dieser frischgewonnene Latex enthält etwa 35,6% Kautschuk, 2,0% Eiweißstoff, 1,7% Harze, 0,7% Asche, 0,3% Zucker und schließlich 60% Wasser. Nachdem die Becher in größere Gefäße entleert worden sind, erfolgt die weitere Behandlung, welche die Abscheidung (Koagulation) der Kautschukteilchen bezweckt.

Manche Säfte koagulieren ohne weiteres Zutun; in der Regel setzt man jedoch flüssige Koagulationsmittel zu. Das Ergebnis ist ein elastischer

Kuchen, der noch viel Wasser enthält. Er wird zwischen gerieften Walzen gewalzt und gerissen, wobei ein Teil der unerwünschten Beimengungen durch Wasser fortgespült wird. Die erhaltenen Felle werden mehrfach aufeinandergelegt und so in Form von Platten anschließend getrocknet und in Blöcken geliefert. Neuerdings versendet man den Naturkautschuk, ähnlich wie den synthetischen Kautschuk, auch gekörnt, besser gesagt, als Krümel, die zu Ballen gepreßt in Polyäthylenfolie verpackt werden. Das hat nicht nur den Vorteil, daß der Kautschuk in kleinen Stücken besser gewaschen werden kann, sondern die Ballen können auch so, in eine Standardgröße gebracht, besser gelagert und versandt werden. Der Rohkautschuk wird also naß geschnitzelt. Beim Trocknen bringt dies allerdings den Nachteil einer höheren Oxydation mit sich. Ein solcher handelsüblicher Rohkautschuk enthält noch etwa 6% Fremdstoffe. Er wird gereinigt zu Gummi und verschiedenen Kautschukderivaten verarbeitet.

Abb. 11.2. Kautschukgewinnung in Indonesien (Werkbild: Continental).

Verarbeitung zu Naturgummi. In erster Linie ist die Verbindung mit Schwefel zu nennen, die sogenannte Vulkanisation. Solcher vulkanisierte Kautschuk wird Gummi genannt (Kurzzeichen: NR). Wenn man diesen mit Rücksicht auf die chemische Umwandlung, die der Kautschuk durch den Schwefel erfährt, zu den künstlich hergestellten Isolierstoffen rechnet, so ist er der älteste auf organischer Grundlage.

11.1 Naturkautschuk und Naturgummi

Ursprünglich wurde der Kautschuk durch eine Wanne mit geschmolzenem Schwefel gezogen. Heute gibt man den Schwefel meistens auf einem Zweiwalzenwerk zu, auf dem der Gummi geknetet wird. Wird die Mischung später erhitzt, so findet die Vulkanisation statt. Man benutzt hierfür auch schwere Innenmischer, die ganze Ballen aufnehmen können. Die üblichen Zuschlagstoffe werden nach entsprechender Knetdauer in bestimmten Mengen mehr oder weniger selbsttätig zugegeben. Da die unbeeinflußte Vulkanisation unwirtschaftlich langsam vor sich geht, verwendet man zusätzlich anorganische und organische Vulkanisationsbeschleuniger. An sonstigen Zuschlägen sind Alterungsschutzstoffe, Weichmacher, Farbstoffe und schließlich Füllmittel zu nennen. Als solche sind Ruß und Kreide besonders vorteilhaft. Dazu kommen Aluminiumoxid, Titandioxid, Zinkoxid, Bleioxid, submikroskopisch feines Siliziumdioxid und Kieselgur. Die erwähnten Innenmischer haben den Vorteil, daß sie infolge ihrer geschlossenen Bauart staubfrei arbeiten.

Formteile werden aus dieser Masse in beheizten Pressen hergestellt und dabei vulkanisiert. Der Preßdruck soll etwa 5 N/mm^2 sein. Oft werden die Teile zur Beschleunigung der Fertigung zuerst nur vorgeformt und später ausvulkanisiert. Übrigens ist auch Gummi mit Spritzgießmaschinen zu verarbeiten.

Für die Weiterverarbeitung spielt in der Elektrotechnik die Schneckenpresse eine besondere Rolle, beispielsweise in der Kabelfertigung. Kupferleitungen müssen vor dem Beschichten verzinnt werden, da Kupfer in Verbindung mit Schwefel Schwefelkupfer bildet und dadurch zerstört wird. Zur Vulkanisation können Kabel, insbesondere dünne Kabel, auf Trommeln gewickelt oder aufgespult in Vulkanisierpfannen und damit in dampfbeheizte Autoklaven gegeben werden, wo sie von dem heißen Dampf unmittelbar umspült werden. Dickere Kabel müssen, wenn sie keinen Bleimantel haben, zu diesem Zwecke bandagiert werden. Das Verfahren ist umständlich, zeitraubend und teuer. Nachteilig ist auch, daß die Erzeugnisse in aufgerollter Form, also gekrümmt, vulkanisiert werden müssen. Heute werden die Kabel daher meistens kontinuierlich vulkanisiert, indem sie an den Extruder anschließend ein ungefähr 50 m langes Rohr durchlaufen, das bei einem Druck von etwa 13 bar von trockenem Dampf bei etwa 190°C durchspült wird. Dann folgt ein Rohr mit Kühlwasser unter etwas geringerem Druck und schließlich tritt das Kabel in ein Wasserbad aus. Die ganze Anordnung wird bei schweren Kabeln heute meistens senkrecht ausgeführt. Die Vulkanisation in heißer Luft ist wegen der Oxydationsgefahr unangebracht.

Als Wärmeübertrager für die Vulkanisation von Profilen hat sich auch eine eutektische Schmelze aus Salzgemischen bewährt. Hier sind hohe Temperaturen bis zu 300°C ohne Schwierigkeiten möglich. Außerdem kann die Badtemperatur, um sie den verschiedenen Kautschuksorten anzupassen, leicht geregelt und genau eingehalten werden. Für diese kontinuierliche drucklose Vulkanisation ist allerdings eine zuverlässig arbeitende Entgasungsschneckenpresse Voraussetzung. Der extrudierte Strang gelangt mit der hohen Austrittstemperatur unmittelbar in das heiße Salzbad, wodurch eine Oxydation ausgeschlossen ist. Es folgt eine Wasch- und Trockenanlage, in welcher er gekühlt, von anhaftenden Salzresten befreit und getrocknet wird. Für Kabel ist dies Verfahren bis heute nicht zur Anwendung gekommen. Erwähnenswert ist aber noch eine Anordnung mit einer langen Wanne, die mit kleinen Glaskugeln gefüllt ist, durch die das zu vulkanisierende Erzeugnis durchgezogen wird. Die Glaskügelchen werden mit trockenem Dampf oder heißem Stickstoff, der von unten durchgeblasen wird, aufgewirbelt und geheizt. Die Wärmeübertragung ist gut.

Die einwandfreie Herstellung beweglicher Hochspannungsleitungen wie Zündleitungen und Röntgenkabel erfordert einen besonderen Aufwand in bezug auf die Vermeidung von Ozonschäden. Man muß hier die Bildung von Ozon verhindern oder seinen schädlichen Einfluß beseitigen. Ozon, das durch die bei hoher elektrischer Feldstärke eintretende Ionisierung der Luft entsteht, kann sich sowohl zwischen dem Leiter und der Gummiisolierung, als auch zwischen dieser Gummiisolierung und den äußeren geerdeten Metallteilen bilden; selbstverständlich nur, wenn dort Luft vorhanden ist.

Natürlich kann man die Glimmerscheinungen und damit die Ozonbildung dadurch klein halten, daß man den Gummi auf den Leiter und den Metallmantel auf die Gummiisolierung sehr dicht aufbringt. In ausreichendem Maße ist diese Bedingung aber nicht zu erfüllen. Gewisse Erfolge hat man dadurch erzielt, daß man die Gummimischung durch Zusätze von Erdwachs, Asphalt und ähnlichen Stoffen ozonbeständig gemacht hat. Derartige Mischungen besitzen aber infolge der großen Zuschlagmengen nicht mehr die guten Eigenschaften der normalen Gummimischung, weder Elastizität noch Zerreißfestigkeit, und sind daher nicht zu empfehlen. Ein neuzeitliches Mittel, die Ozonfestigkeit wirksam zu verbessern, ist das Äthylenpropylenterpolymerisat (11.8), das in Anteilen von etwa 20% zugegeben wird.

Im anderen Falle vermeidet man Glimmen und Ozonbildung dadurch, daß man die Lufträume, die für das Glimmen verantwortlich sind, feldfrei macht. Man macht die innere und äußere Grenzschicht der Isolierung leitend. Hierzu benutzt man Gummi, dem man durch geeignete Rußzusätze seinen ursprünglichen Isolationswiderstand genommen hat. Eine Lage von diesem leitenden Gummi wird über dem Leiter und eine gleiche Lage unter der äußeren Metallhülle angebracht. Dazwischen liegt dann die Gummischicht, welche die elektrische Isolation zu übernehmen hat. Da es durch das Vulkanisieren gelingt, diese mittlere Gummilage mit der darüber- und der darunterliegenden einwandfrei zu verbinden, ist das so hergestellte Kabel frei von Glimmerscheinungen. Wegen der Sicherheit der Fertigung ist dies das heute übliche Verfahren, das auch bei anderen Isolierstoffen Anwendung findet.

Schließlich können Gummiteile mit einem entsprechend vorbereiteten Latex oder mit Hilfe einer Kautschuklösung auch im Tauch- oder Gießverfahren hergestellt werden. In dem einen Falle wird der Gummi auf die Außenseite, im anderen Falle auf die Innenseite des Formwerkzeugs aufgetragen. In der Elektrotechnik haben diese Verfahren keine große Bedeutung.

Werkstoffeigenschaften. Reiner Kautschuk wird schon bei 30 bis 50 °C klebrig und weich. In der Kälte ist er hart und spröde. Auch chemisch ist er wenig widerstandsfähig. Die elektrischen Eigenschaften sind aber gut. Immerhin wird der Naturkautschuk erst durch die weitere Verarbeitung technisch einsatzfähig.

Durch die Behandlung mit Schwefel hat der Kautschuk beträchtlich an Festigkeit gewonnen. Seine plastischen Eigenschaften hat er größtenteils eingebüßt; er ist elastisch geworden. Die Elastizität ist für einen solchen Gummi kennzeichnend. Durch Zugabe von verstärkend wirkenden Füllstoffen wie bestimmte Ruße können darüber hinaus Elastizitätsmodul, Zugfestigkeit und Härte verbessert, die Dehnung verringert werden.

Der Elastizitätsmodul ist, so lange die Dehnungen nicht zu groß sind, etwa 1 N/mm^2. Wird ein Gummistück belastet, so erfährt es eine Formänderung, aus der es nach kurzer Beanspruchung sofort wieder zurückfedert. Das ist die elastische Formänderung. Bei längerer Beanspruchung tritt im Anschluß an die sofortige Formänderung auch noch eine unelastische Formänderung auf, die mit der Belastungsdauer zunimmt. Dieses Fließen kann sich über Stunden und Tage fortsetzen. Ein so auf Zug belastetes Gummistück kann sich bis zum Bruch auf das Fünf- oder gar Zehnfache verlängern, was für den technischen Einsatz meistens unerwünscht ist. Die weiter interessierenden Eigenschaften sind in der ersten Spalte der Tabelle 11.1 eingetragen. Bei tiefen Temperaturen erhärtet der Gummi und die Elastizität geht verloren. Bei $-50 \,°\text{C}$ liegt die Einfriertemperatur. Darunter sollte man ihn nicht einsetzen.

Gummi ist normalerweise ein guter Isolierstoff. Die elektrischen Eigenschaften sind aber nicht nur von den natürlichen Begleitstoffen, sondern auch vom Schwefel und den übrigen Zuschlägen abhängig. Sie bestimmen letzten Endes die elektrische Güte und überlagern oft die Einflüsse der verbliebenen natürlichen Verunreinigungen. So müssen die Füllstoffe vor allem frei von wasserlöslichen oder hydrophilen Bestandteilen sein. Selbst die Teilchengröße und Form kann sich bei den elektrischen Eigenschaften auswirken. Kriechstromfest ist Gummi nicht. Der spezifische Widerstand

Tabelle 11.1. Werkstoffeigenschaften von Elastomeren

Eigenschaften	Einheit	NR ungefüllt
Dichte	g/cm³	0,93
Zugfestigkeit	N/mm²	20
Bruchdehnung	%	400
Härte	Shore A	36
Stoßelastizität	%	40
Kriechstromfestigkeit		KA 1
Durchschlagfestigkeit	kV/mm	20
Spezifischer Durchgangswiderstand	Ω cm	10^{16}
Dielektrizitätszahl ($f = 50$ Hz)		2,7
Dielektr. Verlustf. ($f = 50$ Hz)		10^{-2}
Wärmeleitfähigkeit	W/Km	
Lineare Wärmedehnzahl	10^{-6}/K	
Dauerwärmebeständigkeit	°C	60
Wasseraufnahme	mg	

einer guten Gummimischung aber ist gut. Mit dem Zusatz von Ruß fällt er natürlich, so daß der Gummi dann als Isolierstoff nicht mehr in Betracht kommt. Die Dielektrizitätszahl ist, abhängig von Füllstoff und Frequenz 2,2 bis 5,0. Der dielektrische Verlustfaktor zeigt frequenz- und temperaturabhängig einen ausgesprochenen Höchstwert, der auf Dipoleffekte des Schwefels zurückzuführen ist. Die Abhängigkeit der dielektrischen Werte von der Frequenz ist in Abb. 11.3 dargestellt [209].

Neben guten Eigenschaften hat Naturgummi auch einige Nachteile. So liegt die höchstzulässige Betriebstemperatur schon bei 60°C. Ferner brennt er mit stark rußender Flamme. Darüber hinaus stört seine Alterungsempfindlichkeit. Der Gummi wird mit der Zeit brüchig. Das geht sogar schnell, wenn er mit Ozon in Berührung kommt. Wird der Gummi gleichzeitig mechanisch beansprucht, ist die schädigende Wirkung besonders groß. Dann bilden sich senkrecht zur Belastungsrichtung unangenehme Risse. Bei Hochspannungsanlagen, wo elektrische Entladungen den Luftsauerstoff ozonisieren, ist besondere Vorsicht geboten. Nachteilig wirken ebenso ultraviolette Bestrahlungsanlagen.

Naturgummi ist unempfindlich gegen Salze, Alkalien und organische Säuren mit Ausnahme von Salpetersäure und konzentrierter Schwefelsäure. Er ist nicht beständig gegen einige organische Lösemittel und Mineralöl. Hierin quillt er stark auf.

PIB	IIR	CR ohne Zusatzstoffe	EPM bzw. EPDM
0,91 bis 0,93	0,93	1,23	1,1 bis 1,2
5	5	20	5 bis 10
1000	300	700 bis 900	300 bis 500
		30 bis 90	60 bis 80
		50	20 bis 50
		KA 1	
25	20	20	20
10^{16}	10^{16}	10^{12}	10^{16}
2,3	3,8	6 bis 7,5	2,3 bis 3,3
$5 \cdot 10^{-4}$	10^{-2}	$5 \cdot 10^{-2}$	$5 \cdot 10^{-3}$
0,16		0,16	0,35
150		130	
100	80	75	80
3		100	2

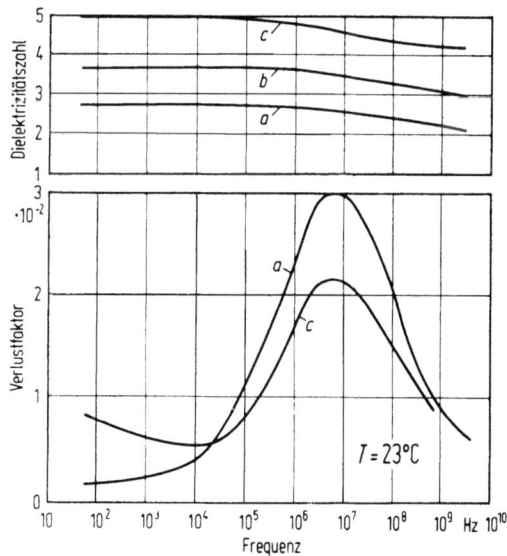

Abb. 11.3. Dielektrizitätszahl und Verlustfaktor von ungefülltem und gefülltem Naturgummi in Abhängigkeit von der Frequenz.
a 100% Kautschuk + 5% Zinkoxid + 2% Schwefel; b wie a + 100% $CaCO_3$; c wie a + 300% $CaCO_3$.

Hartgummi ist ein weniger elastischer Gummi mit besonders hohem Schwefelgehalt. Genau genommen kann er nicht mehr zu den Elastomeren gerechnet werden. Er ist wesentlich härter als der übliche Gummi und hat auch eine nennenswerte Biege- und Zugfestigkeit. Auch die elektrischen Eigenschaften sind nicht schlecht, und die Wasseraufnahme ist gering.

Einsatzgebiete. In der vulkanisierten Form kann der Naturkautschuk für die Elektrotechnik von großem Wert sein. Er kann beispielsweise als Umhüllung metallischer Leiter dienen. Die Biegsamkeit, die hohe mechanische Festigkeit und vor allem die Zähigkeit werden dabei besonders geschätzt. Im Bergbau werden starke Gummischlauchleitungen vorzugsweise wegen ihrer Beweglichkeit verwendet. Das gleiche trifft für Schleppleitungen von Baggern zu. Als Isolierstoff für Starkstromkabel [132] hat Gummi keine Bedeutung. Für Maschinenwicklungen und ähnliche Anwendungsgebiete ist er wegen seiner geringen Wärmefestigkeit nicht geeignet. Trotz guter mechanischer und elektrischer Eigenschaften scheitert Naturgummi heute meistens an dem gegenüber synthetischen Isolierstoffen höheren Preis.

Die Eignung des Hartgummis für den Apparatebau steht außer Zweifel. In den sogenannten Quellpimpeln der Kontaktfedersätze hat er noch eine gewisse Bedeutung. Das liegt an der bestechenden Einfachheit in der Anbringung derartiger isolierender Zwischenstücke auf den schmalen und dünnen Kontaktfedern. Erwärmt man eine Hartgummistange in heißem Wasser, so kann man sie mit Hilfe eines Zieheisens auf einen Durchmesser herunterziehen, der etwa um ein Fünftel kleiner als der ursprüngliche ist. Schreckt man sie unmittelbar danach in kaltem Wasser ab, so behält sie diesen verkleinerten Durchmesser bei, bis sie wieder angewärmt wird. Davon macht man bei den Federsätzen Gebrauch. Nach Maß abgeschnittene zylindrische Stückchen werden stramm passend in die an den vorgesehenen Stellen angebrachten Bohrungen der Kontaktfedern eingedrückt. Bei Erwärmung geht der Gummi wieder auf und ist dann zuverlässig mit der Kontaktfeder befestigt. Davon abgesehen ist Hartgummi in den letzten Jahren fast ganz durch andere Isolierstoffe ersetzt worden. Er hat wegen seiner höheren Gestehungskosten den Schichtstoffen und den Formmassen weichen müssen.

11.2 Derivate des Naturkautschuks

Naturkautschuk hat, wie aus Abb. 11.1 hervorgeht, verschiedene Möglichkeiten zur Bildung von Abkömmlingen, nämlich durch Addition an den Doppelbindungen oder durch Substitution der Wasserstoffatome. Beschränkt man eine solche Reaktion auf einen Teilbereich des Kautschukmoleküls, dann werden, was leicht einzusehen ist, die Struktur des Kautschuks und damit seine Eigenschaften verhältnismäßig wenig geändert. Von solchen modifizierten Kautschuken soll hier nicht die Rede sein. Führt man die chemische Reaktion jedoch so, daß jedes oder fast jedes Isoprenglied des Kautschukmoleküls beteiligt wird, so erhält man ein Erzeugnis, dessen physikalische Eigenschaften von denen des Kautschuks wesentlich verschieden sind. Dann hat man es mit einem Derivat zu tun.

11.2 Derivate des Naturkautschuks

Von den in der Elektrotechnik verwertbaren Derivaten des Kautschuks sind Kautschukhydrochlorid, Chlorkautschuk und Zyklokautschuk zu nennen.

Kautschukhydrochlorid. Kautschukhydrochlorid entsteht durch Behandlung des Naturkautschuks mit Chlorwasserstoff. Bei vollständiger Anlagerung an die Doppelbindungen hat, wie ein Vergleich der Abb. 11.4 mit Abb. 11.1 zeigt, jede Isoprengruppe des Kautschuks ein Chlorwasserstoffmolekül aufgenommen. Der Chlorgehalt liegt dann bei 34%.

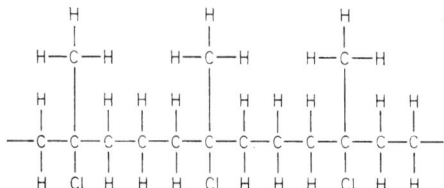

Abb. 11.4. Molekülstruktur des Kautschukhydrochlorids.

Hergestellt wird Kautschukhydrochlorid, indem man Kautschuk in einem Lösemittel (z.B. Chloroform oder Benzol) löst und dann trockenes Chlorwasserstoffgas durch die Lösung bläst. Das gebildete Hydrochlorid wird mit Hilfe von Alkohol oder Azeton ausgefällt. Es ist eine weiße, flockige, geruch- und geschmacklose Masse.

Da bei hohem Chlorgehalt die Erzeugnisse ziemlich spröde sind, stellt man meistens nicht die höchstmögliche, sondern eine etwas geringere Chlorierung ein. Bei einem Chlorgehalt von etwas 30%, gegen Licht und Wärme stabilisiert, eignet sich Kautschukhydrochlorid gut für die Herstellung von Folien, die noch den besonderen Vorteil besitzen, daß sie leicht miteinander verschweißt werden können.

Solche Folien haben eine hohe Zähigkeit, die durch Reckung noch erhöht werden kann. Bei einer Dehnung von 300% ist die Zugfestigkeit 40 N/mm². Die Dielektrizitätszahl liegt je nach Sorte zwischen 3,0 und 3,5. Kautschukhydrochlorid hat eine besonders geringe Wasserdurchlässigkeit. Es ist widerstandsfähig gegen schwache Säuren und Alkalien und unlöslich in Alkoholen, Ketonen, Äthern und Mineralöl. In der Elektrotechnik kann es sowohl als Isolierfolie als auch für die Herstellung von Lacken Verwendung finden.

Chlorkautschuk. Chlorkautschuk entsteht aus dem Naturkautschuk durch Einwirkung von Chlor. Dabei werden nicht nur die Doppelbindungen gesättigt, sondern es wird auch Wasserstoff durch Chlor ersetzt. Außerdem findet eine teilweise Zyklisierung, also eine Ringbildung der Moleküle, statt. Die Struktur und die Zusammensetzung von Chlorkautschuk sind nicht genau bekannt. Er hat etwa die Summenformel $[C_{10}H_{11}Cl_7]_n$.

Die Chlorierung geschieht in Lösung, und zwar meistens in heißem Tetrachlorkohlenstoff. Das Lösemittel wird zum Schluß im Vakuum entzogen. So kann man einen beträchtlichen Chlorgehalt von etwa 65% erhalten. Um eine gute Stabilität zu erreichen, müssen die Fertigungsbedingungen sauber sein und sorgfältig beachtet werden. Auch verschiedene Zuschläge werden zu diesem Zwecke zugegeben. Harnstoff, das den freiwerdenden Chlorwasserstoff binden, oder Stoffe wie Dibutylphthalat, das die ultravioletten Strahlen absorbieren soll, verdienen in diesem Zusammenhange Erwähnung. Der Chlorkautschuk kommt als gelblichweißes, körniges und geruchloses Pulver von geringem Schüttgewicht (100 bis 400 g/l) in den Handel. Aber auch in Form wässeriger Emulsion ist er erhältlich.

Aus Lösungen sind brauchbare zähe Folien herstellbar, deren Dichte bei 1,65 g/cm^3 liegt. Die Durchschlagfestigkeit beträgt etwa 10 kV/mm. Die Dielektrizitätszahl ist 3 bis 4; der Verlustfaktor ist 10^{-2}. Chlorkautschuk ist unbrennbar. Das ist der Chlorwasserstoffabspaltung zu verdanken, die oberhalb einer Temperatur von 130°C einsetzt. Im übrigen aber ist diese Chlorwasserstoffabspaltung sehr unterschiedlich zu bewerten. Wegen möglicher Korrosion dürfen jedenfalls Folien und Lackfilme aus Chlorkautschuk Temperaturen über 80°C auf die Dauer nicht ausgesetzt werden. In Alkohol, Äther, Benzin und Mineralöl ist Chlorkautschuk unlöslich. Er ist auch beständig gegen Säuren. Löslich ist er u. a. in aromatischen Kohlenwasserstoffen.

Chlorkautschuk ist für die elektrische Isolierung gut geeignet. Infolge der hervorragenden Korrosionsschutzeigenschaften und der geringen Feuchtigkeitsempfindlichkeit ist er außer für Folien auch für Lacke verwendbar. So wird er in Verbindung mit trocknenden Ölen, Alkydharzen und Phenolharzen verarbeitet.

Zyklokautschuk. Durch Verwendung ionischer Beschleuniger kann der Naturkautschuk eine Doppelbindung verlieren und diese zu einer Ringbildung benutzen. Dadurch entsteht ein Zyklokautschuk. Ein nach solchem Verfahren hergestellter zyklisierter Kautschuk hat die gleiche Bruttoformel wie der Naturkautschuk, hat aber weniger Doppelbindungen. Während der Naturkautschuk je Isopreneinheit eine Doppelbindung besitzt, läßt sich, natürlich von den Bedingungen der Zyklisierung abhängig, dann auf zwei bis acht Isopreneinheiten nur noch eine Doppelbindung nachweisen [34*]. Das Molekulargewicht liegt im Bereich von etwa 5000.

Dieser Zyklokautschuk ist ein sehr hartes, hornartiges Harz mit einem Schmelzpunkt bei etwa 130 bis 140°C. Es besitzt gute dielektrische Eigenschaften. Außerdem hat es eine gute Chemikalienfestigkeit; es ist widerstandsfähig gegen Alkalien und gegen die meisten Säuren. Es gibt Formmassen davon in mehreren Einstellungen. Die Hauptanwendung des Zyklokautschuks liegt jedoch auf dem Gebiete der Isolierlacke.

Wenn Naturgummi und Kautschukderivate jetzt weniger zur Anwendung kommen als früher, so ist das in der sprunghaften Entwicklung der chemischen Industrie begründet, die in den letzten Jahren eine Vielzahl organischer synthetischer Isolierstoffe zur Verfügung gestellt hat.

11.3 Polyisopren

Auch das Polyisopren, das, wie gezeigt, der Naturkautschuk darstellt, kann man heute synthetisch im Polymerisationsverfahren erzeugen. Diese Entwicklung ist lange Zeit nicht vorangekommen, weil es an preiswertem Isopren gefehlt hat. Heute gibt es aber verschiedene Möglichkeiten, dies wirtschaftlich herzustellen. Das synthetisch hergestellte Polyisopren (Kurzzeichen: IR) ist wie der Naturkautschuk vulkanisierbar und kann in gleicher Weise verarbeitet und eingesetzt werden.

11.4 Polyisobutylen

Polyisobutylen (Kurzzeichen: PIB) ist bereits bei den flüssigen Isolierstoffen erwähnt worden. Bei diesen handelte es sich um niedrige Polymerisationsstufen. Mittelmolekulare Erzeugnisse sind zähe klebrige Massen. Dann folgt ein weichelastischer und schließlich bei einem Polymerisationsgrad von 2000 bis 4000 ein Isolierstoff mit gummiartigem Charakter, mit dem man es hier zu tun hat.

Molekülstruktur. Die Molekülketten sind aus sterischen Gründen schraubenförmig verdrillt [26*]. Trotz der Symmetrie der Molekülstruktur (Abb. 8.1) ist Polyisobutylen amorph. Es kristallisiert nur in gedehntem Zustande, in dem sich die Moleküle dann ausrichten. Nach Aufheben der Spannung geht mit der Dehnung auch die Kristallisation wieder zurück.

Herstellung. Der Polymerisationsgrad wird um so größer, je reiner das Isobutylen ist und je tiefer die Polymerisationstemperatur liegt. In bekannter Weise wird er außerdem durch die Art des Katalysators und die Regler (beschleunigende oder verzögernde Zuschläge) beeinflußt. Die Verfahren zur Herstellung gummiartiger Polyisobutylene arbeiten größtenteils kontinuierlich.

Verarbeitung. Das feste kautschukartige Polyisobutylen kann mit den in der Gummiindustrie bekannten Maschinen wie dem Kneter, der Walze, der Presse und dem Extruder verarbeitet werden. Der Kneter dient zum Vorarbeiten. Mit dem Kalander können Folien und Bänder hergestellt sowie Gewebe kaschiert werden. Mit der Presse werden Formkörper gefertigt, die bei etwa 170 °C gepreßt und nach Abkühlung dem Werkzeug entnommen werden. Der Extruder liefert Bänder, Profile und Schläuche. Polyisobutylen läßt sich mit den in der Kunststoffindustrie üblichen Verfahren auch schweißen. Schließlich ist es zu porösen Erzeugnissen verschäumbar.

Mittel- und hochmolekulares Polyisobutylen kann man mit Füllstoffen versehen, wodurch der Werkstoff verbilligt und oft auch verbessert wird. Schiefermehl, Titandioxid, Quarzmehl, Asbest, Kaolin und Talkum sind üblich. Die Zuschläge werden in der Regel im Kneter zugegeben. Eine Vulkanisation des Polyisobutylens ist bei der vorliegenden Molekülstruktur nicht möglich, da praktisch keine Doppelbindungen mehr vorliegen. Lediglich als Mischpolymerisationspartner bei Butylgummi (11.5) hat es in Vulkanisaten Bedeutung.

Polyisobutylen hat schließlich eine vorzügliche Verträglichkeit mit Polyäthylen. Schon geringe Anteile erleichtern dessen Verarbeitbarkeit. Auch dem Naturkautschuk kann Polyisobutylen zugemischt werden. Dadurch werden dessen elektrische Werte und auch die Alterungsbeständigkeit verbessert.

Werkstoffeigenschaften. Polyisobutylen ist fast farblos. Es hat keinen Eigengeruch. Es versprödet bei -50 bis $-60\,°\mathrm{C}$. Darüber zeigt es gummielastisches Verhalten, das infolge der Verschlingungen (scheinbare Vernetzungen) der sehr langen Molekülketten zustande kommt. Wie aus Tabelle 11.1 hervorgeht, besteht bei sehr hoher Bruchdehnung nur eine geringe Zugfestigkeit. Der Werkstoff hat einen ausgeprägten kalten Fluß, ist also bei Belastung nicht formbeständig. Geringe Zusätze von Polyäthylen können in dieser Hinsicht gewisse Verbesserungen bringen.

Die elektrischen Eigenschaften sind sehr gut. Der dielektrische Verlustfaktor zeigt temperaturabhängig einen ausgeprägten Höchstwert, der beispielsweise bei einer Frequenz von 10^6 Hz bei $-15\,°\mathrm{C}$ liegt. Beim Bestrahlen mit energiereicher Strahlung erfolgt keine Härtung (Vernetzung), sondern ein Abbau der Moleküle zu kürzeren Ketten, was eine Rückläufigkeit der Polymerisation bedeutet.

Polyisobutylen brennt ähnlich wie Naturgummi. Es ist beständig gegen anorganische und organische Säuren, Laugen und Salzlösungen. Unbeständig ist es allerdings gegen konzentrierte Salpetersäure und auch gegen Halogene. Es quillt in Alkoholen, Äthern, Estern und Ketonen. Von aliphatischen und aromatischen Kohlenwasserstoffen wird es gelöst. Unbeständig ist es schließlich bei Anwesenheit von Sauerstoff im Sonnenlicht bzw. bei ultravioletter Bestrahlung.

Einsatzgebiete. Die Verwendung des hochmolekularen, kautschukartigen Polyisobutylens beruht auf seinen besonderen Eigenschaften wie dem gummielastischen Verhalten, der guten Isolierfähigkeit und der Kältebeständigkeit. Es eignet sich als Isolierstoff für Hochfrequenzkabel, wie sie als Zuleitungen vom Sender zur Antenne benötigt werden. Da die Verarbeitung mit der Schneckenpresse hier einige Schwierigkeiten macht, bringt man die Isolierung im Längsbedeckungsverfahren auf. Aus den hochpolymeren Einstellungen können auch brauchbare Isolierfolien hergestellt werden. Bei gleichzeitiger mechanischer Beanspruchung sind sie allerdings wegen des kalten Flusses und der mangelnden Zugfestigkeit weniger geeignet. Als Klebstoff wird Polyisobutylen in selbstklebenden Isolierbändern verwendet. Es dient schließlich für elektrisch isolierende Behälterauskleidungen. Muffen für Fernmeldekabel werden häufig aus Polyäthylen mit Anteilen von etwa 10% Polyisobutylen hergestellt, um Spannungsrißkorrosion vorzubeugen. Aus gleichem Grund werden solche Mischungen gelegentlich auch für Kabelmäntel verwendet (VDE 0209). Die Muffen werden dann mit dem Kabelmantel verschweißt.

11.5 Butylgummi

Das bedeutendste Mischpolymerisat des Isobutylens ist das mit dem erwähnten Isopren hergestellte. Es ist der Butylkautschuk bzw. Butylgummi (Kurzzeichen: IIR), der üblicherweise einen Isoprenanteil von 1 bis 3 Molprozent enthält und damit vulkanisierbar ist. Er besitzt ein mittleres Molekulargewicht von 400 000.

Herstellung. Die Mischung aus Isobutylen und Isopren wird in etwa der doppelten Menge Methylenchlorid gelöst und auf eine Temperatur von $-65\,°C$ gebracht. Das Polymerisat bildet sich nach dem Verfahren der Fällungspolymerisation in Form von kleinen Teilchen, die anschließend in heißem Wasser gereinigt werden. Man trocknet unter Vakuum, gibt das Polymerisat durch einen Extruder, dann auf Walzen und preßt schließlich passende Ballen daraus. Der so gewonnene Butylkautschuk ist weich und hat einen merklichen kalten Fluß, der beim Transport gewisse Schwierigkeiten machen kann.

Verarbeitung. Butylgummi ist mit den in der Gummiindustrie üblichen Verfahren verarbeitbar. Im Vergleich zu Naturkautschuk geht die Vulkanisation sehr langsam vor sich. Das liegt an den wenigen Doppelbindungen des Moleküls. Man benötigt ziemlich hohe Temperaturen, kräftige Beschleuniger und auch ungewöhnliche Vulkanisiermittel. Als Füllstoffe sind Kaolin und Kieselgur (gegebenenfalls Ruß) geeignet. Butylgummi kann auch zu schaumgummiartigen porösen Erzeugnissen verarbeitet werden. Man erreicht hier die Schaumbildung durch Stoffe, die während der Vulkanisation Gas abspalten [26*]. Es gibt außerdem einen Butylgummi mit etwas mehr (4 Molprozent) Isoprenanteil [210], der sich wegen seines niedrigeren Molekulargewichts (32 000) auch vergießen läßt.

Werkstoffeigenschaften. Die Werkstoffeigenschaften des Butylgummis sind mit denen anderer Elastomere in Tabelle 11.1 vergleichsweise zusammengestellt. Der Butylgummi ist zwischen -50 und $80\,°C$ verwendbar.

Von Vorteil ist noch die geringe Wasseraufnahme. Die Wasserdampfdurchlässigkeit ist die geringste von allen Elastomeren. Die Gasdurchlässigkeit ist ebenfalls gering. Auch ist eine gute Beständigkeit gegen Alkohole und Ketone vorhanden. Gegen Erdölerzeugnisse ist sie schlecht; der Werkstoff quillt auf. Wegen der geringen Anzahl von Doppelbindungen ist der Butylgummi wenig anfällig gegen Sauerstoff und Ozon und damit gut alterungsbeständig [211].

Einsatzgebiete. Butylgummi wurde, meistens mit geeigneten Füllstoffen gemischt, hauptsächlich für die Isolierung von Leitungen und Kabeln eingesetzt [212]. Die gute Wärmebeständigkeit ermöglichte es, solche Kabel höher zu belasten oder bei höherer Umgebungstemperatur zu betreiben als Kabel mit Naturgummiisolierung. Heute ist Butylgummi im Kabel weitgehend durch das später erwähnte Äthylenpropylen-Mischpolymerisat (11.8) ersetzt worden. Für Isolierbänder ist er jedoch noch immer gut geeignet. Mit dem niedermolekularen Butylgummi können gedruckte Schaltungen überzogen und Bauteile vergossen werden, was einen guten Feuchtigkeitsschutz verleiht.

11.6 Styrolbutadiengummi

Styrolbutadienkautschuk (Kurzzeichen: SBR) ist, wie der Name sagt, ein Mischpolymerisat aus Styrol und Butadien und unterscheidet sich von dem bereits erwähnten butadienflexibilisierten Polystyrol (9.10) durch den wesentlich höheren Butadiengehalt.

Molekülstruktur. Bei den schlagfesten Polystyrolen, also den butadienflexibilisierten Polystyrolen (9.10) wird die kohärente Phase von der thermoplastischen Komponente gebildet und die elastische Komponente ist in dispergierter Form vorhanden. Wird der Butadienanteil erhöht, so kommt man bei der Betrachtung der Struktur zunächst zu einem Grenzfall und dann zu einem System, in dem die kohärente Phase von der elastischen Komponente gebildet wird und die thermoplastische Komponente dispergiert ist. Diese Erzeugnisse haben dann die Eigenschaften von Elastomeren.

Herstellung und Verarbeitung. Der Styrolanteil eines solchen Styrolbutadiengummis beträgt in der Regel 25%. Mit diesem Mischungsverhältnis wird der Kautschuk nach dem Verfahren der Lösungs- oder der Emulsionspolymerisation gewonnen, und zwar kontinuierlich in mehreren hintereinandergeschalteten Reaktionsgefäßen. Es entsteht der Latex, der bei Behandlung mit Salzwasser und anschließend mit verdünnter Schwefelsäure oder Aluminiumsulfat, das ein elektrisch besseres Erzeugnis liefert, koaguliert. Das Granulat wird zu Ballen verpreßt geliefert. Vulkanisiert wird mit Schwefel und Zinkoxid. Oxydationsverhindernde Mittel müssen noch zugegeben werden, und schließlich ist auch hier der Ruß, sofern er vom elektrotechnischen Standpunkt vertretbar ist, ein wesentlicher Zuschlag.

Werkstoffeigenschaften und Einsatzgebiete. Styrolbutadiengummi ist in der Kälte nicht ganz so biegsam wie Naturgummi. Mit der Zeit kann er etwas spröde werden. Der Temperaturbereich, in dem er mit Vorteil eingesetzt werden kann, liegt zwischen -40 und $60\,°C$. Er ist der meistverwendete Synthesekautschuk für den allgemeinen Gebrauch. Für die Isolierung von Leitungen ist er im Bereich der Niederspannung geeignet. So werden auch Stecker und Leitungen zum Anschluß ortsveränderlicher Stromverbraucher nach Abb. 9.58 aus Styrolbutadiengummi hergestellt. Sie sind in dieser Ausführung für einen rauhen Betrieb gedacht. Mit etwas höherem Styrolanteil werden aus dem Gummi auch Batteriekästen geertigt.

11.7 Chloroprengummi

Chloropren bzw. Chlorbutadien ist eine farblose Flüssigkeit, die bei $59,4\,°C$ siedet und aus Vinylazetylen und Chlorwasserstoff gewonnen wird. Es läßt sich leicht zu Fadenmolekülen, deren Struktur aus Abb. 11.5 ersichtlich ist, polymerisieren.

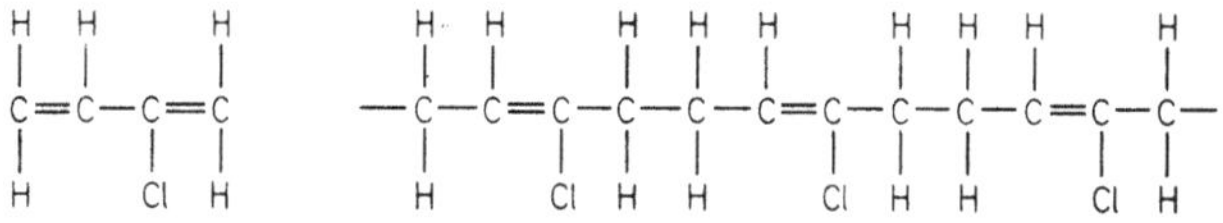

Abb. 11.5. Molekülstruktur des Chloroprens und des Polychloroprens (CR).

Herstellung. Das Polychloropren kann sowohl nach dem Blockpolymerisationsverfahren als auch nach dem Lösungs- und dem Emulsionspolymerisationsverfahren hergestellt werden. Das letztgenannte ist das übliche. Es wird in Stickstoffatmosphäre bei $40\,°C$ durchgeführt, nachdem das monomere Chloropren durch geeignete Emulgatoren in eine wässerige Emulsion gebracht worden ist. Der Kautschuk wird in Form von etwa 5 cm langen Stücken von hellbrauner Farbe geliefert.

Verarbeitung. Für die Weiterverarbeitung sind die in der Gummiindustrie bekannten Verfahren üblich, insbesondere die Festkautschuktechnologie. Das Arbeiten mit Latex spielt in diesem Zusammenhange keine Rolle. Das Polymerisat ist vulkanisierbar, was man mit Hilfe von Magnesium- und Zinkoxid vornimmt, dem noch Schwefel beigefügt werden kann. Als Füllstoff sind pyrogene Kieselsäure und Kaolin zu erwähnen. Um optimale Heißluftbeständigkeit zu erzielen, werden Alterungsschutzmittel und, um das Kleben zu vermeiden, oft geringe Mengen von Stearinsäure und Paraffin zugegeben. Die Vulkanisiermittel und die erforderlichen Füllstoffe werden in der Regel in den Verarbeitungsbetrieben eingearbeitet. Von Bedeutung bei der Mischungsherstellung ist es, die Temperatur möglichst unter 130 °C zu halten.

Bei der Herstellung von Formteilen wird die Fertigung in Vulkanisierpressen meistens mit der Vulkanisation in einem Arbeitsgang verbunden. Preßspritzen und Spritzen sind ebenfalls möglich. Kabelisolierungen werden mit der Schneckenpresse aufgetragen. Platten und Folien werden auf Kalandern hergestellt. Lösungen kommen für das Tauchverfahren in Betracht. Die Vulkanisationstemperatur soll im allgemeinen 150 °C nicht unterschreiten. Im übrigen ist die Verarbeitbarkeit gut. Die Vulkanisation in der Presse und in der Spritzpresse bereitet keine Schwierigkeiten und ermöglicht eine schnelle Fertigung. Auch die Vulkanisation im Salzbad bewährt sich. Für die Herstellung von Kabeln ist die Vulkanisation im Dampfrohr das am meisten verwendete Verfahren. Auf Grund des polaren Charakters läßt sich Chloroprenkautschuk auch im Hochfrequenzverfahren ausgezeichnet vulkanisieren.

Werkstoffeigenschaften. Im Gegensatz zu den meisten synthetischen Gummis ist der Chloroprengummi (Kurzzeichen: CR) auch ohne Füllstoff durchaus einsatzfähig. Er ist zäh wie Leder. Weitere Eigenschaftswerte sind in Tabelle 11.1 aufgeführt. Daß die elektrischen Eigenschaften nicht sehr günstig sind, liegt an der polaren Natur des Polychlorbutadiens. Meistens werden Mischungen eingesetzt, deren elastisches Verhalten ebenfalls recht gut ist. Sie zeichnen sich außerdem durch hohe Widerstandsfähigkeit gegen mechanische Einflüsse aus.

Chloroprengummi wird in der Kälte ziemlich steif. Unter $-20\,°C$ sollte er nicht verwendet werden. Es ist eine befriedigende Heißluftbeständigkeit vorhanden. Der Gummi hat flammenhemmende Eigenschaften; er verlöscht nach Entfernen der Flamme.

Die Wasseraufnahme ist höher als bei Styrolbutadiengummi (11.6). Die Chemikalienbeständigkeit ist allgemein gut. Aliphatische Kohlenwasserstoffe bleiben ohne Wirkung. Ferner ist der Gummi gegen die meisten wässerigen Salzlösungen und gegen Alkalien beständig, einigermaßen gut auch gegen Mineralöl. Ester, Ketone und Aldehyde, vor allem aber aromatische und chlorierte Kohlenwasserstoffe, wirken stark quellend, konzentrierte Mineralsäuren zerstörend. Es ist eine gute Licht-, Sauerstoff- und Ozonbeständigkeit vorhanden.

Einsatzgebiete. Da die elektrischen Eigenschaften nicht besonders gut sind, ist der Einsatz auf das Niederspannungsgebiet beschränkt. Für Kabelmäntel der in Abb. 11.6 dargestellten Art, insbesondere für Schleppleitungen beweglicher Stromverbraucher, beispielsweise in Bergwerken und Steinbrüchen, wo Geschmeidigkeit, Abriebfestigkeit, Flammwidrigkeit und Witterungsbeständigkeit bestimmend sind, hat Chloroprengummi seine besonderen Vorteile. Die geringe Abnutzung spielt auch bei Schutzüberzügen von Radarhauben eine Rolle.

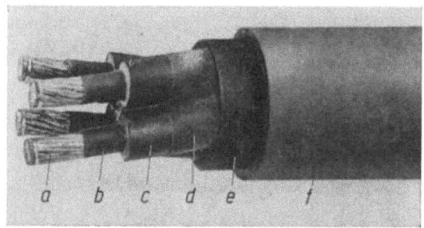

Abb. 11.6. Trossenkabel für schwere mechanische Beanspruchungen
(Werkbild: AEG-Telefunken Kabelwerke AG Rheydt).
a Verzinnte Kupferlitze; b Leitendes mit synthetischem Gummi und Ruß verarbeitetes Baumwollband; c Äthylenpropylenterpolymerisat; d Wie b; e Synthetischer Gummi verschiedener Zusammensetzung; f Chloroprengummi.

11.8 Äthylenpropylen-Mischpolymerisat bzw. -terpolymerisat

Mit Hilfe geeigneter metallorganischer Katalysatoren ist es möglich, aus Äthylen und Propylen durch Mischpolymerisation typische Kautschuke herzustellen.

Molekülstruktur. Werden diese Mischpolymerisate mit 15 bis 70 Molprozenten aus Äthylen aufgebaut, dann wird der kristalline Anteil, den die Homopolymerisate, wie früher (9.5 und 9.7) gezeigt worden ist, besitzen, weitgehend unterdrückt oder ganz aufgehoben, und man erhält amorphe Erzeugnisse (Kurzzeichen: EPM). Dabei hat sich als vorteilhaft erwiesen, das Molverhältnis ein wenig zugunsten äthylenreicher Polymere einzustellen [213]. So hat ein brauchbares Äthylenpropylen-Mischpolymerisat dieser Art ein Molverhältnis Äthylen zu Propylen von etwa 53 zu 47. Eine Weiterentwicklung ist das Dreikomponentenpolymerisat, das Terpolymerisat (Kurzzeichen: EPDM), bei dem in kleiner Menge (etwa 1 bis 3 Molprozent) ein Dien als Seitenkette eingebaut wird.

Herstellung. Bei der Herstellung solcher amorpher Mischpolymerisate aus Äthylen und Propylen wird ein sich regelmäßig abwechselnder Einbau der Monomere in die Kette angestrebt. Tatsächlich erhält man natürlich eine statistische Verteilung. Ein möglichst einheitliches Mischpolymerisat zu erhalten, ist u.a. eine Frage des Katalysators.

Verarbeitung. Die Zweikomponentenpolymerisate lassen sich, da sie keine Kohlenstoffdoppelbindungen besitzen, nur durch organische Peroxide vernetzen, ebenso wie Polyäthylen. Allerdings ist das Einmischen der Peroxide und die anschließende Verarbeitung etwas einfacher als bei diesem. Die Vulkanisate können jedoch infolge von Nebenreaktionen mancher Peroxide einen unangenehmen Geruch besitzen. Man ist daher dazu übergegangen, durch das erwähnte Einpolymerisieren eines Diens reaktive Doppelbindungen zu schaffen, die eine Vulkanisation mit Schwefel erlauben. Der Mischungsaufbau, also der Zusatz von Füllstoffen, Beschleunigern und Weichmachern ähnelt dem der gebräuchlichen Kautschukmischungen. Erst durch das Einarbeiten von Füllstoffen kommt man zu brauchbaren mechanischen Eigenschaften [214]. Pyrogene Kieselsäure, Kaolin, Kalziumkarbonat oder, bei geringen elektrischen Ansprüchen, auch Ruß, sind hier zu nennen. Die Verarbeitung erfolgt nach den üblichen Verfahren in Pressen, Spritzgießmaschinen und Extrudern; die Vulkanisation im Werkzeug selbst, in Salzschmelzbädern oder Druckautoklaven. Die Vulkanisationsgeschwindigkeit ist höher als die des Butylkautschuks, aber niedriger als die des Styrolbutadienkautschuks oder des Naturkautschuks [215].

Werkstoffeigenschaften. Die Eigenschaften des Mischpolymerisates sind nicht nur vom Monomerverhältnis, sondern auch von der Verteilung der Monomereinheiten und ihrer Anordnung in der Molekülkette abhängig. Da trifft auch für das Terpolymerisat zu, dessen Eigenschaften sich von dem Äthylenpropylenmischpolymerisat nicht allzu sehr unterscheiden. Es handelt sich in beiden Fällen um ein vollkommen amorphes Elastomer, das mit 0,87 g/cm^3 eine sehr geringe Dichte besitzt. Es hat mit gewissen Unterschieden etwa die gleichen mechanischen Eigenschaften wie Naturgummi oder Butylgummi. Ungefülltes Terpolymerisat hat bei 100% Bruchdehnung beispielsweise eine Zugfestigkeit von 2 N/mm^2.

Die Eigenschaften elektrisch hochwertiger Mischungen können etwa mit den in Tabelle 11.1 angegebenen Werten umrissen werden, und zwar sowohl für das Mischpolymerisat als auch für das Terpolymerisat. Bei mechanischer Belastung dehnt sich die Probe bis zum Bruch auf das Drei- bis Fünffache der ursprünglichen Länge. Trotzdem haben diese Elastomeren einen verhältnismäßig geringen kalten Fluß, der allerdings größer als bei Naturgummi ist. Die Einfriertemperatur ist −60°C, womit sich die gute Biegsamkeit in der Kälte erklärt. Die elektrischen Eigenschaften sind unbedingt als gut zu bezeichnen [216], so daß die dielektrischen Verluste gering bleiben, selbst bis zu Betriebstemperaturen von 80°C. Dazu kommt eine gute Beständigkeit gegen Glimmentladungen.

Brandsicherheit besteht bei diesen Elastomeren nicht. Bemerkenswert gering ist anderseits die Wasseraufnahme. Der Isolierstoff ist, ohne daß Antioxydantien eingearbeitet worden sind, beständig gegen Sauerstoff und Ozon, gegen Witterungs- und Lichteinflüsse, selbst unter mechanischer Spannung. Besonders hervorstechend ist das gute Alterungsverhalten des Terpolymerisates [215]. Darin ist es dem Naturgummi und dem Styrolbutadiengummi überlegen. Zu der chemischen Beständigkeit ist zu sagen, daß die Vulkanisate dieser Art, insbesondere das Terpolymerisat, gegenüber Säuren, Laugen, Salzlösungen, Alkoholen und höheren Estern beständig sind [217], nicht aber gegen aliphatische, aromatische und chlorierte Kohlenwasserstoffe sowie gegen Mineralöl.

Einsatzgebiete. Diese Isolierstoffart unter den Elastomeren ist für Drähte, Leitungen für Röntgenanlagen, schwere Gummischlauchleitungen und insbesondere für bewegliche Kabel, z.B. Baggertrommelleitungen und solche, die in kalten Gegenden betrieben werden, besonders gut geeignet [218]. Das zeigt auch die in Abb. 11.6 dargestellte Ausführung einer Trosse. Da der Isolierstoff bei günstigem Preis dem Naturgummi und auch dem Butylgummi qualitativ überlegen ist, wird er auf diesen Gebieten zweifellos größere Bedeutung erlangen. Auf Äthylenpropylenterpolymerisat als hochpolymeres Ozonschutzmittel für Naturgummi und Dienelastomere sei besonders hingewiesen [219].

11.9 Äthylenvinylazetat-Mischpolymerisat

Das Äthylenvinylazetat-Mischpolymerisat (Kurzzeichen: EVA) hat bei niedrigem Vinylazetatgehalt thermoplastisches Verhalten; bei höherem bekommt es gummielastische Eigenschaften. Während es mit geringem Vinylazetatgehalt bei Raumtemperatur weitgehend kristallin ist, wird es mit höherem Gehalt mehr und mehr amorph. Als Thermoplast wurde es bereits erwähnt (9.6). Mit Anteilen von 40 bis 50% Vinylazetat ist es vollkommen amorph und weist in diesem Bereich das günstigste gummielastische Verhalten auf.

Herstellung. Für die Herstellung ist die Lösungspolymerisation besonders geeignet. Geliefert wird es so in Form eines transparenten Granulates von etwa 1 cm Durchmesser.

Verarbeitung. Die Mischungen werden auf der Walze oder im Kneter hergestellt. Dort werden auch das Peroxid, der Aktivator, der Füllstoff und gegebenenfalls Farbstoffe zugegeben. Die Vernetzung erfolgt im allgemeinen mit Peroxiden, kann aber auch mit energiereicher Strahlung durchgeführt werden. An Füllstoffen kommen pyrogene Kieselsäure und Kaolin in Betracht. Da der Kautschuk farblos und lichtbeständig ist, macht das Einfärben keine Schwierigkeiten. Wenn besonders hohe Beständigkeit gegen ultraviolette Bestrahlung verlangt wird, können geringe Anteile an Alterungsschutzmitteln eingearbeitet werden. Wichtiger noch ist die Verwendung eines Hydrolyseschutzmittels, welches das Polymere gegen die zerstörende Wirkung des Wassers bzw. des Dampfes schützt.

Solche Mischungen lassen sich in der Vulkanisationspresse gut verarbeiten, also zum Fertigteil pressen bzw. preßspritzen und vulkanisieren. Die eingebaute Azetatgruppe ermöglicht eine leichte Vernetzung. Um die Arbeitsgeschwindigkeit zu erhöhen, ist dabei auch das dielektrische Vorwärmen tablettenförmiger Preßlinge möglich [220]. Auch die Verarbeitung mit den in der Gummiindustrie üblichen Spritzgießmaschinen macht keine Schwierigkeiten. Die Temperatur liegt hier zunächst zwischen 60 und 80°C. Die Vernetzung ist, was Temperatur und Zeit anbelangt, in weiten Grenzen einstellbar. Als Temperaturbereich kann dafür etwa 140 bis 160°C angegeben werden, als Vulkanisierzeit eine halbe bis eine Stunde. Diese ist natürlich von dem jeweils verwendeten Peroxid abhängig. Aber auch die Füllstoffe und die anderen Zusätze haben einen gewissen Einfluß. Es soll unter Luftausschluß gearbeitet werden. So wird in der Presse, in erhitzten Flüssigkeitsbädern (Silikonöl), Metallegierungen und dergleichen und auch mit Dampf im Autoklaven vulkanisiert.

Werkstoffeigenschaften. Bei einem Vinylazetatgehalt von 40 bis 50% hat das Elastomer eine Dichte von etwa 0,99 g/cm^3 (Abb. 9.28). Üblich ist ein Vinylazetatgehalt von 45% geworden. Dabei zeigt der Werkstoff gutes gummielastisches Verhalten. Mit einer gefüllten Vulkanisatmischung erreicht man bei einer Zugfestigkeit von 15 N/mm^2 Bruchdehnungen von 200 bis 450%. Ein Nachteil ist, daß bei mechanischen Belastungen unterhalb der Raumtemperatur hohe bleibende Verformungen auftreten. Dabei handelt es sich um einen von der Temperatur abhängigen reversiblen Vorgang oder, anders ausgedrückt, um eingefrorene Spannungen, die durch Erwärmung wieder rückgängig gemacht werden können. In dem übrigen darüberliegenden, praktisch in Betracht kommenden Temperaturbereich sind diese Verformungen verhältnismäßig gering. Die Härte nach Shore A liegt ungefüllt zwischen 30 und 40. Bei gebrauchsfähigen Mischungen erhält man 60 bis 85 [220].

Durch den chemischen Aufbau bedingt hat dieses Elastomer keine besonders günstigen elektrischen Eigenschaften. Die Durchschlagfestigkeit des Rohpolymeren ist mit 30 kV/mm noch ziemlich gut. Der spezifische Durchgangswiderstand beträgt 10^{14} $\Omega \cdot$ cm. Die Mischpolymerisation des völlig unpolaren Äthylens mit dem polaren Vinylazetat muß mit zunehmendem Anteil der polaren Komponente naturgemäß eine Zunahme der Dielektrizitätszahl und des dielektrischen Verlustfaktors mit sich bringen. Das ist in Abhängigkeit von der Temperatur in Abb. 11.7 wiedergegeben. Die Kennlinien beziehen sich auf das vernetzte füllstofffreie Polymere. Die Dielektrizitätszahl liegt in dem gesamten Temperaturbereich zwischen 2,5 und 5,5, der Verlustfaktor bei $2 \cdot 10^{-3}$ bis 10^{-1} je nach Einstellung.

Das Kälteverhalten dieser Vulkanisate ist etwas anders als bei den meisten anderen Elastomeren und wird zum großen Teil durch die Kristallinität des Äthylenanteils bestimmt. Diese nimmt beim Abkühlen schon unterhalb der Raumtemperatur zu und äußert sich in einem allmählich zunehmenden Rückgang der elastischen Eigenschaften. Die dynamische Einfriertemperatur liegt zwischen -20 und $-30°C$. Beim Zug-

11.9 Äthylenvinylazetat-Mischpolymerisat

versuch werden aber trotzdem noch bei −50 °C meßbare Dehnungen festgestellt. Durch Zusatz von synthetischen Weichmachern läßt sich die Einfriertemperatur herabsetzen.

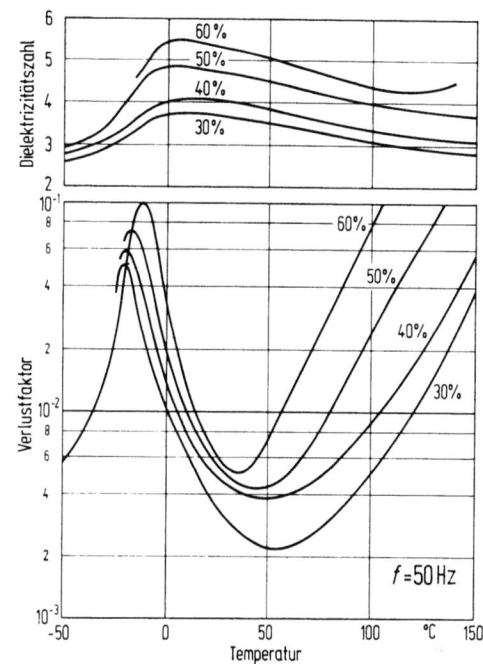

Abb. 11.7. Dielektrizitätszahl und dielektrischer Verlustfaktor von Äthylenvinylazetat-Mischpolymerisat mit verschiedenem Vinylazetatgehalt in Abhängigkeit von der Temperatur.

Aus dem Mischpolymerisat hergestellte Teile besitzen eine gute Wärmebeständigkeit von etwa 120 °C. In geschlossenen Systemen ist sie noch etwas höher und übertrifft hier sogar die des Silikongummis. Das Verhalten in Heißluft ist besser als bei Butylgummi (11.5) und Äthylenpropylen-Mischpolymerisat (11.8), in Heißdampf allerdings schlechter als bei diesen beiden; es tritt Hydrolyse ein. Dieser elastomere Isolierstoff ist in hohem Grade licht-, ozon- und wetterbeständig. Die Ölbeständigkeit ist nicht besonders gut; sie nimmt mit höherem Azetatgehalt etwas zu. Der Werkstoff wird bei den üblichen Temperaturen von den meisten anorganischen Säuren und Laugen nur wenig angegriffen. In den meisten organischen Lösemitteln ist er quellbar. Er ist löslich in Benzol, Toluol und Trichloräthylen. Durch konzentrierte Salpetersäure wird er zerstört.

Da er in der Regel mit Füllstoffen verarbeitet wird, ist wie immer in solchen Fällen zu beachten, daß die mechanischen und elektrischen Eigenschaften davon stark beeinflußt werden.

Einsatzgebiete. Die nicht allzu guten elektrischen Eigenschaften begrenzen den Einsatz dieses Isolierstoffes auf das Gebiet der Niederspannung. Die gute Wärmebeständigkeit, die Licht- und Wetterbeständigkeit sind aber in vielen Fällen von großem Vorteil. So werden diese vernetzten Mischpolymerisate für elektrische Zuleitungen von Heizgeräten und Leuchtröhren verwendet. Sie kommen ferner für Zuleitungen von thermisch hochbelasteten Motoren, für Heizleitungen von Erdölleitungen sowie für elektrische Flächenbeheizung wie die Fußboden- und Straßenheizung in Betracht.

11.10 Chloriertes und chlorsulfoniertes Polyäthylen

Chloriertes Polyäthylen (Kurzzeichen: PEC) wird als weißes, freifließendes Pulver (gegebenenfalls auch als Granulat) geliefert. Chlorsulfoniertes Polyäthylen (Kurzzeichen: CSM) erhält man meistens in geschnitzelter bzw. kleinstückiger Form.

Molekülstruktur. Beim chlorierten und chlorsulfonierten Polyäthylen sind Wasserstoffatome der Polyäthylenkette durch Chloratome bzw. Chloratome und Sulfonylchloridgruppen ersetzt. Dadurch wird der kristalline Anteil des Polymeren herabgesetzt, d.h. der amorphe Anteil wesentlich angehoben. Schon bei niedrigen Chlorgehalten nimmt die Kristallinität des Polyäthylens stark ab und bei etwa 20% Chlor ist sie ganz verschwunden. Der Substitutionsgrad liegt bei Chlor zwischen 5 und 40% und bei Schwefel zwischen 1,0 und 1,5%. Die handelsüblichen Typen haben einen Chlorgehalt von etwa 25% im einen und 35% im anderen Falle. Das chlorierte Polyäthylen ist demnach am wenigsten modifiziert und kommt damit dem Polyäthylen am nächsten. Es liegt, da es weniger Chloratome als Polyvinylchlorid hat, zwischen diesen beiden Kunststoffen. Das chlorsulfonierte Polyäthlyen hat die in Abb. 11.8 skizzierte Molekülstruktur, wobei der Gehalt an Chloratomen und Schwefeldioxidmolekülen dem Gesagten entsprechend schwankt.

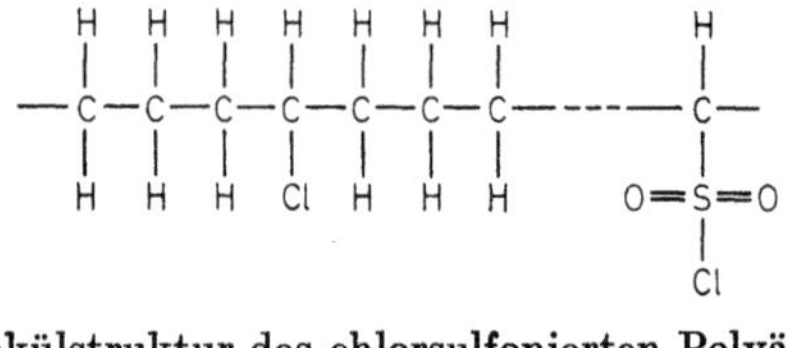

Abb. 11.8. Molekülstruktur des chlorsulfonierten Polyäthylens (CSM).

Herstellung. Chloriertes bzw. chlorsulfoniertes Polyäthylen entsteht dadurch, daß man Chlor bzw. Chlor und Schwefeldioxid auf gelöstes Polyäthylen einwirken läßt. Dafür wird hauptsächlich Hochdruckpolyäthylen mit einem Molekulargewicht von 20000 bis 40000 verwendet. Chloriertem Polyäthylen werden zwar Stabilisatoren, aber keine Weichmacher zugesetzt. Dem chlorsulfonierten Polyäthylen werden außer Stabilisierungsmitteln auch Beschleuniger und Weichmacher (z. B. Dioktylphthalat) zugegeben. Meistens werden auch noch Füllstoffe, unter denen Kaolin, Kalziumkarbonat (Kreide), Titandioxid und pyrogene Kieselsäure hervorzuheben sind, eingearbeitet. Außerdem kann, da der Kautschuk sehr hell ist, mit anorganischen Farbstoffen fast beliebig eingefärbt werden.

Verarbeitung. Die Verarbeitungstemperatur von chloriertem Polyäthylen ist 140 bis 180°C. Chlorsulfoniertes Polyäthylen wird bei 70 bis 80°C verarbeitet und bei 150 bis 160°C vernetzt. Die Vernetzung wird hier durch die Sulfonylchloridgruppen ermöglicht. Dafür gibt es verschiedene Verfahren beipielsweise mit Metalloxiden oder Aminen, die vorher eingearbeitet worden sind. Für die Vernetzung wird meistens Sattdampf von 16 bis 18 bar verwendet.

Werkstoffeigenschaften. So werden gummiähnliche Erzeugnisse erhalten. Die einzelnen Eigenschaften hängen hier ganz besonders vom jeweiligen Mischungsaufbau ab. Sie sind deshalb großen Schwankungen unterworfen. Chloriertes Polyäthylen hat einen ausgesprochen kalten Fluß. Bei chlorsulfoniertem Polyäthylen ist er weniger ausgeprägt. Der Elastizitätsmodul von chloriertem Polyäthylen ist 80, der von chlorsulfoniertem Polyäthylen 5 bis 15 N/mm². Die Zugfestigkeit beträgt bei einer Dehnung von 300 bis 400% in beiden Fällen etwa 15 N/mm². Die hohe Abriebfestigkeit des chlorsulfonierten Polyäthylens verdient besonders hervorgehoben zu werden. Es hat außerdem eine gute Haftfestigkeit auf Metallen, was beim Beschichten von Metallfolien mit Lösungen wichtig ist. In elektrischer Hinsicht ist chloriertes Polyäthylen etwas besser als chlorsulfoniertes. Im allgemeinen genügen die beiden Isolierstofftypen aber nur bescheidenen elektrischen Anforderungen. Einigermaßen gut widerstehen sie jedoch Glimmentladungen.

In der Kälte ist das vulkanisierte chlorsulfonierte Polyäthylen bis −20°C brauchbar. Die dauernd zulässige Betriebstemperatur von chloriertem Polyäthylen liegt bei 50°C. Die des vulkanisierten chlorsulfonierten Polyäthylens kann dagegen mit 90°C angesetzt werden; unterbrochene Belastungen sind bis 150°C zulässig. Wegen des Chlorgehaltes unterhalten beide Elastomere keine Verbrennung. In der Flamme brennen sie langsam; sie erlöschen, wenn diese entfernt wird.

Die Wasseraufnahme ist nicht sehr hoch. Nur bei einem hohen Anteil von Kalziumkarbonat wird sie etwas größer. Das vulkanisierte chlorsulfonierte Polyäthylen ist beständig gegen Oxydationsmittel wie Chromsäure und Salpetersäure, gegen anorganische Säuren wie Salzsäure und gegen Natronlaugen. Es ist ebenfalls gut beständig gegen viele organische Lösemittel, gegen Benzin und Benzol sowie gegen Mineralöl. Chlorsulfoniertes Polyäthylen hat, zweckmäßig verarbeitet, eine hohe Widerstandsfähigkeit gegen Ozon; es hat eine ausgezeichnete Beständigkeit gegen Witterungseinflüsse. Von Mikroorganismen wird es nicht angegriffen.

Einsatzgebiete. Die Mengen, welche an chloriertem bzw. chlorsulfoniertem Polyäthylen in der Elektrotechnik eingesetzt werden, sind noch gering. Anwendungsmöglichkeiten sind da vorhanden, wo hohe Forderungen an die Biegsamkeit in der Kälte gestellt werden und die Oxydations-, Ozon- und Koronabeständigkeit von besonderem Vorteil sind. So kommen diese Elastomere, insbesondere die chlorsulfonierte Einstellung, für Zündleitungen im Kraftfahrzeug und für Schleppkabel aller Art in Betracht. Für die Energiezufuhr von Kranen beispielsweise sind Kabel in Doppelisolation ausgeführt worden; die innere Lage aus einem Äthylpropylen-Mischpolymerisat (11.8), die darüberliegende aus chlorsulfoniertem Äthylen. Diese Verbundisolierung wird mit Hilfe eines Doppelextruders ausgeführt und anschließend kontinuierlich vulkanisiert. Ein solches Kabel bleibt bis $-30\,°C$ gut biegsam und kann bei Umgebungstemperaturen bis zu $70\,°C$ verwendet werden.

11.11 Silikongummi

Von den Polykondensaten unter den Elastomeren ist nur der Silikongummi zu nennen. Im Gegensatz zum Silikonharz (10.8) wird als Silikonkautschuk ein kettenpolymeres Polydiorganosiloxan bezeichnet, das aus dem zähflüssigen, plastischen Zustand durch Vernetzung nicht in einen harten, sondern in einen elastischen Werkstoff übergeführt wird. Dem Naturgummi vergleichbar wird dieser Silikongummi genannt (Kurzzeichen: SiR).

Molekülstruktur. Auch bei diesem handelt es sich um Kettenmoleküle, zwischen denen Querverbindungen bestehen. Die heißvulkanisierten Typen haben hohe Molekulargewichte von 300 000 bis 700 000, während die kaltvernetzten niedrigere Molekulargewichte von 10 000 bis 100 000 haben.

Verarbeitung. Vernetzt wird der Silikonkautschuk ähnlich wie der Naturkautschuk durch den Schwefel mit Hilfe besonderer Vernetzer, die ihm zugemischt werden. Dadurch geht er in den gummielastischen Zustand über. Diese Vernetzung kann sowohl in der Wärme als auch bei Raumtemperatur erfolgen [27*]. Die Vernetzer der ersten Gruppe sind im allgemeinen organische Peroxide, während die Zuschläge, welche eine Vernetzung des Silikonkautschuks bereits bei Raumtemperatur bewirken, Mischungen von organischen Kieselsäureverbindungen mit Metallsalzen organischer Säuren darstellen [221]. Die Heißvulkanisation entspricht der in der Gummiindustrie üblichen. Jedoch muß dieser Silikonkautschuk meistens noch durch eine mehrstündige Behandlung bei einer Temperatur

11.11 Silikongummi

von etwa 200°C nachvulkanisiert werden. Für die Elektrotechnik sind die heißgehärteten und die kaltgehärteten Typen von Bedeutung; die letztgenannten allerdings in geringerem Umfange und von diesen auch nur die Zweikomponentensysteme.

Auch hier ist die Verstärkung der Mischungen durch aktive Füllstoffe von großer Wichtigkeit. Als solche kommen Titandioxid, Quarzmehl, Kalziumkarbonat (Kreide) und Kieselgur, seltener Bariumsulfat, insbesondere aber pyrogen gewonnene Kieselsäure in Betracht. Kabelmischungen enthalten in der Regel 30 bis 70% derartiger Füllstoffe. Mit Kleinstmengen von Ruß erhält man eine gewisse elektrische Glättung innerhalb des Isolierstoffes.

Bei den heißvulkanisierenden Massen werden die Peroxide bei einer Temperatur, bei der sie sich noch nicht zersetzen, in den Silikonkautschuk eingearbeitet. Ohne Vernetzer wird dieser dem Verarbeiter in Platten oder gespritzten Schnüren angeliefert, mit oder ohne verstärkende Füllstoffe. Vor der Weiterverarbeitung wird er, da er beim Lagern etwas versteift, auf einem Mischwalzwerk replastiziert. Dabei werden gegebenenfalls weitere Füllstoffe und dann die Vernetzungsmittel zugemischt. Schließlich können die gewünschten Pigmente zugegeben werden, was zweckmäßigerweise mit Hilfe von Farbpasten, nämlich Abmischungen von Farbpigmenten und Silikonkautschuk, geschieht. Kautschukmischungen, die den plastischen Zustand längere Zeit beibehalten, ohne zu verstrammen, können auch verarbeitungsfertig, also mit eingearbeiteten Vernetzungsmiteln bezogen werden. Diese Sorten werden als Walzenfelle oder als Granulat geliefert.

Die so vorbereiteten Massen können in einer Preßform zu Preßteilen gepreßt werden. Dabei sind, um Blasenbildung zu vermeiden, Drücke von etwa 5 N/mm² üblich. Bei der gleichzeitig einwirkenden Temperatur von 110 bis 170°C erfolgt die Vulkanisation. Die Vulkanisationszeit beträgt etwa 10 min, die Verarbeitungsschwindung etwa 3%. Ähnlich kann man im Spritzpreßverfahren arbeiten. Die Temperatur wird hier etwas höher gewählt, womit sich die Verarbeitungszeit verkürzt. Die Schwindung beträgt dann bis zu 6%.

Zum Verspritzen von Silikonkautschuk eignen sich grundsätzlich alle Extruder, die gekühlt werden können. Die Vulkanisation der gespritzten Teile erfolgt anschließend. Sie werden in eine mit Talkum gefüllte Wanne gegeben und damit in den Vulkanisierkessel gebracht. Der Druck soll in der Regel 4 bar betragen. Die Vulkanisationszeit ist von der Schichtdicke abhängig und kann etwa 10 min betragen. Die Elastizität des Silikongummis läßt bei Formteilen auch Hinterschneidungen zu.

Bei der Kabelfertigung ist hinter dem Spritzkopf ein Heizrohr angebracht. Es wird mit Dampf von 4 bis 15 bar gespeist, wodurch Druck und Temperatur gewährleistet werden.

Mit Hilfe von Kalandern wird der Kautschuk zu Platten und Folien ausgezogen oder auch auf Gewebe aufgetragen. Die Vulkanisation kann hier in einer Heizstrecke erfolgen, die dem Kalander nachgeschaltet ist.

Schließlich sind heißvulkanisierende Mischungen in organischen Lösemitteln im Handel. Sie haben in der Regel einen Kautschukanteil von 40%. Zur Beschichtung von Glasgewebe oder Glasgewebeschläuchen empfiehlt sich, auf etwa 15% Feststoff weiter zu verdünnen. Als Verdünnungsmittel für diese Dispersionen können Lösemittel wie Xylol, Toluol, Benzol, Benzin und auch Chlorkohlenwasserstoffe Verwendung finden. Nach dem Tränken soll das beschichtete Gewebe bei etwa 70 bis 100°C getrocknet und gegebenenfalls in heißer Luft vorvulkanisiert werden. Um dicke Aufträge zu erhalten, kann man die Beschichtung mehrere Male wiederholen.

Die Nachvulkanisation hat unter Zufuhr von Frischluft zu erfolgen. Im Kabelbau allerdings läßt sich dies aus fertigungstechnischen Gründen nicht ohne weiteres durchführen.

Für besondere Anwendungsfälle kann Silikonkautschuk während der Vernetzung auch aufgeschäumt werden. Die dazu erforderlichen Treibmittel werden am zweckmäßigsten beim Replastizieren eingebracht. Die Art der Zellstruktur ist von Treibmittel und Vernetzer abhängig.

Die kaltvulkanisierenden Silikonkautschuke werden als lösemittelfreie gieß- und streichbare Massen geliefert. Die Viskosität dieser ebenfalls mit Füllstoffen verstärkten Pasten darf nicht zu groß sein, damit die Vernetzer einwandfrei eingerührt werden können, bevor die Vulkanisation einsetzt. Da die Vernetzung in diesen Fällen bei Raumtemperatur durchgeführt wird, setzt man den genau spezifizierten Härter erst kurz vor der Verarbeitung zu. Die so vorbereitete Masse hat damit eine begrenzte Verwendungsdauer. So stellt man Vergüsse her. Gewebe, insbesondere Glasfasergewebe, werden damit bestrichen und so Isolierbänder und Schläuche gefertigt. Zum Tränken von Baumwoll- und Glasfasergewebe werden Dispersionen verarbeitet. Sie können ohne Schwierigkeit aus den von der chemischen Industrie angelieferten Pasten angesetzt werden.

Auch kaltvernetzender Silikonkautschuk ist verschäumbar [222]. Als Treibmittel dient dabei Wasserstoff, der unter gegebenen Voraussetzungen während der Vernetzung entsteht. Der Schaum hat geschlossene Poren; die Oberfläche ist glatt.

Werkstoffeigenschaften. Die Eigenschaften des Silikongummis sind stark von der Zusammensetzung der Mischung abhängig. Außerdem haben heißvulkanisierte Kautschuke, wie auch aus Tabelle 11.2 hervorgeht, im allgemeinen bessere Eigenschaften als Kaltvulkanisate. Die mechanische Festigkeit des üblichen Silikongummis liegt aber immer unter der der meisten übrigen Elastomeren. Anders sieht es im Gebiet tiefer und hoher Temperatur aus; dort ist sie vergleichsweise günstiger.

11.11 Silikongummi

Tabelle 11.2. Werkstoffeigenschaften von Silikongummi
(unverstärkt bzw. mit inaktiven mineralischen Füllstoffen verstärkt)

Eigenschaften	Einheit	Heißvernetzt unverstärkt	Heißvernetzt verstärkt	Kaltvernetzt unverstärkt	Kaltvernetzt verstärkt
Dichte	g/cm^3	0,98	1,1 bis 1,6	1,0	1,2 bis 1,6
Zugfestigkeit	N/mm^2	2 bis 5	10	0,5 bis 3	2 bis 10
Bruchdehnung	%	150 bis 200	100 bis 700	50 bis 150	150 bis 300
Härte	Shore A	15	50	10 bis 40	15 bis 70
Stoßelastizität	%	60	60	50 bis 60	50 bis 60
Kriechstromfestigkeit		KA 3c	KA 3c	KA 3c	KA 3c
Durchschlagfestigkeit	kV/mm	20	20	20	20
Spezifischer Durchgangswiderstand	Ω cm	10^{15}	10^{14}	10^{14}	10^{13}
Dielektrizitätszahl (1 MHz)		2,8	2,9 bis 6,0	3,0	2,9 bis 3,5
Dielektr. Verlustf. (1 MHz)		$5 \cdot 10^{-3}$	10^{-2}	10^{-2}	10^{-2}
Wärmeleitfähigkeit	W/Km	0,27	0,3		0,3
Lineare Wärmedehnzahl	10^{-6}/K		200	360	250
Dauerwärmebeständigkeit	°C	170	170	170	170
Wasseraufnahme	mg	50	50		10 bis 50

Die elektrischen Eigenschaften von Silikongummi sind recht gut. Das Verhalten bei tiefen und hohen Temperaturen ist auch in dieser Beziehung besonders vorteilhaft. Silikongummi ist im allgemeinen kriechstromfest. Der gute spezifische Durchgangswiderstand fällt bis zu einer Temperatur von 200°C nur um knapp zwei Größenordnungen ab. Die Dielektrizitätszahl fällt in diesem Temperaturbereich ebenfalls ein wenig. Der Verlustfaktor bleibt mit leichtem Anstieg fast konstant [223]. Damit hat Silikongummi, bedingt durch die geringe Polarität des Moleküls und die damit verbundenen geringen zwischenmolekularen Kräfte, eine wesentlich geringere Abhängigkeit der physikalischen und elektrischen Eigenschaften von der Temperatur als andere Elastomere. Er ist auch beständig gegen Glimmentladungen.

Unter der Einwirkung energiereicher Strahlung wird Silikongummi zusätzlich vernetzt. Er wird hart und brüchig. Mit zunehmendem Gehalt an Phenylgruppen nimmt die Strahlenbeständigkeit zu [145]. Auch durch

Zusätze aromatischer Verbindungen wird sie verbessert [27*]. So kann Silikongummi je nach Typ einer Strahlendosis von 10 bis 100 kJ/kg ausgesetzt werden, ohne daß die Dehnbarkeit, die hier als Kriterium für die Beständigkeit gesetzt wird, um mehr als ein Viertel des ursprünglichen Wertes abnimmt.

Silikongummi nimmt sowohl in bezug auf das Kälteverhalten als auch auf die Hitzebeständigkeit unter den Elastomeren eine Sonderstellung ein. Einige Sorten sind bis zu $-60\,°C$ verwendungsfähig. Die Einfriertemperatur liegt immer unter $-50\,°C$, bei Sondereinstellungen sogar unter $-100\,°C$. Dabei ist wichtig, daß die Biegsamkeit bei tiefen Temperaturen nicht etwa durch Zugabe von Weichmachern erreicht wird. Wärme verträgt Silikongummi im Dauerbetrieb bis zu Temperaturen von $170\,°C$, ohne daß die mechanischen und elektrischen Eigenschaften wesentlich beeinträchtigt werden. Silikongummi ist im üblichen Sinne als unbrennbar zu bezeichnen. Im Feuer entsteht ein Kieselsäuregerüst, das immer noch eine gewisse Isolation gewährleistet.

Oberhalb $170\,°C$ wird die Alterung sowohl durch eine größer werdende Vernetzung als auch durch eine Depolymerisation des kettenförmigen Siloxans bestimmt. Das hat im einen Falle eine fortschreitende Verhärtung, im anderen eine Erweichung zur Folge. In Anwesenheit von Sauerstoff überwiegt bei hoher thermischer Beanspruchung der erstgenannte Vorgang; der Werkstoff versprödet. Kann, wenn der Silikongummi in einem abgeschlossenen System verwendet wird, kein Sauerstoff zutreten, dann wird er abgebaut; er wird weich. So hängt die Beständigkeit von Silikongummi bei erhöhten Temperaturen von der Anwesenheit von Sauerstoff ab. Vulkanisate, die in offenen Systemen gute Beständigkeit zeigen, sind in geschlossenen Systemen, beispielsweise im Kabel mit Metallmantel, oft nur bedingt brauchbar. Damit ist auch die Art des zur Vernetzung benutzten Peroxides im offenen System praktisch von untergeordneter Bedeutung, während sie entscheidend ist, wenn der Gummi in geschlossenem System auf Hitze beansprucht wird.

Im übrigen wirkt Wasserdampf ungünstig auf Silikongummi. Bei Temperaturen oberhalb $130\,°C$ wird es davon angegriffen und nach längerer Einwirkungszeit zerstört, so daß seine Verwendung bei Vorhandensein von Wasserdampf nicht empfohlen wird. Chemisch wird Silikongummi weder von schwachen Säuren und Alkalien noch von polaren Lösemitteln oder korrodierenden Salzlösungen angegriffen [223]. Er ist beständig gegen Schwefel und Schwefelverbindungen, unter deren Einwirkung die bekannten Gummisorten verhärten. In Benzin, chlorierten aliphatischen Kohlenwasserstoffen und aromatischen Lösemitteln kann Quellung auftreten, womit die mechanische Festigkeit verlorengeht. Unbrauchbar ist Silikongummi in Verbindung mit konzentrierten Säuren. Die Ölbeständigkeit hängt von der Art des Silikongummis und wesentlich

11.11 Silikongummi

von der Ölsorte ab. In aromatenreichen Ölen, also auch in vielen Isolierölen, ist Silikongummi, insbesondere bei höheren Temperaturen, unbrauchbar. Silikongummi ist aber unempfindlich gegen Ozon; außerdem ist er wetterbeständig. Er ist geruch- und geschmackfrei und wie alle Silikone physiologisch unbedenklich. Er ist weitgehend resistent gegen Pilze und Bakterien. Silikongummi ist damit der hochwertigste elastomere Isolierstoff. Ein Nachteil, daß er entsprechend teuer ist.

Einsatzgebiete. Mit dem heißvulkanisierbaren Kautschuk werden Platten und Schläuche hergestellt, Leiter und Kabel isoliert [224]. Silikongummiplatten werden als Zwischenlagen für die Phasenisolation, Isolierschläuche für die Anschlußleitungen hochbeanspruchter Motoren benutzt. Ähnlich isolierte Zuleitungen werden für Öfen und Thermoelemente verwendet, für die Zeilenrücklaufspulen der Farbfernsehgeräte und viele andere thermisch hochbeanspruchte Geräte. Auch flüssigkeitsdichte Durchführungen, beispielsweise von Kondensatoren, werden aus Silikongummi hergestellt. Silikongummiisolierte Zündkabel haben sich für Verbrennungsmotoren bewährt. Kupplungsstecker für Flugzeuge bleiben nicht nur bei großer Kälte weich und schmiegsam und damit betriebsfähig, sondern behalten auch im höheren Temperaturbereich ihre Eigenschaften. Auch bei den thermisch hochbeanspruchten elektrischen Ausrüstungen der Fernraketen ist Silikongummi ein wichtiger Isolierstoff geworden. Schwere Kabel bleiben selbst bei einem Brande längere Zeit betriebsfähig, weil keine leitenden Kohlebrücken gebildet werden. Da man infolge der höheren Belastbarkeit den üblichen Gummikabeln gegenüber eine Gewichtseinsparung erzielt, spielt auch dies oft eine Rolle. Borhaltiger Silikongummi eignet sich wegen seiner selbstverschweißenden Eigenschaften [225, 226], wie Abb. 11.9 zeigt, hervorragend für die Bewicklung von Kabelenden.

Oft wird Silikonkautschuk zusammen mit Glasgewebe eingesetzt. So gibt es Platten und Schläuche sowohl ohne als auch mit Gewebeeinlage.

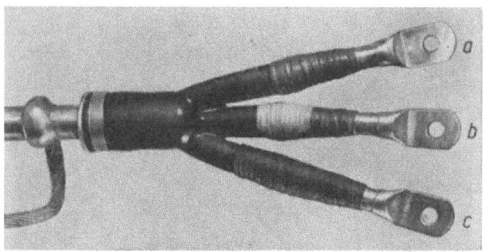

Abb. 11.9. Isolierband aus Silikongummi zum Abdichten von Kabelenden
(Werkbild: Wacker-Chemie).
a 1. Lage: Isolierband aus Silikongummi; *b* 2. Lage: Lackdiagonalband; *c* 3. Lage: Ölgetränkte Hanfkordelbandage.

Beschichtet man Glasgewebe, um daraus Isolierbänder zu schneiden, so wird der Silikonkautschuk in der Regel nur angehärtet, damit man später die Möglichkeit hat, Stäbe, Spulen u. dgl. nach dem Bewickeln bei 200 bis 240°C auszuhärten. So entsteht eine abgeschlossene feste Isolierung.

Kaltvulkanisierbare Silikonkautschuktypen verschiedener Viskosität eignen sich zum Vergießen elektronischer Bauteile [222], ja sogar zum Einkapseln ganzer Schaltungen und Geräte. Da der Verguß elastisch ist, werden die elektrischen Teile während des Vergießens und des Aushärtens und auch später bei Temperaturschwankungen im Betrieb mechanisch nicht beansprucht. Aus gleichem Grunde bekommt der Verguß keine Sprünge, sondern bleibt dicht. Kurz, die eingekapselten Teile sind gegen Vibration und Stoß, gegen das Eindringen von Feuchtigkeit und vor den Einwirkungen schädlicher Gase geschützt. In diesem Zusammenhange sei außerdem auf die mit Silikonkautschuk vergossene Ständerwicklung eines Drehstrommotors, wie sie Abb. 11.10 zeigt, hingewiesen. Auch auf dem Gebiet freiluftbeständiger Kunststoffisolatoren zeichnet sich ein wichtiges Anwendungsgebiet für Silikongummi ab [227]. Mit diesem als Schirmwerkstoff werden alle bei Verbundkonstruktionen auftretenden thermischen und mechanischen Dehnungsprobleme beherrscht sowie ein elektrisch einwandfreier Übergang zwischen dem mechanisch belasteten Kern aus glasfaserverstärktem Epoxidharz und dem Schirmumguß gesichert. Der

Abb. 11.10. Mit kaltvulkanisiertem Silikongummi vergossene Ständerwicklung eines Drehstrommotors (Werkbild: Wacker-Chemie).

Abb. 11.11. Langstabilisatoren mit einem Kern aus glasfaserverstärktem Epoxidharz und Schirmen aus Silikongummi in einer Freileitung von 110 kV (Werkbild: AEG-Telefunken).

Silikongummi besitzt darüber hinaus ein ausgezeichnetes Isoliervermögen unter schwerer Verschmutzung. Die Isolatoren der in Abb. 11.11 dargestellten Versuchsleitung sind seit vielen Jahren ohne Beanstandung in Betrieb. Einteilige Kunststofflangstäbe dieser Art werden für Betriebsspannungen bis 750 kV hergestellt.

11.12 Polyurethan

Auch im Polyadditionsverfahren können Elastomere hergestellt werden. Dazu gehört das Polyurethanelastomer (Kurzzeichen: UE).

Herstellung und Verarbeitung. Man geht vorzugsweise von linearen oder schwachverzweigten Polyäthern und insbesondere Polyestern aus oder verwendet auch beide zusammen. Verarbeiten lassen sich Systeme dieser Art nach dem Gießverfahren, als Thermoplast durch Spritzgießen und auch nach der in der Gummiindustrie üblichen Fertigungstechnik. Man kann so gießbare, thermoplastisch verarbeitbare und walzbare Polyurethane unterscheiden.

Für die Gießtechnik sind zwei Verfahren üblich. Das eine vollzieht sich in zwei Stufen. Bei der ersten langsam verlaufenden Reaktion werden die Polyolkomponenten mit einem Überschuß an Diisozyanat zunächst zu einem Voraddukt umgesetzt. Das heißt, die beiden flüssigen Komponenten werden miteinander verrührt und bei 80 bis 130°C zur Reaktion gebracht. Ein solches NCO-Gruppen enthaltendes Polyäther- bzw. Polyestervoraddukt kann noch einen gewissen Anteil an freien Isozyanatgruppen aufweisen. Es sind hochviskose, in gewissen Grenzen lagerstabile, Flüssigkeiten, aus denen durch Zugabe von hydroxyl- oder amingruppenhaltigen Kettenverlängerern das Elastomer entsteht. Mit einem Gemisch aus Polyäther und Glykol können sie warm oder mit Katalysatoren auch bei Raumtemperatur vergossen werden.

Bei der sogenannten Einstufenverfahrensweise wird die aus nieder- und höhermolekularem Polyol bestehende Mischung in einem Verfahrensschritt mit dem Isozyanat umgesetzt und die nach kurzer Zeit ausreagierende Schmelze unter Formgebung ausgehärtet. Das Polyolgemisch kann mit einem mineralischen Füllstoff, etwa mit Kaolin, versetzt werden. Schwierige Gießteile können im Schleudergießverfahren hergestellt werden, wobei die Achse in der Regel waagerecht angeordnet ist. So werden nahtlose Rohre und Innenbeschichtungen hergestellt. Die Werkzeuge werden, um eine schnelle Verfestigung und damit beschleunigtes Entformen zu erreichen, oft beheizt. Es folgt eine mehrstündige Nachbehandlung der entformten Teile bei etwa 110°C, wodurch eine zusätzliche Vernetzung erfolgt.

Um Blasen und Risse zu vermeiden, müssen die Polyole entwässert und entgast sein. Dies geschieht in der Mischanlage selbst. Alle Isozyanate und deren Dämpfe wirken hautreizend, insbesondere schleimhautreizend, so daß bei der Verarbeitung entsprechende Vorsichtsmaßnahmen zu ergreifen sind.

Bei dem thermoplastisch verarbeitbaren Polyurethanelastomeren hat man die wie geschildert hergestellte und dann verfestigte Schmelze nach dem Abkühlen in einem Schneidgranulator zerkleinert oder mit einer Schneckenpresse replastiziert und in zylindrisches Granulat übergeführt [228]. Dies wird in Blechgebinden geliefert und hat eine Lagerfähigkeit von etwa einem halben Jahr. Für die Verarbeitung dieser thermoplastischen Elastomere sind die für Thermoplaste üblichen Maschinen geeignet. Es kann spritzgegossen und auch extrudiert werden. Der Schmelzbereich hängt stark von der Art des verwendeten Diisozyanats und des Kettenverlängerungsmittels ab. Die Verarbeitungstemperatur liegt demnach zwischen 170 und 230°C, je nach Einstellung. Nach dem Gesagten muß auch hier Feuchtigkeit ferngehalten werden. Es genügt indessen, die Gebinde mit dem trocken verpackten Granulat geschlossen zu halten und das entnommene unmittelbar zu verarbeiten. Die fertiggespritzten Teile sollen bei einer Temperatur von 80 bis 100°C möglichst noch einige Stunden nachbehandelt werden, wodurch infolge von Quervernetzungen eine gewisse Verbesserung der Eigenschaften eintritt. Die Verarbeitungsschwindung beträgt 1 bis 2%.

Die hohe Verformbarkeit des Erzeugnisses gestattet, im Spritzgießverfahren sogar hinterschnittene Teile herzustellen. Damit werden die bekannten Schnappmontagen und Schnappverbindungen möglich. Daß der Werkstoff bei der Überwindung des Hinterschnittes ziemlich stark verformt wird, muß allerdings berücksichtigt werden. Immerhin erfolgt dies kurzzeitig, während die kraftschlüssige Verankerung eine langzeitige, aber schwache Beanspruchung darstellt. Bei der Bemessung der Vorspannung, mit der das montierte Teil gehalten werden soll, hat man aber noch zu beachten, daß sie bei langzeitiger Verformung zum Teil abgebaut wird.

In harter Einstellung lassen sich solche Teile aus Polyurethan auch recht gut mechanisch bearbeiten. Die Teile lassen sich ferner gut miteinander verschweißen, was man indessen nicht oft macht.

Bei dem Verfahren, das sich an die Verarbeitung des Naturkautschuks anlehnt, treibt man die Polyaddition mit verhältnismäßig geringen Mengen Diisozyanat zunächst so weit, daß das Erzeugnis verarbeitbar bleibt. Solch ein Polyurethankautschuk wird in Fellen oder Schnitzeln geliefert. Durch Zumischen des Vernetzungsmittels sowie der Zusatzstoffe kann er auf Mischwalzen oder in Knetern wie Naturkautschuk weiterverarbeitet werden. Als Vernetzer kommen neben Isozyanaten Schwefel oder auch organische Peroxide in Betracht. Als Füllstoffe eignen sich Kaolin, Kreide und besonders pyrogene Kieselsäure. Während des Mischens darf natürlich noch keine Reaktion des Vernetzers mit dem Kautschuk erfolgen.

11.12 Polyurethan

Aus der so vorbereiteten Mischung werden die fertigen Erzeugnisse hergestellt. Dies geschieht z. B. in den Pressen, wo in beheizten Werkzeugen Preßteile geformt und gleichzeitig vulkanisiert werden. Mit Hilfe von Schneckenpressen werden Schläuche und Kabel gefertigt. Dabei wird eine hohe Plastizierarbeit benötigt. Die üblichen Kalander dienen zur Herstellung von Platten und Folien. Das Vulkanisieren erfolgt hier bei erhöhter Temperatur in einer nachgeschalteten Vulkanisieranlage.

Werkstoffeigenschaften. Die Polyurethanelastomere sind in ungefülltem Zustande gelblich durchscheinend bis opak. Die verschiedenen Einstellungen haben bestimmte Eigenschaften, die sie von den übrigen Elastomeren abheben. Von den für die Elektrotechnik wichtigen Elastomeren dieser Art kann über die Werkstoffeigenschaften, die zum Teil dem duromeren Polyurethan in Tabelle 10.8 gegenübergestellt sind, folgendes gesagt werden.

Der Elastizitätsmodul ist sehr niedrig. Die Zähigkeit ist dagegen hoch; sie fällt aber mit abnehmender Temperatur beträchtlich. Das Verhalten bei Zugbeanspruchung veranschaulicht die in Abb. 11.12 dargestellte Spannungsdehnungskurve. Der Bruch, hier durch das Ende der Kurven

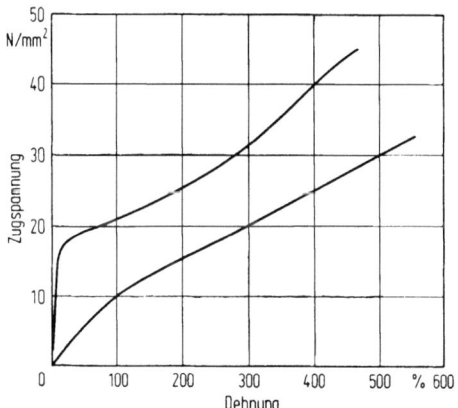

Abb. 11.12. Verlauf von Zugspannung und Dehnung eines weichen und eines harten thermoplastisch verarbeiteten Polyurethanelastomeren

gekennzeichnet, erfolgt in der Regel bei Dehnungen über 400%. Von praktischer Bedeutung ist hauptsächlich der Bereich unterhalb der Elastizitätsgrenze, in dem die Zugspannung mit der Dehnung noch annähernd proportional verläuft. Diese Elastizitätsgrenze wird schon bei einer Dehnung von 2 bis 5% erreicht, während die Zugspannung an dieser Stelle nur 3 bis 20% der Endfestigkeit ausmacht. Oberhalb der Elastizitätsgrenze ist mit bleibenden Verformungen zu rechnen, die um so größer sind, je größer die Beanspruchung war und je länger sie gedauert hat. In gleicher

Weise nimmt die Dehnung bei konstant gehaltener Spannung zu und die Zugspannung bei konstant gehaltener Dehnung ab. Ähnlich sind die Verhältnisse bei den Druckbeanspruchungen. Wie die Dehnungskennlinie bei Zugspannung läuft auch die Druckverformungskennlinie der Polyurethanelastomere nicht linear. Sie zeigt den gleichen Verlauf. Wegen der hohen Verformbarkeit wird der auf Druck beanspruchte Körper überdies kaum zerstört. Beim praktischen Einsatz sind natürlich die Druckflächenverhältnisse und die Form des Körpers zu beachten. Diese Polyurethane liegen in einem weiten Härtebereich vor, der sich von einem sehr weichen bis zu einem hornartigen Zustand erstreckt. Wie sich die Härte mit der Temperatur ändert, ist an zwei Beispielen in Abb. 11.13 gezeigt. Die Stoßelastizität wird zur Beurteilung des elastischen Verhaltens bei schlagartiger Beanspruchung herangezogen. Die weichen Einstellungen weisen die höchste Stoßelastizität auf. Eine unmittelbare Abhängigkeit von der Härte ist allerdings nicht festzustellen. Die Polyurethane haben eine hohe Verschleißfestigkeit. Sie ist besser als die der anderen elastomeren Isolierstoffe.

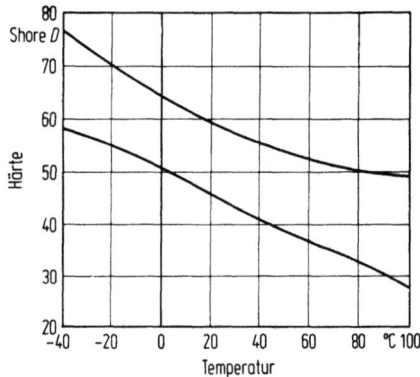

Abb. 11.13. Härte eines mittelharten und eines harten thermoplastisch verarbeiteten Polyurethanelastomeren in Abhängigkeit von der Temperatur.

Die elektrischen Eigenschaften genügen bei nicht zu hohen Anforderungen. Die Polyurethane haben immerhin eine verhältnismäßig gute Beständigkeit gegen energiereiche Strahlen. Eine Strahlendosis von 100 kJ/kg dürfte ohne Schaden überstanden werden. Bei ultravioletter Bestrahlung tritt im allgemeinen eine Vergilbung ein, die auf die Eigenschaften keinen wesentlichen Einfluß hat. Bei starker Sonnenbestrahlung kann es vorteilhaft sein, dem Polyurethan durch Einfärbung mit Ruß einen zusätzlichen Schutz zu geben.

Die Polyurethanelastomere werden zu tiefen Temperaturen hin merklich härter. Die Temperaturabhängigkeit der Stoßelastizität eines typi-

11.12 Polyurethan

schen elastomeren Polyurethans ist der Abb. 11.14 zu entnehmen. Bei etwa -20 bis $-30\,°C$ liegt, wie sich aus dem in Abb. 11.15 dargestellten Temperaturverhalten ergibt, die Glastemperatur.

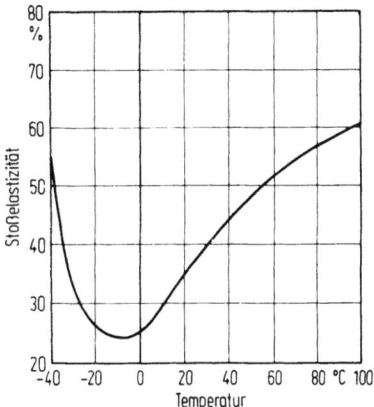

Abb. 11.14. Temperaturabhängigkeit der Stoßelastizität eines mittelharten thermoplastisch verarbeiteten Polyurethanelastomeren.

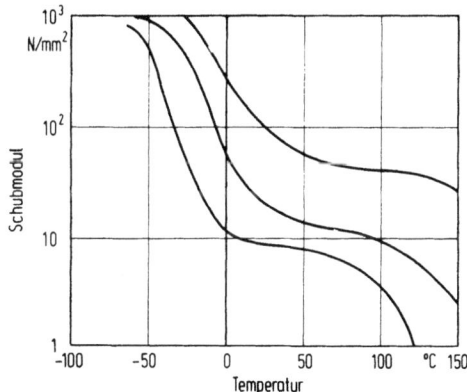

Abb. 11.15. Schubmodul eines weichen, eines mittelharten und eines harten thermoplastisch verarbeiteten Polyurethanelastomeren in Abhängigkeit von der Temperatur.

Polyurethan kann lange Zeit in kaltem Wasser gelagert werden, ohne Schaden zu nehmen. Gegen heißes Wasser, Sattdampf und heiße, feuchte Luft ist es jedoch empfindlich. Dies beruht darauf, daß zwischen bestimmten Molekülgruppen des Polyurethans und Wasser eine chemische Reaktion erfolgen kann, die zum Abbau der Polymerketten führt. Wegen dieser Hydrolyse erfolgt in sehr warmem und feuchtem Klima ein beschleunigter hydrolytischer Abbau, der die physikalischen Eigenschaften stark beeinflußt. Durch Zusatz besonderer Hydrolysestabilisatoren, wie sie auch beim Äthylenvinylazetat-Mischpolymerisat erwähnt wurden, kann dieser Abbau immerhin stark behindert werden. Ferner sind die Polyurethane gegen die meisten Lösemittel und Isolieröle unempfindlich. Eine starke Quellung erfolgt jedoch in Benzol, Tetrachlorkohlenstoff und noch mehr in Trichloräthylen. Unbeständig sind die Polyurethanelastomere in konzentrierten Säuren und Laugen. Gegen Sauerstoff und Ozon sind die auf Polyester aufgebauten Polyurethane hinreichend beständig. Bei Verwendung von Polyäthern werden Stabilisierungsmittel eingebaut. Hervorzuheben ist noch, daß sie weichmacherfrei sind und aus diesem Grunde auch eine gute Verträglichkeit mit anderen Isolierstoffen haben. Mittlere bis weitgehende Widerstandsfähigkeit besteht auch, je nach den Ausgangskomponenten, gegen Mikroorganismen. Das trifft insbesondere für das Polyurethan zu, das auf Polyäther aufgebaut ist. Bei klimatisch ungünstigen Bedingungen empfiehlt es sich, Fungicide einzuarbeiten, die aber nicht immer den Erwartungen entsprechen.

Einsatzgebiete. Da die elektrischen Eigenschaften dieser Werkstoffgruppe nicht besonders gut sind, hat sie in der Hochspannungstechnik und der Hochfrequenztechnik keine Bedeutung. In elektrischen Geräten mit geringen Anforderungen an die Isolation finden Polyurethanelastomere jedoch der anderen Vorzüge wegen, z.B. wegen der hohen Dehnungswerte, der großen Stoßelastizität und des guten Abriebverhaltens häufig Anwendung. In Fernseh- und Tonbandgeräten werden sie für schwingungsdämpfende Bauteile verarbeitet. Feuchtraumsteckdosen, kleine Spulenkörper, Magnetabstandshalter von Lautsprechern, isolierende Schrauben und dergleichen werden häufig in Polyurethan ausgeführt. Die hohe Dehnbarkeit wird bei der Schnappmontage ausgenutzt. Ferner werden geophysikalische Meßkabel und Kabel, die bei der Erdölförderung verwendet werden, damit ummantelt, wobei Biegsamkeit, Unempfindlichkeit gegen Spannungsrisse, Verschleißfestigkeit, Alterungsbeständigkeit und die Ölbeständigkeit ausschlaggebend sind.

Schrifttum

Zeitschriften

1 Strigel, R.: Der Durchschlagmechanismus in Luft, Öl und festen Isolierstoffen ETZ-A 87 (1966) 34.
2 Schmid, R.: Elektrische Durchschlagfestigkeit von Epoxydharzen in Abhängigkeit von Temperatur und mechanischer Beanspruchung. Kunststoffe 57 (1967) 711.
3 Eilhardt, B., Kindij, E., Rummel, T., Stenzel, H. D.: Einfluß der mechanischen Spannungen auf die elektrische Durchschlagfestigkeit von Polyäthylenisolierungen. ETZ-A 92 (1971) 138.
4 Schirr, J.: Der Einfluß von mechanischen Spannungen auf die Ausbildung von Vorentladungskanälen in Epoxidharz-Formstoff. Intern. Symp. Hochspannungstechnik (1972) 457.
5 Menges, G., Berg, H.: Durchschlagmechanismus und Verformungszustände. ETZ-B 24 (1972) 643.
6 Wagner, H.: Zum elektrischen Durchschlag von teilkristallinen Polymeren. ETZ-A 94 (1973) 436.
7 Kindij, E.: Elektrische Durchschlagsanisotropie in Isolierstoffen. Intern. Symp. Hochspannungstechnik (1972) 408.
8 Hersping, A.: Polarisations- und Depolarisationseffekte bei Isolierstoffen mit geringer elektrischer Leitfähigkeit. ETZ-A 91 (1970) 265.
9 Wörner, Th., Kabs, H.: Wärmealterung und Grenztemperatur von organischen Isolierstoffen. Z. f. Werkstofftechnik 2 (1971) 127.
10 Pohl, D., Wörner, Th.: Untersuchungen über die Brennbarkeit von Kunststoffen. ETZ-B 19 (1967) 558.
11 Pohrt, J.: Bestimmung des Spannungsrißverhaltens von Thermoplasten mit Hilfe des Kugeleindrückverfahrens. Kunststoffe 59 (1969) 299.
12 Sell, P. J., Neumann, A. W.: Die Oberflächenspannung fester Körper. Angew. Chem. 78 (1966) 321.
13 Wenden, H. E.: Ionic Diffusion and the Properties of Quartz. Am. Mineralogist 42 (1957) 859.
14 Bowles, O.: Utilization and Availability of Asbestos in Electric Insulation. Asbestos 36 (1954) 2.
15 Noga, E. A., Woodhams, R. T.: Asbestos reinforced Thermoplastics. SPE-Journ. 26 (1970) 23.
16 Popp, M.: Die Ursachen der Korrosionen an Heizkissendrähten. Kautschuk 11 (1935) 60.
17 Pauling, L.: The Structure of the Micas and Related Minerals. Proc. Nat. Acad. Sc. 16 (1930) 123.

18 Jackson, W. W., West, J.: The Crystal Structure of Muscovite. Z. f. Kristallographie 76 (1930) 211.
19 Espe, W.: Glimmer als Werkstoff der Hochvakuumtechnik. Vakuumtechnik 8 (1959) 15.
20 George, H., Metzger, L.: Le papier de mica. Revue Générale de l'Electricité 59 (1950) 519.
21 Dannatt, C., Goodall, S. E.: The Permittivity and Power Factor of Micas. J. Inst. El. Eng. 69 (1931) 490.
22 Hickam, W. M., Fox, R. E.: Electron attachment in Sulphur Hexafluoride using monoenergetic electrons. J. Chem. Phys. 25 (1956) 642.
23 Hasse, P.: Die Entwicklung des elektrischen Durchschlages im homogenen Feld in Schwefelhexafluorid. VDE/IEEE Intern. Symp. Hochspannungstechnik (1972) 363.
24 Wieland, A.: Gasdurchschlagmechanismen in elektronegativen Gasen (SF_6) und in Gasgemischen. ETZ-A 94 (1973) 370.
25 Frie, W.: Bestimmung der Gaszusammensetzung und der Materialfunktionen von SF_6. Z. Physik 201 (1967) 269.
26 Rieder, W.: Schwefelhexafluorid als Schaltmedium. E und M 87 (1970) 31.
27 Becher, W., Massonne, J.: Beitrag zur Zersetzung von Schwefelhexafluorid in elektrischen Lichtbögen und Funken. ETZ-A 91 (1970) 605.
28 Heise, W.: Isolationsprobleme in mit Schwefelhexafluorid isolierten Anlagen. ETZ-A 92 (1971) 702.
29 Howard, P. R.: Insulation properties of compressed electronegative gases. Proc. Inst. Electr. Eng. 104 A (1956) 123.
30 Brückner, P., Flöth, H.: Vollisolierte gekapselte Schaltanlagen für Reihe 110 mit sehr kleinem Raumbedarf. ETZ-A 87 (1965) 198.
31 Vontobel, J.: Anwendung von Schwefelhexafluorid (SF_6) im Schaltanlagenbau für Hoch- und Höchstspannungen. Bull. SEV 62 (1971) 676.
32 Boeck, W.: Metallgekapselte UHV-Schaltanlagen. ETZ-A 92 (1971) 698.
33 Boeck, W., Troger, H.: SF_6-insulated metalclad switchgear for ultrahigh voltages. Cigre-Ber. (1972) 23—08.
34 Schmitz, W.: SF_6-Gas im Schaltanlagenbau. ETZ-B 24 (1972) 131.
35 Brückner, P.: SF_6-isolierte Leitersysteme für Hochleistungsübertragung. ETZ-A 92 (1971) 733.
36 Abilgaard, E.: Zur Verlegung SF_6-isolierter Hochspannungsrohrkabel. Energie und Technik 24 (1972) 127.
37 Haubrich, H. J.: Thermisch zulässige Dauerbelastbarkeit in Erde verlegter Rohrgaskabel mit SF_6-Isolation. ETZ-A 93 (1972) 504.
38 Albrecht, Chr.: Glas als Werkstoff für Isolatoren von Massekabel-Endverschlüssen. Elektrizitätsw. 67 (1968) 677.
39 Scheidler, H.: Herstellung und Eigenschaften von Glaskeramikwerkstoffen. Silikat-Journal 11 (1972) 144.
40 Sack, W., Scheidler, H., Petzoldt, J.: Zum Kristallisationsverhalten der Glaslote. Glastechn. Ber. 41 (1968) 138.
41 Isert, H.: Neuere Anwendungen von Infrarotstrahlen in der Technik. Feinwerktechnik 71 (1967) 171.
42 Heinze, H.: Glasisolatoren — Ein Erfahrungsbericht. Elektrizitätsw. 72 (1973) 84.
43 Hörsch, F., Wurtinger, H.: Einfluß von Gewebe-Finish und Faden-Schlichte auf die Festigkeit von Laminaten aus Epoxydharz und Glasseidengewebe. Kunststoffe 56 (1966) 627.
44 Schmidt, K. A. F.: Verstärkungsfasern. Kunststoffe 62 (1972) 703.

45 Matting, A., Ehrenstein, G.: Grenzflächenprobleme bei glasfaserverstärkten Kunststoffen. Kunststoffe 55 (1965) 893.
46 Brinkmann, C.: Die Frequenzabhängigkeit der dielektrischen Eigenschaften glasfaserverstärkter Isolierstoffe. ETZ-B 19 (1967) 585.
47 Niepmann, M.: Einwirkung von Textilglas auf Atmungsorgane, Verdauungssystem und Gewebe des Menschen. Kunststoffe 51 (1961) 67.
48 Hörsch, F.: Einfluß der Gewebekonstruktion auf die mechanischen Eigenschaften von Glasfaser-Kunststoff-Laminaten. Kunststoffe 55 (1965) 706.
49 Brinkmann, C.: Anwendungen glasseidenverstärkter Isolierstoffe in der Elektrotechnik. Kunststoffe 52 (1962) 633.
50 Singer, E.: Die keramischen Werkstoffe und die Aufbereitung der Masse. ETZ-B 18 (1966) 431.
51 Schüller, K. H.: Porzellan. Handbuch der Keramik II A.
52 Schwehn, K. H.: Die Fertigung keramischer Isolatoren. ETZ-B 18 (1966) 585.
53 Draeger, W.: Keramische Isolatoren für Freiluftisolierungen. ETZ-A 91 (1970) 489.
54 Schüller, K. H.: Berylliumoxid. Handbuch der Keramik II J 4b.
55 Klingler, E. A., Dörre, E.: Neue Anwendungsgebiete für reines Aluminiumoxid in der Elektrotechnik und Elektronik. Ber. DKG 44 (1967) 498.
56 Pavlovic, A. S.: Some Dielectric Properties of Tantalum Pentoxide. J. Chem. 40 (1964) 951.
57 Klerer, J.: Determination of the Density and Dielectric Constant of thin Ta_5O_2-films. J. Electrochem. Soc. 112 (1965) 896.
58 Hutzel, O.: Untersuchung und Reinigung von Mineralölen und synthetischen Flüssigkeiten bei EVU. Elektrizitätsw. 72 (1973) 598.
59 Schober, J.: Inhibierte Isolieröle. Bull. SEV 62 (1971) 1210.
60 Bauer, K., Soldner, K.: Zur Frage der Inhibierung von Isolierölen für Transformatoren. Elektrizitätsw. 67 (1968) 735.
61 Gänger, B.: Kontrolle der Isolierölalterung und Pflege des Öles von Hochspannungstransformatoren und Meßwandlern. ETZ-A 84 (1963) 800.
62 Horak, W.: Aufbereitung und Regenerierung von ölgefüllten Transformatoren und Meßwandlern. E & M 88 (1971) 305.
63 Müller, R.: Auswirkungen der Alterungsvorgänge in Transformatoren und Möglichkeiten zur Erhöhung der Alterungsbeständigkeit. ETZ-A 84 (1963) 794.
64 Müller, R., Wörner, Th.: Untersuchungen über die Alterungsbeständigkeit von Transformatorenölen, abhängig von ihrer Konstitution. ETZ-A 80 (1959) 623.
65 Sloat, T. K., Johnson, J. L., Sommerman, G. M. L.: Gas evolution from transformer oils under high-voltage stress. IEEE Tr. Power Appar. and Syst. 86 (1967) 374.
66 Pedersen, B.: Gasabgabe und Gasaufnahme von Isolierölen unter dem Einfluß elektrischer Entladungen. BBC-Mitt. 55 (1968) 222.
67 Potthoff, K.: Zum Langzeitverhalten elektrischer Isolierstoffe bei thermischer Beanspruchung. ETZ-A 85 (1964) 449.
68 Mark, R.: Balsa cores for reinforced plastics structures. Mod. Plastics 33 (1956) 131.
69 Pungs, L.: Holz als Dielektrikum im Hochfrequenzfeld. ETZ-A 75 (1954) 433.
70 Bauer, K., Molitor, W.: Stabilisierte Zellulose. ETZ-A 89 (1968) 433.
71 Beacham, E. A., Divers, R. T.: Dielectric Properties of Refrigerants. Modern Refrigeration. 59 (1956) 15.
72 Blankenburg, R. C., Steinke, W. W., Stolpe, J.: Experimental installation of 69-kV synthetic-insulated underground-cables and components. Trans. IEEE 89 (1970) 304.

73 Hochhäusler, P.: Kältebeständigkeit clophenimprägnierter Kondensatoren. ETZ-A 77 (1956) 101.
74 Knust, E.: Chlorierte Dielektrika als Tränkmittel für Papierkondensatoren. E und M 82 (1965) 132.
75 Potthoff, K.: Transformatoren mit Askarel-Kühlung. Elektrizitätsw. 67 (1968) 214.
76 Claußnitzer, W.: Untersuchungen über das Betriebsverhalten von Starkstromkondensatoren mit Clophen-Papier-Dielektrikum bei Außentemperaturen von −50 bis +80°C. VDE-Fachberichte 19 (1956) 81.
77 Neunteufel, A.: Hydrophobe Porzellanisolatoren. ETZ-B 9 (1957) 491.
78 Stolte, E.: Verhalten von Freiluftisolatoren mit Silikonbehandlung bei natürlicher Verschmutzung. VDE-Fachberichte 21 (1960) 20.
79 Ignácz, Paul: Erfahrungen mit Silikonpaste als Schutz gegen Fremdschichtüberschläge an Isolatoren. Elektrizitätsw. 62 (1963) 29.
80 Mair, H. J.: Hochfrequenzkabel-Isolierung mit thermoplastischen Kunststoffen. Plastverarbeiter 18 (1967) 802.
81 Langbein, W., Fischer, H.: Zur Verhinderung der Spannungsrißbildung von Thermoplasten durch Strahlenvernetzung. Kunststoffe 60 (1970) 256.
82 Fielitz, R., Wilhelm, K.: Hochspannungskabel mit Isolierung aus vernetztem Polyäthylen. ETZ-B 19 (1967) 563.
83 Köhnlein, E.: Die peroxidische Vernetzung von Polyäthylen im Hinblick auf die Isolierung von elektrischen Kabeln. Kunststoffe 60 (1970) 883.
84 Hetzer, W., Kuhmann, H.: Herstellung und Einsatz von Starkstromkabeln mit Isolierungen aus thermoplastischem und vernetztem Polyäthylen. ETZ-A 92 (1971) 141.
85 Rottner, E.: Weiterentwicklung der Verarbeitung von Halbzeug aus Hart-Polyäthylen. Kunststoffe 48 (1958) 345.
86 Gaube, E.: Kriechverhalten von Hartpolyäthylen und Polypropylen. Kunststoffe 57 (1967) 270.
87 Wild, L., Woldering, J. F., Guliana, R. T.: Number-average molecular weights of low density polyethylenes — Relationship to physical properties. SPE Techn. Paper 13 (1967) 91.
88 Gwinner, E.: Polyolefin-Folien für die Elektroisolierung. ETZ-B 14 (1962) 673.
89 Mair, H. J., Zaengl, W.: Die elektrische Festigkeit von Polyäthylen und Polystyrol. ETZ-A 90 (1969) 147.
90 Mair, H. J.: Die Verwendung von Polyäthylen bei der Herstellung von Starkstromkabeln. Kunststoffe 60 (1970) 630.
91 Growdes, G. J.: Polyethylene promises improved HV-cable. Electr. Wld. 159 (1963) 76/142.
92 Feichtmayr, F. J., Würstlin, F.: Die elektrische Zeitstandsfestigkeit von Polyäthylen. ETZ-B 21 (1969) 128.
93 Feichtmayr, F. J., Würstlin, F.: Die Spannungsstabilisierung von Hochdruckpolyäthylen. Kunststoffe 60 (1970) 381.
94 Müller, K. B.: Teilentladungen bei hohen Gleichspannungen in extrudiertem Polyäthylen. ETZ-A 93 (1972) 153.
95 Würstlin, F.: Messungen der dielektrischen Eigenschaften von Hochpolymeren mit einer Immersionsmethode. Kolloid-Z. und Z. f. Polymere 213 (1966) 79.
96 Hirsekorn, B.: Einfärben von Polyäthylen. Kunststoffe 57 (1967) 683.
97 Nowak, P., Saure, M.: Über peroxydvernetztes Hochdruckpolyäthylen. Kunststoffe 56 (1966) 390.
98 Mair, H. J., Kößler, L.: Polyäthylen für Fernmeldekabel. ETZ-B 19 (1967) 567.

99 Mair, H. J.: Neuere Entwicklungen auf dem Gebiete der Verwendung von Polyolefinen für die Kabelindustrie. Kunststoffe 59 (1969) 139.
100 Mair, H. J.: Fernmeldekabel-Isolierung mit Polyäthylen auf Hochgeschwindigkeits-Anlagen. Kunststoffe 59 (1969) 535.
101 Falke, H.: Modern plastic cable constructions with moisture barrier. International Wire and Cable Symposium 17 (1968).
102 Harbort, H., Stiltz, H.: Papierisolierte Kabel mit Polyäthylenmantel. SEL-Nachrichten 16 (1968) 15.
103 Kuhfuß, W., Müller, W.: Muffen für Nachrichtenkabel mit Polyäthylenmantel. Siemens-Z. 39 (1965) 1229.
104 Mair, H. J.: Polyäthylen als Werkstoff zur Isolation von Hochspannungskabeln. Kunststoffe 57 (1967) 930.
105 Oestreich, U.: Kunststoffisolierte Starkstromkabel. ETZ-B 20 (1968) 297.
106 Heinemann, H. J.: Entwicklung, Prüfung und Einsatz von 110-kV-Kunststoffkabeln. ETZ-A 91 (1970) 149.
107 Mühlethaler, R., Ruchet, R., Schmid, M., Wagner, J.: Hochspannungs-Polyäthylenkabel. Bull. SEV 62 (1971) 277.
108 Luongo, P. J., Salovey, R.: Infrared spectra of irradiated polyethylene. Journ. of Appl. Pol. Science 7 (1963) 2307.
109 Mahling, D.: Neuere Entwicklungen auf dem Gebiete der Äthylen-Copolymeren. Kunststoffe 57 (1967) 321.
110 Hofmann, A.: Eigenschaften und Anwendungen von Polyolefin-Copolymerisaten. Kunststoffe 62 (1972) 71.
111 Schley, A., Schülde, F.: Niederdruckpolypropylen für die Spritzgußverarbeitung. Kunststoffe 49 (1959) 102.
112 Schleede, D., Schülde, F.: Eigenschaften und Spritzgußverarbeitung von Polypropylen. Plastverarbeiter 11 (1960) 130/161.
113 Heufer, G.: Asbestverstärktes Polypropylen, ein Werkstoff mit interessanten Eigenschaften. Kunststoffe 59 (1969) 734.
114 Roos, G.: Glasfaserverstärktes Polypropylen. Kunststoffe 60 (1970) 924.
115 Krämer, H., Helf, K. E.: Untersuchungen über das dielektrische Verhalten von Polypropylen. Kolloid-Zeitschrift und Z. f. Polymere 180 (1962) 114.
116 Wilski, H.: Kunststoffe in der Kernenergietechnik. Kunststoffe 58 (1968) 18.
117 Mehnert, K., Becker, H.: Polypropylen. Kunststoffe 55 (1965) 438.
118 Brinkmann, C.: Werkstoffauswahl bei Spulenkörpern. Kunststoffe 56 (1966) 709.
119 Georg, G.: Kunststoff-Filme in Leistungskondensatoren. Bull. SEV 60 (1969) 630.
120 Deneke, W. H.: Hochspannungs-Leistungskondensatoren mit geringen dielektrischen Verlusten. ETZ-B 21 (1969) 583.
121 Deneke, W. H.: Verlustarme Leistungskondensatoren für Niederspannung mit nichtentflammbarem Imprägnierstoff. ETZ-B 24 (1972) 139.
122 Blok, J., Legrand, D. G.: Dielectric Breakdown of Polymer Films. J. of Appl. Physics 40 (1969) 288.
123 Plenikowski, J.: Polybuten-(1) in anwendungstechnischer Sicht. Kunststoffe 55 (1965) 431.
124 Wiebusch, K.: Die Vorbehandlung von ABS-Kunststoffen für die Galvanisierung. Galvanotechnik 59 (1968) 640.
125 Knappe, W., Zyball, A.: Änderung der mechanischen Eigenschaften von Styrol-Kunststoffen durch energiereiche Strahlung. Kunststoffe 62 (1972) 580.
126 Illing, G.: Legierungen aus Styrolpolymerisaten und anderen hochpolymeren Stoffen. Kunststofftechnik 8 (1969) 92.

127 Fischer, F.: Spannungsrißkorrosion bei Polystyrol. Kunststoffe 55 (1965) 453.
128 Mair, H. J., Meier, L.: Die Verwendung von Polyvinylchlorid bei der Kabelherstellung. Kunststoffe 60 (1970) 301.
129 Wolkober, Z.: Einfluß von Zusatzstoffen auf die Wärmestabilität von auf PVC basierenden Systemen. Angew. Makromol. Chemie 3 (1968) 38.
130 Leuchs, O.: Eine neue, selbstverlöschende und Chlorwasserstoff bindende PVC-Mischung für Kabelmäntel. Kunststoffe 61 (1971) 40.
131 Frey, H. H.: Hostalit Z, ein neuer Kunststoff auf PVC-Basis. Kunststoffe 49 (1959) 50.
132 Birnthaler, W.: Isolierstoffe der Starkstromkabeltechnik. Elektrizitätsw. 64 (1965) 736.
133 Oestreich, U.: Kunststoffisolierte Starkstromkabel. ETZ-B 20 (1968) 297.
134 Klöpffer, W.: Polyvinylcarbazol. Kunststoffe 61 (1971) 533.
135 Jacobi, H. R.: Vinylkarbazol und Polyvinylkarbazol. Kunststoffe 43 (1953) 381.
136 Davidge, H.: Poly-N-Vinylcarbazole: Preparation, Moulding and dielectric Properties. J. appl. Chem. 9 (1959) 553.
137 Jacobi, H. R.: Verarbeitungstechnik von Polyvinylcarbazol. Kunststoffe 45 (1955) 481.
138 Cornish, E. H.: Poly-N-Vinyl-Carbazole. Plastics 28 (1963) 61.
139 Schmieder, K., Wolf, K.: Mechanische Relaxationserscheinungen an Hochpolymeren. Kolloid-Z. 134 (1953) 149.
140 Steininger, A., Tschacher, M.: Verarbeiten von Fluorkunststoffen. Kunststoffe 59 (1969) 652.
141 Steininger, A., Stamprech, P.: Ramextrusion von Polytetrafluoräthylen. Kunststoffe 60 (1970) 290.
142 Thomas, P. E., Lontz, J. F., Sperati, C. A., McPherson, J. L.: Effects of Fabrication on the Properties of Teflon Resins. SPE Journal 12 (1956) 89.
143 Michailow, G. L., Kabin, S. P., Smoljanskij, A. L.: Dielektrische Verluste von Polytetrafluoräthylen. Jurn. techn. fis. 25 (1955) 2179.
144 Bopp, C. D., Sisman, O.: Stress-Strain Curves for Reactor-Irradiated Plastics. Nucleonics 14,3 (1956) 52.
145 Harrington, R.: Damaging effects of Radiation on Plastics and Elastomers. Nucleonics 14,9 (1956) 70.
146 Jolley, C. E., Reed, J. C.: The effects of space environments on insulation of TFE and FEP Resins. Signal Corps Wire and Cable Symposium (1962).
147 Spinner, G., Pitschi, F. X.: Erwärmungsprobleme der Isolierstütze in der koaxialen Leitung bei hohen Leistungen. NTZ 24 (1971) 247.
148 Short, J. N., Wayne Hill, H.: Polyphenylen sulfide coating and molding resins. Chemtech 2 (1972) 481.
149 Schmidt, H.: Polyacetal, ein Kunststoff für die Technik. Kunststoffe 53 (1963) 684.
150 Wolters, E., Rösinger, S.: Strahlenbeständigkeit von Acetalcopolymerisat. Kunststoffe 63 (1973) 605.
151 Bohn, L.: Die Einfriertemperatur des Polyoxymethylens. Kolloid-Z. 201 (1965) 20.
152 Wolters, E., Racké, H. H.: Wärmealterung, Spannungsrelaxation und Schwingfestigkeit von Acetalcopolymerisat. Kunststoffe 63 (1973) 608.
153 Schreyer, G.: Elektrische und dielektrische Eigenschaften von Acrylgläsern. Kunststoffe 55 (1965) 771.
154 Müller, A., Pflüger, R.: Eigenschaften, chemischer Aufbau und Kristallinität von Polyamid-Kunststoffen. Kunststoffe 50 (1960) 203.

155 Meyer, H., Hemmel, H.: Gußteile aus Polyamid nach dem Verfahren der aktivierten anionischen Polymerisation von Lactamen. Gießerei 55 (1968) 358.
156 Hemmel, H., Keßler, H., Zendath, J.: Die aktivierte anionische Polymerisation von Lactamen und ihre anwendungstechnischen Möglichkeiten beim drucklosen Formguß. Kunststoffe 59 (1969) 405.
157 Doffin, H., Pungs, W., Gabler, R.: Ein neues, glasklar transparentes Polyamid. Kunststoffe 56 (1966) 542.
158 Feser, K., Glück, M., Mair, H. J.: Die elektrische Festigkeit von Polyamid. Kunststoffe 60 (1970) 155.
159 Gude, A.: Polyamid 12 — Physikalische Eigenschaften im Vergleich mit anderen Polyamiden. Kunststoff-Rundschau 17 (1970) 6.
160 Rohde-Liebenau, U.: Eigenschaften von Polyamid 12. Kunststoffe 55 (1965) 302.
161 Feser, K., Mair, H. J.: Über die elektrische Kurzzeit-Durchschlagfestigkeit von 6,6-Polyamid. ETZ-A 92 (1971) 174.
162 Asmus, K. D., Niedernberg, D., Schell, H.: Ein neuer Kunststoff für technische Anwendungen auf Basis von Polyäthylenterephthalat. Kunststoffe 59 (1969) 266.
163 Pflüger, R.: Kristallisiertes Polyäthylenterephthalat, ein neuer Werkstoff für die Technik. Kunststoffe 57 (1967) 31.
164 Asmus, K. D.: Polyalkylenterephthalate. Kunststoffe 62 (1972) 635.
165 Gwinner, E.: Die Polyterephthalsäureester-Folie in der Elektrotechnik. ETZ-B 11 (1959) 419.
166 Schnell, H.: Polycarbonate, eine Gruppe neuartiger thermoplastischer Kunststoffe. Angew. Chemie 68 (1956) 633.
167 Hechelhammer, W., Peilstöcker, G.: Ein thermoplastischer Kunststoff aus der Gruppe der Polykarbonate. Kunststoffe 49 (1959) 3/93.
168 Hofmeier, H.: Polykarbonate in der Elektroindustrie. ETZ-B 11 (1959) 412.
169 Streib, H., Oberbach, K.: Glasfaserverstärktes Polycarbonat. Kunststoffe 56 (1966) 15/100.
170 Streib, H.: Erfahrungen bei der Anwendung von glasfaserverstärktem Polycarbonat. Kunststoffe 58 (1968) 123/267.
171 Bottenbruch, L.: Polybenzoxazindione, eine Klasse hochtemperaturbeständiger Kunststoffe. Angew. makrom. Chemie 13 (1970) 109.
172 Clayton, H. M., Thornton, A. E.: Polysulfones—Properties and processing Characteristics. Plastics 364 (1968) 76.
173 Glässer, H.: Polysulfonfolie, eine wärmebeständige Folie mit einer günstigen Eigenschafts-Kombination. Kunststoffe 61 (1971) 232.
174 Davis, A., Gleaves, M. H., Golden, J. H., Huglin, M. B.: The Electron Irradiation Stability of Polysulfone. Makrom. Chemie 129 (1969) 63.
175 Bornhaupt, B., Rating, W.: Moderne Isolierlacke — ein Fortschritt bei hochtemperaturbeständigen Kunststoffen. Kunststoffe 61 (1971) 46.
176 Dünwald, W.: Elektroisolierlacke. Kunststoffe 62 (1972) 347.
177 Grünsteidl, W.: Anwendungstechnische Erfahrungen mit neuen temperaturbeständigen Kunststoffen. Kunststoffe 58 (1968) 739.
178 Hunt, C. F., Fitzhugh, A. F., Markhardt, A. H.: Overload Characteristics of Enameled Wire. Electro-Technology (1962) 131.
179 Dünwald, W., Mielke, K. H., Reese, E., Merten, R.: Polyhydantoine als neue Isolierstoffe mit hoher Wärmebeständigkeit. Farbe u. Lack 75 (1969) 1157.
180 Reese, E.: Wärmebeständige Elektroisolierfolien aus Polyhydantoin. Kunststoffe 62 (1972) 733.

181 Dauksys, R. J.: Blending and Crosslinking improve Polyhydroxy Ethers. SPE-Journal 27 (1971) 59.
182 Alt, B.: Der Aushärtegrad ungesättigter Polyesterharze und seine Bedeutung für die Praxis. Kunststoffe 54 (1964) 738.
183 Knopp, W.: Erfahrungen beim Herstellen von Harzmatten. Kunststoffe 56 (1966) 889.
184 Grünewald, R.: Harzmatte, eine flächige Preßmasse. Kunststoffe 55 (1965) 444.
185 Ehrentraut, P.: Glasfaserverstärkte Polyester-Preßmassen. Kunststoffe 56 (1966) 256.
186 Falk, K.: Zum Träufelimprägnieren der Wicklungen elektrischer Maschinen. ETZ-A 90 (1969) 573.
187 Saure, M.: Träufelharze für erhöhte mechanische, thermische und chemische Beanspruchungen. ETZ-B 22 (1970) 71.
188 Kubens, R., Schultheis, H., Wolf, R., Grigat, E.: Aromatische Cyansäureester als Grundstoff für neue Harze in der Laminiertechnik. Kunststoffe 58 (1968) 827.
189 Bauer, I.: Anwendungen von Siliconen in der Elektroindustrie. HDT-Veröffentl. 242 (1970) 47.
190 Mallet, M.: Les polybismaléimides: une position de pointe sur le marché des polymères thermostables. Plastiques Mod. et Elast. 23 (1971) 96.
191 Mallet, M.: Propriétés des Polyimides-Amines. Inform. Chimie 112 (1972) 201.
192 Falke, H.: Modern plastic cable constructions with moisture barrier. International Wire and Cable Symposium 17 (1968).
193 Fasbender, H., Schindelmeiser, F.: Duroplastische Isolierstoffe für den Elektromaschinenbau. Kunststoffe 62 (1972) 351.
194 Melzer, W.: Epoxydharz-Preßmassen. Kunststoffe 55 (1965) 99.
195 Jellinek, K., Decker, K. H., Schönthaler, W.: Niedruck-Preßmassen in der Elektrotechnik. Kunststoffe 62 (1972) 363.
196 Adam, H.: Das Epoxydharz-Träufelverfahren im Elektromotorenbau. Kunststoffe 54 (1964) 490.
197 Saure, M.: Gießharze für elektrotechnische Anwendungen. Kunststoffe 62 (1972) 342.
198 Lutz, K. H.: Das Träufelverfahren. ETZ-B 18 (1966) 8.
199 Heise, W., Kriechbaum, K., Saure, M.: Stand und Fortschritt auf dem Gebiet isolierender Kunststoffteile. ETZ-A 91 (1970) 141.
200 Beyer, M., Langer, H.: Über den Einfluß von Wasser auf die dielektrischen Eigenschaften von Epoxydharz-Formstoffen. ETZ-A 88 (1967) 569.
201 Preis, W., Blencke, L.: Kontinuierliches Vergießen von Gießharzen mit Füllstoffen. ETZ-B 23 (1971) 124.
202 Kubens, R., Neu, J.: Spritzgießverarbeitung von flüssigen Epoxidgießharzmassen. Industrie-Elektrik u. Elektronik 17 (1972) 503.
203 Kubens, R.: Cycloaliphatische Glycidylester. Kunststoffe 58 (1968) 565.
204 Fasbender, H.: Glasfaserverstärkte Kunststoffe für Mehrebenenschaltungen. ETZ-B 24 (1972) 77.
205 Pölzlbauer, A.: Sprühisolierung von Läufern und Ständern mit Epoxydpulver. ETZ-B 23 (1971) 428.
206 Auxel, H., Luxa, G. F.: Erprobung von Kunststoffen zur Anwendung als Werkstoff für Freiluftisolatoren. ETZ-A 91 (1970) 386.
207 Holland, K., Illers, F.: Entwicklung, Prüfung und Bewährung eines Freiluft-Endverschlusses aus Gießharz für Mittelspannungskabel. ETZ-A 92 (1971) 147.
208 Timm, Th.: Elastomere — Physikalische Untersuchungen im Hinblick auf ihre Abgrenzung zu anderen Polymerwerkstoffen. Z. Werkstofftechnik 1 (1970) 63.
209 Hilal Abdel Kader, M., Abou Bark, A., Mahmoud, S.: Dielektrische und mecha-

nische Eigenschaften von Naturkautschukvulkanisaten bei Verwendung einiger weißer Füllstoffe. Plaste u. Kautschuk 17 (1970) 580.
210 Glazmann, J. S.: Low molecular weight butyl rubber; a new material for potting, encapsulation and conformal coatings. SPE-J. 16 (1970) 503.
211 Morkel, K.: Über Butylisolierung für Starkstromkabel und -leitungen unter besonderer Berücksichtigung der Alterungseigenschaften. Siemens-Z. 36 (1962) 664.
212 Grabowski, W.: Butylgummi in der Kabeltechnik. ETZ-B 11 (1959) 423.
213 Schmidt, E.: APTK, ein ungesättigter Äthylenpropylenkautschuk. Kautsch. u. Gummi 17 (1964) 8.
214 Smith, W. C., Fischer, W. F., Newman, N. F.: EPR for wire and cable insulation. Rubber World 149 (1964) 54.
215 Düßel, K., Schillmöller, A.: Isolierungen auf der Basis von Äthylen-Propylen-Terpolymer-Kautschuk (EPDM) für Kabel und Leitungen. Siemens-Z. 44 (1970) 730.
216 Corbelli, L.: Il copolimero etilene-propilene: suo impiege come isolante per cavi elettrici. Rendiconti della LXV Riunione Annuale dell'AEI 17 (1964).
217 Laue, E. W.: Eigenschaften und Funktionsoptimierung von Äthylen-Propylen-Terpolymeren. Gummi, Asbest, Kunststoffe 24 (1971) 416.
218 Shiga, T., Matsuda, K.: Ethylene-propylene rubber insulated power cables. Sumitomo el. techn. review 8 (1966) 24.
219 Ossefort, Z. T., Bergstrom, E. W.: Ethylene-Propylene Rubbers. Rubber Age 101 (1969) 47.
220 Salyer, I. O., Leeper, H. M.: Ethylene-Vinyl-Acetate. Rubber Age 103 (1971) 37.
221 Kniege, W.: Silicongummi in der Elektrotechnik. Elektro-Anz. 20 (1967) 82.
222 Damm, K., Müller, R.: Der kaltvernetzende Siliconkautschuk, seine Eigenschaften und Anwendungen. Gummi, Asbest, Kunststoffe 15 (1962) 302.
223 Wick, M.: Heiß- und kaltvulkanisierende Silikonkautschuktypen und ihre Verwendung in der Technik. E & M 74 (1957) 355.
224 Bügel, H.: Der Einsatz von Elastomeren in Kabeln und Leitungen. Techn. Mitteilungen 58 (1965) 227.
225 Fekete, F., Lorenz, J. H.: New fusible Silicone Rubber Compounds. Amer. Chem. Soc.
226 Wick, M.: Bor-Siloxan-Elastomere. Kunststoffe 50 (1960) 433.
227 Kärner, H.: Konstruktiver Aufbau, Eigenschaften und Betriebsverhalten eines Kunststoff-Langstabisolators. ETZ-A 91 (1970) 392.
228 Ellegast, K.: Neuartige, thermoplastisch verarbeitbare Polyurethan-Elastomere. Kunststoffe 55 (1965) 306.

Bücher

1* Wernicke, K.: Die Isoliermittel der Elektrotechnik. Braunschweig: Vieweg 1908.
2* Schering, H.: Die Isolierstoffe der Elektrotechnik. Berlin: Springer 1924.
3* Vieweg, R.: Elektrotechnische Isolierstoffe. Berlin: Springer 1937.
4* Demuth, W.: Die festen Isolierstoffe der Elektrotechnik. Schloß Bleckede: Otto Meißner 1951.
5* Stäger, H.: Werkstoffkunde der elektrotechnischen Isolierstoffe. Berlin: Gebr. Borntraeger 1955.
6* Imhof, A.: Hochspannungs-Isolierstoffe. Karlsruhe: G. Braun 1957.
7* Oburger, W.: Die Isolierstoffe der Elektrotechnik. Wien: Springer 1957.
8* Foerst, W.: Ullmanns Encyklopädie der technischen Chemie, Bd. 9. München: Urban & Schwarzenberg 1957.
9* Clark, F. M.: Insulating Materials for Design and Engineering Practice. New York: John Wiley 1962.
10* Stoffhütte. Berlin: Ernst & Sohn 1967.
11* Gänger, B.: Der elektrische Durchschlag von Gasen. Berlin, Göttingen. Heidelberg: Springer 1953.
12* Berger, H.: Asbest-Fibel. Stuttgart: A. W. Gentner 1961.
13* Mohr, H.: Der Nutzglimmer. Berlin: Gebr. Borntraeger 1930.
14* Hartig, A.: Unvollkommener und vollkommener Durchschlag in Schwefelhexafluorid. Berlin: VDE-Verlag 1966 (Beiheft 3 der ETZ).
15* Kitaigorodski, J. J.: Technologie des Glases. Berlin: VEB Verlag Technik 1959.
16* Espe, W.: Werkstoffkunde der Hochvakuumtechnik Bd. II. Berlin: Deutscher Verlag der Wissenschaften 1962.
17* Scholze, H.: Glas. Braunschweig: Vieweg & Sohn 1965.
18* Schmidt, K. A. F.: Textilglas für die Kunststoffverstärkung. Speyer: Zechner & Hüthig 1972.
19* Hecht, A.: Elektrokeramik. Berlin, Heidelberg, New York: Springer 1975.
20* Alper, A. M.: High Temperature Oxides. New York: Academic Press 1970.
21* VDEW: Ölbuch. Frankfurt, VWEW-Verlag 1974.
22* Zakar, P.: Bitumen. Leipzig: VEB Deutscher Verlag 1967.
23* Sandermann, W.: Naturharze, Terpentinöl, Tallöl. Berlin: Springer 1960.
24* von Bismarck, R.: Bernstein – Das Gold des Nordens. Neumünster: Karl Wachholtz 1972.
25* Göhre, K.: Werkstoff Holz. Leipzig: VEB Fachbuchverlag 1961.
26* Güterbock, H.: Polyisobutylen. Berlin, Göttingen, Heidelberg: Springer 1959.
27* Noll, W.: Chemie und Technologie der Silikone. Weinheim: Verlag Chemie 1968.
28* Vieweg, R., Becker, E.: Kunststoff-Handbuch, Bd. III. München: Hanser 1965.
29* Vieweg, R., Schley, A., Schwarz, A.: Kunststoff-Handbuch, Bd. IV. München: Hanser 1969.
30* Chapiro, A.: Radiation Chemistry of Polymeric Systems. London: Interscience 1962.
31* Vieweg, R., Daumiller, G.: Kunststoff-Handbuch, Bd. V. München: Hanser 1969.
32* Vieweg, R., Reiher, M., Scheurlen, H.: Kunststoff-Handbuch, Bd. XI. München: Hanser 1971.
33* Vieweg, R., Müller, A.: Kunststoff-Handbuch, Bd. VI. München: Hanser 1966.
34* Wagner, H., Sarx, H. F.: Lackkunstharze. München: Hanser 1971.
35* Vieweg, R., Höchtlen, A.: Kunststoff-Handbuch, Bd. VII. München: Hanser 1966.

Sachverzeichnis

Ablenkeinheit 308
Aggregatzustand 7
Akkumulator 183, 212, 244, 288
Akrylnitril 228
Alkydharz 71, 145, 148, 341
Alterung 33
Aluminiumoxid 45, 115, 120, 130, 389
Aluminiumoxidtrihydrat 44
Aluminiumsilikat 120
Aminoplast 356
Antennenverkleidung 333, 380
Antimontrioxid 44, 325, 372
Argon 53
Asbest 43, 61, 217, 345, 358
Asphalt 71, 142
Äthylenpropylen-Mischpolymerisat 403
Äthylentetrafluoräthylen-Mischpolymerisat 269
Äthylenvinylazetat-Mischpolymerisat 212, 405
Äthylzellulose 192
Atom 4
Atomare Grundlage 4
Atomgewicht 5
Aufbauscheibe 77, 126
Aus- bzw. Eintrittsfenster 77, 78, 127, 129, 130

Bariumsulfat (Schwerspat) 45, 364
Bariumtitanat 120
Batterie 140, 142
Baumwolle 43, 156, 158
Baumwollinters 156, 184, 192
Benzylzellulose 192
Bergkristall 56
Bernstein 149
Berylliumoxid 121, 129
Biegefestigkeit 16

Bienenwachs 146
Bitumen 141
Brennverhalten 35
Bromwasserstoff 85
Butadien 228
Butylgummi 399

Chemische Bindung 5
Chinesisches Insektenwachs 146
Chlordifluormethan 163
Chloriertes Diphenyl 164
Chloriertes Polyäthylen 408
Chlorkautschuk 395
Chloroprengummi 401
Chrysotil 61
Cordierit 120
Cyanatharz 338

Dauerschwingbeanspruchung 17
Dauerwärmebeständigkeit 32
Dehnung 18
Diallylphthalatharz 336
Dielektrizitätszahl 26
Difluordichlormethan 163
Diode 99, 127, 375
Dipolorientierung 27
Dispersion 28
Dolomit 45, 364
Drahtisolierung 244, 262, 265, 269, 270, 271, 289, 394, 400, 401, 405, 408, 415
Drahtlack 296, 316, 318, 322, 349, 363, 370
Dunkelentladung 20
Durchführung 100, 125, 138, 162, 262, 351, 363, 368, 415
Durchschlagfestigkeit 20
Duromer 324

Düsenblasverfahren 103
Düsenziehverfahren 104

Edelgas 53
Einbettmasse 119, 129
Einwirkung von Chemikalien 37
Elastizitätsmodul 16
Elastomer 386
Elektrolytkondensator 131, 140, 158
Elektromotor 112, 163, 290, 295, 316, 321, 360, 382, 408, 416
Elektronenpolarisation 28
Elektronenröhre 77, 100, 126, 127
Elektronenspin 5
Elektronenzustand 4
Emulsion 9
Epoxidharz 71, 113, 162, 370
Epoxidwert 370

Farbstoff 46
Faserstoff 153
Feldspat 115, 120
Fernsehröhre 100, 102, 131
Flammschutzmittel 44, 325, 372
Folie 181, 186, 191, 192, 197, 215, 216, 244, 249, 251, 256, 264, 266, 269, 283, 289, 295, 303, 306, 316, 321, 323, 395, 396, 399, 419
Formbeständigkeit in der Wärme 32
Freie Weglänge 21
Freistrahldüse 125
Füllstoff 42
Funkenentladung 22

Gas 8, 47
Gasabsorption 36
Gasdruck 8
Gasdurchlässigkeit 36
Gebrauchstemperatur 33
Gedruckte Schaltung 162, 264, 266, 296, 306, 312, 316, 340, 351, 373, 380, 382, 400
Gehäuse 114, 190, 221, 235, 288, 289, 297, 308, 352, 356, 369
Gewebebindung 107
Gießharz 61, 114, 249, 278, 284, 290, 335, 361, 362, 368, 382, 416, 417
Glas 86
Glasfaser 43, 102, 191, 217, 346, 355, 362, 374
Glasfasergarn 105
Glasfasermatte 106

Glasfaserzwirn 105
Glasfilamentgewebe 107, 114, 364, 373, 415
Glaskeramik 93
Glaslot 93
Glasspinnfaden 105
Glasstapelfaser 102
Glaspapier 106
Glasur 118
Gleitmittel 42
Glimmentladung 21, 30
Glimmer 43, 65, 114, 143, 154, 358, 374
Glühlampe 49, 51, 53, 61, 85, 100
Glyptalharz 341
Grenzflächenpolarisation 27
Grenzflächenspannung 38
Grenztemperatur 33
Gummibaum (Hevea brasiliensis) 387

Haftmittel 108
Halogenverbindung 79, 85
Handbohrmaschine 289
Hanf 155, 158, 415
Harnstoffharz 355
Härte 19
Hartpapier 162, 351, 355
Hauptquantenzahl 4
Heizkörper 78, 119, 127, 361
Helium 48
Heteropolare Bindung (Ionenbindung) 5
Holz 140, 151, 157, 346
Holzmehl 43, 153, 348
Holzöl 144, 349
Homöopolare Bindung (Kovalente Bindung) 6

Integrierte Schaltung 61, 128, 375
Ionenpolarisation 28
Ionisierung 21
Isolierband 112, 143, 145, 154, 155, 156, 160, 191, 248, 358, 367, 383, 400, 415
Isolierlack 142, 145, 148, 149, 150, 151, 183, 192, 316, 318, 323, 341, 355, 361, 362, 395, 396
Isolierschlauch 108, 112, 255, 270, 415, 419
Isolierschnur (Isolierfaden) 108, 112, 155, 156, 182, 192, 289, 291, 295
Isotop 4
Isotropie 9

Jute 43, 154

Sachverzeichnis

Kabel 52, 53, 85, 138, 140, 142, 148, 155, 162, 175, 197, 199, 208, 245, 248, 263, 266, 289, 369, 389, 398, 400, 402, 405, 410, 415, 419
Kabelendverschluß 99, 125, 368
Kabelkanal 244
Kabelmuffe 191, 220, 368, 399
Kalziumkarbonat (Kreide) 45, 364, 409, 411, 418
Kandellilawachs 146
Kaolin 45, 115, 120, 364, 409, 418
Kappenisolator 100
Karnaubawachs 146
Kautschukhydrochlorid 395
Keramischer Isolierstoff 115
Kieselgur 45, 389, 411
Klebeband 143, 191, 245, 322, 358, 399
Kohlendioxid 52
Kohlenstoffverbindung 133
Kolophonium 139, 148, 349
Kommutator 78, 355
Kondensator 49, 52, 70, 78, 87, 99, 126, 138, 140, 162, 167, 173, 175, 192, 219, 221, 236, 251, 295, 312, 316, 321, 382, 383, 415
Kopal 149
Korrosion 29
Kriechstromfestigkeit 19
Kristalliner Bereich 11, 194
Kristallsystem 9
Krypton 53
Kunstharzpreßholz 151, 346

Langstabisolator 125, 416
Leinen 154, 158
Leinöl 143
Leuchtstoffröhre 99
Lichtbogenfestigkeit 29
Lichtdurchlässigkeit 97
Löschkammer 65, 78, 127, 179
Loschmidtsche Zahl 26
Lösung 9
Luft 48, 50

Magnesiumoxid 119, 129
Magnesiumsilikat 120
Magnesiumtitanat 120
Magnetstab 262
Magnetstreifen 215, 246
Magnettonband 244, 295
Makromolekül 11
Marmor 55

Massenzahl 4
Melaminharz 162, 352
Meßwandler 85, 138, 382
Metallbelag 70, 91, 119, 127
Mikafolium 73, 383
Mikanit 71, 151, 339, 360
Mineralöl 133
Mischung 9
Molekül 5
Molekulargewicht 12
Montanwachs 147
Muskowit 66

Naturgummi 386
Naturharz 148
Naturkautschuk 386
Nebenquantenzahl 4
Neon 53
Neutralisationszahl 37
Neutron 4
Nutenisolierung 78, 162, 191, 290, 295, 306, 321, 360, 380
Nutverschlußkeil 153, 179, 352, 380

Oberflächenüberzug 186, 198, 240, 246, 271, 283, 290, 335, 375, 381
Oberflächenwiderstand 25
Ölschalter 139
Ordnungszahl 4
Ozokerit 147
Ozon 50

Papier 43, 138, 142, 157, 167, 345, 364
Paraffin 140
Paschensche Gesetz 22, 82
Pentachlordiphenyl 164
Perfluoralkoxy 270
Periodensystem 5
Pflanzenöl 143
Phenolharz 113, 148, 157, 162, 342
Phenoxyharz 322
Phlogopit 66
Phthalatharz 341
Polarisation 27
Polyaddition 14
Polyamid 280
Polyamidimid 316
Polyäthylen 193
Polyäthylenterephthalat 290
Polyazetal 272
Polybenzoxazindion 304
Polybuten 223

Polybutylenterephthalat 296
Polychlortrifluoräthylen 267
Polyesterharz 113, 324
Polyesterimid 316
Polyhydantoin 319
Polyimid 312, 361
Polyisobutylen 169, 397
Polyisopren 386, 397
Polykarbonat 297
Polykondensation 13
Polymerisation 12
Polymethakrylsäureester 278
Polymethylpenten 225
Polyphenylenoxid 306
Polyphenylensulfid 271
Polypropylen 215
Polystyrol 227
Polysulfon 309
Polytetrafluoräthylen 251
Polyurethan 160, 364, 417
Polyvinyläther 247
Polyvinylchlorid 237
Polyvinylidenchlorid 246
Polyvinylkarbazol 248
Porzellan 120
Prepreg 328
Preßgaskondensator 351
Preßspan 160, 191
Preßmasse 56, 114, 153, 329, 346, 358, 362, 375, 396, 405
Preßteil 348, 356, 358, 363, 381, 389, 405, 411, 419
Proton 4
Pyrogene Kieselsäure 45, 175, 389, 409, 411, 418

Quarz 45, 56, 115, 120
Quarzglas 57
Quarzgut 57
Quarzmehl 45, 61, 364, 372, 375, 411

Radarhaube 279, 290, 333, 369, 380, 403
Raketenspitze 100, 127, 333
Ramie 43, 155, 158
Raumladung 23
Relais 289, 303
Relaxationszeit 27
Rizinusöl 144, 349
Rohrheizkörper 119
Ruß 43, 135, 389, 411

Saphir 130
Schallplatte 246
Schaltanlage 84, 125
Schaltgerät 289, 352, 355, 356, 382
Schaltschrank 334
Schaltstange 279, 352
Schaumstoff 198, 231, 240, 246, 365, 412
Schellack 71, 150
Schichtgitter 7, 66
Schichtpreßstoff 114, 157, 256, 283, 318, 345, 355, 358, 363, 373, 380
Schiefer 45, 56, 375
Schlagzähigkeit 17
Schlichte 104, 109
Schlitzkabel 209
Schubmodul 33
Schwefelhexafluorid 79
Seide 153
Sicherungsautomat 356
Silikongummi 410
Silikonharz 71, 113, 357
Silikonöl 173
Sicherung 61, 65, 126
Sinterglas 93
Solarzelle 61
Sojaöl 144
Spannungskorrosion 38
Speckstein 115, 120
Spezifischer Durchgangswiderstand 25
Spezifische Wärmekapazität 31
Sphärolithgrenze 24
Spritzgußteil 190, 192, 193, 196, 220, 235, 239, 244, 249, 266, 270, 271, 277, 288, 295, 303, 308, 312
Spritzpreßteil 361, 381
Spulenkörper 179, 221, 235, 269, 277, 289, 297, 303, 312, 335, 351, 422
Stabilisator 40
Steatit 122
Steckdose 352, 356, 422
Stecker (Steckverbindung) 246, 262, 289, 297, 303, 308, 312, 335, 338, 356, 401, 415
Stickstoff 51
Stoßelastizität 19
Strahlenbeständigkeit 30
Strahlenschutzfolie 215
Strahlungsabsorption 98
Stufenschalter 335
Stützisolator 61, 125, 289, 384
Styrolbutadiengummi 400

Sachverzeichnis

Sulfatzellstoff 161
Suspension 9

Talk 115
Tantalpentoxid 131
Tauchheizer 61
Telephonapparat 190, 237
Telephonmembran 289
Temperaturwechselbeständigkeit 32
Terpentinöl 145, 349
Tetrafluoräthylenhexafluorpropylen-
  Mischpolymerisat 264
Thermoplast 176
Thoriumdioxid 121
Titandioxid 45, 120, 389, 409, 411
Ton 115, 120
Tonabnehmer 236
Trägerfrequenzsperre 383
Trägerplatte (Substrat) 99, 128, 130
Tränkharz 330, 349, 355
Tränkmittel 140, 142, 148
Träufelharz 330, 382
Transformator 85, 112, 138, 153, 162,
  167, 289, 296, 304, 316, 335, 351, 368,
  382
Treibmittel 44, 365
Trennmittel 42
Trichlordiphenyl 164
Turbogenerator 153, 383

Vakuum 48
Van-der-Waalssche Bindung 7
Vaseline 139
Vergußmasse 140, 142, 148
Verlustfaktor 26
Vernetzung 195, 231

Verseifungszahl 37
Vulkanfiber 177
Vulkanisation 388

Wachs 146
Walrat 147
Wärmeausdehnung 31
Wärmeleitfähigkeit 31
Wärmeschrumpferzeugnis 199, 246,
  247, 270, 295, 304
Wasseraufnahmefähigkeit 36
Wasserbeständigkeit 37
Wasserstoff 52
Weichmacher 41
Weidezaunisolator 190
Wetterbeständigkeit 37

Xenon 53

Zellstoff 43, 157, 179, 184, 192, 356
Zellulose 152, 181, 182
Zellulose-äther 192
— -azetat 184
— -azetobutyrat 184
— -ester 184
— -hydrat 176
— -nitrat 182
— -propionat 184
Zellwolle 181
Zeresin 147
Zirkoniumdioxid 120, 129
Zugfestigkeit 17
Zündkerze 127
Zustandsgleichung 8
Zyklokautschuk 396

MIX
Papier aus verantwortungsvollen Quellen
Paper from responsible sources
FSC® C105338

If you have any concerns about our products,
you can contact us on
ProductSafety@springernature.com

In case Publisher is established outside the EU,
the EU authorized representative is:
**Springer Nature Customer Service Center GmbH
Europaplatz 3, 69115 Heidelberg, Germany**

Printed by Libri Plureos GmbH
in Hamburg, Germany